高等学校"十一五"规划教材

现代有机合成方法与技术

第二版

薛永强　张　蓉　等编著

U0390033

化学工业出版社

·北京·

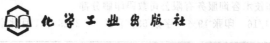

本书分为四部分。第一部分为有机合成基础，包括分子骨架的形成和官能团的引入、转换及保护；第二部分为现代有机合成方法，包括有机过渡金属化合物在有机合成中的应用、元素有机化合物在有机合成中的应用、不对称合成、反合成法及其应用、有机合成控制方法与策略和绿色合成；第三部分为现代有机合成技术，包括有机电化学合成、有机光化学合成、微波辐照有机合成、有机声化学合成、等离子体有机合成、超临界有机合成、固相合成、组合合成、一锅合成和相转移催化等；第四部分为有机合成产物的分离与鉴定。

本书较全面地展示了有机合成的各种新方法与新技术，可作为化学、应用化学、材料化学、制药工程、化学工程与工艺等本科专业有机合成化学课程的教材，也可供有关科技人员参考。

图书在版编目（CIP）数据

现代有机合成方法与技术/薛永强，张蓉等编著．—2版．—北京：化学工业出版社，2007.3（2025.1重印）
高等学校“十一五”规划教材
ISBN 978-7-122-00040-8

Ⅰ.现…　Ⅱ.①薛…②张…　Ⅲ.有机合成-有机化学-高等学校-教材　Ⅳ.O621.3

中国版本图书馆 CIP 数据核字（2007）第 027027 号

责任编辑：刘俊之　　文字编辑：陈　雨
责任校对：陈　静　　装帧设计：张　辉

出版发行：化学工业出版社（北京市东城区青年湖南街 13 号　邮政编码 100011）
印　　装：北京科印技术咨询服务有限公司数码印刷分部
787mm×1092mm　1/16　印张 19½　字数 531 千字　2025 年 1 月北京第 2 版第 9 次印刷

购书咨询：010-64518888　　售后服务：010-64518899
网　　址：http://www.cip.com.cn
凡购买本书，如有缺损质量问题，本社销售中心负责调换。

定　　价：48.00 元　版权所有　违者必究

前　　言

有机合成是指利用化学方法将原料制备成新的有机物的过程，它是一个极富创造性的领域。它既能合成出自然界中存在的各种有机物，又能不断地创造出世界上从来没有的各种新药物、新材料、新能源等。今天，科学技术能够不断取得进步与突破，人们的生活能够不断提高和改善，有机合成的贡献在其中起了极其重要的作用。也就是说，有机合成既与材料、生命、环保、能源四大支柱学科密切相关，也与我们社会的现代文明和日常生活密切相关。

有机合成化学发展很快，有关新试剂、新方法、新技术、新理念不断涌现。尤其是当今，新材料和新药物的需求、资源的合理开发和利用、减少或消除环境污染等可持续发展问题为有机合成提出了更高的要求。为了反映有机合成领域的新方法和新技术，作者在 2003 年出版了《现代有机合成方法与技术》一书，受到了广大读者的欢迎。应读者要求和兄弟院校作为教材使用的建议，对该书进行了重大修订，以便作为大学教材。

本次修订的内容如下：

① 对现代有机合成方法与技术的内容进行了补充；

② 增加了杂环部分的内容；

③ 增加了有机物的分离、提纯与鉴定的内容；

④ 对原书中不易理解和跳越比较大的内容进行了修改。

本书具有以下特点：

① 能够基本反映当前有机合成领域的新理论、新试剂、新方法、新技术和新理念；

② 为了使读者能够更好地理解有机合成新方法和新技术，本书还在第 2 章简要地介绍了有机合成基础；

③ 本书将有机合成反应、有机合成新方法和新技术、有机合成产物的分离与鉴定融为一体，使本书形成一个比较完整的体系；

④ 为了方便读者查阅原始文献和理解有关内容，每章后都附有参考文献和习题。

本书分四大部分共 13 章，第一部分为有机合成基础（第 1～2 章），包括绪论、分子骨架的形成和官能团的引入、转换及保护；第二部分为现代有机合成方法（第 3～10 章），包括有机过渡金属化合物在有机合成中的应用、元素有机化合物在有机合成中的应用、不对称合成、反合成法及其应用、有机合成控制方法与策略和绿色合成；第三部分为现代有机合成技术，包括有机电化学合成、有机光化学合成、微波辐照有机合成、有机声化学合成、等离子体有机合成、超临界有机合成、固相合成、组合合成、一锅合成和相转移催化等；第四部分为有机合成产物的分离与鉴定。其中第 9～11 章由太原理工大学薛永强教授撰写，第 1、3～7 章由张蓉副教授撰写，第 8、12 和 13 章由栾春晖副教授撰写，第 2 章由山西大学郝雅娟博士撰写。全书由薛永强教授统稿并审稿。在本书的编写和出版过程中，得到了化学工业出版社的大力支持，在此表示衷心感谢。

本书可作为应用化学、材料化学、制药工程、化学工程与工艺等本科专业有机合成化学课程的教材，也可供有关科技人员参考。

尽管经过多次修改，但限于作者水平，书中不妥之处在所难免，恳请读者批评指正。

编著者
2006 年 12 月于太原理工大学

本书常用符号及缩略语说明

AC	乙酰基
AIBN	2,2′-偶氮二异丁腈
Ar	芳香基
9-BBN	9-硼扎双环［3.3.1］壬烷
bipy	联吡啶
Bn	苄基
Boc-	叔丁氧羰基
Bu	丁基
CE	辅助电极
^{13}C NMR	核磁共振碳谱
Cod	1,5-环辛二烯
Cp	环戊二烯
DAIB	（外型）二甲氨基异冰片
dba	二丁胺
DBN	1,5-二氮杂双环［4.3.0]壬烯-5
DET	酒石酸二乙酯
DIBAL-H	二异丁基氢化铝
DMC	碳酸二甲酯
DMF	*N*,*N*-二甲基甲酰胺
dmpe	$Me_2PCH_2CH_2PMe_2$
DMSO	二甲基亚砜
dppe	$Ph_2PCH_2CH_2PPh_2$
eq	当量
Et	乙基
hfacac	$CF_3COCHCOCF_3$
HMPA	六甲基磷酰胺
^{1}H NMR	核磁共振氢谱
IC	内转换
(－)-IPC_2BH	左旋二异松莰基硼烷
IR	红外光谱
ISC	系间窜越
L	三苯基膦
LCL	左旋偏振光
LDA	二异丙基胺锂
LTP	低温等离子体
m-	间（位）
MCPBA	间氯过苯甲酸
Me	甲基
meso-	内消旋
MMA	甲基丙烯酸甲酯
MS	质谱
MWI	微波辐照
NBS	*N*-溴代丁二酰亚胺
NVOC	6-硝基藜芦氧羰基
o-	正，邻位
p-	对位，仲
Ph	苯基
PPA	多聚磷酸
PTC	相转移催化剂
Py	吡啶
r. t.	室温
RCL	右旋偏振光
RE	参比电极
RF	射频
$ScCO_2$	超临界二氧化碳
SCE	饱和甘汞电极
SCF	超临界流体
t-	叔
TBHP	叔丁基过氧化氢
t-BuOK	叔丁基醇钾
TEBA	氯化三乙基苄基铵
TEBAC	苄基三乙基氯化铵
TFA	三氟乙酸
THF	四氢呋喃
TLC	薄层色谱
TMAOH	氢氧化四甲胺
TMEDA	四甲基乙二胺
TMS	四甲基硅烷
TMSCI	三甲基氯硅烷
TMSOTf	三甲基硅基三氟磺酸酯
TsOH	对甲基苯磺酸
USI	超声波辐照
UV	紫外
UV-Vis	紫外-可见光谱
WE	工作电极

目 录

第 1 章　绪　论

1.1　有机合成发展历史、现状及趋势

1828 年德国科学家沃勒（Wöhler）成功地由氰酸铵合成尿素，从而揭开了有机合成的帷幕。迄今为止，有机合成学科历经 170 多年的发展历史。从总体上看，有机合成的历史大致可划分为第二次世界大战前的初创期和第二次世界大战之后的辉煌期两个阶段。在第一阶段，有机合成主要是围绕以煤焦油为原料的染料和药物等的合成工业。例如，1856 年霍夫曼（A. W. Hofmann）发现的苯胺紫，威廉姆斯（G. Williams）发现的菁染料；1890 年费歇尔（Emil H. Fischer）合成的六碳糖的各种异构体以及嘌呤等杂环化合物，费歇尔也因此荣获第二届（1902 年）诺贝尔化学奖；1878 年拜耳（A. Von Baeyer）合成了有机染料——靛蓝，并很快实现了工业化。此后，他又在芳香族化合物的合成方面取得了巨大的成就，并获得了第五届（1905 年）诺贝尔化学奖；尤其值得一提的是 1903 年德国化学家维尔斯泰特（R. Willstätter）经过卤化、氨解、甲基化、消除等二十多步反应，第一次完成了颠茄酮的合成，这是当时有机合成的一项卓越成就。

时隔 14 年之后，1917 年英国化学家罗宾逊（Robinson）第二次合成了颠茄酮，所不同的是他采用了全新的、简捷的合成方法，它是模拟自然界植物体合成莨菪碱的过程而进行的，其合成路线是：

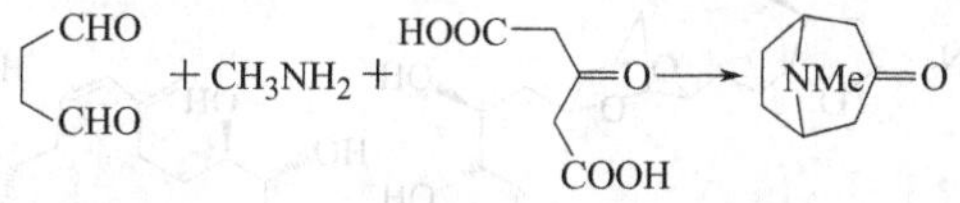

这一合成曾被 Willstätter 称为是“出类拔萃的”合成，它反映了这一时期有机合成突飞猛进的发展。与此同时，许多具有生物活性的复杂化合物相继被合成，例如，获 1930 年诺贝尔化学奖的 Hans Fischer 合成的血红素；1944 年 R. B. Woodward 合成的金鸡纳碱等。以上这些化合物的合成标志着这一时期有机合成的水平，奠定了下一阶段有机合成辉煌发展的基础。

从二战结束到 20 世纪末，有机合成进入了空前发展的辉煌时期。这一阶段又分为 50、60 年代的 Woodward 艺术期，70、80 年代 Corey 的科学与艺术的融合期和 90 年代以来的化学生物学期三个时期。其中美国化学家 R. B. Woodward（1917 年—1979 年）是艺术期的杰出代表，也是到目前为止最杰出的合成化学大师之一。他在 27 岁时就完成了喹咛的全合成，他的重要杰作还有生物碱如马钱子碱（1954 年）、麦角新碱（1956 年）、利血平（1956 年）；甾体化合物如胆甾醇、皮质酮（1951 年）、黄体酮（1971 年）以及羊毛甾醇（1957 年）；抗生素如青霉素、四环素、红霉素以及维生素 B_{12} 等，并因此而获得 1965 年诺贝尔化学奖。其中维生素 B_{12} 含有 9 个手性碳原子，其可能的异构体数为 512。由此不难想象它的合成难度是如何巨大，以至于近百名科学家历经 15 年才完成了它的全合成。维生素 B_{12} 全合成的实现，不单是完成了一个高难度分子的合成，而且在此过程中，Woodward 和量子化学家 R. Hofmann 共同发现了重要的分子轨道对称守恒原理。这一原理使有机合成从艺术更多地走向理性。在完成大量结构复杂的天然分子全合成后，从 20 世纪 70 年代开始，天然产物的全合成超越艺术进入科学与艺术的融合期。合成化学家开始总结有机合成的规律和有机合成设计等问题。其中最著名

的、影响最大的是 E. J. Corey 提出的反合成分析。他从合成目标分子出发，根据其结构特征和对合成反应的知识进行逻辑分析，并利用经验和推理艺术设计出巧妙的合成路线。运用这种方法 Corey 等人在天然产物的全合成中取得了重大成就。其中包括银杏内酯、大环内酯如红霉素、前列腺素类化合物以及白三烯类化合物的合成。Corey 也因此而荣获 1990 年诺贝尔化学奖。

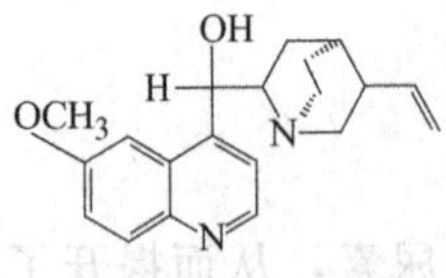
喹咛

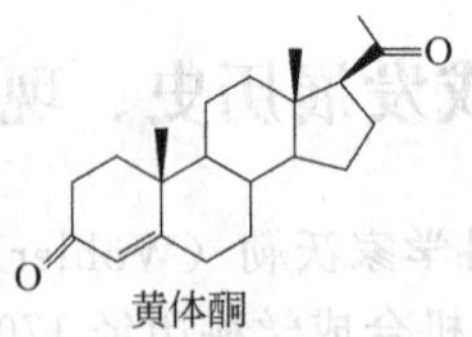
黄体酮

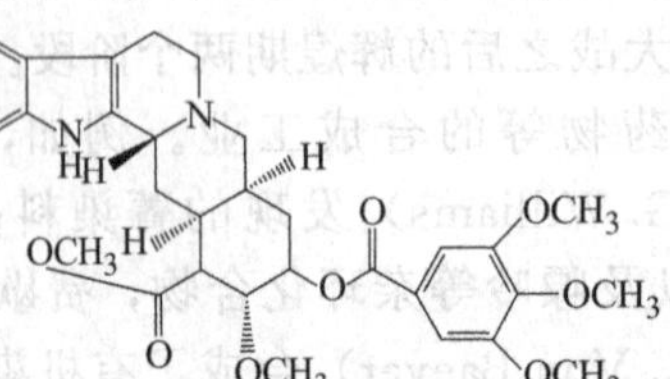
利血平

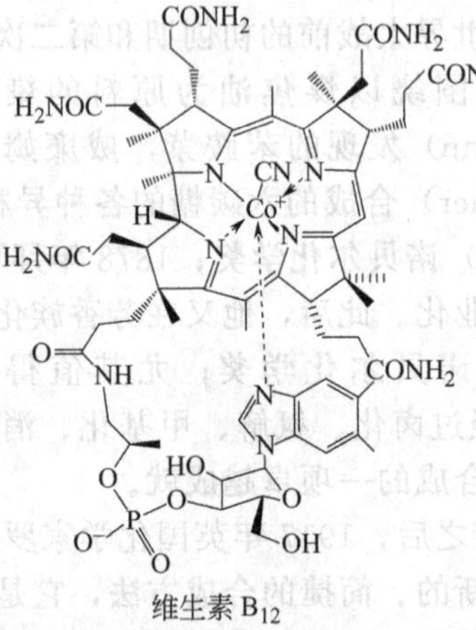
维生素 B_{12}

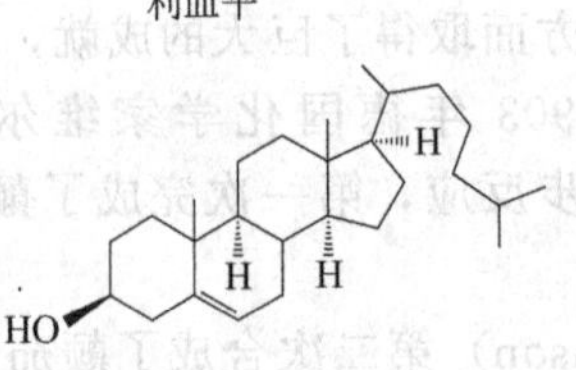
胆甾醇

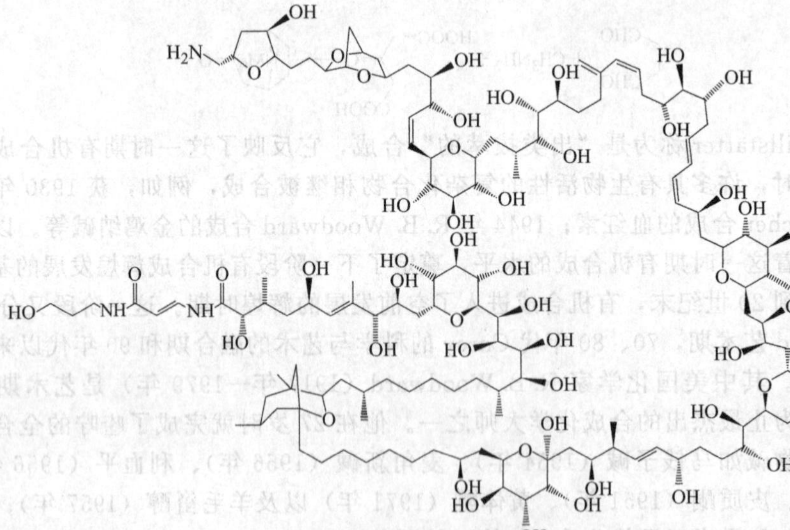
海葵毒素

时至 20 世纪 90 年代，合成化学家完成的最复杂分子的合成当属 Kishi 小组的海葵毒素 (palytaxin) 的合成。海葵毒素含有 129 个碳原子、64 个手性中心和 7 个骨架内双键，可能的异构体数达 2^{71} (2.36×10^{21}) 之多，因此，其结构的复杂程度也就不言而喻了。近年来，合成化学家把合成工作与探寻生命奥秘联系起来，更多地从事生物活性的目标分子的合成，尤其是那些具有高生物活性和有药用前景分子的合成。例如，免疫抑制剂 FK506、抗癌物质埃斯坡霉素（esperimycin）、紫杉醇（Taxol）等的合成。至此，有机合成进入化学生物学期。

随着人类进入21世纪，社会的可持续发展及其所涉及的生态、资源、经济等方面的问题已成为国际社会关注的焦点。出于对人类自身的关爱，必然会对化学，尤其是对合成化学提出新的更高的要求。近年来绿色化学、洁净技术、环境友好过程已成为合成化学追求的目标和方向。可见21世纪有机合成所关注的不仅仅是合成了什么分子，而是如何合成，其中有机合成的有效性、选择性、经济性、环境影响和反应速率将是有机合成研究的重点。

总之，有机合成的发展趋势可以概括为两点：其一是合成什么，包括合成在生命、材料学科中具有特定功能的分子和分子聚集体；其二是如何合成，包括高选择性合成、绿色合成、高效快速合成等。“如何合成”是合成化学家主要关注的问题！在这个问题上，化学家认为，有机合成化学的发展大体上可以分为两个方面：一是发展新的基元反应和方法；二是发展新的合成策略，合成路线，以便创造新的有机分子或者是实现或改进有各种意义的已知或未知有机化合物的合成。

就发展新的合成策略和合成路线而言，在21世纪有机合成主要要求新的合成策略和路线具备以下特点：

① 定向合成和高选择性　定向合成具有特定结构和功能的有机分子是目前最重要的课题之一；

② 高合成效率、环境友好及原子经济性　在21世纪的当今，人类追求经济和社会的可持续发展，合成效率的高低直接影响着资源耗费，合成过程是否环境友好，合成反应是否具有原子经济性预示着对环境破坏的程度大小；

③ 高的反应活性和收率　反应活性和收率是衡量合成效率的一个重要方面；

④ 条件温和、合成更易控制　当今的有机合成模拟生命体系酶催化反应条件下的反应，这类高效定向的反应正是合成化学家追求的一种理想境界，如合成各种人工酶；

⑤ 新的理论发现　任何新化合物的出现，都会导致新理论的突破。

就发展新的基元反应和方法而言，曾经在1993年，Seabach D的“Organic Synthesis-where now?”文章论述了当时的有机合成及其发展趋势，他认为从大的反应类型上讲，合成反应已很少再有新的发现，当然新的改进和提高还在延续。而过渡金属参与的反应，对映和非对映的选择性反应以及在位的多步连续反应则可望成为以后发现新反应的领域。这以后十几年的发展大致印证了这些预计。最近吴毓林等化学家对有机合成化学进展做了最新的综述。下面就从几个局部点上来看有机合成近年来的发展趋势。

(1) 过渡金属参与的有机合成反应　近年来，过渡金属尤其是钯参与的合成反应占新发展的有机合成反应的绝大部分，例如，烯烃的复分解反应，已经成为形成碳-碳双键的一个非常有效的方法，包括以下三个类型。

① 开环聚合反应（romp ring opening metathesis polymerization）

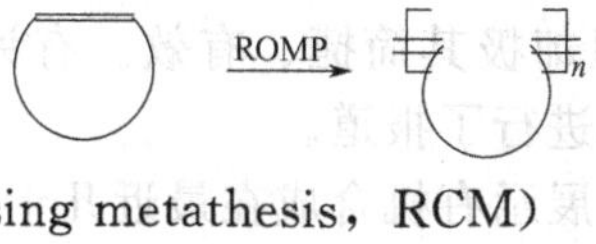

② 关环复分解反应（ring closing metathesis，RCM）

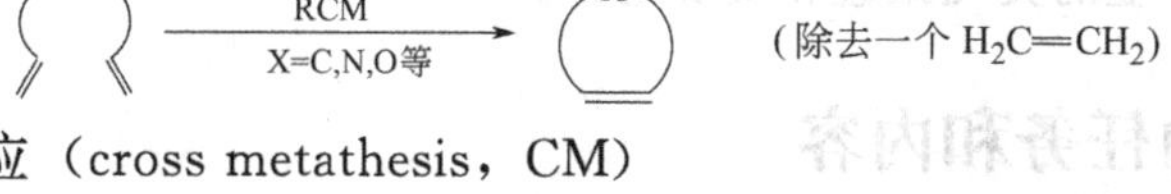

③ 交叉复分解反应（cross metathesis，CM）

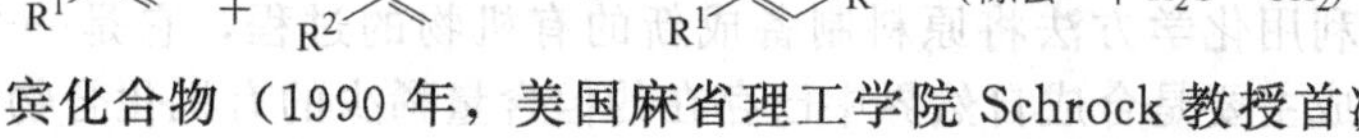

催化剂主要是钼卡宾化合物（1990年，美国麻省理工学院Schrock教授首次报道了钼卡宾配合物的合成）。

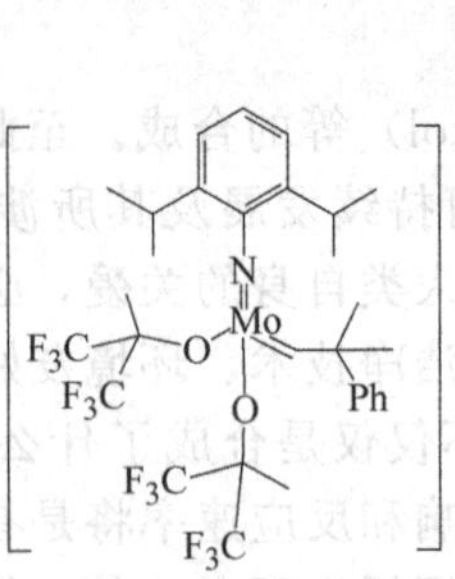

1993 年，Schrock 等又一次合成了光学纯烯烃复分解催化剂，由此也拉开了不对称催化烯烃复分解反应的帷幕。

在现代化学合成中，催化烯烃复分解反应已经成为常用的化学转化之一，通过这种重要的反应，可以方便、有效、快捷地合成一系列小环、中环、大环碳环或杂环分子。

(2)“一个反应瓶”内的多步合成　近年来有机合成方法学另一个主要发展方面是发现和发展新的“一个反应瓶”内的多步反应，或者称在位的多步连接反应，所谓的“一个反应瓶”内的多步反应可以从相对简单易得的原料出发，不经中间体的分离，直接获得结构复杂的分子，这显然是更经济、更为环境友好的反应。“一个反应瓶”内的多步反应大致分为两种：a. 串联反应（tandem reaction）或者叫多米诺反应（Domino reaction）；b. 多组分反应（multi-component reaction，MCR），实际上 1917 年 Robison 的颠茄酮的合成就是一个早年的“一个反应瓶”的多步反应：

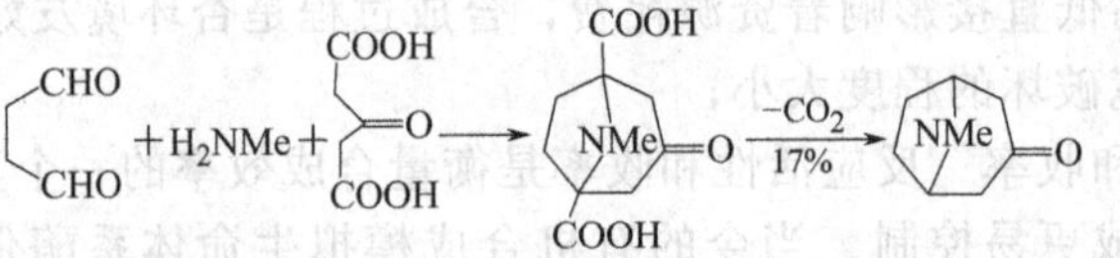

20 世纪 80 年代中期，Noyoli 的前列腺素的合成是一个典型的串联反应，自此串联反应才成为一个流行的合成反应名称。

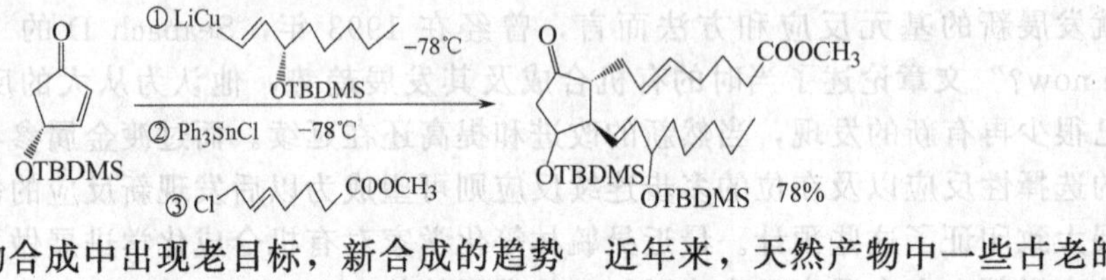

(3) 在天然产物合成中出现老目标，新合成的趋势　近年来，天然产物中一些古老的分子用简捷高效的新的合成路线合成成为一种新的趋势，例如，奎宁是一种治疗疟疾的经典药物，1946 年 R. B. Woodward 的首次合成具有深远的意义，但是 R. B. Woodward 合成得到的奎尼辛（quinotoxine）只是奎宁的降解物，也没有验证它能否回到奎宁，至今无人验证。除 20 世纪 70 年代有过一些选择性很差的奎宁合成报道外，直到 2001 年之前奎宁的合成几乎没有进展。2001 年，即 R. B. Woodward 合成奎宁辛 55 年后，Stork 报道了奎宁的立体控制全合成。这一合成没有使用任何新奇的反应，但却极其简捷、有效。有评价称这一合成是经典之作。2004 年又有人用不同的方法对奎宁合成进行了报道。

尽管以上这几个方面不能完全展示有机合成在最近几十年的巨大进步和成果，但由此也可以看出有机合成方法学上的突飞猛进和发展趋势。

1.2　有机合成的任务和内容

有机合成是指利用化学方法将原料制备成新的有机物的过程，它是一个极富创造性的领域。早期的有机合成主要是合成自然界中已存在的但含量稀少的有机化合物。后来根据结构与性质关系的规律性和实际需求，进一步合成了自然界不存在的、新的、具有理论和实际价值的有机化合物。所以，有机合成今后的任务将不再是盲目追求更多新化合物的合成，而是去设计合成预期的、有特异性能或有重大意义的有机化合物。

有机合成是综合应用各类有机反应及其组合、有机合成新方法、新技术、有机合成设计及策略以获得目标产物的过程。尽管现有的合成反应非常多，仍然不能满足化学家奇妙的分子合成设计需要和更高要求的有机合成。新试剂、新反应、新方法和新技术的应用使有机合成路线更简捷、更有效、更绿色化。例如，元素有机试剂的不断涌现为有机合成提供了新型的高选择性试剂；过渡金属有机化合物用于有机合成不仅使许多反应转化率和原子利用率更高，而且把化学计量反应转变为效率更高的催化反应；组合化学的应用使药物合成更加高效快速；有机电合成和超临界合成技术的应用为有机合成的绿色化提供了可能；光合成、超声波合成、微波合成和等离子体合成等技术不仅促进了有机合成，而且还创造了一系列新的有机合成反应和新的反应通道。可见，有机合成新方法、新技术的不断出现将极大地丰富有机合成化学理论，为合成出具有更大价值的新的目标化合物提供了可能。

今天，科学技术能够不断取得进步与突破，人们的生活能够不断提高和改善，有机合成的贡献在其中起了极其重要的作用。也就是说，有机合成既与材料、生命、环保、能源四大支柱学科密切相关，也与我们社会的现代文明和日常生活密切相关。有机合成化学发展很快，有关新试剂、新方法、新技术、新理念不断涌现。尤其是在当今，新材料和新药物的需求、资源的合理开发和利用、减少或消除环境污染等可持续发展问题为有机合成提出了更高的要求。因此，不断学习、掌握、开发和利用有机合成的新方法、新技术无疑是对每个有机合成工作者的基本要求。

从有机合成的发展历史看，我们有理由相信，它的发展将永远没有止境。作为创造新物质的手段，有机合成已为人类创造了无数奇迹，它必将继续服务于人类的文明进步，致力于创造人类生活更加美好的未来。

参考文献

1 杜灿屏，刘鲁生，张恒主编．21世纪有机化学发展战略．北京：化学工业出版社，2002
2 戴立信，钱延龙主编．有机合成化学进展．北京：化学工业出版社，1993.1～49
3 岳宝珍主编．有机合成基础．北京：北京医科大学出版社，2000
4 张滂主编．有机合成进展．北京：科学出版社，1992.1～40
5 吴毓林，麻生明，戴立信主编．现代有机合成化学进展．北京：化学工业出版社，2005
6 潘春跃主编．合成化学．北京：化学工业出版社，2005
7 Robinson R. *J Chem Soc*，1917，111：762
8 Woodward R B，Doeving W E. *J Amer Chem Soc*，1944，66：849
9 Woodward R B，et al. *J Amer Chem Soc*，1956，78：2023
10 Woodward R B，et al. *J Amer Chem Soc*，1951，73：3548
11 Woodward R B，et al. *J Amer Chem Soc*，1954，76：4749
12 Woodward R B，et al. *J Amer Chem Soc*，1954，76：2852
13 Woodward R B，et al. *Pure Appl Chem*，1963，6：561
14 Woodward R B，et al. *J Amer Chem Soc*，1981，103：3210
15 Tietze L F，Schirok H. *J Amer Chem Soc*，1999，121：10264～10269
16 Nicolaou K C，Vourloumis D，Winssinger N，Baran P S. *Angew Chem Int ED*，2000，39：44
17 Stork G，Niu D，Fujimoto A，et al. *J Am Chem Soc*，2001，126：3239～3242
18 Raheem I T，Goodman S N，Jacobsen E N. *J Am Chem Soc*，2004，126：706～707
19 Igarashi J，Katsukawa M，Wang Y G et al. *Tetrahedron Lett*，2004，45：3783～3786

第 2 章　有机合成基础

有机化合物的合成，大致包括分子骨架的形成和官能团的转换两个方面。其中，分子骨架的形成是有机合成的核心。因为官能团虽然决定化合物的性质，很重要，但它毕竟是附着在分子骨架上的，如果没有骨架，官能团也就没有归宿了。

2.1　分子骨架的形成

有机分子骨架，主要是由碳原子构成的。碳碳键的形成是建立分子骨架的基础。本节主要讨论碳碳单键、碳碳不饱和键及碳环和杂环的形成方法。

2.1.1　碳碳单键的形成

碳碳单键的形成是有机合成中极为重要的一部分内容。这里主要介绍几种重要的形成碳碳单键的反应，包括 Friedel-Crafts 反应、活泼亚甲基化合物的烃基化与酰基化反应、缩合反应及其他与碳碳单键的形成有关的反应。

2.1.1.1　Friedel-Crafts 反应

早在 1887 年 C. Friedel 和 J. M. Crafts 就发现了制备烷基苯和芳酮的反应，简称为傅-克反应。有机化合物分子中的氢原子被烷基所取代的反应为傅-克烷基化反应，被酰基所取代的反应为傅-克酰基化反应。

(1) 傅-克烷基化反应　在酸的催化作用下，芳香烃与烷基化试剂作用，芳环上的氢被烷基所取代的反应，称为傅-克烷基化反应。

卤代烷、烯烃和醇是常用的烷基化试剂，此外还有醛、酮、环烷烃等。

傅-克烷基化反应常用的催化剂可分为两大类。一类是路易斯酸，主要为金属卤化物，它们的催化活性大致如下：

$$AlCl_3 > FeCl_3 > SbCl_3 > SnCl_3 > BF_3 > TiCl_3 > ZnCl_2$$

其中 $AlCl_3$ 最常用，也是催化活性最强的。

另一类为质子酸，如 HF、H_2SO_4、H_3PO_4 等。此外，还有其他类型的催化剂，如酸性氧化物、有机铝化合物等。例如：

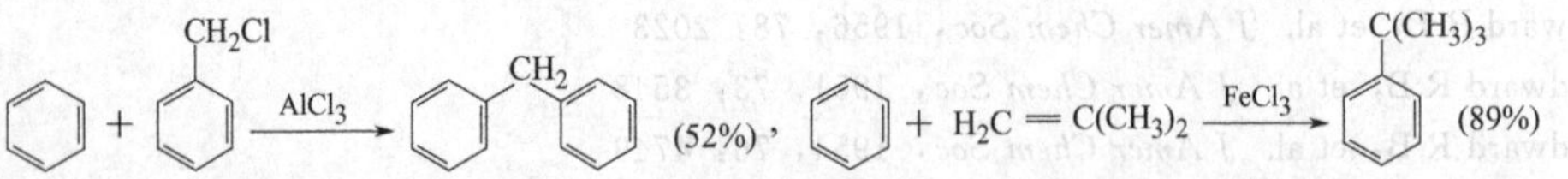

对于卤代烷，不同的卤原子以及不同结构的烷基，对烷基化反应均有影响，当烷基相同而卤原子不同时，反应活性次序为：RCl>RBr>RI

当卤原子相同，而烷基不同时，其活性次序为：

$-CH_2X$, $H_2C{=}CH{-}CH_2X > R_3CX > R_2CHX > RCH_2X > CH_3X$

由于烷基是供电子基，当芳环上引入烷基后，环上的电子云密度增加，使芳环更加活泼，更加容易进行亲电取代反应，因此苯在烷基化时生成的单取代烷基苯很容易进一步进行反应生成二取代烷基苯或多取代烷基苯。

傅-克烷基化反应具有可逆性，烷基苯在强酸的催化作用下，能够发生烷基的歧化和转移。

当苯过量时，则有利于发生烷基的转移，使多烷基苯向单烷基苯转化。利用这一性质，在制备单取代烷基苯时，可使副产物的多烷基苯与苯发生烷基转移，即脱烷基再与苯进行烷基化，以增加单取代烷基苯的收率。

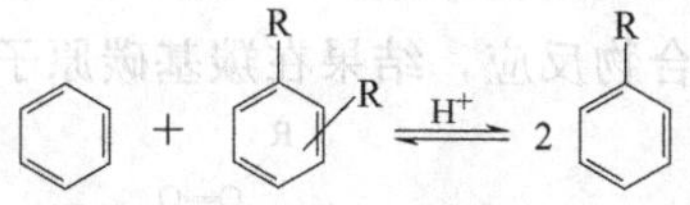

当烷基化试剂的碳链多于两个碳时，生成多种异构产物，主要原因是烷基正离子发生重排的结果。例如：

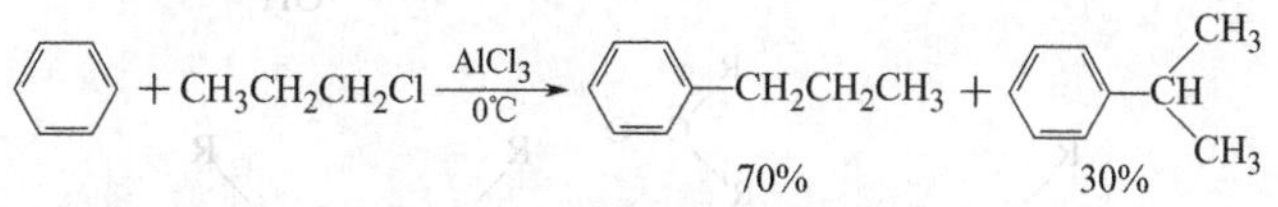

芳环上的取代基对傅-克烷基化反应有较大影响，当芳环上连有—NO_2、—CN 等吸电子基团时，反应不易进行，甚至不能发生。

(2) 傅-克酰基化反应　在无水三氯化铝的催化下，芳烃与酰卤或酸酐反应，将酰基引入苯环，生成芳酮。

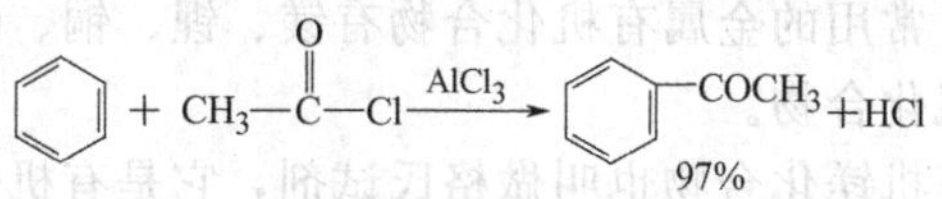

常用的酰基化试剂是酰卤（主要为酰氯和酰溴）和酸酐，酰卤的反应活性顺序为：

$$R-\overset{O}{\overset{\|}{C}}-I > R-\overset{O}{\overset{\|}{C}}-Br > R-\overset{O}{\overset{\|}{C}}-Cl > R-\overset{O}{\overset{\|}{C}}-F$$

常用的催化剂为路易斯酸，如：$AlCl_3$、BF_3、$SnCl_4$、$ZnCl_2$ 等。

酰基是一个间位定位基，当一个酰基取代苯环的氢后，使苯环的活性降低，反应终止，产物一般为一元取代苯，而不会生成多元取代苯的混合物，因此芳烃的酰基化反应的产率一般比较好。此外，酰基化反应是不可逆的，也不发生重排，因此酰基化反应在合成上很有价值。

由于酰基化反应的产物单纯，可以用此反应先生成酮，再还原来制备芳烃的烷基衍生物。

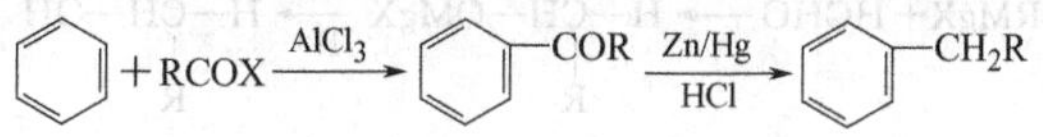

2.1.1.2　氯甲基化反应

氯甲基化反应与傅-克反应类似，它是通过苯与甲醛、氯化氢在无水氯化锌作用下反应生成氯化苄：

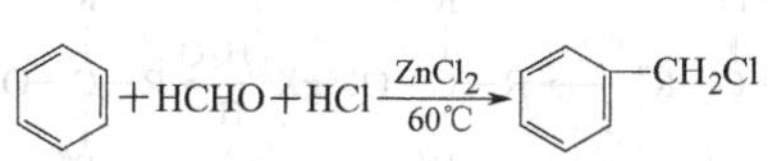

导入的氯甲基可以转化为其他基团，因此氯甲基化反应在有机合成上很有意义。

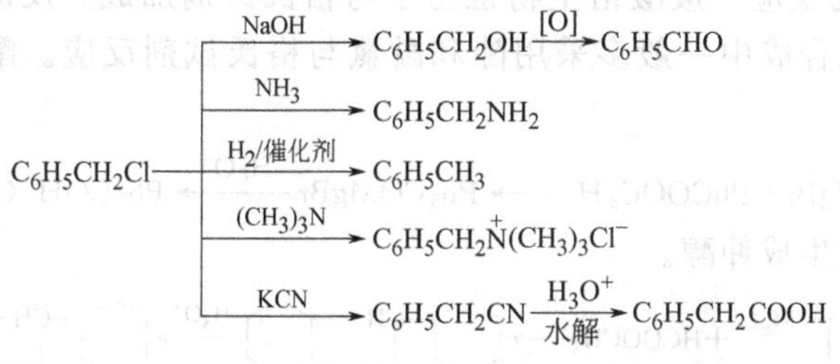

2.1.1.3　炔烃的烃基化反应

与炔基直接相连的氢为活泼氢，易于形成金属炔化物，金属炔化物可以作为亲核试剂与卤代烃进一步反应，生成高级炔烃。这是炔烃碳链增长的重要方法。

$$RC\equiv CNa + R'X \longrightarrow RC\equiv CR'$$

金属炔化物与卤代烃的反应比较容易进行。卤代烷烃反应活性次序为：RI＞RBr＞RCl＞RF

$$HC \equiv CNa + BrCH_2CH_2CH_3 \xrightarrow{\text{液氨}} HC \equiv C-CH_2CH_2CH_3$$

金属炔化物还可以和羰基化合物反应，结果在羰基碳原子上引入一个炔基。

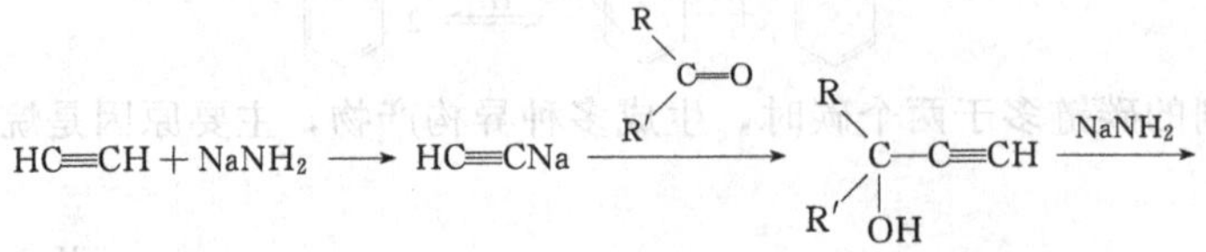

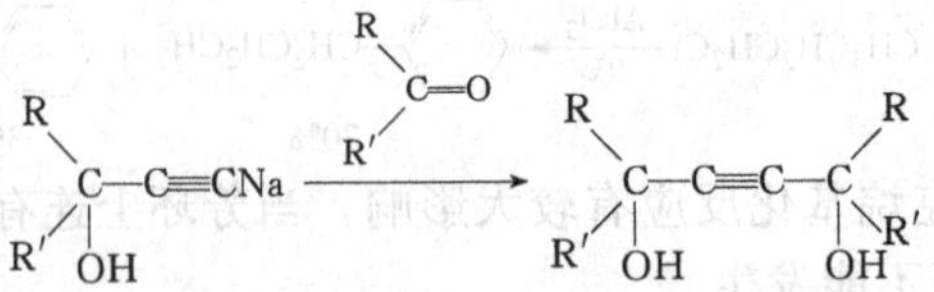

2.1.1.4　*金属有机化合物的反应*

金属有机化合物是指金属原子和一个或多个碳原子直接键合的化合物。金属有机化合物在有机合成上具有广泛用途。常用的金属有机化合物有镁、锂、铜、镉、锌等的化合物。这里主要介绍几种重要的金属有机化合物。

(1) 有机镁化合物　有机镁化合物也叫做格氏试剂，它是有机合成中最重要的有机金属试剂之一，也是最为人们所熟悉的、最常用的有机金属化合物。

在格氏试剂分子中，镁原子以共价键同碳原子相连，由于碳的电负性大于镁，因此成键电子对向碳原子转移，使得C—Mg键高度极化，所以，格氏试剂中的烃基是一种活性很高的亲核试剂，能够发生加成、取代、偶合等反应。

① 加成反应

a. 与醛、酮的反应　格氏试剂与醛酮反应生成各种醇，与甲醛反应生成伯醇，与其他醛反应生成仲醇，与酮反应生成叔醇。

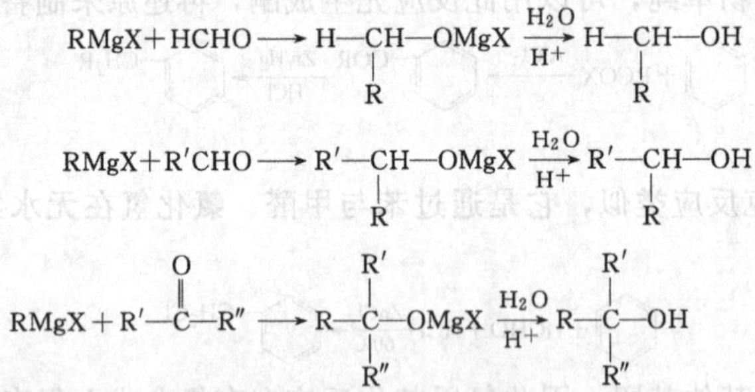

b. 与羧酸衍生物的反应　羧酸衍生物也易于与格氏试剂加成，反应首先生成酮，再进一步反应生成醇。在有机合成中一般多采用酯和酰氯与格氏试剂反应。酯与格氏试剂反应生成叔醇：

$$2PhMgBr + PhCOOC_2H_5 \longrightarrow Ph_3COMgBr \xrightarrow{H_3O^+} Ph_3COH\ (90\%)$$

甲酸酯与格氏试剂反应生成仲醇。

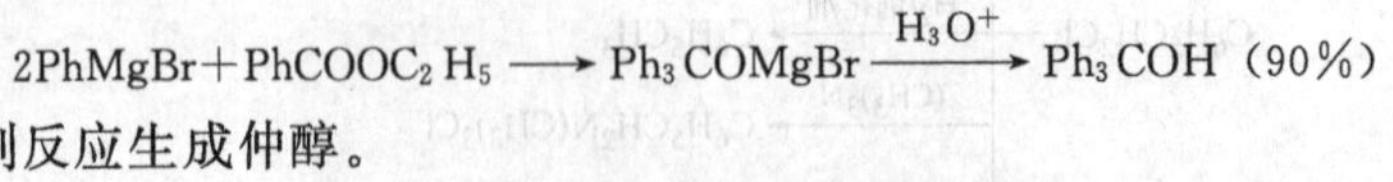

酰氯与格氏试剂反应也主要用于合成醇，因为先生成的酮会继续与格氏试剂反应，而生成叔醇。

若使用一分子格氏试剂与酰氯在低温下反应，则可使上述反应停留在生成酮的阶段。

$$CH_3(CH_2)_5MgBr + CH_3CH_2CH_2-\overset{O}{\overset{\|}{C}}-Cl \xrightarrow{-30℃} CH_3(CH_2)_5-\overset{O}{\overset{\|}{C}}-CH_2CH_2CH_3$$

c. 与环氧化合物的反应　格氏试剂与环氧乙烷作用生成增加两个碳原子的伯醇，与环氧丙烷作用生成增加三个碳原子的仲醇。例如：

$$C_6H_5MgBr + H_2C\underset{O}{-}CH_2 \xrightarrow{干醚} C_6H_5CH_2CH_2OMgBr \xrightarrow{H_3O^+} C_6H_5CH_2CH_2OH$$

d. 与腈反应　格氏试剂与腈作用生成酮：

$$RMgX + R'-C{\equiv}N \longrightarrow R'-\overset{R}{\overset{|}{C}}{=}NMgX \xrightarrow[H_2O]{H^+} R-\overset{O}{\overset{\|}{C}}-R'$$

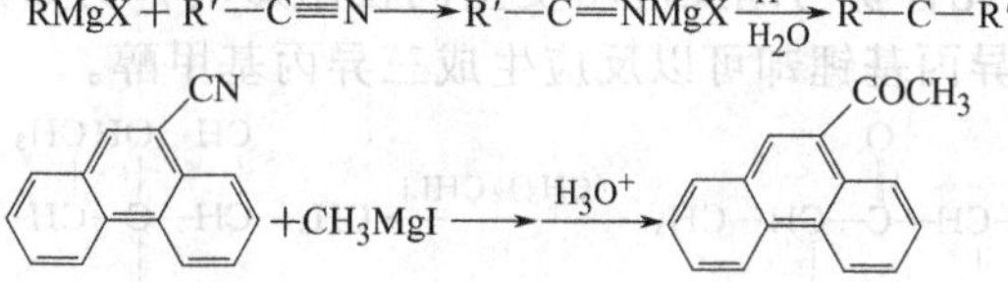

e. 与 CO_2 的反应　格氏试剂与 CO_2 加成可以生成羧酸：

$$RMgX + CO_2 \longrightarrow R-\overset{O}{\overset{\|}{C}}-OMgX \xrightarrow[H_2O]{H^+} RCOOH$$

f. 与 α,β-不饱和羰基化合物反应　格氏试剂与 α,β-不饱和羰基化合物反应，既可以在羰基碳上进行（1,2-加成），也可以在 β 碳上进行（1,4-加成）。

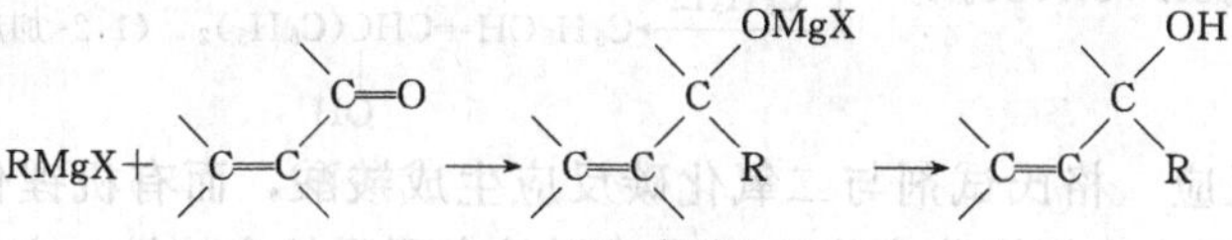

(1,2-加成)

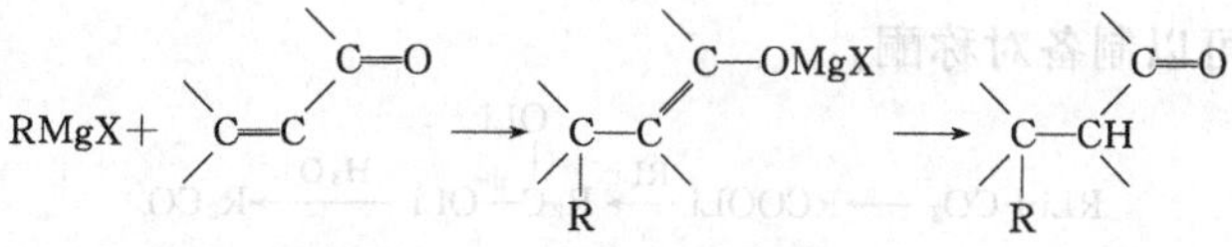

(1,4-加成)

格氏试剂与 α,β-不饱和羰基化合物的作用方式取决于 α,β-不饱和羰基化合物的结构。格氏试剂与 α,β-不饱和醛通常起 1,2-加成反应，生成不饱和醇。例如：

$$C_2H_5MgBr + CH_3CH{=}CHCHO \xrightarrow[②H_3O^+]{①干醚} CH_3CH{=}CH-\underset{OH}{\underset{|}{CH}}-C_2H_5$$

若 α,β-不饱和酮分子中与羰基相连的烃基具有较大的空间位阻效应，则与格氏试剂主要发生 1,4-加成反应。例如：

$$CH_3CH{=}CH-\overset{O}{\overset{\|}{C}}-CH_3 + C_2H_5MgBr \xrightarrow[②H_3O^+]{①干醚} \underset{(75\%)}{CH_3\underset{C_2H_5}{\underset{|}{CH}}-CH_2-\overset{O}{\overset{\|}{C}}-CH_3} + \underset{(25\%)}{CH_3CH{=}CH-\overset{OH}{\overset{|}{\underset{C_2H_5}{\underset{|}{C}}}}-CH_3}$$

$$C_6H_5CH{=}CH-\overset{O}{\overset{\|}{C}}-C(CH_3)_3 + C_2H_5MgBr \xrightarrow[②H_3O^+]{①干醚} C_6H_5-\underset{C_2H_5}{\underset{|}{CH}}-CH_2-\overset{O}{\overset{\|}{C}}-C(CH_3)_3 \quad (100\%)$$

② 偶合反应　格氏试剂与卤代烃发生偶合反应，可以制备碳链增长的烃。

$$RX + R'MgX \longrightarrow R-R' + MgX_2$$

格氏试剂与饱和卤代烃反应的产率不高；但是与活泼卤代烃如：R_3CX，$RCH{=}CHCH_2X$，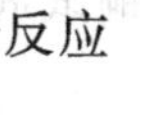$-CH_2X$ 反应的收率较好。例如：

$$H_2C{=}CHCH_2Br + CH_3CH_2MgBr \longrightarrow \underset{94\%}{CH_3CH_2CH_2CH{=}CH_2} + MgBr_2$$

格氏试剂还可与硫酸酯、磺酸酯等进行偶合反应，形成碳碳键。

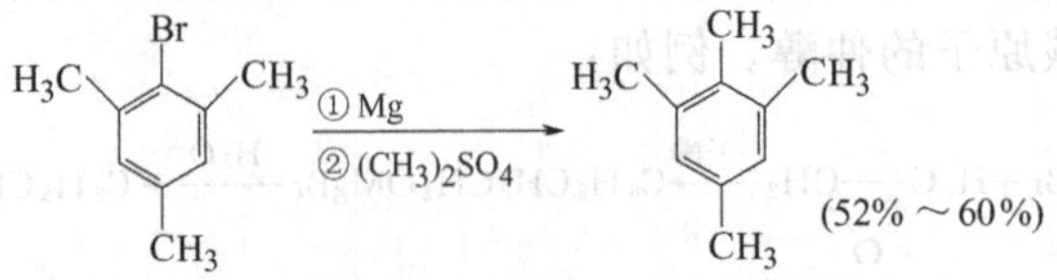

（2）有机锂化合物　有机锂化合物和有机镁化合物有着相似的反应性能，凡是有机镁化合物能够发生的反应，有机锂化合物都能够发生，而且，有机锂化合物更活泼。

① 与酮反应　有机锂化合物与酮反应不受空间位阻影响，例如，异丙基溴化镁与二异丙基酮不发生加成反应，但异丙基锂却可以反应生成三异丙基甲醇。

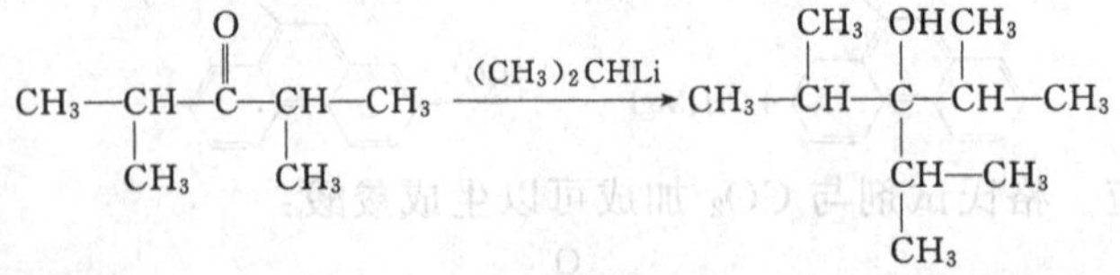

② 与 α,β-不饱和羰基化合物反应　与格氏试剂不同，有机锂化物与 α,β-不饱和羰基化合物反应，主要生成1,2-加成产物。

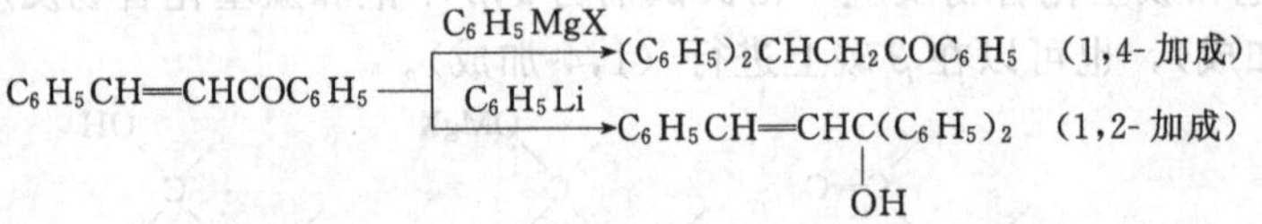

③ 与二氧化碳反应　格氏试剂与二氧化碳反应生成羧酸，而有机锂化合物与二氧化碳反应生成酮。这主要是因为有机锂化合物比格氏试剂具有更强的亲核性，它能够与羧酸根反应生成酮。利用这个反应可以制备对称酮。

$$RLi + CO_2 \longrightarrow RCOOLi \xrightarrow{RLi} R_2C(OLi)_2 \xrightarrow{H_3O^+} R_2CO$$

④ 与卤代烃反应　有机锂化合物与卤代烃的反应比格氏试剂剧烈，能够发生偶合反应。

$$RLi + R'X \longrightarrow R{-}R' + LiX$$

例如：

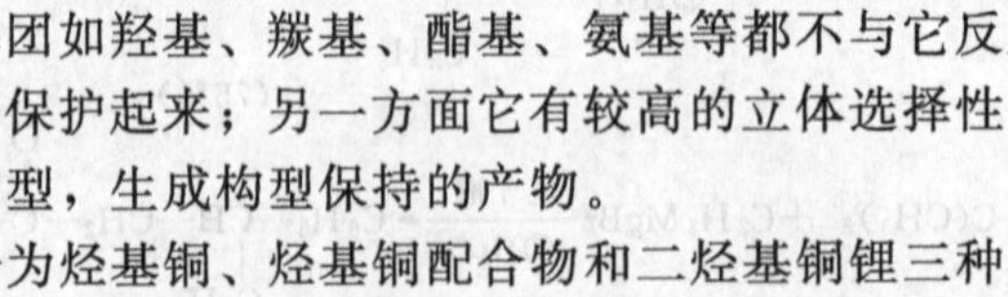

与格氏试剂相似，有机锂化合物同样能够与醛、环氧烷和羧酸酯反应制备各种醇类物质，与格氏试剂相比，具有产率高、易分离的特点。

（3）有机铜化合物　有机铜化合物在有机合成中的优越性能一方面表现在它对各种基团反应的选择性，一些活泼基团如羟基、羰基、酯基、氨基等都不与它反应，因此在与其他基团反应时，不需要将这些基团保护起来；另一方面它有较高的立体选择性，有机铜化合物能够保持其自身或反应物原有的构型，生成构型保持的产物。

有机铜化合物一般分为烃基铜、烃基铜配合物和二烃基铜锂三种类型，其中，二烃基铜锂由于有较好的溶解性、较高的活泼性和选择性，成为有机合成中常用的有机铜试剂。二烃基铜锂一般采用有机锂化合物与卤化亚铜反应制备：

$$2RLi + CuX \longrightarrow R_2CuLi + LiX$$

① 烃基取代反应　二烃基铜锂能够和卤代烃发生反应，使试剂中的烃基与卤化物的烃基连接起来，其通式为：

$$R_2CuLi + R'X \longrightarrow R—R' + RCu + LiX$$

这类反应通常在低温下进行，由于有机铜试剂与许多功能基团都不反应，因此是合成含有功能基团的化合物的较好方法之一。例如：

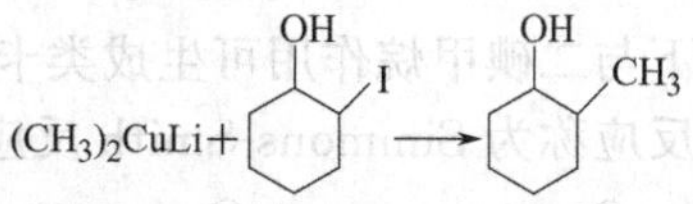

在二烷基铜锂中，二甲基铜锂进行甲基化的产率最高，其次为伯烷基铜锂试剂，仲烷基和叔烷基铜锂试剂的产率最低。

② 与 α,β-不饱和羰基化合物反应　不饱和羰基化合物与有机铜试剂反应主要发生 1,4-加成。二烃基铜锂与 α,β-不饱和羰基化合物反应，烃基选择性地加在 β 碳上，得到饱和酮。这一反应是有机合成中将烷基或芳基引入 α,β-不饱和酮的 β 位的重要方法。例如：

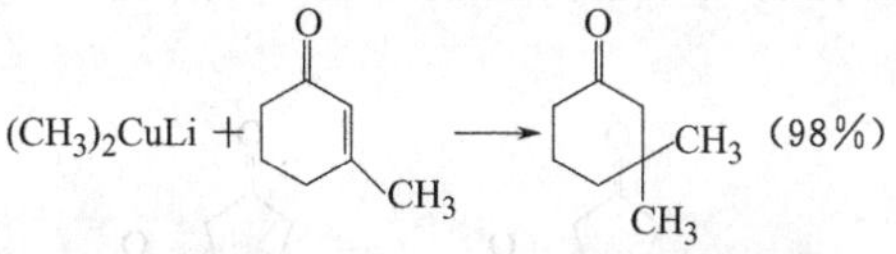

③ 与酰氯反应　二烃基酮锂与酰氯反应，停留在酮的阶段，这是合成酮的较好方法之一。酰氟和酰溴也能发生类似反应，并得到较好结果。二酰氯可在两边同时取代，得到二酮。

$$(H_3C)_3C—\overset{\displaystyle O}{\overset{\|}{C}}—Cl + (CH_3)_2CuLi \longrightarrow (H_3C)_3C—\overset{\displaystyle O}{\overset{\|}{C}}—CH_3$$

④ 对环氧化合物加成　二烃基铜锂可与环氧化合物在温和条件下反应，产物具有立体选择性，通常进行异侧加成。

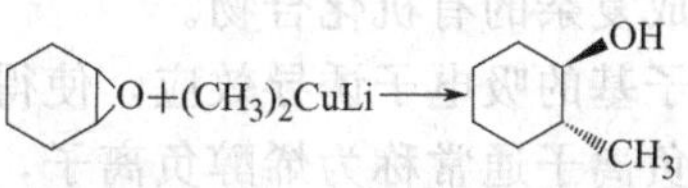

环氧化合物结构不对称时，有机铜试剂中的基团一般进攻空间位阻较小的碳原子，而得到相应的醇。

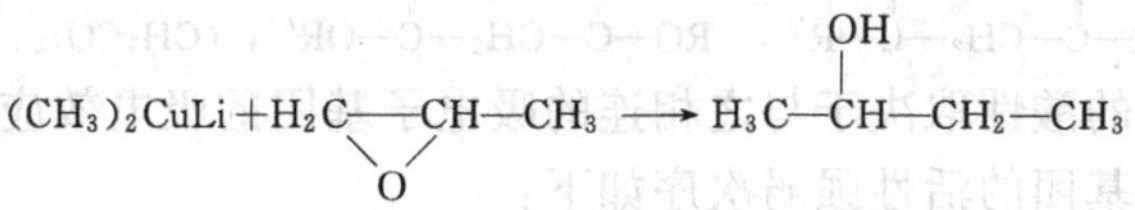

(4) 有机锌化合物　有机锌化合物的反应活性较格氏试剂和有机锂试剂的低，易与酰氯反应。有机锌试剂最有用的一个反应是 Reformatsky 反应，它是用 α-卤代羧酸酯在锌的作用下与醛或酮反应，生成 β-羟基酸酯，或脱水生成 α,β-不饱和羧酸酯。

反应中的 α-卤代羧酸酯以 α-溴代羧酸酯最为常用。例如：

$$PhCHO + BrCH_2COOC_2H_5 \xrightarrow[\text{②}H^+/H_2O]{\text{①}Zn} Ph—\underset{\displaystyle OH}{\underset{|}{CH}}—CH_2COOC_2H_5$$

该反应一般在有机溶剂中进行，常用的有机溶剂有乙醚、四氢呋喃、苯、二甲亚砜等；一般来讲，醛的活性比酮的大，并且脂肪醛的活性大于芳香醛，但是脂肪醛容易发生自身缩合等副反应。酮能够顺利地进行 Reformatsky 反应，而空间位阻较大的酮所生成的 β-羟基酸酯易脱水生成 α,β-不饱和酸酯，或者发生逆向的醇醛缩合。

该反应在有机合成上的意义在于它可使醛、酮的羰基碳上增加两个碳原子，成为醛酮类化合物碳链增长的一种方法。

$$RCHO + BrCH_2COOC_2H_5 \xrightarrow{Zn,\ \text{溶剂}} R\underset{\displaystyle OH}{\underset{|}{C}}HCH_2COOC_2H_5 \xrightarrow{-H_2O} RCH{=}CHCOOC_2H_5$$

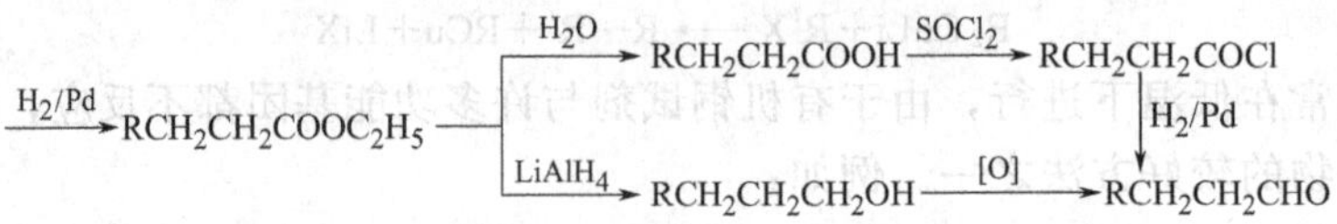

$$\xrightarrow{H_2/Pd} RCH_2CH_2COOC_2H_5 \begin{cases} \xrightarrow{H_2O} RCH_2CH_2COOH \xrightarrow{SOCl_2} RCH_2CH_2COCl \\[2mm] \xrightarrow{LiAlH_4} RCH_2CH_2CH_2OH \xrightarrow{[O]} RCH_2CH_2CHO \end{cases}$$

$$\downarrow H_2/Pd$$

此外，有机锌试剂在铜存在下与二碘甲烷作用可生成类卡宾 ICH_2ZnI，后者继续与碳碳双键加成生成环丙烷类化合物，此反应称为 Simmons-Smith 反应。例如：

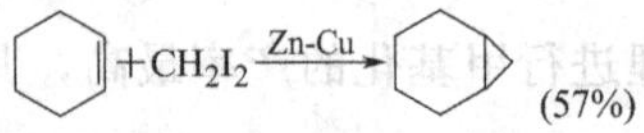

(5) 有机镉化合物　有机镉化合物的反应活性比相应的格氏试剂和有机锂化合物低，它不能够与酮进行反应，因此，有机镉化合物在有机合成中的重要反应是与酰氯反应制备酮。

$$R_2Cd + 2R'COCl \longrightarrow 2R'COR + CdCl_2$$

当化合物中含有对镁或锂化合物敏感的官能团时，若要引入酮羰基，就需用有机镉化物。例如：

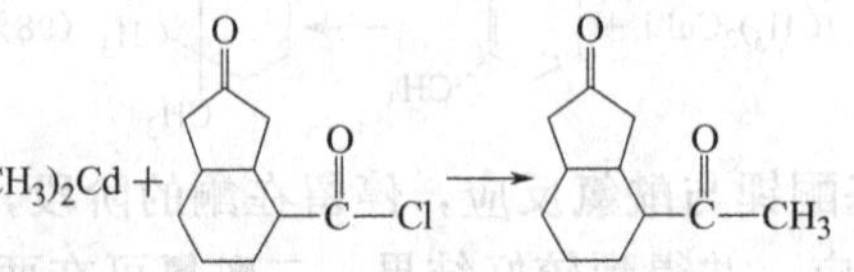

2.1.1.5　活泼亚甲基化合物的反应

当一个饱和碳原子上连有硝基、羰基、氰基、酯基、苯基等吸电子基团时，与该碳原子相连的氢原子就具有一定的酸性，也就是说这个碳原子被致活了，因此这类化合物叫做活泼亚甲基化合物。活泼亚甲基化合物的反应在有机化学中占有极其重要的地位，通过它能有效地形成碳碳键，可以由简单的化合物合成复杂的有机化合物。

活泼亚甲基化合物由于吸电子基的吸电子诱导效应，使得 α-C 上的氢具有一定的酸性，可以解离而生成碳负离子，这类碳负离子通常称为烯醇负离子，此碳负离子因离域而稳定。下面是一些常见的活泼亚甲基化合物：

$$CH_3-\overset{O}{\overset{\|}{C}}-R,\quad R-\overset{O}{\overset{\|}{C}}-CH_2-\overset{O}{\overset{\|}{C}}-R',\quad RO-\overset{O}{\overset{\|}{C}}-CH_2-\overset{O}{\overset{\|}{C}}-OR',\quad (CH_3CO)_2,\ CH_3NO_2,\ CH_3CN$$

活泼亚甲基化合物的酸性取决于与之相连的吸电子基团的吸电效应。这种效应越强，其 α-氢的活性越高。吸电子基团的活性强弱次序如下：

$$-NO_2 > -COR > SO_2R > -COOR > -CN > C_6H_5 > -CH{=}CH_2$$

活泼亚甲基化合物在碱（有时为酸）的作用下，作为亲核试剂参与反应，重要的亲核取代反应是活泼亚甲基化合物的烃基化反应和酰基化反应。

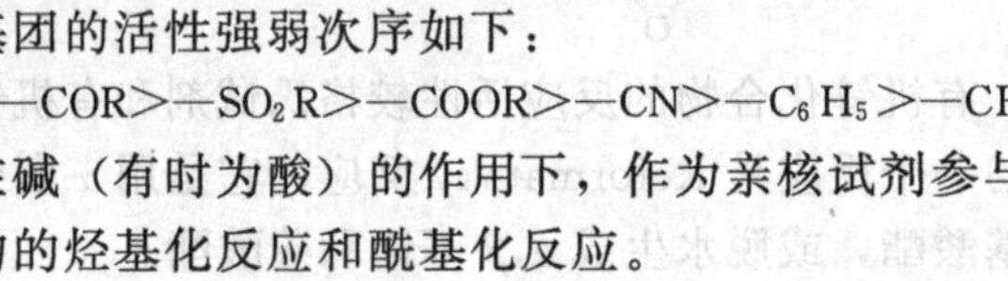

R—L 可以是卤代烃、磺酸酯、硫酸酯等烷基化试剂，也可以是酰基化试剂。当 R 为烃基时，称为烃基化反应；当 R 为酰基时称为酰基化反应。由于碳负离子可与邻位羰基发生共轭，负电荷分散在碳原子和氧原子上，因此，反应是在碳原子上还是在氧原子上发生，要根据条件具体分析。这里主要介绍活泼亚甲基化合物的碳烃基化和碳酰基化反应，它们是形成碳碳键的最重要的方法之一。

(1) 烃基化反应　活泼亚甲基化合物的烃基化具有广泛用途，可用来合成许多类型化合物。

烃基化反应所用碱可根据活泼亚甲基化合物上氢原子酸性的大小来选择。常用的碱为金属与醇形成的盐，其中乙醇钠最为常用。

溶剂的性质对烃基化反应有一定的影响。通常，极性非质子溶剂如 N,N-二甲基甲酰胺、二甲亚砜及 1,2-二甲氧基乙烷可显著增加烯醇负离子和烃基化试剂之间的反应速率。这是由于非质子溶剂不与烯醇负离子发生溶剂化作用，因而不会降低烯醇负离子的亲核能力。例如：α-乙氧羰基环戊酮的烯醇钠在二甲亚砜中室温下就可顺利进行烃基化反应。

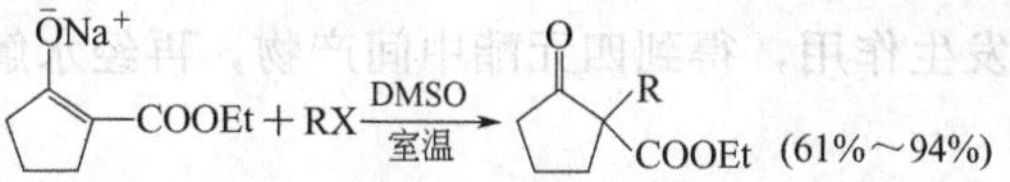

卤代烃是最常用的烃基化试剂，伯卤代烷、仲卤代烷、烯丙基卤代烷和苄基卤代烷都可以用于烃基化反应，其中烯丙基卤代烷和苄基卤代烷具有较高的反应活性；叔卤代烷很少用于烃基化反应，因为它主要和碳负离子进行消除卤代氢生成烯烃的反应。

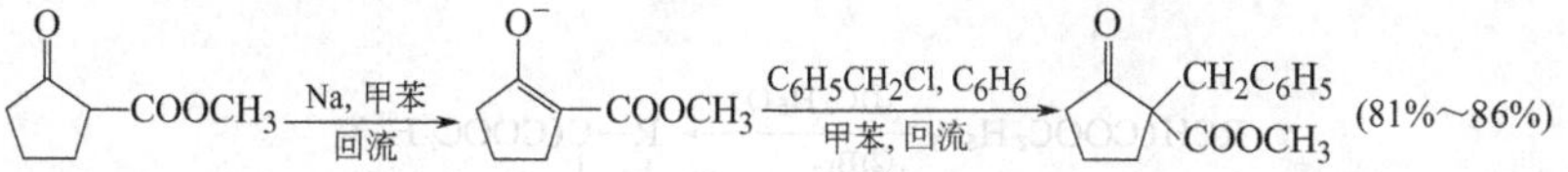

磺酸酯和硫酸酯也是常用的烃基化试剂，由于它们具有比相应卤化物高的沸点，适合于高温条件下的烃基化反应。

常用的烃基化试剂的相对反应活性次序如下：

$$(RO)_2SO_2 > R—I > R—Br > p\text{-}CH_3C_6H_4SO_2OR > R—Cl$$

此外，环氧乙烷也可作为烷基化试剂，它与活泼亚甲基化合物反应可在活泼亚甲基上引入 β-羟乙基。例如，丙二酸二乙酯在醇钠的催化下与环氧乙烷反应，得到 α-(β-羟乙基) 丙二酸二乙酯，后者经分子内的醇解可得 α-乙氧羰基-γ-丁内酯。

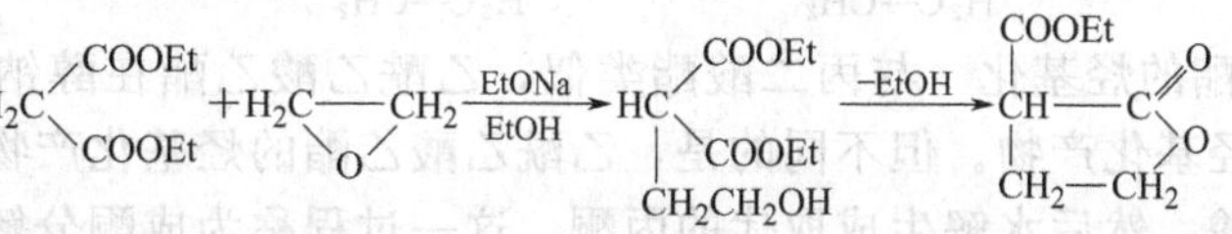

在合成反应中，当所需的双烃基取代物中两个烃基不相同时，要注意两个烃基引入的顺序，以便得到较高纯度和收率的产物。若引入的两个烃基都是伯烷基，应先引入较大的伯烷基，后引入较小的伯烷基；若引入的两个烃基分别为伯烷基和仲烷基时，则应先引入伯烷基再引入仲烷基；若引入的两个都为仲烷基，则应选择活性较大的活泼亚甲基化合物。例如，丙二酸二乙酯的双烃基化反应：

$$CH_2(COOC_2H_5)_2 \xrightarrow[\text{②}(CH_3)_2CHCH_2CH_2Br]{\text{①}C_2H_5ONa/C_2H_5OH} (CH_3)_2CHCH_2CH_2CH(COOC_2H_5)_2$$

$$\xrightarrow[\text{②}C_2H_5Br]{\text{①}C_2H_5ONa/C_2H_5OH} (CH_3)_2CHCH_2CH_2C(C_2H_5)(COOC_2H_5)_2$$

被一个硝基或两个以上羰基、酯基、氰基等活化的亚甲基都具有较强的酸性，可以在温和条件下实现烃基化。

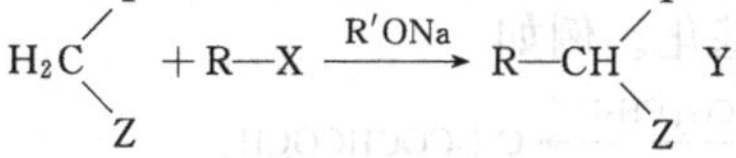

$Y,Z = —NO_2, —COR, —COOR, —CN$

合成上重要的强酸性的活泼亚甲基化合物为丙二酸二乙酯、乙酰乙酸乙酯和 β-酮酸酯，它们可以在醇钠和相应的无水醇的溶剂中转变为烯醇负离子，然后同烃基化试剂作用，生成烃基化产物。以下作简单介绍。

① 丙二酸二乙酯的烃基化　以乙醇钠作为碱性试剂，在乙醇溶液中进行。

$$CH_2(COOC_2H_5)_2 \xrightarrow[\text{②}CH_3(CH_2)_3Br]{\text{①}NaOEt/EtOH} CH_3(CH_2)_3CH(COOC_2H_5)_2 \quad (80\%\sim90\%)$$

取代的丙二酸二乙酯经水解、脱羧可制备一取代或二取代乙酸。

$$CH_2(COOC_2H_5)_2 \xrightarrow[RX]{C_2H_5ONa} RCH(COOC_2H_5)_2 \xrightarrow[②H^+]{①OH^-} RCH(COOH)_2 \xrightarrow[-CO_2]{140℃} RCH_2COOH$$

$$RCH(COOC_2H_5)_2 \xrightarrow{C_2H_5ONa,\ R'X} RR'C(COOC_2H_5)_2 \xrightarrow[②H^+]{①OH^-} RR'C(COOH)_2 \xrightarrow[-CO_2]{140℃} RR'CHCOOH$$

丙二酸酯在碱存在下同碘发生作用，得到四元酯中间产物，再经水解、脱羧生成丁二酸或其衍生物。

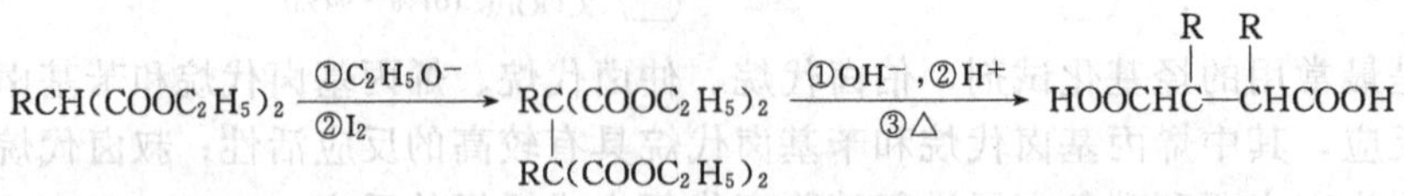

当用溴代替碘时，反应停止在α-溴代阶段，所得的α-溴代丙二酸酯是合成α-氨基酸的重要中间体。

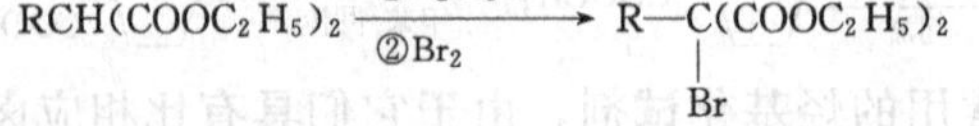

丙二酸酯同α,ω-二溴化物反应，可得到三元或四元酯环化合物。

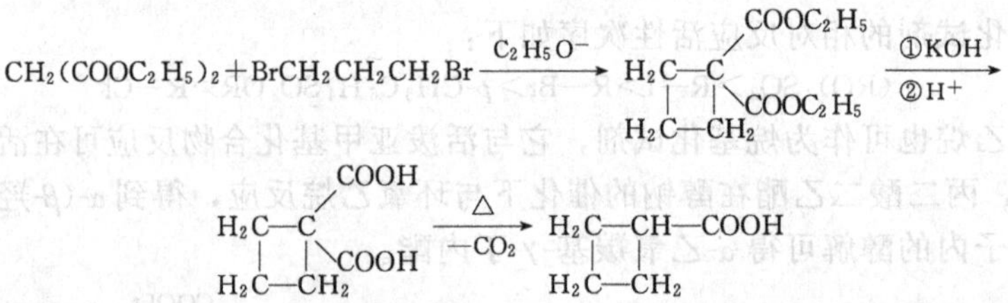

② 乙酰乙酸乙酯的烃基化　与丙二酸酯类似，乙酰乙酸乙酯在醇钠的作用下，和烃基化试剂反应也可生成烃基化产物。但不同的是，乙酰乙酸乙酯的烃基化产物只有在稀碱的存在下才能水解为相应的酸，然后水解生成取代的丙酮。这一过程称为成酮分解：

$$CH_3COCH_2COOC_2H_5 \xrightarrow{①C_2H_5ONa\ ②RX} CH_3COCHRCOOC_2H_5 \xrightarrow{5\%\ NaOH} CH_3COCHRCOONa \xrightarrow[②\triangle]{①H^+} CH_3COCH_2R$$

$$CH_3COCHRCOOC_2H_5 \xrightarrow{①C_2H_5ONa\ ②R'X} CH_3COCRR'COOC_2H_5 \xrightarrow{5\%\ NaOH} CH_3COCRR'COONa \xrightarrow[②\triangle]{①H^+} CH_3COCHRR'$$

乙酰乙酸乙酯及其取代衍生物用浓碱进行水解时，发生乙酰基与α-碳之间的断裂，产物为乙酸或取代乙酸，这一过程称为成酸分解：

$$CH_3COCHRCOOC_2H_5 \xrightarrow[②H^+]{①40\%\ NaOH} CH_3COOH + RCH_2COOH$$

③ β-二酮的烃基化　β-二酮的酸性比较强，在乙醇的水溶液或丙酮溶液中，金属的氢氧化物或碳酸盐就可使它们变为烯醇盐以进行烃基化。例如

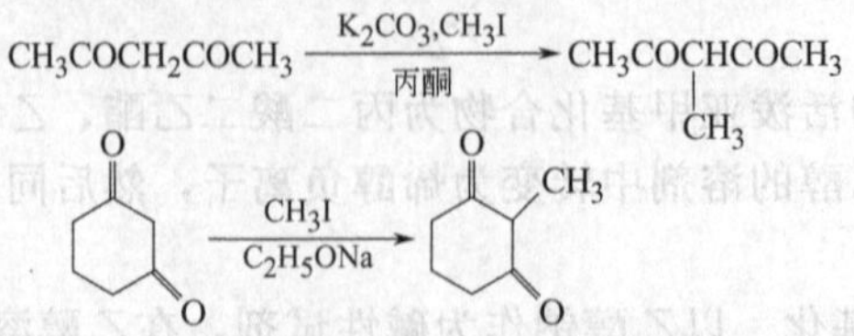

对于活性较高的活泼亚甲基，用较弱的碱就可顺利进行烃基化反应。而对于酯、腈、酮等活性较低的化合物，使用弱碱不能够产生足够的烯醇负离子来参与亲核取代反应，需要用强碱

（如 $NaNH_2$，NaH，Ph_3CH_3Na 等）。例如：

$$PhCH_2CN + C_8H_{17}Br \xrightarrow{NaNH_2} Ph-\underset{}{\overset{CN}{|}}{CH}-C_8H_{17}$$

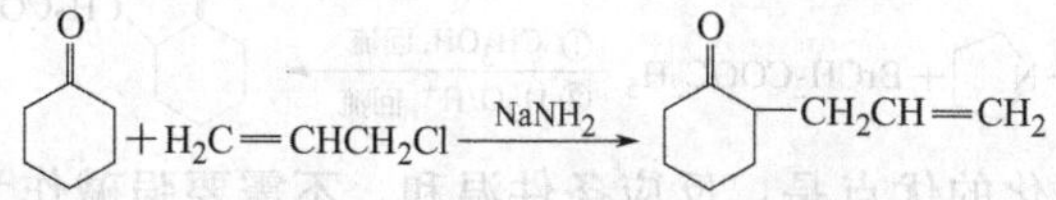

为了防止碱对羰基化合物亲核进攻，可使用高位阻的碱，如二异丙基胺锂（LDA），它在低温下就能夺取酯或内酯的 α-氢，而不与羰基化合物反应，从而促进烃基化反应的进行。例如：

$$CH_3(CH_2)_4COOC_2H_5 \xrightarrow[②CH_3I]{①R_2NLi} CH_3(CH_2)_3-\underset{CH_3}{\underset{|}{C}}HCOOC_2H_5$$

(2) 酰基化反应　活泼亚甲基化合物（如乙酰乙酸乙酯、丙二酸酯等）与酰基化试剂进行碳酰基化反应，可制得 1,3-二酮或 β-酮酸酯类化合物。

活泼亚甲基化合物的酰基化反应类似于其烃基化反应，在强碱（B^-）的作用下，活泼亚甲基上的氢被酰基所取代，生成碳酰化产物。其反应历程如下：

$$H_2C\begin{smallmatrix}X\\Y\end{smallmatrix} + B^- \longrightarrow \bar{H}C\begin{smallmatrix}X\\Y\end{smallmatrix} \xrightarrow{RCOCl} RCOCH\begin{smallmatrix}X\\Y\end{smallmatrix} \xrightarrow[②RCOCl]{①B^-} (RCO)_2C\begin{smallmatrix}X\\Y\end{smallmatrix}$$

反应中常用的碱有醇钠、氨基钠、氢化钠等；酰基化试剂为：酰氯、酸酐和酯等。反应可在醚、二甲亚砜、四氢呋喃、*N*,*N*-二甲基甲酰胺等溶剂中进行。

例如乙酰乙酸乙酯与酰氯在无水乙醚中发生碳酰基化反应得到 β,β-二酮酸酯，后者可在一定条件下选择性地分解，得到新的 β-酮酸酯或 1,3-二酮衍生物。若 β,β-二酮酸酯在氯化铵水溶液中反应，可使含碳较少的酰基被选择性地分解除去，得到另一新的 β-酮酸酯。

$$CH_3CO\underset{COPh}{\underset{|}{C}}HCOOC_2H_5 \xrightarrow[H_2O,42℃]{NH_4Cl,NH_4OH} PhCOCH_2COOC_2H_5$$

若 β,β-二酮酸酯在水溶液中加热回流，可去掉乙氧羰基，生成 1,3-二酮衍生物。

$$CH_3COCH_2COOEt \xrightarrow{Na,Et_2O} CH_3CO\bar{C}HCOOEt \xrightarrow{PhCOCl} CH_3CO\underset{COPh}{\underset{|}{C}}HCOOEt \longrightarrow CH_3COCH_2COPh$$

2.1.1.6　**生成烯胺的碳烷基化和碳酰基化反应**

烯胺通常由至少含一个 α-氢的醛或酮和仲胺在酸催化下反应而得。

$$RCH_2COR^1 + HNR^2R^3 \rightleftharpoons RCH_2-\underset{OH}{\underset{|}{\overset{R^1}{\overset{|}{C}}}}-NR^2R^3 \xrightarrow{-H_2O} RCH=\overset{R^1}{\overset{|}{C}}-NR^2R^3$$

醛酮与仲胺加成，首先生成 α-氨基醇，由于仲氨基上不再有氢原子，故在脱水剂存在下，脱水作用发生在 β-碳上，产生具有 $-\overset{|}{C}=\overset{|}{C}-\overset{|}{N}-$ 结构的烯胺。

例如：

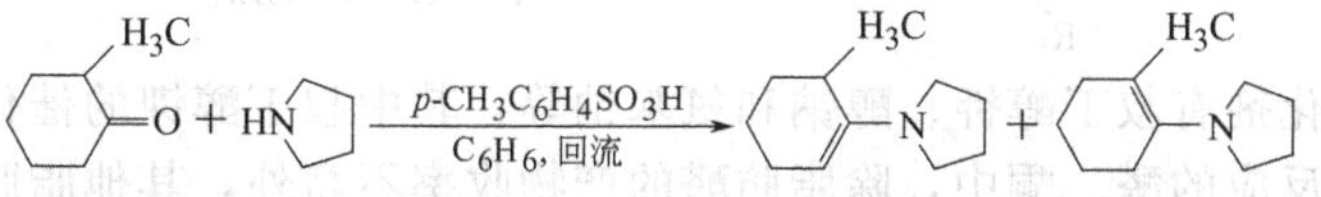

在烯胺分子中，氮原子与 C═C 共轭，从而使 β-碳具有一定亲核性，能接受烃基化试剂的进攻，形成亚胺正离子中间体，后者经水解脱胺得 α-烃基化酮。

$$-\overset{|}{C}=\overset{|}{C}-NR_2 \xrightarrow{R'X} -\underset{R'}{\underset{|}{\overset{|}{C}}}-\overset{|}{C}=\overset{+}{N}R_2 \xrightarrow{H_3O^+} -\underset{R'}{\underset{|}{\overset{|}{C}}}-\overset{|}{C}=O$$

烯胺和很活泼的烷基化试剂如烯丙基卤化物、苄基卤化物或α-卤代羰基化合物反应时，可得到产率较高的碳烷基化合物。例如：

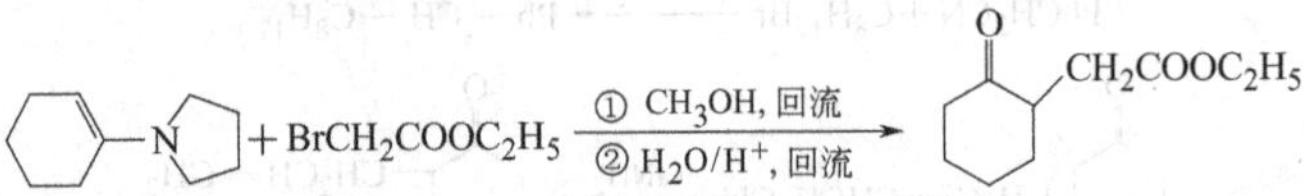

醛酮经烯胺进行烃基化的优点是：反应条件温和，不需要强碱作为催化剂，从而避免了醛酮的自身缩合；此外，不对称酮经过此过程，烃基化高选择性地发生在取代基较少的α-碳上。

烯胺也能够与酰基化试剂进行酰基化反应，这是在醛酮的α-碳上间接引入酰基，得到1,3-二羰基化合物的有效方法。常用的酰基化试剂有酰氯、酸酐、氯化氰、氯甲酸乙酯等。

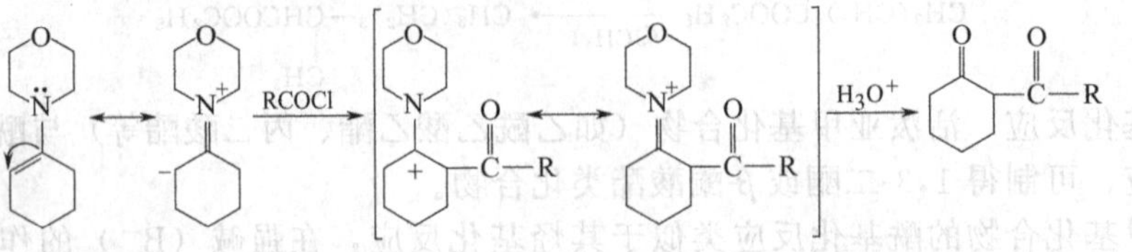

该方法的优点是副反应少，反应中不需加其他催化剂，因而可以避免碱催化下可能发生的醛酮的自身缩合反应。

不对称酮与胺反应优先生成取代基较少的烯胺，在进行酰基化反应时，主要得到在不对称酮取代基较少的α-碳上引入酰基的化合物。

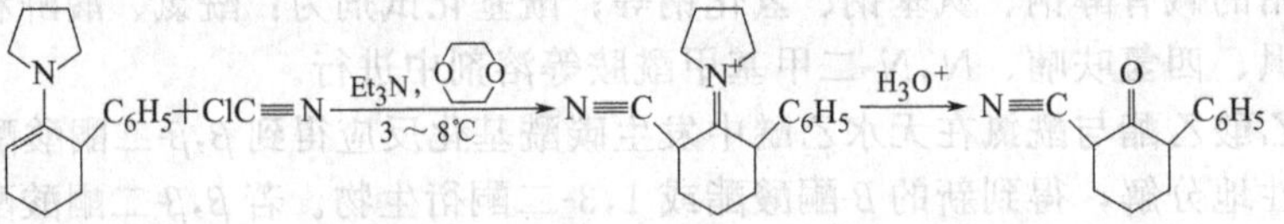

2.1.1.7　缩合反应

缩合反应的含义很广泛，凡是两个或两个以上的分子通过反应生成一个较大分子，同时失去一个小分子（如水、醇、盐）的反应，或在同一个分子内部发生分子内反应形成一个新的分子的反应都可称为缩合反应。缩合反应是有机合成中形成分子骨架的重要反应类型之一，能够提供由简单有机物合成复杂有机物的许多合成方法。这里重点讨论生成碳碳单键的缩合反应。

（1）甲醛与含α-H的脂肪醛、酮之间的缩合　甲醛不含α-H，它不能自身缩合，但甲醛分子中的羰基，却可与含α-H的醛、酮进行交叉羟醛缩合，生成β-羟基醛、酮或其脱水物α,β-不饱和醛、酮，产物的产率较高。

$$H-\overset{O}{\overset{\|}{C}}-H + CH_3-\overset{O}{\overset{\|}{C}}-H \overset{OH^-}{\rightleftharpoons} \underset{OH}{\underset{|}{C}H_2}CH_2-\overset{O}{\overset{\|}{C}}-H \xrightarrow{\triangle} H_2C=CH_2-\overset{O}{\overset{\|}{C}}-H$$

（2）Darzen反应　醛或酮与α-卤代酸酯在碱催化下缩合生成α,β-环氧羧酸酯的反应称为Darzen缩合。

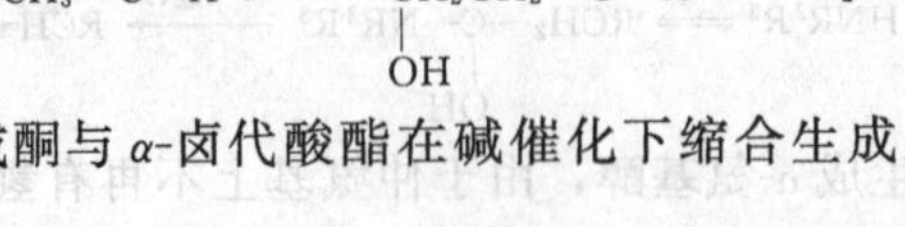

反应常用的催化剂有叔丁醇钾、醇钠和氨基钠等，其中叔丁醇钾的催化效果最佳，产物收率也较高；在参与反应的醛、酮中，除脂肪醛的产物收率不高外，其他脂肪酮、脂环酮、芳香醛以及α,β-不饱和酮等均可得到满意收率。在α-卤代酸酯方面，常用α-卤代酸酯，有时也用α-卤代酮进行类似反应。

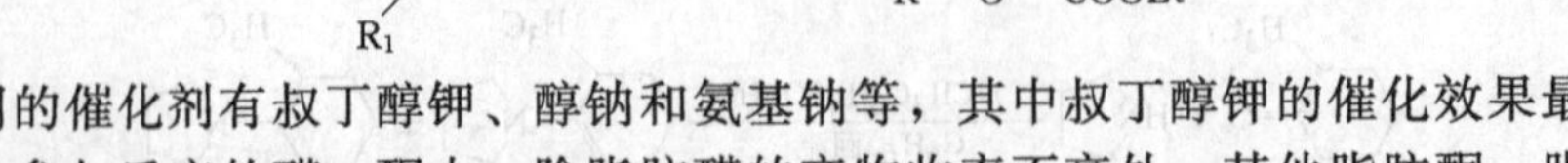

Darzen 缩合的产物 α,β-环氧酸酯经水解、脱羧可以转化成比原有反应物醛、酮增加一个碳原子的醛酮。

$$\underset{H_3C}{\overset{H_5C_6}{>}}C=O+ClCH_2COOEt \xrightarrow{t\text{-}C_4H_9OK} \underset{H_3C}{\overset{H_5C_6}{>}}\underset{O}{\overset{}{C}}-CH-COOEt \xrightarrow[\text{② }H^+]{\text{① }OH^-/H_2O} \xrightarrow[\triangle]{-CO_2} \underset{H_3C}{\overset{H_5C_6}{>}}CH-CHO$$

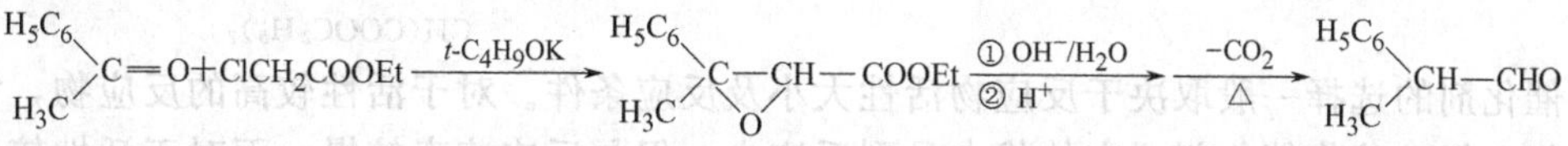

芳香醛或不对称酮与 α-羟基取代的卤乙酸酯反应，则优先生成 β-碳为较大的取代基与酯基成反式产物。

$$C_6H_5CHO+C_6H_5CHClCOOC_2H_5 \xrightarrow{(CH_3)_3COK/(CH_3)_3COH} \underset{\overset{|}{H}\ \ \ O\ \ \ COOC_2H_5}{\overset{H_5C_6\ \ \ \ \ \ \ \ \ C_6H_5}{\underset{}{C}-\underset{}{C}}} \quad (75\%)$$

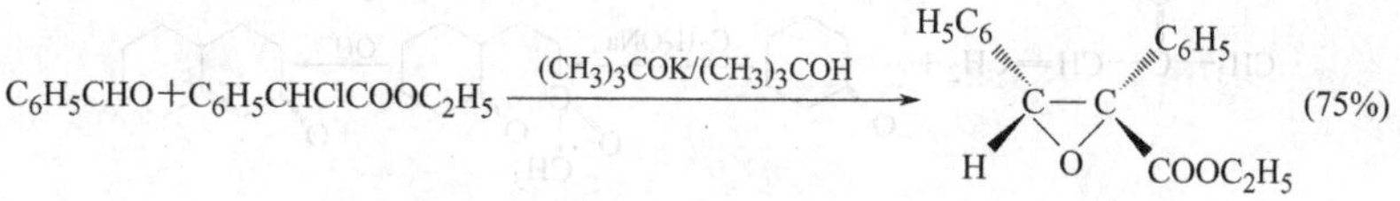

（3）Claisen 缩合反应 羧酸酯在碱性催化剂作用下，与含有活泼亚甲基的羰基化合物缩合而成 β-羰基化合物的反应，总称为 Claisen 缩合反应。

$$RCOOC_2H_5 + \underset{R^1}{\overset{COR^2}{H-\underset{|}{\overset{|}{C}}-H}} \longrightarrow RCOC-\underset{R^1}{\overset{COR^2}{\underset{|}{\overset{|}{H}}}} + C_2H_5OH$$

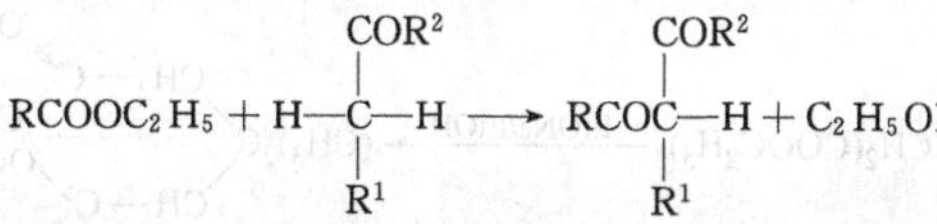

其中 R 和 R^1 可以是氢、烃基、芳基或杂环基，R^2 可为任意有机基团。

反应常用的催化剂为 RONa、NaNH$_2$、NaH 等，Claisen 缩合是制备 β-酮酸酯和 β-二酮的重要方法。

① 酯-酯缩合 酯-酯缩合可以分为酯的自身缩合和酯的交叉缩合两类。

a. 酯的自身缩合 酯的自身缩合是指含有 α-H 的相同酯之间的缩合，产物为 β-酮酸酯。例如两分子的乙酸乙酯在无水乙醇钠的作用下缩合，生成乙酰乙酸乙酯。

$$CH_3COOC_2H_5 + CH_3COOC_2H_5 \xrightleftharpoons{C_2H_5ONa} CH_3-\overset{O}{\overset{\|}{C}}-CH_2-\overset{O}{\overset{\|}{C}}-OC_2H_5 + C_2H_5OH$$

b. 酯的交叉缩合 不同的酯发生缩合反应时，若两种酯均含活泼氢，则理论上可得到四种不同产物，没有实用价值，若其中一种酯不含 α-H，则缩合时有可能生成单一产物，常用的不含 α-H 的酯为甲酸酯、苯甲酸酯、乙二酸酯等。例如：

$$(CH_3)_2CHCOOC_2H_5 + \underset{}{\bigcirc}-COOCH_3 \xrightarrow{Ph_3CONa} \bigcirc-\overset{O}{\overset{\|}{C}}-\underset{CH_3}{\overset{CH_3}{\underset{|}{\overset{|}{C}}}}-COOC_2H_5$$

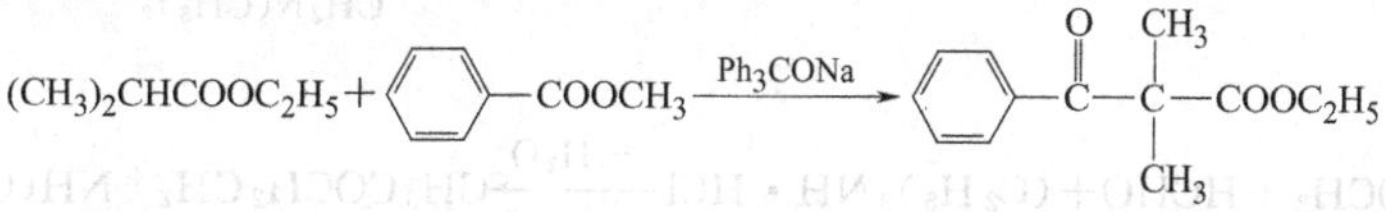

② 酯-酮缩合 酯-酮缩合的机理与酯-酯缩合类似。如果反应物酯与酮均含 α-H，且酮的活性强，则在碱性催化剂作用下，酮更容易形成碳负离子，可能会产生酮自身缩合产物；若酯的活性比酮的强，则酯易形成碳负离子，则可能发生酯的自身缩合和 Knoevenagel 反应，因此，不含活泼 α-H 的酯与酮之间的缩合，则容易得到纯度较高的单一产物。例如：

$$\bigcirc=O+HCOOC_2H_5 \xrightarrow[Et_2O]{NaH} \underset{CHO}{\overset{O}{\bigcirc}}$$

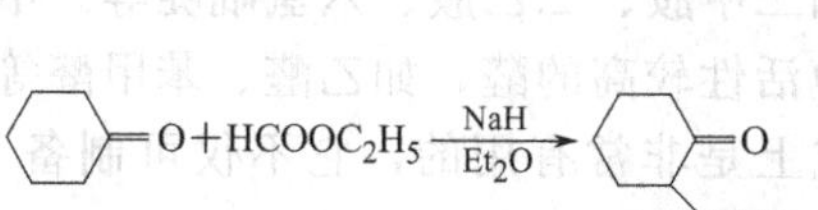

（4）Michael 反应 活性亚甲基化合物与 α,β-不饱和羰基化合物在碱的催化下，发生的缩合反应称为 Michael 缩合反应。此反应在有机合成上极为重要。

反应中常用的活性亚甲基化合物为丙二酸酯、乙酰乙酸乙酯、氰乙酸酯、硝基烷类等，常用 α,β-不饱和羰基化合物有 α,β-烯醛（酮）类、α,β-烯腈类、α,β-不饱和硝基化合物等。

Michael 反应中碱催化剂种类较多，可用有机碱如：醇钠（钾）、季铵碱、三乙胺和硝基化合物、哌啶、氨基钠等，无机碱如氢氧化钠（钾）。

例如：

$$CH_2(COOC_2H_5)_2 + Ph-CH=CH-\overset{O}{\overset{\|}{C}}-OC_2H_5 \xrightarrow{C_2H_5ONa} Ph-\underset{CH(COOC_2H_5)_2}{\underset{|}{C}H}-CH_2-\overset{O}{\overset{\|}{C}}-OC_2H_5$$

碱催化剂的选择一般取决于反应物活性大小及反应条件。对于活性较高的反应物，常用较弱的碱如六氢吡啶作催化剂，它的优点是副反应少，但是反应速率较慢，而对于活性较低的反应物来讲，则需要选择强碱作催化剂。

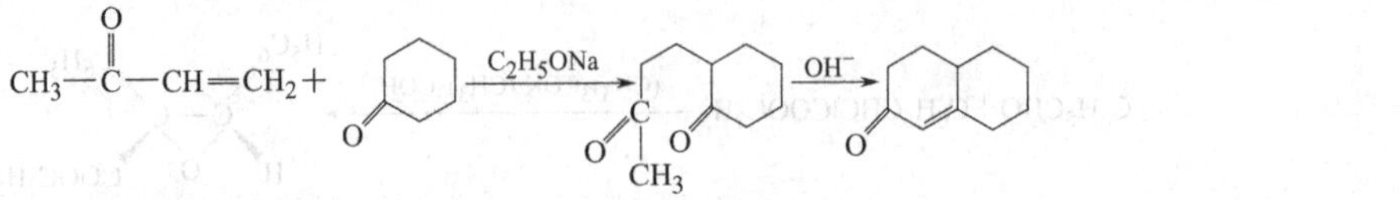

α,β-不饱和酮与丙二酸酯发生 Michael 加成后，在醇钠过量的情况下，可发生分子内的 Claisen 缩合，生成己二酮类化合物。

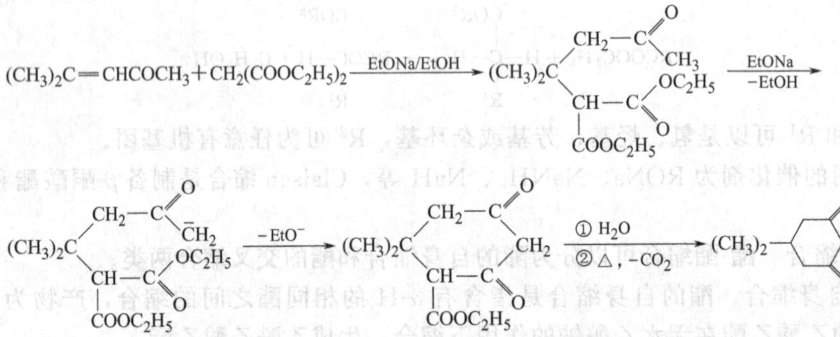

(5) Mannich 反应　含活泼氢的化合物与甲醛及氨、伯胺、仲胺进行缩合，结果活泼氢原子被胺甲基所取代，这一反应称为 Mannich 反应，也称为胺甲基化反应。氨或胺一般以其盐酸盐的形式参与反应，得到的产物 β-氨基羰基化合物称为 Mannich 碱。

$$RCH_2-\overset{O}{\overset{\|}{C}}-R' + HCHO + HN(CH_3)_2 \longrightarrow R-\underset{CH_2N(CH_3)_2}{\underset{|}{C}H}-\overset{O}{\overset{\|}{C}}-R'$$

例如：

$$CH_3COCH_3 + HCHO + (C_2H_5)_2NH\cdot HCl \xrightarrow{-H_2O} CH_3COCH_2CH_2\overset{+}{N}H(C_2H_5)_2$$

$$\xrightarrow{OH^-} CH_3COCH_2CH_2N(C_2H_5)_2$$

Mannich 反应一般在水、醇或醋酸溶液中进行，反应时需加少量酸以保持反应介质的酸性。常用的含活泼氢的化合物为醛、酮、羧酸酯、硝基烷烃、腈以及炔烃、酚及某些杂环化合物等。常用的胺为二级胺，如二甲胺、二乙胺、六氢吡啶等。甲醛可以用甲醛水溶液、三聚或多聚甲醛，此外，还可用其他活性较高的醛，如乙醛、苯甲醛等。

Mannich 反应在有机合成上是非常有用的，它不仅可制备 C-胺甲基化合物，Mannich 碱还可以作为合成中间体。

Mannich 碱或其相应的季铵盐受热易分解，生成 α,β-不饱和羰基化合物，后者在镍催化作用下，可加氢还原为比原来反应物增加一个碳原子的同系物。

$$PhCOCH_3 + HCHO + NHR_2 \xrightarrow{H^+} PhCOCH_2CH_2NR_2 \xrightarrow[-R_2NH]{\triangle} PhCOCH=CH_2 \xrightarrow{H_2/Ni} PhCOCH_2CH_3$$

2.1.1.8　氰化物的烃化

氰化钠或氰化钾是较强的亲核试剂，它们可以和卤代烃发生亲核取代反应，形成腈。由此可合成比原卤化物增加一个碳原子的腈化合物。而腈化合物中的氰基又是较活泼的基团，通过还原或水解等方法可使氰基转变为相应的胺或羧酸衍生物。

$$RX + NaCN \longrightarrow RCN + NaX$$

例如：

$$CH_3CH_2CH_2Cl + NaCN \xrightarrow{EtOH} CH_3CH_2CH_2CN + NaCl$$

一般来讲，脂肪族卤代烃比芳香卤代烃容易进行反应，在脂肪族卤代烃中，烃基的结构对产物的产率有一定的影响。通常伯卤代烃生成腈的产率最高，仲卤代烃次之，叔卤代烃因容易脱去卤化氢生成烯烃而导致腈的产率的降低。反应中，卤代烃的反应活性次序为：

$$RI > RBr > RCl$$

对于芳香族卤化物，常与氰化亚铜反应来制备腈。例如：

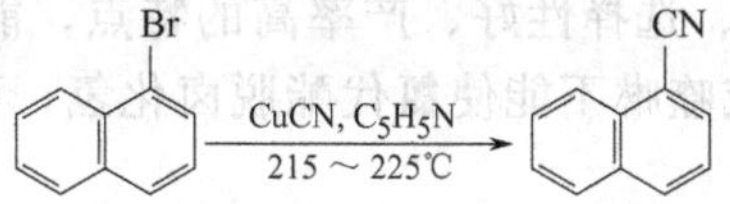

2.1.2 碳碳双键的形成

碳碳双键可通过消除反应、羰基烯化反应（Wittig 反应）、缩合反应等生成，以下作简单介绍。

2.1.2.1 消除反应

消除反应是指从一个有机化合物分子中脱去两个原子或基团的反应，它是有机合成中应用非常广泛的一类反应。包括 α-消除、β-消除、γ-消除和 1,4-消除等，其中 β-消除是合成烯烃的重要反应。β-消除是指从相邻的两个碳原子上各脱两个原子或基团形成重键的反应。

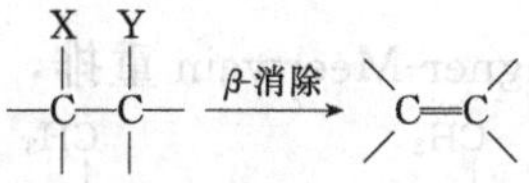

(1) 卤代烃脱卤化氢　卤代烃经碱的醇溶液作用，可以脱去卤化氢形成烯烃，这是合成烯烃的常用方法之一。但由于反应可以按多种历程进行，并且受试剂、溶剂等的影响，往往获得较复杂的混合产物。

$$RCH_2CHXR' \xrightarrow{碱} RCH{=}CHR' + HX$$

反应中常用的碱性试剂有：碱金属氢氧化物的醇溶液（乙醇钠的乙醇溶液，叔丁醇钾的叔丁醇溶液）和有机碱（三乙胺、吡啶、喹啉）等。

不同卤代烃脱 HX 的活性顺序为：叔卤代烷＞仲卤代烷＞伯卤代烷。

卤代烃脱卤代氢的消除反应遵循查依采夫规则，即优先生成热力学稳定的多取代烯烃。例如：

$$CH_3CH_2CHXCH_3 \xrightarrow[C_2H_5OH]{C_2H_5ONa} \underset{(81\%)}{CH_3CH{=}CHCH_3} + \underset{(19\%)}{CH_3CH_2CH{=}CH_2}$$

若 β-C 上连有空间位阻较大的基团，则优先生成少取代烯烃。例如：

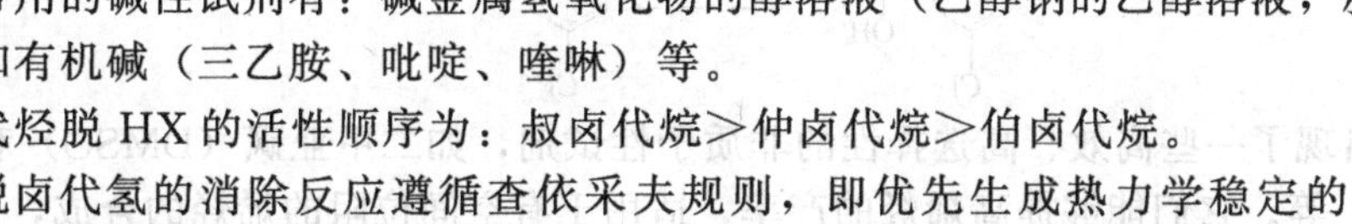

(86%)　　(14%)

卤代烃脱卤化氢反应具有一定的立体选择性，一般为反式消除。例如：1-溴-1,2-二苯基丙烷有两对对映体，其中一对只产生顺式烯烃，而另一对只产生反式烯烃。

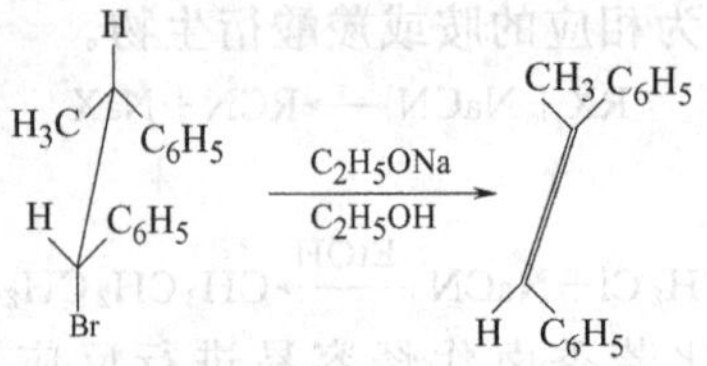

对于环状化合物，如环己烷衍生物，其立体选择性更加明显，一般倾向于反式消除。

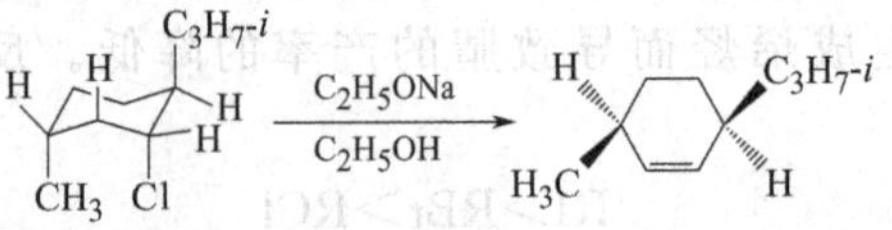

近年来，出现了一些优良的有机碱试剂，如 1,5-二氮杂双环［4.3.0］壬烯-5（简称 DBN）。它们具有反应条件温和、选择性好、产率高的特点，能够使采用普通碱试剂难以进行的反应得以完成。例如用吡啶或喹啉不能使氯代酯脱卤化氢，而用 DBN 在 90℃共热即可顺利生成烯炔酯。

$$HC\equiv CCH_2CH(Cl)(CH_2)_8COOCH_3 \xrightarrow[90^\circ C]{DBN} HC\equiv C-CH=CH(CH_2)_8COOCH_3 \quad (85\%)$$

（2）醇的脱水　醇的脱水也是合成烯烃的重要方法。常用的脱水剂有酸（硫酸、磷酸、草酸）、碱（氢氧化钾）、盐（硫酸氢钾）、无机酰卤（亚硫酰氯、三氯氧磷）。其中酸催化脱水应用最为普遍，醇的脱水速度次序为：叔醇＞仲醇＞伯醇。仲醇与叔醇的脱水仍然符合查依采夫规则。

$$CH_3CH_2CH_2CH(OH)CH_3 \xrightarrow[87^\circ C]{62\%\ H_2SO_4} CH_3CH_2CH=CHCH_3 \quad (80\%)$$

某些醇的酸催化脱水可发生 Wagner-Meerwein 重排，例如：

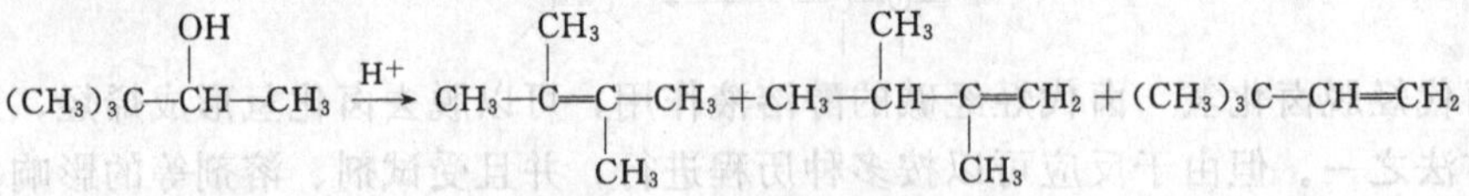

（61%）　　（31%）　　（3%）

硫酸氢钾也是常用的脱水剂，适用于苯乙烯类化合物的合成。

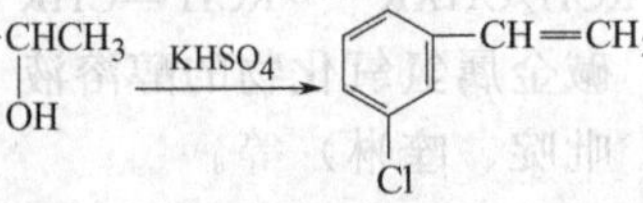

近年来出现了一些高效、高选择性的非质子性试剂，如二甲亚砜（DMSO）和六甲基磷酰胺（HMPA）等。它们能够提高烯烃的产率，适用于有空间位阻的烯烃的合成，例如：

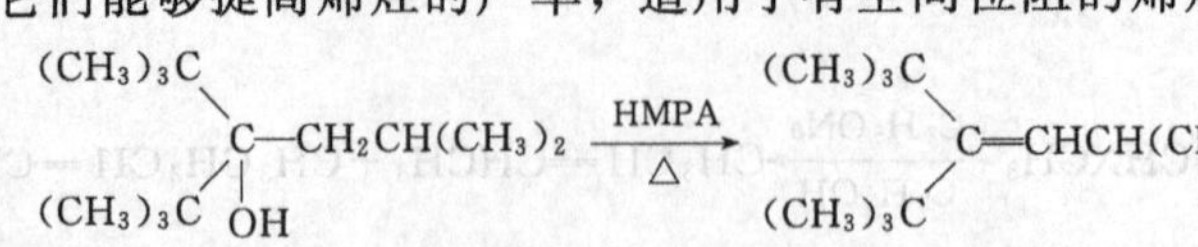

醇亦可进行气相催化脱水，将醇蒸气通过 350～400℃的催化剂进行脱水，常用的催化剂为 Al_2O_3 和 ThO_2 等。由于此反应中醇及生成的烯烃与催化剂的接触时间较短，可以减少异构化和副反应的发生，因而在工业生产中常采用醇的气相催化脱水。一般来讲，采用 Al_2O_3 催化脱水主要生成多取代烯烃，而采用 ThO_2 作为催化剂，则其主要生成少取代烯烃，这就提供了一种合成末端烯烃的方法。例如：

$$(CH_3)_2CHCH_2-CH(OH)CH_3 \xrightarrow[\triangle]{ThO_2} (CH_3)_2CHCH_2-CH=CH_2$$

（3）β-卤代醇消除次卤酸　β-卤代醇与二价锡化合物、二价钛化合物或与锌-乙酸作用，可消除次卤酸生成烯烃，其中β-碘代醇的产率最好。

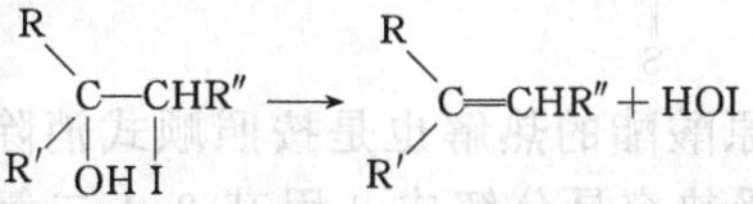

此反应也具反式消除的特点，因此选择适当的β-碘代醇，可立体选择地合成一定构型的烯烃。

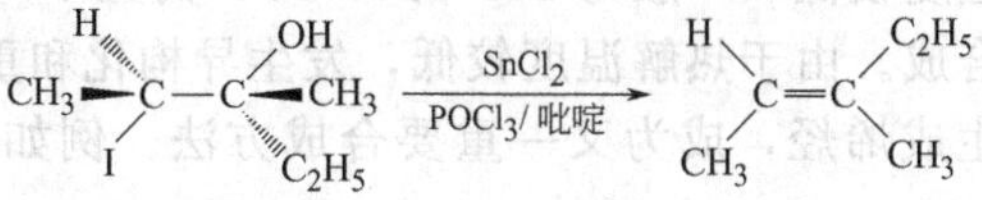

（4）邻二卤化物脱卤　邻二卤化物在脱卤剂作用下可以脱去卤素生成烯烃，常用脱卤剂为：锌粉在甲醇、乙醇或乙酸中，钠在液氨溶液中，此外还有二价铬、二价钛、二价钒及烃基锂、二烷基铜锂等。

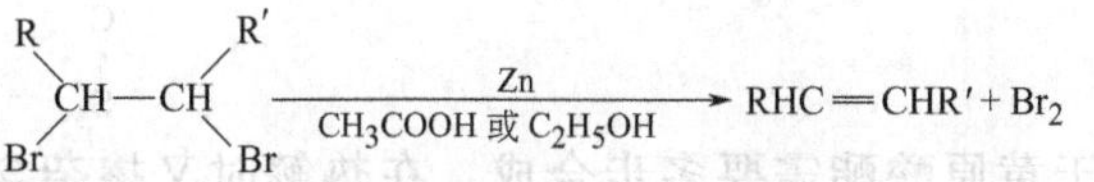

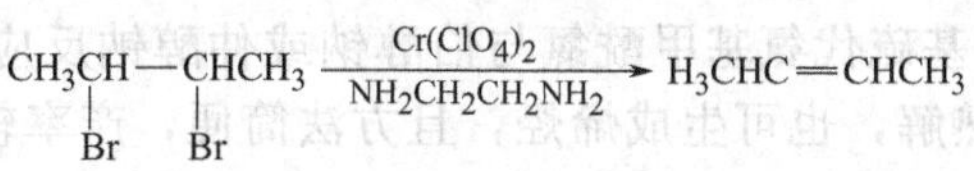

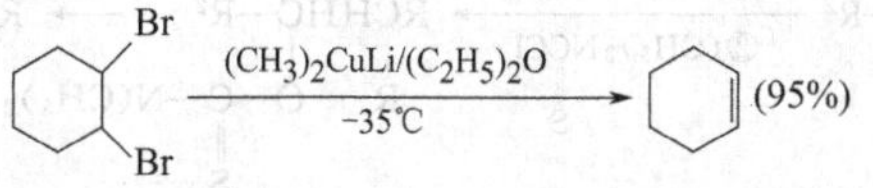

（5）羧酸酯的热解　羧酸酯的热解常在300～500℃的高温下进行，一般不需要其他反应试剂和溶剂，产物的产率较好，且易于提纯，在合成中常用醋酸酯，也可用硬脂酸酯、芳香酸酯、碳酸酯、氨基甲酸酯等。

羧酸酯的热解是合成烯烃的重要方法，它提供了由醇合成烯烃的另一途径。与醇的直接消除不同，羧酸酯热解主要生成取代基较少的烯烃，一般没有异构化、重排等副反应。

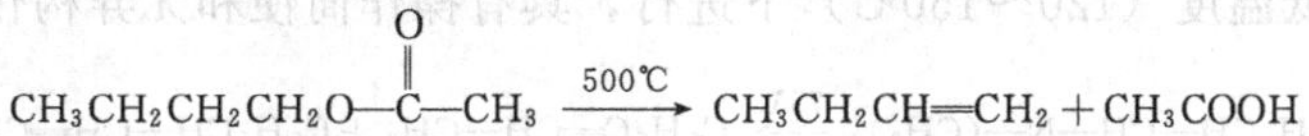

羧酸酯的热解现在公认为通过环状平面过渡态，进行顺式消除。

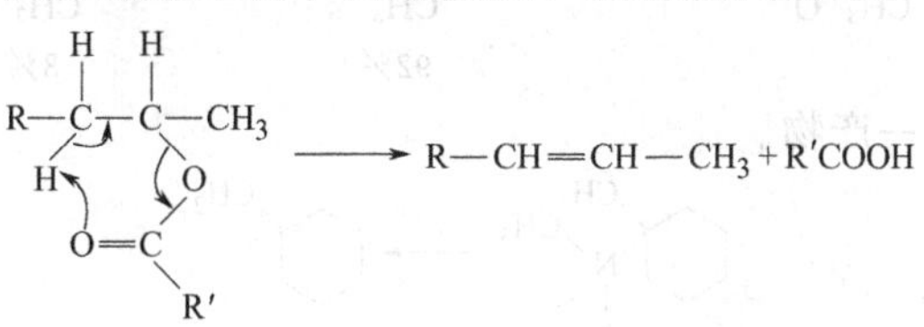

例如：

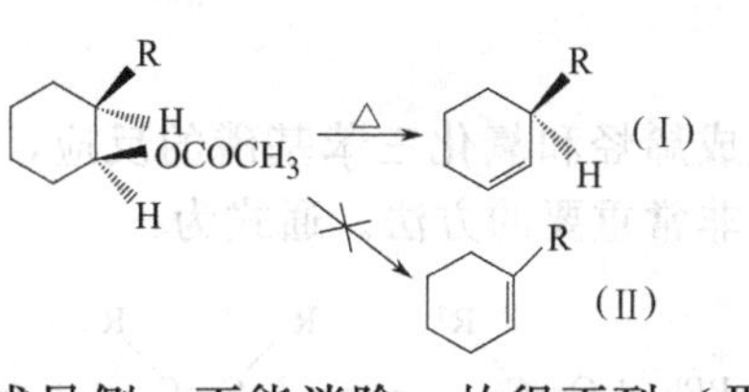

由于1-位H与乙酰氧基互成异侧，不能消除，故得不到（Ⅱ），而3-位同侧氢原子可与乙酰氧基消除得（Ⅰ）。

（6）黄原酸酯的热解　黄原酸酯受热分解生成烯烃，同时脱去一分子氧硫化碳和一分子硫醇，该反应亦称楚加耶夫反应。

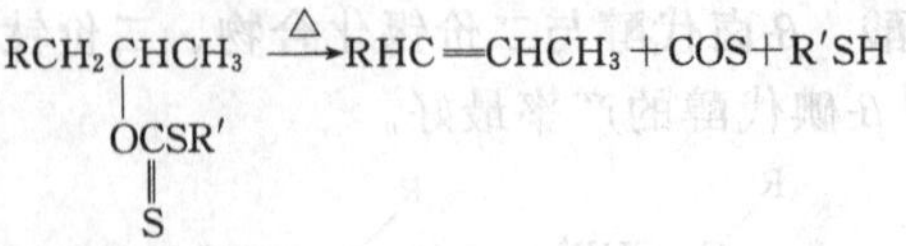

与羧酸酯的热解相似，黄原酸酯的热解也是按照顺式消除的机理进行的。例如：反式的2-甲基四氢萘-1-醇的黄原酸酯受热容易分解成2-甲基-3,4-二氢萘，而顺式2-甲基四氢萘-1-醇的黄原酸酯受热不分解。

此反应的优点是热解温度较低（一般为100～200℃），而且不产生酸性物质，因此适用于对热或对酸敏感的烯烃的合成。由于热解温度较低，发生异构化和重排反应的机会更小，因此从醇类经由黄原酸酯热解生成烯烃，成为又一重要合成方法。例如：由2,2-二甲基-3-戊醇制备4,4-二甲基-2-丁烯。

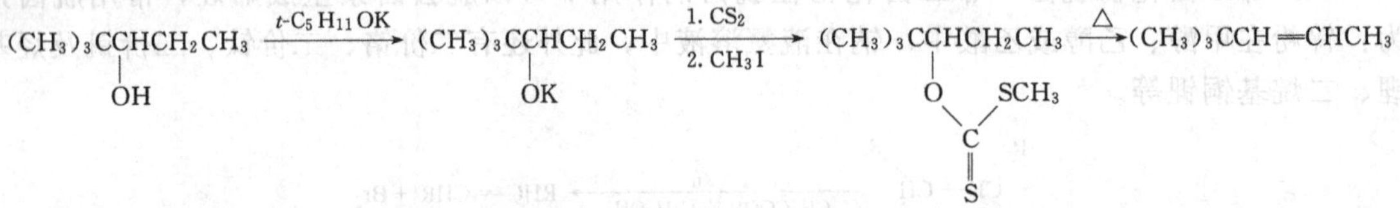

这一方法的缺点在于黄原酸酯需要多步合成，在热解时又掺杂含硫杂质，给分离带来困难。新近，利用N,N-二甲基硫代氨基甲酰氯与伯醇钠或仲醇钠反应生成的N,N-二甲基硫代氨基甲酸酯在180～200℃热解，也可生成烯烃，且方法简便，产率较高。

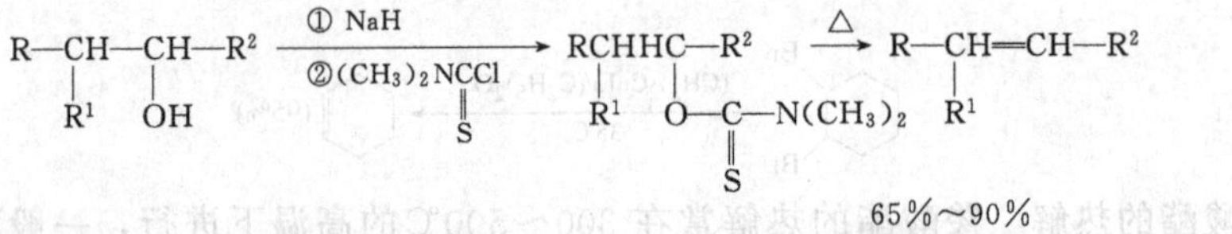

65%～90%

（7）氧化叔胺的热解　叔胺经过氧化氢氧化，很容易生成氧化叔胺。氧化叔胺经热分解可得烯烃，这一反应称为Cope反应。

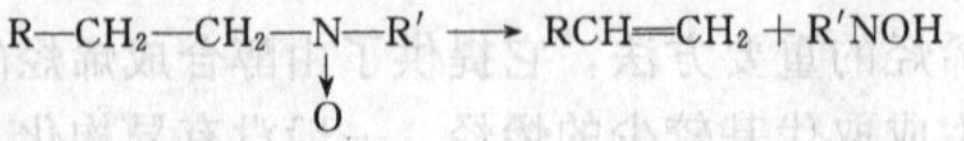

此反应也在较低温度（120～150℃）下进行，具有操作简便和无异构化等优点。

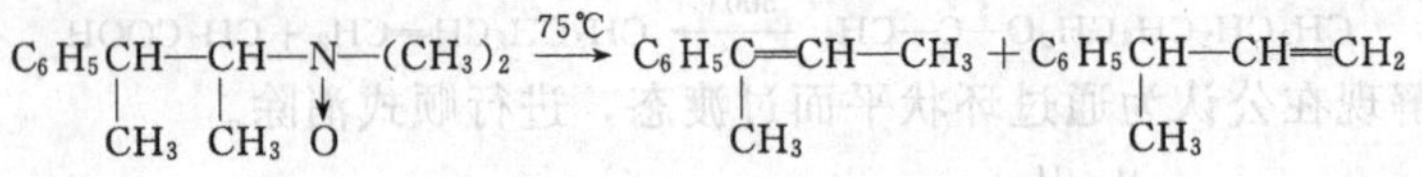

92%　　　　8%

脂环族氧化叔胺热解得单一产物。

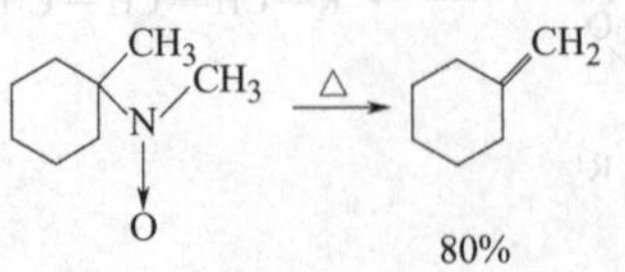

80%

2.1.2.2　Wittig 反应

磷叶立德与醛、酮作用生成烯烃和氧化三苯基磷的反应，称为Wittig反应或羰基烯化反应。这是合成长链烯烃的一种非常重要的方法。通式为：

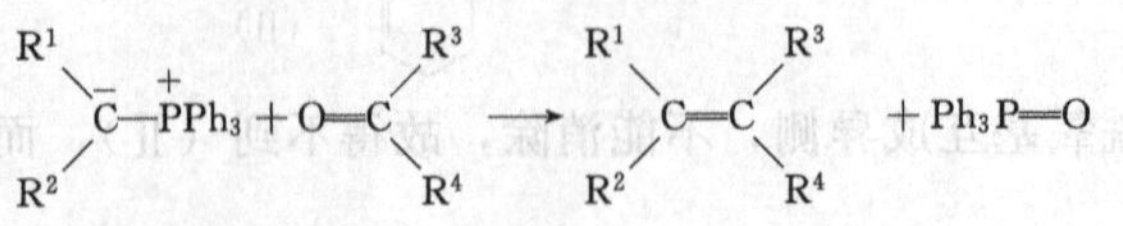

磷叶立德是Wittig反应的重要中间体，称为Wittig试剂。

除醛酮外，酯也可进行Wittig反应。一般情况下，醛的反应活性比酮高，酯的反应最慢。

利用羰基不同的活性，可进行选择性反应。例如：一个羰基酸酯和磷叶立德反应，首先是酮的羰基反应，变成碳碳双键。

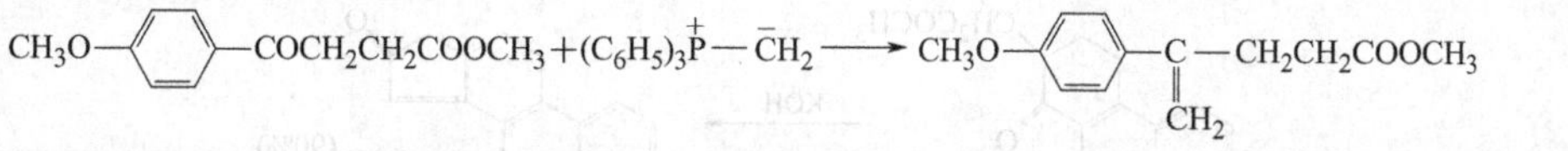

磷叶立德与羰基化合物反应合成烯烃具有许多优点。第一个优点是产物中所生成的碳碳双键处于原来羰基的位置，没有其他双键位置不同的异构体，并且可以制得能量上不利的环外双键化合物。例如：

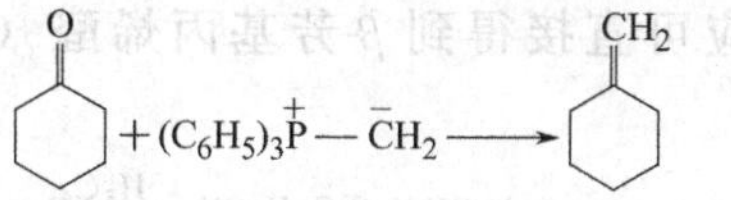

第二个优点是与α,β-不饱和羰基化合物反应时，不发生1,4-加成，因此，双键位置较固定，适合于萜类、多烯类化合物的合成。例如维生素A_1乙酯的合成：

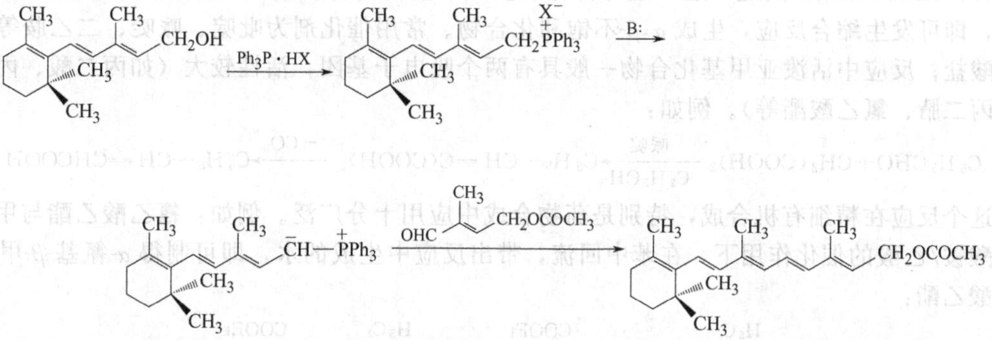

第三个优点是反应具有一定的立体选择性。利用不同的试剂，控制一定的反应条件，可获得一定构型的产物。一般来讲，在非极性溶剂中，较稳定的磷叶立德，以反式烯烃为主产物；而不稳定的磷叶立德，其立体选择性较差，通常生成顺反异构体的混合物。详见第5章的相关内容。

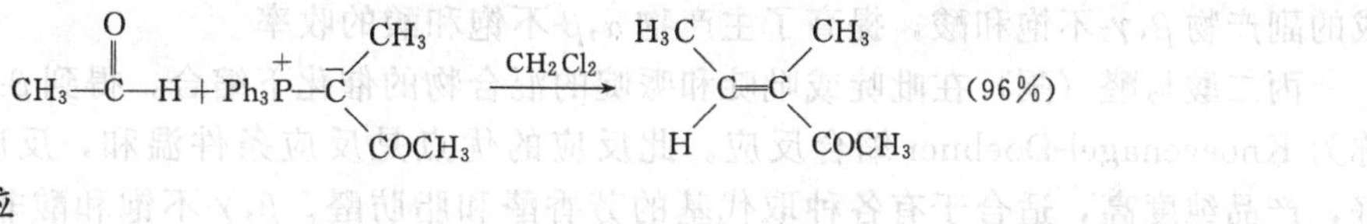

2.1.2.3 缩合反应

（1）醛酮自身缩合　含有α-活泼氢的醛或酮，在碱或酸的催化下，与另一分子的醛或酮发生反应，生成β-羟基醛或酮，或进一步脱水生成α,β-不饱和醛或酮的反应，称为羟醛缩合反应（或 Aldol 缩合）。

羟醛缩合反应是合成α,β-不饱和醛、酮的一个很好的方法。

$$RCH_2\overset{O}{\overset{\|}{C}}R' + RCH_2\overset{O}{\overset{\|}{C}}R' \xrightleftharpoons{OH^- \text{或} H^+} RCH_2-\underset{R'}{\underset{|}{\overset{OH}{\overset{|}{C}}}}-\underset{R}{\underset{|}{\overset{H}{\overset{|}{C}}}}-\overset{O}{\overset{\|}{C}}-R' \xrightarrow{-H_2O} RCH_2-\underset{R'}{\underset{|}{C}}=\underset{R}{\underset{|}{C}}-\overset{O}{\overset{\|}{C}}-R'$$

醛、酮的自身缩合，可以得到比原料醛、酮碳原子数目增加一倍的产物。

在有机合成中，利用羟醛缩合和催化氢化反应可以合成许多重要的中间体，例如以乙醛为原料来合成2-乙基己醇。

$$2CH_3CHO \xrightarrow[15\sim18℃]{NaOH} CH_3CH{=}CHCHO \xrightarrow[140\sim150℃]{H_2/Ni} CH_3CH_2CH_2CHO \xrightarrow[70\sim80℃]{NaOH}$$

$$CH_3(CH_2)_2CH{=}\underset{C_2H_5}{\underset{|}{C}}-CHO \xrightarrow[160℃]{H_2/Cu} CH_3(CH_2)_3-\underset{C_2H_5}{\underset{|}{C}}HCH_2OH$$

对于酮自身的缩合，若是对称酮，则产物较单一；若是不对酮，无论是酸或碱催化，反应主要发生在羰基α-位上取代基较少的碳原子上，得到β-羟基酮或进一步脱水得其脱水产物。

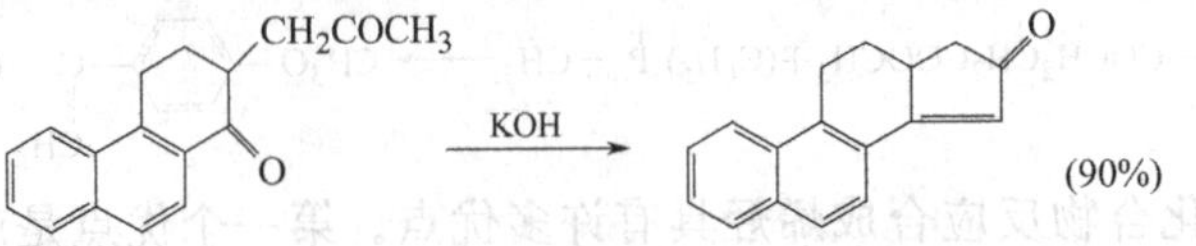

（2）芳香醛与含α-H的脂肪醛、酮之间的缩合　芳香醛也无α-H，但它可与含α-H的脂肪醛、酮在碱催化下缩合，生成α,β-不饱和醛、酮，这一反应称为Claisen-Schmidt反应。

通过Claisen-Schmidt反应可直接得到β-芳基丙烯醛（酮）化合物，产物一般以反式为主。

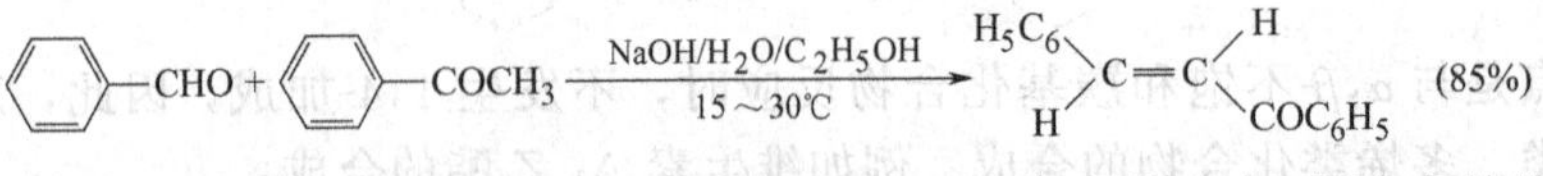

（3）Knoevenagel反应　醛、酮与含有活泼亚甲基的化合物在氨或胺或其羧酸盐的催化作用下，即可发生缩合反应，生成α,β-不饱和化合物。常用催化剂为吡啶、哌啶、二乙胺等碱或其羧酸盐；反应中活泼亚甲基化合物一般具有两个吸电子基团，活性较大（如丙二酸、丙二酸酯、丙二腈、氯乙酸酯等）。例如：

$$C_6H_5CHO + CH_2(COOH)_2 \xrightarrow[C_2H_5OH]{\text{哌啶}} C_6H_5-CH=C(COOH)_2 \xrightarrow{-CO_2} C_6H_5-CH=CHCOOH$$

这个反应在精细有机合成，特别是药物合成中应用十分广泛。例如：氰乙酸乙酯与甲乙酮在乙酸铵/乙酸的催化作用下，在苯中回流，带出反应中生成的水，即可制得α-氰基-β-甲基-2-戊烯酸乙酯：

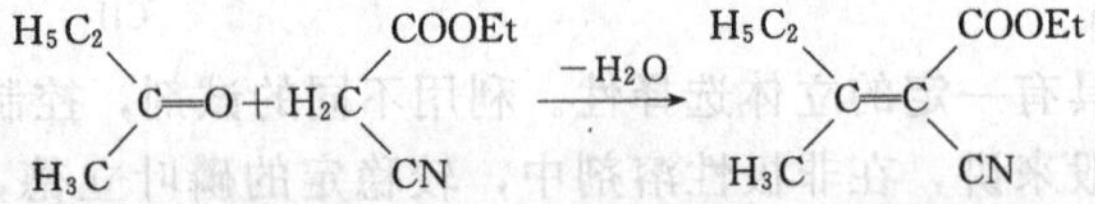

后来，Doebner对Knoevenagel反应在催化剂方面进行了改进，他用吡啶-哌啶的混合物代替了Knoevenagel反应原来所采用的催化剂氨、伯胺、仲胺，减少了在与脂肪醛缩合时所生成的副产物β,γ-不饱和酸，提高了主产物α,β-不饱和酸的收率。

丙二酸与醛（酮）在吡啶或吡啶和哌啶的混合物的催化下缩合，得到β-取代丙烯酸的反应称为Knoevenagel-Doebner缩合反应。此反应的优点是反应条件温和，反应速率快，收率较好，产品纯度高，适合于有各种取代基的芳香醛和脂肪醛。β,γ-不饱和酸非常少，甚至没有。例如：

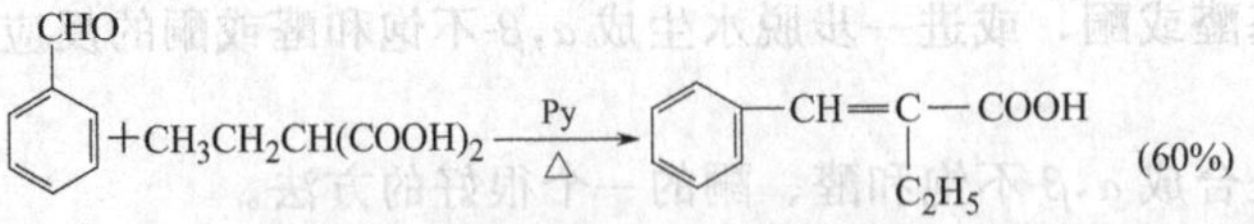

（4）Stobbe缩合　丁二酸酯在碱性催化剂作用下与羰基化合物进行缩合而得到亚烃基丁二酸单酯的反应称为Stobbe缩合。在该反应中，酮作为反应物应用的比较多，常用的催化剂为醇钠、叔丁醇钾、氢化钠和三苯甲烷等。

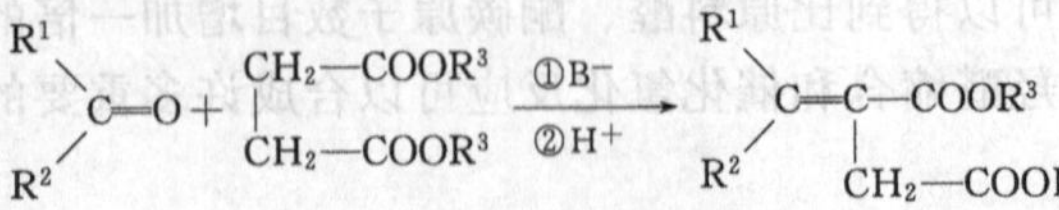

例如：

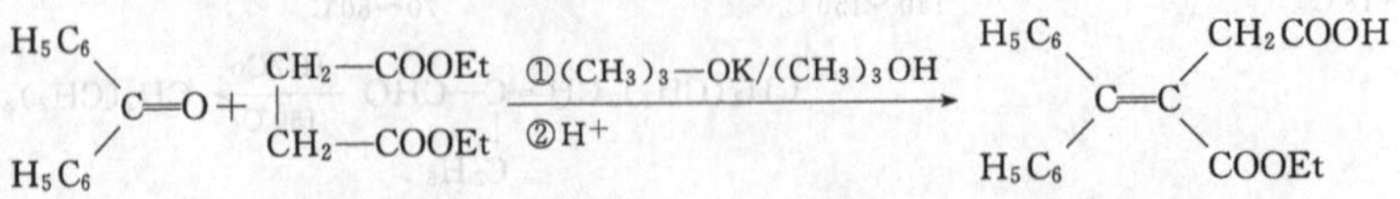

在 Stobbe 反应中，若参加反应的为不含 α-H 的对称酮，则仅得到一种产物；若参加反应的为含有 α-H 的不对称酮，产物为顺反异构体的混合物。

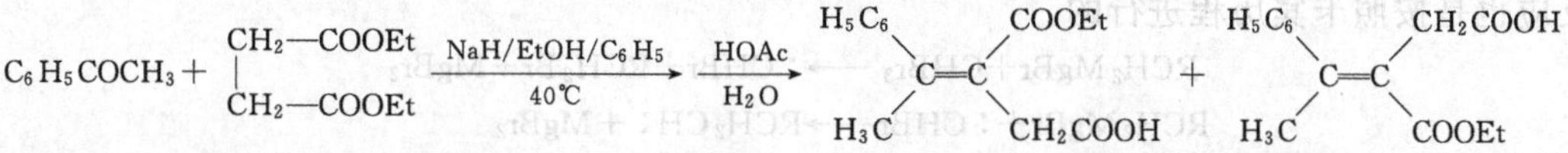

Stobbe 反应的产物用强酸处理，则其酯基水解并脱羧，得到较原来醛、酮增加三个碳原子的不饱和羧酸。

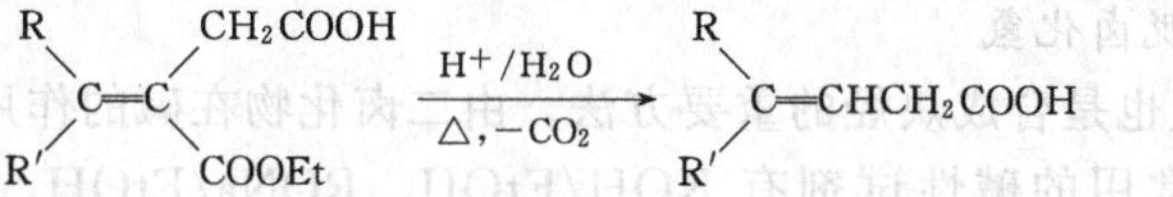

（5）Perkin 反应　芳香醛与脂肪酸酐在相应的脂肪酸碱金属盐的催化下缩合，生成 β-芳基丙烯酸类化合物的反应称为 Perkin 反应。

$$ArCHO+(RCH_2CO)_2O \xrightarrow[\triangle]{RCH_2CO_2K} ArCH{=}CRCOOH+RCH_2COOH$$

由于羧酸酐是活性较弱的亚甲基化合物，而作为催化剂的羧酸盐又是弱碱，因此反应往往需要较高温度。

芳香醛的芳环上连有吸电子基团，如有—X、—NO_2 时，反应易于进行，且产率较高；反之，芳环上连有供电子基团时，则反应难以进行，产率亦较低。

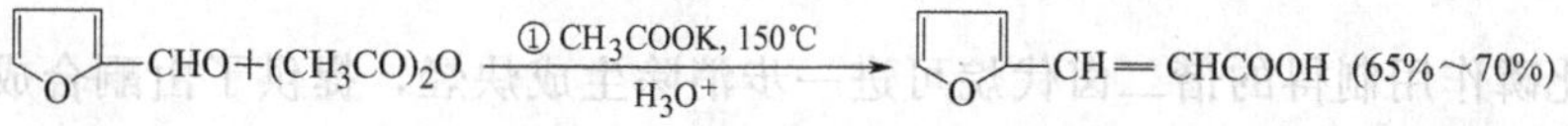

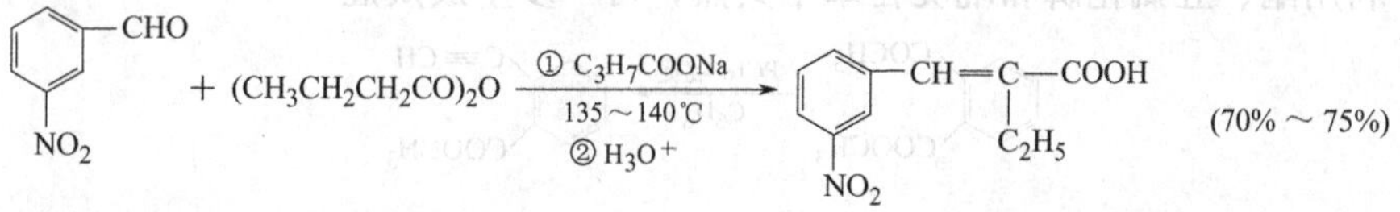

2.1.2.4　*偶联反应*

卤代烃与有机金属化合物的偶联反应是合成烯烃的重要方法，并且为碳链增长的反应。常用的有机金属化合物有：有机镁、有机锂、有机铜、有机镍等化合物，其中有机镁化合物与卤代烃的反应应用较为普遍。

有机镁化合物与四卤化碳发生偶联反应，生成具有奇数碳原子的非末端烯烃。常用的四卤化碳为 CF_2Br_2 和 CF_3Br。

$$3RCH_2MgX+CX_4 \longrightarrow RCH{=}CHCH_2R$$

上述反应可能是按照卡宾历程进行的，首先生成二卤卡宾，再对 C—Mg 键进行插入。

$$RCH_2MgBr+CF_2Br_2 \longrightarrow :CF_2+RCH_2Br+MgBr_2$$

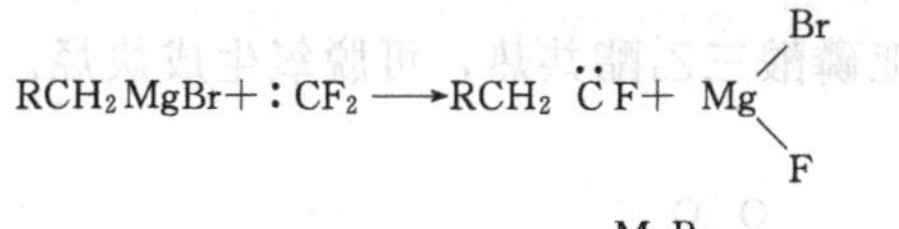

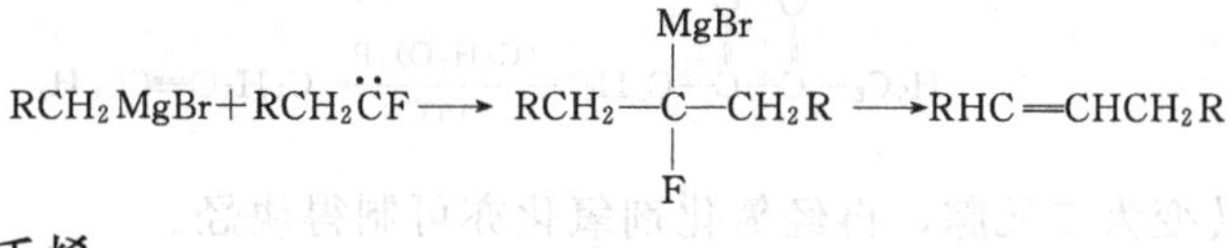

例如：由 1-溴丁烷合成 4-壬烯：

$$CH_3(CH_2)_3Br \xrightarrow[(C_2H_5)_2O]{Mg} CH_3(CH_2)_3MgBr$$

$$3CH_3(CH_2)_3MgBr+CF_2Br_2 \xrightarrow[-70℃]{(C_2H_5)_2O} CH_3(CH_2)_2CH{=}CH(CH_2)_3CH_3$$

有机镁化合物与卤仿反应，可生成末端烯烃。例如由溴代环己烷合成亚甲基环己烷：

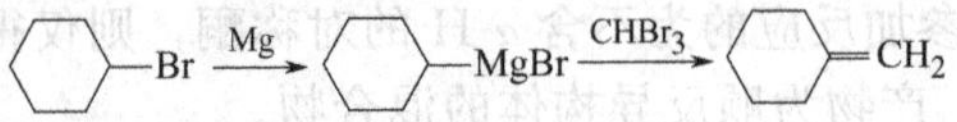

此反应也是按照卡宾历程进行的。

$$RCH_2MgBr + CHBr_3 \longrightarrow :CHBr + RCH_2Br + MgBr_2$$

$$RCH_2MgBr + :CHBr \longrightarrow RCH_2CH: + MgBr_2$$

$$RCH_2CH: \longrightarrow RHC{=}CH_2$$

2.1.3 碳碳叁键的形成

2.1.3.1 二卤代烃脱卤化氢

卤代烃脱卤化氢也是合成炔烃的重要方法。由二卤化物在碱的作用下脱去卤化氢，在分子中引入碳碳叁键。常用的碱性试剂有 KOH/EtOH、RONa/EtOH、NaH、$NaNH_2$/液 NH_3 等。新近报道，$NaNH_2$、NaH 和 $(CH_3)_3COK$ 在二甲基亚砜中均是良好的碱性试剂。卤代烃分子中存在—OR、$—NO_2$、$—NR_2$ 等基团时对反应没有影响。

$$\underset{(\text{或 } RCX_2CH_2R')}{RCHXCHXR'} \xrightarrow{\text{碱}} RC{\equiv}CR' + HX$$

例如：

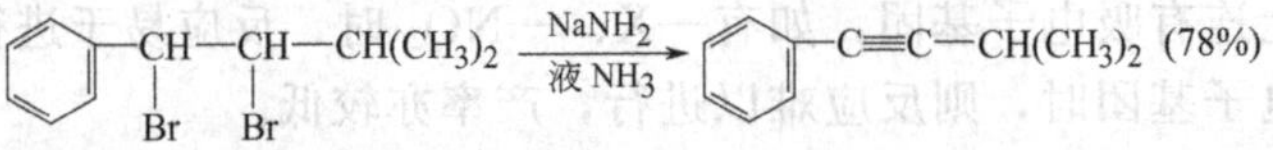

由酮与五氯化磷作用制得的偕二卤代烷可进一步消除生成炔烃，提供了由酮合成炔烃的方法。新近，利用酮、五氯化磷和吡啶在苯中共热，可一步生成炔烃

2.1.3.2 四卤代烷脱卤

通过四卤化烷脱卤也可形成碳碳叁键。

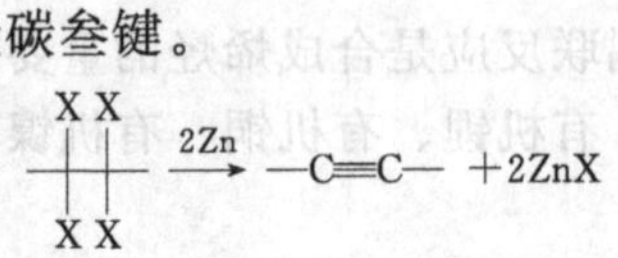

例如：

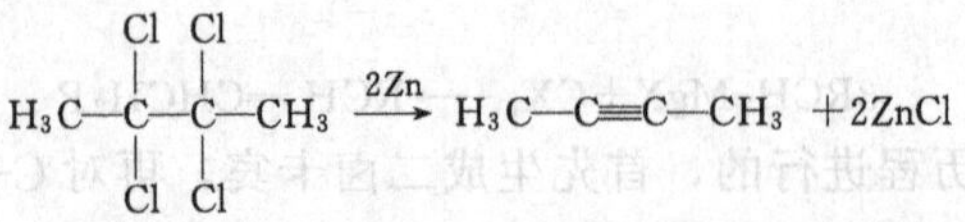

2.1.3.3 α-二酮脱氧

α-二酮在氮气存在下与亚磷酸三乙酯共热，可脱氧生成炔烃。例如，二苯乙二酮脱氧可合成二苯乙炔。

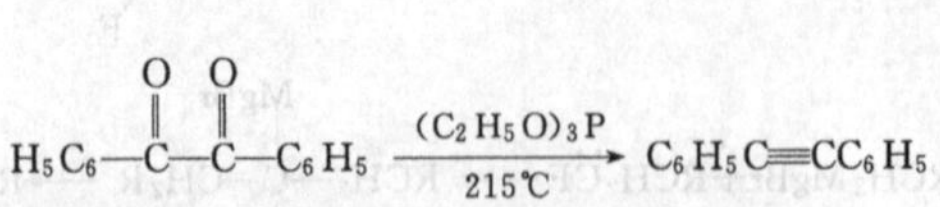

若将 α-二酮先转变为二元腙，再经氧化剂氧化亦可制得炔烃。

常用的氧化剂有氧化汞、四乙酸铅、三氟乙酸银在三乙胺中等。例如二苯乙炔的合成：

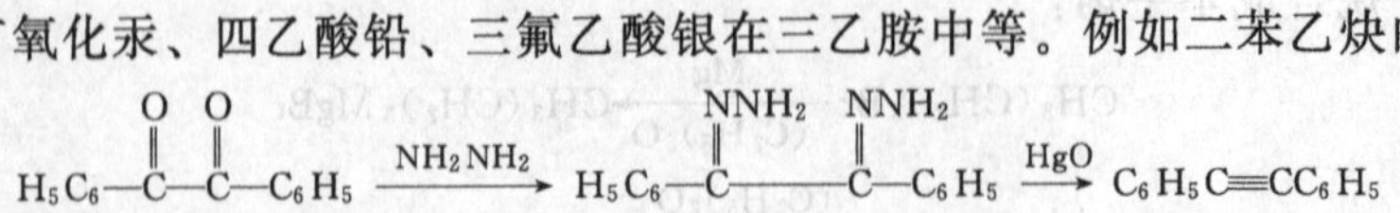

2.1.4 碳环的形成

环具有闭合的分子骨架，根据结构可分为脂环和芳环两大类，每一类又可分为碳环和杂

环、单环与多环等类型。脂环中根据成环原子数目，又可分为三元环、四元环、五元环等。这里仅对几种常见的碳环的合成方法进行简单讨论。

2.1.4.1 环加成反应

在光或热的作用下，两个或两个以上的 π 体系相互作用，两个 π 体系末端连接成环状分子的反应，称为环加成反应。在反应过程中既无分子消除，亦无 σ 键的断裂。在绝大多数的环加成反应中均包含两个 σ 键的形成。环加成反应可根据反应物中参加反应的 π 电子数目进行分类。主要包括［4+2］环加成反应和［2+2］环加成反应。

(1) Diels-Alder 反应　Diels-Alder 反应又叫做双烯合成，是共轭二烯与烯、炔进行环化加成，生成环己烯衍生物的反应。在反应过程中，反应物的 π 体系打开，形成两个新的 σ 键和一个新的 π 键，因此它是六电子参加的［4+2］环加成反应。该反应是环加成反应中最常见的一种，也是构成六元环骨架的重要反应之一。

Diels-Alder 反应的反应物分为两部分：一部分为双烯体，提供共轭双烯；另一部分为亲双烯体，提供不饱和键。例如：

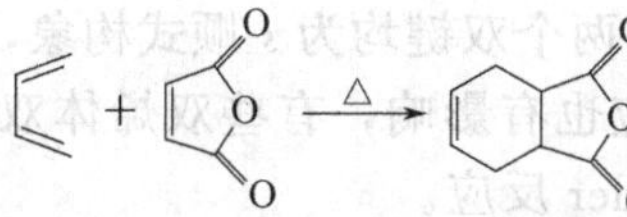

Diels-Alder 反应的发生只需要光照或加热，而不受催化剂或溶剂的影响。反应时，反应物分子相互作用，形成一个环状过渡态，然后转化为产物分子。其旧键的断裂和新键的生成是相互协调地在同一步骤中完成的，属于协同反应。

当双烯体为环状化合物，如环戊二烯，与烯键碳原子上带有取代基的亲双烯体反应时，可能生成两种取向的产物，即内型产物和外型产物。而当双烯体上有不饱和基团时，优先生成内型加成产物。

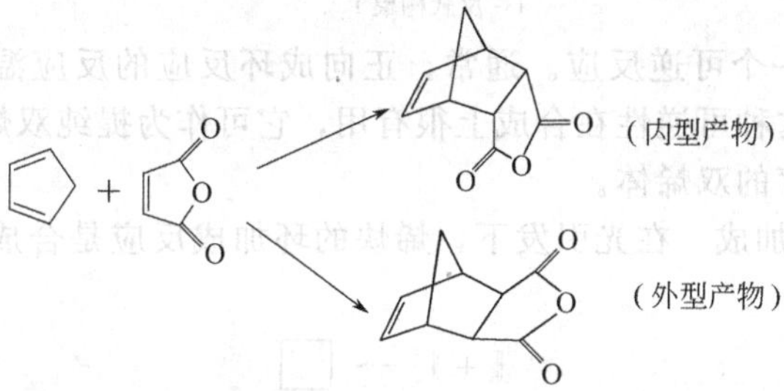

Diels-Alder 反应具有很强的区域选择性。当双烯体与亲双烯体上均有取代基时，从反应形式上看，有可能产生两种不同产物。实验证明：两个取代基处于邻位或对位的产物占优势。例如：

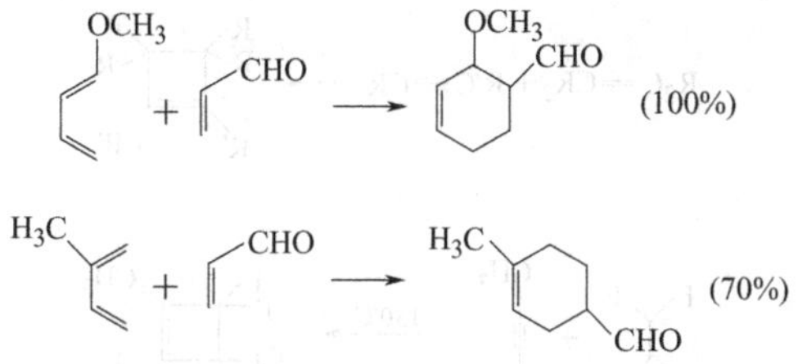

Diels-Alder 反应是立体专一的顺式加成反应，参与反应的亲双烯体在反应过程中顺反关系保持不变，仍然为烯烃的原有构型。例如：

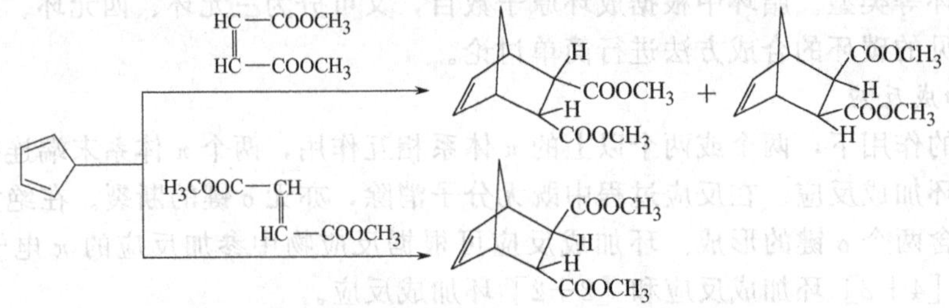

带有供电子基团的双烯体和带有吸电子基团的亲双烯体对反应有利。例如：

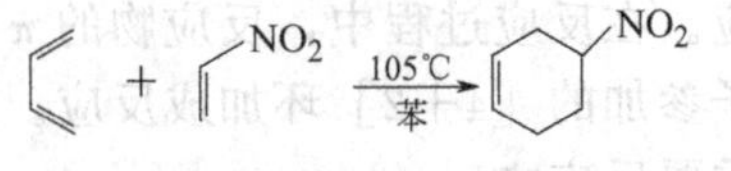

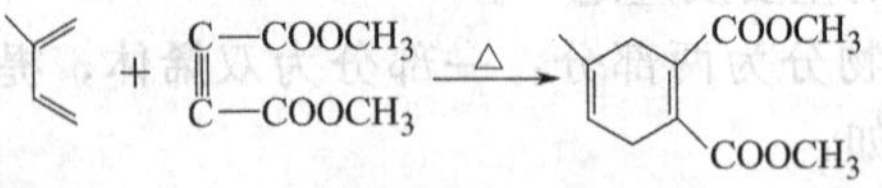

Diels-Alder 反应要求双烯体的两个双键均为 *s*-顺式构象，*s*-反式构象的双烯体不发生该类反应。空间位阻对 Diels-Alder 反应也有影响，有些双烯体双键虽为 *s*-顺式，但由于 1,4-位取代基位阻较大，也不发生 Diels-Alder 反应。

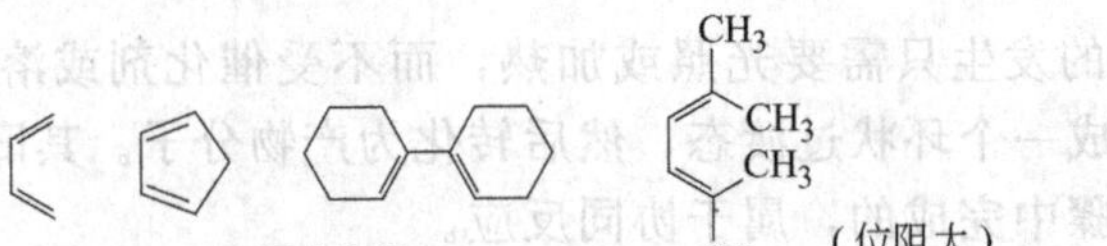

(*s*- 顺式构象)　　(位阻大)

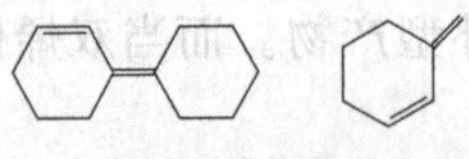

(*s*- 反式构象)

Diels-Alder 反应是一个可逆反应。通常，正向成环反应的反应温度相对较低，温度升高则发生逆向分解反应。这种可逆性在合成上很有用，它可作为提纯双烯化合物的一种方法，也可用来制备少量不易保存的双烯体。

(2) [2+2] 双烯环加成　在光引发下，烯炔的环加成反应是合成四元环化合物极有价值的合成法。

某些烯类化合物在光、热和一些金属盐影响下可二聚，或和另一个烯类化合物进行环化加成，形成环丁烷系化合物，也可和一个炔类化合物加成，形成环丁烯系化合物。

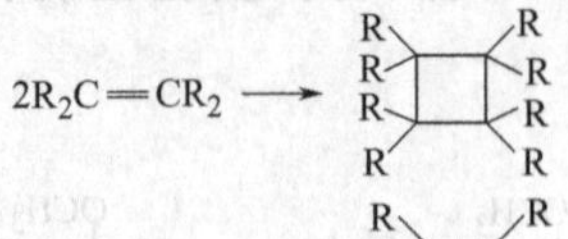

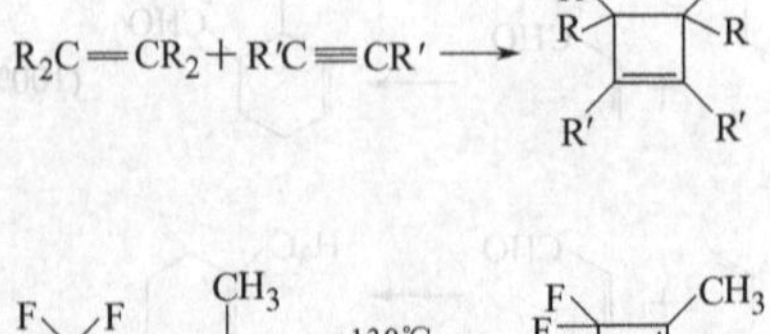

例如：

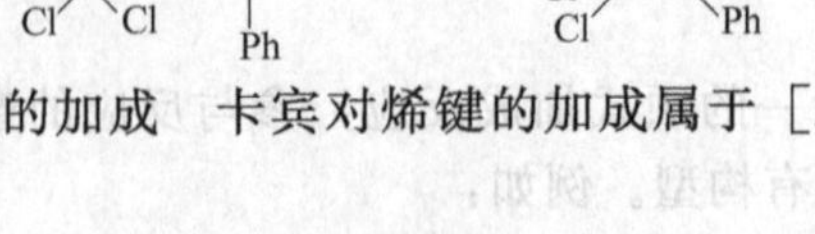

(3) 卡宾及类卡宾对烯键的加成　卡宾对烯键的加成属于 [2+2] 环加成反应，是合成环丙烷衍生物的一个重要方法。

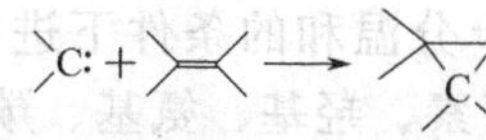

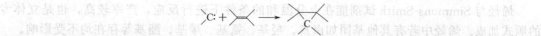

卡宾是电中性的含有二价碳的活性中间体，二价碳原子上有两个未成对的价电子。当两个价电子自旋方向相反时称为单线态卡宾，当两个价电子自旋方向相同时称为三线态卡宾。单线态卡宾中的碳为 sp^2 杂化，一对电子占据在 sp^2 轨道中。三线态卡宾中的碳既可能是 sp^2 杂化，其中两个电子分别占据 sp^2 及 p 轨道；也可能是 sp 杂化，其中两个电子各占据一个 p 轨道。介于两者之间的结构也是可能的。结构如下所示：

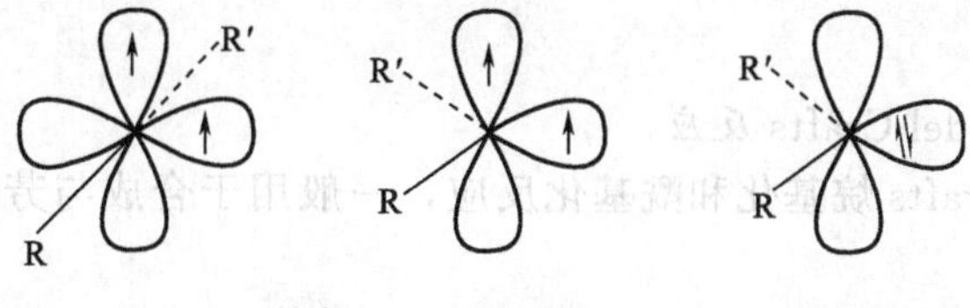

三线态　　　　　　　　　　单线态

单线态卡宾和三线态卡宾与烯烃加成都可得到环丙烷衍生物，但不同电子状态的卡宾表现出不同的立体化学特征。单线态的卡宾与烯烃的加成按协同机理进行，且具有立体定向性，产物能够保持起始烯烃的构型；三线态卡宾按分步机理与烯烃加成，由于加成形成的自由基有足够的时间围绕 C-C 键旋转，可得到顺、反异构体的混合物。

例如重氮甲烷受光、热作用，生成单线态卡宾，与烯烃发生立体定向加成。

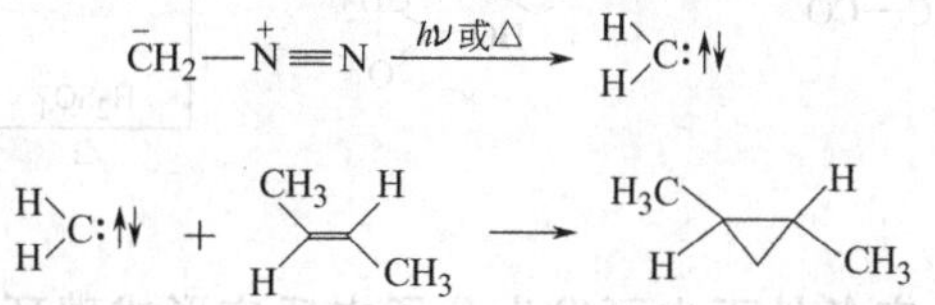

三线态卡宾与反-2-丁烯反应则生成顺-1,2-二甲基环丙烷和反-1,2-二甲基环丙烷。

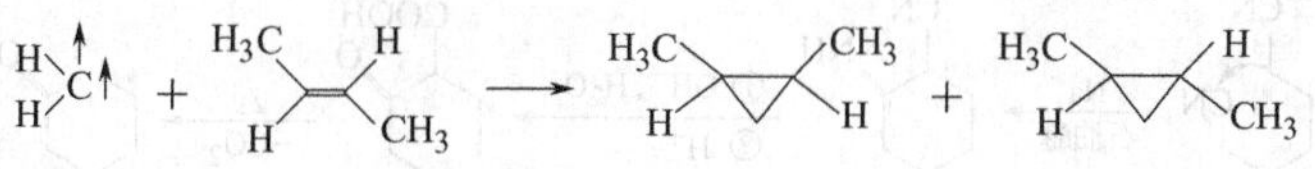

在不同条件下可得到不同电子状态的卡宾，从而得到不同构型的环丙烷衍生物。例如：

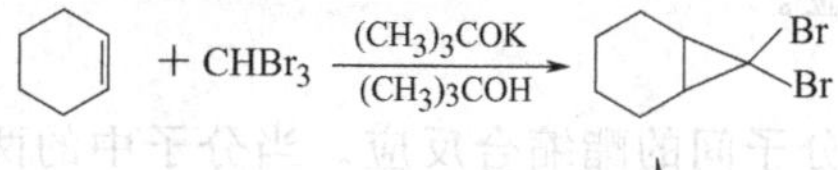

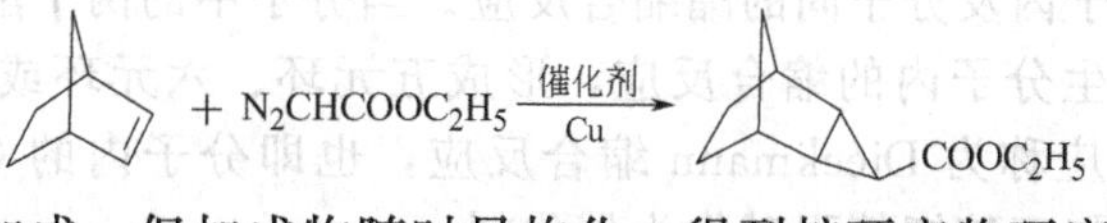

卡宾可对苯环进行加成，但加成物随时异构化，得到扩环产物环庚三烯或其衍生物。

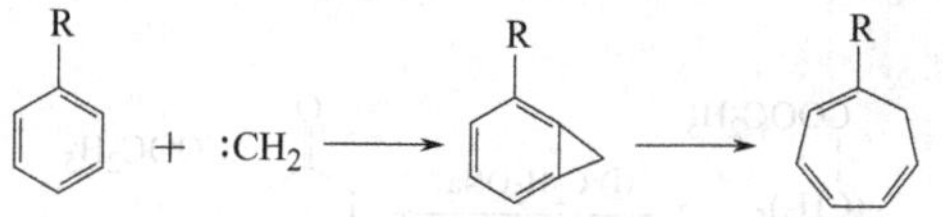

二碘甲烷与锌-铜偶合体制得的有机锌试剂与烯烃作用，生成环丙烷及其衍生物的反应称为 Simmons-Smith 反应。

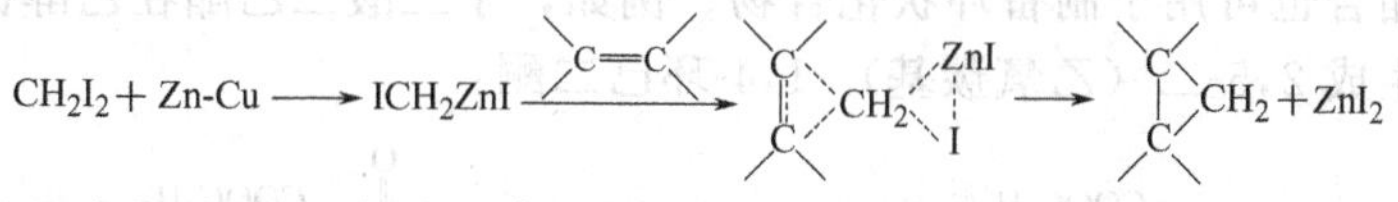

虽然在反应过程中没有产生卡宾，但在反应中具有类似卡宾的性质，所以有机锌试剂称为类卡宾。

例如：

烯烃与 Simmons-Smith 试剂能在十分温和的条件下进行反应，产率较高，也是立体专一的顺式加成。烯烃中若有其他基团如卤素、羟基、氨基、羰基、酯基等存在均不受影响。

用二乙基锌代替 Zn-Cu 偶合体，可以获得产率较好的环丙烷衍生物。

例如：

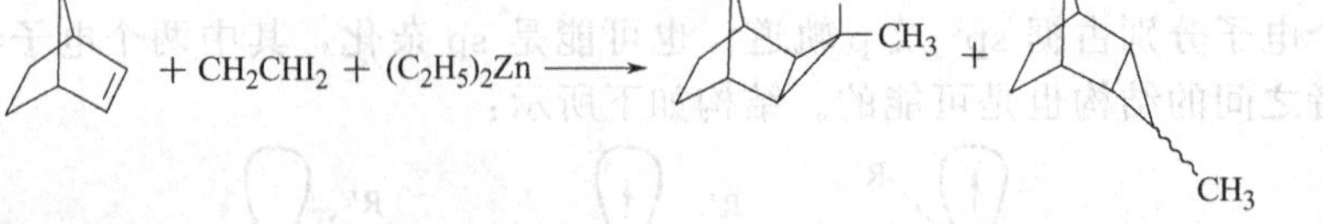

2.1.4.2　分子内的 Friedel-Crafts 反应

分子内的 Friedel-Crafts 烷基化和酰基化反应，一般用于合成与芳环稠合的五元和六元环化合物。例如：

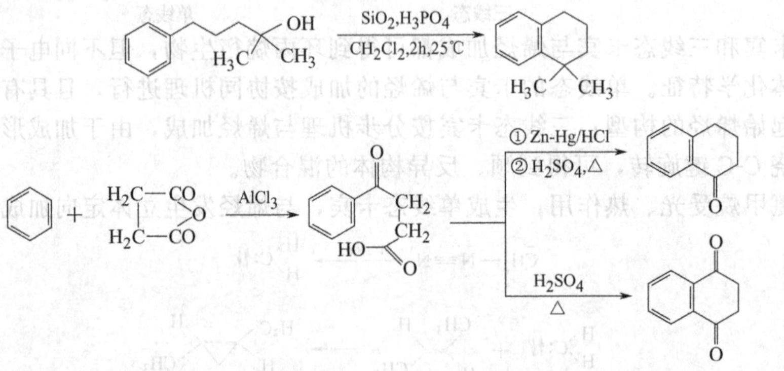

此外，二腈化物，在一定条件下也可发生分子内反应形成碳环。

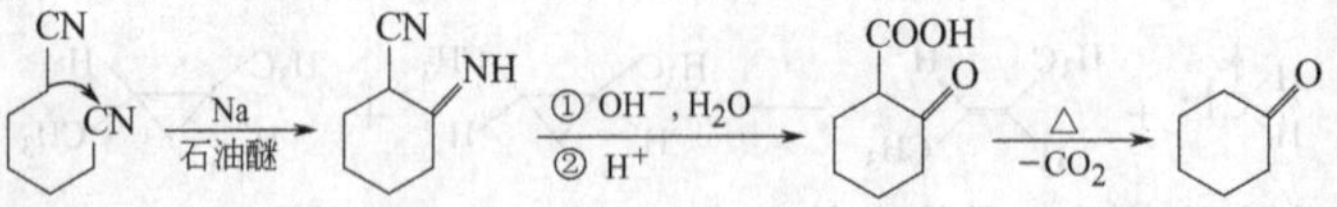

该反应称为 Thorpe-Ziegler 反应。

2.1.4.3　分子内酯缩合

二元酸酯可发生分子内及分子间的酯缩合反应。当分子中的两个酯基被四个或四个以上的碳原子隔开时，就会发生分子内的缩合反应，形成五元环、六元环或更大环的酯环酮类化合物。这种环化酯缩合反应称为 Dieckmann 缩合反应，也即分子内的 Claisen 酯缩合。常用醇钠、氢化钠、乙醇钾和叔丁醇钾等强碱作为催化剂。

例如：

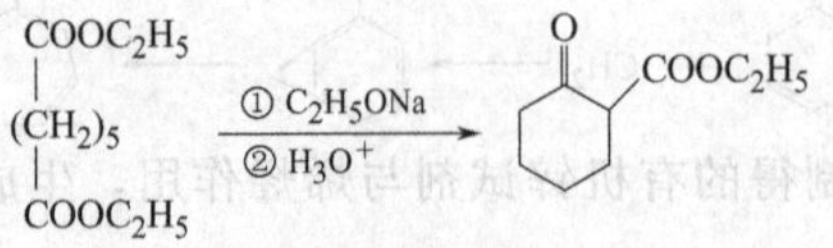

分子间的酯缩合也可用于制备环状化合物。例如，丁二酸二乙酯在乙醇钠的催化下，发生分子间的缩合，生成 2,5-二（乙氧羰基）-1,4-环己二酮：

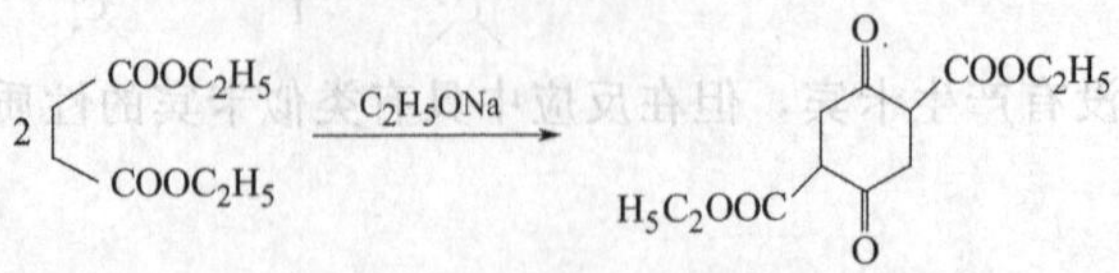

如果两个酯基之间只被三个或三个以下的碳原子隔开时，就不能发生闭环酯缩合反应，因为这样就要形成四元环和小于四元环的体系。但可以利用这种二元酸酯与不含 α-活泼氢的二元

酸酯进行分子间缩合，同样也可得到环状羰基酯，例如在合成樟脑时，其中有一步反应就是用 β,β-二甲基戊二酸酯与草酸酯缩合，得到五元环的二 β-羰基酯：

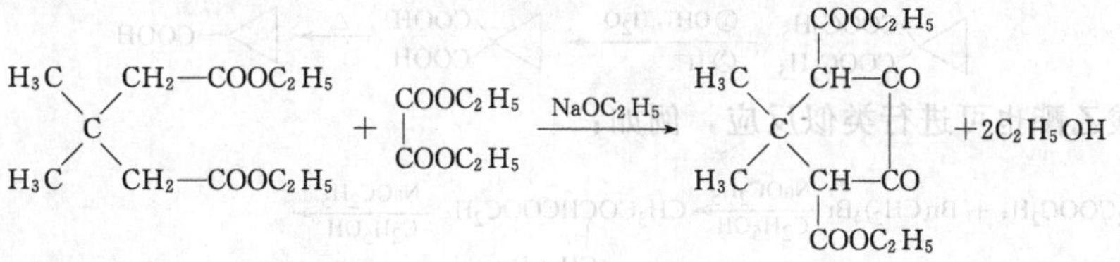

2.1.4.4 酮醇缩合

脂肪酸酯和金属钠在乙醚、甲苯或二甲苯中，在纯氮气流存在下，发生双分子还原反应，生成 α-羟基酮，此反应称为酮醇缩合。例如：

$$2(CH_3)_2CHCOOCH_3 \xrightarrow[\text{甲苯},\triangle]{Na,N_2} \xrightarrow{H_2O} (CH_3)_2CH\underset{OH}{CH}-\underset{O}{\overset{\|}{C}}CH(CH_3)_2$$

二元酸酯发生分子内酮醇缩合可生成环状酮醇。本反应主要用于中环和大环的制备。

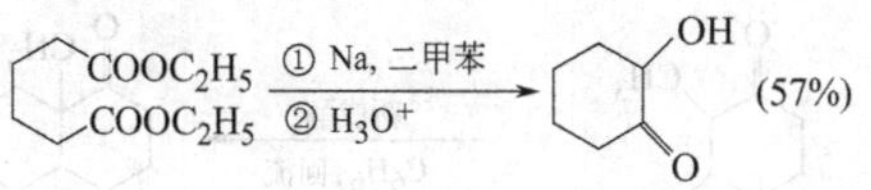

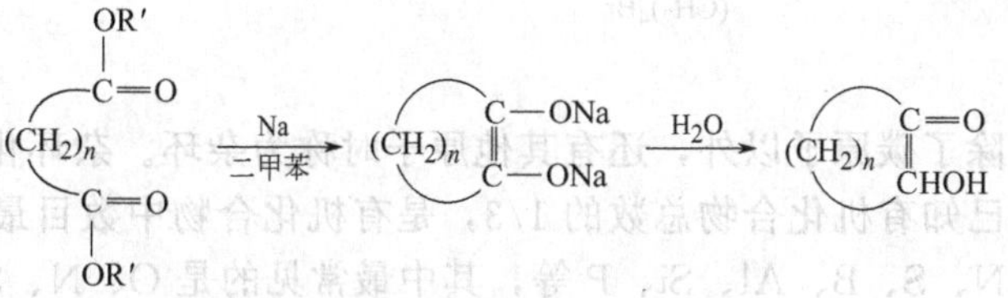

2.1.4.5 分子内的羟醛缩合和 Robinson 环合反应

分子内的羟醛缩合反应也是合成环状化合物的重要方法之一，常用于五元环和六元环的形成。由于是分子内反应，所以比较容易进行。

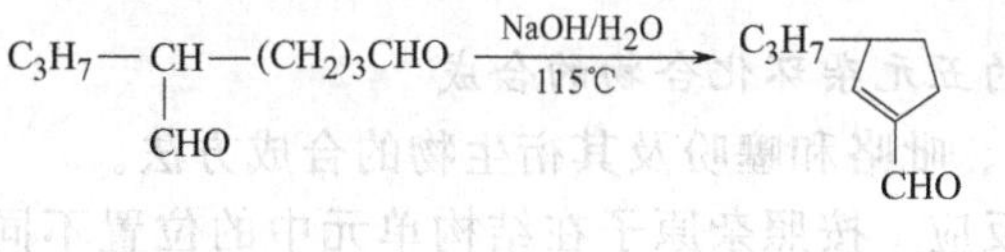

环酮与 α,β-不饱和酮在碱催化下发生 Michael 加成，生成 1,5-二酮，然后发生分子内的醇醛缩合，形成一个新的六元环，再经消除脱水生成 α,β-二环（多环）酮，该反应称为 Robinson 环合反应。

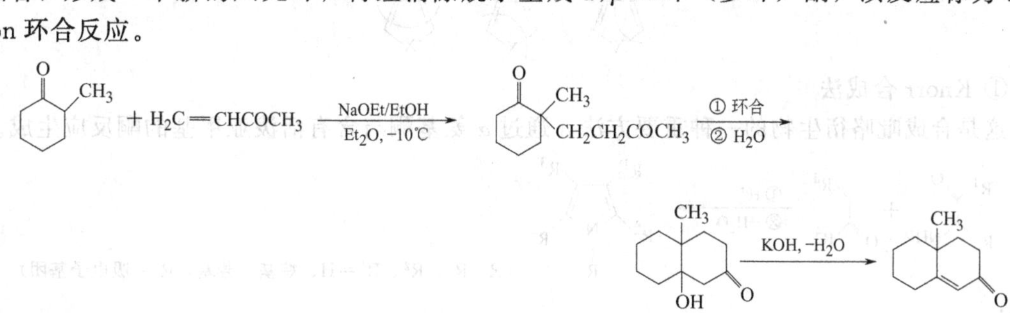

2.1.4.6 分子内的亲核取代反应

活泼亚甲基化合物（如丙二酸酯、乙酰乙酸乙酯等）的分子中含有活泼的 α-氢，在强碱醇钠、醇钾等的作用下，可形成碳负离子，后者是良好的亲核试剂，能够与卤代烃等发生亲核取代反应，将卤代烃分子中的烃基引入其分子当中。若用二卤代烃进行上述反应，即可得到环状化合物。例如，丙二酸二乙酯与二溴代烃的反应：

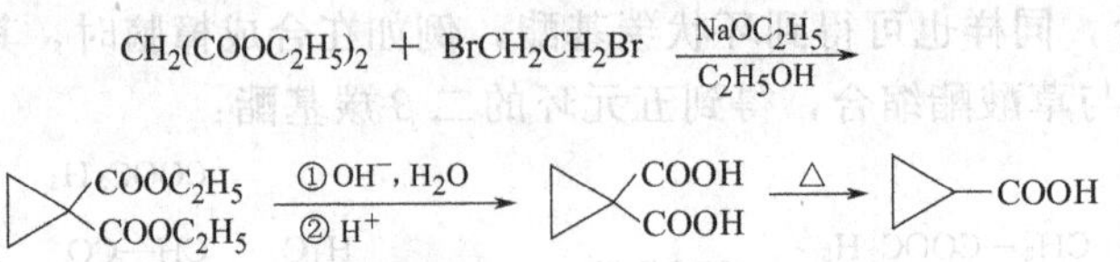

$$CH_2(COOC_2H_5)_2 + BrCH_2CH_2Br \xrightarrow[C_2H_5OH]{NaOC_2H_5}$$

乙酰乙酸乙酯也可进行类似反应，例如：

$$CH_3COCH_2COOC_2H_5 + Br(CH_2)_4Br \xrightarrow[C_2H_5OH]{NaOC_2H_5} \underset{(CH_2)_4Br}{CH_3COCHCOOC_2H_5} \xrightarrow[C_2H_5OH]{NaOC_2H_5}$$

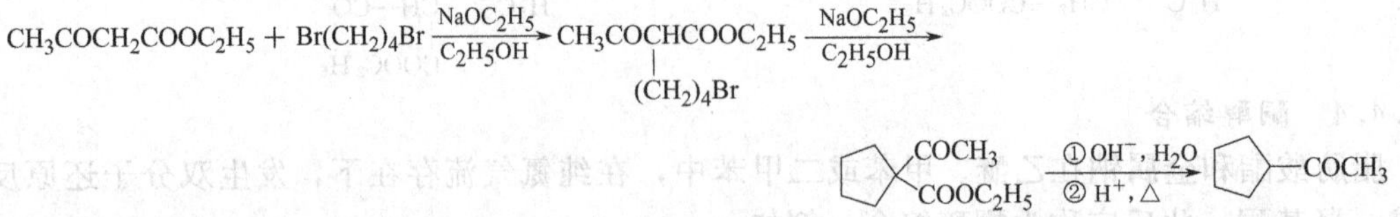

其他含有活泼氢的化合物也能够发生分子内的亲核取代反应，形成环状化合物。例如：

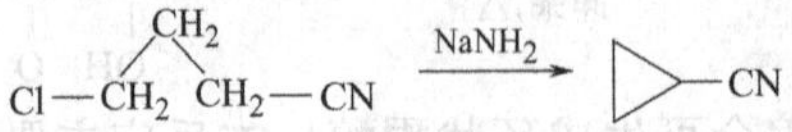

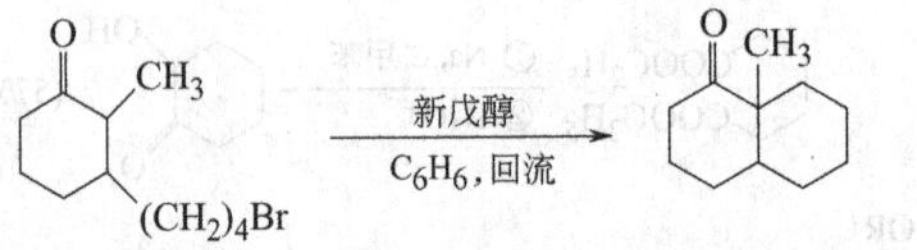

2.1.5 杂环的形成

构成环的原子，除了碳原子以外，还有其他原子时称为杂环。杂环化合物的种类繁多，且数量极大，约占全部已知有机化合物总数的 1/3，是有机化合物中数目最庞大的一类。杂环中的杂原子可以是 O、N、S、B、Al、Si、P 等，其中最常见的是 O、N、S。环系中可以含有一个、两个或更多个相同或不同的杂原子。组成环的原子可以是三个、四个、五个、六个或更多个，可以是单杂环，也可以是各种稠合的杂环。在合成中，杂环化合物可作为合成中间体、保护基，因此研究杂环化合物非常重要。这里主要介绍含一个杂原子的五元和六元杂环及稠杂环的合成方法。

2.1.5.1 含一个杂原子的五元杂环化合物的合成

主要介绍常见的呋喃、吡咯和噻吩及其衍生物的合成方法。

(1) [2+3] 型环合反应　按照杂原子在结构单元中的位置不同，可以有三种方式，示意图如下。它们的共同之处在于：采用含有杂原子的取代基与活泼的羰基化合物反应。

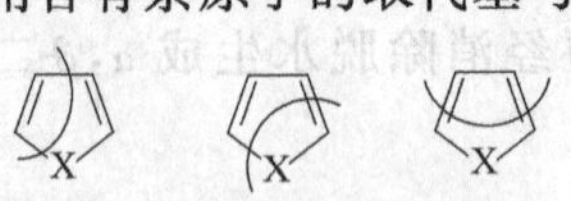

① Knorr 合成法

这是合成吡咯衍生物的一种重要方法，通过 α-氨基酮与含有活泼亚甲基的酮反应生成。

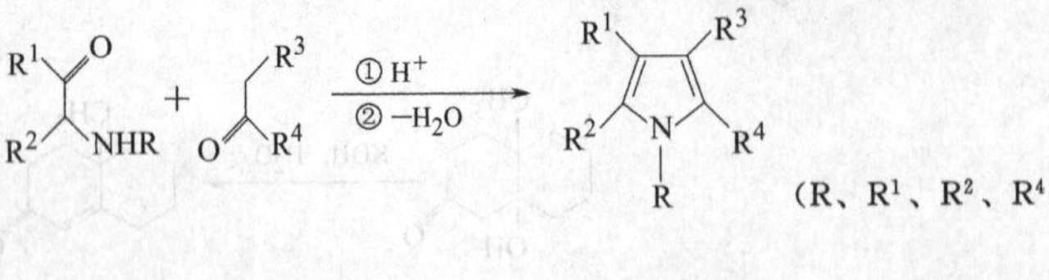

(R、R¹、R²、R⁴＝H、烷基、芳基，R³＝吸电子基团)

例如：

(85%)

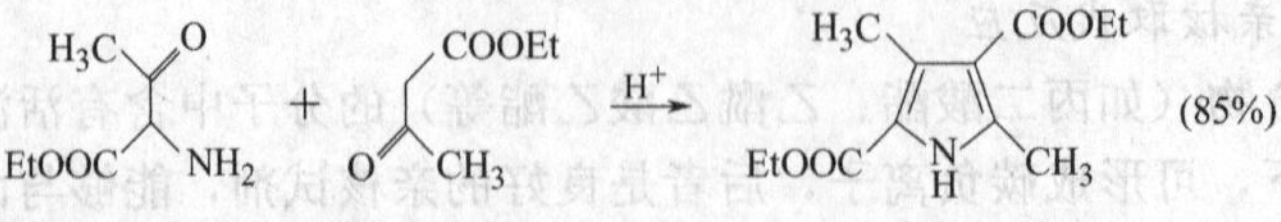

② Hantzsch 合成法

α-卤代醛（或酮）与 β-酮酸酯或其类似物在氨或胺存在下反应，得到吡咯衍生物的反应叫

Hantzsch 反应。

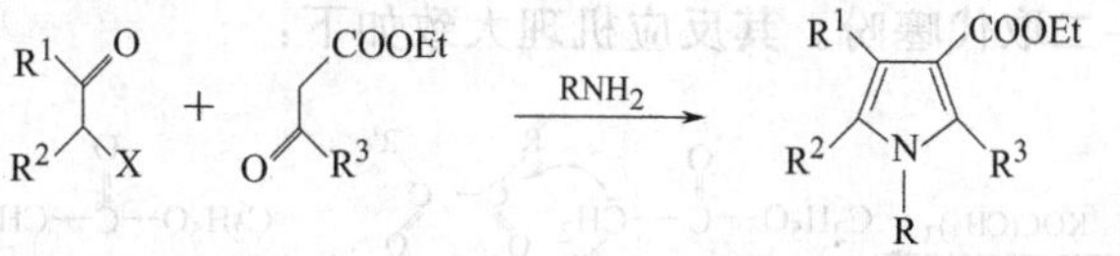

例如：

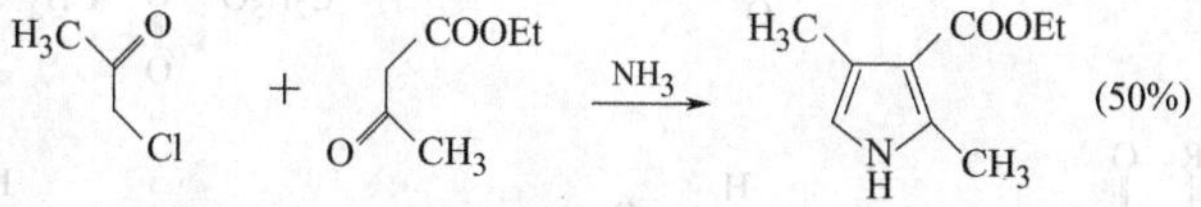

若将上述反应中的氨改为吡啶，则生成呋喃衍生物，此反应称为 Feist-Benary 反应。

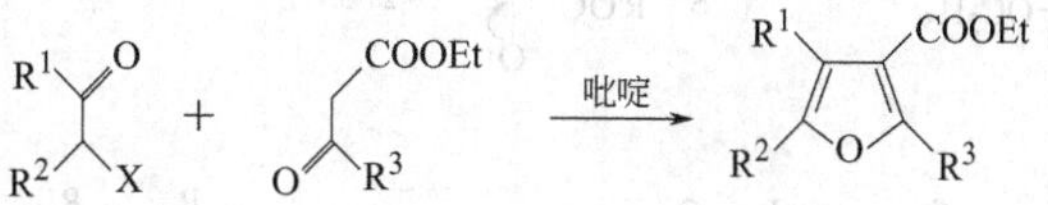

若用二卤代醚或酯代替卤代酮，与乙酰乙酸乙酯反应，亦可得到呋喃衍生物。

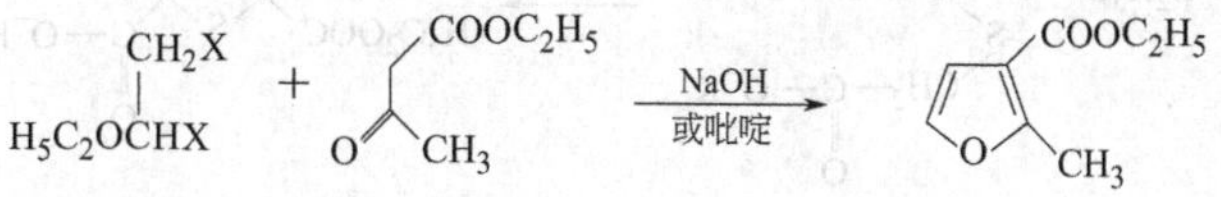

③ α-羰基酮（或 α-氨基酮）与炔二酸酯的缩合反应

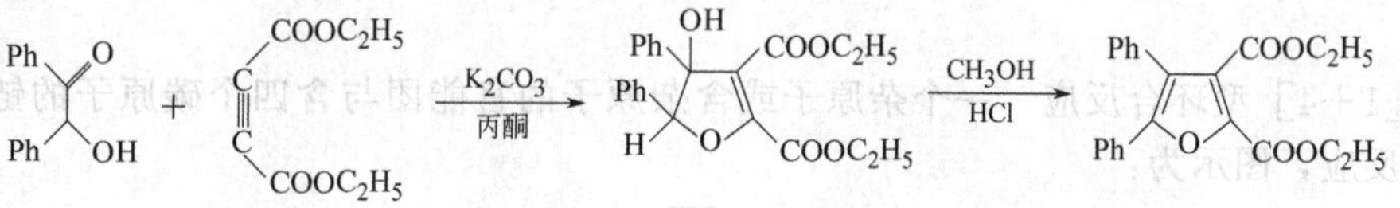

同样条件下，α-氨基酮与炔二酸酯反应，可以得到相应的吡咯衍生物：

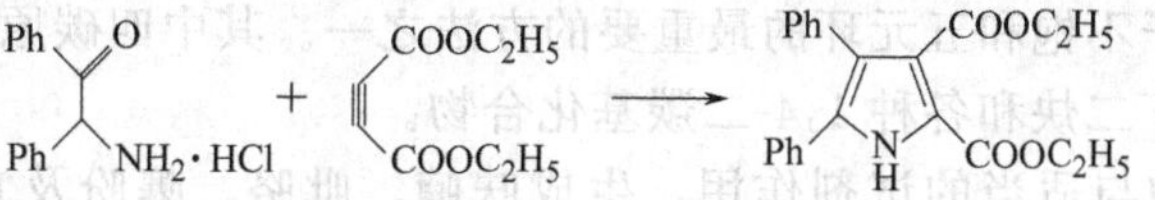

④ α,β-不饱和醛（酮）与 α-氨基酸酯的缩合反应

α,β-不饱和醛（酮）与 α-氨基酸酯，在醇碱的作用下发生缩合反应生成吡咯，例如：

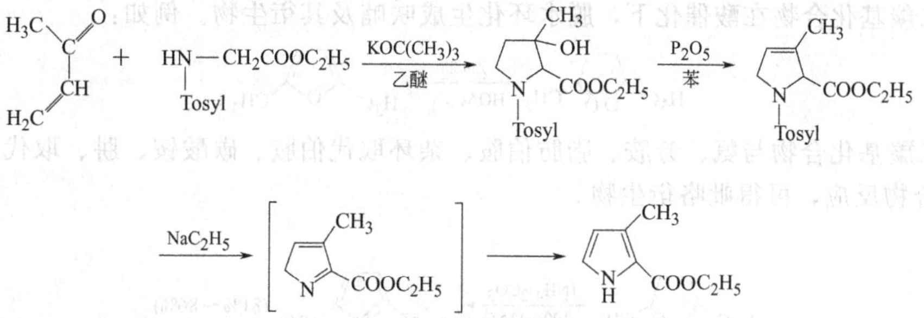

当采用巯基乙酸酯进行此反应时，可得到相应的取代噻吩：

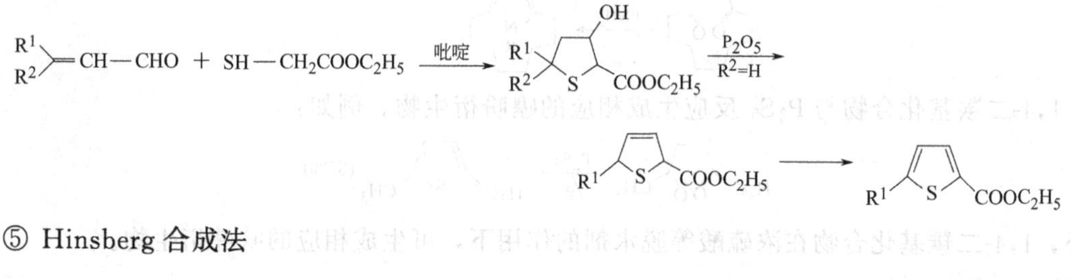

⑤ Hinsberg 合成法

二羰基化合物与活泼的硫醚二羧酸酯作用，生成取代噻吩。这是一个应用非常广泛的反应，主要用于合成 3,4-二取代噻吩。其反应机理大致如下：

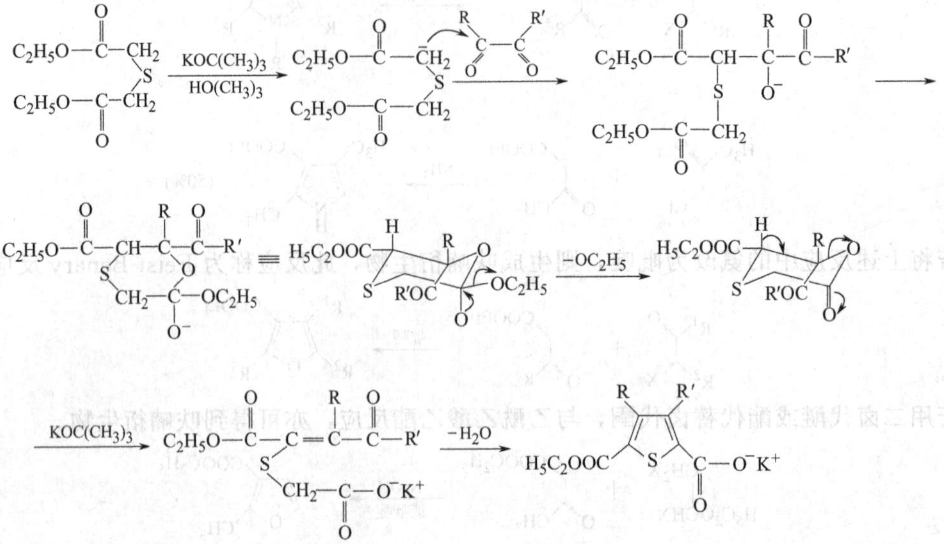

式中的 R 和 R′为氢原子、烷基、芳基、羟基、羧基等。当 R＝R′＝C_6H_5 时，产物的产率为 93%。

(2) ［1＋4］型环合反应　一个杂原子或含杂原子的官能团与含四个碳原子的链状化合物发生关环反应，图示为：

这是合成单杂原子不饱和五元环的最重要的方法之一。其中四碳原子链可以是丁烯、丁二烯、丁烷、丁二醇、丁二炔和各种 1,4-二羰基化合物。

1,4-二羰基化合物与适当的试剂作用，生成呋喃、吡咯、噻吩及它们衍生物的反应称为 Paal-Knorr 合成法。这种方法条件温和，且产率高，是制备单杂原子五元杂环化合物的重要方法。

1,4-二羰基化合物在酸催化下，脱水环化生成呋喃及其衍生物。例如：

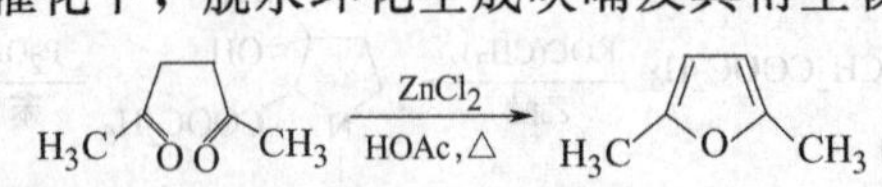

1,4-二羰基化合物与氨、芳胺、脂肪伯胺、杂环取代伯胺、碳酸铵、肼、取代肼和氨基酸等含氮化合物反应，可得吡咯衍生物。

例如：

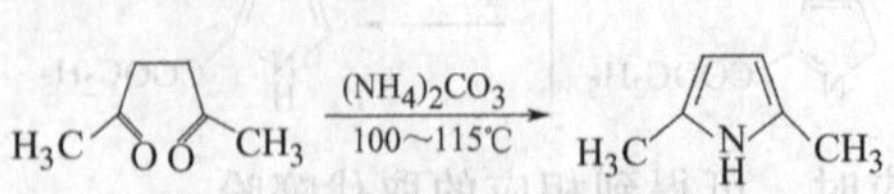

(81%～86%)

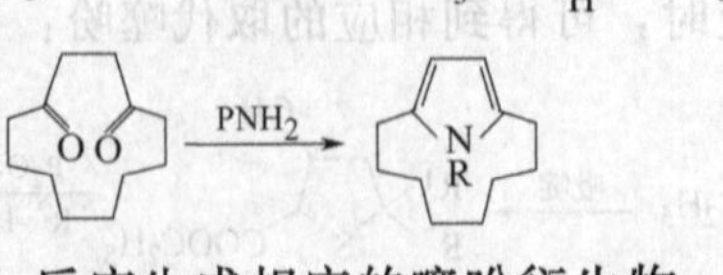

1,4-二羰基化合物与 P_2S_5 反应生成相应的噻吩衍生物。例如：

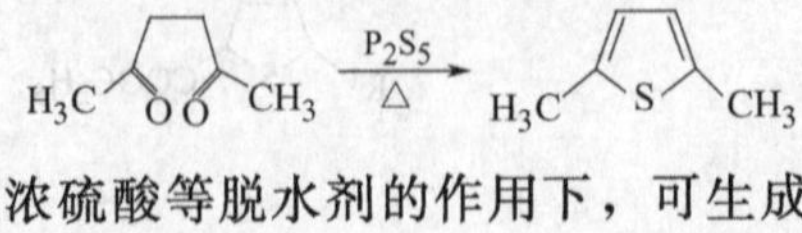

(87%)

此外，1,4-二羰基化合物在浓硫酸等脱水剂的作用下，可生成相应的呋喃衍生物。

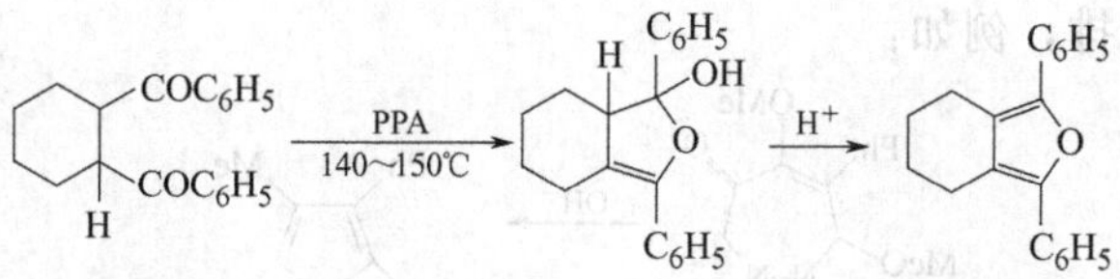

上述反应式中 PPA 为多聚磷酸。

(3) 扩环法和缩环法　由小环的扩环重排或大环的缩环重排都能生成相应的呋喃、吡咯和噻吩等衍生物。

① 扩环法

带适当取代基的氧杂环丙烷可扩环为呋喃环。如：

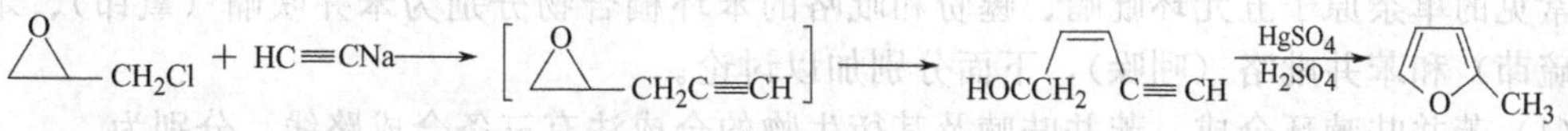

二酰基环丙烷用 HI 处理也可扩环为呋喃环，如：

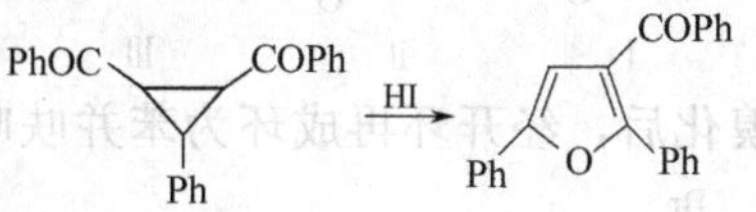

氧杂环丙烷与胺反应，可得吡咯环：

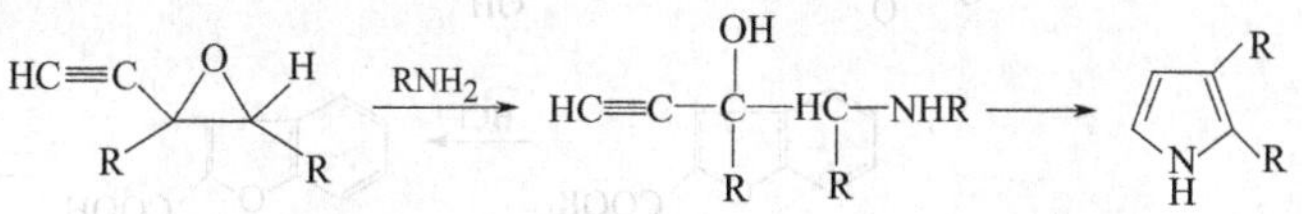

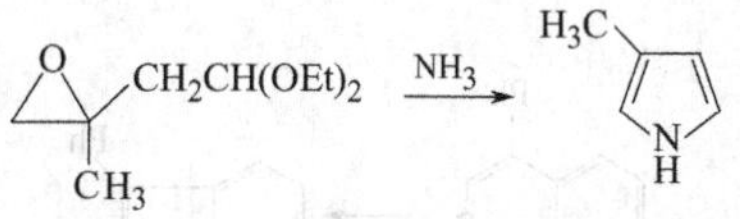

氮杂环丙烷也可扩环为吡咯环，如反-2-苯甲酰-3-苯基氮杂环丙烷与丁炔二酸酯反应的吡咯类化合物：

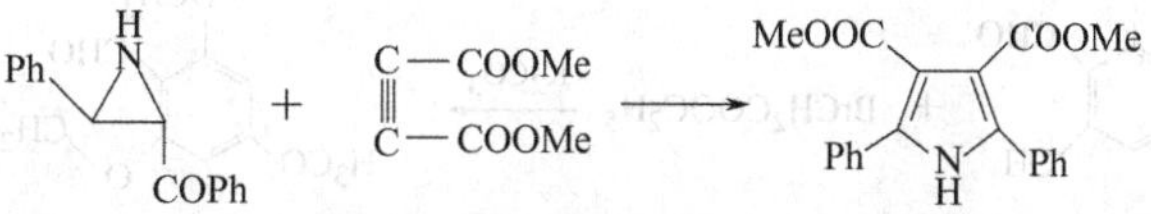

炔基氧杂环丙烷在碱催化下，与 H_2S 反应可生成噻吩环。例如：

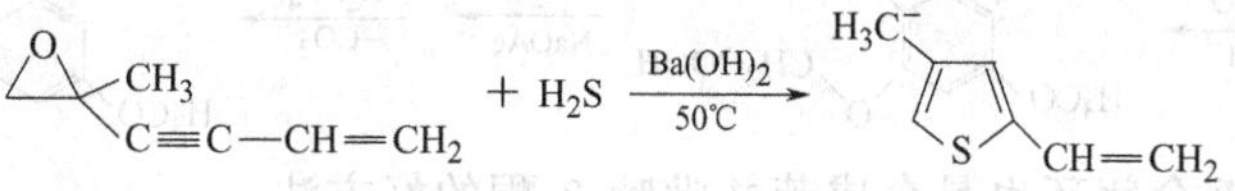

② 缩环法

可通过六元杂环缩环重排，例如：

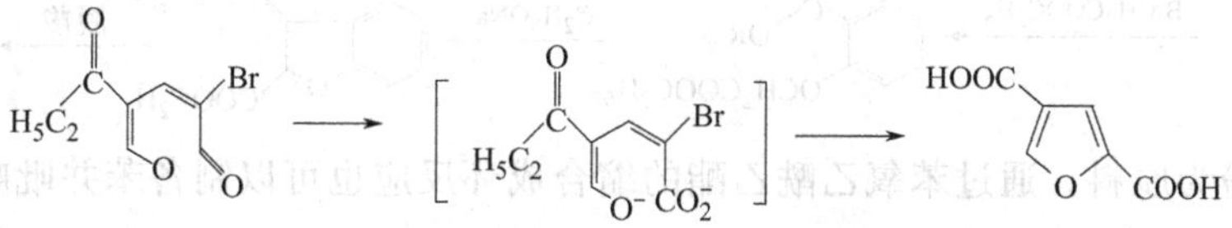

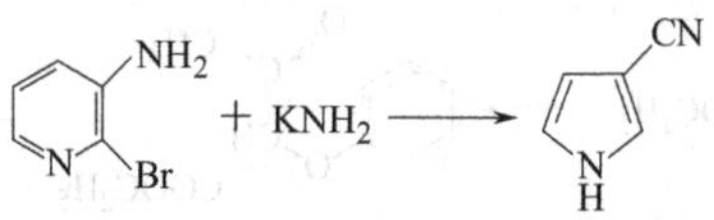

七元杂环的缩环重排，例如：

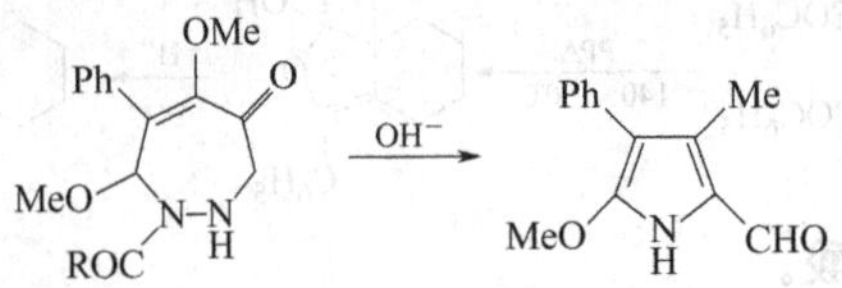

此外八元环缩环成为吡咯环，如：

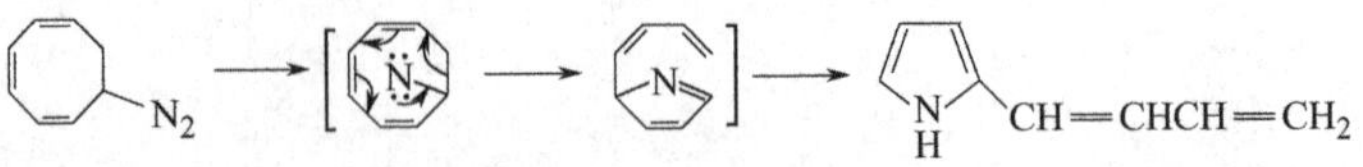

2.1.5.2　含一个杂原子的五元杂环苯并化合物

常见的单杂原子五元环吡喃、噻吩和吡咯的苯环稠合物分别为苯并呋喃（氧茚）、苯并噻吩（硫茚）和苯并吡咯（吲哚），下面分别加以讨论。

(1) 苯并呋喃环合成　苯并呋喃及其衍生物的合成法有三条合成路线，分别为：

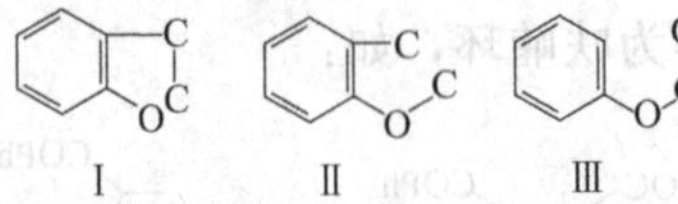

路线Ⅰ。以香豆素为原料，先溴化后，经开环再成环为苯并呋喃：

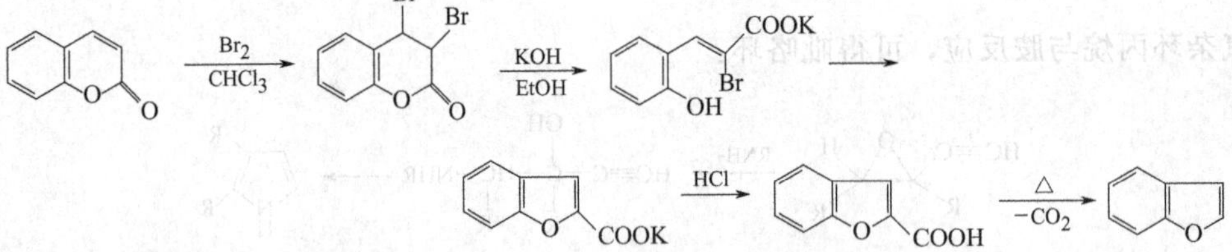

此外还有：

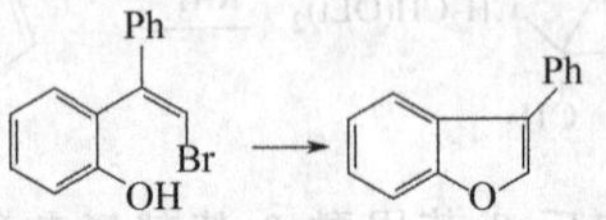

路线Ⅱ。通过分子内部缩合闭环。例如邻酰基苯氧乙酸酯的缩合环化：

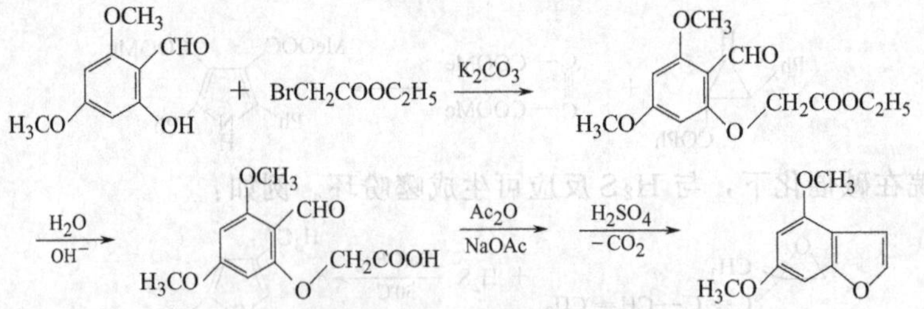

通过分子内 Claisen 缩合闭环也是合成苯并吡喃-3-酮的好方法：

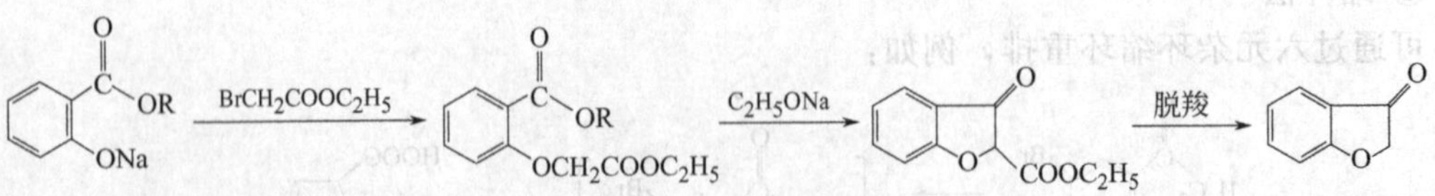

路线Ⅲ。以苯酚为原料，通过苯氧乙酰乙酯的缩合成环反应也可以制备苯并呋喃及其衍生物。

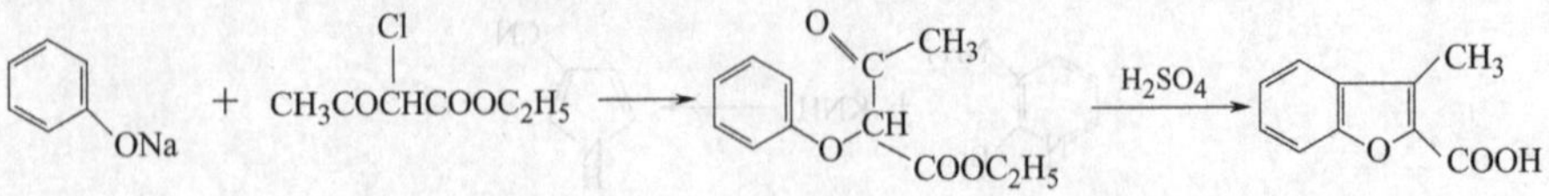

(2) 苯并噻吩的合成　苯并噻吩及其衍生物的合成可以从两条路线出发，一个是苯环，一个是噻吩环。由于噻吩环比苯环容易形成，因此噻吩环的反应是主要的。

工业上苯并噻吩的制备是以乙苯为原料，经气相反应获得的。

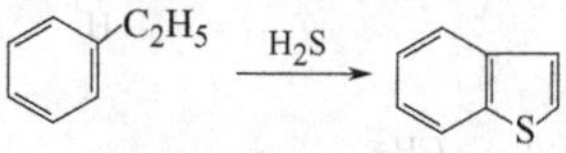

苯乙烯和 H_2S 在高温催化下，可得到苯并噻吩：

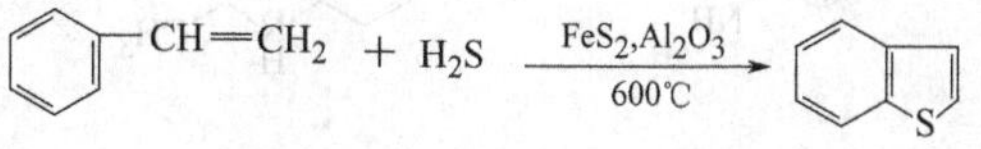

邻乙基硫酚在高温催化下，也可得到苯并噻吩：

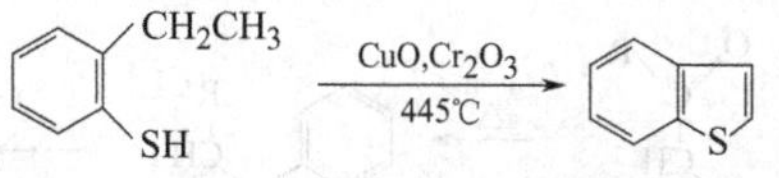

也可以由噻吩环合成苯并噻吩。例如，噻吩与丁二酸酐发生酰基化反应，然后经下列反应可转变为苯并噻吩：

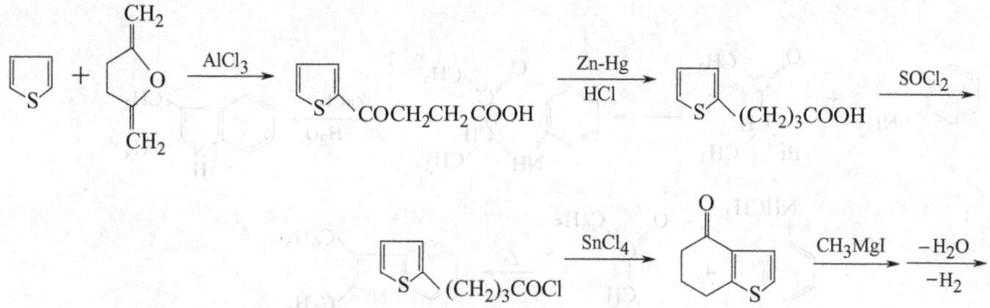

通过 Diels-Alder 反应也可获得苯并噻吩：

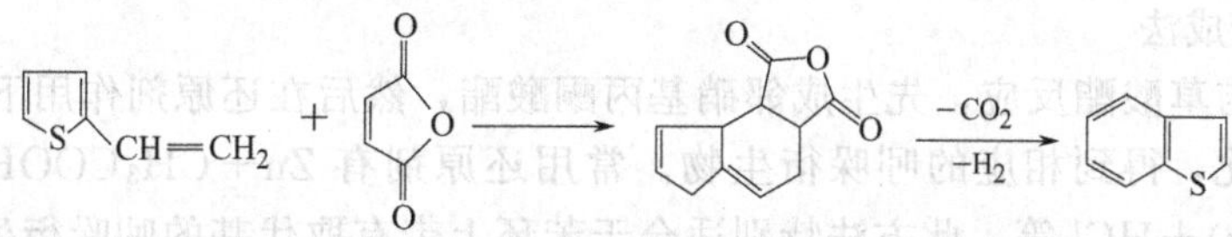

(3) 吲哚的合成　吲哚及其衍生物在杂环化学中占有重要地位，它们在自然界分布很广，许多天然化合物中都含有吲哚环，例如蛋白质水解所得的色氨酸，一些生物碱如草绿碱、利血平、毒扁豆碱等都是吲哚衍生物。吲哚染料和吲哚药物在染料和医药中也起了重要作用。

① Fischer 合成法

芳香肼与醛或酮生成的苯腙，在酸催化下加热，可得到各种吲哚衍生物。这是合成吲哚环的最重要的方法。反应历程如下：

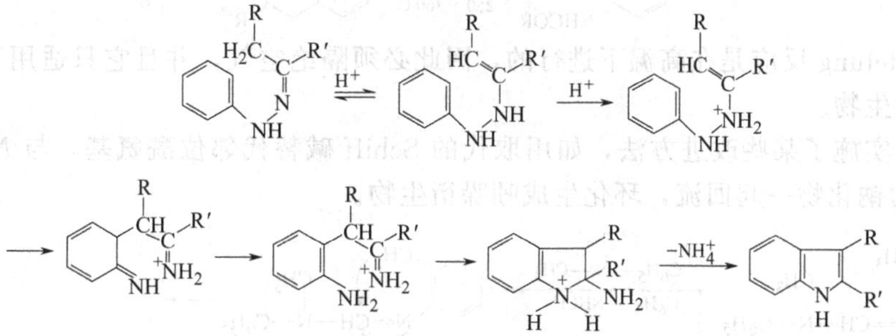

(R 或 R′=烷基、芳基、氢)

反应中常用的催化剂有 $ZnCl_2$、PCl_3、BF_3、多聚磷酸（PPA）等。羰基化合物除醛和酮外还可以是醛酸、酮酸以及它们的酯，但羰基化合物的 α-位至少要有一个氢原子。例如：

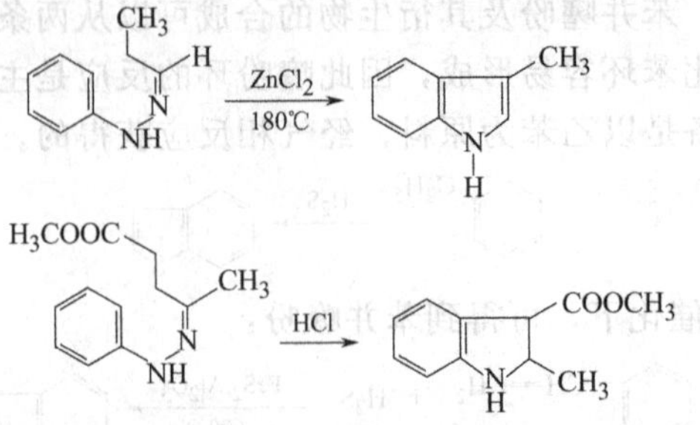

② Bischler 合成法

α-卤代酮或 α-羟基酮与芳胺一起加热，先生成 α-氨基酮，再环化生成吲哚衍生物。

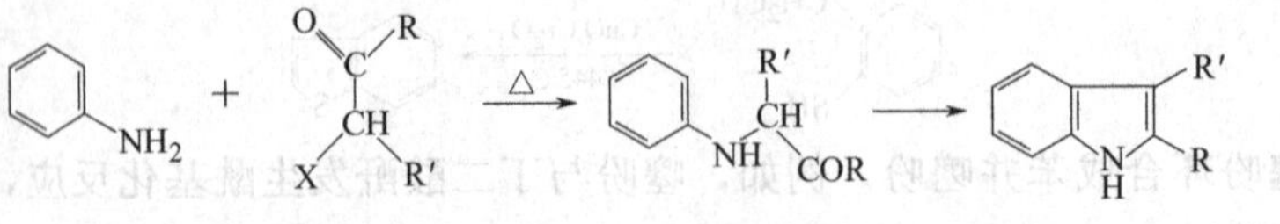

（R，R′=烷基，芳基；X=Cl，Br，OH，NHC_6H_5）

例如：

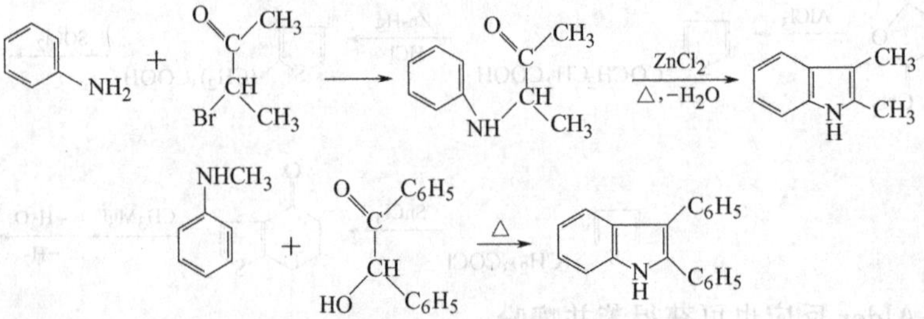

③ Reisset 合成法

邻硝基甲苯与草酸酯反应，先生成邻硝基丙酮酸酯，然后在还原剂作用下将硝基还原为氨基，再经脱水环化，得到相应的吲哚衍生物。常用还原剂有 $Zn+CH_3COOH$、$Fe_2(SO_4)_3+NH_4OH$、$Zn(Hg)+HCl$ 等。此方法特别适合于苯环上带有取代基的吲哚衍生物。

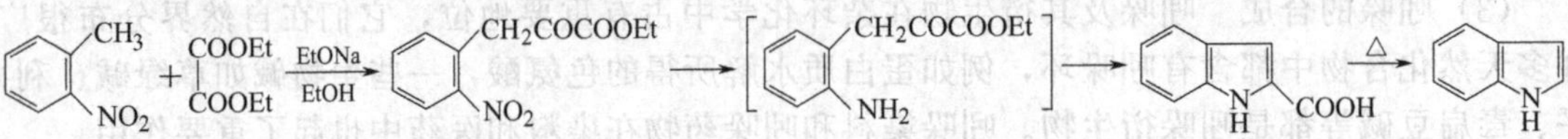

④ Madelung 合成法

在强碱催化下，*N*-酰基邻甲基苯胺进行分子内的缩合环化，得到吲哚衍生物。

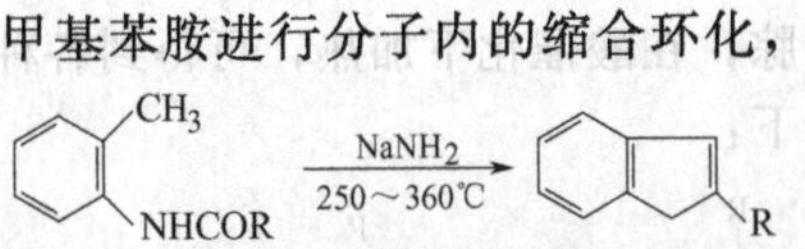

由于 Madelung 反应是在高温下进行的，因此必须隔绝空气，并且它只适用于合成一些较稳定的吲哚衍生物。

近年来，实施了某些改进方法，如用取代的 Schiff 碱替代邻位酰氨基，与 *N*-甲基苯胺和 *N*-甲基苯胺的钠化物一起回流，环化生成吲哚衍生物。

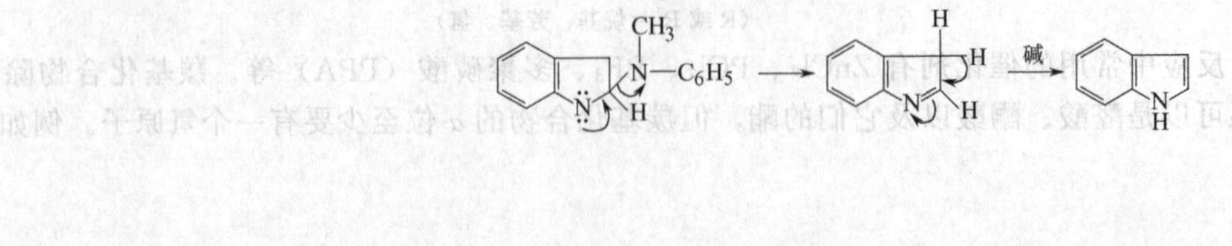

2.1.5.3　含一个杂原子的六元杂环化合物

六元杂环化合物也是杂环化学中的重要部分，其中最重要的仍然是以 O、S、N 为杂原子的杂环。这里主要讨论吡啶的合成。

Hantzsch 合成法：由两分子 β-酮酸酯（如乙酰乙酸乙酯）与一分子醛和一分子的氨进行缩合反应，先得到二氢吡啶环系，再经氧化脱氢，即生成相应的对称取代的吡啶。

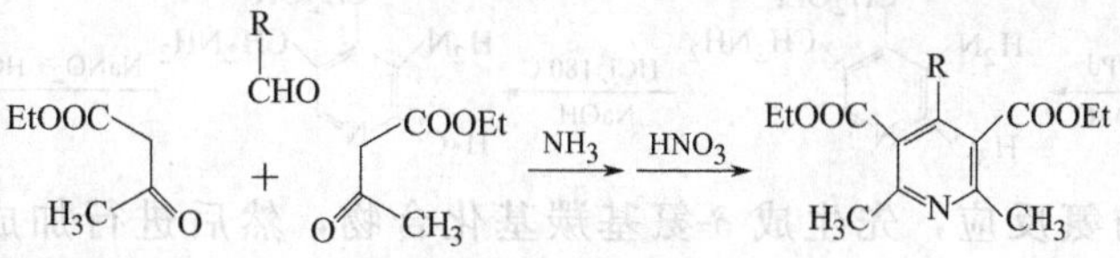

这是一个应用范围很广的反应。是合成各种取代吡啶的最重要的方法之一。

在医药工业中，由邻硝基苯甲醛合成治疗心脏病的药物——心痛定（硝基吡啶），就是利用这种方法的很好例子：

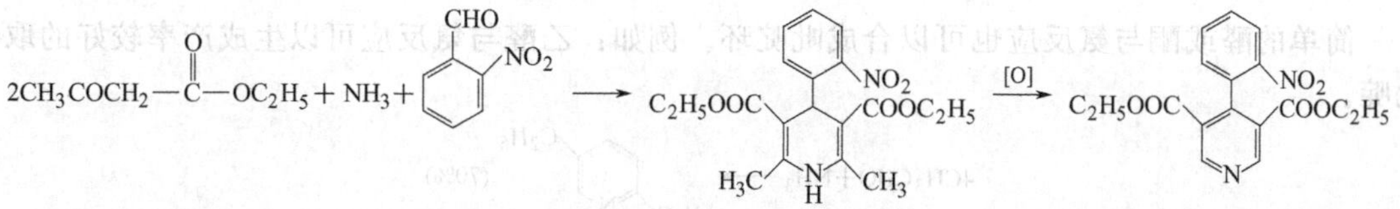

Hantzsch 反应的历程首先是形成链状的 δ-氨基羰基化合物，然后再通过分子内的加成-消除反应发生环化，最后在氧化剂作用下生成芳构化的吡啶环：

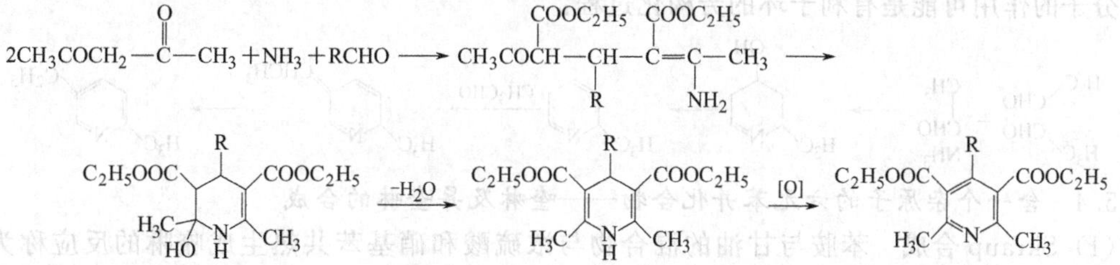

戊二酮与乙酸铵缩合也得到吡啶环：

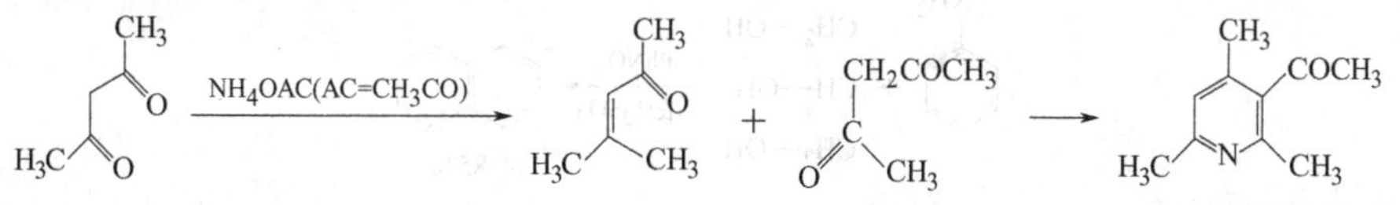

与 Hantzsch 反应类似，以各种不同的羰基化合物为原料，可以合成各种取代的吡啶衍生物。

例如：β-二羰基化合物与氰基乙酰胺在碱的作用下反应，生成 3-氰基-2-吡啶酮，然后再转化为吡啶。

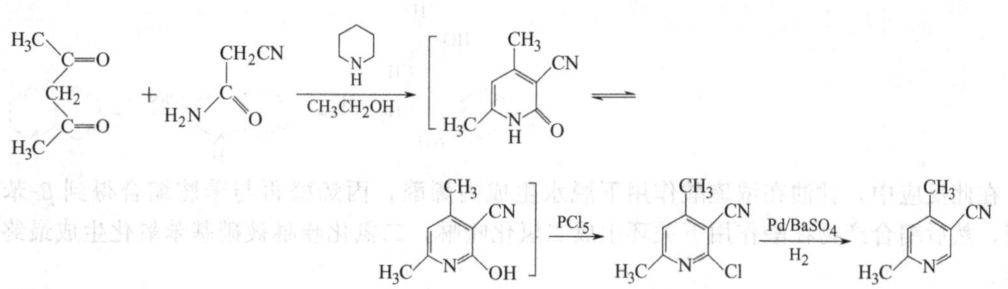

利用这一反应，可以合成维生素 B_6：

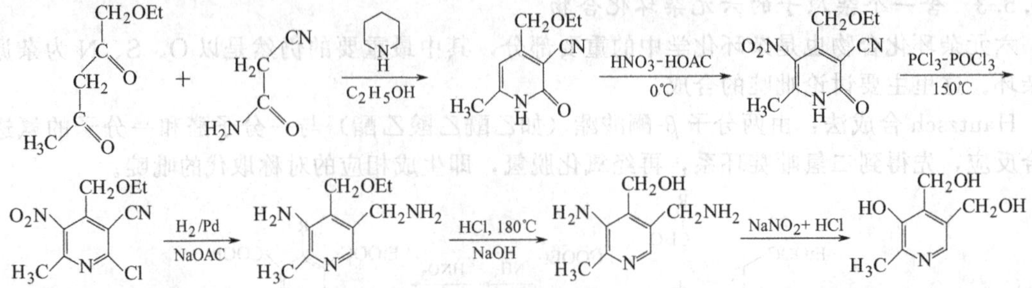

1,5-二羰基化合物与氨反应，先生成 δ-氨基羰基化合物，然后进行加成消除，得到吡啶衍生物。

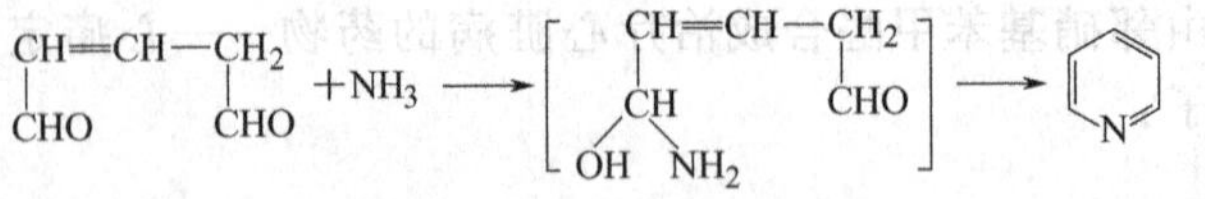

简单的醛或酮与氨反应也可以合成吡啶环。例如：乙醛与氨反应可以生成产率较好的取代吡啶。

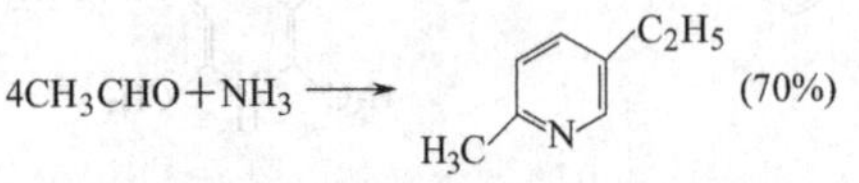

按反应式，四分子乙醛与一分子氨反应，生成一分子 2-甲基-3-乙基吡啶。但实际上反应要复杂得多。若此反应按照下述机理进行，则只有三个乙醛分子进入产物的环结构中，第四个乙醛分子的作用可能是有利于环的芳构化过程：

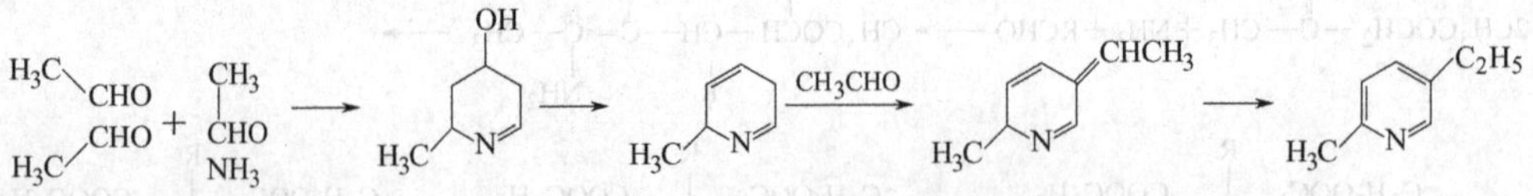

2.1.5.4 含一个杂原子的六元苯并化合物——喹啉及异喹啉的合成

(1) Skraup 合成　苯胺与甘油的混合物与浓硫酸和硝基苯共热生成喹啉的反应称为 Skraup 反应。这是合成喹啉应用最广的反应之一。

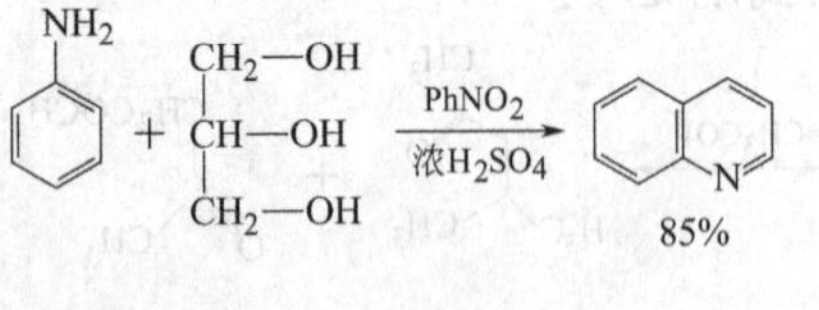

其反应历程为：

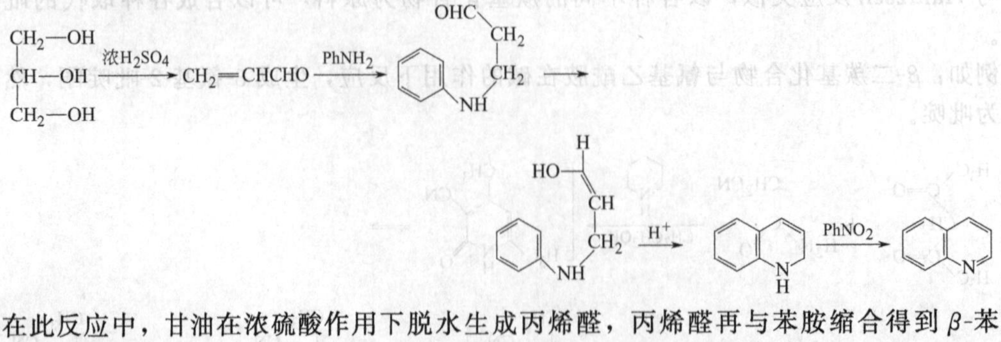

在此反应中，甘油在浓硫酸作用下脱水生成丙烯醛，丙烯醛再与苯胺缩合得到 β-苯氨基丙醛，然后缩合产物在酸作用下关环生成二氢化喹啉，二氢化喹啉被硝基苯氧化生成最终产物喹啉。

苯胺环上取代基的位置和性质对分子发生关环的方向有影响。对于间位有取代基的苯胺，若取代基为供电子基团（如：—OH，—CH_3，—OCH_3），主要在供电子基团的对位关环，得到 7-取代喹啉；若取代基为吸电子基团（如：—COOH，—NO_2），主要在吸电子基团的邻位关环，得到 5-取代喹啉。

另外，通过用不同芳胺和取代的 α，β-不饱和羰基化合物反应，可以合成各种取代喹啉。例如：

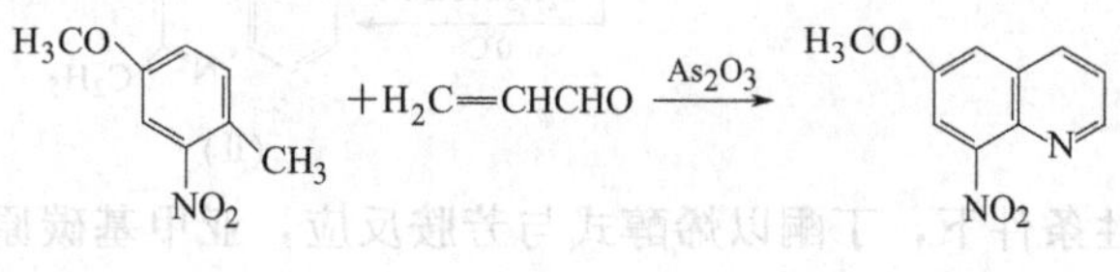

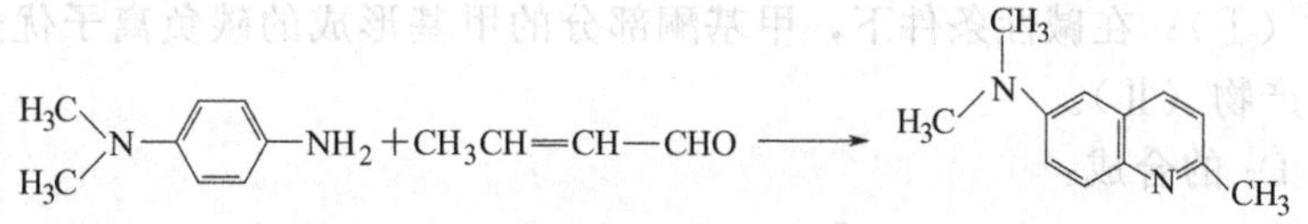

（2）Dobner-Von Miller 合成　这个方法与 Skraup 合成法很相似，即用芳香伯胺与醛在浓盐酸存在下共热，无需加入任何催化剂就可生成相应的取代喹啉。例如：

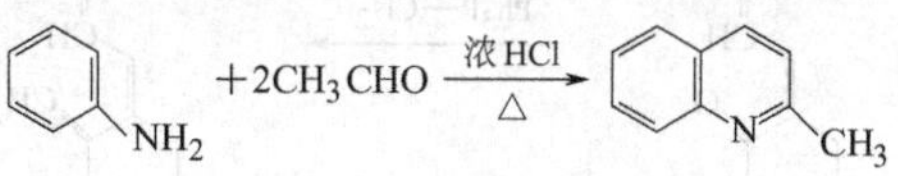

在相同条件下，采用一分子的醛和一分子的甲基酮进行上述反应，则可得到 2,4-二取代喹啉，称为 Beyer 改进法：

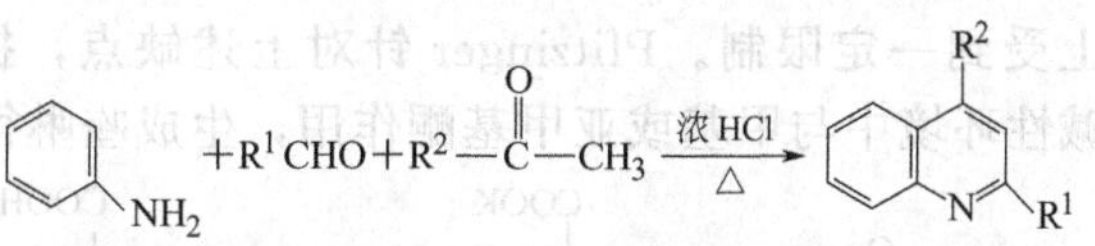

（3）Combes 合成　1,3-二羰基化合物与芳胺在酸性条件下缩合，可以得到各种取代喹啉。

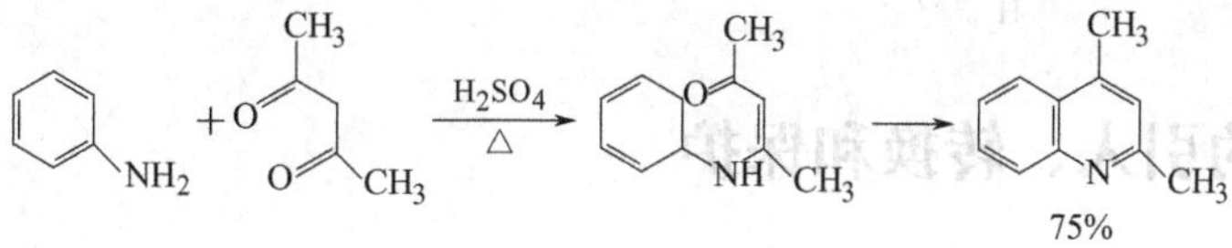

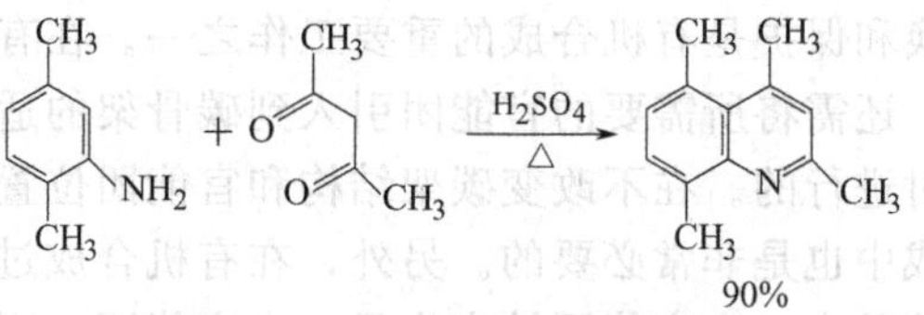

与此相类似，β-酮酸酯（或丁炔二酸酯）与芳胺缩合再经环化也可以得到喹啉衍生物。例如：

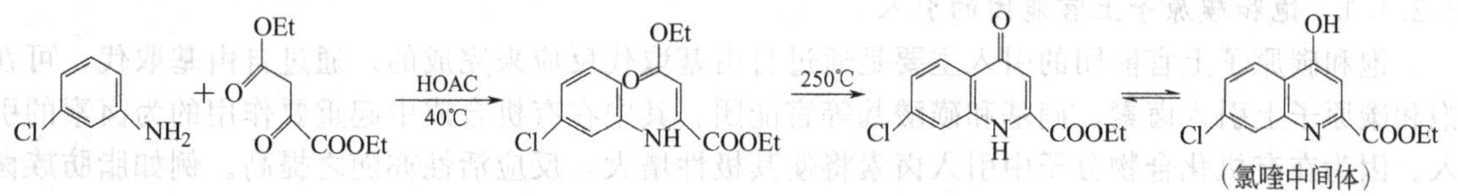

（氯喹中间体）

（4）Friedländer 合成　邻氨基苯甲醛或酮和一个含有—CH_2CO—结构单元的化合物反应，可得到 2 位、3 位、4 位取代的喹啉化合物。此反应可在酸性或碱性条件下进行，但产物不同。例如：

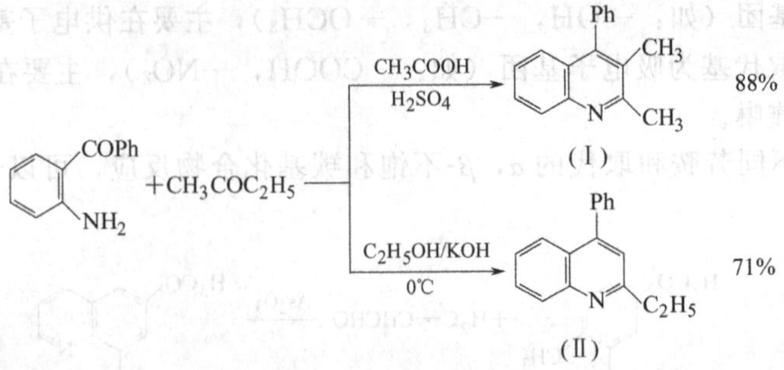

对于上述反应，在酸性条件下，丁酮以烯醇式与芳胺反应，亚甲基碳原子优先进攻芳胺的邻位羰基，得到产物（Ⅰ）；在碱性条件下，甲基酮部分的甲基形成的碳负离子优先进攻芳胺中的羰基，主要得到产物（Ⅱ）。

又如维生素 D_2 的合成：

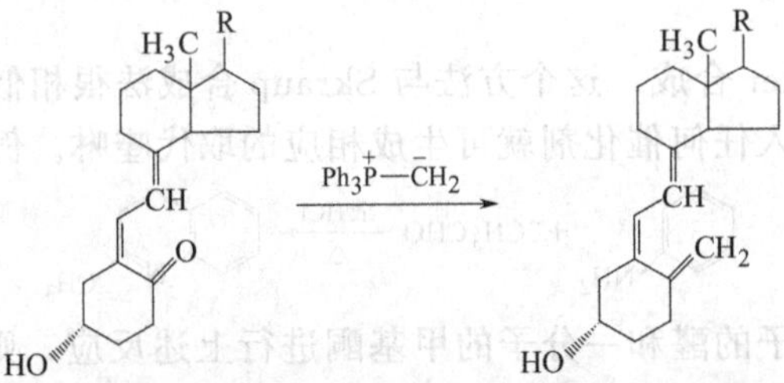

（5）Pfitzinger 合成　由于上述 Friedländer 方法中邻氨基苯甲醛类化合物制备比较困难，且不稳定，因此在应用上受到一定限制。Pfitzinger 针对上述缺点，提出了较好的改良方法，即采用靛红为原料，在碱性环境中与甲基或亚甲基酮作用，生成喹啉衍生物。

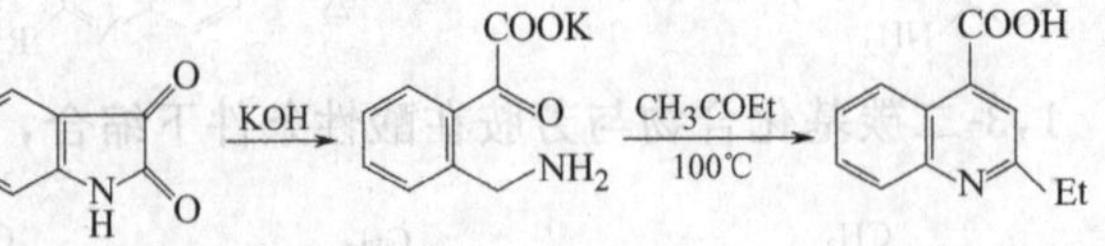

2.2　官能团的引入、转换和保护

官能团的引入、转换和保护是有机合成的重要工作之一。在有机合成中，除需满足目标分子碳骨架的结构要求外，还需将所需要的官能团引入到碳骨架的适当位置。通常，官能团的引入和碳骨架的建立是同时进行的。在不改变碳架结构和官能团位置的前提下，实现各类官能团的相互转化，在有机合成中也是非常必要的。另外，在有机合成过程中，有的分子当中往往不只含有一个官能团，为使其中一个官能团转变为另一个官能团，而其他官能团保持不变，有时必须采取官能团的保护，即先将不希望发生反应的官能团保护起来，待反应完成后，再复原。

2.2.1　官能团的引入

2.2.1.1　饱和碳原子上官能团的引入

饱和碳原子上官能团的引入主要是通过自由基取代反应来完成的。通过自由基取代，可在饱和碳原子上引入卤素、硝基和磺酸基等官能团。其中在有机合成中起重要作用的为卤素的引入。因为在有机化合物分子中引入卤素将使其极性增大，反应活性亦随之提高。例如脂肪族卤代烷烃中的卤原子具有较高的活性，容易被其他原子或基团所取代，生成各种类型的有机化合物（见 2.2.2.4 小节）。因此，这里主要介绍卤代反应。

（1）饱和烃的卤代反应　饱和烃的卤代反应，大多属于自由基历程。由于饱和烃上的氢原子活性小，需用卤素在高温气相条件下或紫外光照射下，或在其他自由基引发剂存在下才能进行反应。就烷烃而言，若无立体因素影响，其氢原子的活性次序为：叔氢＞仲氢＞伯氢。而卤素的活性次序为：$F_2 > Cl_2 > Br_2$，但是卤素的活性越高，选择性就越差。由于氟反应活性过于强烈，且难以控制，而碘的反应活性太差，与烷烃不发生取代反应。因此，有实际意义的只是饱和烃的氯代和溴代反应。

$$CH_3CH_2CH_3 + X_2 \xrightarrow[\text{或}\triangle]{h\nu} CH_3CH_2CH_2X + CH_3\underset{\displaystyle X}{\underset{|}{C}}HCH_3 \ (X = Cl, Br)$$

卤代试剂除氯和溴外，还有硫酰氯、磺酰氯、次卤酸叔丁酯、*N*-卤代仲胺、*N*-溴代丁二酰亚胺（NBS）等，且后三者的选择性均好于卤素。例如：

$$HO(CH_2)_6CH_3 + [(CH_3)_2CH]_2NCl \xrightarrow[H_2SO_4/H_2O]{h\nu} HO(CH_2)_6CH_2Cl + [(CH_3)_2CH]_2NH$$

（2）烯丙基化合物和烷基芳烃的 *α*-卤代　烯丙位和苄位氢活性较高，在高温、光照或自由基引发剂的存在下，容易发生卤代反应。此反应也属于自由基历程。

烯丙基化合物的 *α*-卤代是合成不饱和卤代烃的重要方法。其中以 *α*-溴代反应更为普遍。最常用的溴化试剂为 *N*-溴代丁二酰亚胺（NBS）。

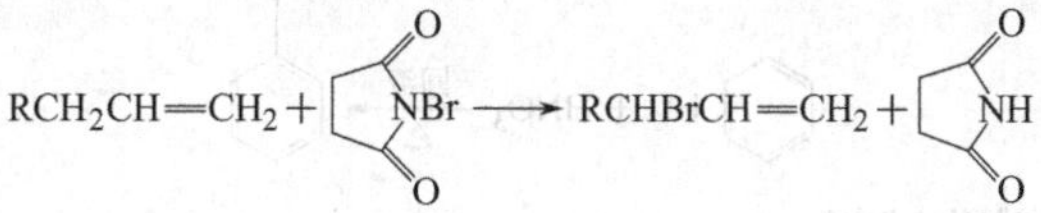

例如：

$$C_6H_5CH{=}CHCH_3 \xrightarrow{NBS} C_6H_5CH{=}CHCH_2Br$$

除 NBS 外，常用的溴化试剂还有 *N*-溴代乙酰胺、*N*-溴代邻苯二甲酰亚胺、二苯酮-*N*-溴亚胺、三氯甲烷磺酰溴等。例如：二苯酮-*N*-溴亚胺与环己烯在紫外光照射下，于 80℃反应，生成 3-溴环己烯：

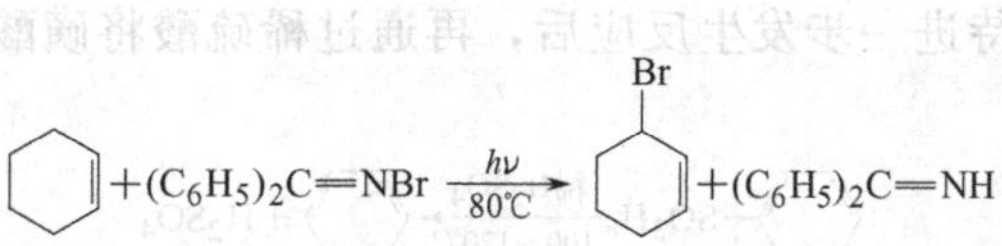

烷基芳烃的 *α*-氢也易被卤素取代，这是合成 *α*-卤代芳烃的重要方法。例如：

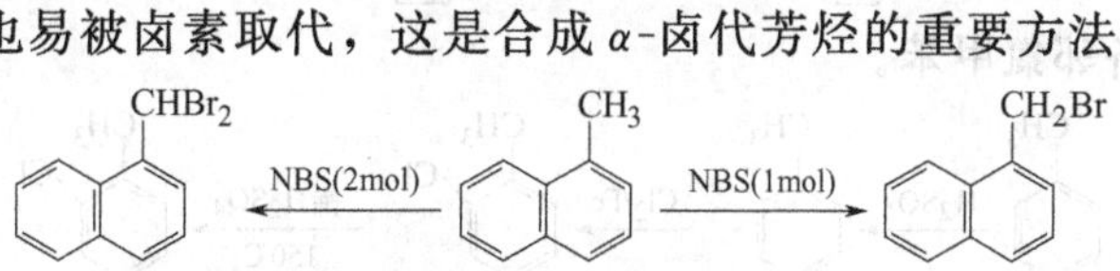

上述烯丙基化合物的卤代试剂均适用于烷基芳烃的卤代。

烯丙基化合物和烷基芳烃的 *α*-氯代，除在高温或光照下与氯气直接反应外，还可采用活泼的氯化试剂，常用的氯化试剂有 *N*-氯代丁二酰亚胺、*N*-氯代-*N*-环己基苯磺酰胺、三氯甲烷磺酰氯、次氯酸叔丁酯等。例如，用 *N*,*N*-二氯苯磺酰胺与环己烯作用生成的 *N*-氯代-*N*-(2-氯环己基）苯磺酰胺，可使烯烃的 *α*-位顺利氯代：

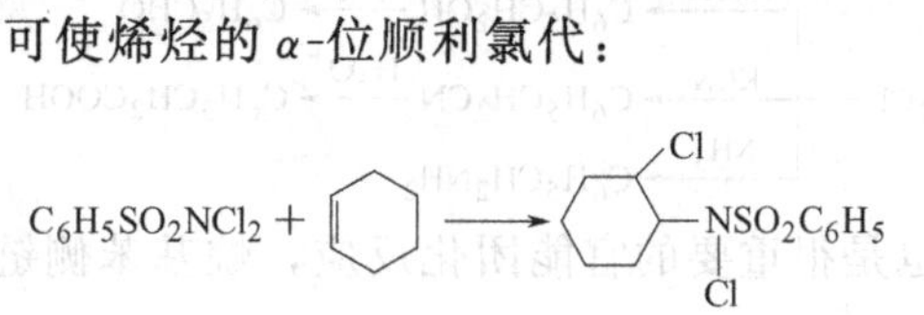

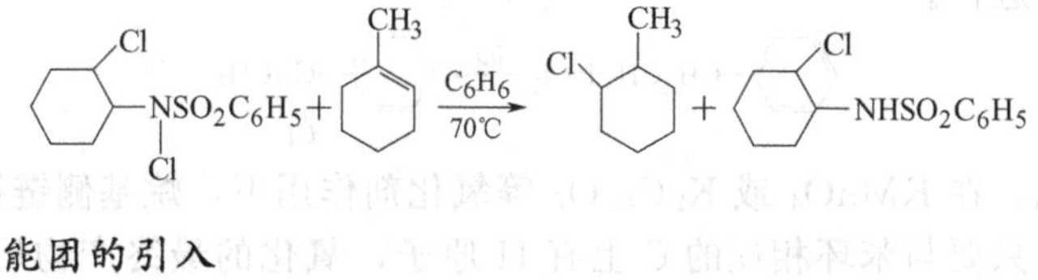

2.2.1.2　芳环上官能团的引入

苯的亲电取代反应是在苯环上引入官能团的重要方法。其亲电取代反应见图 2.1。

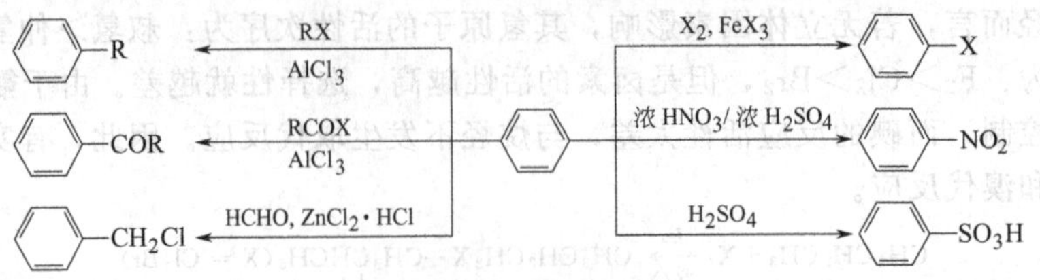

图 2.1 苯的亲电取代反应

苯的卤化反应一般指氯化和溴化，因为氟太活泼，不宜与苯直接反应。苯在 CCl₄ 溶液中与含有催化量氟化氢的二氟化氙反应，可制得氟苯。

$$\text{⬡} + XeF_2 \xrightarrow[CCl_4]{HF} \text{⬡—F} + Xe + HF$$

(68%)

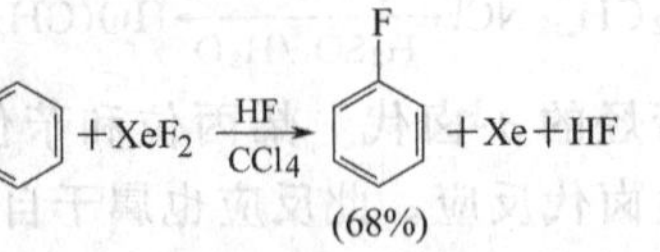

碘很不活泼，只有在 HNO₃ 等氧化剂的作用下才可与苯发生碘化反应，

$$\text{⬡} + I_2 + HNO_3 \xrightarrow[\triangle]{回流} \text{⬡—I}$$

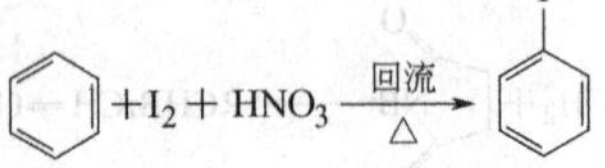

此外氯化碘也是常用碘化试剂。

$$\text{⬡} + ICl \longrightarrow \text{⬡—I} + HCl$$

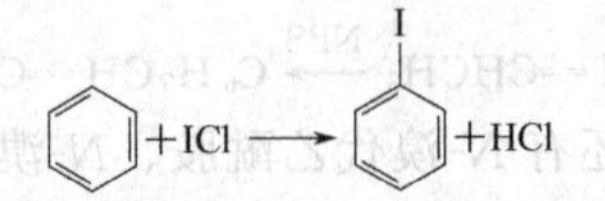

磺化反应为可逆反应。此反应的可逆性在有机合成中非常有用，在合成时可通过磺化反应保护芳环上的某一位置，待进一步发生反应后，再通过稀硫酸将磺酸基除去，即可得到所需化合物。

$$\text{⬡—SO}_3\text{H} \xrightarrow[100\sim170℃]{稀H_2SO_4} \text{⬡} + H_2SO_4$$

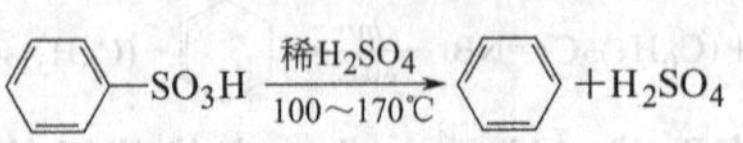

例如：用甲苯制备邻氯甲苯。

$$\text{⬡—CH}_3 \xrightarrow{H_2SO_4} \text{⬡(CH}_3, SO_3H) \xrightarrow{Cl_2/Fe} \text{⬡(CH}_3, Cl, SO_3H) \xrightarrow[150℃]{稀H_2SO_4} \text{⬡(CH}_3, Cl)$$

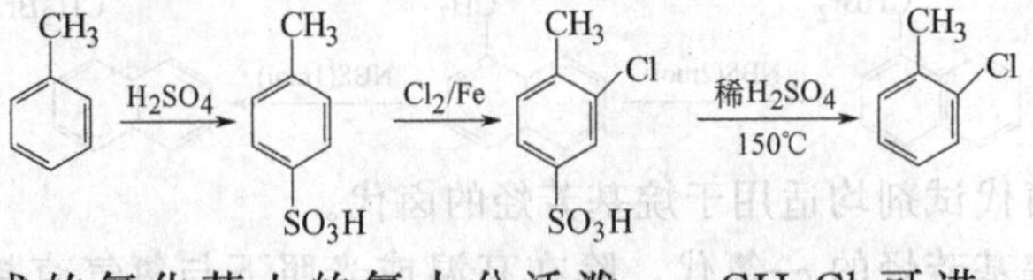

氯甲基化反应生成的氯化苄上的氯十分活泼，—CH₂Cl 可进一步转化为 —CH₂OH、—CHO、—CH₂CN、—CH₂COOH、—CH₂NH₂ 等。

$$C_6H_5CH_2Cl \begin{cases} \xrightarrow{NaOH} C_6H_5CH_2OH \xrightarrow{[O]} C_6H_5CHO \\ \xrightarrow{KCN} C_6H_5CH_2CN \xrightarrow{H_3O^+} C_6H_5CH_2COOH \\ \xrightarrow{NH_3} C_6H_5CH_2NH_2 \end{cases}$$

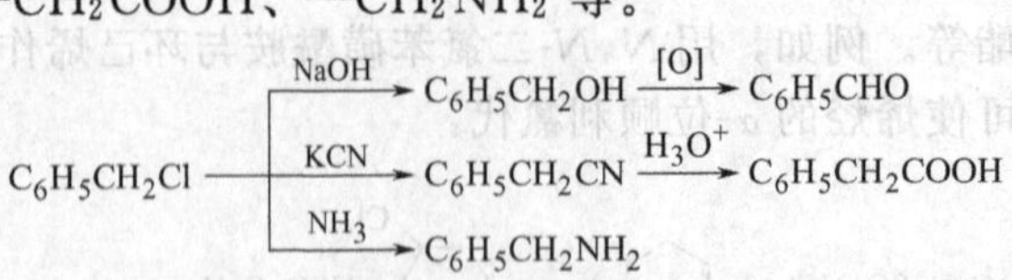

烷基苯侧链的卤代和氧化也是很重要的官能团化反应，烷基苯侧链的卤代为自由基历程，在光热或加热条件下进行。

$$\text{⬡—CH}_2\text{CH}_3 + Cl_2 \xrightarrow{h\nu} \text{⬡—CHCH}_3(Cl)$$

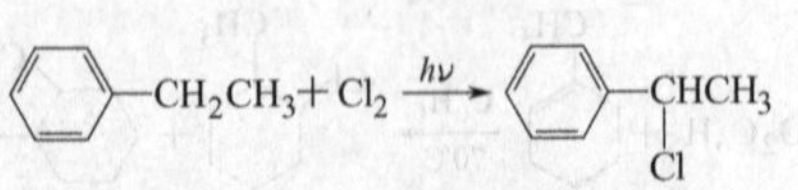

烷基苯易被氧化，在 KMnO₄ 或 K₂Cr₂O₇ 等氧化剂作用下，烷基侧链被氧化为羧基。不管链有多长，只要与苯环相连的 C 上有 H 原子，氧化的最终产物均为只含一个碳的羧基。若苯环上有两个不等长碳键，通常是长的侧链先被氧化。

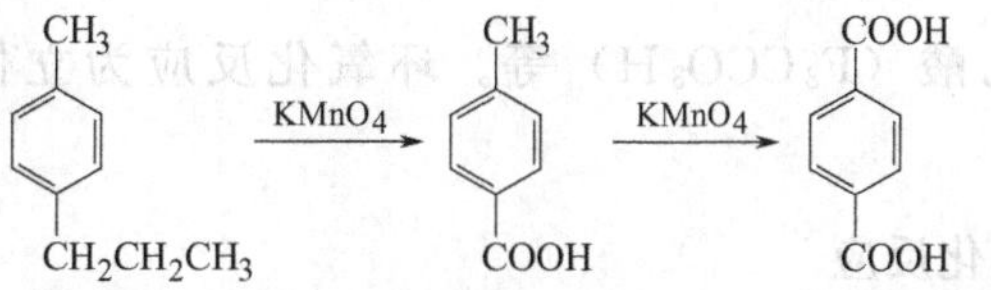

对于取代芳烃，其亲电取代反应一般要遵循定位规则（在许多教科书中已作详细说明，这里不再赘述）。

2.2.2 官能团之间的相互转换

官能团是决定有机化合物性质的关键部位。在有机合成中，许多目标分子的合成总是通过官能团之间的相互转换来实现的，同时碳骨架的形成也不能脱离官能团的作用和影响。因此，有机化合物官能团之间的相互转换是有机合成的基础和重要工具。这里就一些最基本的官能团的转换作简单介绍。

2.2.2.1 烯烃的官能团化

烯烃的官能团化主要发生在碳碳双键及其邻位碳（α-C）上，现将烯烃的主要合成反应列于图 2.2 中。

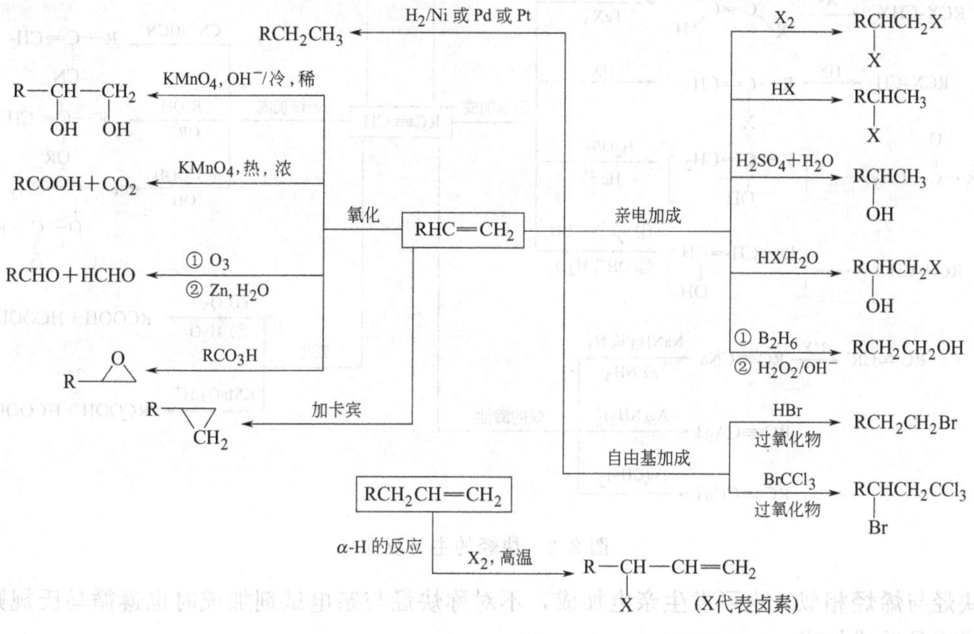

图 2.2 烯烃的主要反应

在烯烃的亲电加成反应中，硼氢化-氧化从形式上看所得的产物是反马氏规则的，但实际上仍符合马氏规则（带部分正电荷的原子或基团加到带部分负电荷的双键碳原子上）。末端烯烃的硼氢化-氧化，可得到产率较高的一级醇。

溴化氢在过氧化物作用下与不对称烯烃加成，得到反马氏规则产物，此反应是自由基历程。例如：

$$CH_3CH{=}CH_2 \xrightarrow[\text{过氧化物}]{HBr} CH_3CH_2CH_2Br$$

多卤代烷如 $BrCCl_3$、CCl_4、ICF_3 等也可在过氧化物作用下与烯烃发生自由基加成，往往是多卤代烷中最弱的键断裂，形成多卤代烷自由基，与烯烃发生反应。

烯烃与卡宾的加成是合成环丙烷衍生物的重要方法（见 2.1.4.1 节）。

烯烃的环氧化反应常用有机过酸作为环氧化试剂，如过乙酸（CH_3CO_3H）、过苯甲酸

(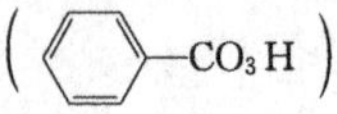)、三氟过乙酸（F_3CCO_3H）等。环氧化反应为立体专一的顺式加成，环氧化物仍保持原烯烃构型。

例：顺-2-丁烯的环氧化反应

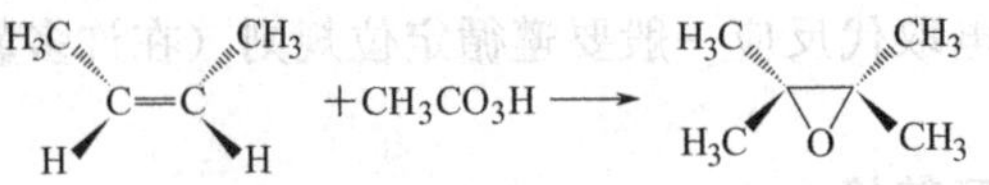

烯烃官能团化的另一部分为 α-C 上的反应，主要为 α-H 的卤代，在高温下的自由基取代反应（详见 2.1.1.1 节）。

2.2.2.2 炔烃的官能团化

炔烃的官能团化主要表现在碳碳叁键上，其主要反应见图 2.3。

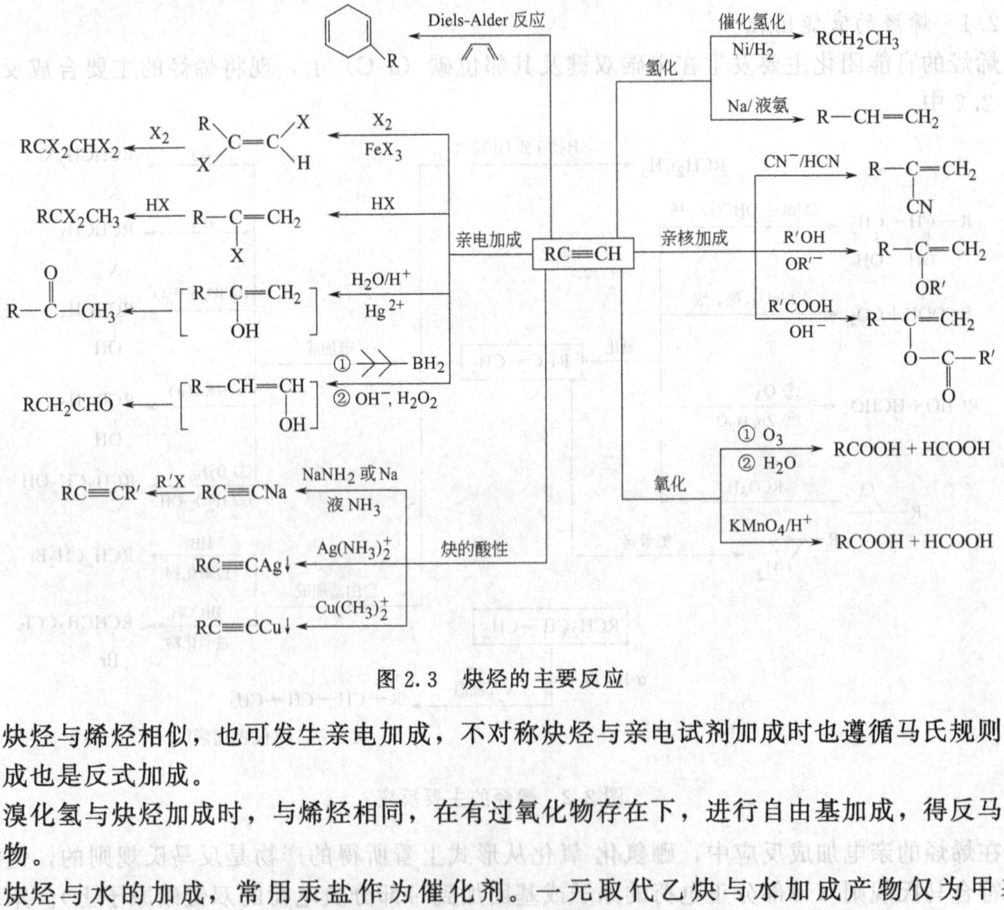

图 2.3　炔烃的主要反应

炔烃与烯烃相似，也可发生亲电加成，不对称炔烃与亲电试剂加成时也遵循马氏规则，多数加成也是反式加成。

溴化氢与炔烃加成时，与烯烃相同，在有过氧化物存在下，进行自由基加成，得反马氏规则产物。

炔烃与水的加成，常用汞盐作为催化剂。一元取代乙炔与水加成产物仅为甲基酮（$RCOCH_3$），而二元取代乙炔 $RC\equiv CR'$ 的水加成产物通常为两种酮的混合物，若R为1°烃基，R′为2°或3°烃基，则主要得到羰基与R′相邻的酮。

$$CH_3(CH_2)_2C\equiv CH + H_2O \xrightarrow[HgSO_4/H_2SO_4,\ 70^\circ C]{HOAC} CH_3(CH_2)_2COCH_3$$

$$CH_3C\equiv C-C(CH_3)_2-CH_3 + H_2O \xrightarrow[Hg^{2+}]{H^+} CH_3CH_2-CO-C(CH_3)_2-CH_3$$

炔烃与烯烃的明显不同表现在亲核加成反应上，炔烃可以和有活泼氢的有机化合物如

—OH、—NH_2、—COOH、—$CONH_2$ 等发生加成反应生成含有双键的产物。如：

$$HC\equiv CH + C_2H_5OH \xrightarrow[\substack{150\sim180℃ \\ 0.1\sim1.5MPa}]{碱} H_2C=CHOC_2H_5$$

末端炔烃在碱催化下，形成碳负离子，并作为亲核试剂与羰基进行亲核加成反应，生成炔醇。

炔烃加氢除催化氢化外，还可以在液氨中用金属钠还原，主要生成反式烯烃衍生物。

$$CH_3C\equiv CCH_3 + 2Na + 2NH_3 \xrightarrow{液氨} \begin{array}{c} H_3C \quad\quad H \\ C=C \\ H \quad\quad CH_3 \end{array} + 2NaNH_2$$

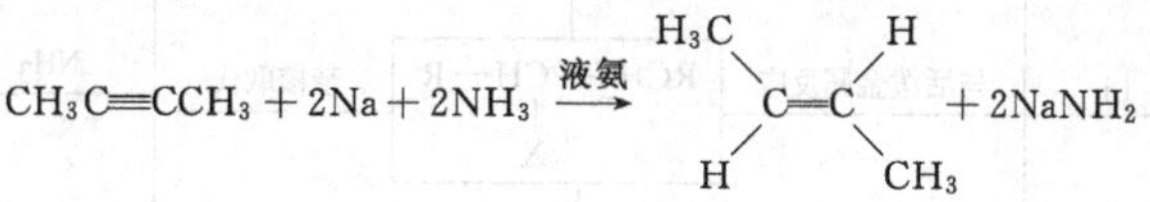

2.2.2.3　**羟基的转化**

羟基是一个非常重要的官能团，根据它与不同级数的碳相连可分为一级、二级、三级醇。醇羟基的转换反应见图 2.4。

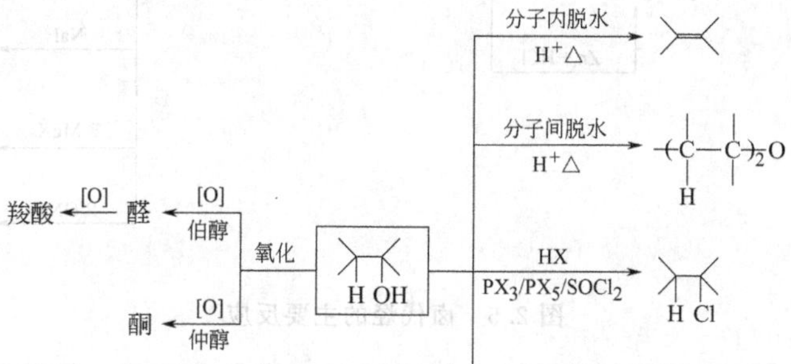

图 2.4　醇羟基的转换反应

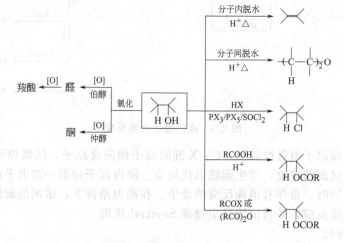

醇脱水可生成烯烃，得到 Saytzeff 消除产物。若在 Al_2O_3 或硅酸盐催化下加热脱水，则不发生重排。如：

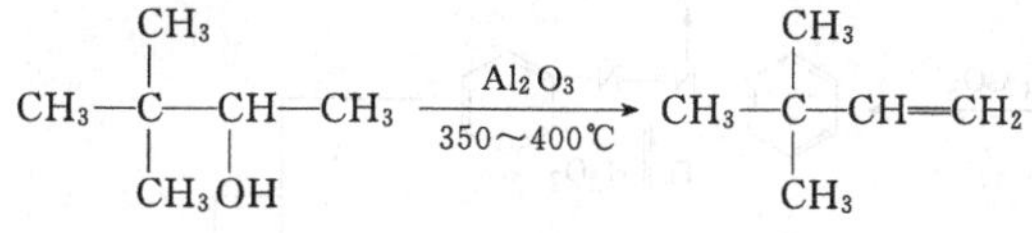

$$CH_3CH_2CH_2CH_2OH \xrightarrow[300\sim500℃]{Al_2O_3} CH_3CH_2CH=CH_2$$

醇羟基被卤素取代是制备卤代烃的一个重要方法。醇与氢卤酸反应，生成卤代烃和水，醇的结构和酸的性质都会影响反应速率。一般来讲，醇的反应活性为苄醇、烯丙醇＞叔醇＞仲醇＞伯醇；氢卤酸的反应活性为：HI＞HBr＞HCl。由于此反应常伴随有重排、消除等副反应的发生，使其应用受到了某种程度的限制。因此采用亚硫酰卤和卤化磷作为卤化试剂，它们与醇进行卤素置换反应的产率较高、副反应少，此外还有新近报道的一些卤化试剂如三苯磷卤化物、亚磷酸三苯酯卤化物、有机磷复合卤代试剂。

2.2.2.4　**卤代烃的转化**

卤代烃在有机合成中的主要反应见图 2.5。

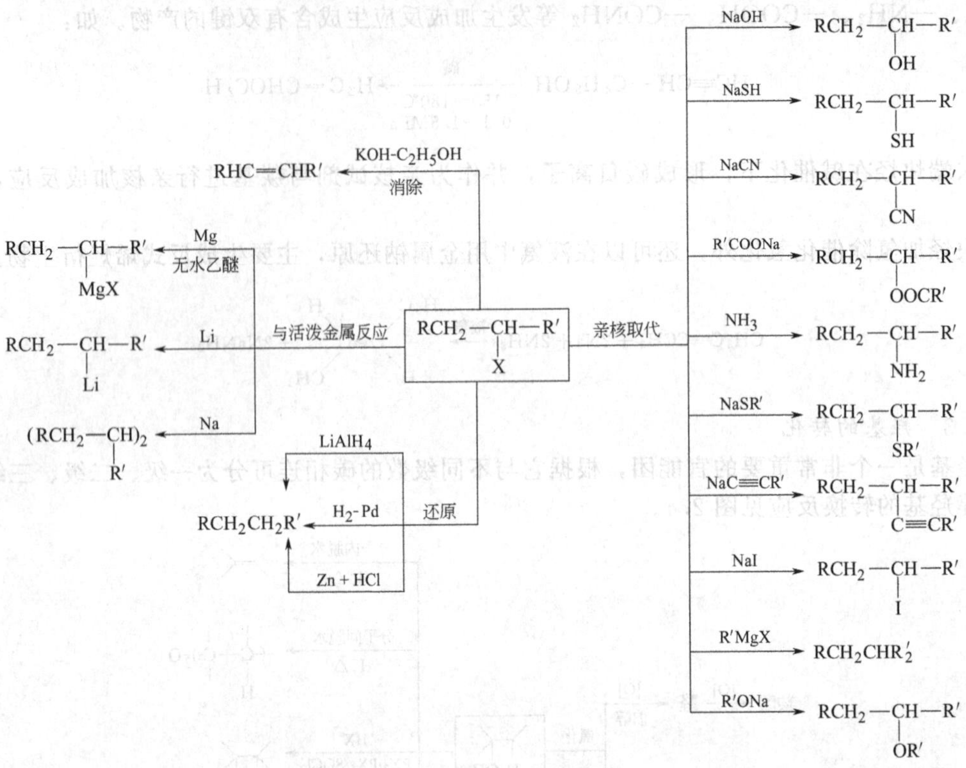

图 2.5　卤代烃的主要反应

在卤代烷中，卤原子电负性较强，C—X 键的电子偏向卤原子，使碳原子上带有部分正电荷，容易受到亲核试剂的进攻，发生亲核取代反应。而卤原子带着一对电子离开，卤代烷在进行亲核取代反应的同时，常伴有消除反应的竞争。在高温条件下，试剂的碱性越强，溶剂极性越弱，越有利于消除反应，并且消除反应遵循 Saytzeff 规则。

2.2.2.5　*硝基的转化*

硝基是一个强的间位定位基，在芳香族化合物的合成中，起到非常重要的作用。它的一个重要转换就是还原为氨基，后者发生重氮化反应，可以被多种原子或基团取代，生成一系列化合物。其主要反应见图 2.6。

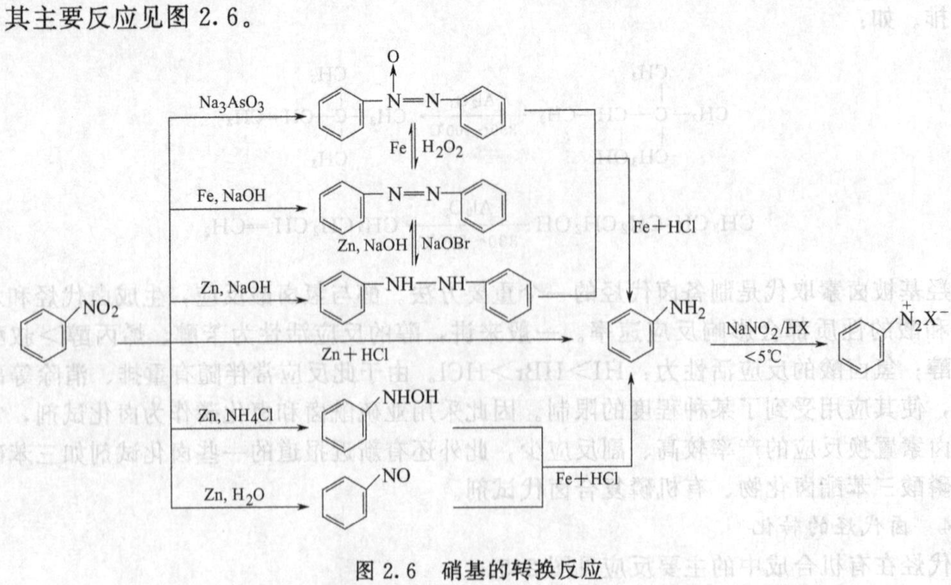

图 2.6　硝基的转换反应

不同的还原剂，可使硝基苯生成各种不同中间还原产物，它们在一定条件下又可相互转换。

2.2.2.6 氨基的转化

氨基是一个碱性基团，氮上具有一对未共用电子，它可作为亲核试剂进行反应。芳香族伯氨与亚硝酸作用所生成的重氮盐，在合成中起着十分重要的作用。以芳香伯胺为例，将其重要的转换反应列于图 2.7 中。

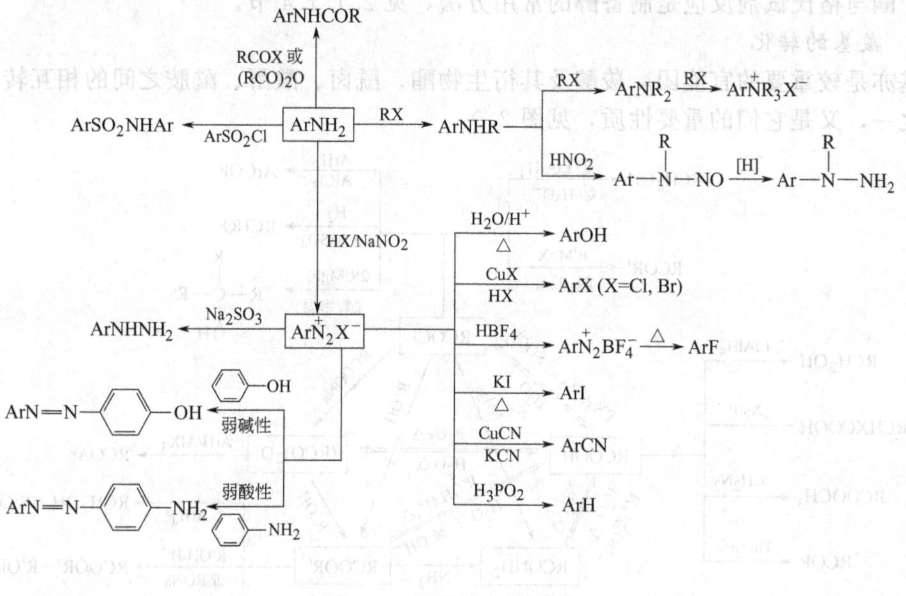

图 2.7　氨基的转换反应

2.2.2.7 羰基的转化

含羰基化合物的重要代表物就是醛、酮，在合成中除羰基活泼外，其 α-位上活泼氢的反应也是非常重要的，它是建立碳骨架的重要方法之一，醛、酮羰基的重要反应见图 2.8 部分。

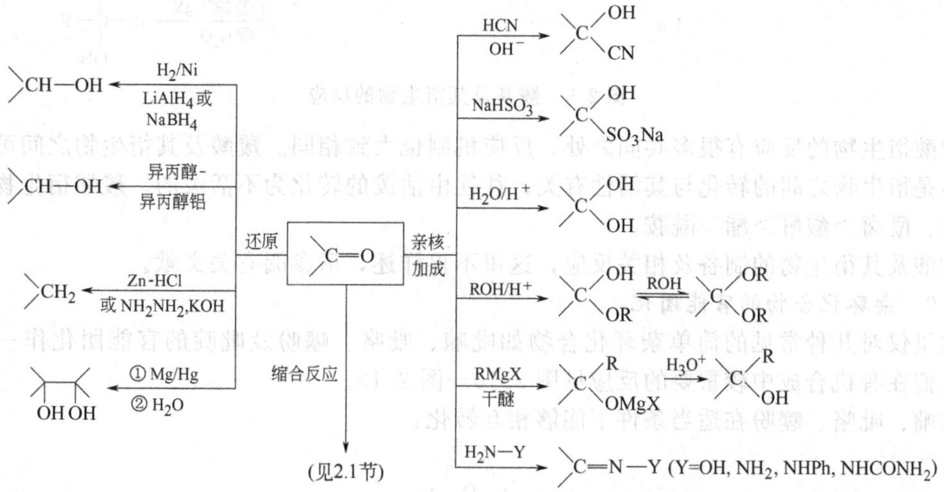

图 2.8　醛、酮羰基的转换反应

醛酮与氨及衍生物的加成，不仅可分离提纯醛酮，更重要的是用于含氮化合物及含氮杂环化合物的合成。例如，β-二羰基化合物与肼作用可得到吡唑衍生物：

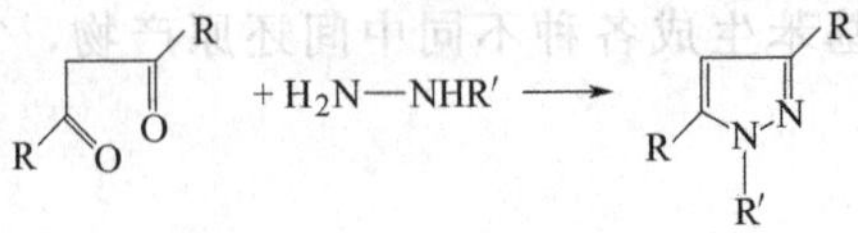

醛、酮的缩合反应在有机合成中，是一类极为重要的反应，见 2.1.1 节和 2.1.2 节。

醛、酮在酸性条件下与醇作用，最终生成缩醛、缩酮，它们对氧化剂、还原剂及碱很稳定。在合成中可以用这一反应来保护羰基，见 2.2.3 节。

醛、酮与格氏试剂反应是制备醇的常用方法，见 2.1.1.4 节。

2.2.2.8　羧基的转化

羧基亦是较重要的官能团，羧酸及其衍生物酯、酰卤、酸酐、酰胺之间的相互转换既是制备方法之一，又是它们的重要性质，见图 2.9。

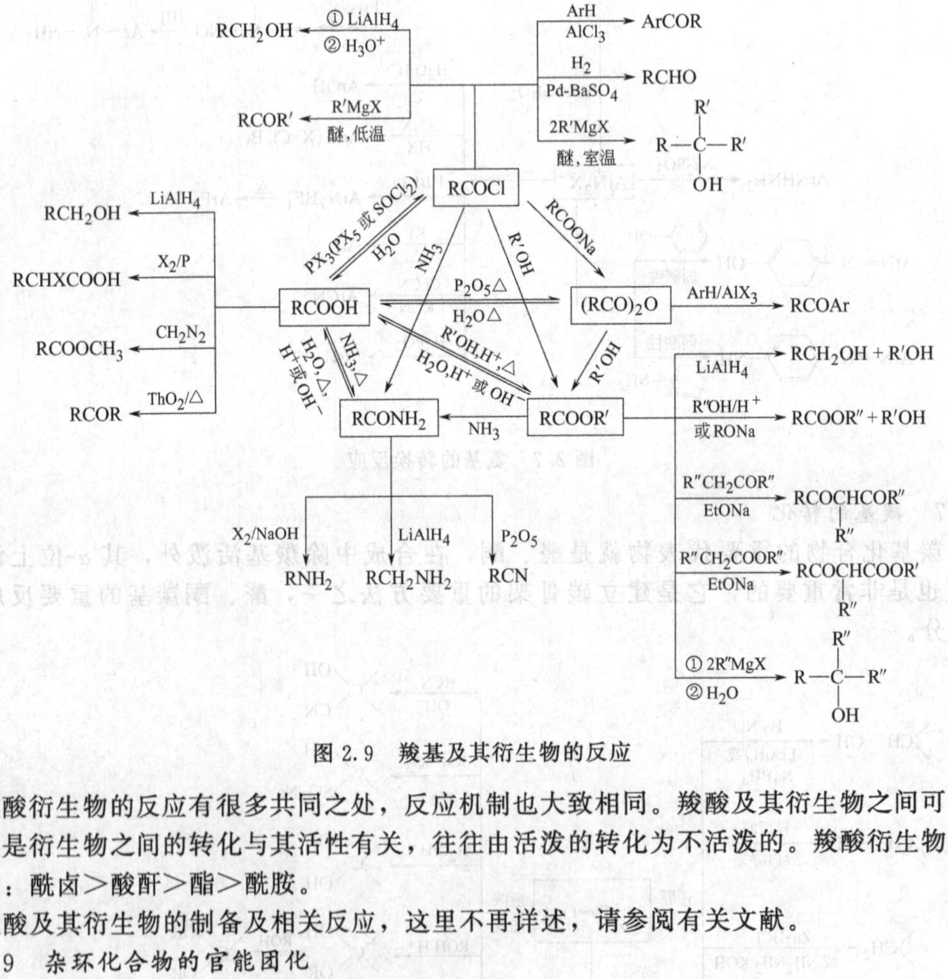

图 2.9　羧基及其衍生物的反应

羧酸衍生物的反应有很多共同之处，反应机制也大致相同。羧酸及其衍生物之间可相互转化，但是衍生物之间的转化与其活性有关，往往由活泼的转化为不活泼的。羧酸衍生物的活性次序为：酰卤＞酸酐＞酯＞酰胺。

羧酸及其衍生物的制备及相关反应，这里不再详述，请参阅有关文献。

2.2.2.9　杂环化合物的官能团化

这里仅对几种常见的简单杂环化合物如吡喃、吡咯、噻吩及吡啶的官能团化作一简要说明。它们在有机合成中较重要的反应见图 2.10～图 2.13。

呋喃、吡咯、噻吩在适当条件下能够相互转化：

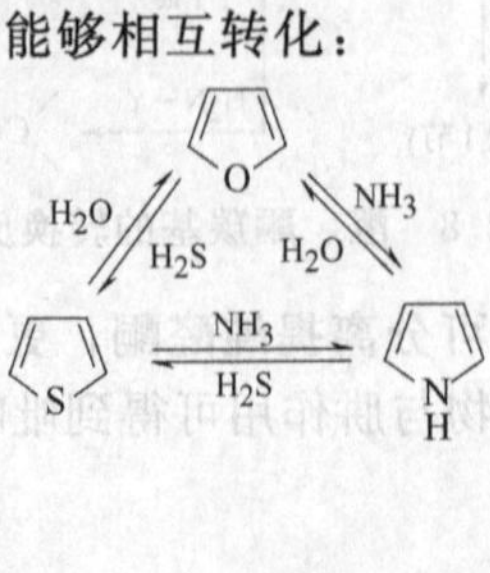

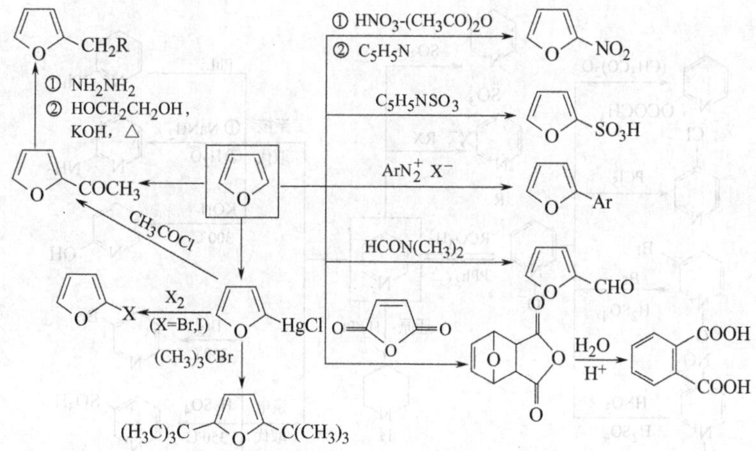

图 2.10　呋喃的转换反应

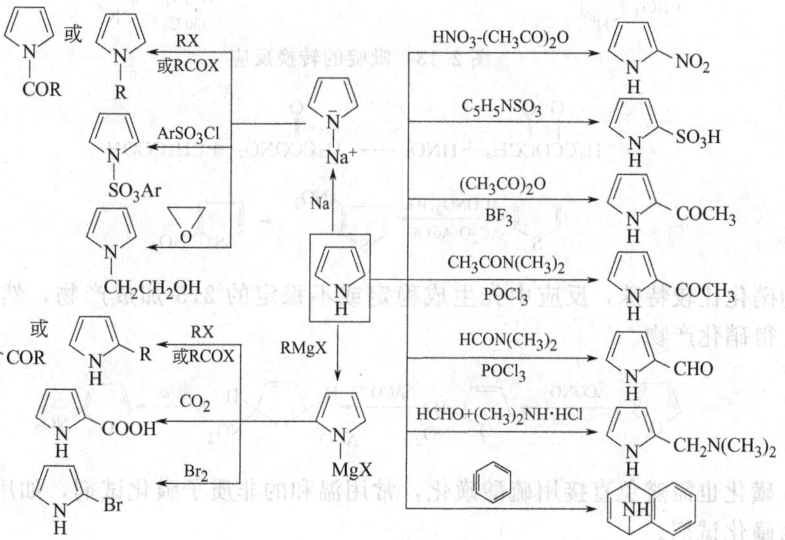

图 2.11　吡咯的转换反应

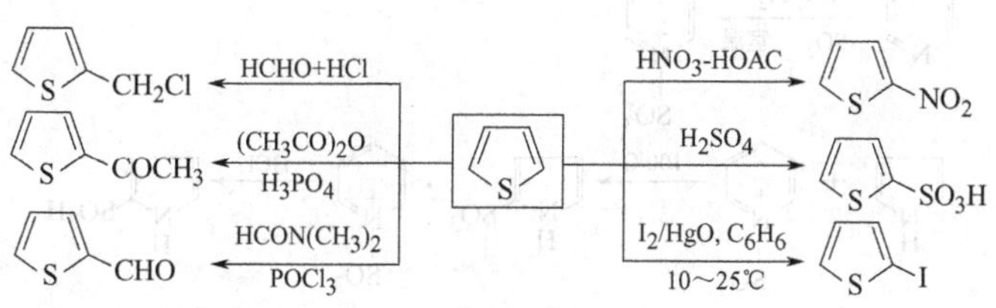

图 2.12　噻吩的转换反应

其中有价值的制备方法是由呋喃形成吡咯和噻吩。

呋喃、吡咯、噻吩具有芳香共轭体系，可发生亲电取代反应。由于这些环上的杂原子有供电子共轭效应，能使杂环活化，与苯比较亲电取代反应较易进行。它们发生亲电取代反应的次序为：

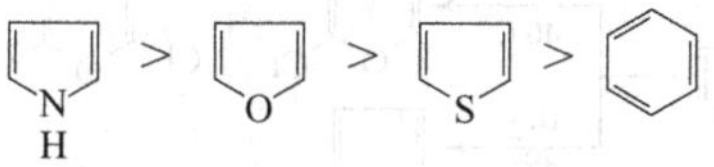

呋喃、吡啶、噻吩易被氧化，甚至能被空气氧化。而硝酸是强氧化剂，因此一般不用硝酸直接氧化。通常采用较温和的非质子硝化试剂硝酸乙酰酯来进行硝化，反应还需在低温下进行。

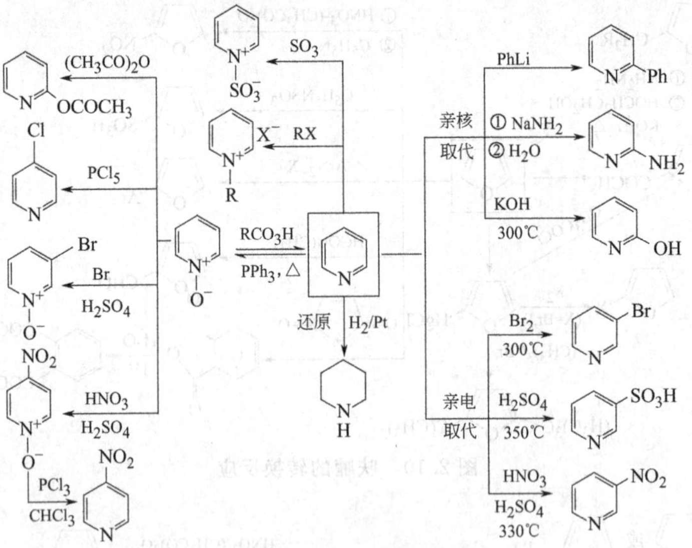

图 2.13　吡啶的转换反应

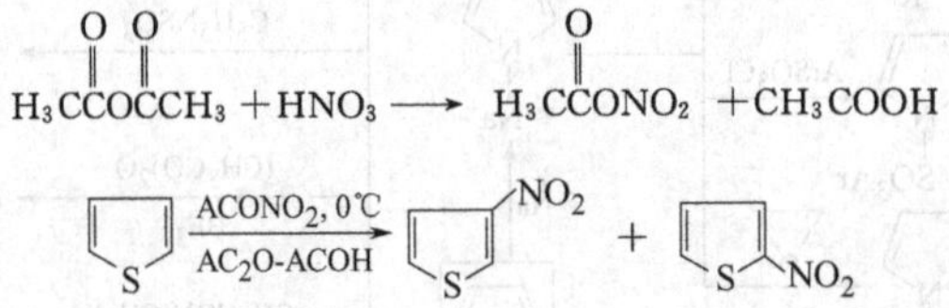

呋喃的硝化比较特殊，反应中先生成稳定或不稳定的 2,5-加成产物，然后加热或用吡啶除去乙酸，得硝化产物。

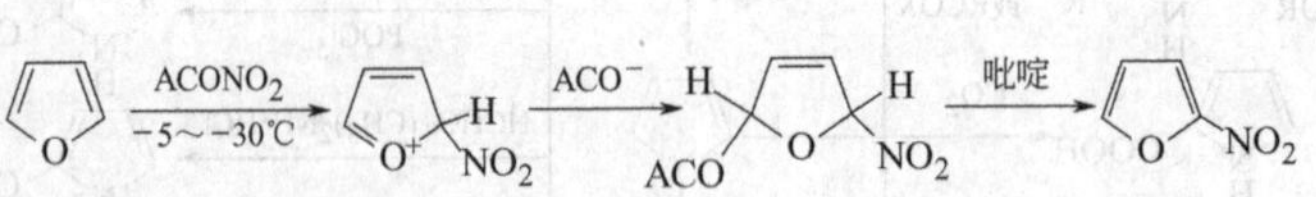

同样，磺化也需避免直接用硫酸磺化，常用温和的非质子磺化试剂，如用吡啶与三氧化硫加合物作为磺化试剂。

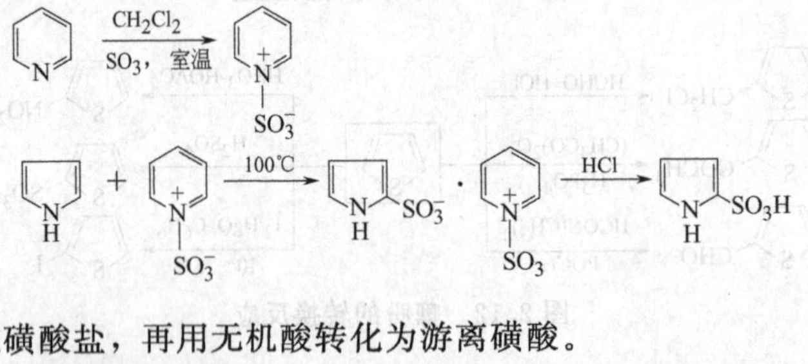

反应先得到吡啶磺酸盐，再用无机酸转化为游离磺酸。

噻吩较稳定，可直接用硫酸磺化，但是产率不如用上述试剂所得的高。

呋喃和噻吩在室温与氯或溴反应很强烈，得到多卤化物，若要得到一取代产物，需在温和条件下，如用溶剂稀释及低温下进行。

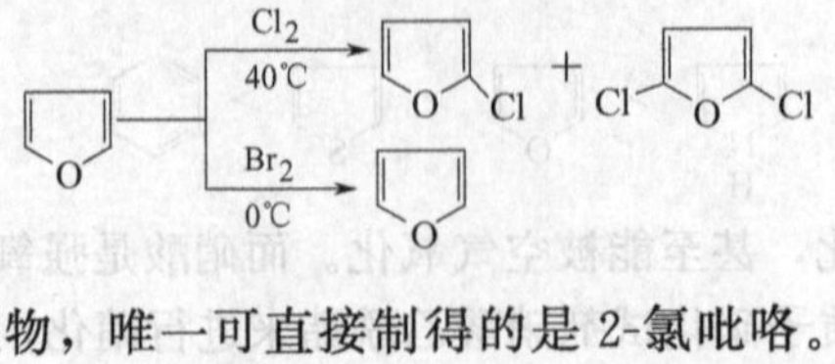

吡咯卤化常得到四卤化物，唯一可直接制得的是 2-氯吡咯。

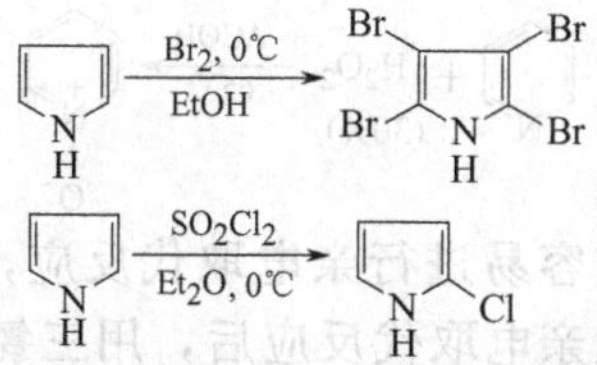

呋喃、吡咯、噻吩易进行傅-克酰基化反应，且产率较高。但其烷基化反应难以得到一烷基取代物，常得到混合的多烷基取代物，因此在合成上的用处不大。但呋喃 α-位烷基化可以在正丁基锂作用下与卤代烷反应。

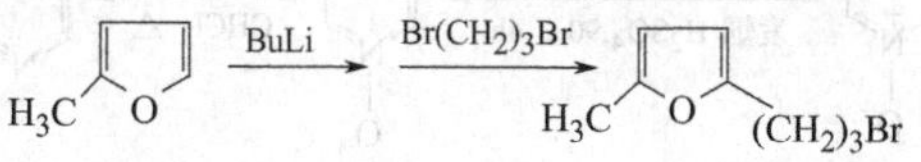

呋喃、噻吩、吡咯均可进行催化氢化反应，呋喃和吡咯可以用一般的催化剂还原，噻吩因能使催化剂中毒，需使用特殊催化剂。

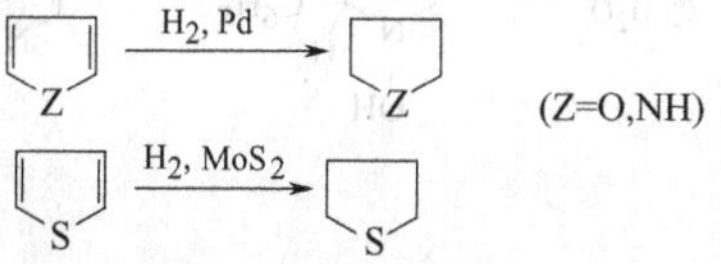

噻吩在兰尼镍的作用下，可脱硫生成烃类化合物。

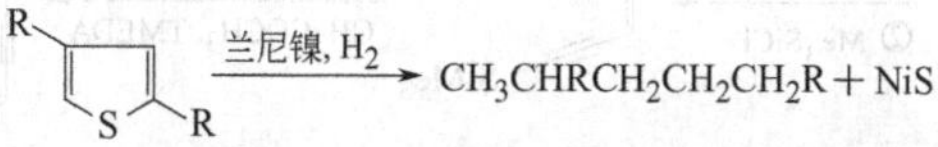

与呋喃、吡咯、噻吩相比，吡啶是一个弱碱，具有较强的芳香性。吡啶环系与亲电试剂可在氮上反应，也可在碳上反应。吡啶在碳上的亲电取代反应，都发生在 β-位，且反应比苯难。如硝化、磺化需要在强烈的条件下进行，而且产率低，只有当吡啶环上连有供电子基团时才可增加吡啶环的反应活性。吡啶环不能发生傅-克反应。

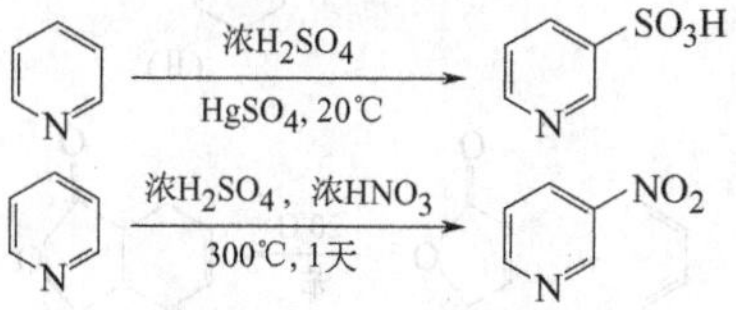

吡啶环上的氮能够与质子结合，遇酸可形成稳定的吡啶盐；但也可与非质子硝化、磺化试剂及卤素、卤代烷、酰氯等反应，生成相应的吡啶盐。这些吡啶盐仍保持芳香性，是温和的硝化、磺化、卤化、烷基化和酰基化试剂。

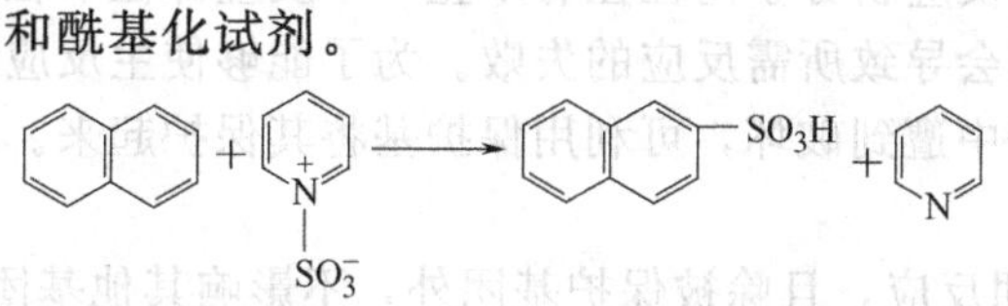

卤代烷与吡啶形成的吡啶盐，与 N,N-二甲基对亚硝基苯胺反应，可得到 N-氧化亚胺，再经水解可生成醛。此法广泛用于醛的制备。

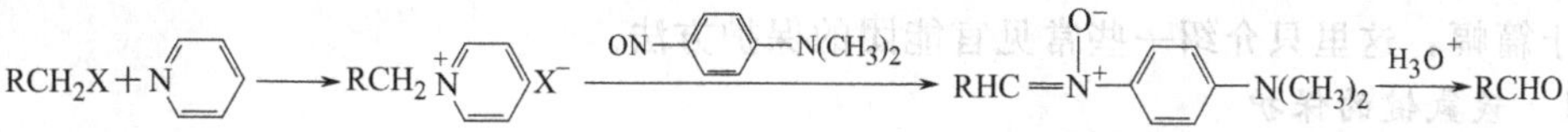

吡啶环易发生亲核取代反应，在 α 位和 γ 位上进行。吡啶环不易被氧化，而烷基吡啶可被氧化成吡啶羧酸或相应的醛。

吡啶与过酸反应所得的 N-氧化吡啶，在合成上是非常有用的中间体。

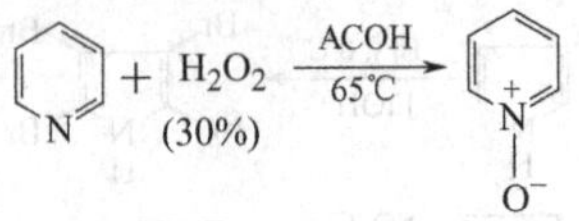

N-氧化吡啶与吡啶不同，比较容易进行亲电取代反应，反应可在 α 位和 γ 位上发生。并以 γ 位取代为主。*N*-氧化吡啶发生亲电取代反应后，用三氯化磷处理，又得到吡啶，故 *N*-氧化物常用来活化吡啶，以利于进行亲电取代反应。

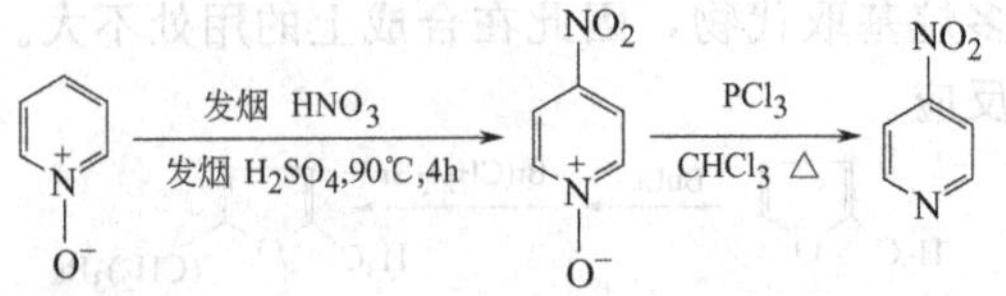

N-氧化吡啶亦可进行亲核取代反应，且反应也在 α 位和 γ 位发生。

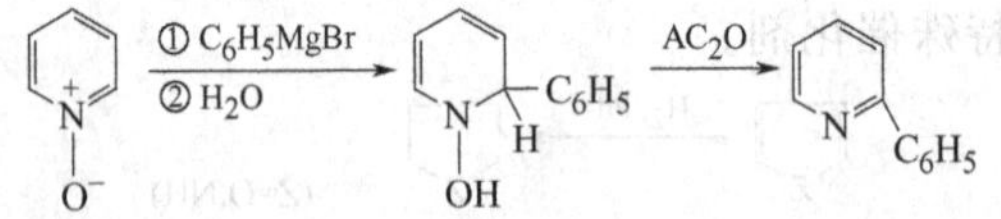

又如：

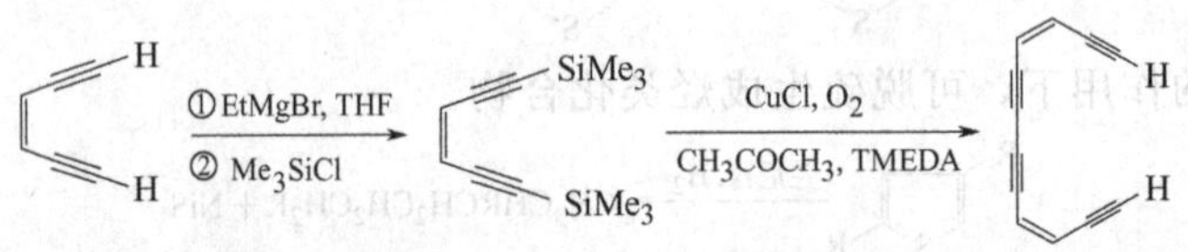

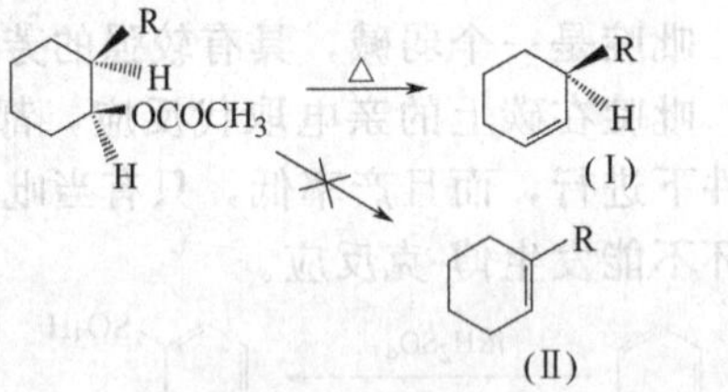

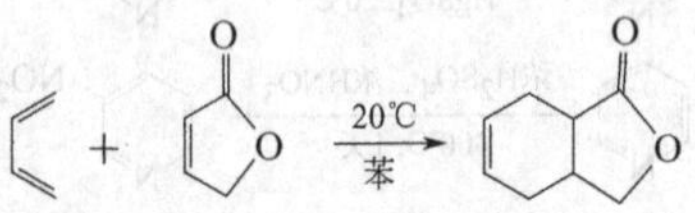

2.2.3 官能团的保护

在有机合成中，很多反应物分子内往往有不止一个反应部位，在这种情况下，不仅常常使产物复杂化，而且有时还会导致所需反应的失败。为了能够使主反应顺利进行，避免一些官能团参与反应或在反应过程中遭到破坏，可利用保护基将其保护起来。在选择保护基团时应符合以下要求：

① 易于与被保护基团反应，且除被保护基团外，不影响其他基团；

② 保护基团必须经受得起在保护阶段的各种反应条件；

③ 保护基团易于除去。

限于篇幅，这里只介绍一些常见官能团的保护方法。

2.2.3.1 碳氢键的保护

在有机合成中碳氢键不如其他官能团能引起人们的关注，但是有些化合物的碳氢键在有机合成中起重要作用，需加以保护，才可使反应顺利进行。这里主要介绍末端炔烃中碳氢键的保护。

乙炔及末端炔烃中的炔氢较活泼，它可以同活泼金属、强碱、强氧化剂及有机金属化合物反应。

常用的炔氢保护基为三甲硅基。将炔烃转变为格氏试剂后同三甲基氯硅烷作用，即可引入三甲硅基。该保护基对于金属有机试剂、氧化剂很稳定，可在使用这类试剂的场合保护炔基。例如，将对溴苯乙炔先与格氏试剂反应转变为带炔键的格氏试剂，再与三甲基硅烷偶合，进行后续反应后，最后用稀碱处理除去三甲基硅基。

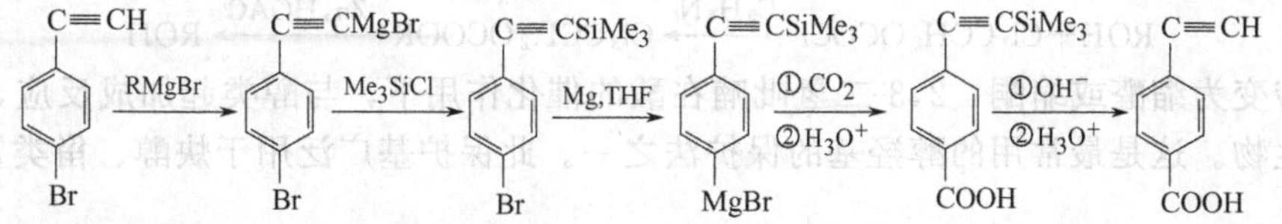

2.2.3.2 羟基的保护

羟基是一个活性基团，它能够分解格氏试剂和其他有机金属化合物，本身易被氧化，叔醇还容易脱水，并可发生烃基化和酰基化反应。所以在进行某些反应时，若要保留羟基就必须将它保护起来。醇羟基常用的保护方法有三类：醚类、缩醛或缩酮类及酯类。

(1) 转变成醚

a. 甲醚　用生成甲醚的方法保护羟基是一个经典方法，通常使用硫酸二甲酯在氢氧化钠或氢氧化钡存在下，在 DMF 或 DMSO 溶剂中反应而得。该保护基很容易引入，且对酸、碱、氧化剂和还原剂都很稳定。其主要缺点是难以脱保护，用氢卤酸回流脱保护基条件比较剧烈，常使分子遭到破坏，只有当分子中其他部位没有敏感基团时才适用。

b. 叔丁醚　将醇的二氯甲烷溶液或悬浮液在 H_2SO_4 或 BF_3-H_3PO_4 复合物存在下，在室温与过量的异丁烯作用，可得到叔丁醚。叔丁醚对碱及催化氢化是稳定的，但对酸敏感，其稳定性低于甲醚和苄醚。脱保护基通常用无水 CF_3COOH 或 HBr-CH_3COOH 溶液。此方法的缺点是由于脱保护基所用的酸性条件较剧烈，当分子中存在对酸敏感的基团时不适用。

c. 苄醚　苄基广泛用于保护糖类及氨基酸中的醇羟基。它对碱、弱酸、氧化剂及 $LiAlH_4$ 等是稳定的，但在中性溶液及室温条件下，很容易被催化氢解。通常采用催化氢解或者用金属钠在乙醇（或液氨）中还原除去。例如：

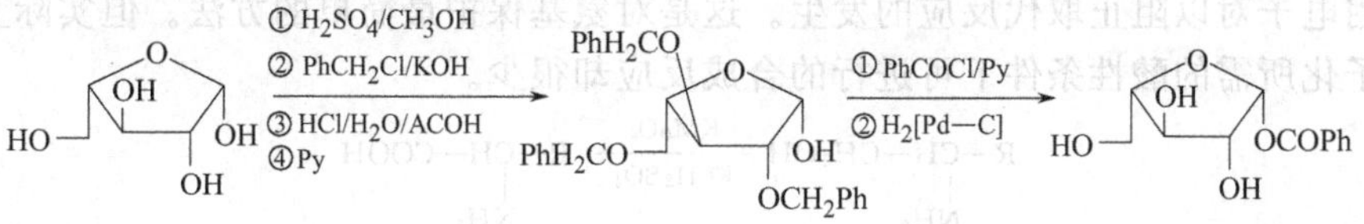

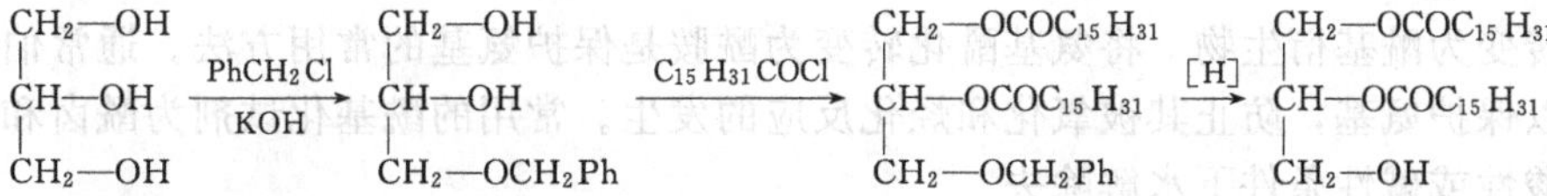

d. 三甲硅醚　三甲硅醚广泛用于保护糖类、甾类及其他醇羟基。通常引入三甲基硅基保护基所用的试剂有三甲基氯化硅和碱，六甲基二硅氨烷。在含水醇溶液中加热回流即可除去保护基。

$$ROH \xrightarrow[\text{THF},25^{\circ}\text{C},8\text{h}]{Me_3SiCl,Et_2NH} ROSiMe_3 \xrightarrow[\text{或 }HOAC,CH_3OH]{K_2CO_3} ROH$$

醇的三甲硅醚对催化氢化、氧化、还原反应是稳定的，该保护基可在非常温和的条件下引入和去除。其缺点是对酸和碱敏感，只能在中性条件下使用。由于三甲硅醚的上述缺点，在合成中用此法保护醇羟基应用得较少。现已被较稳定的叔丁二甲硅醚所代替，后者可在碱性条件下使用，反应完成后，用氟化四丁胺处理，很容易脱去保护基。

(2) 转变成酯　醇与酰卤、酸酐作用生成羧酸酯；与氯甲酸作用生成碳酸酯。所生成的酯在中性和酸性条件下比较稳定，因此可在硝化、氧化和形成酰氯时用生成酯的方法保护羟基。保护基团可通过碱性水解除去，或在锌-铜的乙酸溶液中除去。

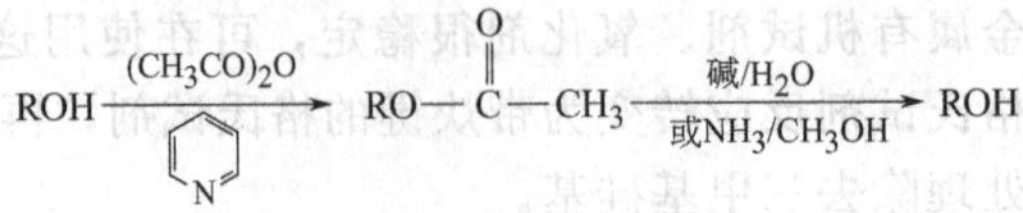

$$ROH + Cl_3CCH_2OCOCl \xrightarrow{C_5H_5N} Cl_3CCH_2OCOOR \xrightarrow{Zn,\,HOAC} ROH$$

(3) 转变为缩醛或缩酮　2,3-二氢吡喃在酸的催化作用下，与醇类起加成反应，生成四氢吡喃醚衍生物。这是最常用的醇羟基的保护法之一。此保护基广泛用于炔醇、甾类及核苷酸的合成中。

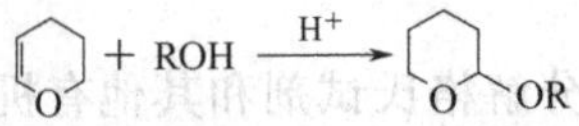

四氢吡喃醚衍生物的制备常用溶剂有氯仿、乙醚、乙酸乙酯、二氧六环、二甲基甲酰胺等；常用的酸性催化剂有氯化氢、对甲苯磺酸、三氯氧磷等。

四氢吡喃醚为混合缩醛，能耐强碱、格氏试剂、烷基锂、四氢铝锂、烃基化和酰基化试剂。在温和的酸性条件下水解，可脱去保护基，因此，此保护基不适用于在酸性介质中进行的反应。

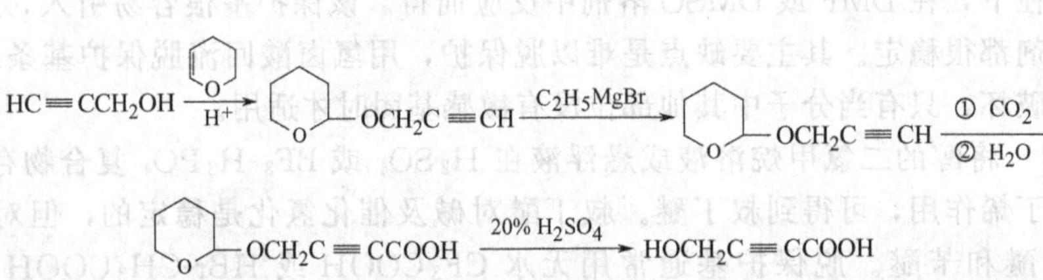

酚羟基与醇羟基在许多反应中性质类似，故保护方法也相似，这里不再作介绍。

2.2.3.3　氨基的保护

伯胺和仲胺很容易被氧化，且易发生烃基化、酰基化以及与醛酮羰基的亲核加成反应。在合成中常采用氨基质子化，转变为酰基衍生物和烃基衍生物等方法将氨基保护起来。

(1) 质子化　此方法仅用于防止氨基的氧化，因为从理论上讲，采用氨基质子化，即占据氮尚未共用电子对以阻止取代反应的发生。这是对氨基保护最简单的方法。但实际上在能使氨基完全质子化所需的酸性条件下可进行的合成反应却很少。

$$R\text{—}\underset{\displaystyle NH_2}{\underset{|}{CH}}\text{—}CH_2OH \xrightarrow[\text{稀 } H_2SO_4]{KMnO_4} R\text{—}\underset{\displaystyle NH_2}{\underset{|}{CH}}\text{—}COOH$$

(2) 转变为酰基衍生物　将氨基酰化转变为酰胺是保护氨基的常用方法。通常伯胺的单酰基化已足以保护氨基，防止其被氧化和烃化反应的发生。常用的酰基化试剂为酰卤和酸酐。保护基可在酸性或碱性条件下水解除去。

$$H_2NCH_2CH_2CHO \xrightarrow{(CH_3CO)_2O} CH_3CONHCH_2CH_2CHO \xrightarrow{KMnO_4}$$
$$CH_3CONHCH_2CH_2COOH \longrightarrow H_2NCH_2CH_2COOH$$

邻苯二甲酸酐与伯胺所生成的邻苯二甲酰亚胺非常稳定，不受催化氢化、碱性还原、醇解以及氯化氢、溴化氢、乙酸溶液的影响，也适用于保护伯胺。在酸性或碱性条件下水解或用肼解法可脱保护。

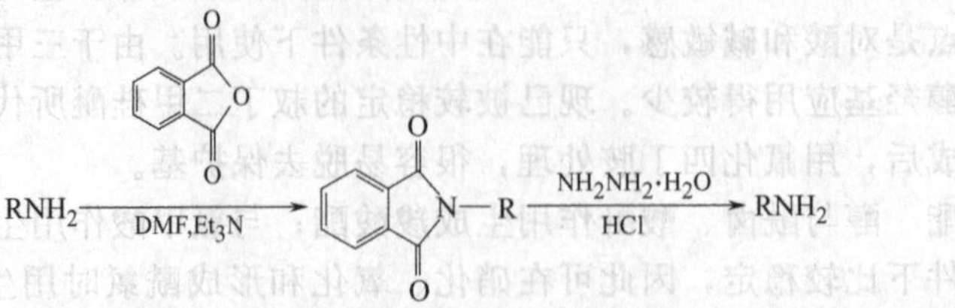

叔丁氧羰基是氨基非常有效的一种保护基团，它可由叠氮甲酸叔丁酯或混合碳酸酯来制

备。对氢解、溶解金属法还原、碱分解和肼解非常稳定，从而广泛用于多肽合成。在酸（HBr/ACOH、F_3CCOOH）中即可脱去保护基。

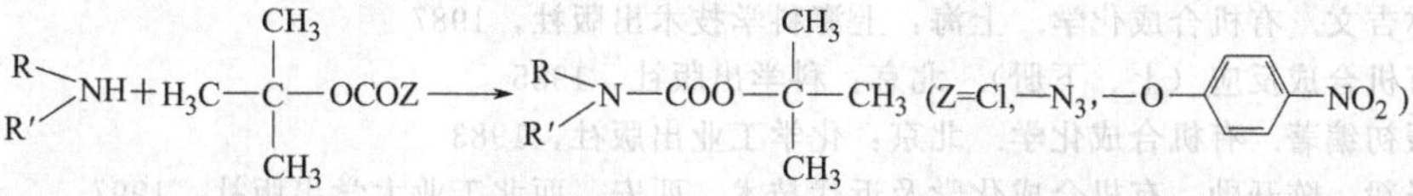

（3）转变为烃基衍生物　用烃基保护氨基主要用三苯甲基或苄基。

三苯甲基衍生物可用胺与溴或氯代三苯甲烷在碱存在下制备。三苯甲基由于空间位阻效应对氨基起到很好的保护作用，它对碱是稳定的，除用催化氢化的方法除去外，还可在温和条件下，用酸处理除去。例如三氟乙酸在－5℃下，无水 HCl 在甲醇或氯仿中，无水 HBr 在醋酸中。

苄基衍生物用胺和氯化苄在碱存在下制得，脱苄基可用催化氢化或 Na＋液 NH_3。

2.2.3.4　*羰基的保护*

羰基具有许多反应性能，是有机化学中最易发生反应的活性官能团之一，常用生成缩醛和缩酮来降低羰基活性而保护羰基。

保护醛酮羰基最常用的方法是通过与乙二醇、2-巯基乙醇的反应，生成相应的叫做环缩醛或环缩酮的产物，后者对还原试剂、中性或碱性条件下的氧化剂，以及各种亲核试剂都很稳定，可在这些条件下保护羰基。脱保护最好的方法是在丙酮或其他溶剂中用强酸处理上述缩醛或缩酮化合物，在酸性条件下，脱保护的难易程度大致与其形成的难易相同，高度位阻的酮很难缩酮化，但是这种缩酮一旦形成，将需要非常强烈的条件才能断开。

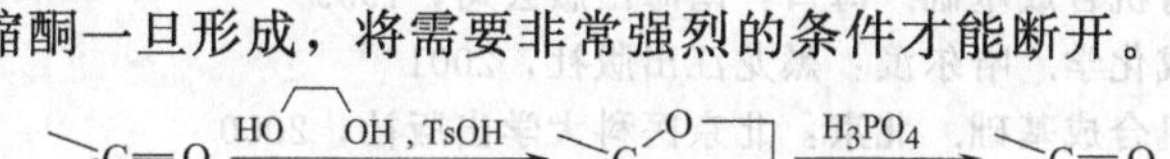

在天然产物合成中，常用生成烯醇及烯胺的衍生物保护羰基。α,β-不饱和酮与原甲酸酯在一定条件下反应，可将其转变为稳定的烯醇醚。而饱和酮在此条件下难以反应，利用这一差异提供了保护 α,β-不饱和酮的选择性方法。

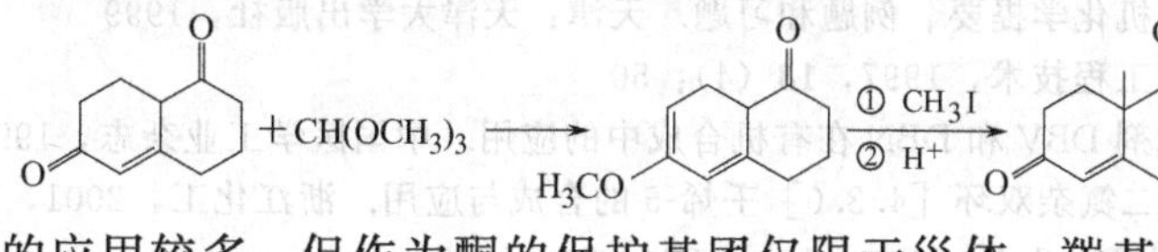

烯胺在合成上的应用较多，但作为酮的保护基团仅限于甾体。羰基同环状仲胺在苯中回流，可得到相应的烯胺。烯胺对四氢铝锂、格氏试剂及其他有机金属试剂均稳定。脱保护可用稀酸处理。

2.2.3.5　*羧基的保护*

羧基通常用形成酯的形式保护。常见的有转变为甲酯、乙酯、叔丁酯、苄酯等。甲酯和乙酯可以用羧酸直接与甲醇或乙醇发生酯化反应制得，又可被碱水解。

$$\text{—COOH} \xrightarrow{\text{ROH},H^+} \text{—COOR} \xrightarrow[H_2O]{\text{NaOH}} \text{—COOH} \quad (\text{R}=\text{Me},\text{Et})$$

叔丁酯可由羧酸先变为酰氯，再与叔丁醇作用，或者通过羧酸与异丁烯直接作用而得。它不能氢解，在通常条件下也不被氨解及碱催化水解。

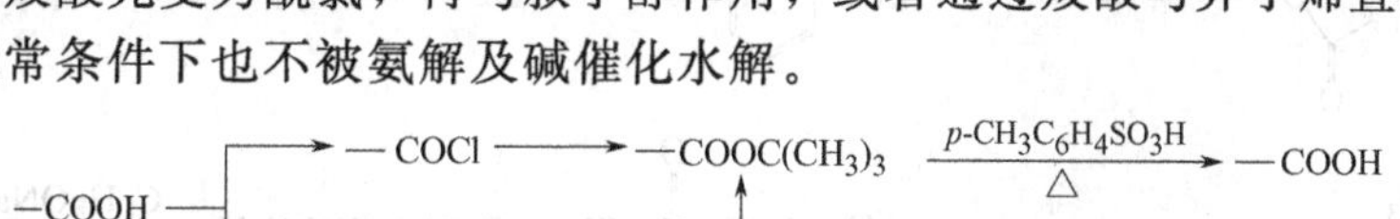

苄酯可由羧酸与苄基卤在碱性条件下反应而得。它除了可在强酸性或碱性条件下水解，还可被氢解。

$$\text{—COOH} \xrightarrow{\text{KOH}} \text{—COOK} \xrightarrow{\text{PhCH}_2\text{Cl}} \text{—COOHCH}_2\text{Ph} \xrightarrow{H_2,\text{Pd}} \text{—COOH}$$

参考文献

1 李天全．有机合成化学基础．北京：高等教育出版社，1992
2 顾可权，林吉文．有机合成化学．上海：上海科学技术出版社，1987
3 王葆仁．有机合成反应（上、下册）．北京：科学出版社，1985
4 黄宪，陈振初编著．有机合成化学．北京：化学工业出版社，1983
5 徐家业，杨毅，陈开勋．有机合成化学及近代技术．西安：西北工业大学出版社，1997
6 ［美］HerbertO House 著．现代合成反应．花文廷等译．北京：北京大学出版社，1985
7 ［美］R K 麦凯，D M 史密斯著．有机合成指南．陈韶等译．北京：科学出版社，1988
8 花文廷编著．杂环化学．北京：北京大学出版社，1991
9 邢其毅，徐瑞秋，周政，裴伟伟．基础有机化学（上、下册）．北京：高等教育出版社，1993
10 ［英］M P 舍伟编．有机合成路线推导．余孟杰译．北京：人民教育出版社，1980
11 ［英］CarruthersW 著．有机合成的一些新方法．李润涛等译．开封：河南大学出版社，1991
12 ［英］CarruthersW 著．现代有机合成方法．钱左国等译．青岛：青岛海洋大学出版社，1990
13 闻韧．药物合成反应．北京：化学工业出版社，1988
14 赵雁来，何森泉，徐长德编著．杂环化学导论．北京：高等教育出版社，1992
15 陈金龙．精细有机合成原理与工艺．北京：中国轻工业出版社，1992
16 陈慧宗，孔淑青编著．有机合成原理及路线设计．北京：兵器工业出版社，1998
17 黄耀曾，钱长涛．金属有机化合物在有机合成中的应用．上海：上海科学技术出版社，1990
18 Raymond K Mackie，David M Smith，R Alan Aitken. Guidebook to Organic Synthesis. England：arrangement with Pearson Education Limited，1999
19 陈泽林，林慧编著．有机合成基础．海口：南海出版公司，1999
20 尚岩，朱团．有机合成化学．哈尔滨：黑龙江出版社，2001
21 岳保珍，李润涛．有机合成基础．北京：北京医科大学出版社，2000
22 高鸿宾，任贵忠，王绳武，林吉文．实用有机化学辞典．北京：高等教育出版社，1997
23 王建新．精细有机合成．北京：中国轻工业出版社，2000
24 唐培堃．精细有机合成化学与工艺学．北京：化学工业出版社，2002
25 恽魁宏，高鸿宾，任贵忠．高等有机化学．北京：高等教育出版社，1992
26 王永梅，王桂林．有机化学提要、例题和习题．天津：天津大学出版社，1999
27 王红丽．化学工业与工程技术，1997，**18**（4）：50
28 倪志刚．强有机碱试剂 DBV 和 DBN 在有机合成中的应用．中国医学工业杂志，1991，22（4）：180.
29 朱赛芬，郑元昌．5-二氮杂双环［4.3.0］壬烯-5 的合成与应用．浙江化工，2001，32（2）：19
30 Simmons H E，Smith D. *J Am Chem Soc*，1964，**86**：1347
31 W Serman. *J Org Chem*，1973，**38**：1151
32 E J Corey. *J Am Chem Soc*，1972，**94**：6190
33 G Nowlin. *J Am Chem Soc*，1950，**72**：5754

习题

2-1 完成下列反应，写出主要产物。

（1）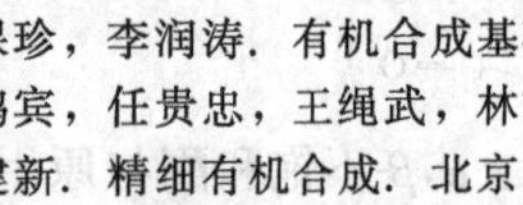

（3）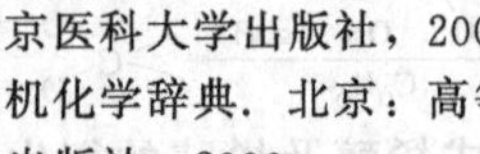

（2）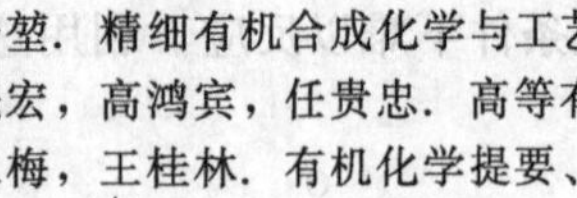

（4）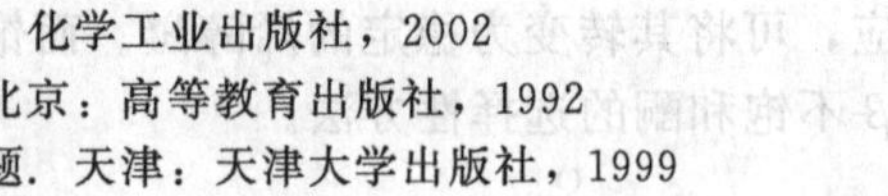

（5）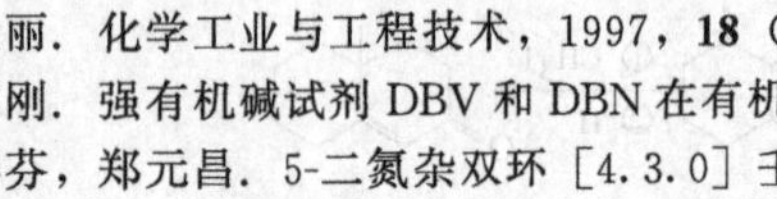

(6) 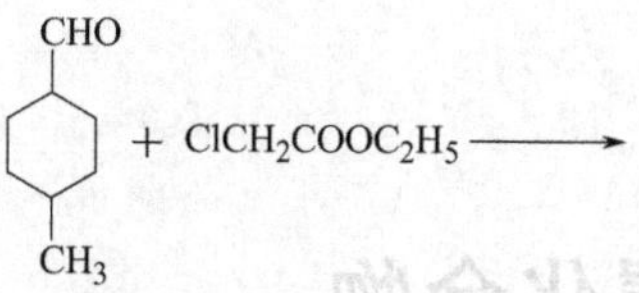

(7) 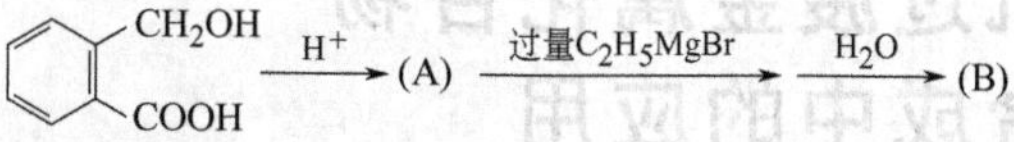

(8) 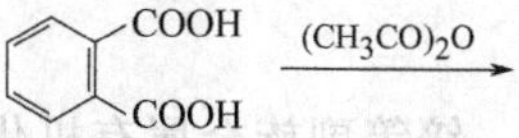

(9) $CH_3CH_2—C{\equiv}CCH_3 \xrightarrow{B_2H_6} \xrightarrow[OH^-]{H_2O_2}$

(10) 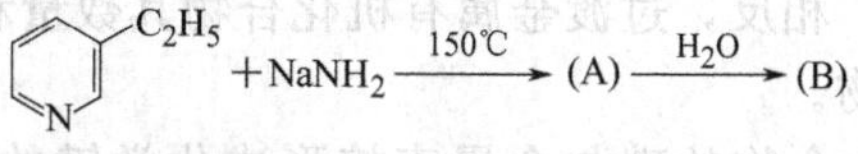

2-2 完成下列转化

(1) 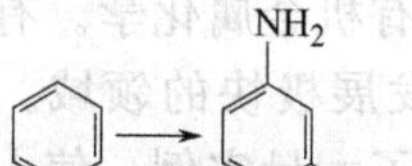 (2) 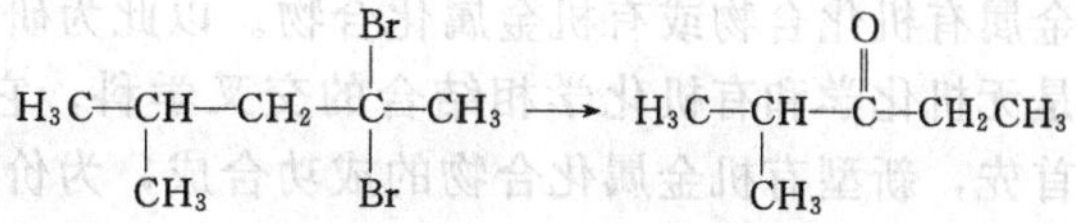

(3) 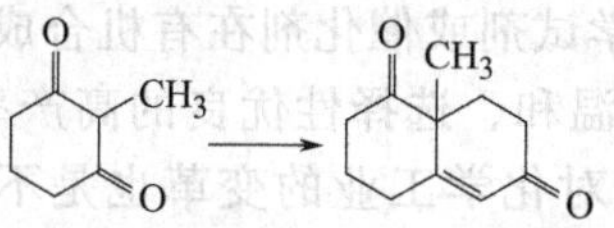 (4) 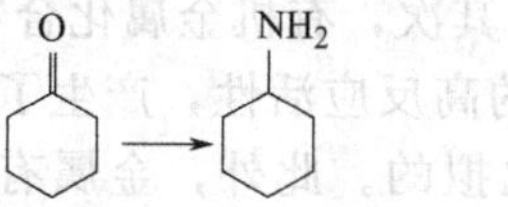

(5) $(CH_3)_2CHOH \longrightarrow (CH_3)_2CHCH_2CH_2OH$

(6) 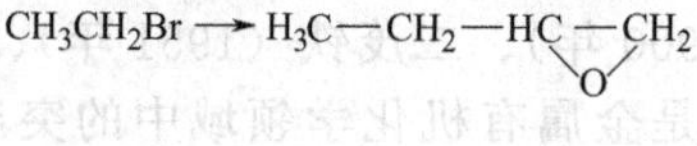

(7) 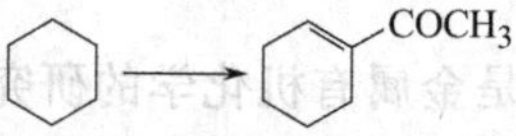 (8) 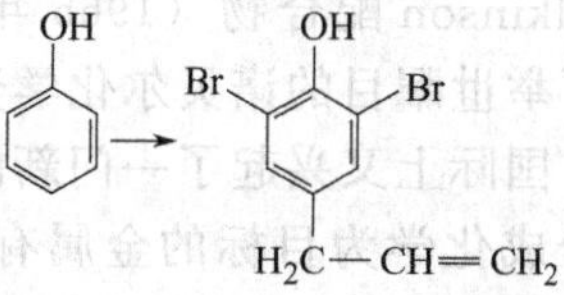

(9) 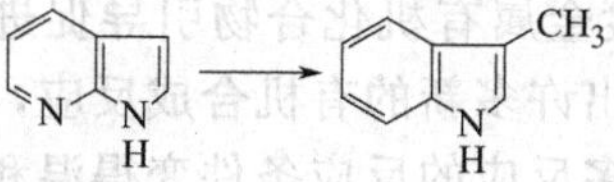 (10) 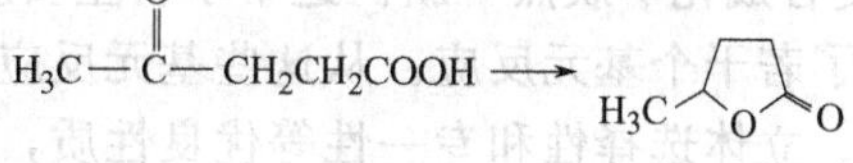

2-3 合成

(1) 由六个碳以下的卤化物合成 $CH_3(CH_2)_3CH{=}CH_2$

(2) 从丙二酸二乙酯及必要试剂合成 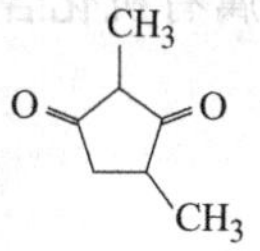

(3) 由苯甲酸乙酯及不超过三个碳的化合物合成 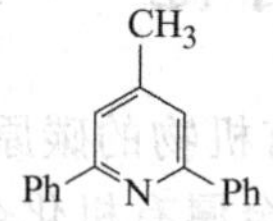

(4) 由 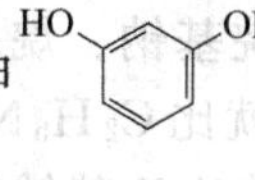 合成 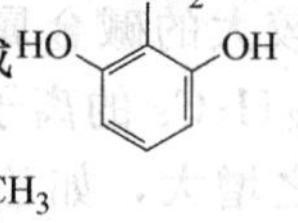

(5) 由 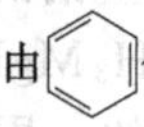 合成 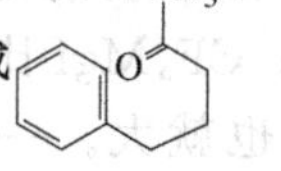

第 3 章 有机过渡金属化合物在有机合成中的应用

金属有机化合物按照所含金属的不同将其分为主族金属及铜、锌等副族金属有机化合物和过渡金属有机化合物两大类。前者在本书第 2 章已有介绍，比如有机镁、锂、铜、锌化合物，但这些化合物仅占有机金属化合物中的一小部分。相反，过渡金属有机化合物其数量和在有机合成中的作用远远超过镁、锂、铜、锌有机化合物。

一般的，含有金属-碳键（M-C），或者有机化合物的碳与金属直接形成化学键的化合物，称为金属有机化合物或有机金属化合物。以此为研究对象的化学称为有机金属化学。有机金属化学是无机化学和有机化学相结合的交叉学科，它是数十年来化学发展极快的领域。这是因为：首先，新型有机金属化合物的成功合成，为价键理论的研究提供了大量实例，使人们进一步地认识和了解了价键理论；其次，有机金属化合物作为化学试剂或催化剂在有机合成上取得了巨大的成就。由于金属-碳的高反应活性，产生了许多条件温和、选择性优良的高产率反应，它对有机合成的贡献是无可比拟的。此外，金属有机化合物对化学工业的变革也是不容忽视的，它使许多化学工艺变得操作简单、低能耗且无污染。从第一个有机金属化合物 Zeise 盐 [$KPtCl_3(CH_2=CH_2)$]（1827 年）到 Grignard 试剂（1900 年）、二茂铁（1951 年）、Ziegler 催化剂（1953 年）以及 Wilkinson 配合物（1965 年）都是金属有机化学领域中的突出成就，它们的发现者也因此获得了举世瞩目的诺贝尔化学奖。

在 20 世纪 80 年代初，国际上又兴起了一门新的学科，那就是金属有机化学的研究与合成化学相结合，发展成为以合成化学为目标的金属有机化学，即导向有机合成的金属有机化学（OMCOS），使合成化学焕然一新。这个学科主要应用了过渡金属有机化合物引导促进有机合成，并总结出了若干个基元反应。从这些基元反应出发设计出许多新的有机合成反应，使之具有化学、区域、立体选择性和专一性等优良性质，而且使许多反应的反应条件变得温和且易于操作，使化学计量反应变为催化反应。我们将这些新的内容增加到本教材中，以便读者了解有机合成的最新发展动向。本章主要讨论过渡金属有机化合物结构、基元反应以及它们在有机合成上的应用。

3.1 金属有机化合物的化学键

所有的金属无一例外地都能与有机物的碳原子形成 M-C 键，但不同的金属形成的 M-C 键的性质不同。根据 M-C 键的性质把金属有机化合物分为以下四类。

① 离子键型的金属有机化合物。它主要包含正电性较大的碱金属如烷基钠、烷基锂、乙炔钠等，其离子键随金属原子的金属性增强而增强，如 C_2H_5Cs 的离子性就比 C_2H_5Na 强。此外，当与金属连接的碳的电负性增大时，离子性也会随之增大，如乙炔钠比乙基钠的离子性大。因为乙炔碳的电负性（3.29）比乙基碳的电负性（2.48）大；CF_3MgI 比 CH_3MgI 的离子性大，因为前者的三氟甲基的电负性大，所以化合物的离子性也就大。一般的，周期表中ⅠA、ⅡA、稀土及锕系元素与碳形成离子键。

② 共价键型金属有机化合物。形成这类化合物的金属主要分布在周期表的ⅢA、ⅣA及ⅠB和ⅡB。准确地说共价键与离子键并无严格的界限，仅在于极性大小的区别。这类化合物

都是极性共价键，例如 $Al(C_2H_5)_3$、$(CH_3)_4Pb$、R_2Cd 等。

③ 缺电子键型的金属有机化合物。这类化合物中金属是缺电子原子，不能形成正常的等电子等中心共价键，只能形成多中心少电子键，即缺电子键。比如三甲基铝的二聚体 $Al_2(CH_3)_6$ 就有两个三中心两电子键，结构如图 3.1 所示。

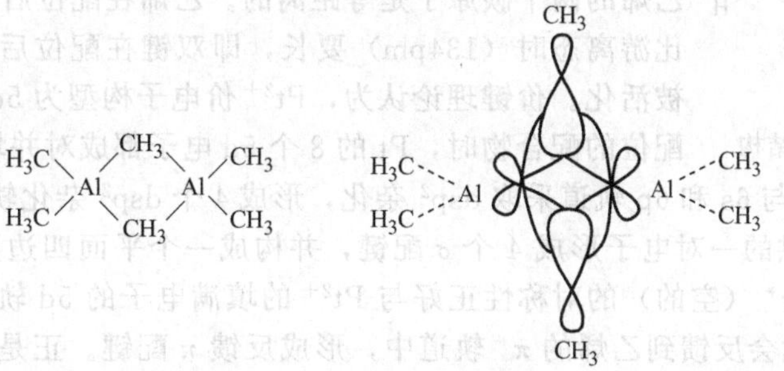

图 3.1 $Al_2(CH_3)_6$ 的结构

④ 由 σ 配键和反馈 π 键共同组成的过渡金属有机化合物。这类化合物是本节的重点讨论对象，因为过渡金属有机化合物主要是由这种化学键形成的，是过渡金属有机化合物催化有机合成的关键所在。

3.1.1 过渡金属有机化合物的成键情况

过渡金属通常是指第 4、5、6 三个周期中从ⅢB 到ⅠB 的元素，不包括镧系和锕系元素共 26 个。这些过渡金属均有未充满的 $(n-1)$d 轨道，属于同一能级组的 $(n-1)$d、ns、np 轨道可以进行杂化，形成各种 dsp 杂化轨道如 dsp^2、d^2sp^3 等。空的杂化轨道可以接受配体的孤对电子形成 σ 配键，而未参与杂化的填满电子的 d 轨道又可以将电子反馈到配体的空轨道中形成反馈 π 键，即中心金属对配体的反馈作用。正是这两种相反的作用使过渡金属有机化合物区别于主族金属有机化合物。

3.1.1.1 金属-羰基 π 键

一氧化碳分子结构如图 3.2 所示，叁键由一个 σ 键和两个 π 键组成，其中一个 π 键是正常的 π 键，另一个是由氧提供电子与碳形成的 π 配键。因此 CO 分子中碳的电子云密度高于氧，当 CO 与过渡金属配位时，通常碳是配位原子。过渡金属未杂化的填满电子的 d 轨道又与 CO 空的 π^* 形成反馈 π 键，这两种作用使过渡金属与羰基之间键合更加牢固，避免了过渡金属因多个配体的配位而带过多负电荷。反馈程度越大，CO 的叁键就变得越弱。因为 CO 的 π^* 键填充了电子以后抵消了 CO 分子中的部分成键电子数。一氧化碳的结构和金属-羰基的成键情况用图 3.2 表示。

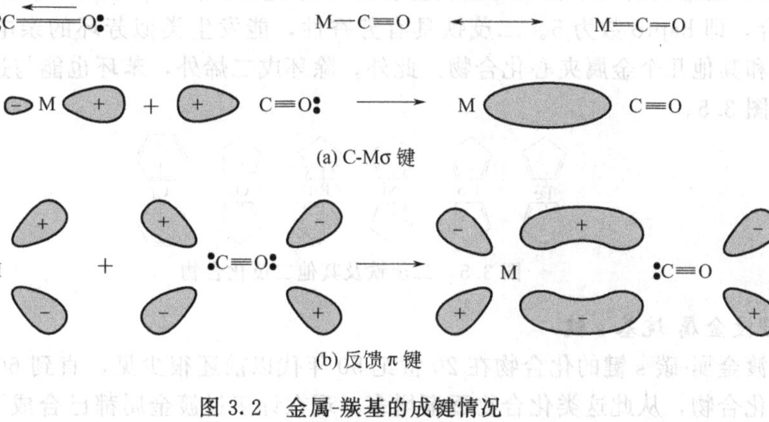

图 3.2 金属-羰基的成键情况

3.1.1.2 金属-烯烃的π配键

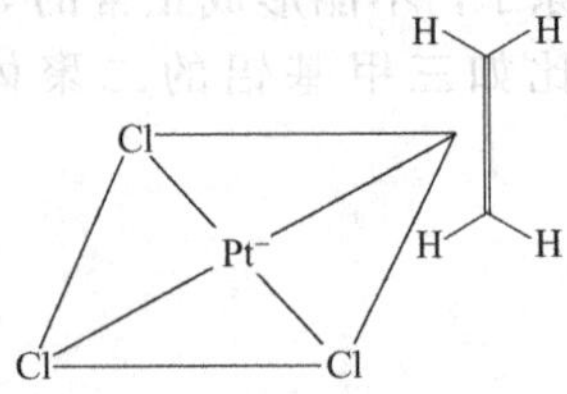

图 3.3 Zeise 盐的结构

历史上合成的第一个金属有机化合物 Zeise 盐就是一个烯烃配合物，含有金属-烯烃配键。Zeise 盐负离子 $[PtCl_3(CH_2=CH_2)]^-$ 的结构在合成了16年之后才搞清楚（见图 3.3）其中 Pt 到乙烯的两个碳原子是等距离的。乙烯在配位后其双键键长（137pm）比游离态时（134pm）要长，即双键在配位后被削弱，或者说乙烯被活化。价键理论认为，Pt^{2+} 价电子构型为 $5d^8 6s^0 6p^0$，它在形成 4 配位的配合物时，Pt 的 8 个 5d 电子都成对并填满 4 个 5d 轨道，其余一个空的 5d 轨道与 6s 和 6p 轨道采取 dsp^2 杂化，形成 4 个 dsp^2 杂化轨道。这 4 个杂化轨道接受四个配体各提供的一对电子形成 4 个 σ 配键，并构成一个平面四边形（见图 3.3）。而配体乙烯的反键轨道 π^*（空的）的对称性正好与 Pt^{2+} 的填满电子的 5d 轨道的对称性匹配，因而 Pt^{2+} 的 5d 电子就会反馈到乙烯的 π^* 轨道中，形成反馈 π 配键。正是这种反馈配键的存在才削弱了乙烯的 C═C 双键，使乙烯的双键更易被打开而发生加成反应。这也是过渡金属有机化合物能催化有机合成反应的基础和关键所在。除乙烯外，烯丙基，二烯，多烯都能与过渡金属形成配合物，例如：

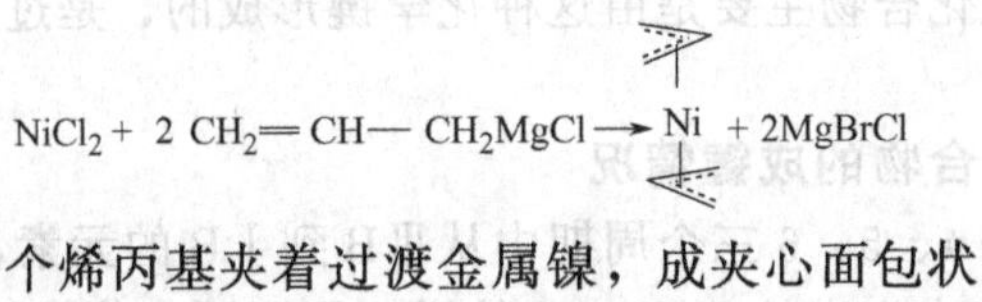

此镍烯丙基配合物由 2 个烯丙基夹着过渡金属镍，成夹心面包状配合物，其中烯丙基三个碳构成等腰三角形，两端的 CH_2 是等价的。图 3.4 是几种其他多烯配合物的结构。

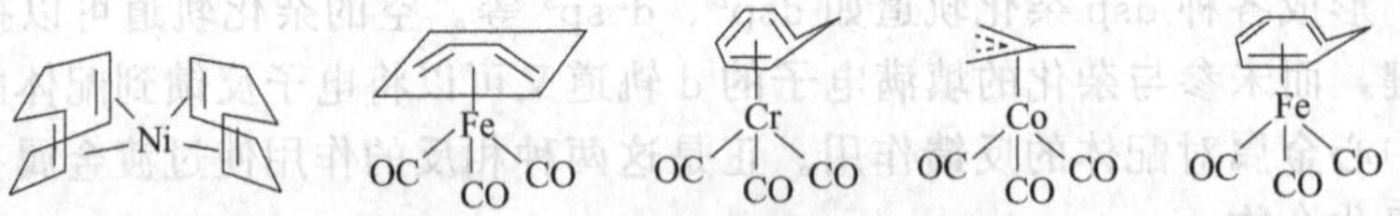

图 3.4 几种多烯配合物的结构

3.1.1.3 夹心结构化合物

过渡金属易与芳烃（如苯）、非苯芳环（如环戊二烯）等化合物生成夹心面包状的稳定结构，习惯上称为夹心化合物。二茂铁是最典型的例子，其结构是两个环戊二烯中间夹了一个铁原子（见图 3.5）。这是一个反磁性的、偶极矩为零的对称分子。其中铁原子不是与环戊二烯的某一个碳而是与整个环相连，形成了一种稳定的化学键。二茂铁可以认为是两个环戊二烯基与 Fe(0) 生成的，也可以认为是环戊二烯负离子与 Fe(Ⅱ) 离子生成的。为书写方便，二茂铁常写作 $(\pi\text{-}C_5H_5)_2Fe$ 或 $(\eta^5\text{-}C_5H_5)_2Fe$，η 称为 hapto 数，hapto 来自于希腊语，是"联系"、"结合"之意，这里被借用来表示与金属直接键合的碳原子数，η^5 表示 C_5H_5 中的五个碳原子都与 Fe 键合，即 hapto 数为 5。二茂铁具有芳香性，能发生类似芳环的亲电取代反应等。下面是二茂铁和其他几个金属夹心化合物。此外，除环戊二烯外，苯环也能与过渡金属形成夹心化合物，见图 3.5。

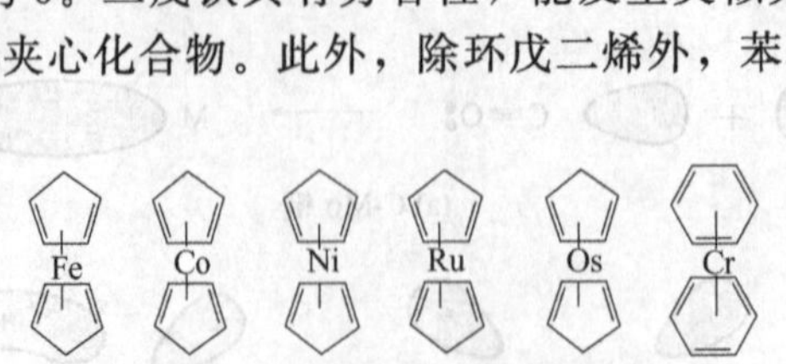

图 3.5 二茂铁及其他二茂化合物

3.1.1.4 过渡金属-烷基 s 键

含有过渡金属-碳 s 键的化合物在 20 世纪 50 年代以前还很少见，直到 60 年代才分离出烷基过渡金属化合物，从此这类化合物逐渐增多。现在许多过渡金属都已合成了含有 M-Cs 键的化合物。一般认为过渡金属-烷基 σ 键化合物不稳定。但从过渡金属-碳 σ 键的平均键能看，热力学因素不足以成为它们不稳定的原因，动力学因素可能是这类化合物不稳定的实际原因。如果存在低能垒的分解过程时，烷基过渡金属化合物就易于分解。图 3.6 是几个包含 M-C σ 键的稳定的过渡金属有机化合物。

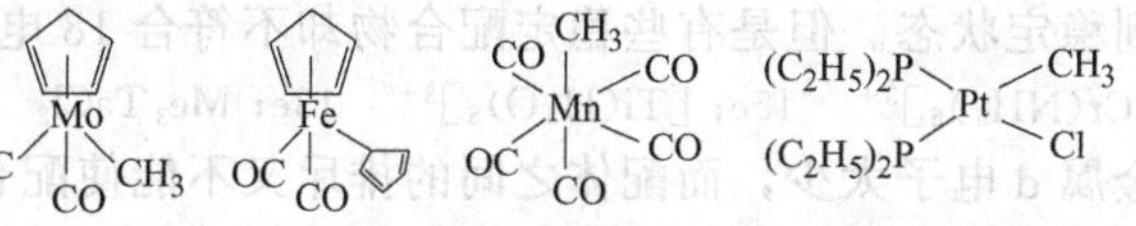

图 3.6 含 M-C 键的过渡金属络合物

3.1.2 16 电子和 18 电子法则

过渡金属有机配合物一般都符合 18 或 16 电子法则。这个法则是指：除某些例外情况，稳定的过渡金属有机化合物在其金属原子或离子周围总共有 18 个价电子；换言之，这些过渡金属有机化合物具有与该金属同周期惰性气体原子相同的“有效原子序数”（effective atomic number），所以这个法则也称之为“有效原子序数法则”（简称 EAN 法则）。某些例外情况是指有些仅有 16 个价电子，但它们与 18 价电子的过渡金属有机化合物一样稳定，甚至更稳定。因此又称为有效原子序数规则。例如$[Co(NH_3)_6]^{3+}$、$Fe(CO)_5$、$Ni(CO)_4$ 等简单配合物都符合 18 电子规则。根据这一规则可预测新合成的配合物的结构。那么，如何判断过渡金属配合物的金属周围的价电子数呢？下面举例说明。

金属周围的价电子数（NVE）是指过渡金属的价电子数与配位体提供的电子数之和。所以，要准确计算金属的价电子数，首先需准确写出过渡金属原子或离子的价电子数，然后确定配体提供的电子数。例如：

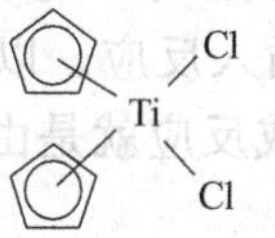

Ti^0：4；$2\eta^5$-C_5H_5：2×5=10；2Cl：2×1=2　NVE=4+10+2=16

（或 Ti^{4+}：0；$2\eta^6$-$C_5H_5^-$：2×6=12；$2Cl^-$：2×2=4　NVE=12+4=16）

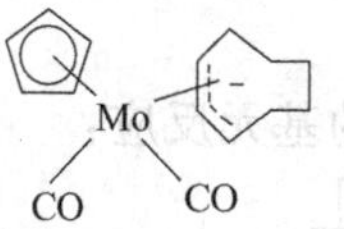

Mo^{2+}：6−2=4；2CO：4；η^6-$C_5H_5^-$：6；η^4-$C_3H_3^-$：4

NVE=4+4+6+4=18

EAN 法则受到许多实验事实的支持，对推断过渡金属有机配合物的结构非常有用，如某配合物的分子式为［$(\eta^5$-$C_5H_5)(CH_3)_2Re(C_5H_5CH_3)$］，根据 18 电子规则，“$Re^0$：7；$\eta^5$-$C_5H_5$：5；$2CH_3$：2”，$C_5H_5CH_3$ 就只能提供 4 个电子了，即由此推断其结构应为：

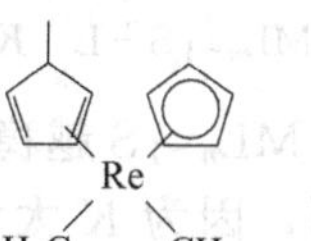

后经 X 衍射实验证明了它的结构确实如此。又如，［$Mo(CO)_2(C_5H_5)_4$］似乎是一个有 30 个价电子的配合物，但实际上 4 个环戊二烯基对金属价电子数的贡献不同，其中只有一个是 η^5-C_5H_5 配位，其余 3 个均是 η^1-C_5H_5 配位，只有这样才满足 18 电子规则。经^{1}H-NMR 检测证明了这一点。此化合物的结构是：

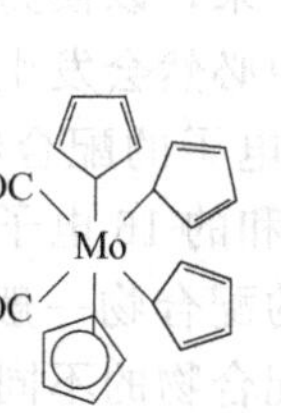

Mo^0:6;
2CO:2×2=4;
η^5-C_5H_5:5;
$3\eta^1$-C_5H_5:3×1=3;
NVE=6+4+5+3=18

有些配合物还可能具有奇数价电子，如 $Co(CO)_4$ 有 17 个电子。实验证明，此配合物在通常条件下不能稳定存在，溶液中往往通过形成双核配合物$[(CO)_4Co\text{-}Co(CO)_4]$使之成为 18e 的稳定结构。$Mn_2(CO)_{10}$也是类似的情况。

过渡金属配合物的 18 电子规则如同 p 区元素的 8 电子规则一样有其量子化学基础。d 区的过渡金属有 9 个价轨道，可容纳 18 个电子，此时配合物中金属价电子构型类似惰性气体的电子构型，配合物达到稳定状态。但是有些稳定配合物却不符合 18 电子规则，例如：

$$[Cr(NH_3)_6]^{3+}\quad 15e;\ [Ti(H_2O)_6]^{3+}\quad 13e;\ Me_3TaCl_2\quad 10e$$

这些大都是因为中心金属 d 电子太少，而配体之间的排斥又不能使配合物有更多的配位数。又如，$(Ph_3P)_3Pt$ 有 16e，这是由于配体较大，空间斥力只利于形成低配位数。此外，还有一些配合物如 $[Ni(H_2O)_6]^{2+}$ 以及 d^8 结构的 Pt、Ir 的化合物不符合 EAN 规则需分子轨道理论作出解释，这里不再探究。

对 18 电子规则的解释，价键理论无能为力，但分子轨道理论可对此作出圆满的解释，但它不属于本书讨论的范畴。

EAN 法则不仅可预测过渡金属有机配合物的结构，而且有助于判断有机过渡金属化合物能否发生各种基元反应。由于配位不饱和配合物（少于 18 电子的配合物）化学活性高，易发生配位反应，过渡金属配合物的基元反应就是由配位不饱和到配位饱和的过程或与此相反的过程。

3.2 过渡金属有机化合物的基元反应

过渡金属有机化合物可以发生各种反应，要将这些反应恰当的分类是相当困难的，因为这些反应大都有相似或相交叉的地方。本章采用山本明夫的分类方法分类如下：①配体的配位、离解、取代反应；②氧化-加成反应；③还原-消除反应；④插入与反插入反应。以上基元反应适当组合就可设计出许多有机合成反应。过渡金属配合物催化有机合成反应就是由各种基元反应组成的。

3.2.1 配体的配位、离解、取代反应

配体的配位、离解、取代反应是过渡金属配合物最常见的基元反应：

$$ML_n + S \rightleftharpoons ML_nS \quad K=\frac{[ML_nS]}{[ML_n][S]}$$

这一平衡的正反应是配位反应，K 越大，配合物 ML_nS 就越稳定，配位反应的趋势就越大；而逆反应是离解反应，K 越大，离解趋势越小。取代反应表示为：

$$ML_n + S \rightleftharpoons ML_{n-1}S + L \quad K=\frac{[ML_{n-1}S][L]}{[ML_n][S]}$$

此时配体 S 取代了 L。K 越大，配合物 $ML_{n-1}S$ 越稳定，取代趋势越大；K 越小，取代趋势越小。K 太大或太小对于催化循环都不利，因为 K 太大时，配位饱和配合物过于稳定不易发生下一步反应，而 K 太小，又不利于配体与金属的键合。

从广义上讲，这些反应都是酸碱加合反应，过渡金属配合物在溶液中通常伴有配体的配位、离解、取代等反应。尤其在催化反应中，底物与催化剂中心金属的配位是先决条件，然后才能进行其他反应。同时又有配体不断地解离下来，以便为下一步的配位空出位置，否则催化反应就不能循环进行。因此，在配合催化反应中必然会发生配位、离解、取代反应。这类反应往往伴随着金属原子价电子数的变化。对于 18 电子的配合物，一般首先发生配位离解，失去一个配体形成 16 电子配合物，此时，配位不饱和的 16 电子配合物又和其他配体发生配位反应形成 18 电子的配位饱和配合物。对于 16 电子的配合物一般不可能先离解生成 14 电子的配合物而是先配位，这是 16 电子配合物与 18 电子配合物的不同之处。但是 Lewis 酸与过渡金属进行配位或离解时价电子总数不变。因为 Lewis 酸并不带入也不带走电子对，所以不论是 16 电

子还是 18 电子配合物都能与 Lewis 酸发生配位或离解反应。例如：

$$[(PPh_3)_3Ir(CO)Cl] + BF_3 = [(PPh_3)_3Ir(CO)(BF_3)Cl]$$

18e　　　　　　　　18e

$$[NiCl_4]^{2-} + H^+ = [NiHCl_4]^-$$

16e　　　　　　16e

$$Fe(CO)_5 + HCl = [Fe(CO)_5H]^+Cl^-$$

18e　　　　　　　18e

过渡金属配合物的取代反应包括亲核取代和亲电取代两种反应。一般的，过渡金属配合物低氧化态金属电荷密度高，易与亲电试剂反应，高氧化态的则易与亲核试剂反应。对于具有 d^8 构型的 Ni(Ⅱ)、Pd(Ⅱ)、Rh(Ⅰ) 等过渡金属有机化合物而言，取代反应具有反位效应。所谓反位效应是指，在平面四边形配合物如 $[Pd(PPh_3)_2ClX]$ 的配体 Cl 的离解速率在很大程度上取决于其反位上配体 X 的性质，而邻位上的配体 PPh_3 对 Cl 的离解速率几乎无影响。这种配合物的一个配体对其反位上的另一个配体的取代反应速率的影响效应，称为反位效应。下面是配合物 $[Pd(PPh_3)_2ClX]$ 中反位配体 X 不同时，配体 Cl 被吡啶取代的不同取代速度：

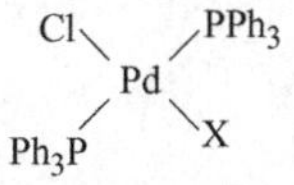

X:	Cl	C_6H_5	CH_3	H
k(取代速度)：	1	30	200	10^4

大多数配合物几乎一致地呈现如下由弱到强的反位效应顺序：

H_2O，OH，NH_3，Py<Cl，Br<SCN，I，NO_2，C_6H_5<CH_3，$SC(NH_2)_2$<H，PR_3<C_2H_4，CN，CO

由此可见，氢有很高的反位效应，它使处于其反位的配体充分活化，这一点在催化反应中起着重要的作用。反位效应是一个动力学现象，仅适用于平面四边形构型的配合物。此外，反位效应在立体选择合成配合物中也有应用。例如，

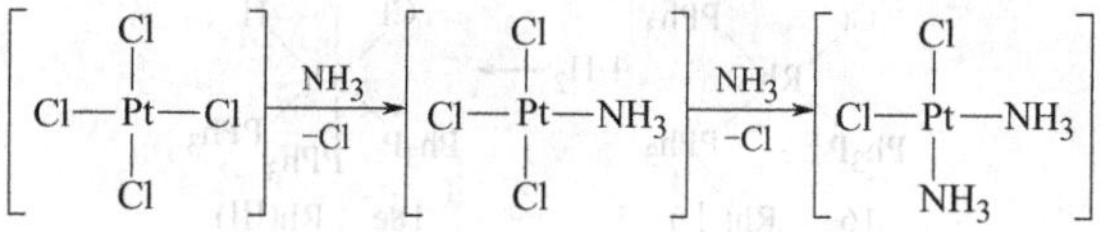

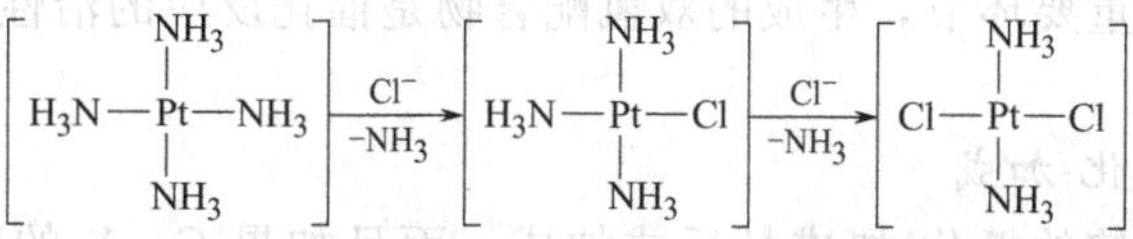

可见，由于配体 NH_3 和 Cl^- 的反位效应不同，$(NH_3)_2PtCl_2$ 的顺式异构体由 $[PtCl_4]^{2-}$ 和 NH_3 反应制得，而反式异构体则由 $[Pt(NH_3)_4]^{2+}$ 和 Cl^- 反应来制备。

3.2.2 氧化-加成反应

过渡金属有机配合物和分子 A—B 发生反应时，A—B 键断裂后，A、B 分别与过渡金属配位形成配位数增加、金属氧化数升高的新的配合物。这类反应称为氧化-加成反应 (oxidative addition reaction)，通常表示为：

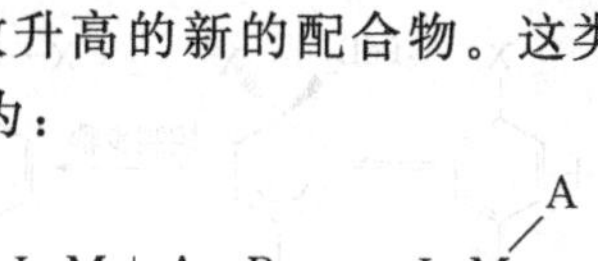

在氧化-加成反应中，起始配合物是配位不饱和的，只有配位不饱和的金属有机配合物才能发生氧化-加成反应。例如 Vaska 配合物 $[IrCl(CO)(PPh_3)_2]$ 的氧化-加成反应如下：

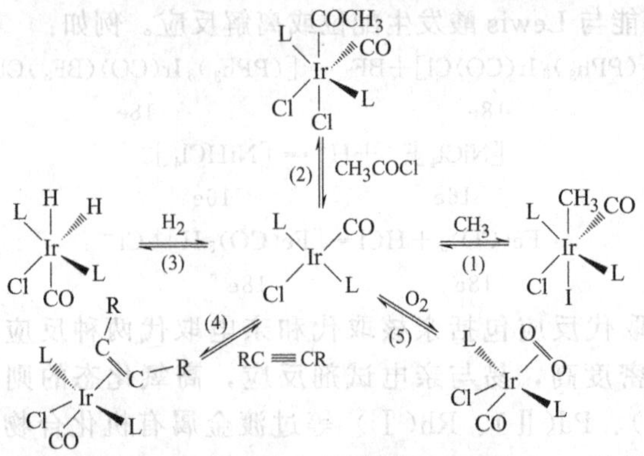

反应（1）和（2）是反式加成的，配合物由4配位变为6配位，同时16电子构型变成18电子构型，Ir的氧化数由（Ⅰ）→（Ⅲ）；反应（3）是顺式加成的，由Ir(Ⅰ)配合物经氧化-加成反应生成Ir(Ⅲ)配合物；反应（4）和（5）是与炔烃和O_2的反应，可以认为是氧化-加成反应，Ir(Ⅰ)→Ir(Ⅲ)，也可认为是配位反应。下面分别介绍几类重要的氧化-加成反应。

3.2.2.1 氢的氧化-加成

H_2的氧化-加成为顺式加成，用方程式表示为：

$$ML_n + H_2 \rightleftharpoons L_nM(H)—H$$

键能高达430kJ·mol^{-1}的H—H键，在常温时就被配合物（ML_n）切断，足以说明这一反应是协同反应，即H—H键断裂与M—H键的形成是同时进行的。分子轨道理论对此过程作出的解释是：H_2的σ成键轨道电子与金属的空轨道键合，同时H_2的σ^*反键空轨道又接受金属的d_{z^2}轨道上的电子，从而促使H—H键的断裂，也因此而获得顺式加成产物。

例如：

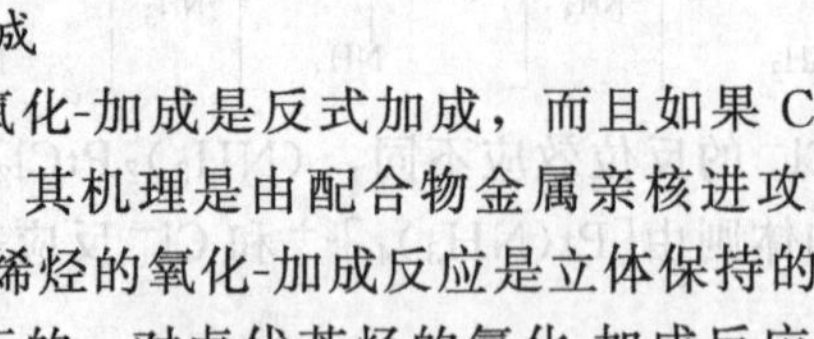

上述反应是均相催化的重要环节，生成的双氢配合物是催化反应的活性中间体，通过它进行催化循环。

3.2.2.2 C—X键的氧化-加成

经研究表明，卤代烷的氧化-加成是反式加成，而且如果C—X的碳原子为手性碳时，反应后其构型反转。一般认为，其机理是由配合物金属亲核进攻卤代烃进行的。与卤代烷的氧化-加成反应不同的是，卤代烯烃的氧化-加成反应是立体保持的。通常认为，该反应是通过双键与金属形成π配合物来进行的。对卤代芳烃的氧化-加成反应有一种解释是经过过渡金属对苯环的亲核取代机理进行的。

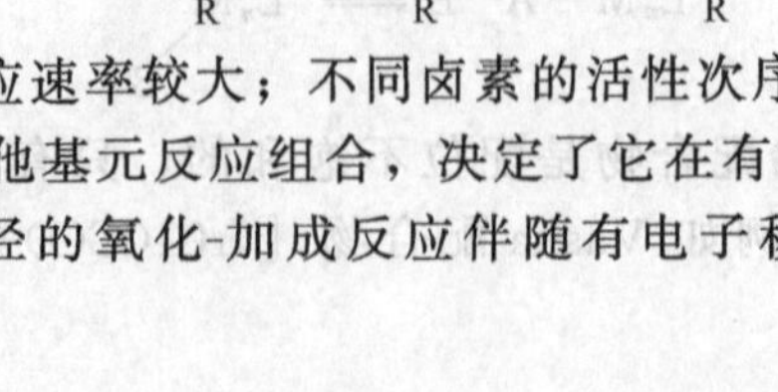

当R为吸电子基时，反应速率较大；不同卤素的活性次序为I>Br>Cl。这种伴随碳-卤键断裂的氧化-加成反应和其他基元反应组合，决定了它在有机合成中的应用价值。也有一些证据表明卤代烷和卤代芳烃的氧化-加成反应伴随有电子移动的自由基反应，在此不做介绍。

3.2.2.3 C—H 键的氧化-加成

C—H 键与过渡金属发生氧化加成反应时，C—H 键断裂，而 M—C、M—H 随之形成，其反应表示如下：

$$C—H + M \longrightarrow C—M—H$$

含有 C—H 键的有机化合物是非常普遍的，而这类反应在有机合成上的应用主要是基于用 C—H 键有选择地与过渡金属配合物氧化-加成。能发生氧化-加成反应的 C—H 键有芳香化合物中的 C—H 键、醛基的 C—H 键以及一些被活化了的 C—H 键，如 $H—CH_2COOCH_3$、$H—CH(CN)COOCH_3$、$H—CH_2CN$ 等。例如：

$$(\eta^5\text{-}C_5H_5)_2TaH + ArD \Longleftrightarrow (\eta^5\text{-}C_5H_5)_2Ta \overset{Ar}{\underset{H}{-}} D \Longleftrightarrow (\eta^5\text{-}C_5H_5)_2TaD + ArH$$
$$\qquad\qquad (1) \qquad\qquad\qquad (2)$$

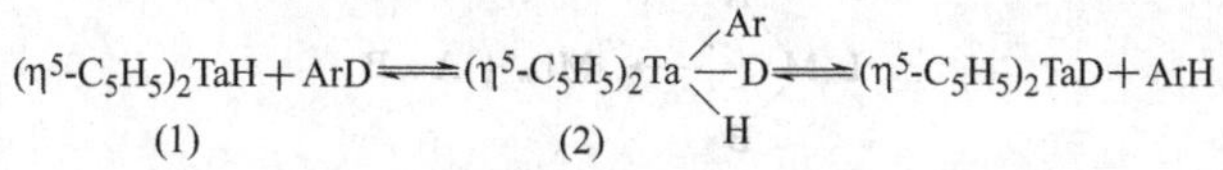

配合物（1）与 ArD 发生氧化-加成生成配合物（2），然后发生还原消除反应，结果生成 ArH，即由 ArD 变成 ArH。此外，氧化-加成反应还能发生在分子内，例如，三（三苯基膦）氯化铱在加热的条件下就发生分子内的 C—H 键氧化-加成反应：

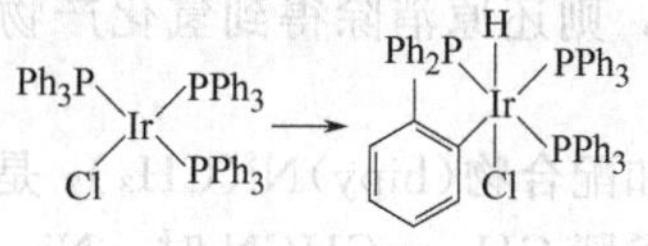

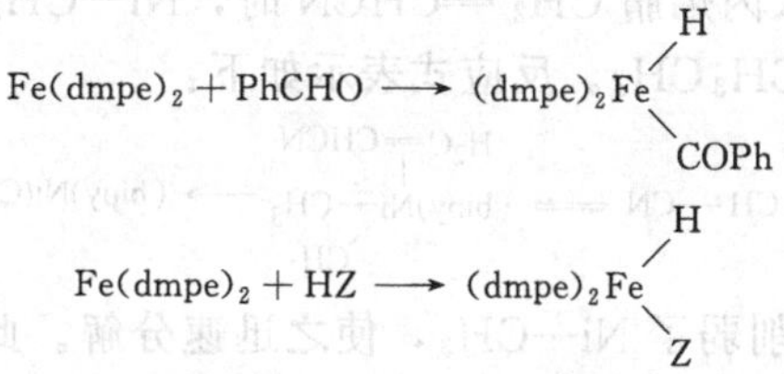

式中，dmpe = $Me_2PCH_2CH_2PMe_2$；Z =$—CH_2COCH_3$, $—CH_2CO_2CH_3$, $—CH(CN)CO_2CH_3$，$—CH_2CN$。

近年来，对未活化 C—H 键（如烷烃）的氧化-加成反应的研究也已取得了较大进展，例如：

$$(\eta^5\text{-}C_5Me_5)_2LuCH_3 + {}^*CH_4 \longrightarrow (\eta^5\text{-}C_5Me_5)_2Lu^*CH_3 + CH_4$$

3.2.2.4 C—O 键的氧化-加成

C—O 键的氧化-加成反应研究得不多，但烯丙醇酯发生烷-氧键断裂并与过渡金属进行氧化-加成已应用于有机合成。例如：

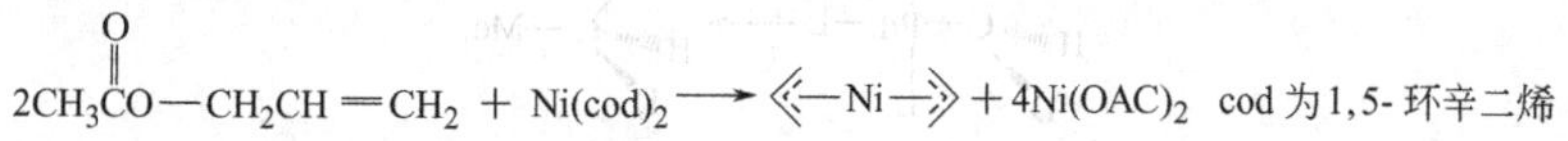

羧酸酯分子 C—O 断裂可发生在酰-氧和烷-氧两个位置上：

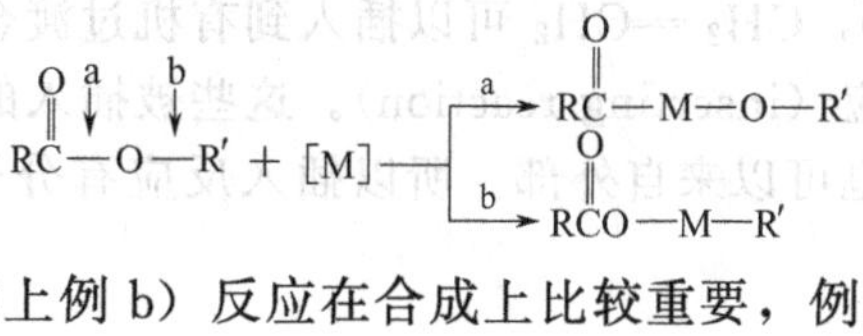

烷-氧键断裂的氧化-加成（如上例 b）反应在合成上比较重要，例如：

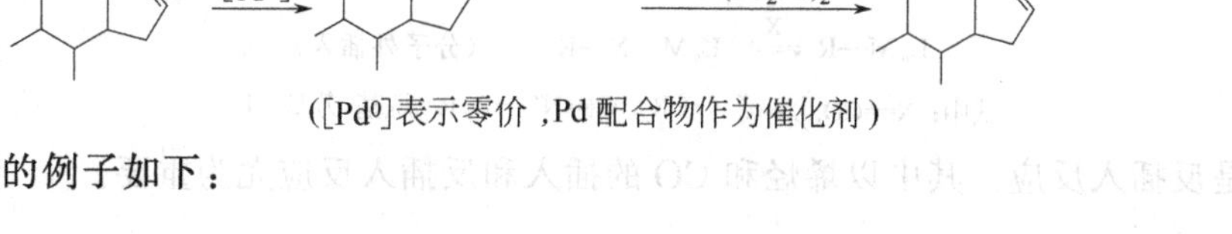

（[Pd⁰]表示零价，Pd 配合物作为催化剂）

酰-氧键断裂的例子如下：

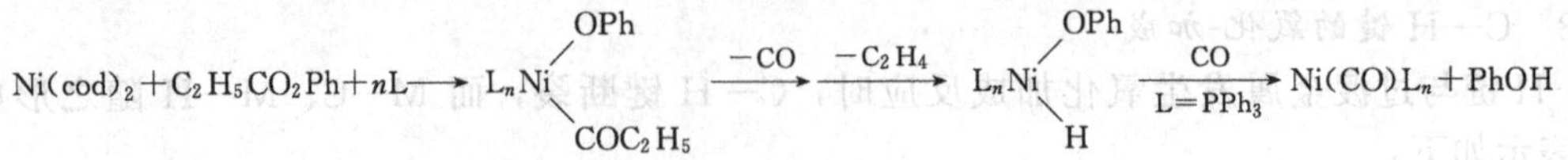

醚类有机物中 C—O 也可断裂发生氧化-加成反应：

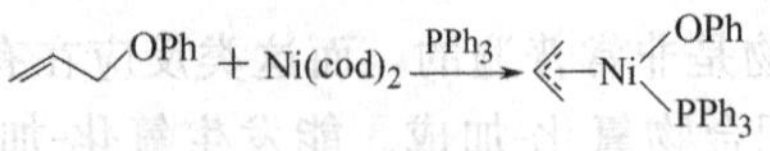

3.2.3　还原消除反应

还原消除反应是氧化-加成反应的逆反应。还原消除反应通常表示如下：

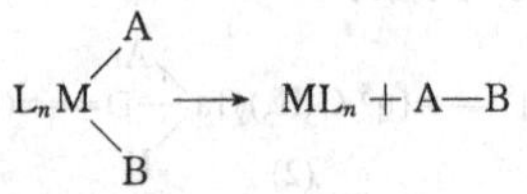

由此可见，还原消除反应伴随着氧化数降低和配位数减少，它是催化反应循环中放出有机产物的环节，所以也是一类重要的基元反应。

当 A、B 是烷基或芳基时，还原消除得到二者的偶联产物，这是形成 C—C 键的有效方法之一。若 A、B 中有一个是 H 时，则还原消除得到氢化产物。还原消除反应也可看作是有机过渡金属配合物的分解反应。

还原消除反应是有条件的。如配合物(bipy)Ni$(CH_3)_2$ 是非常稳定的，即使在热苯中也不分解。但在这种配合物中加入丙烯腈 CH_2 ═CHCN 时，Ni—CH_3 就被活化并在常温下迅速分解，即发生还原消除，得到 CH_3CH_3。反应式表示如下：

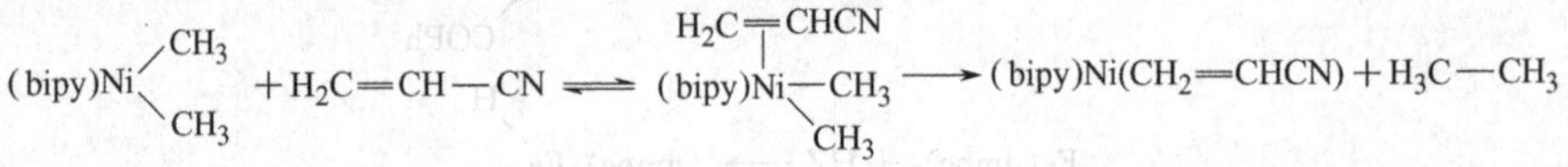

可见，CH_2 ═CHCN 的配位削弱了 Ni—CH_3，使之迅速分解。此外，顺丁烯二酸酐也会起相同的作用。例如：

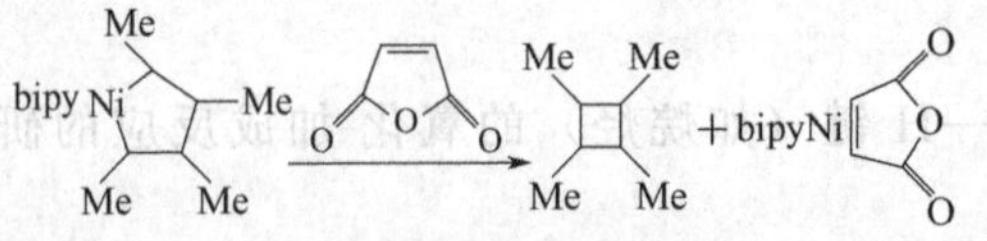

经研究表明，过渡金属有机配合物还原消除两个烃基而发生偶联反应时，通常是顺式消除。即使是反式配合物也要先通过异构化变成顺式异构体再进行还原消除。此外，还原消除是立体构型保持的反应。例如：

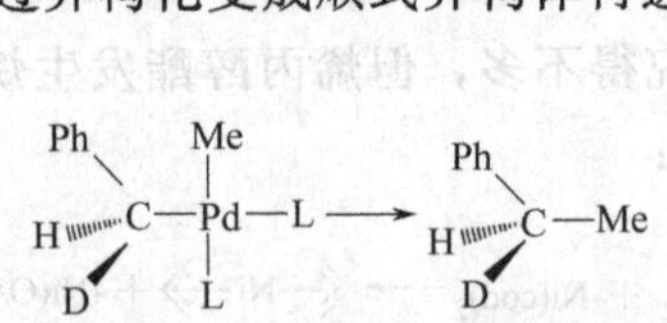

3.2.4　插入和反插入反应

有一些不饱和配体如 CO，CH_2 ═CH_2 可以插入到有机过渡金属配合物的 M—C 或 M—H 键之间，这种反应叫插入反应（inserting reaction）。这些被插入的不饱和配体可以来自有机过渡金属化合物的分子内部，也可以来自外部。所以插入反应有分子内和分子外两种插入方式，其反应可表示如下：

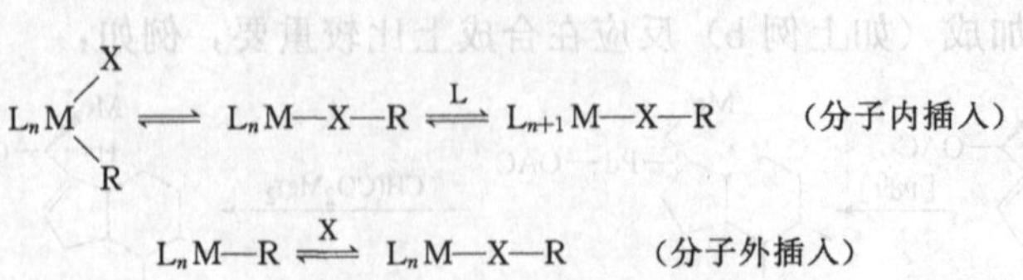

式中：X═CO，>═<，:CR_2，:C≡N^+—R；R= 烷基，芳基，H

其逆反应就是反插入反应。其中以烯烃和 CO 的插入和反插入反应尤为重要。

3.2.4.1 CO的插入和反插入反应

在烷基羰基过渡金属配合物分子中，羰基插入到金属-烷基之间生成酰基过渡金属化合物，这一过程称为CO的插入反应或羰基化（carbonylation）反应。该反应的逆反应是CO的反插入（deinsertion或extrusion）反应，或称脱羰基化反应（decarbonylation）：

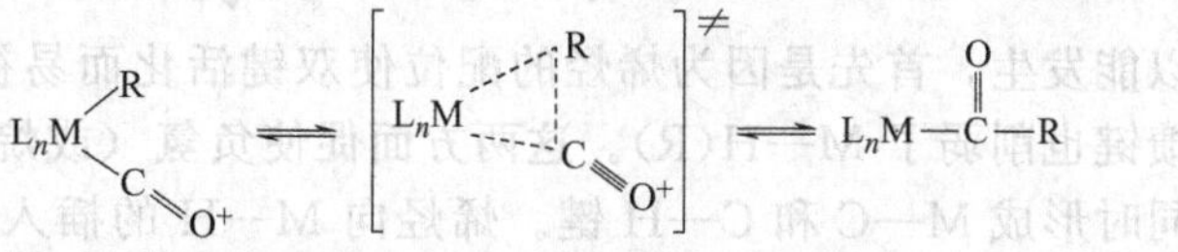

这一反应有两种可能的机理：即由烷基迁移到邻位的羰基碳上，或由羰基插入到M—R中形成酰基过渡金属化合物。利用同位素标记实验证明，CO的插入反应实际上是烷基的迁移反应。而且，不同的R的迁移速度也不同。研究结果表明，烷基R的链越长，插入反应的速率越快；若R上连有吸电子基时，R的迁移速度减慢，例如：

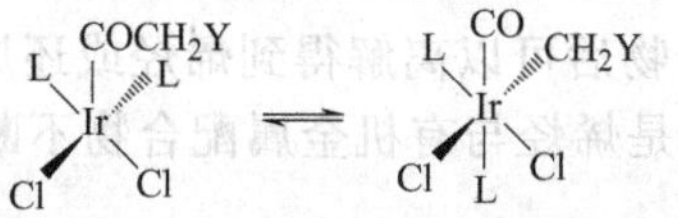

该反应的速率随Y的改变而不同：

$$Y: p\text{-}CH_3OC_6H_4 > p\text{-}CH_3C_6H_4 > C_6H_5 > p\text{-}NO_2C_6H_4 > C_6F_5$$

其次，配体相同金属不同的配合物，其CO插入反应的速率也不同。通常是3d、4d、5d金属的活性次序为3d>4d>5d，例如：

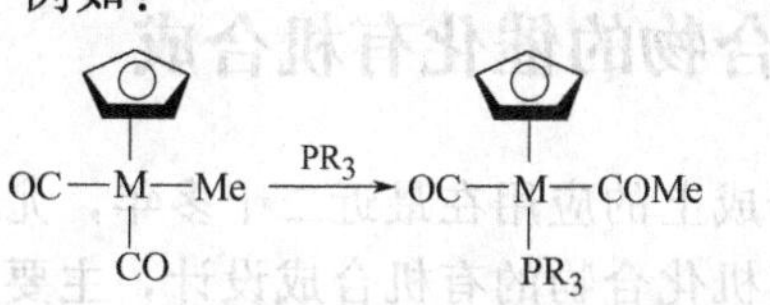

中心金属M对此反应速率的影响：Fe>Ru>Os

此外，现已证明，在CO的插入反应中，若烷基的α-碳原子是不对称碳时，烷基在迁移后其构型保持，例如：

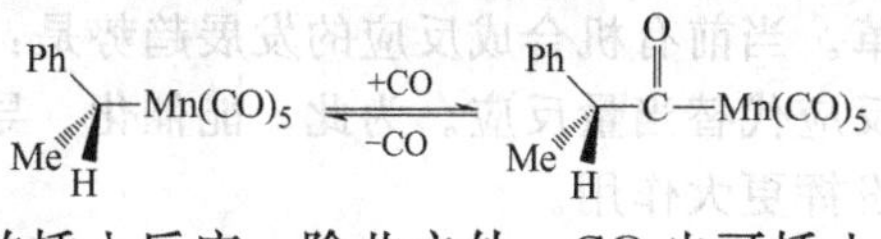

以上是CO向M—C键的插入反应。除此之外，CO也可插入M—H键（实际上是负氢迁移到羰基上的过程）形成甲酰基配合物。例如：

$$L_nM\text{—}H + CO \rightleftharpoons L_nM\text{—}\overset{O}{\overset{\|}{C}}\text{—}H$$

CO的反插入反应是CO插入反应的逆反应。它要求中心金属必须有空位以便脱下来的羰基能够与金属配位，否则不能发生脱羰基反应：

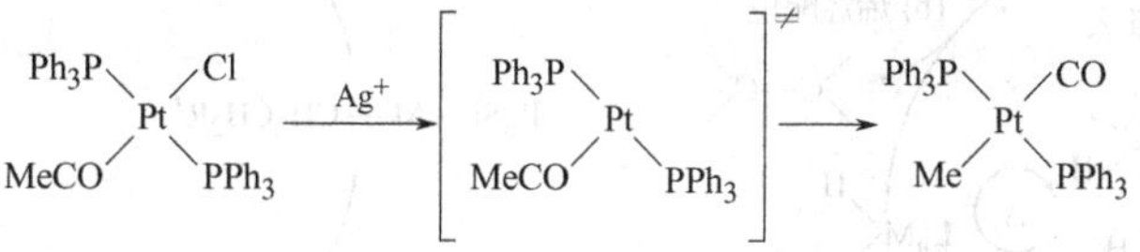

以下是两个脱羰基反应的实例：

$$PhCH_2\overset{O}{\overset{\|}{C}}Cl + RhCl(PPh_3)_3 \longrightarrow PhCH_2Cl + RhCl(CO)(PPh_3)_2$$

3.2.4.2 烯烃的插入及β-消除反应

烯烃的插入反应有两种类型：一种是烯烃插入M—H键，另一种是烯烃插入M—C键，实际上是负氢或烷基向双键碳迁移的过程：

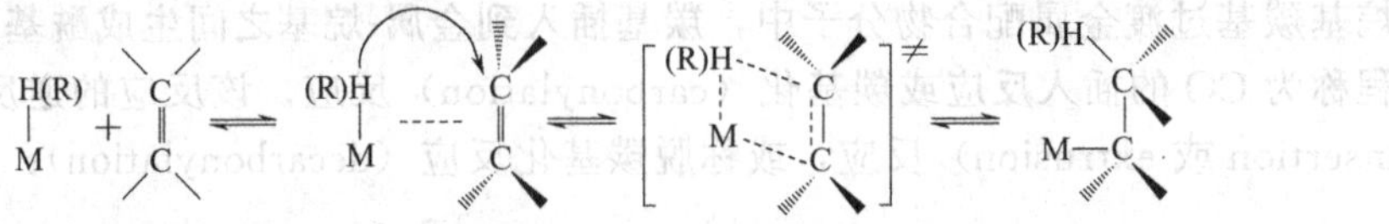

这一反应之所以能发生，首先是因为烯烃的配位使双键活化而易被亲核试剂进攻；其次，金属与烯烃形成反馈键也削弱了 M—H(R)。这两方面促使负氢（或烷基）向双键碳迁移，即 M—H(R) 断裂，同时形成 M—C 和 C—H 键。烯烃向 M—H 的插入反应的逆反应就是 β-消除反应。其反应机理如下：

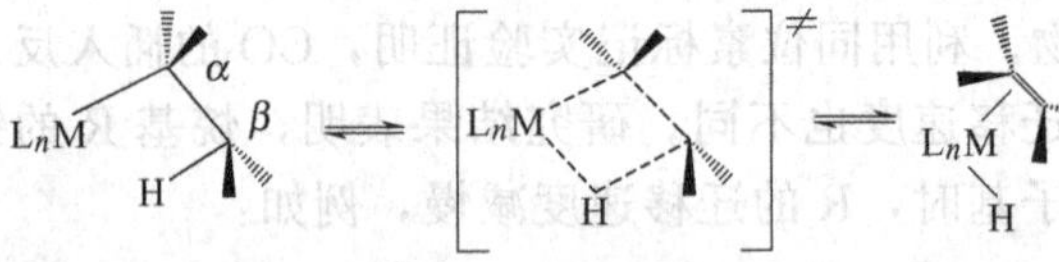

经过四中心过渡态，生成 π-配合物后可以离解得到烯烃或还原消除得烷烃。

金属催化的烯烃聚合反应就是烯烃与有机金属配合物不断配位和插入的过程：

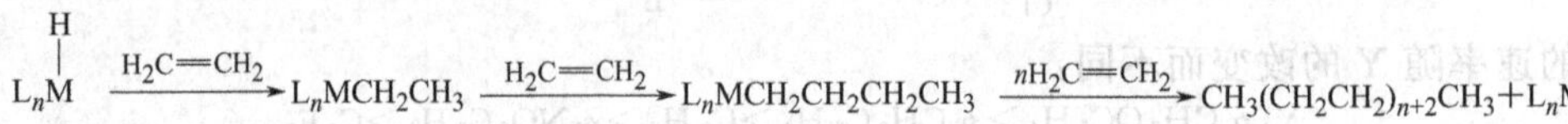

除 CO、烯烃外，其他分子如 N_2、CO_2、SO_2 等都能发生插入反应，本文不再一一讨论。

3.3 过渡金属有机化合物的催化有机合成

过渡金属有机化合物在合成上的应用在最近二十多年，尤其是在 20 世纪 90 年代以后才迅速发展起来。应用过渡金属有机化合物的有机合成设计，主要是通过以上基元反应的不同组合而进行的。由于基元反应大部分是在温和条件下进行的，因此由基元反应组合发展而来的有机合成反应当然可在温和条件下进行。而且由于反应底物、过渡金属和配体之间组合方式的不同，还可设计出有不同选择性的有机合成反应。因此，过渡金属有机化合物的应用已给有机合成方法学带来了根本性的变革。当前有机合成反应的发展趋势是：①反应条件温和；②高选择性；③原子经济性；④催化反应代替当量反应。为此，能催化、导向有机合成的过渡金属有机化合物必将担当重要角色，发挥更大作用。

3.3.1 催化氢化

在过渡金属配合物催化反应中，催化氢化是研究最多的一类反应。最著名的氢化催化剂是 Wilkinson 配合物，即 $RhCl(PPh_3)_3$。有关 Wilkinson 配合物催化氢化烯烃的过程见图 3.7。

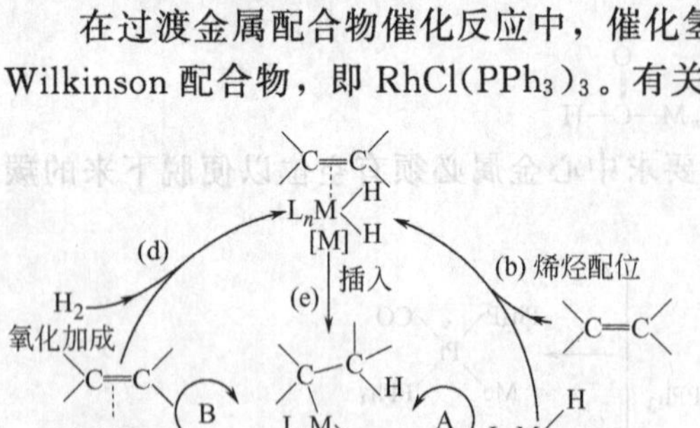

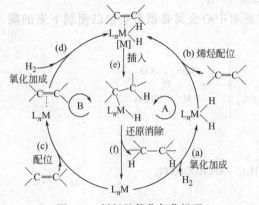

图 3.7 烯烃的催化氢化机理

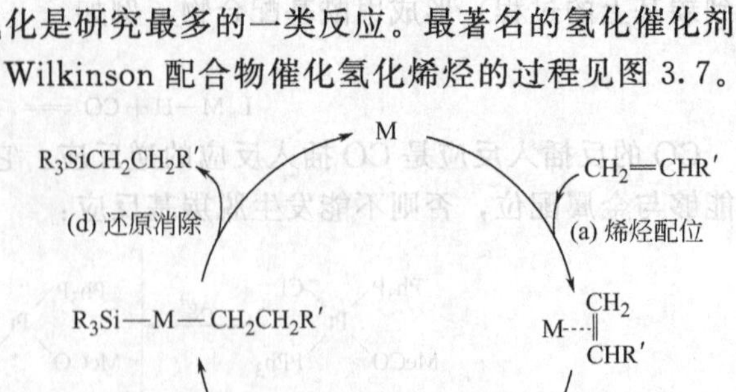

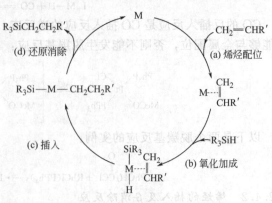

图 3.8 烯烃硅氢化反应机理

在此过程中，包括了烯烃的配位反应、H_2 的氧化-加成、烯烃插入 M—H 键的插入反应、还原消除等基元反应，这是一种均相催化反应。其中 B 循环是假定配合物先与 H_2 发生加成后再与烯烃配位，而 A 循环是配合物先与烯烃发生配位再与 H_2 进行氧化-加成，两种途径都是可能的。

此外，烯烃的硅氢化反应也能用 $RhCl(PPh_3)_3$ 配合物来催化：

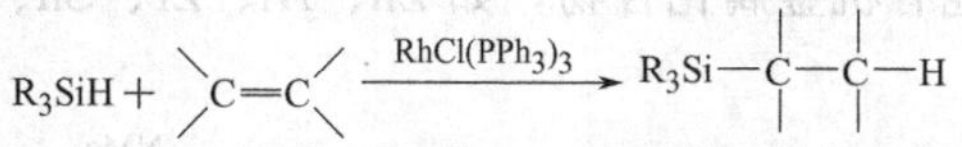

这一反应也包括烯烃的配位、R_3SiH 的氧化-加成、烯烃插入 M—H 以及最后的还原消除等基元反应，具体循环过程见图 3.8。

在通常情况下，烯烃不能与 CN^- 反应，因为双键本身是富含电子的试剂，它不能再与亲核试剂 CN^- 反应。但在过渡金属配合物催化下，却成功地实现了这一亲核反应：

$$CH_2{=}CH_2 + HCN \xrightarrow{[M]} CH_3CH_2CN \qquad [M]\text{表示过渡金属配合物}$$

这一反应也经历了 HCN 的氧化-加成、乙烯的配位、插入，最后还原消除得到产物腈。例如：

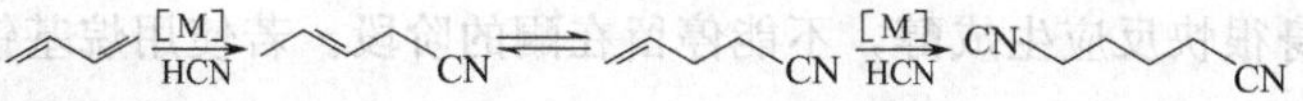

3.3.2 催化 C—C 键形成

C—C 键的形成是有机合成的中心课题。应用过渡金属有机配合物来形成 C—C 键，主要是通过金属的烷基化反应、卤代烃的氧化-加成、烯烃等不饱和化合物的插入反应等基元反应的组合来完成。

3.3.2.1 偶联反应

格氏试剂 RMgCl 在通常情况下不与卤代烃 RX 反应。但若在配合物 $NiCl_2L_2$ ($L=PPh_3$) 催化下，这一反应可顺利进行：

$$RMgX + R'X \xrightarrow{NiClL_2} R{-}R' + MgX_2$$

这种反应称为偶联反应。其反应机理见图 3.9。

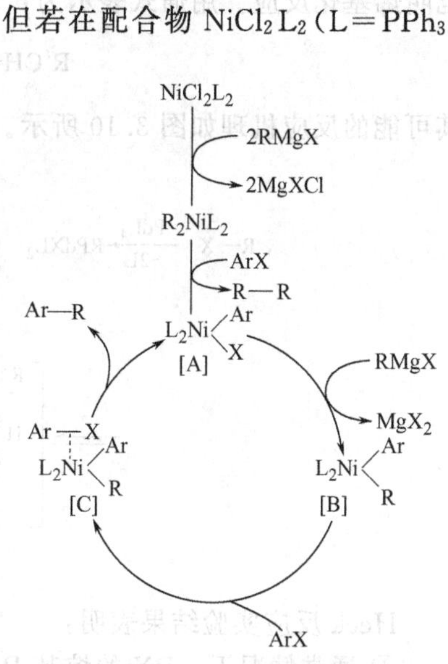

图 3.9 烷基和芳基的偶联反应机理

经过研究发现：

① 作为催化剂的配合物可以是 Ni 配合物也可以是 Pd 配合物，其次，配体不同，催化活性大小也不同。一般来说，双膦配体的活性比单膦的活性大。如：

$$Ph_2PCH_2CH_2PPh(dppe) > PPh_3$$

式中，$dppe=Ph_2PCH_2CH_2PPh_2$。

② 格氏试剂 RMgX 的 R 若是仲烷基，则有可能发生异构化，例如：

$$(CH_3)_2CHMgX + PhX \xrightarrow{NiCl_2L_2} (CH_3)_2CHPh + CH_3CH_2CH_2Ph$$

可见，仲烷基格氏试剂与卤代烃发生偶联反应时生成混合产物，不利于有机合成。

③ 若与格氏试剂反应的卤代烃是卤代烯烃时，偶联反应将保持双键的立体构型。例如，顺-β-溴代苯乙烯与 MeMgBr 偶联得到顺式产物，而反-β-溴代苯乙烯与 MeMgBr 反应时得到反式产物：

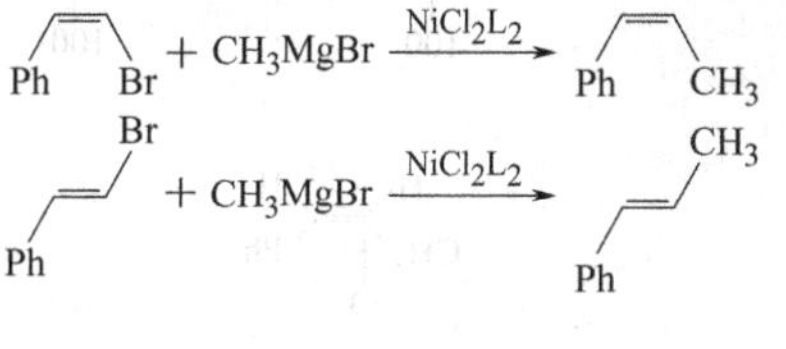

可见，这是一个立体专一性反应。相反，如果是1-丙烯溴化镁试剂和卤代芳烃反应时就不是立体专一的。产物是顺/反两种异构体的混合物：

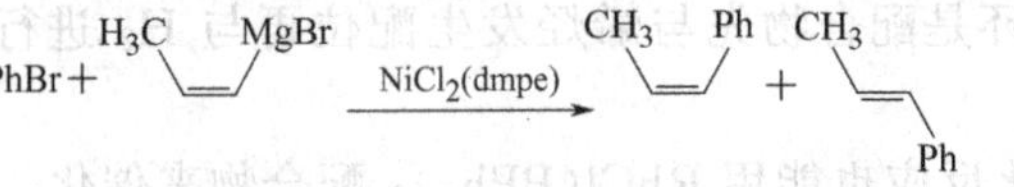

④ 除格氏试剂外，其他有机金属化合物，如 Zn、Al、Zr、Sn、Li 等有机金属化合物也能与卤代烃发生偶联，例如：

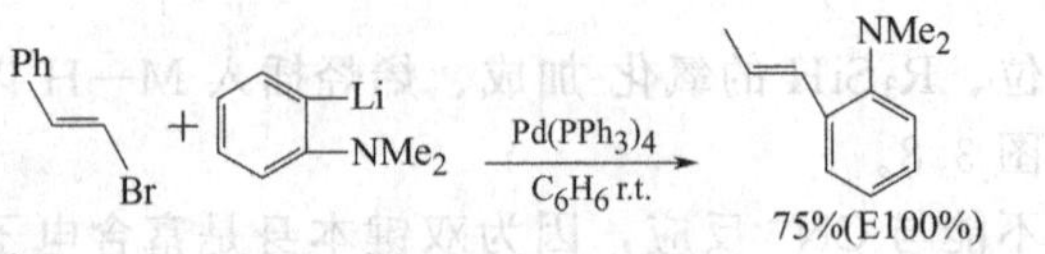

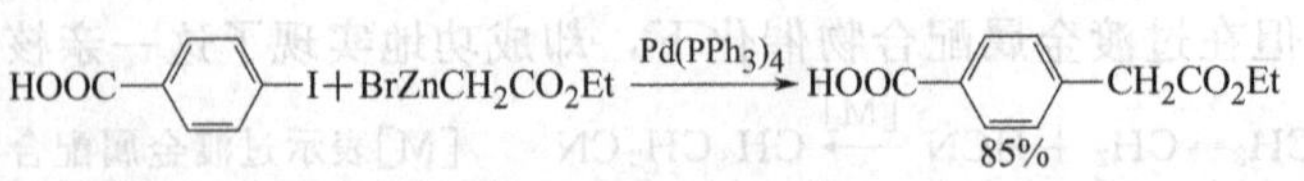

⑤ 酰氯也能代替卤代烃发生上述反应，但此时就不能用 Grignard 试剂与之偶联了。因为酰氯和格氏试剂本身很快反应生成醇，不能停留在酮的阶段。若使用烷基锡化合物，就可形成催化循环而生成酮。

$$R-\overset{O}{\overset{\|}{C}}-Cl + SnR'_4 \xrightarrow{PdL_n} R-\overset{O}{\overset{\|}{C}}-R' + R'_3SnCl$$

3.3.2.2　Heck 反应

Heck 反应从形成上看，是在烯烃的双键碳上发生了取代并得到多取代烯烃的反应，所以也叫烯基化反应。用通式表示为：

$$R'CH{=}CH_2 + RX \xrightarrow[NEt_3]{PdL_n} R'CH{=}CHR$$

其可能的反应机理如图 3.10 所示。

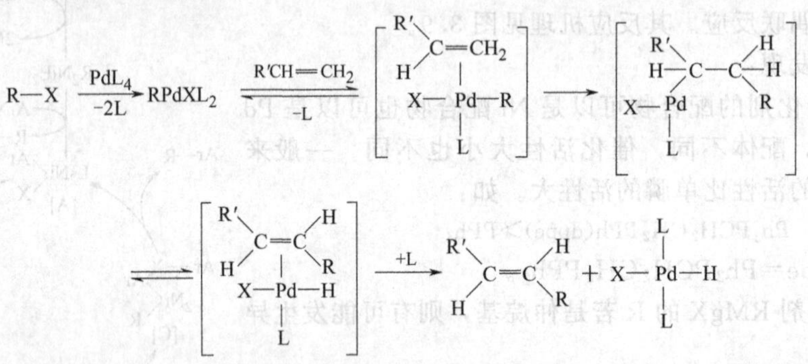

图 3.10　Heck 反应机理

Heck 反应实验结果表明：

① 通常情况下，RX 的烷基 R 加到双键取代少的一端；若双键一端是非烷基取代，另一端是烷基，则 R 主要加到烷基所在一端：

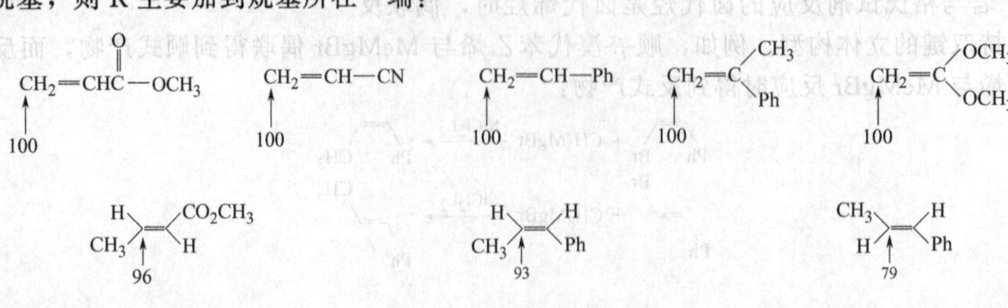

② 若参与 Heck 反应的烯烃是顺式 1,2-二取代烯烃且是顺式烯烃时，则反应后产物烯烃也是顺式的；如果是反式异构体，则反应后产物烯烃也是反式。即 Heck 反应是立体专一性的反应。例如：

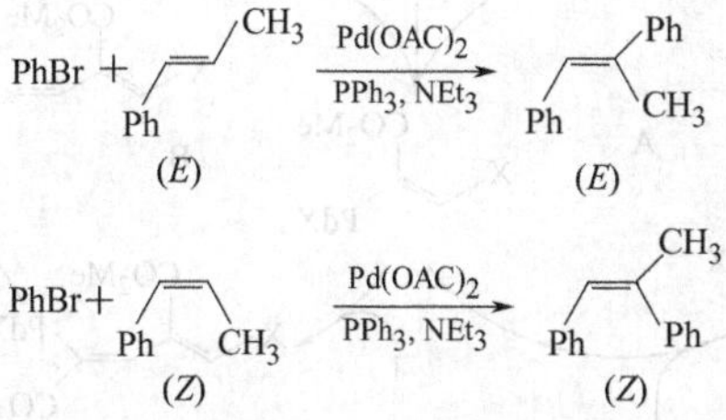

③ 在 Heck 反应所用的卤代烃中，碘化物最活泼，溴化物活性次之，氯化物在通常条件下（<150℃）不反应。

④ 除单烯烃外，其他不饱和化合物如双烯烃、炔烃、烯丙醇、CO 等也能发生 Heck 反应：

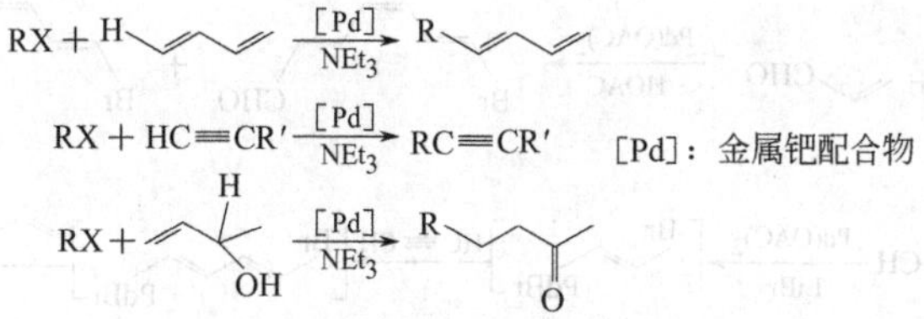

因为：

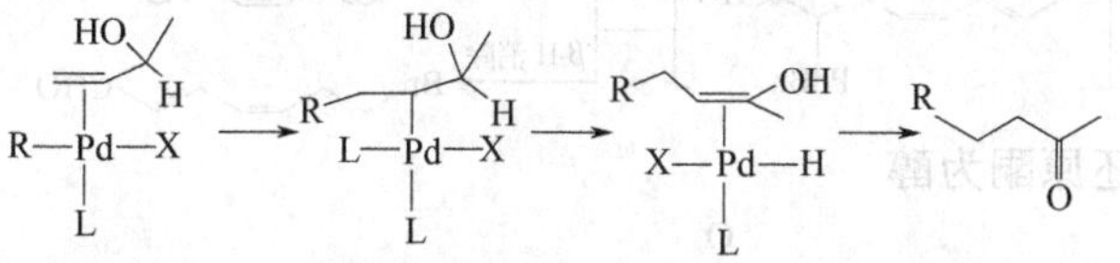

当 CO 代替烯烃发生 Heck 反应时，其结果如下：

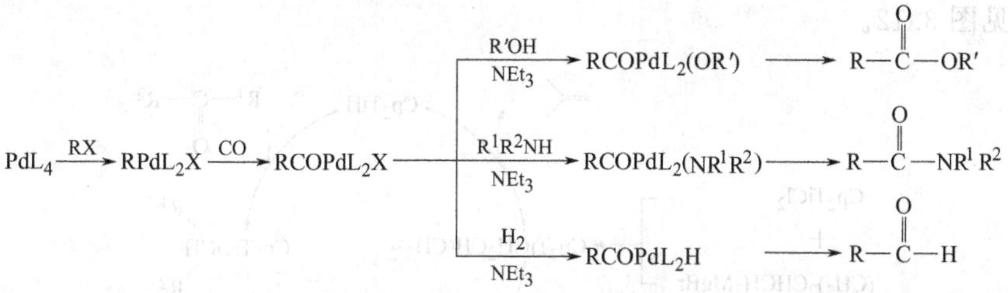

这一反应与前面偶联反应制备酮有相似之处，不同的是偶联反应用金属烷基化合物（如 R_4Sn）中的 R 基团取代配合物中的卤原子配体；而 Heck 反应是以 R^1O^-、R^1R^2N、H^- 取代配合物的卤原子。两种反应最后发生还原消除都得到羰基化合物。

有关过渡金属催化的有机合成反应类型很多，尤其是在近十几年中，化学家开发了形式多样的合成反应。过渡金属有机化合物导向催化有机合成是一门正在发展之中的学科。我们在此不可能穷尽所有的合成反应和方法。下面举几个最新的有机过渡金属化合物催化有机合成反应的例子。

3.3.3 催化有机合成实例

例 1：γ,δ-不饱和羰基化合物的催化合成

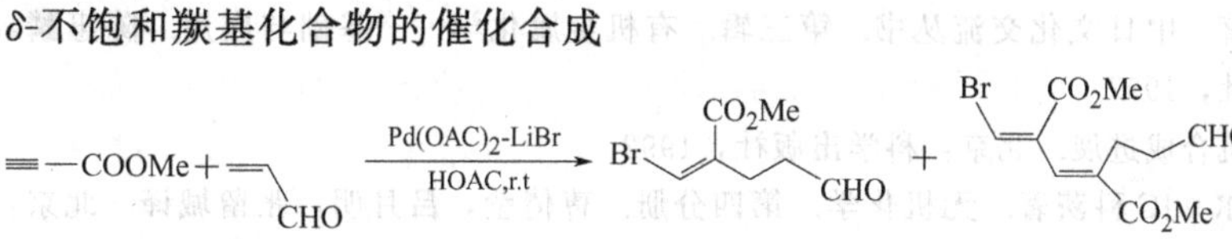

1　　2　　3　　4

这是我国科学家陆熙炎院士领导的小组的研究成果之一，其机理见图 3.11。

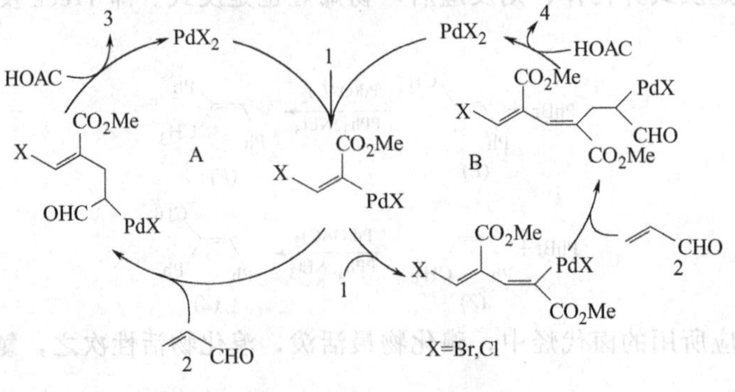

图 3.11　例 1 反应机理

例 2：一种 (*E*,*Z*)-二烯的合成方法

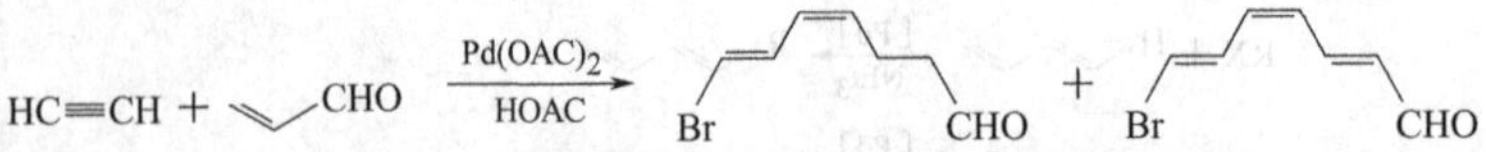

其反应机理如下：

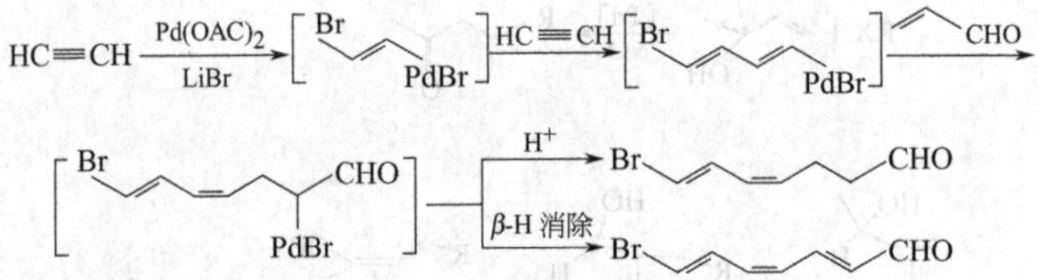

例 3：用 RMgX 还原酮为醇

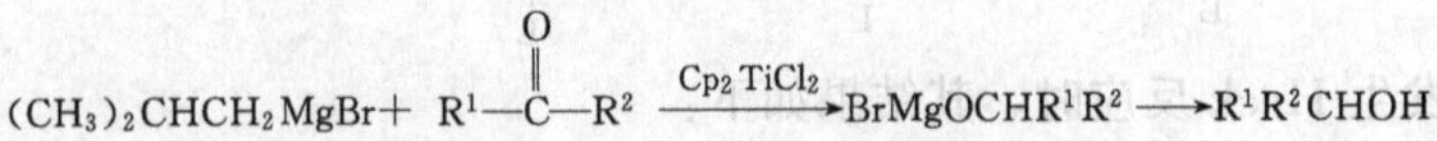

其反应机理见图 3.12。

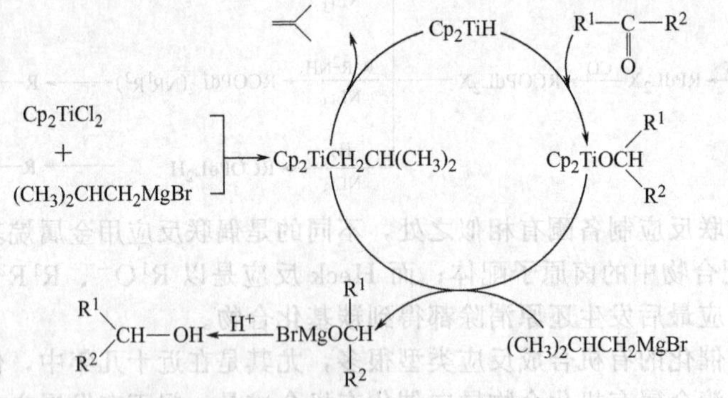

图 3.12　Grignard 试剂对酮的还原反应

参考文献

1　［日］山本明夫著．中日文化交流丛书．第三辑．有机金属化学——基础与应用．陈惠麟，陆熙炎译．北京：科学出版社，1997

2　张滂主编．有机合成进展．北京：科学出版社，1992

3　［美］KF 珀塞尔，JC 科茨著．无机化学．第四分册．曹倩莹，吕月明，张留城译．北京：高等教育出版社，1990

4 陆熙炎主编．金属有机化合物的反应化学．北京：化学工业出版社，2000
5 荣国斌编著．高等有机化学基础（修订本）．上海：华东理工大学出版社，北京：化学工业出版社，2001
6 戴立信，钱延龙主编．有机合成化学进展．北京：化学工业出版社，1993
7 钱延龙，陈新滋主编．金属有机化学与催化．北京：化学工业出版社，1997
8 Jcdlicka B，Weissensteiner W. *J Chem Soc Chem Commun*，1993，1329
9 Cho C S，Itotani K，Ucmura S. *J Organomet Chem*，1993，443：253
10 Tschaen D M，Desmond R，King A O，et al. *Synth Commun*，1994，24：887
11 Sawamura M，Nogata H，Sakamoto H，et al. *J Am Chem Soc*，1992，114：2587
12 Hitoi K，Abe J. *Chem Pharm Bull*，1991，39：616
13 Masuyama Y，Hagashi R，Otake K，et al. *J Chem Soc Chem Commun*，1988，44
14 TaKahara J P，Masuyama Y，Kurusu Y. *J Am Chem Soc*，1992，114：2577
15 Trost B M，Briedem W，Baringhaus K H. *Angew Chem Intern Ed*，1992，31：1335
16 Moriya T，Miyaura N，Suzuki A，*Syn lett*，1994，149
17 Magriotis P A，Brown J T，Scott M E. *Tetahedron Lett*，1991，32：5047
18 Kuniyasu H，Ogawa A，Ryu I，et al. *J Am Chem Soc*，1992，114：5902
19 Kunai A，Ishikawa M. *Organometallics*，1994，13：3233
20 Yamashita H，Catellani M，Tanaka M. *Chem Lett*，1991，241
21 Beaudet I，Parrain J—L，Quintard J—P. *Tetrahedron Lett*，1991，32：633
22 Kuniyasu H，Ogawa A，Miyazaki S—I，et al. *J Am Chem Soc*，1991，113：9796
23 Ojima I，Clos N，Bastos C. *Tetrahedron*，1989，45：6901
24 Blystone S L. *Chem Rev*，1989，89：1663
25 Briwn J M. *Angew Chem Int Ed Engl*，1987，26：190
26 Jardine F H. *Prog Inorg Chem*，1981，28：63
27 Zhang Z Y，Pan Y，Hu H W，et al. *Synthesis*，1991，539
28 Melissais A P，Litt M H. *J Org Chem*，1992，57：6998
29 Alarni M，Ferri F，Linstrumelle G. *Tetrahedron Lett*，1993，34：6403
30 Lu X，Huang X，Ma S. *Tetrahedron Lett*，1993，34：5963
31 Kundu N G，Pal M. *J Chem Soc Chem Commun*，1993，86
32 Huang X，Wu J L. *Chem Ind*，(London)，1990，548
33 Okano T，Harada N，Kiji. *J Bull Chem Soc Jpn*，1994，67：2329
34 Okano T，Harada N，Kiji. *J Bull Chem Soc Jpn*，1992，65：1741
35 Miura M，Hashimoto H，Itoh K，et al. *J Chem Soc*，Perkin Trans I，1990，2207
36 Minato A，Suzuk K. *J Org Chem*，1991，56：4053
37 Ishiyama T，Miyaura N，Matsuda N，et al. *J Am Chem Soc*，1993，115：I1018
38 Levin J I. *Tetrahedron Lett*，1993，34：6211
39 罗勤慧，沈孟长编著．戴安邦审校．配位化学．南京：江苏科学技术出版社，1987.12
40 游效曾，孟庆金，韩万书主编．配位化学进展．北京：高等教育出版社，2000.8

习题

3-1 解释下列名词及符号代表的意义

（1）EAN 法则

（2）η^5-环戊二烯

（3）配位饱和与配位不饱和

（4）反位效应

（5）氧化加成

（6）还原消除

（7）插入与反插入

3-2 说明反应过程中所涉及到的基元反应有哪些

(1) 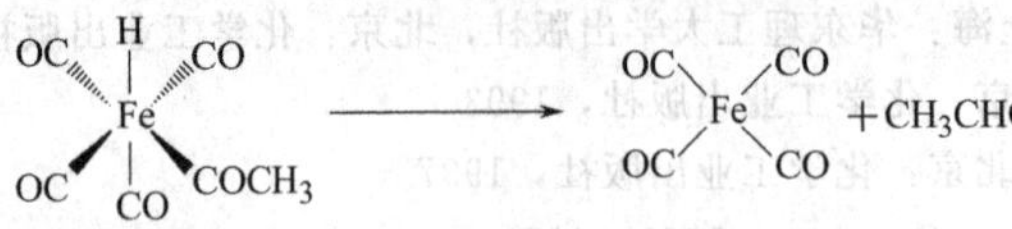

(2) 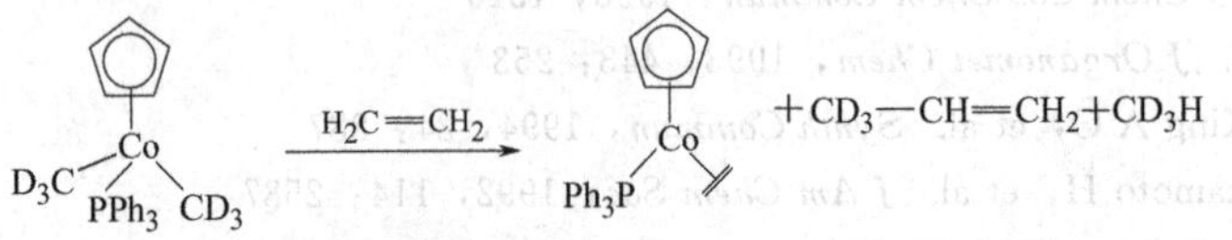

3-3 给出下列反应的催化循环过程

(1) 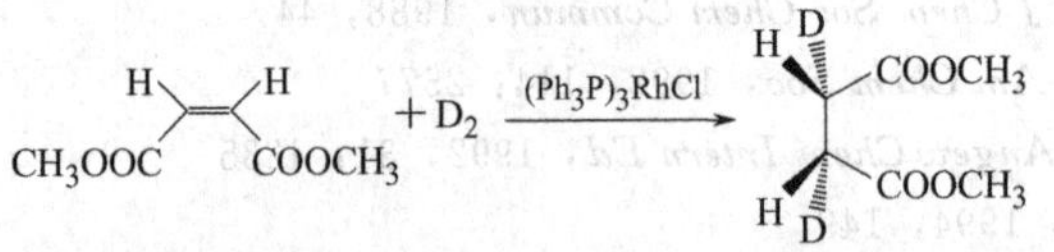

(2) $PhI + CH_3Li \xrightarrow{(Ph_3P)_3RhCl} PhCH_3 + (Ph_3P)_3RhI$

3-4 完成下列反应

(1) 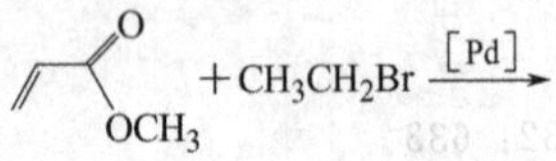
(2) 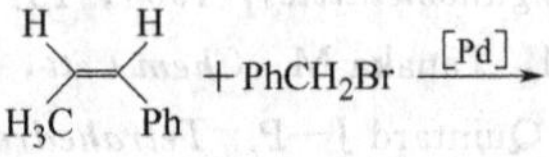

(3) 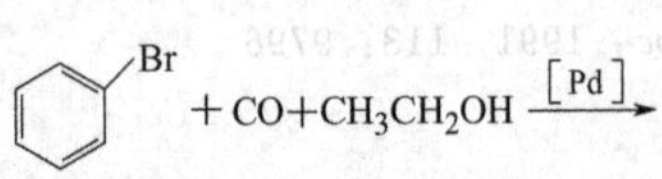
(4) 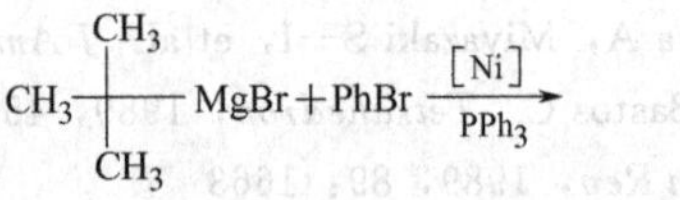

(5) 
(6) 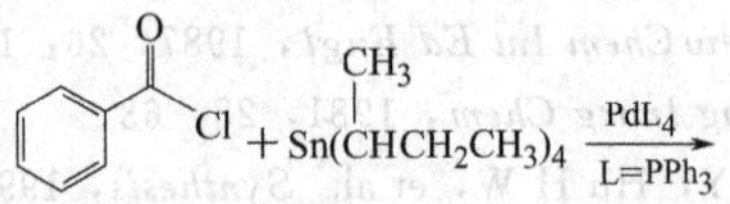

第 4 章　元素有机化合物在有机合成中的应用

有机化合物通常是指碳氢化合物及其衍生物，其中主要包括 C、H、O、N、Cl、Br、I 等元素。在有机化学中，把除以上这些原子之外的其他原子称为杂原子，如 S、P、B、Si、Se、Te 等非金属原子。习惯上将含非金属杂原子的有机化合物称为元素有机化合物。这里只讨论元素有机化合物及其在有机化学合成中的应用。

元素有机化合物发展很快。已经发现的元素有机化合物在性质、制备和用途上有其独特之处，尤其是它们在有机合成中发挥着极其重要的作用，为有机合成提供了许多新的合成方法和新的合成试剂。

本章主要介绍 B、Si、P、S 等几种元素有机化合物在有机合成中的应用。

4.1　有机硼化合物

有机硼化合物主要有硼烷 B_2H_6、烷基硼烷（RBH、R_2BH、R_3B）、烷基卤硼烷（RBX_2、R_2BX 等）以及硼酸［$B(OH)_3$］、烷基硼酸［$RB(OH)_2$］、烷基硼酸酯［$RB(OEt)_2$］等多种类型。其中，硼烷和烷基硼烷是有机合成中最重要、应用最广泛的硼试剂。下面主要讨论硼烷和烷基硼烷在有机合成中的应用。

4.1.1　有机合成的硼试剂

4.1.1.1　乙硼烷

乙硼烷是用氢化铝锂和氟化硼在乙醚中反应获得的：

$$3LiAlH_4 + 4BF_3 \xrightarrow{Et_2O} 2B_2H_6 + 3LiF + 3AlF_3$$

在有机合成中经常用的硼试剂是甲硼烷（BH_3）。但甲硼烷很不稳定，通常是将 B_2H_6 溶于四氢呋喃（THF）或甲硫醚（Me_2S）溶剂中，生成的 $BH_3 \cdot THF$ 或 $BH_3 \cdot Me_2S$ 作为有机合成的硼试剂。也就是说，B_2H_6 实际上是最简单的硼烷，其结构式见图 4.1。由于硼原子是缺电子原子，所以 B_2H_6 的结构中有两个三中心两电子氢桥键，即三中心两电子的 $\overset{H}{B\frown B}$ 键。

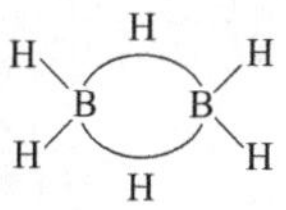

图 4.1　B_2H_6 的结构

4.1.1.2　烷基硼烷

烷基硼烷是有机合成中又一重要的硼试剂，其中有一烷基硼烷（RBH_2）、二烷基硼烷（R_2BH）和三烷基硼烷（R_3B）。尤其像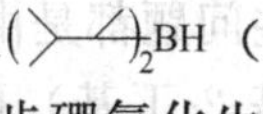（二仲异戊基硼烷），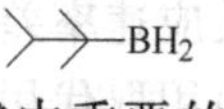（叔异己基硼烷）和 9-BBN 等以及由这些化合物进一步硼氢化生成的硼烷是有机合成中重要的前体化合物，因为它们可以经不同的转化生成不同化合物。其制备方法如下。

（1）乙硼烷与烯、炔的硼氢化制备烷基硼烷　B_2H_6 与烯烃、炔烃加成生成烷基硼烷的反应，通常称为硼氢化反应。

$$R—CH═CH_2 + BH_3 \cdot THF \longrightarrow RCH_2CH_2BH_2$$

$$R—CH═CH_2 + RCH_2CH_2BH_2 \longrightarrow (RCH_2CH_2)_2BH$$

$$R—CH═CH_2 + (RCH_2CH_2)_2BH \longrightarrow (RCH_2CH_2)_3B$$

这就是硼氢化反应，它们在室温下就可以进行，操作简便，而且绝大多数烯烃与 $BH_3 \cdot THF$ 反应均能生成三烷基硼烷，但多取代烯烃可停留在一烷基硼烷和二烷基硼烷阶段。例如：

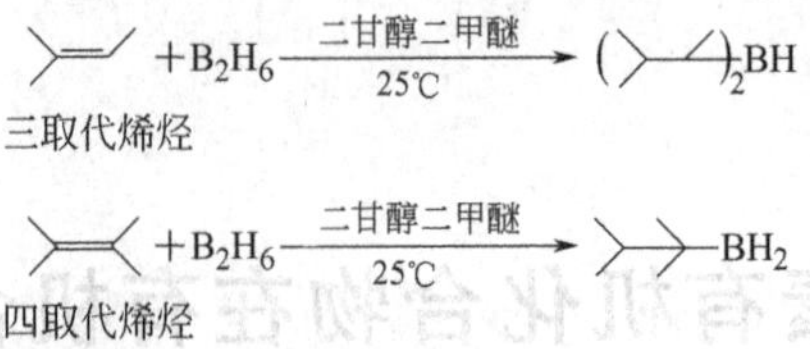

$$\text{三取代烯烃} + B_2H_6 \xrightarrow[25^\circ C]{\text{二甘醇二甲醚}} \left(\diagup\diagdown\right)_2 BH$$

$$\text{四取代烯烃} + B_2H_6 \xrightarrow[25^\circ C]{\text{二甘醇二甲醚}} \diagup\diagdown BH_2$$

硼烷（BH_3·THF）与不同取代烯烃的反应速率差别本来就很小，当烯烃分子中有相同的两个双键存在时，两个双键都会发生反应。例如：

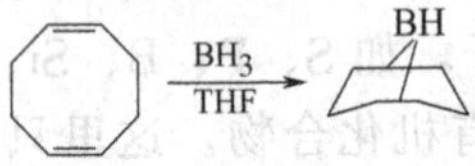
这个桥环硼烷又可表示为：或 9-BBN

乙硼烷与烯、炔的反应具有以下特点：

① 反应快速且几乎是定量反应

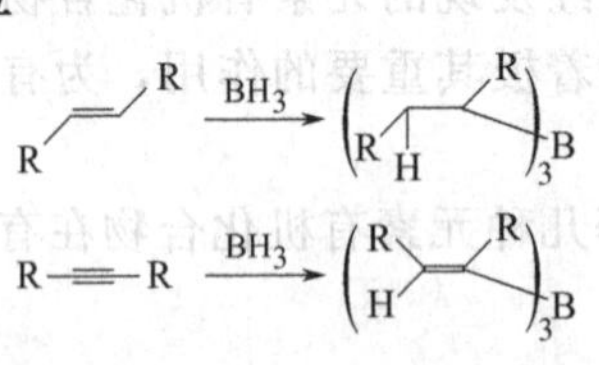

② 顺式加成（硼与氢在同一侧）

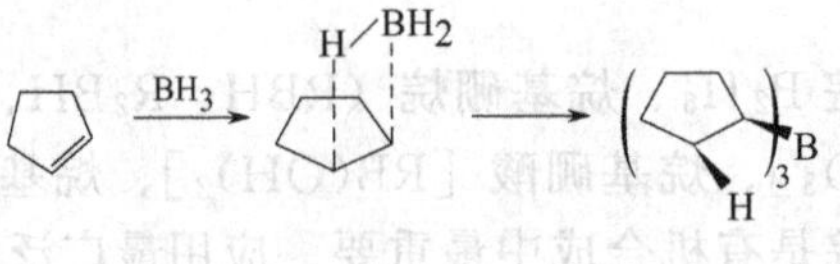

③ 反马氏加成

硼氢化反应，硼加到烯烃立体位阻较小的位置上，即取代基较少的双键碳上。

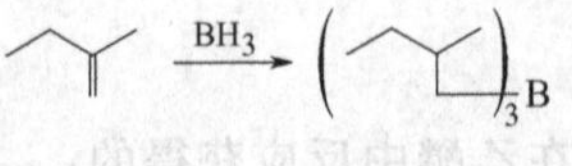

④ 立体选择性

硼加到烯平面的立体位阻较小的一侧。

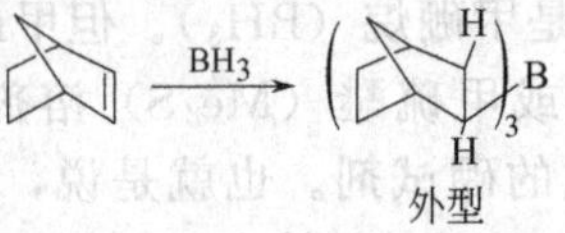

在此例中硼加到外侧，形成外型异构体。

(2) 烷基硼烷与烯烃硼氢化制备其他烷基硼烷　以上是甲硼烷（BH_3）与烯炔的硼氢化反应，用甲硼烷作为硼氢化试剂，在末端烯烃的硼氢化中，其区域选择性虽然较高，但反应不完全；而且在 1,2-二取代烯烃的硼氢化中，双键两端的选择性几乎没有区别；且甲硼烷与不同取代烯烃的反应速率差别也很小。所有这些问题都是由于甲硼烷活性较高，空间位阻不明显而引起的。若使用取代甲硼烷，如二-(3-甲基-2-丁基) 硼烷（disiamyl borane）、2,3-二甲基-2-丁基硼烷（thexyl borane）、9-硼杂双环［3.3.1］壬烷（9-BBN）等进行硼氢化反应，就可以克服以上弊端。这些试剂的活性较小，但选择性却较高。例如：

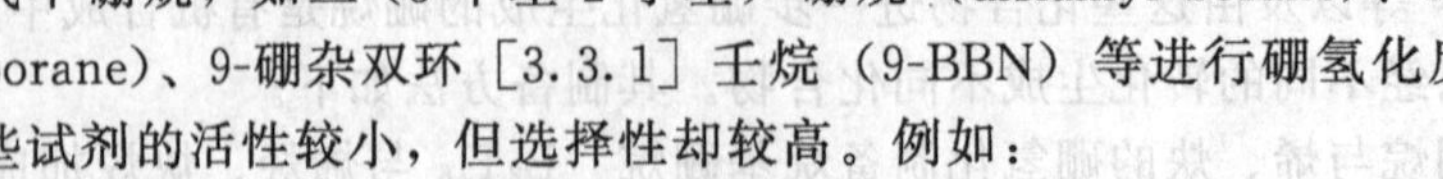

99%(用 BH_3 反应时产率为 94%)

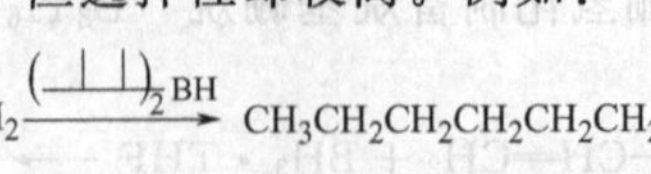

97%(用 BH_3 反应时产率只有43%)

由此可见，二（3-甲基-2-丁基）硼烷（又叫二仲异戊基硼烷）对烯烃结构比 BH_3 敏感。末端烯烃的硼氢化比其他烯烃反应快，*Z* 型烯比 *E* 型烯反应快。用 9-BBN 进行硼氢化反应时也有相似的结果。

另一种有价值的硼氢化试剂是 2,3-二甲基-2-丁基硼烷（又称叔异己基硼烷），它与二烯烃发生硼氢化反应，生成硼杂环烷（这种硼杂环烷又可发生有用的转换反应）。例如：

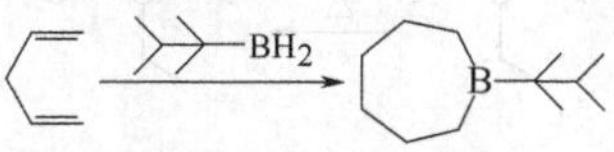

叔己基硼烷还可以与两种不同的烯逐步硼氢化，制备三个不同烷基的三烷基硼烷，条件是第一烯必须是相当不活泼的。否则两分子的此烯烃一步就加到硼烷中，生成含两个相同烷基的三烷基硼。

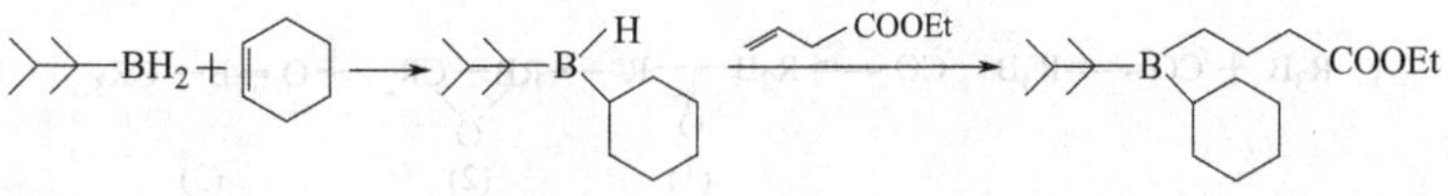

综上所述，利用不同硼试剂与烯烃进行硼氢化反应可制得各种不同结构的烃基硼烷，这些烃基硼烷经各种转化反应可合成多种类型的有机化合物。因此，硼氢化反应在有机合成上占有重要的地位。下面讨论烃基硼烷重要的转化反应。

4.1.2 有机合成中硼试剂的转化反应

硼试剂在有机合成上之所以重要，是因为经硼氢化反应后所生成的烷基硼烷可以继续反应转变为各种有价值的产物。

4.1.2.1 烷基硼烷的质子化反应

烯基硼烷往往在室温下就能被乙酸迅速质子化，而且所涉及的碳原子构型不变，这样就可以将炔烃经硼氢化质子进一步还原为烯烃，而且得到的是 *Z* 型异构烯烃。例如：

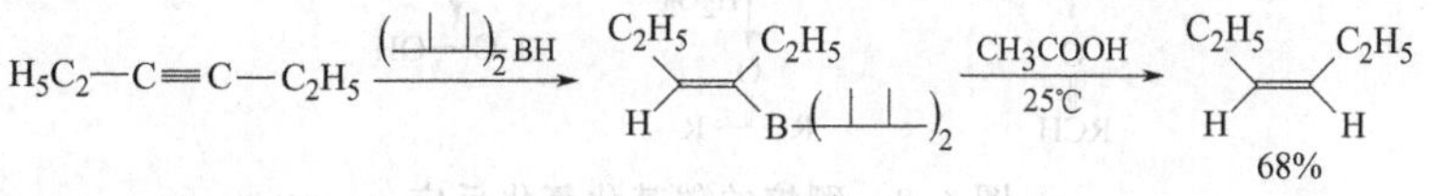

4.1.2.2 烷基硼烷的氧化反应

三烃基硼烷被过氧化氢氧化几乎定量地生成正硼酸酯，正硼酸酯在碱性条件下很快水解生成相应的醇和正硼酸。

$$R_3B + 3H_2O_2 \longrightarrow B(OR)_3 + 3H_2O$$

$$B(OR)_3 + 3H_2O \xrightleftharpoons{OH^-} 3ROH + B(OH)_3$$

此反应与硼氢化反应联合，将烯烃转变成伯醇。这就是所谓的硼氢化-氧化反应。这是一个合成上很有价值的反应，它使烯烃转化成正常马氏加水得不到的醇，而且所得醇的构型保持了烷基硼烷生成时的顺式构型（即 OH 与 H 在同侧）。例如：

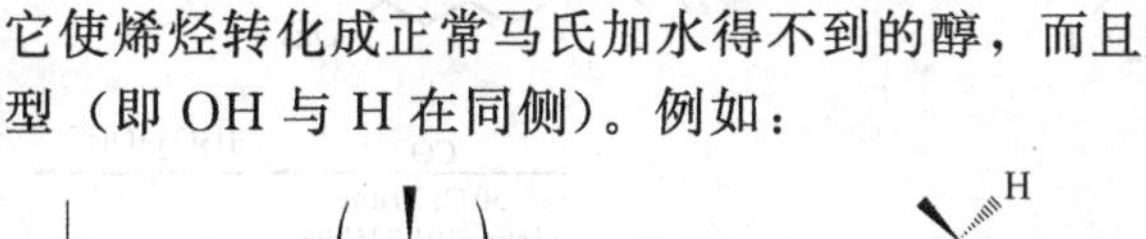

炔烃与硼烷发生硼氢化-氧化生成醇、醛或酮。例如：

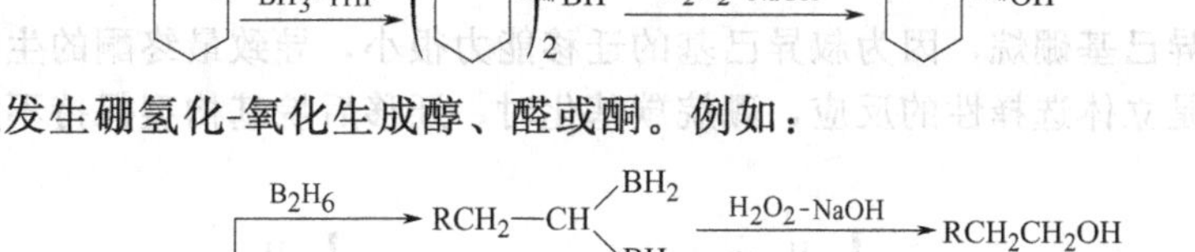

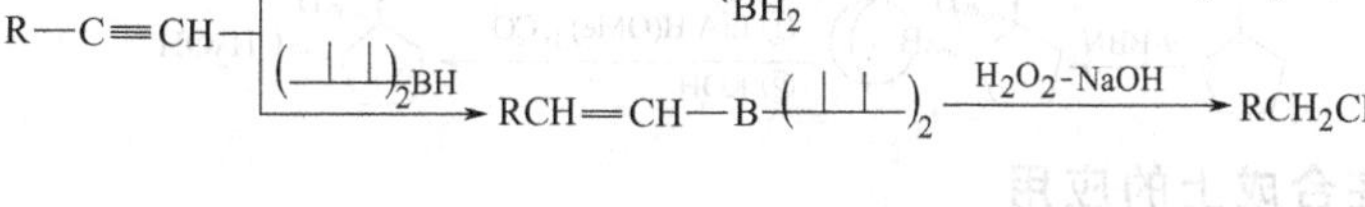

4.1.2.3 烷基硼烷的异构化反应

烃基硼烷在常温下很稳定，当温度升高时会发生异构化，即硼活性基团移位到碳链的一端，生成新的硼烷。这种新的硼烷进一步反应时就得到新的化合物。例如：

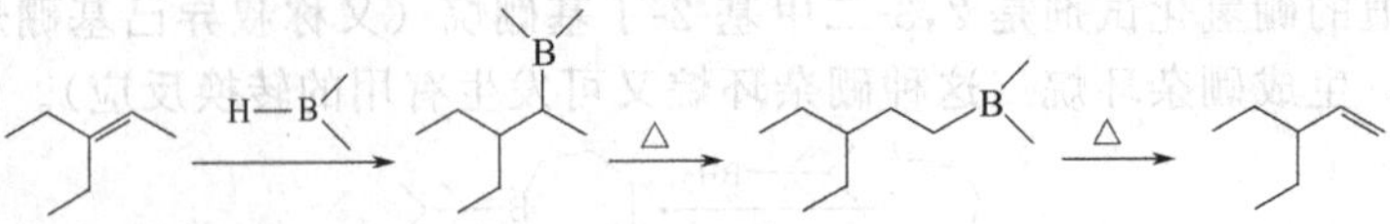

4.1.2.4 烷基硼烷的羰基化

硼烷的羰基化是指具有强配位能力的一氧化碳与缺电子的硼烷之间的反应，这个反应的价值在于硼烷羰基化之后可进一步反应，生成多种类型的有机化合物（如叔醇、醛、酮）等。硼烷的羰基化反应为：

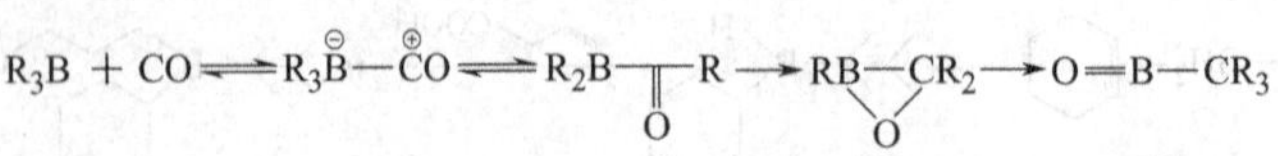

(1)　　(2)　　(3)

在此过程中，三个烷基 R 逐渐转移到羰基碳原子上，氧原子从碳转移到硼上，经历了（1）、（2）、（3）三种中间体，这三种中间体可分别进一步反应生成不同的化合物，如图 4.2 所示。

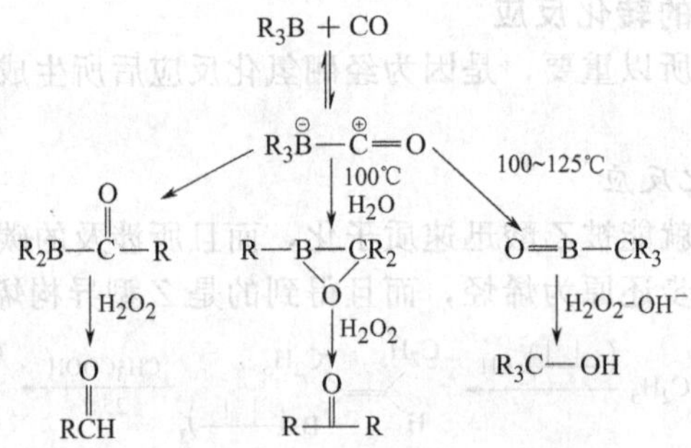

图 4.2　硼烷的羰基化氧化反应

下面是两个实例。

例：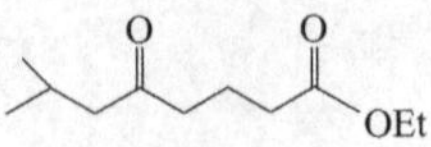 的合成

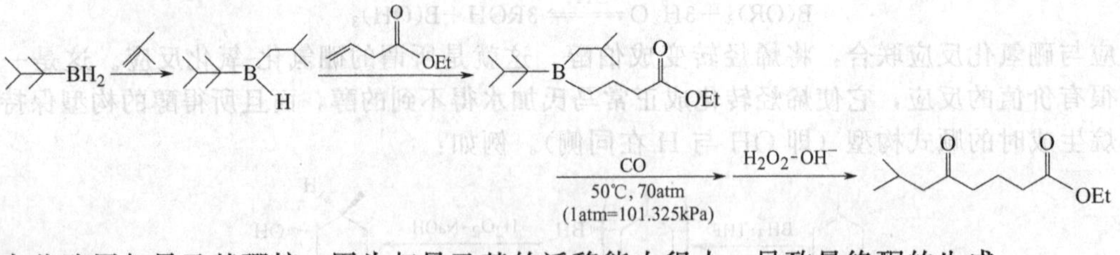

在此选用叔异己基硼烷，因为叔异己基的迁移能力很小，导致最终酮的生成。

这些反应都是立体选择性的反应，硼烷羰基化时，迁移后烷基构型保持不变。

例如：

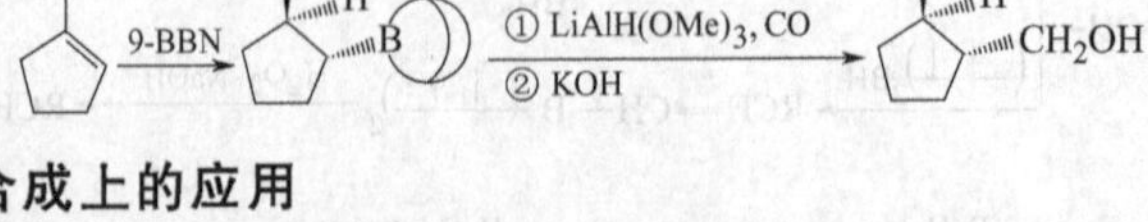

4.1.3 有机硼烷在合成上的应用

有机硼烷在合成上的应用基于以上烷基硼烷的质子化、氧化、异构化、羰基化等反应，由此可以合成烯烃、醇、醛、酮等化合物，并且反应具有高度立体选择性。下面举例说明：

例 1：

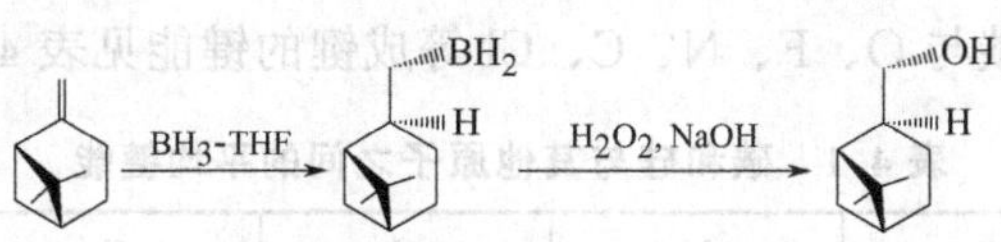

例 2：

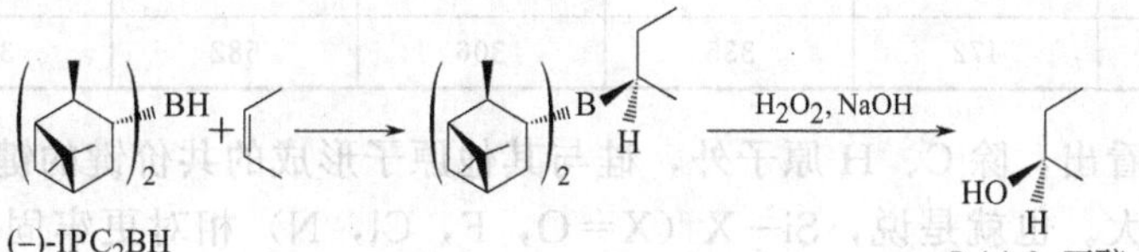

(−)-IPC$_2$BH　　R-(−)-2-丁醇

例 3：

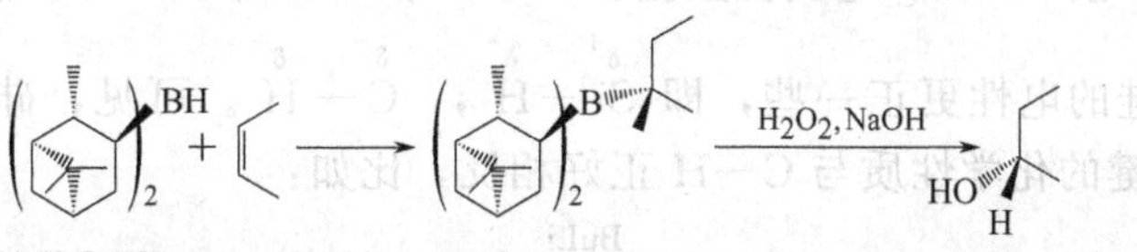

(+)-IPC$_2$BH　　S-(+)-2-丁醇

IPC_2BH 对顺式烯烃有着独特的高度不对称诱导加成反应，氧化得到构型保持的醇。这种方法已用于光活性仲醇的不对称合成。另外，还有以下两类反应在合成上比较重要。

其次，硼烷还可以作为还原剂应用于有机合成。在有机反应中，加氢去氧的反应就是还原反应，而硼氢化反应本身就是一种还原反应。前面的质子化反应实际上就是一种还原反应。尤其是 B_2H_6 还可以把醛、酮、羧酸等化合物还原为醇；把氰还原为伯胺，但对硝基和羧酸盐不起作用，这在有机合成上非常重要。

例 4：

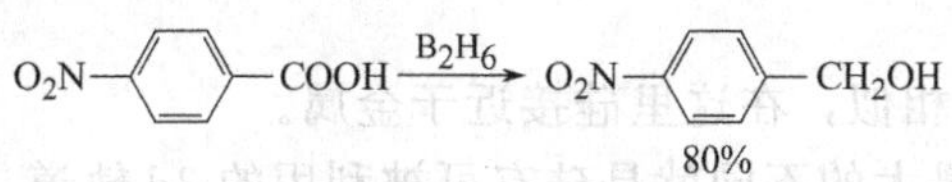

例 5：

$$CH_3CH_2CN \xrightarrow[\text{②}\ H_2O]{\text{①}\ B_2H_6} CH_3CH_2CH_2NH_2$$

B_2H_6 与金属氢化合物 $NaBH_4$ 等的还原机理不同，且还原效果也不同。硼氢化钠是一种负氢离子型的还原剂，反应时靠负氢离子的亲核进攻，而 B_2H_6 则是 Lewis 酸，易与电子密度较高的氧负中心作用。

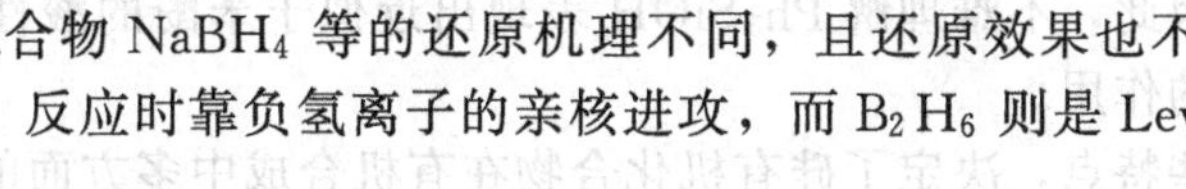

此外，由烃基硼烷还可以制得共轭二烯烃。烯基硼烷容易用 BH_3 或取代甲硼烷与炔烃加成制得，制得的烯基硼烷进一步发生反应，得到共轭二烯、α,β-不饱和酮等化合物。这些转化反应涉及烯基自硼向碳迁移的过程，而且被迁移基团的构型保持。

4.2　有机硅化合物

有机硅化合物也是一类元素有机化合物，它最初只作为保护基，后来发现它是一类很好的有机合成中间体和反应试剂。有机硅化合物是研究得较多的一类元素有机化合物，内容非常丰富，本节主要讨论有机硅化合物在有机合成上的应用。

硅原子与同族的碳原子相似能形成四价化合物，但硅的原子半径比碳大，因而在成键时表现出自身的特点。有机硅化合物在合成中的应用也主要基于这些特点。

(1) 键的强度　硅和碳与 O、F、N、C、Cl 等成键的键能见表 4.1。

表 4.1　碳和硅与其他原子之间的平均键能　(kJ/mol)

元　素	O	N	C	F	Cl	H
C	357	285	345	485	327	413
Si	472	335	306	582	391	320

由表 4.1 可以看出，除 C、H 原子外，硅与其他原子形成的共价键的键能都比碳与这些原子的共价键的键能大。也就是说，Si—X（X=O，F，Cl，N）相对更牢固。这也说明硅原子更易与 O、F 等原子结合，与碳相比，硅与碳、氢的结合要弱一些。

(2) 键的极性　按 Pauling 电负性数据：Si 1.74；C 2.5；H 2.1。硅的电负性比氢和碳都低，因而相比之下硅的电性更正一些，即 $\overset{\delta^+}{\mathrm{Si}}—\overset{\delta^-}{\mathrm{H}}$，$\overset{\delta^-}{\mathrm{C}}—\overset{\delta^+}{\mathrm{H}}$。可见，硅氢键和碳氢键的极性不同，所以 Si—H 键的化学性质与 C—H 正好相反，比如：

$$\mathrm{Ph_3C—H \xrightarrow{BuLi} Ph_3CLi + BuH}$$

$$\mathrm{Ph_3Si—H \xrightarrow{BuLi} Ph_3SiBu + LiH}$$

两个键的强度不同，反应的活性也不同。比如，硅氢键有还原作用而碳氢键却没有。此外，像 B—H 键一样，Si—H 键能和烯烃发生还原反应，即硅氢化反应，而 C—H 键却不能。同时也不难理解，$\mathrm{Me_3\overset{\delta^+}{Si}—\overset{\delta^-}{CN}}$ 与氢氰酸（HCN）的相似性，能与醛、酮发生亲核加成：

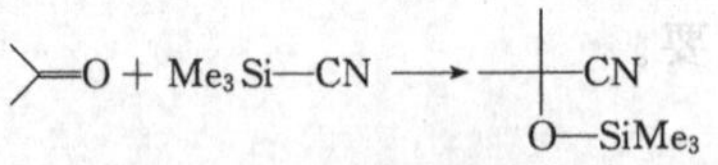

而 $\overset{\delta^+}{\mathrm{Si}}—\overset{\delta^-}{\mathrm{C}}$ 与 $\overset{\delta^+}{\mathrm{M}}—\overset{\delta^-}{\mathrm{C}}$ 很相似，在这里硅接近于金属。

(3) 3d 轨道　硅与碳最大的不同就是硅有可被利用的 3d 轨道，因此硅不仅有 4 配位的化合物，而且有 5、6 配位的化合物。由于硅的电负性较碳小，所以发生在硅原子上的亲核取代反应也比在碳原子上容易。Si 原子空的 3d 轨道又易接受其他原子的 p 电子形成 (p-d) π 键，起到拉电子的作用。因此，不难理解 $\mathrm{Ph_3SiOH}$ 表现出近似于苯酚的酸性，以及硅有稳定 α-负碳离子和 β-正碳离子的作用。

正是硅原子的这些特点，决定了硅有机化合物在有机合成中多方面的应用。本节讨论有机硅化合物参与的重要合成反应。

4.2.1　烯醇硅醚在有机合成上的应用

烯醇硅醚是一类热稳定性较高的化合物，如果把硅也看作是一种金属，则烯醇硅醚就可看作是烯醇盐，但它又不同于烯醇负离子。烯醇硅醚能发生许多化学反应，有些已成功地应用于有机合成。

4.2.1.1　烯醇硅醚的制备

(1) 使用 $\mathrm{TMSCl/Et_3N/DMF}$ 体系制备　在 $\mathrm{Et_3N/DMF}$ 体系中，醛、酮与三甲基氯硅烷（TMSCl）反应生成烯醇三甲基硅醚。用叔丁基二甲基硅醚也可制得相应的烯醇硅醚。例如：

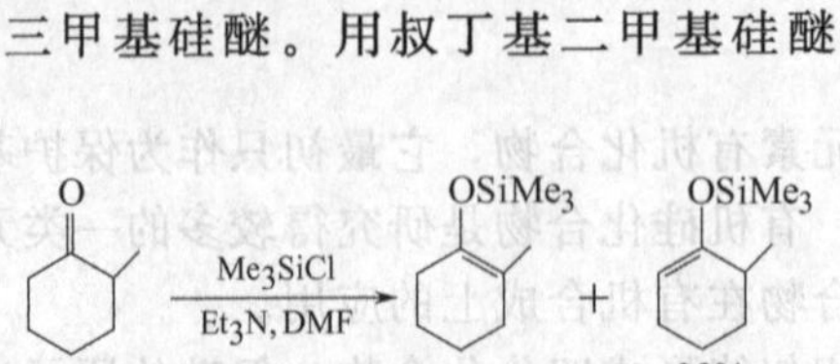

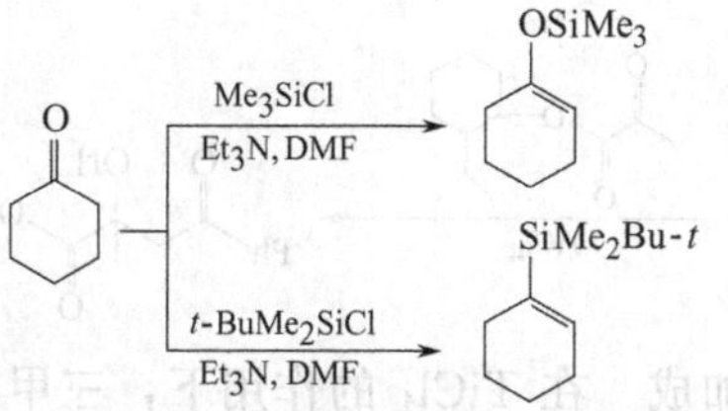

不对称酮与三甲基硅醚作用生成两种烯醇硅醚的混合物，并以热力学控制产物即较稳定的多取代烯为主。但有些酮如樟脑就不能用三甲基氯硅烷，而是采用三氟甲磺酸三甲硅基酯 $CF_3SO_3SiMe_3$（trimethylsilyltrifluoromethanesulfonate，TMSOTF）使其生成烯醇硅醚：

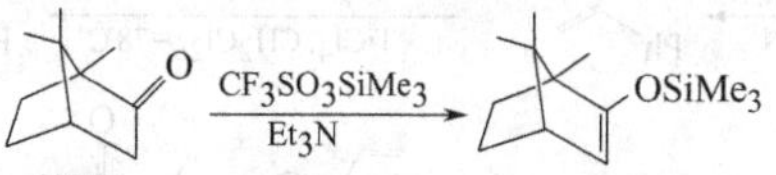

樟脑

（2）使用强碱/TMSCl 体系制备　用非亲核性的强碱与酮作用，生成相应烯醇负离子并以 TMSCl 俘获它，是制备烯醇硅醚的又一方法。其中六甲基二硅氨钠［$(Me_3Si)_2NNa$］和二异丙基胺锂［$(i\text{-}Pr)_2NLi$，简称 LDA］是常用的非亲核性碱。如果酮是不对称酮，则主要生成动力学控制产物。

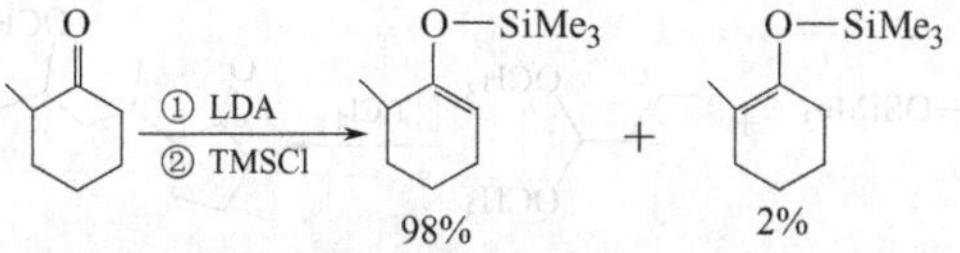

（3）金属还原法　金属还原也是制备某些烯醇硅醚的方法之一。例如，酯与金属钠、TMSCl 在甲苯中反应，生成酯的双分子还原产物——烯二醇的双硅醚，此烯醇双硅醚又可进一步在酸性条件下水解获得偶姻产物：

4.2.1.2　*烯醇硅醚的重要合成反应*

（1）与醛酮的反应　羟醛缩合反应在合成上非常重要，交叉羟醛缩合因存在多种缩合而副产物较多，从而限制了它在合成上的应用，例如，丙酮与苯乙酮反应就产生四种羟醛缩合产物。但如果将某一酮先制成三甲硅基烯醇醚，再与另一分子酮缩合，就会得到预期的 β-羟基酮，例如：

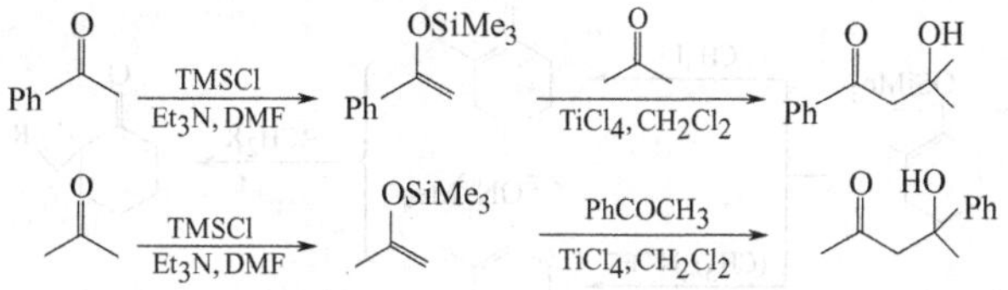

若将烯醇硅醚转变为烯醇的二烷基硼醚，会有更好的立体选择性。例如：

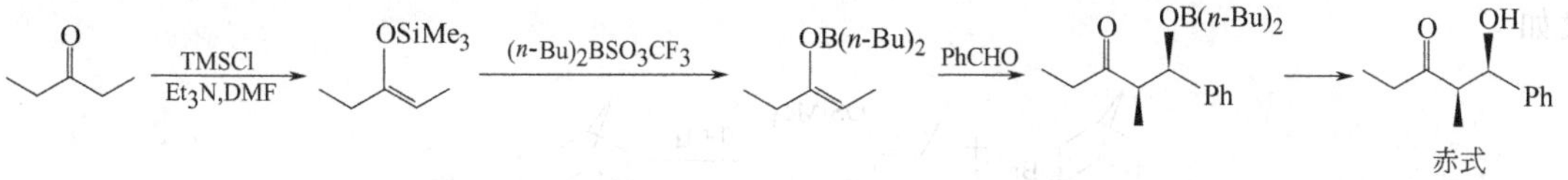

赤式
赤式∶苏式=95∶5

与烯醇硅醚反应的羰基化合物的活性次序为：醛＞酮＞酯。例如：

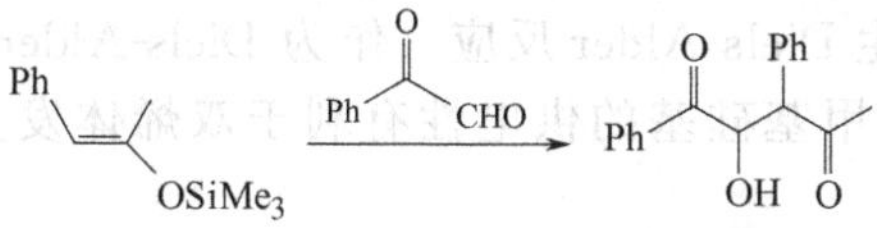

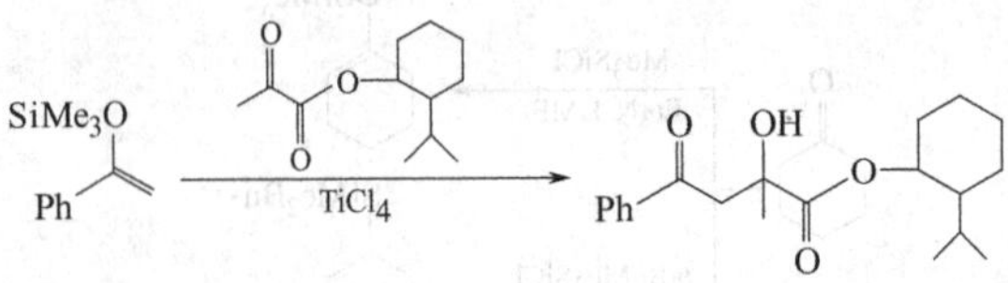

(2) 与α,β-不饱和酮的1,4-加成　在$TiCl_4$的作用下，三甲硅基烯醇醚与α,β-不饱和酮发生Michael加成，生成1,5-二羰基化合物，例如：

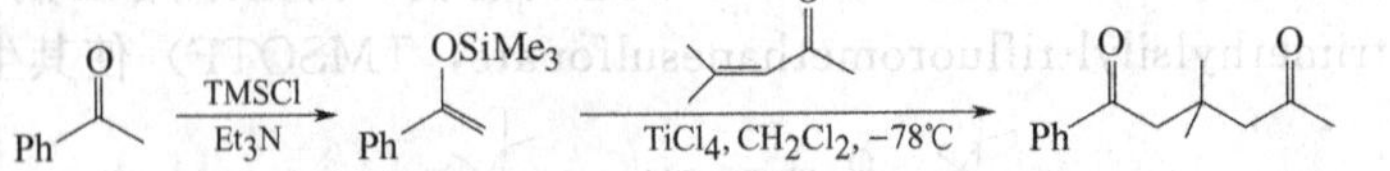

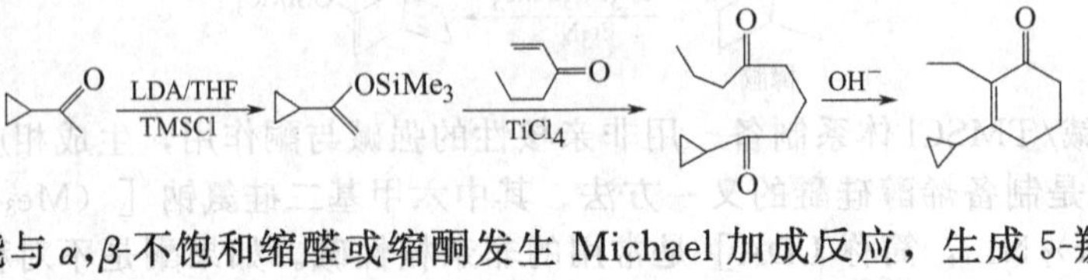

烯醇硅醚还能与α,β-不饱和缩醛或缩酮发生Michael加成反应，生成5-羰基缩醛或缩酮。例如：

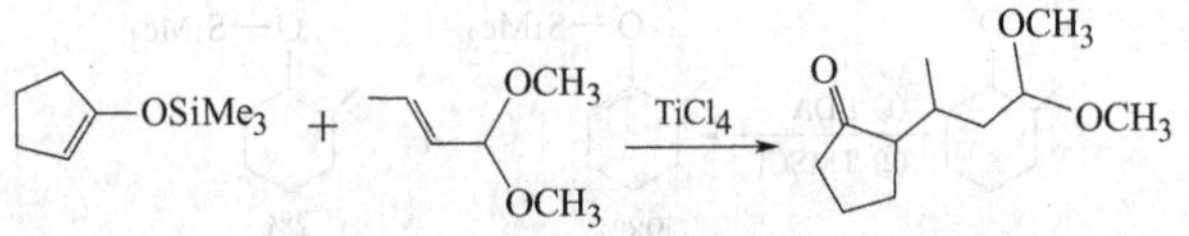

(3) 与卤代烃、卤素反应　烯醇硅醚在路易斯酸$TiCl_4$的存在下与叔卤代烃反应，可生成α-烃基酮。例如：

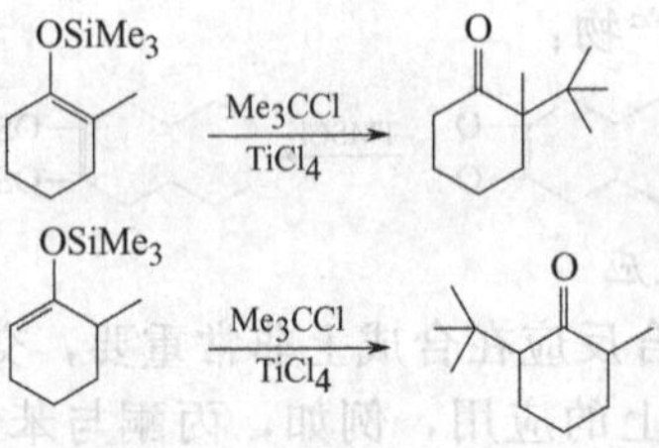

若是伯卤代烃，须先将烯醇硅醚转化为烯醇负离子才能顺利地在α-位上烷基化。例如：

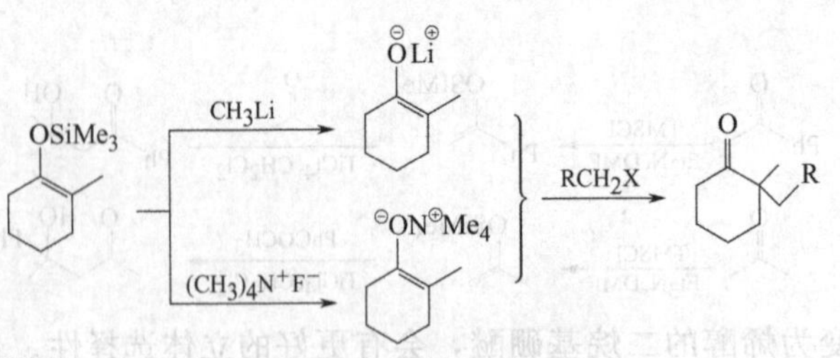

又如

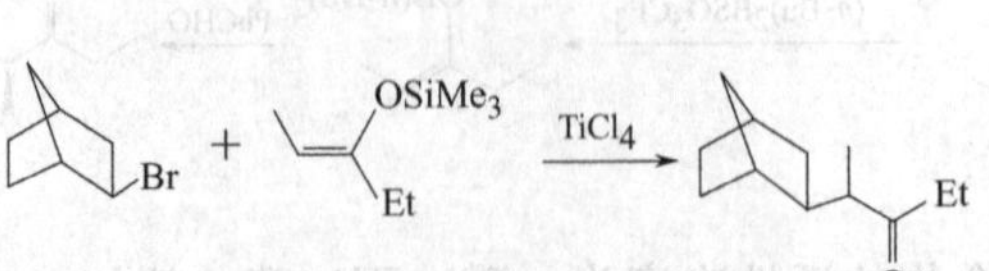

(4) 烯醇硅醚作为双烯体发生Diels-Alder反应　作为Diels-Alder反应的双烯体的是1,3-共轭二烯，烯醇硅醚分子中三甲基硅基的供电性有利于双烯体发生Diels-Alder反应，例如：

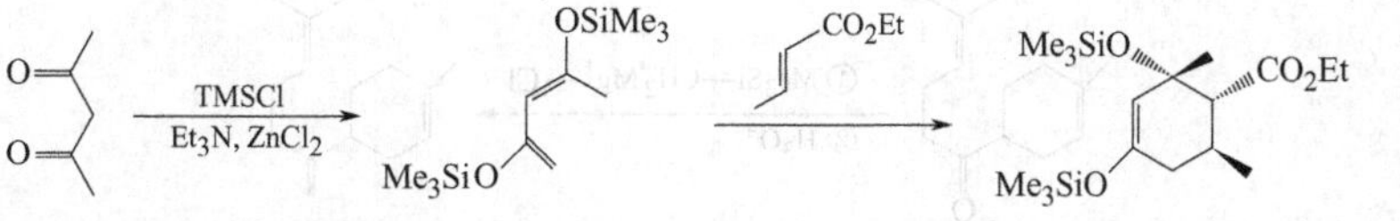

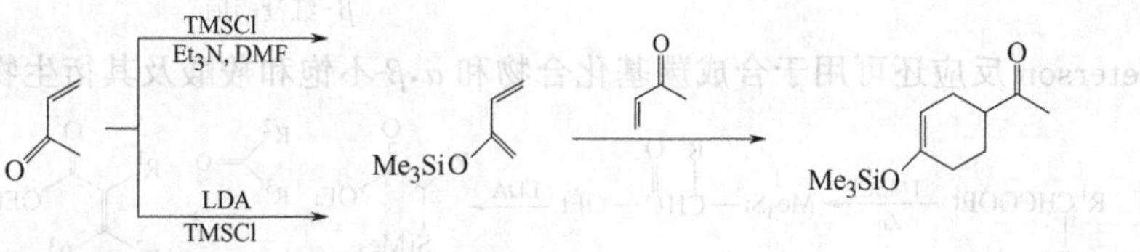

4.2.2 硅叶立德在有机合成上的应用

继磷叶立德之后，又发现了硅、硫等元素的叶立德，其中硅叶立德用于合成烯烃是最有成效的一种。它的结构为：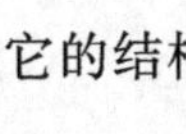。它与醛酮的反应和 Wittig 反应相似，产物都是烯烃。由于硅叶立德与醛、酮反应最早是由 Peterson 发现的，因而称之为 Peterson 反应。下面是 Wittig 反应和 Peterson 反应的比较：

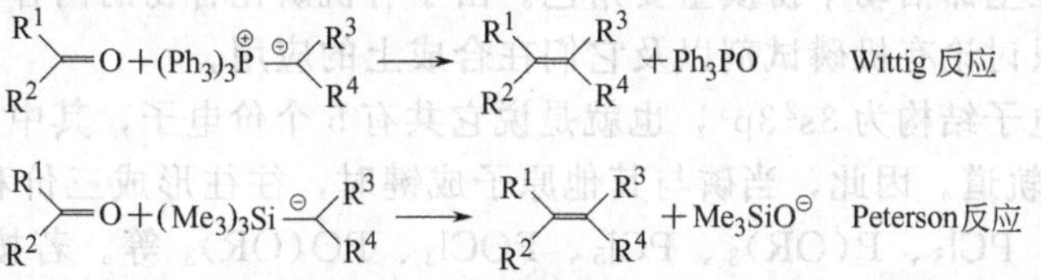

(1) 硅叶立德的制备　硅叶立德通常用四烃基硅烷在强碱（如上例中的 BuLi）的作用下制得，也可以用烷基氯硅烷同金属直接作用生成，例如：

$$R_3SiCH_2Ph \xrightarrow{BuLi} R_3Si\overset{-}{C}HPhLi^+$$

$$Me_3SiCH_2Cl \xrightarrow[Et_2O]{Mg} Me_3SiCH_2MgCl$$

$$Me_3SiCH_2Cl \xrightarrow[Et_2O]{CH_3(C_2H_5)CHLi} Me_3Si-\underset{Li^+}{\overset{-}{C}H}-Cl$$

(2) Peterson 反应的机理　Peterson 反应的机理是：

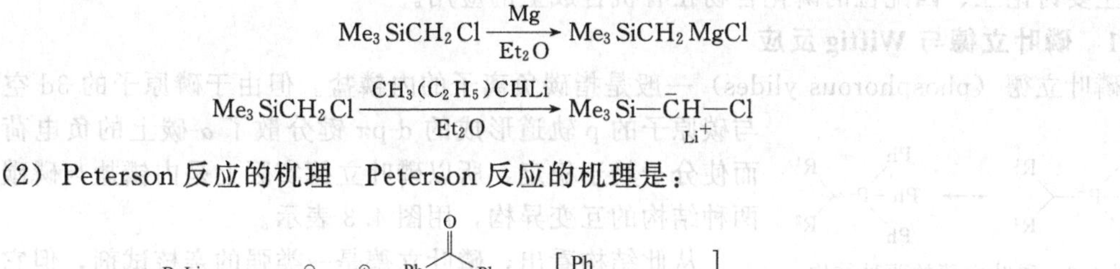

其中 TMEDA 即四甲基乙二胺（英文名为 tetramethylethylenediamine，结构式 $Me_2NCH_2CH_2NMe_2$），用来抑制 Li^+，使碳负离子更自由。

(3) Peterson 反应在合成上的应用　由于有些硅叶立德比磷叶立德更易得到，常常用 Peterson 反应来代替 Wittig 反应。而且，硅叶立德比磷叶立德活泼。所以硅叶立德代替磷叶立德可实现磷叶立德无法达到的目的。如：

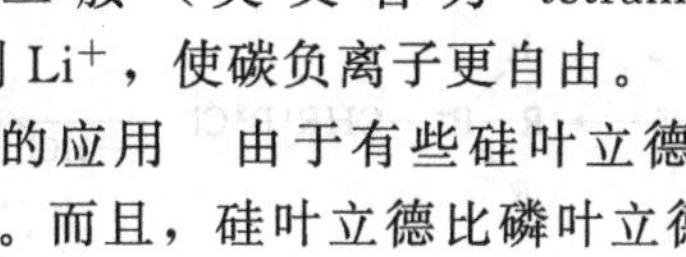

Peterson 反应主要用于合成烯烃，尤其是甲烯化合物。前面已有多处涉及，下面再举一例：

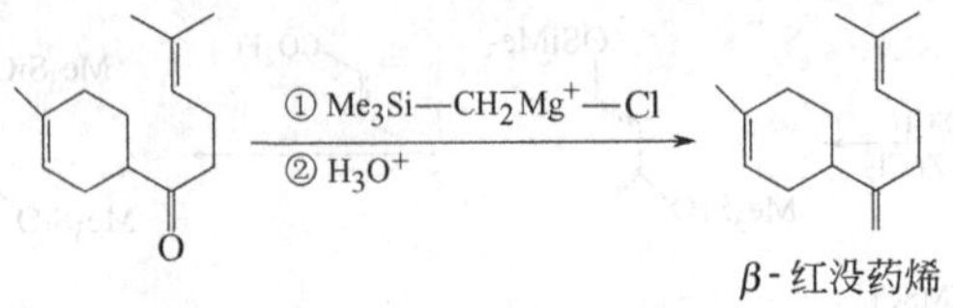

β-红没药烯

此外，Peterson 反应还可用于合成羰基化合物和 α,β-不饱和羧酸及其衍生物，例如：

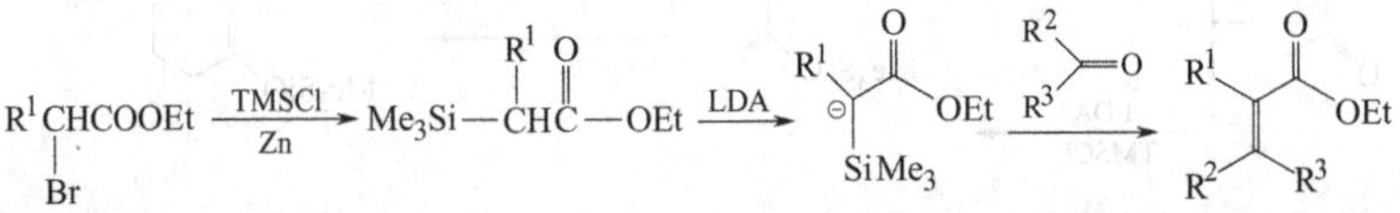

有机硅化合物还有许多合成反应，这里不再一一列举，若需要可参阅有关的专著。

4.3 有机磷化合物

有机磷化合物是元素有机化合物中内容较多的一部分，这类化合物不仅在有机合成中得到广泛的应用，而且在生命活动中扮演重要角色。由于有机磷化合物的内容非常丰富，在此不可能一一介绍，本节只讨论有机磷试剂以及它们在合成上的应用。

磷原子的价层电子结构为 $3s^23p^3$，也就是说它共有 5 个价电子，其中 3 个未成对电子，另外还有 5 个空的 3d 轨道。因此，当磷与其他原子成键时，往往形成三价和五价两种化合态的化合物，比如 PR_3、PCl_3、$P(OR)_3$、PCl_5、$POCl_3$、$PO(OR)_3$ 等。若按磷原子的配位数分类，磷化合物有一、二、三、四、五、六配位的六种化合物。其中三、四配位的磷化合物在合成上有着广泛的应用，尤其是三配位磷化物（如 R_3P）是很好的弱碱亲核物种。此外磷与氧、硫、卤素等原子能形成很强的共价键，尤其是 P═O 特别强，这一性质在反应中起重要作用。本节主要讨论三、四配位的磷化合物在有机合成上的应用。

4.3.1 磷叶立德与 Wittig 反应

磷叶立德（phosphorous ylides）一般是指碳负离子的内鎓盐。但由于磷原子的 3d 空轨道与碳原子的 p 轨道形成的 d-pπ 键分散了 α-碳上的负电荷，从而使分子趋于稳定，所以磷叶立德实际上是内鎓盐与磷碳双键两种结构的互变异构，用图 4.3 表示。

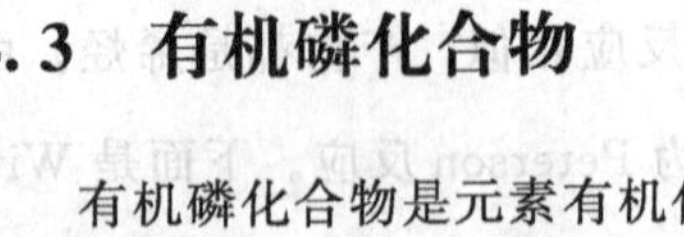

图 4.3 磷叶立德的两种结构

从此结构看出，磷叶立德是一类强的亲核试剂，但它又与一般碳负离子不同，即由于磷的存在使分子具有一定的稳定性。正是由于它具有特殊的化学结构和活性，才使其能发生多种化学反应，成为有机合成的重要中间体并广泛用于碳-碳键的形成。

4.3.1.1 磷叶立德的制备

（1）"盐法"（salt methods）

$$R_3P + CHClR^1R^2 \longrightarrow R_3P^+—CHR^1R^2Cl^- \xrightarrow{-HCl} R_3P═CR^1R^2$$

关于这一反应必须说明：

① 作为反应原料之一的叔膦（R_3P）通常是三苯基膦（Ph_3P）。

② 另一原料卤代烃（R^1R^2CHX）通常是伯、仲卤代烃（但不能是叔卤代烃），也可以是烯丙基卤（ $Cl—CH_2—CH═C<$ ）、卤代酯（如 $ClCH_2COOEt$ 等）、卤代腈（如 $ClCH_2CN$ 等）、卤代酮（如 $PhCOCH_2Br$，p-NO_2-C_6H_4-CO-CH_2Br 等）。

③ 在第二步反应加碱脱 HX 时，碱的选择取决于内鎓盐的结构。若 R^1、R^2 是吸电子基

团时，会使碳负离子稳定化，即内鏻盐的酸性增强，此时选择较弱的碱即可除去 HX，否则需较强的碱。例如：

$$\text{磷盐}\qquad Ph-\overset{\underset{\displaystyle Ph}{|}}{\underset{\displaystyle Ph}{P^+}}-CH_2-\overset{\displaystyle O}{\overset{\|}{C}}-Ph\ Br^- \qquad\qquad Ph-\overset{\underset{\displaystyle Ph}{|}}{\underset{\displaystyle Ph}{P^+}}-CH_2-\overset{\displaystyle O}{\overset{\|}{C}}-\underset{}{\bigcirc}-NO_2\ Br^-$$

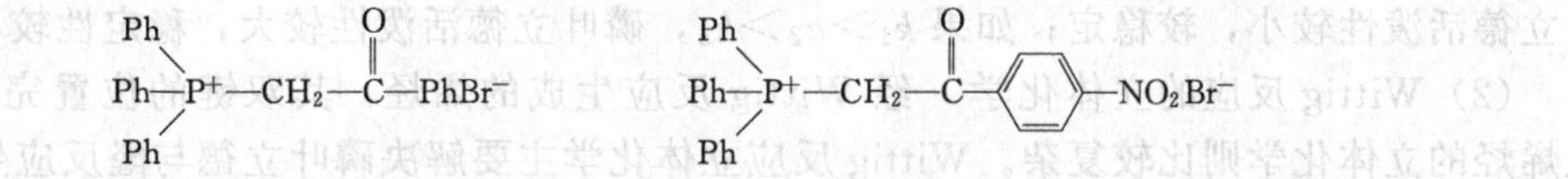

pK$_a$ 5.5   4.2

内鏻盐酸性越大，所用碱可以越弱，比如用 Na_2CO_3 即可，如果内鏻盐酸性较弱时，则需要较强的碱如 NaH、BuLi 来除去 HX。

④ 此法制得的磷叶立德分为：较稳定的如 $Ph_3P=C(COOEt)_2$ 和不稳定的如 $Ph_3P=CMe_2$ 两种，前者与水和氧不易起反应，后者在水中不稳定。此外还有一种叶立德介于二者之间，比如 $Ph_3P=CPh_2$。

（2）其他方法   三苯基膦与卡宾作用生成磷叶立德，例如：

$$CHCl_3\ \xrightarrow{BuLi}\ :CCl_2\ \xrightarrow{PPh_3}\ Ph-\overset{\underset{\displaystyle Ph}{|}}{\underset{\displaystyle Ph}{P}}=CCl_2$$

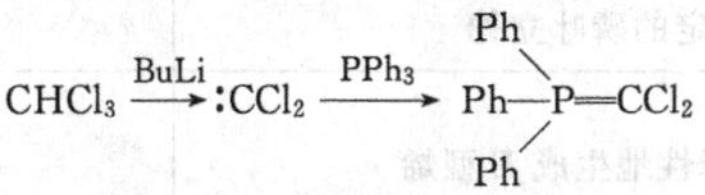

二苯基甲基膦与苯炔作用生成磷叶立德，例如：

$$\bigcirc+Ph_2PCH_3 \longrightarrow \overset{\displaystyle Ph}{\underset{\displaystyle H}{\bigcirc}}\!\!\overset{+}{\underset{\displaystyle CH_2}{P}}\!\!\overset{Ph}{} \longrightarrow Ph_3P=CH_2$$

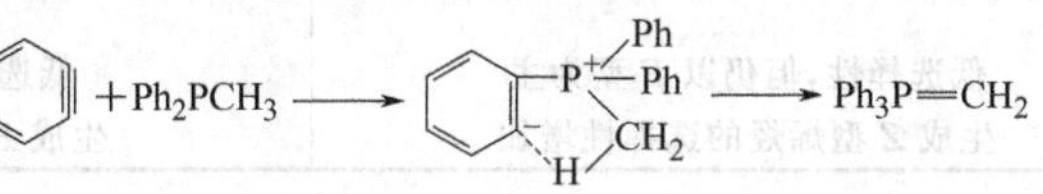

此外：

$$PPh_3Cl_2+H_2C\!\!\underset{\displaystyle Y}{\overset{\displaystyle X}{<}}\ \xrightarrow{Et_3N}\ Ph_3P=C\!\!\underset{\displaystyle Y}{\overset{\displaystyle X}{<}}\qquad (X,\ Y=CN,\ COR,\ COOR)$$

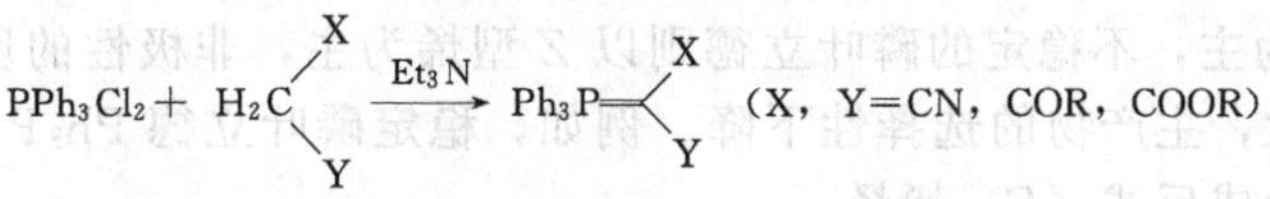

由活性较大的磷叶立德也可制备较稳定的磷叶立德，例如：

$$Ph-\overset{\underset{\displaystyle Ph}{|}}{\underset{\displaystyle Ph}{P}}=CH_2\ \begin{cases}\xrightarrow{R'COX}\ \overset{+}{Ph_3P}-CH_2-\overset{\displaystyle O}{\overset{\|}{C}}-R'X^{\ominus}\ \xrightarrow{H_2C=PPh_3}\ Ph_3P=CH_2-\overset{\displaystyle O}{\overset{\|}{C}}-R'\\[3mm]\xrightarrow{R'COOEt}\ \overset{+}{Ph_3P}-CH_2-\overset{\displaystyle O}{\overset{\|}{C}}-R'OEt^{\ominus}\ \longrightarrow\ Ph_3P=CH_2-\overset{\displaystyle O}{\overset{\|}{C}}-R'\end{cases}$$

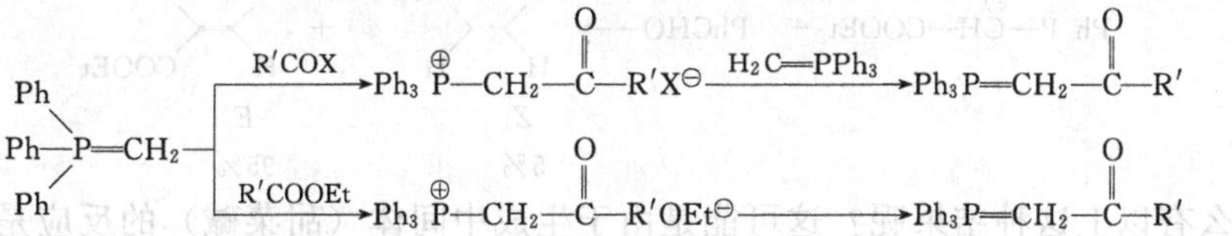

4.3.1.2 磷叶立德与羰基化合物的反应——Wittig 反应

Wittig 反应是磷叶立德与羰基化合物发生亲核加成制备烯烃的反应，反应通常表示为：

$$\overset{\displaystyle R^1}{\underset{\displaystyle R^2}{>}}\!PPh_3+O=\!\!\overset{\displaystyle R^3}{\underset{\displaystyle R^4}{<}}\ \longrightarrow\ \overset{\displaystyle R^1}{\underset{\displaystyle R^2}{>}}\!\!=\!\!\overset{\displaystyle R^3}{\underset{\displaystyle R^4}{<}}\ +Ph_3PO$$

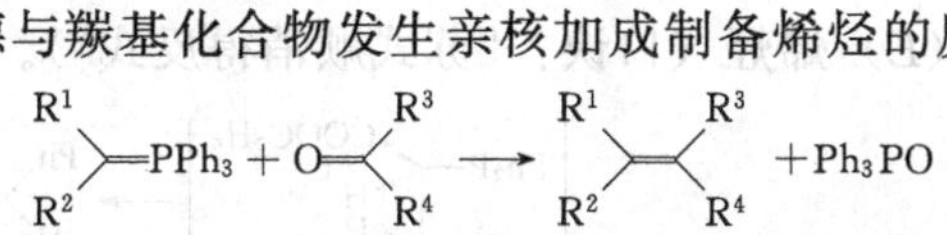

由于 Wittig 反应条件温和，产率较高，所以在有机合成中应用非常广泛。下面从反应机理和立体化学等方面讨论这一反应。

（1）Wittig 反应的反应机理   Wittig 反应实际上是磷叶立德对羰基化合物的亲核加成反应，先形成内鏻盐 **1**，继而闭环形成四元环中间体 **2**，最终顺式消除形成烯烃。

$$\begin{array}{c}\overset{+}{Ph_3P}\!-\!\overset{\ominus}{C}R^1R^2\\ \overset{}{\underset{}{O}}=CR^3R^4\end{array}\ \underset{k_2}{\overset{k_1}{\rightleftharpoons}}\ \begin{array}{c}\overset{+}{Ph_3P}\!-\!CR^1R^2\\ |\qquad|\\ \overset{\ominus}{O}\!-\!CR^3R^4\end{array}\ \rightleftharpoons\ \begin{array}{c}Ph_3P\!-\!CR^1R^2\\ |\qquad|\\ O\!-\!CR^3R^4\end{array}\ \xrightarrow{k_3}\ \overset{\displaystyle R^1}{\underset{\displaystyle R^3}{>}}\!\!=\!\!\overset{\displaystyle R^2}{\underset{\displaystyle R^4}{<}}+\begin{array}{c}PPh_3\\ \|\\ O\end{array}$$

$$\qquad\qquad\qquad\qquad\qquad \textbf{1}\qquad\qquad\qquad\qquad\qquad\qquad\qquad\qquad\textbf{2}$$

$$\Big\downarrow HI$$

$$\begin{array}{c}\overset{+}{Ph_3P}\!-\!CR^1R^2\qquad I^-\\ |\\ HO\!-\!CR^3R^4\end{array}$$

$$\textbf{3}$$

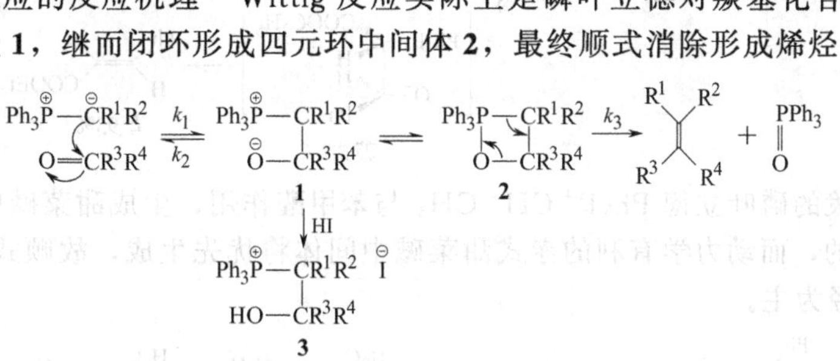

这个反应历程由以下事实得以证实：当反应中加 HI 进行质子化时，析出鏻盐晶体，该结构用核磁共振确认是 **3**。另外，在低温下还能析出四元环中间体 **2**，其结构也已被核磁共振确

认。这些事实是该机理的有力证据。

Wittig 反应速率常数 k_1、k_2、k_3 的大小决定了磷叶立德活泼性大小。若 $k_1<k_2<k_3$，磷叶立德活泼性较小，较稳定；如果 $k_1>k_2>k_3$，磷叶立德活泼性较大，稳定性较小。

(2) Wittig 反应的立体化学　经 Wittig 反应生成的烯烃，其双键的位置完全可以预测，但烯烃的立体化学则比较复杂。Wittig 反应立体化学主要解决磷叶立德与醛反应生成烯烃，所得烯烃是 Z 型还是 E 型结构问题。实验证明，Wittig 反应所得烯烃的构型（Z/E 型）与磷叶立德的稳定性和反应条件都有关系，见表 4.2。

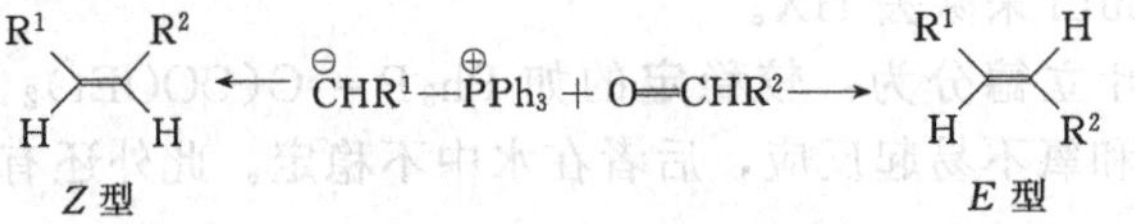

表 4.2　磷叶立德（$Ph_3P{=}CHR$）与醛反应的立体选择性

反应条件	稳定的磷叶立德	不稳定的磷叶立德
非极性溶剂		
a)无盐存在	高选择性地生成 E 型烯	高选择性地生成 Z 型烯
b)有盐存在	生成 Z 型烯烃的选择性增加	生成 E 型烯烃的选择性增加
极性溶剂		
a)非质子性	低选择性，但仍以 E 型为主	低选择性，仍以 Z 型为主
b)质子性	生成 Z 型烯烃的选择性增加	生成 E 型烯烃的选择性增加

由此可见，决定生成 Z 或 E 型烯烃的主要因素是磷叶立德的结构，稳定的磷叶立德与醛、酮反应，以 E 型烯为主，不稳定的磷叶立德则以 Z 型烯为主，非极性的反应介质有利于主产物的生成，极性增大，主产物的选择性下降。例如，稳定磷叶立德 $Ph_3P^+CH^-COOC_2H_5$ 与苯甲醛反应，主要生成反式（E）烯烃。

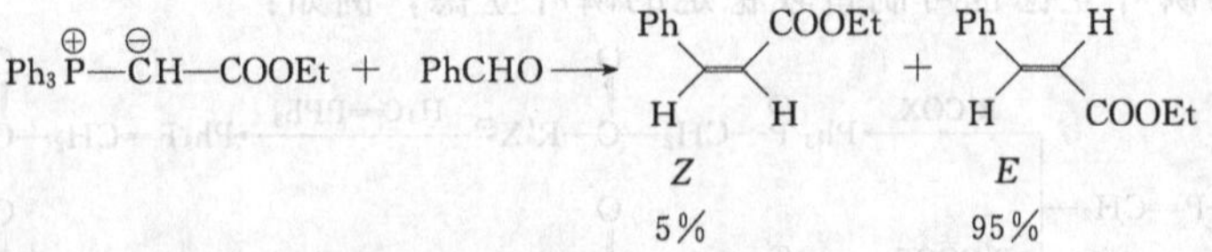

那么，为什么有以上这种结果呢？这可能是由于生成中间体（甜菜碱）的反应是可逆的，且中间体的两种构型可以互相转化，这样热力学更稳定的苏式甜菜碱成为主要中间体，此中间体顺式消除 Ph_3PO，生成反式（E）烯烃（口诀："苏式顺消得反式"）。

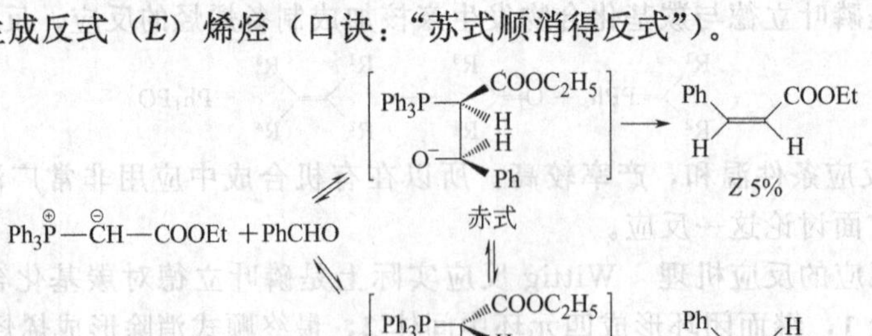

然而，使用较活泼的磷叶立德 $Ph_3P^+CH^-CH_3$ 与苯甲醛作用，生成甜菜碱中间体的反应是较快的，是不可逆的，而动力学有利的赤式甜菜碱中间体将优先生成，故顺式消除 Ph_3PO 后以顺式（Z 型）烯烃为主。

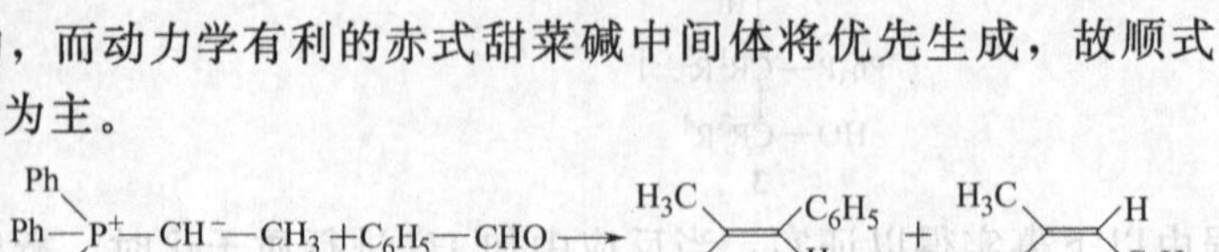

又如：

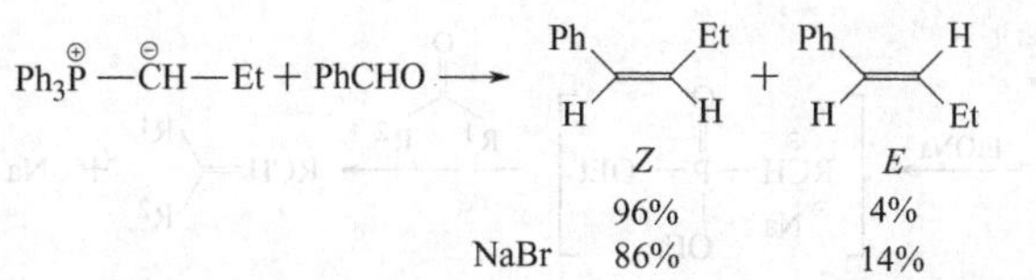

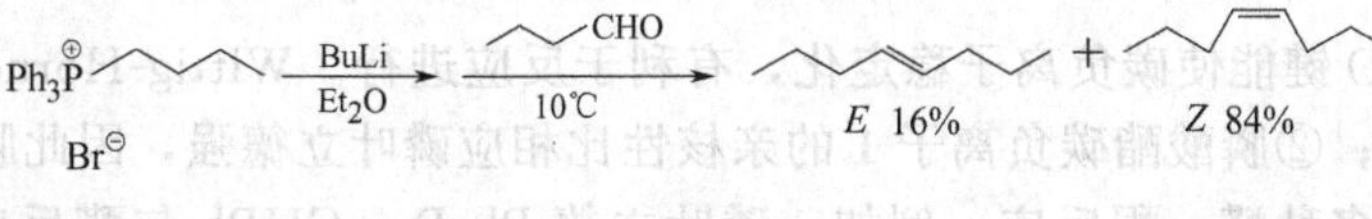

对于中等活泼性的磷叶立德，发生 Wittig 反应时，产物中 Z、E 两种烯烃都有，这类磷叶立德主要是指 $Ph_3P=CHR$，其中 R 为 $CH_2=CH-$ 、Ph—、 $CH_3CH=C-$ 等。下面是几个实例：

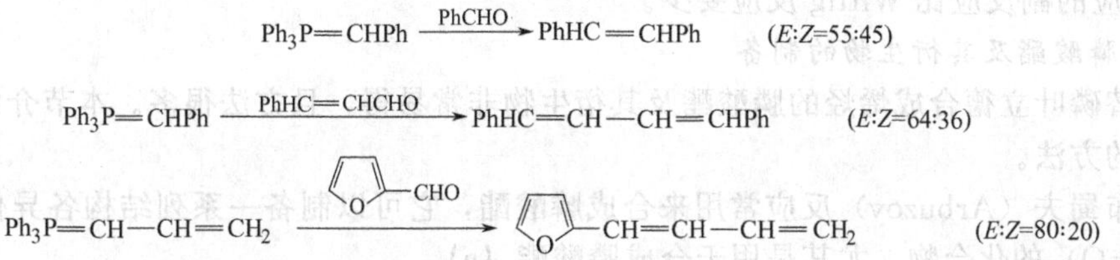

总之，中等活性的磷叶立德的 Wittig 反应通常得到 Z、E 型烯异构体的混合物，而在多数情况下，E 型烯稍占优势。

(3) 利用 Wittig 反应的有机合成实例

例 1：

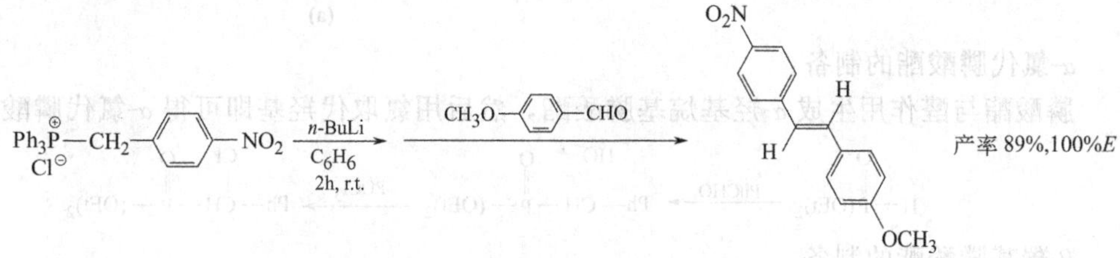

例 2：

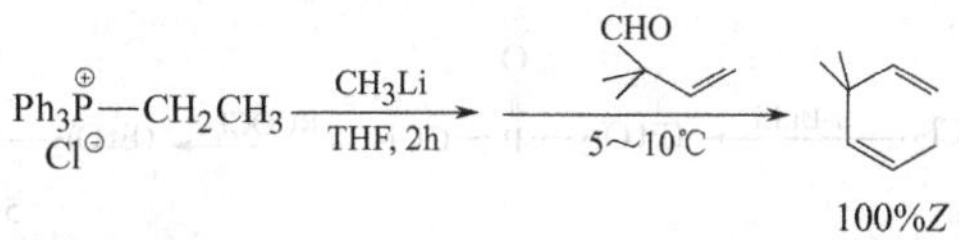

(4) Wittig 反应的优缺点 Wittig 反应具有能将双键引入确定位置、与 α,β-不饱和醛、酮只发生 1,2-加成以及立体选择性等优点（详见第 2 章），但是它的缺点也是非常突出的：

① 磷叶立德的制备需要较昂贵的叔膦作为原料，成本较高；

② Wittig 反应结束后，产物烯烃和氧化膦不易分离，提纯较难；

③ 有些磷叶立德易与水、空气、碱反应，即稳定性差不易操作；

④ 从绿色化学角度看，Wittig 反应虽然产率较高，但原子利用率很低，详见第 11 章。

正因为 Wittig 反应的这些不能忽视的缺点，才先后涌现出多种有关它的改进反应，下面就 Wittig 的改进反应作一简单介绍。

4.3.2 Wittig 反应的改进

Wittig 反应因其产率较高，立体选择性好而应用非常广泛。但 Wittig 反应的缺点也是不可忽视的。因此，先后有人对它作了多种改进，其中以 Horner 的改进影响最大。1958 年，Horner 首先报道了 α-位有吸电子基的膦酸酯与醇钠作用所生成的碳负离子 **1**，它具有与磷叶立德相似的性质。当它与羰基化合物反应时，高产率地生成烯烃 **2** 和磷酸盐 **3**。通常称之为

Wittig-Horner 反应。

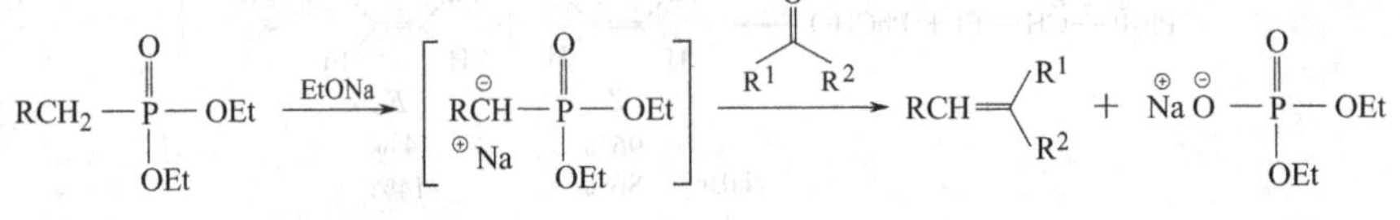

1　　2　　3

在 **1** 中，P ═O 键能使碳负离子稳定化，有利于反应进行。Wittig-Horner 反应的优点是：①膦酸酯极易制备；②膦酸酯碳负离子 **1** 的亲核性比相应磷叶立德强，因此膦酸酯碳负离子在温和条件下即可与多种醛、酮反应，例如，磷叶立德 Ph_3P ═CHPh 与醛反应需在 THF 中长时间回流，而相应的膦酸酯碳负离子 $[(EtO)_2POCHPh]^-$ 与醛却发生放热反应，在室温下即可完成；③反应生成的磷酸盐 **3** 易溶于水，使之极易从反应混合物中迅速分离；④Wittig-Horner 反应的副反应比 Wittig 反应要少。

4.3.2.1　膦酸酯及其衍生物的制备

能代替磷叶立德合成烯烃的膦酸酯及其衍生物非常易得，且方法很多。本节介绍以下几种常用简便的方法。

阿尔布蜀夫（Arbuzov）反应常用来合成膦酸酯，它可以制备一系列结构各异但都具有磷酰基（P ═O）的化合物，尤其是用于合成膦酸酯 **(a)**。

膦酸酯的制备：

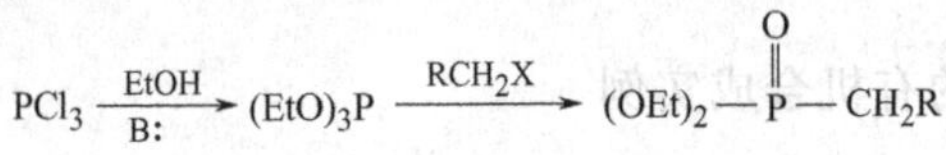

(a)

α-氯代膦酸酯的制备：

膦酸酯与醛作用生成 α-羟基烷基膦酸酯，然后用氯取代羟基即可得 α-氯代膦酸酯。

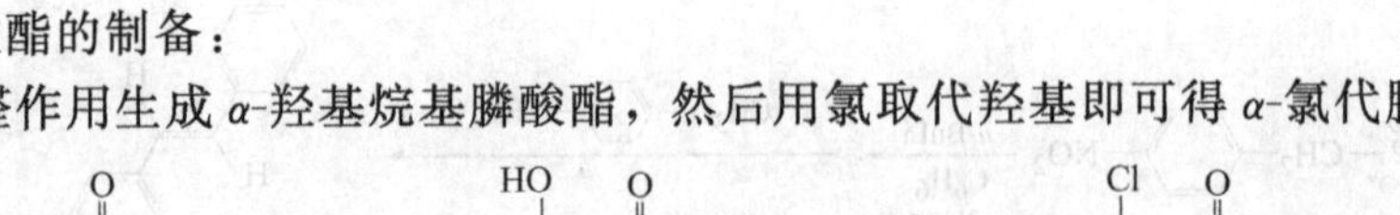

β-羰基膦酸酯的制备：

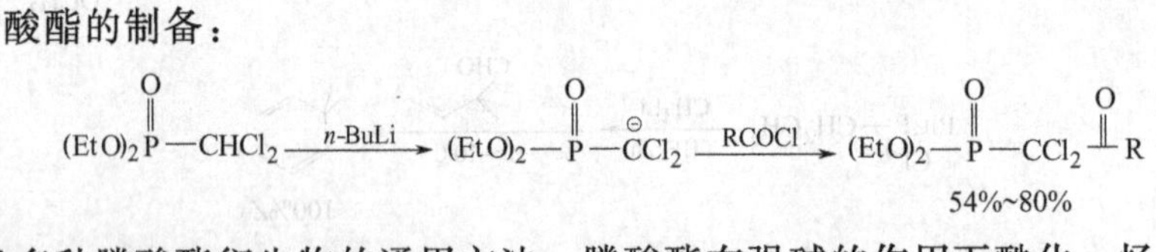

这是一条合成多种膦酸酯衍生物的通用方法。膦酸酯在强碱的作用下酰化、烃化都能生成新的膦酸酯，所得膦酸酯在强碱作用下还可进一步反应生成另一种新的膦酸酯。例如：

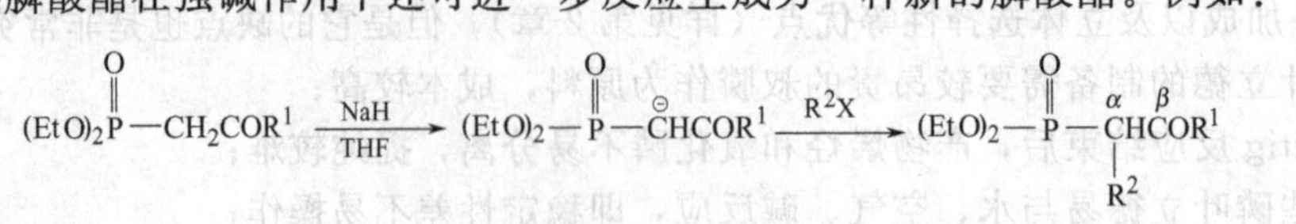

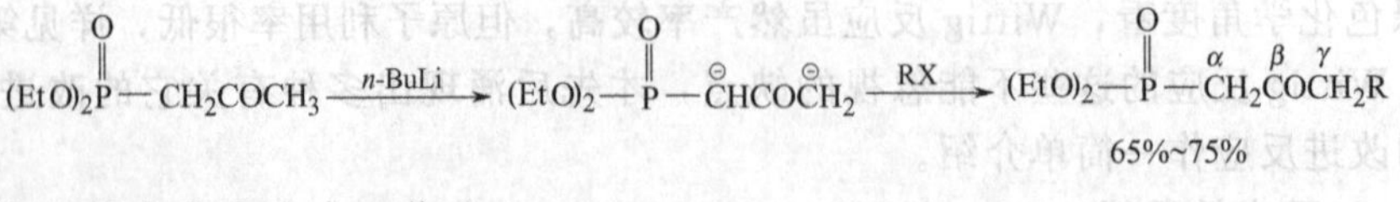

后一反应烷化几乎完全发生在 γ 位上。

4.3.2.2　Wittig-Horner 反应的机理和立体化学

(1) 反应机理　关于 Wittig-Horner 反应的机理，一般认为它与 Wittig 反应类似。被 P ═O 稳定了的膦酸酯碳负离子进攻醛、酮的羰基碳，形成烷氧负离子的中间体，这是个可逆过程。然后通过顺式消除磷酸根负离子而不可逆地分解为烯烃。

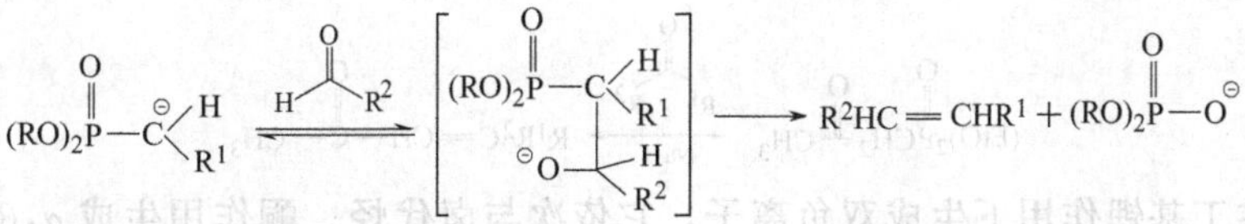

这个机理曾因分离出 β-羟基膦酸酯而得以证实。

（2）立体化学　当膦酸酯的 α-碳负中心上连有不同取代基且与之反应的是醛或不对称酮时，所得产物可以是 Z、E 两种烯烃，两种烯烃的形成途径见图 4.4。在确定的反应中，产物烯烃的立体结构与两个中间体 **(a)** 和 **(b)** 的形成及分解的相对速度有关，也与 **(a)** 与 **(b)** 相互转化的速度有关。当 R^1 是吸电子基团时，膦酸酯碳负离子稳定，存在时间长，有利于 **(a)** 与 **(b)** 的转化，则产物烯烃以 E 型为主；若 R^1 是给电子基团时，产物烯烃以 Z 型为主。这里有动力学控制和热力学控制的互相竞争，而且，溶剂、温度以及所用的碱都会影响产物烯烃的立体化学，例如：

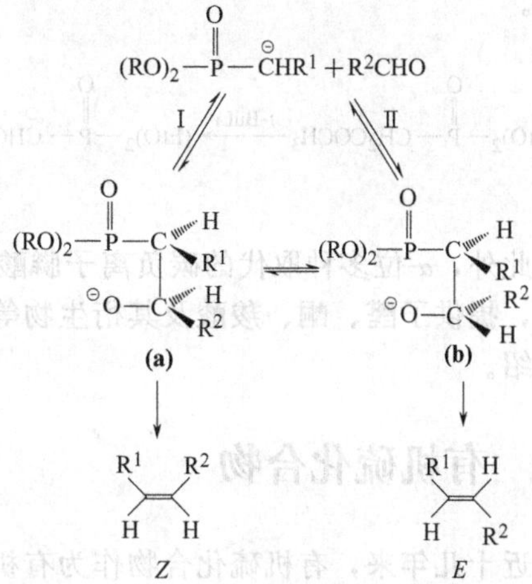

图 4.4　Wittig-Horner 反应的立体化学

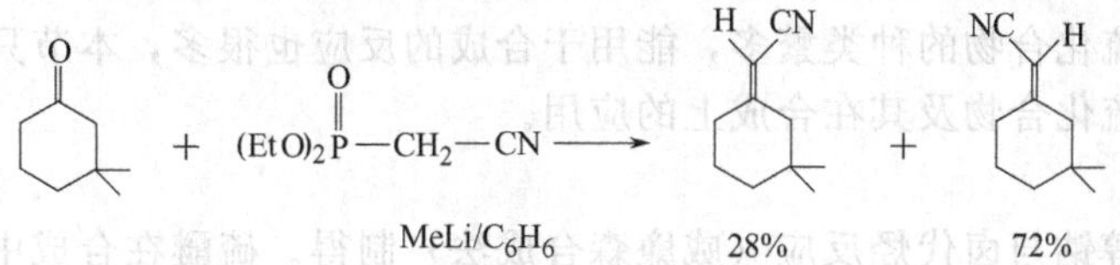

MeLi/C_6H_6	28%	72%
NaH/DMF	60%	40%

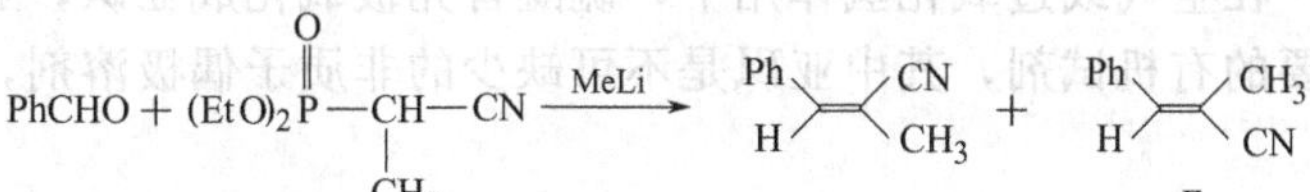

Z　　E

	Z	E
−78℃	28%	72%
65℃	10%	90%

4.3.2.3　Wittig-Horner 反应的应用

（1）合成烯烃、炔烃　与 Wittig 反应一样，Wittig-Horner 反应几乎可以定向合成烯烃，而且优于 Wittig 反应，例如：

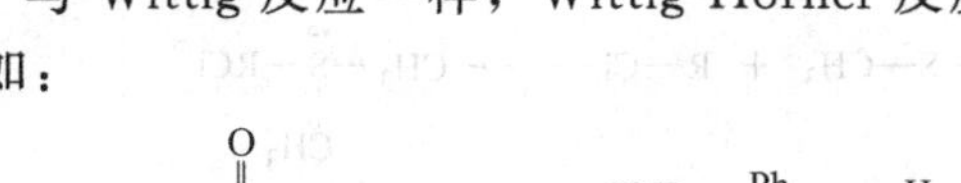

E

α-卤代烷基膦酸酯，在碱作用下与醛、酮发生正常的 Wittig-Horner 反应，得到卤代烯烃。当碱过量时，所得卤代烯烃进一步脱卤化氢得到炔烃。

例如

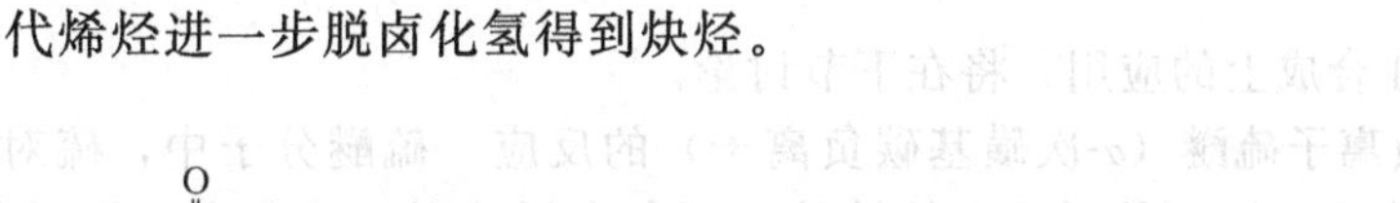

（2）合成 α,β-不饱和羰基化合物　β-羰基烷基膦酸酯碳负离子与醛、酮反应还可用来合成 α,β-不饱和醛或酮。例如：

$$(EtO)_2\overset{O}{\overset{\|}{P}}CH_2\overset{O}{\overset{\|}{C}}CH_3 \xrightarrow[NaH]{R^1\overset{O}{\overset{\|}{C}}R^2} R^1R^2C{=}CH{-}\overset{O}{\overset{\|}{C}}{-}CH_3$$

α-酰基膦酸酯在丁基锂作用下生成双负离子，它依次与卤代烃、酮作用生成α,β-不饱和羰基化合物。

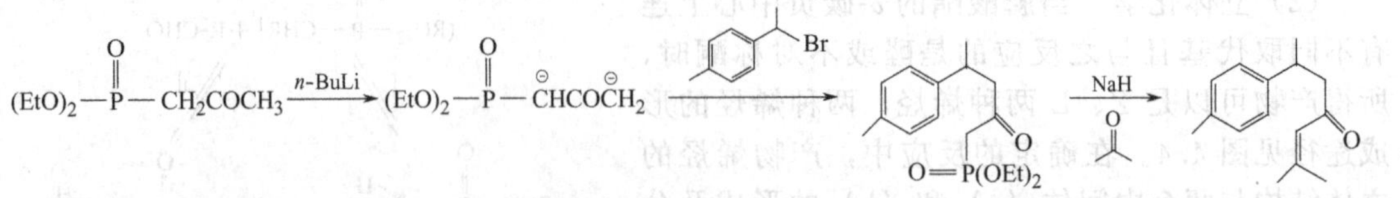

此外，α-位多种取代的碳负离子膦酸酯还能发生一系列的缩合反应，其缩合产物可进一步转化，提供了醛、酮、羧酸及其衍生物等多种化合物的合成新方法，因篇幅的原因在此不作更多介绍。

4.4 有机硫化合物

近十几年来，有机硫化合物作为有机合成中间体应用十分广泛，这不仅是因为有机硫化合物容易获得，而且更重要的是硫具有独特的化学性质，特别是它的 d 轨道能参与邻近碳原子上负电荷的分散，使邻近碳原子容易形成亲核的反应中心。此外，还因为有许多简便的脱硫方法使最终产物脱硫。硫化合物的种类繁多，能用于合成的反应也很多，本节只介绍硫醚、硫叶立德这两种重要有机硫化合物及其在合成上的应用。

4.4.1 硫醚

硫醚可通过硫醇钠与卤代烃反应（威廉森合成法）制得。硫醚在合成中的应用，主要有以下两大类型反应。

（1）氧化反应　在空气或过氧化氢作用下，硫醚首先被氧化成亚砜，亚砜进一步被氧化为砜。亚砜和砜是重要的有机试剂，其中亚砜是不可缺少的非质子偶极溶剂，本章将在下一节中讲到。

$$CH_3{-}S{-}CH_3 \xrightarrow{H_2O_2} CH_3{-}\overset{O}{\overset{\|}{S}}{-}CH_3 \xrightarrow{KMnO_4} CH_3{-}\underset{O}{\underset{\|}{\overset{O}{\overset{\|}{S}}}}{-}CH_3$$

此外，硫醚是一种亲核试剂，它可以和卤代烃反应，生成锍盐。锍盐是制备硫叶立德的前体物质，例如：

$$CH_3{-}S{-}CH_3 + R{-}Cl \longrightarrow CH_3{-}\underset{CH_3}{\underset{|}{\overset{\oplus}{S}}}{-}RCl^{\ominus}$$

$$Ph{-}S{-}Ph + CH_3{-}\underset{Cl}{\underset{|}{CH}}{-}R \longrightarrow Ph{-}\underset{Ph}{\underset{|}{\overset{\oplus}{S}}}{-}\underset{CH_3}{\underset{|}{CH}}{-}RCl^{\ominus} \xrightarrow[-70℃]{[(CH_3)_2CH]_2NLi} Ph_2\overset{\oplus}{S}{-}\underset{CH_3}{\underset{|}{\overset{\ominus}{C}}}{-}R$$

硫叶立德

关于硫叶立德在合成上的应用，将在下节讨论。

（2）α-碳负离子硫醚（α-次磺基碳负离子）的反应　硫醚分子中，硫对α-H有活化作用，使α-H的酸性增强，因而易形成亲核性的α-碳负离子硫醚，该负离子因受相邻硫原子的诱导效应而变得相对稳定。习惯上称之为α-次磺基碳负离子。

$$Ph{-}S{-}CH_3 \xrightarrow[THF]{n\text{-}BuLi} Ph{-}S{-}\overset{-}{C}H_2\,Li^+ \quad （α\text{-次磺基碳负离子）}$$

α-次磺基碳负离子能进行烃基化、酰化等反应，这些反应是合成环氧化合物、烯烃的重要反应。例如：

$$Ph-S-\overset{\ominus}{CH_2}Li \; + \; RCH_2Cl \xrightarrow{-LiCl} Ph-S-CH_2-CH_2-R \xrightarrow{CH_3I} Ph-\overset{+}{\underset{CH_3}{S}}-CH_2-CH_2-R \; I^- \xrightarrow{-PhSCH_3} RCH_2CH_2I$$

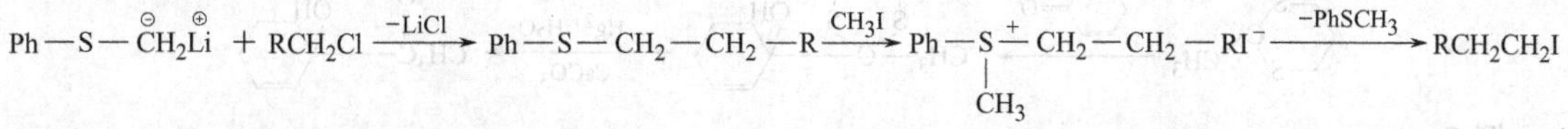

利用这一反应，使原来的卤代烃增加了一个碳。α-次磺基碳负离子与羰基反应，可以生成环氧化合物、烯烃等化合物。例如：

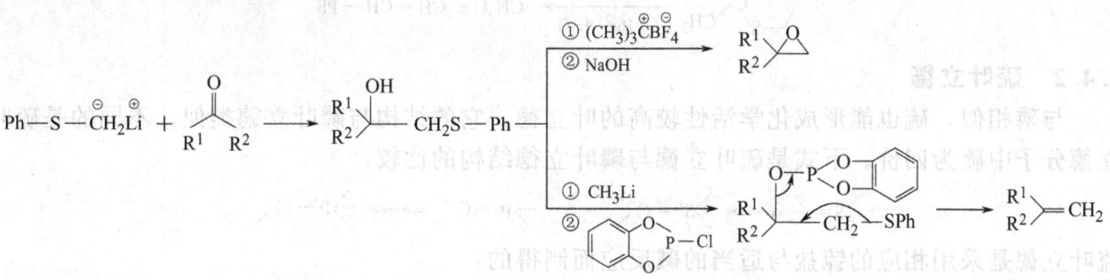

苯硫甲基锂在合成末端烯烃时优于磷叶立德 $Ph_3P=CH_2$，它可以与位阻较大的、与磷叶立德 $Ph_3P=CH_2$ 不反应的酮或酯发生反应，例如：

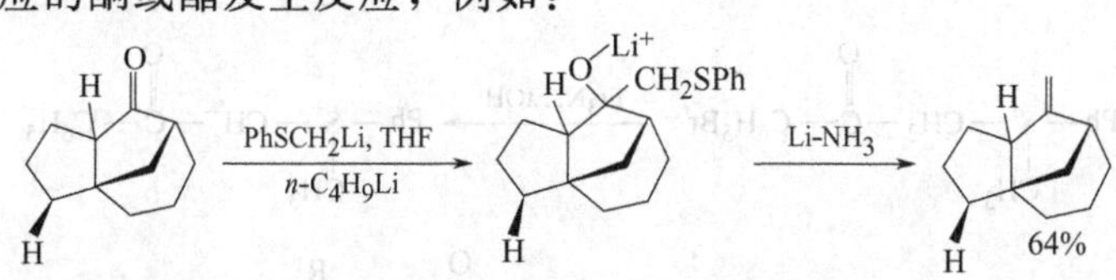

苯硫甲基苯锂与酯的反应得到的是末端为异丙烯结构的烯烃，常用于萜类化合物的合成。

另外，在有机合成中应用较多的一种硫醚是硫代缩醛，它非常易得：

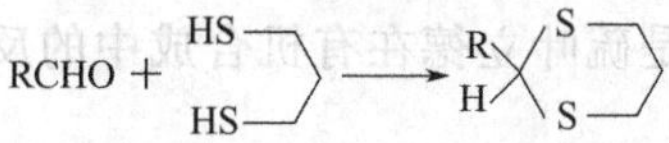

此时醛基上的 H 受相邻两个硫原子的诱导效应变得非常活泼，在碱的作用下硫代缩醛变成碳负离子。利用这一反应，硫代缩醛常作为有机合成中的极性转换（umpolung）试剂。

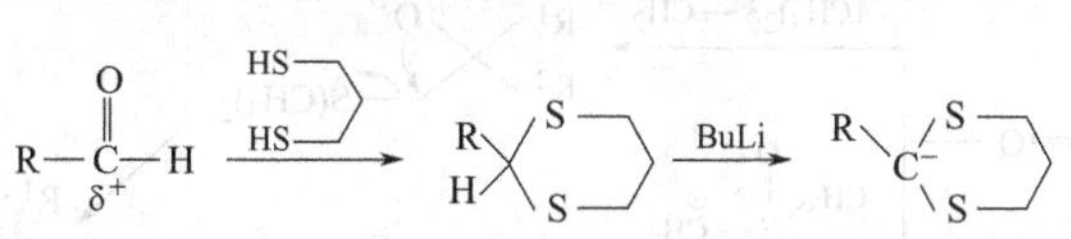

这个碳负离子能与多种亲电试剂作用，结果酰基接到了亲电试剂中。因此它也是一种酰化剂。例如：

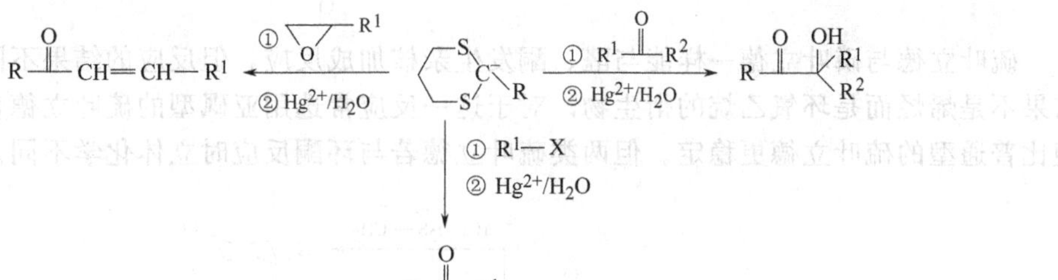

下面是几个实例。

例 1：

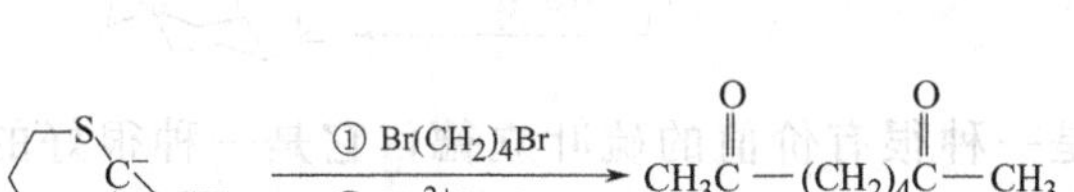

例 2：

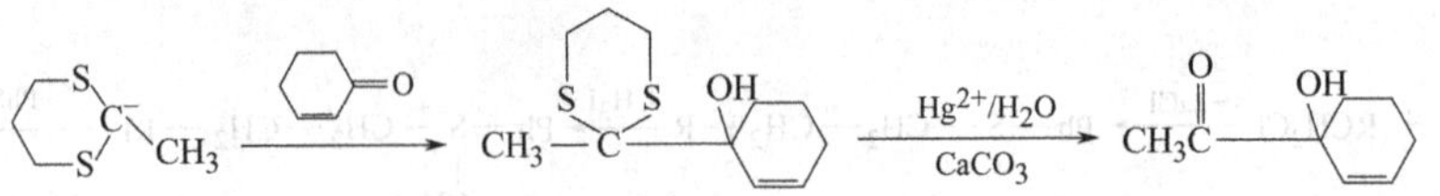

例 3：

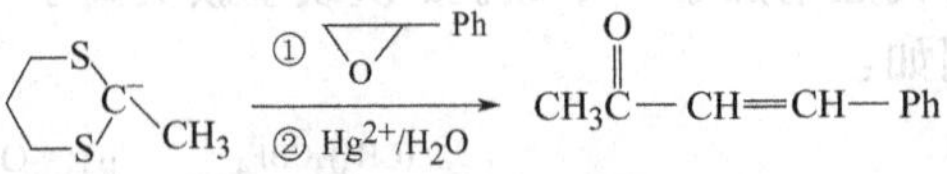

4.4.2 硫叶立德

与磷相似，硫也能形成化学活性较高的叶立德，它的结构与磷叶立德类似，不同的是硫叶立德分子中硫为四价。下式是硫叶立德与磷叶立德结构的比较：

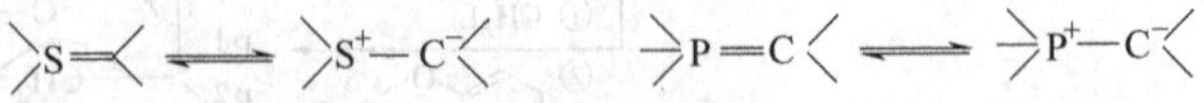

硫叶立德是采用相应的锍盐与适当的碱反应而制得的：

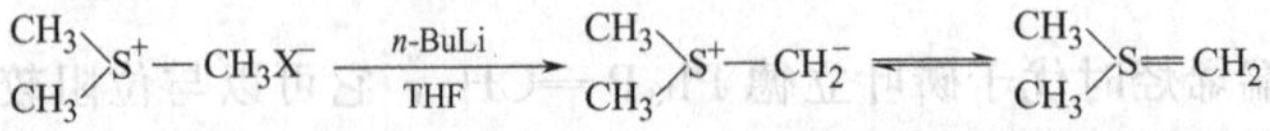

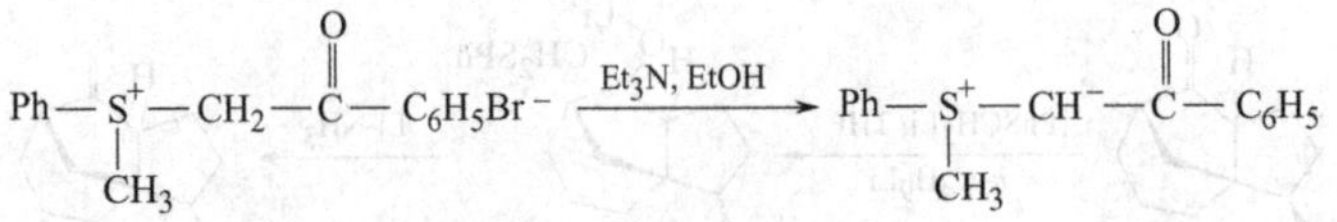

另外还有一种亚砜型的硫叶立德，其结构为 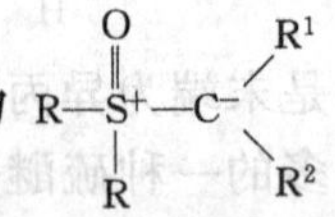，它比前一种硫叶立德更稳定，是一种很好的合成中间体，下面是硫叶立德在有机合成中的反应。

(1) 与羰基的反应

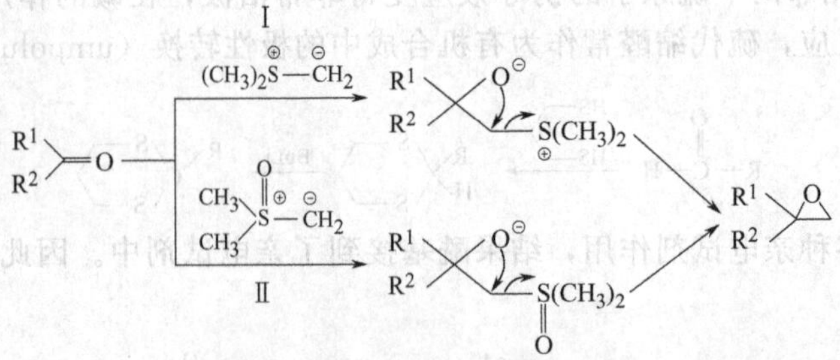

硫叶立德与磷叶立德一样能与醛、酮发生亲核加成反应，但反应的结果不同，前者的反应结果不是烯烃而是环氧乙烷的衍生物。对于这一反应常选用亚砜型的硫叶立德合成，因为亚砜型比普通型的硫叶立德更稳定。但两类硫叶立德若与环酮反应时立体化学不同。

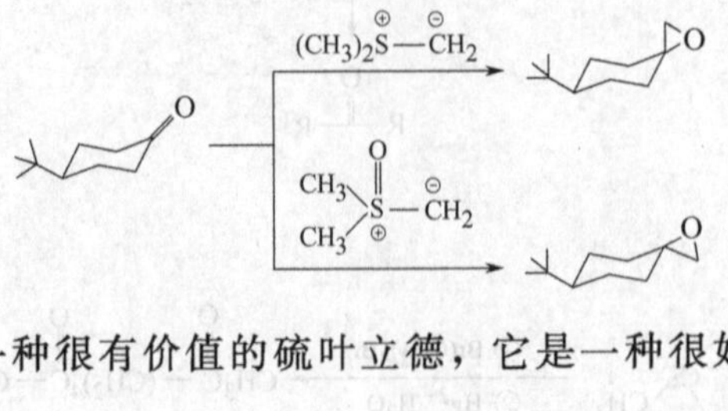

环丙基硫叶立德也是一种很有价值的硫叶立德，它是一种很好的成环试剂，下面是两个实例：

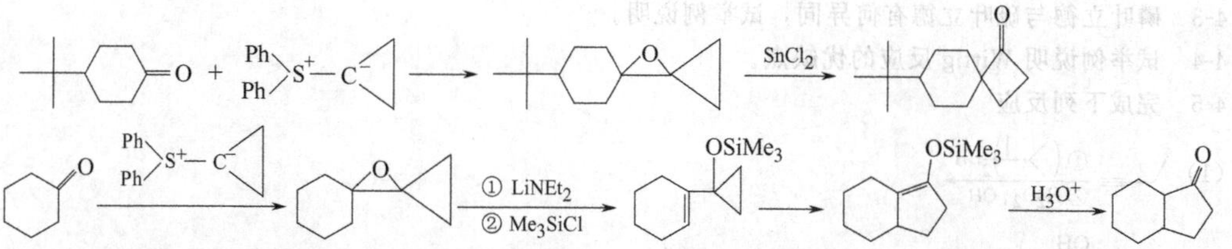

（2）与α,β-不饱和酮反应　硫叶立德与α，β-不饱和酮、醛、酯、腈等作用时，发生迈克尔加成，主产物是α-环丙基酮、醛、酯、腈等。例如：

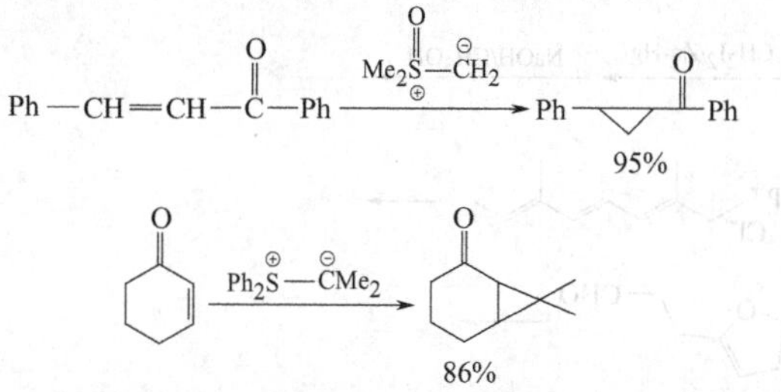

参考文献

1　唐除痴，刘天编著．有机合成中的有机磷试剂．天津：南开大学出版社，1992
2　梁述尧编著．元素有机化合物．北京：科学出版社，1989
3　赵玉芬，赴国辉编著．元素有机化学．北京：清华大学出版社，1998
4　［英］W Carruthers 著．现代有机合成方法．钱佐国，孙汉章等译．青岛：青岛海洋大学出版社，1990
5　张滂主编．有机合成进展．北京：科学出版社，1992．325～450
6　［英］RK 麦凯，DM 史密斯著．有机合成指南．陈韶，丁辰元，岑仁旺译．北京：科学出版社，1998
7　Michael B S. *Organic Synthesis*. New York：McGraw Hill，1994
8　Elschenbroich C，Salzer A. *Organonetallics*. 2nd edit. U S A：VCH Publishers，1991
9　Carruthurs W. *Some Morden Methods of Organic Synthesis*. 2nd edit. London：Cambridge University Press，1978
10　杜作栋等．有机硅化合物．北京：高等教育出版社，1990
11　Carey S. *Advanced Organic Chemistry*. third edit. New York and London：Plenum Press，1990
12　陈茹玉，李玉桂．有机磷化学．北京：高等教育出版社，1987
13　刘钊杰，刘纶祖．有机磷化学导论．武汉：华中师范大学出版社，1991
14　Belen'kii L I（USSR）. *Chemistry of Organosulfur Compounds*. New York：E. Horwood，1990
15　Bernardi F，Csozmadia I G，Mangini A. *Organic Sulful Chemistry*. Amsterdom：Elsevier Press，1985
16　Sowerby R L，Coates R M. *J Amer Chem Soc*，1972，94：4758
17　Brown H C，Singaram B. *J Org Chem*，1984，49：945
18　Brown H C，Pai G G. *J Org Chem*，1982，47：1606
19　Brown H C，Pai G G. *J Org Chem*，1983，48：1784
20　Brown H C，Bassavaich D. *J Org Chem*，1982，47：3808
21　Reetz M T，Chatziiosifidis I，Lowe U，Meier W F. *Tetrahedron Lett*，1979，1427
22　Boeckman R K，et al. *Tetrahedron Lett*，1973，3497

习题

4-1　简述硼氢化反应的特点及在合成上的应用。

4-2　从下列实验事实说明 Si—H 与 C—H 键之间的不同。

$$Ph_3SiH + CH_3Li \longrightarrow SiPh_3—CH_3 + LiH$$

$$Ph_3CH + CH_3Li \longrightarrow Ph_3CLi + CH_4$$

4-3　磷叶立德与硫叶立德有何异同，试举例说明。

4-4　试举例说明 Wittig 反应的优缺点。

4-5　完成下列反应

（1）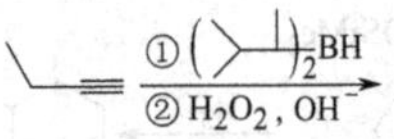

（2）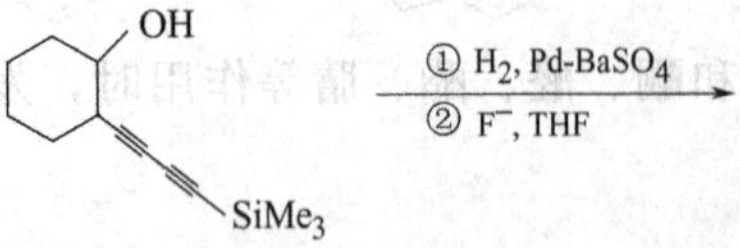

（3）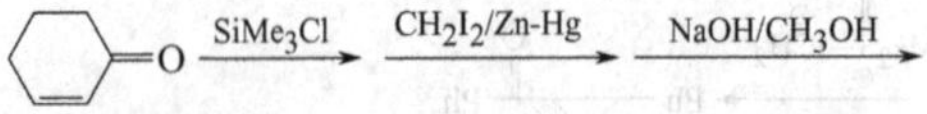

（4）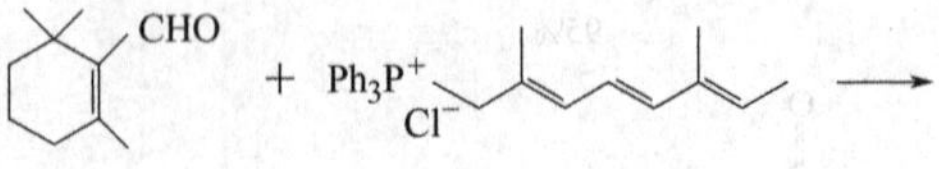

（5）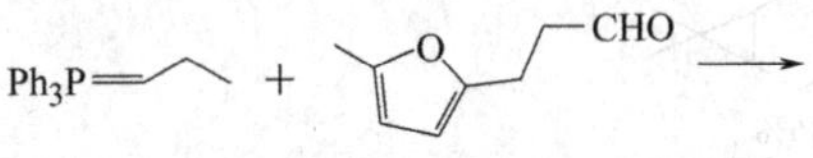

（6）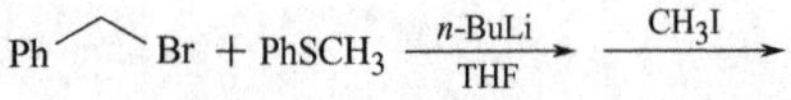

（7）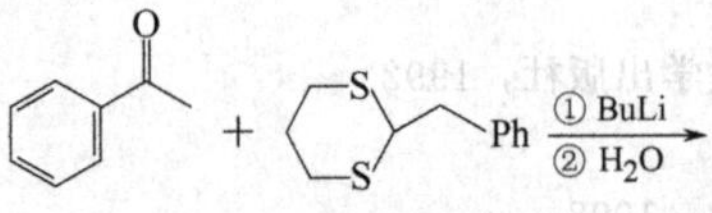

第 5 章 不对称合成

随着人类对自然尤其是对生命自身认识的逐步深入，发现手性是构成生命物质的基本属性，例如，DNA 和 RNA 的核糖和脱氧核糖是 D 型结构，而构成蛋白质的 20 种天然氨基酸中除甘氨酸外都是 L 型的。可以说没有能识别和处理信息具有生物活性的手性化合物，就没有自然界中多种多样的生命形态。随着现代科学在分子层次上的发展和要求，尤其是人们对复杂分子对映体的不同生理作用的深入探索，有力地推动了现代有机合成化学领域中不对称合成研究的迅速发展。到目前已发现，手性化合物存在着成对的对映异构体，而且互为对映异构的两个化合物，其生理活性完全不同。例如只有（*S*)-构型的氨基酸才能在体内合成蛋白质；左旋(－)-3-羟基-*N*-甲基吗啡烷有显著的止痛作用，而它的对映体则无此作用；(*R*)-3-氯-1,2-丙二醇是有毒的，但其对映体（*S*)-异构体却是正在研究中的男性节育剂。因此，如何获得所需要的某一对映体就显得非常重要。手性物质的获得，除来自天然外，人工合成也是一种重要途径。在不久以前，甚至现在，人工合成仍要用到对映体拆分，即先合成外消旋体，然后经拆分获得某一异构体。用外消旋体拆分法会同时得到等量的另一对映体，如果这种对映体没有使用价值，那么这种合成法的效率至少要降低 50%，是一种很不经济的方法。目前，所采用的比对映体拆分法更经济、更直接的方法就是不对称合成法。这种方法的关键是在尽可能早的合成阶段引入手性中心，从而排除或基本排除不需要的另一对映体的产生，获得所需的某一对映体的一种合成方法。不对称合成反应又可分为化学计量的不对称反应和催化不对称反应两种。其中催化不对称反应效率更高。

不对称合成是有机合成化学的前沿领域，也是最近 20 年内发展最迅速最有成就的领域。下面对不对称合成的原理和方法作一简单介绍。

5.1 不对称合成概述及立体化学基础

5.1.1 不对称合成的定义和分类

首先来看下面两个例子。第一个是关于 D-(＋)-甘油醛的氰解、水解、氧化三个反应过程。D-(＋)-甘油醛是一个右旋的手性化合物，当在这个含有一个手性中心的不对称分子的醛基上发生氰解时，又生成一个新的不对称中心，结果得到一对非对映异构体：D-苏力糖腈和 D-赤藓糖腈。但是，所生成的这两种非对映异构体在量上是不相等的。因为，D-(＋)-甘油醛分子原来的手性碳原子的结构对新的不对称中心的形成有很大的影响。这就导致在反应中产物的两种可能构型在数量上呈分配不均的现象。这一反应主要生成 D-苏力糖腈和少量 D-赤藓糖腈。如果进一步水解、氧化，结果就产生大量 D-(－)-酒石酸和少量的 meso-酒石酸。反应如下：

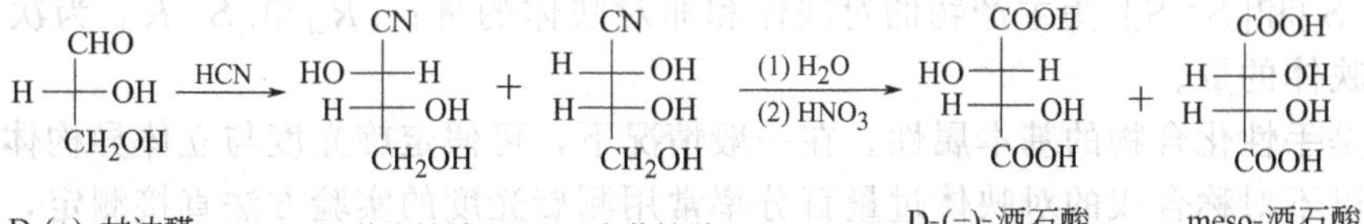

D-(+)-甘油醛　　D-苏力糖腈　　D-赤藓糖腈　　D-(-)-酒石酸 主产物　　meso-酒石酸 少量

第二个例子是 *R*-(－)-乙酰基苯基甲醇与甲胺发生亲核加成消除反应，然后再进行催化氢化，得到主产物 D-(−)-麻黄碱和少量产物 D-(−)-假麻黄碱。反应如下：

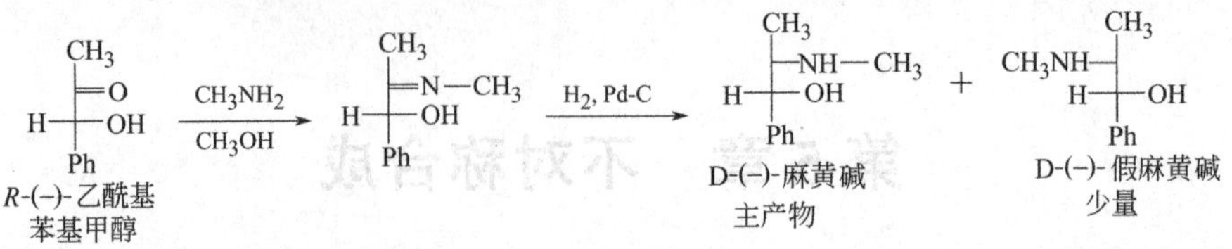

这一反应的反应物也是一个不对称化合物，其中包含一个不对称碳原子。这个不对称碳原子的结构同样使试剂分子（H_2-Pd）在进入反应时，两种可能的反应方向呈概率不均等状态。因此得到主产物 D-(−)-麻黄碱和少量副产物 D-(−)-假麻黄碱。

从以上两个例子可以得出：在一个不对称反应物分子中形成一个新的不对称中心时，两种可能的构型在产物中的出现常常是不等量的。在有机合成化学中，就把这种反应称为“不对称合成”或“不对称反应”。关于“不对称合成”这一术语早在 1894 年就由 E. Fischer 首先使用过，随着人类认识的逐渐深化和完善，现今对这一概念的理解是 Morrison 和 Mosher 提出的并被普遍接受的一个广义定义：“不对称合成是这样一个反应，其中底物分子整体中的非手性单元，经过反应剂不等量地生成立体异构产物的途径，转化为手性单元。”即不对称合成是这样一个过程，它将潜手性单元转化为手性单元，使得产生不等量的立体异构产物。其中，反应剂可以是化学试剂、溶剂、催化剂或物理力（如圆偏振光）等。

不对称合成可以由包含潜手性单元的反应物（底物）分子与一个手性试剂反应，生成不等量的对映体产物，这是一种对映择向合成；也可以由含手性单元的反应物（底物）分子与一个非手性的普遍试剂反应，获得不等量的非对映体产物，这是一种非对映择向合成；还可以是手性反应物与手性试剂之间的择向性反应，这属于双不对称合成。因此，不对称合成可分为三大类型：

① 非对映择向合成（diastereoselective synthesis）；

② 对映择向合成（enantioselective synthesis）；

③ 双不对称合成（double asymmetric synthesis），又叫双立体差异合成（double stereodifferentiating synthesis）。

本章就按这种分类方法讨论不对称合成。

5.1.2 不对称合成的效率

由不对称合成的定义不难理解，不对称合成实际上是一种立体选择性反应。它的反应产物可以是对映体，也可以是非对映体，且两种异构体的量不同。立体选择性越高的不对称合成反应，产物中两种对映体或非对映体的数量差别越悬殊。正是用这种数量上的差别来表征不对称合成反应的效率。如果产物互为对映体，则用某一对映体过量百分率（percent enantiomeric excess，简写为%e. e.）来衡量其效率；如果产物为非对映体，可用非对映体过量百分率（percent diastereoisomeric excess，简写为%d. e.）表示其效率：

$$\%\text{e. e.}=\frac{[S]-[R]}{[S]+[R]}\times 100\%$$

$$\%\text{d. e.}=\frac{[S^*S]-[S^*R]}{[S^*S]+[S^*R]}\times 100\%$$

式中，$[S]$和$[S^*S]$ 为主产物的对映体和非对映体的量；$[R]$和$[S^*R]$ 为次要产物的对映体和非对映体的量。

旋光性是手性化合物的基本属性。在一般情况下，可假定旋光度与立体异构体的组成成直线关系，所以不对称合成的对映体过量百分率常用测旋光度的实验方法直接测定，或者说，在实验误差可忽略不计时，不对称合成的效率用光学纯度百分数（percent optical purity，简写为%o. p.）表示：

$$\%o.p.=\frac{[\alpha]_{样品}}{[\alpha]_{纯品}}\times 100\%$$

例如，已知光学纯的 *S*-(+)-2-丁醇的比旋光度为+13.52°；光学纯的 *R*-(−)-2-丁醇的比旋光度为−13.52°；有一个 2-丁醇样品，其比旋光度为+6.76°。计算该样品百分光学纯度为多少？

解：实测样品的比旋光度为+6.76°，其纯对映体的比旋光度为+13.52°，则：

$$样品光学纯度=\frac{+6.76^\circ}{+13.52^\circ}\times 100\%=50\%$$

在不对称合成中有两个常用术语，即立体选择性（stereoselectivity）和立体专一性（stersospecificity）。立体选择性反应是指某一能生成两种或两种以上立体异构产物且其中一种异构体是优势产物的反应。显然不对称合成就是一种立体选择性反应。其效率或者说选向率在 0～100%之间。若反应的选向率很小时，则该反应的立体选择性就很差。立体专一性反应是指产物的构型与反应底物的构型在反应机理上立体化学相对应的反应。例如，(*S*)-对甲基苯磺酸-2-丁基酯与乙酸根离子发生 S_N2 反应时，产物是 100%的（*R*)-乙酸-2-丁基酯；而（*R*)-对甲基苯磺酸-2-丁基酯与乙酸根离子发生 S_N2 反应时，结果得到 100%（*S*)-乙酸-2-丁基酯。可见，立体专一性是指反应按同一机理进行时，某一种立体异构反应物［如此例中的（*S*)-对甲基苯磺酸-2-丁基酯］在反应后得到某一立体构型的产物［如（*R*)-乙酸-2-丁基酯］，与其相对应的另一种立体异构反应物［如（*R*)-对甲基苯磺酸-2-丁基酯］经反应得到另一种立体异构产物［如（*S*)-乙酸-2-丁基酯］的反应。立体专一性反应与产物是否稳定没有关系。因此，立体专一性反应的选向率和产物的光学纯度均为 100%。显然，立体专一性反应就是立体选择性反应，但相反的推论却不能成立。本书就按照上述三种分类具体讨论不对称合成反应。在此之前，首先对立体化学的基础知识作一简单介绍。

5.1.3 立体化学概念、术语及命名

5.1.3.1 化合物的旋光性和手性

能使平面偏振光的偏振面旋转的性质叫做光活性或旋光性。具有旋光性的物质分子是不能与其镜像重叠的，或者说与镜像不等同。这种实物与其镜像不等同或不重合的性质称为手性或者不对称性。实物分子和镜像分子互为对映异构体。以顺时针方向旋转偏振光的对映体为右旋化合物，用（+）或字母 *d* 表示；以逆时针方向旋转偏振光的对映体为左旋化合物，用（−）或字母 *l* 表示。左旋和右旋对映体的等摩尔混合物称为外消旋体，旋光值为零，用放在分子名称前面的（±）或 rac 表示。

旋光度是使平面偏振光的偏振面改变的角度，用 α 表示，但是用旋光仪观察到的旋光度 α 是与样品的浓度和样品管的长度有关的。为此，规定样品浓度为 1g/ml，盛放样品的旋光管为 1dm，这样测得的旋光度为比旋光度，用［α］表示，因为比旋光度与测定时的温度和所用光的波长以及所用溶剂有关，因此在给出比旋光度时，温度和波长分别注在［α］的上标和下标；溶剂（有时还有浓度）在度数后的括号内标明。如 $[\alpha]_D^{20}=+11.98^\circ$（水，$c=20$)，其中 c 表示浓度，D 表示用钠光谱的 D 线（589.3nm）所测。

物质的旋光性是分子不对称的象征，其实分子的手性和旋光性取决于其分子构型，总的来说，分子结构具备以下三个条件之一的才具有手性：

① 化合物带有不对称碳原子。即碳原子上连有指向四个顶点的四个不同基团（然而，不对称碳原子的存在对于光学活性既非必要条件也非充分条件）。

② 化合物带有四价共价键连的不对称原子，如：Si，Ge，N（在季铵盐中或氮氧化物中)，Mn，Cu，Bi，Zn，四个价键指向四面体的四个角，且互不相同。

③ 化合物带有三价的不对称原子，孤对电子看作是第四个基团（在 CIP 优先序列中排末尾)，且因某些固定键的存在而不能翻转。例如下列三元杂环，杂原子含未共用电子对：

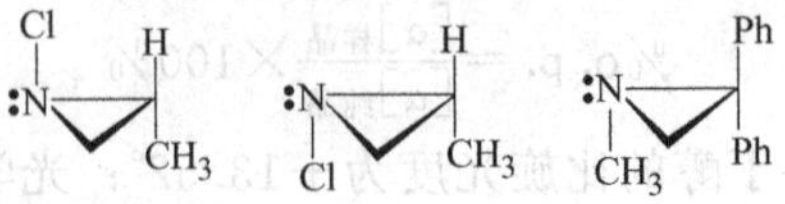

又如桥头键：

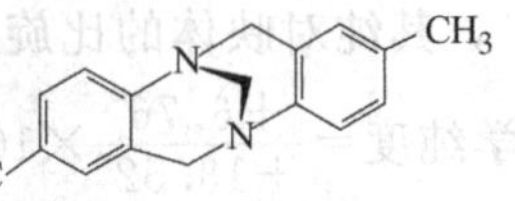

5.1.3.2　手性化合物的命名

手性的名称是由我们左右手不能重合的事实而得来的，一个手性化合物与其镜像之间互为对映异构体。例如：**1** 与 **2**，**3** 与 **4** 互为对映体。

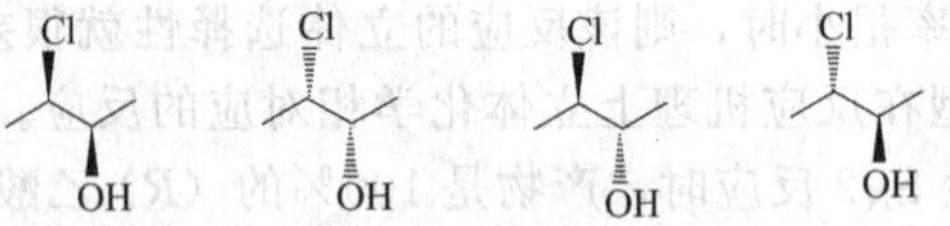

1　　**2**　　**3**　　**4**

而 **1** 与 **3**，**2** 与 **4** 看起来结构相似，也是同分异构体，但它们不是互为镜像，也就无所谓是否等同了。像这种化学组成相同，但不互为镜像，在分子中的一个或多个不对称中心具有不同构型而彼此不同的物质，互称为非对映体。也就是说，**1** 与 **3**，**2** 与 **4** 互为非对映体。从历史上看，这些手性化合物的命名有以下两种体系。

（1）Fischer 惯例或 D/L 结构　在 20 世纪初，化学家对光学活性物质的绝对构型是未知的。E. Fischer 这位碳水化合物化学之父，选择了以人为规定结构的甘油醛分子为标准构型，也就是在用 Fischer 式表示的甘油醛分子结构中，醛基在垂直方向的上方，羟甲基在下方，羟基在右，氢原子在左的甘油醛为 D 型，其具有相反构型的镜像分子规定为 L 型。其他类似于 RCHXR′分子的光学活性的化合物的 Fischer 式，其顶部为编号最低的原子或基团。当 X 基团（通常 X 为羟基、氨基或卤素原子）在 Fischer 式的右边时，即与 D-甘油醛相同，这个分子的相对构型就是 D 型。如果在左边，就是 L 型。

Fischer 投影式最大的优点是它能对大量天然产物作出系统的立体化学表述，直至现在碳水化合物化学中仍然沿用 Fischer 惯例，即 D/L 结构。后来因为很多化合物结构与甘油醛相去甚远，无法与标准的甘油醛相联系，才显示出 Fischer 惯例的局限性。而且，随物理技术的发展，到 20 世纪 50 年代，已经能测定手性中心的四个配体的绝对取向了，使得系统描述立体异构体成为可能。20 世纪 60 年代中期（1965 年）由 Cahn、Ingold 和 Prelog 提出的命名系统就能确定手性化合物的绝对构型，即 Cahn-Ingold-Prelog 惯例，简称 CIP 惯例。

（2）CIP 惯例或 *R*/*S* 结构

① 手性中心构型

在 CIP 系统中，对于含一个手性碳原子的手性化合物而言，首先要给出连在手性碳原子上的 4 个不同基团的优先次序，并以 a＞b＞c＞d 的优先次序排列，沿 C—d 键的方向（即从 d 的反面）观察，若 a→b→c 是顺时针，其结构被定义为 *R* 构型，否则为 *S* 构型。这样 D-甘油醛就是 *R* 构型

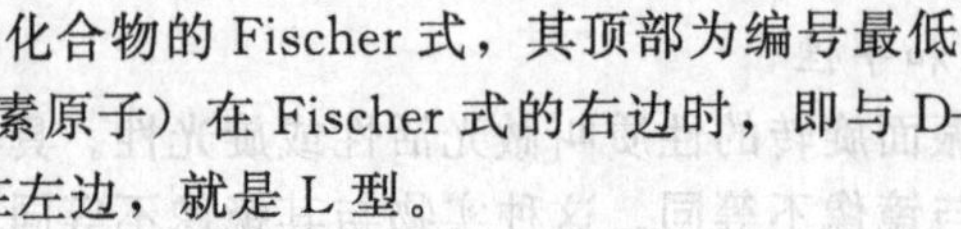

D-(+)-甘油醛/(*R*)-甘油醛　　(*R*)-α-苯基乳酸　　(*S*)-α-碘带乙基磺酸

② 手性轴构型

早在 1874 年，Van’t Hoff 就曾预言：具有旋光性的分子不仅仅就是含有手性中心的（含

有手性碳原子的分子也不一定就有旋光性)，旋光性的唯一要求就是实物和镜像之间不重叠，即手性。而手性分子除可能含有不对称中心外，还可能有手性轴。20 世纪 30 年代就已经证实了丙二烯类、联苯类及螺烷烃类等化合物由于分子的手性而存在旋光异构体。这些化合物有个共同点就是均含有一个手性轴，使其实物与镜像不能重叠，因此可以产生对映异构现象。分子的手性是取代基围绕轴进行手性排布的结果。例如，1,3-二氯丙二烯的结构为：

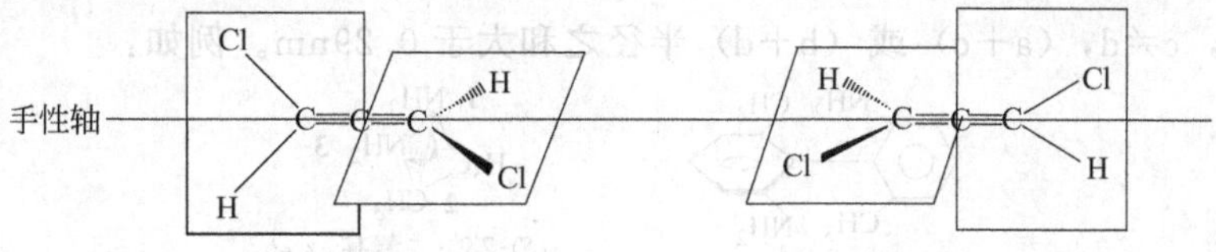

1 (*S*)-1,3-二氯丙二烯　　**2** (*R*)-1,3-二氯丙二烯

这种含有手性轴的化合物也可用 *R*/*S* 法表示其构型。方法是沿着手性轴两端的任一端方向去观察手性分子，由于两个双键连同取代基所在的两个平面是互相垂直的，因此 4 个取代基所处的位置相当于四面体的 4 个顶点。规定靠近眼睛的两个取代基比远离的两个取代基优先，所以靠近眼睛的一对取代基排 1,2 位，远离的两个排 3,4 位，按 *R*/*S* 法的原子或基团的优先次序原则确定靠近和远离的两个基团的先后次序，并以此命名为 *R* 或 *S* 构型。化合物 **1** 为 *S* 构型，**2** 为 *R* 构型。除丙二烯外，还有一些偶数累积多烯（指双键个数为偶数）也具有手性轴，例如：

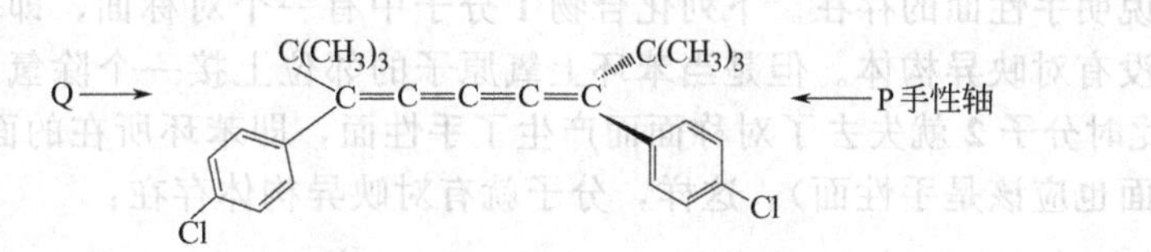

如以 Ar 代表对氯苯基，从手性轴的两端观察分子分别用下面两个图式可直观地看出其绝对结构为 *R* 型：

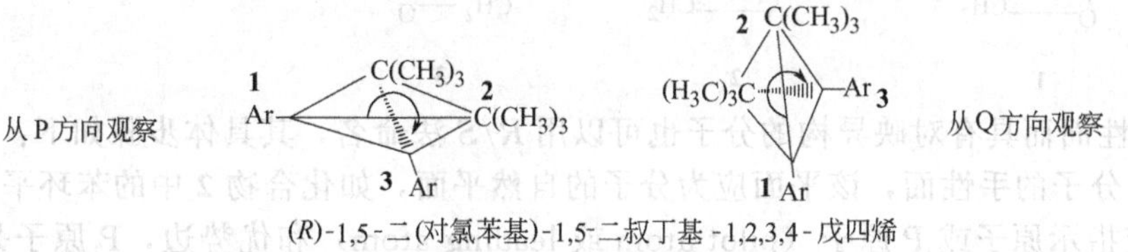

(*R*)-1,5-二(对氯苯基)-1,5-二叔丁基-1,2,3,4-戊四烯

由此可见，无论从手性轴的哪一方向观察，这个四取代的累积戊四烯都是 *R* 构型。此外，螺环类及联苯类化合物有时也含有手性轴，存在对映异构。如，2,6-二甲基螺[3.3]-庚烷：

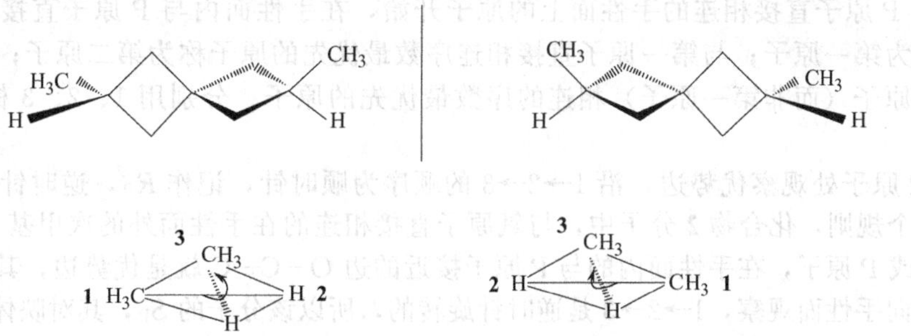

(*S*)-2,6-二甲基螺[3.3]-庚烷　　(*R*)-2,6-二甲基螺[3.3]-庚烷

联苯类化合物因 2,6-位与 2′,6′-位的取代基之间的排斥作用，破坏了两个苯环的共面性，当苯环相互垂直时能量最低（见下图）。如果两个苯环的这四个位置连有不同的取代基时，分子内就存在一个手性轴，从而产生对映异构。这种由于单键的旋转受阻而产生的光学异构体称

为非转动异构体。因此，联苯类非转动异构体能否形成或拆开取决于邻位基团体积的大小。经实验测定表明，两个相邻的干扰基团的半径之和大于 0.29nm 时，可拆分并形成稳定的对映体，而低于这个值就难以拆开了。

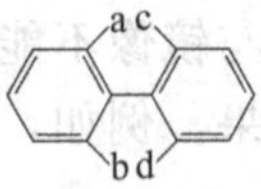

其中 a≠b，c≠d，(a+c) 或 (b+d) 半径之和大于 0.29nm。例如：

(*S*)-2,2′-二氨基-6,6′-二甲基联苯

又如：

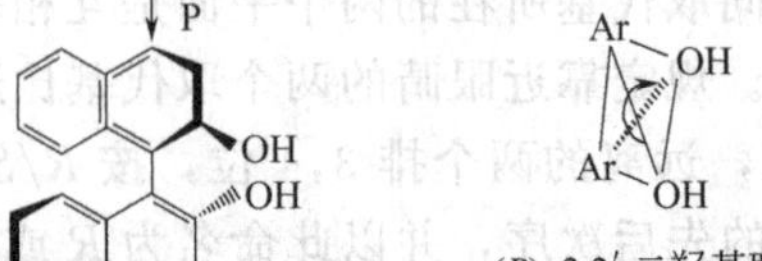

(*R*)-2,2′-二羟基联萘

③ 手性面构型 (planar chirality)

我们举例说明手性面的存在。下列化合物 **1** 分子中有一个对称面，即垂直于苯环的平面，所以化合物 **1** 没有对映异构体。但是当苯环上氧原子的邻位上接一个除氢以外的其他基团时，如化合物 **2**，此时分子 **2** 就失去了对称面而产生了手性面，即苯环所在的面就为手性面（当然垂直于苯环的面也应该是手性面）。这样，分子就有对映异构体存在：

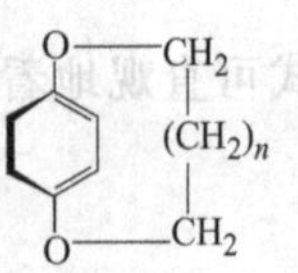

1

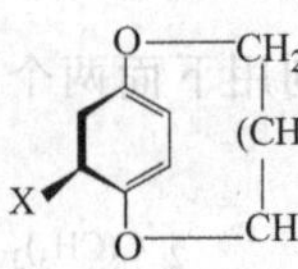

2

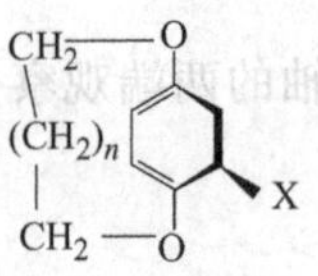

3

X=COOH, NH₂, Cl, Br, I 等

这种因有手性面而具有对映异构的分子也可以用 *R*/*S* 法命名，其具体步骤如下：

a. 确定分子的手性面，该平面应为分子的自然平面，如化合物 **2** 中的苯环平面。

b. 确定指示原子或 P 原子 (pilot atom 或 leading atom) 和优势边，P 原子是手性面外直接与所选手性面相连的所有原子中优先性最高的原子，优势边是在手性平面内与 P 原子较近的边。

c. 从与 P 原子直接相连的手性面上的原子开始，在手性面内与 P 原子直接相连的序数最优的原子称为第一原子；与第一原子直接相连序数最优先的原子称为第二原子；第三原子就是直接与第二原子（而非第一原子）相连的序数最优先的原子。分别用 1、2、3 标记第一、二、三原子。

d. 从 P 原子处观察优势边，沿 1→2→3 的顺序为顺时针，记作 R_P，逆时针为 S_P。

根据这个规则，化合物 **2** 分子中，与氧原子直接相连的在手性面外的次甲基 CH_2 的碳原子为指示原子或 P 原子，在手性面内的与 P 原子接近的边 O—C—C 就是优势边，其编号如下，而且从 P 原子向手性面观察，1→2→3 是逆时针旋转的，所以该分子的 S_P，其对映体是 R_P。

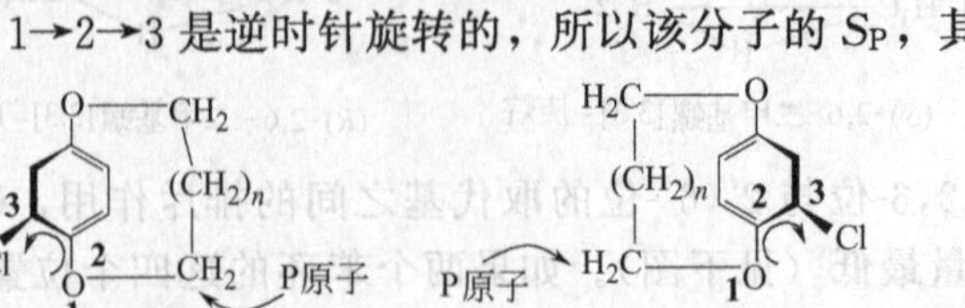

2 S_P型　　R_P型

又如环芃烷（paracyclophane）化合物 **3**，环芃烷甲酸，也是含有手性面的手性分子：

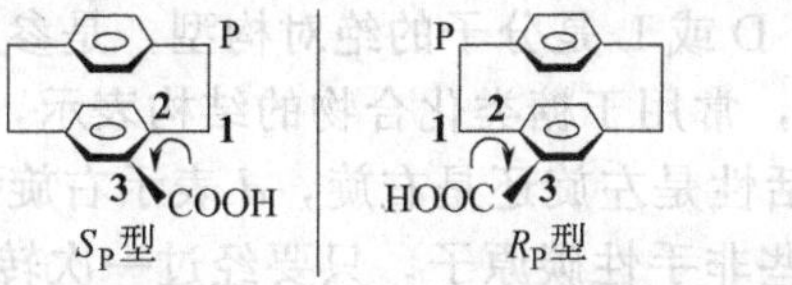

下面的化合物同时含有手性面和手性碳，因为手性面和手性碳的构型相反，所以分子结构记作苏式（threo）。

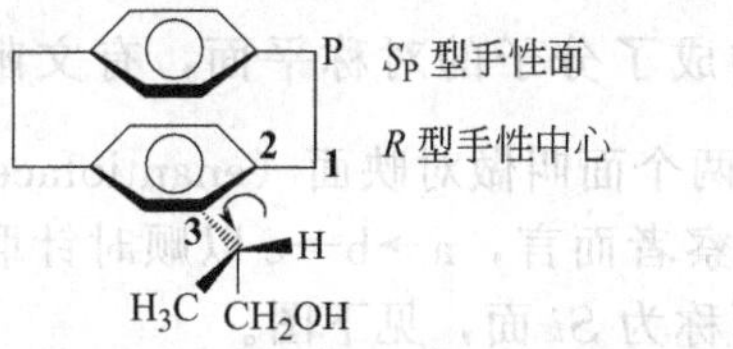

苏-2(4-[2,2]-对环芳烷基)-1-丙醇

④ 螺旋手性结构（helical chirality）

这是一类特殊的手性分子，比如螺并苯（hclicenes），其分子形状像螺杆，对映体的构型决定于它的排列是向左旋还是向右旋螺杆，从旋转轴的上面观察，看到的螺旋是顺时针方向的定为 P 构型，而逆时针取向的则定为 M 构型。

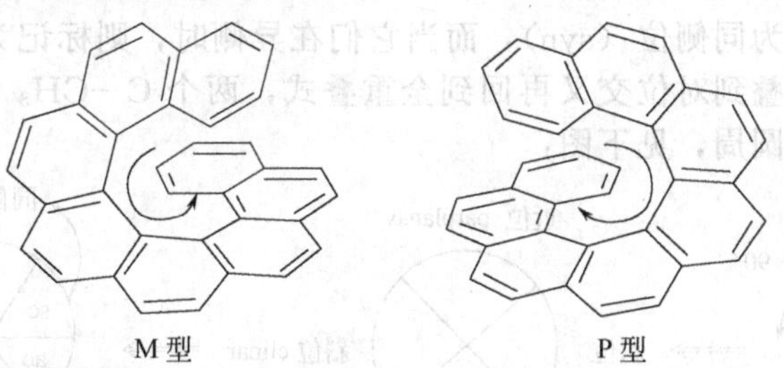

5.1.3.3 立体化学中其他概念和表示法的含义

（1）不对称（asymmetric）分子和非对称（dissymmetric）分子　不对称分子：分子中不含有任何对称因素，如，对称轴、对称面（相当于一重交替对称轴）、对称中心（相当于二重交替对称轴）和四重交替对称轴等，这样的分子称为不对称分子，也一定是手性分子。

非对称分子：分子中没有对称面、对称中心及四重交替对称轴，但有简单的对称轴（如 C_2 轴，见下面的例子），这种分子仍然具有手性，为了与不对称分子区分，就称之为非对称分子。有时这两种分子也不做区分，都叫做“不对称分子”。

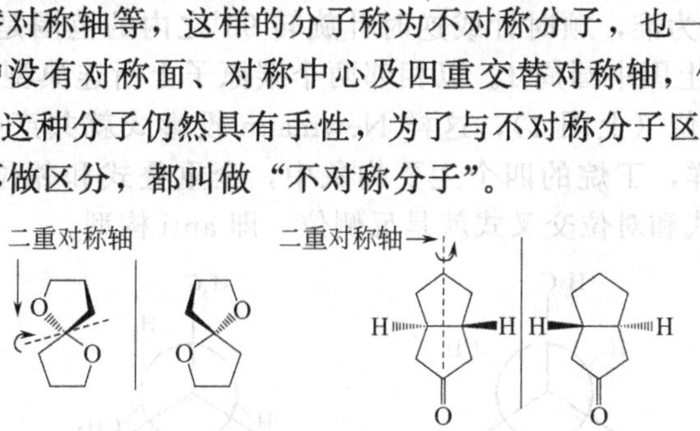

（2）对映（异构）体和非对映（异构）体　对映体和非对映体属于立体异构体，立体异构体就是指分子由相同的原子和原子数目组成，且具有相同的连接方式但构型不同的两个化合物。对映体是指两个像左右手一样、互为镜像却不能重合的立体异构体。非对映体通常是指，至少含有两个手性中心且互相不为镜像的立体异构体，例如 L-赤藓糖和 L-苏糖。

（3）外消旋体和内消旋体　外消旋体：一对对映体等量混合后消除了对映体之一的光学活性（使单色平面偏振光的平面向左或右旋转的性质），我们把这种混合物称为外消旋体，可表示为 *dl* 或者（±），建议用（±）表示。

内消旋体：分子中具有 2 个或多个不对称中心但又有对称面，因而不能以对映体存在的化合物，用 meso 放在化合物名称前面表示内消旋体，例如，meso-酒石酸。

(4) D/L 与 *dl* 的区别　D 或 L 是分子的绝对构型，是参照 D-或 L-甘油醛绝对构型经化学关联而指认的一种分子构型，常用于糖类化合物的结构表示，现在更多是用 *R* 和 *S* 构型表示；*d* 或 *l* 则表示化合物的光学活性是左旋还是右旋，*d* 表示右旋，*l* 表示左旋。

(5) *Re*/*Si* 面　对于一些非手性碳原子，只要经过一次转化就可以变成手性中心，我们称这种非手性中心为潜手性中心。含有潜手性中心的化合物称为潜手性化合物，醛、酮化合物就是一类具有三角平面的潜手性化合物，通式记作：

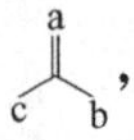

，其中 a、b、c 就构成了分子的对称平面，有文献称之为对映零面（enantio-zero-plane)，这个对映零面两侧的两个面叫做对映面（enantioface)，它们是不一样的。若按照 CIP 优先性定为 a＞b＞c，则对观察者而言，a→b→c 以顺时针取向的面称为 *Re* 对映面，简称 *Re* 面，相反，以逆时针取向的面称为 *Si* 面，见下图。

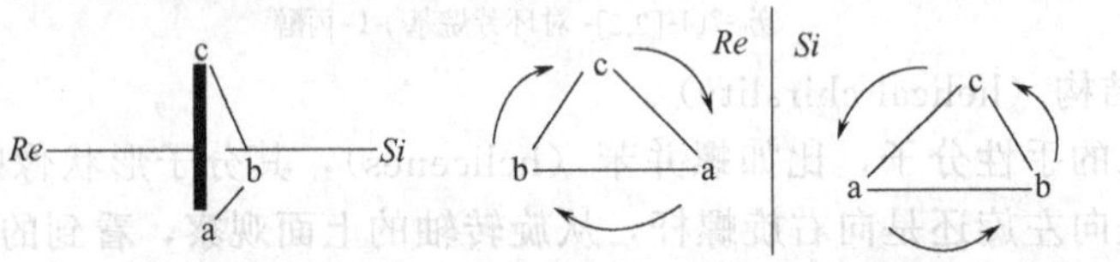

(6) syn（同侧位）/anti（反侧位）　在 Newmann 投影式表示的构象中，当两个典型原子或基团位于同侧时，记为同侧位（syn)，而当它们在异侧时，则标记为反侧位（anti)。例如，在丁烷分子中，从全重叠到对位交叉再回到全重叠式，两个 C—CH_3 键的夹角从 0°至 360°变化，由此得到下面这个圆周，见下图：

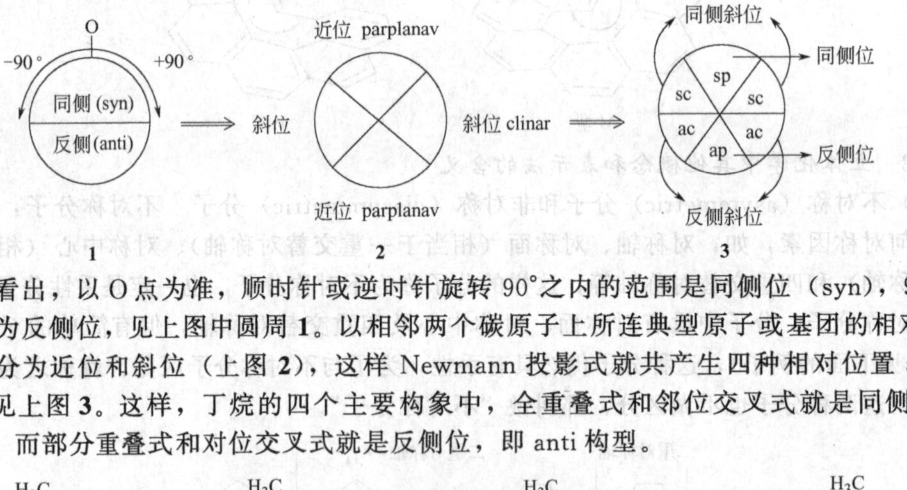

1　　2　　3

由此看出，以 O 点为准，顺时针或逆时针旋转 90°之内的范围是同侧位（syn)，90°以上的范围称为反侧位，见上图中圆周 **1**。以相邻两个碳原子上所连典型原子或基团的相对位置，又将圆周分为近位和斜位（上图 **2**)，这样 Newmann 投影式就共产生四种相对位置 sp、sc、ap、ac，见上图 **3**。这样，丁烷的四个主要构象中，全重叠式和邻位交叉式就是同侧位，即 syn 构型，而部分重叠式和对位交叉式就是反侧位，即 anti 构型。

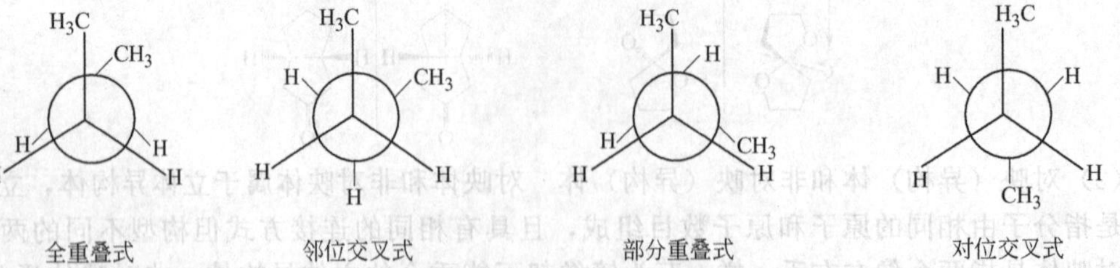

全重叠式　　邻位交叉式　　部分重叠式　　对位交叉式

(7) 赤式/苏式（erythro/threo）　赤式和苏式这两个名词来源于赤藓糖和苏力糖，其结构如下：

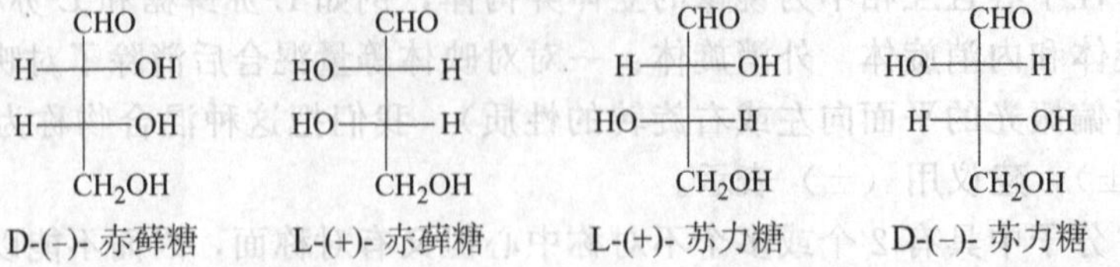

D-(-)- 赤藓糖　　L-(+)- 赤藓糖　　L-(+)- 苏力糖　　D-(-)- 苏力糖

对于由赤藓糖和苏力糖的结构演变而来的、用Fischer投影式表示的含有两个相邻手性碳原子、结构为RabC—CacR′的分子，当两个手性碳原子上所连接的两个相同或相似的较优基团处于垂直线的同一侧时，其结构用赤式（erythro）表示，相反，在异侧时用苏式（threo）表示。

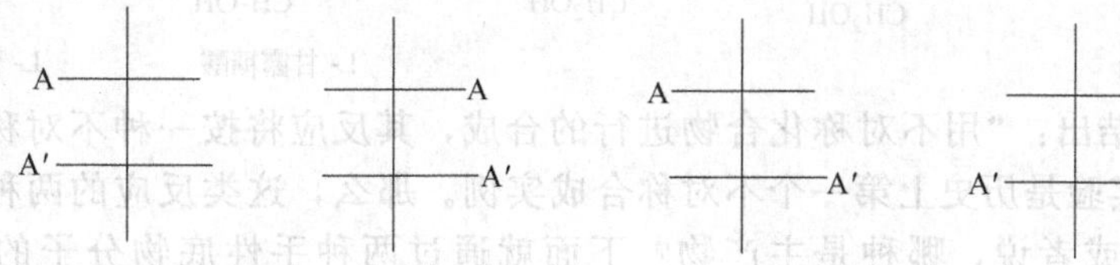

赤式　　　　　　　　苏式

5.2 非对映择向合成

非对映择向合成是将手性底物分子中的潜手性单元转变成手性单元的过程。其中在很多情况下潜手性单元是羰基，即存在一个羰基所在的平面，也就是所谓的局部对映面（heterotopic）。因为羰基所在平面的上下两个面是不相同的，按照Cahn-Ingold-Prelog优先次序，如果平面上三个基团为顺时针取向，这个面是*Re*面，相反，为逆时针取向则三个基团所在的面就是*Si*面。例如：

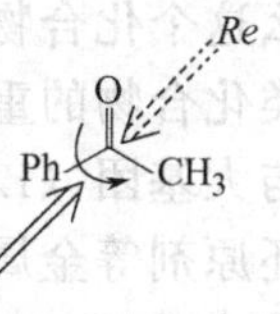

当某些试剂如还原剂或亲核试剂进攻这种潜手性单元的时候，*Re*和*Si*两种面都有可能受到进攻，得到的产物是不一样的。例如：

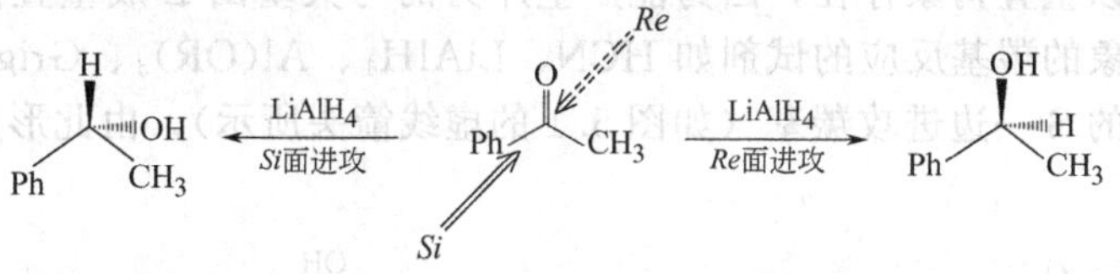

在不对称合成反应中，就是由于*Re*和*Si*面的选择性不同，才导致产物的对映体或非对映体的量不同。

不对称底物分子中的潜手性单元与对称试剂发生反应，将底物分子中的潜手性单元转变为不对称单元，或者说，在不对称底物分子中引入一个新手性中心的反应就是所谓的非对映择向合成。该反应的产物是一对非对映体，但两者的量不同。例如：

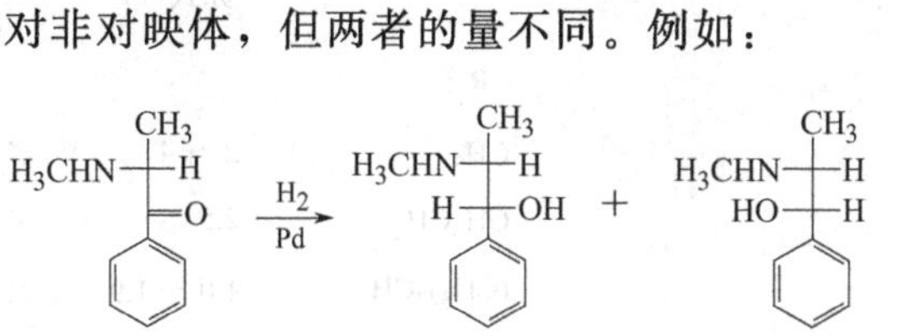

(*S*)　　　　(*S,R*)　　　　(*S,S*)

换句话说，在手性底物上引入新的手性中心的选择性反应都属于非对映择向反应类型。这类反应早在1890年就被E. Fischer所证实，他做了L-阿拉伯糖与HCN发生羟氰化反应，然后水解生成多一个碳的糖酸，即L-甘露糖酸和L-葡萄糖酸的实验，两种产物的量的比为3∶1。

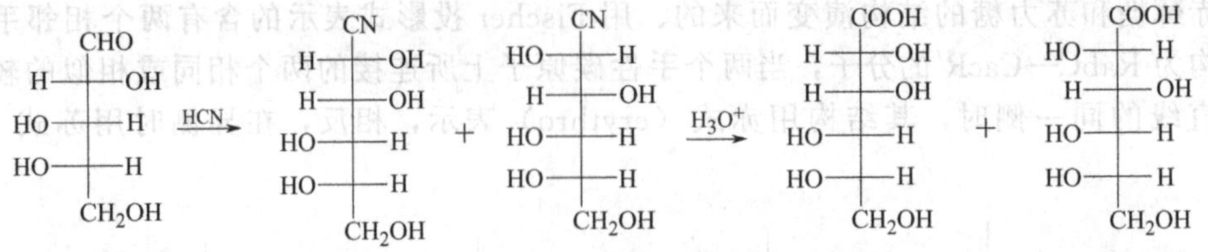

L-阿拉伯糖　　　　L-甘露糖酸　　L-葡萄糖酸

由此 E. Fischer 总结出："用不对称化合物进行的合成，其反应将按一种不对称的方式进行。"E. Fischer 的这个实验是历史上第一个不对称合成实例。那么，这类反应的两种非对映体产物中，哪种占优势？或者说，哪种是主产物？下面就通过两种手性底物分子的不对称合成来说明。

5.2.1 含 α-不对称碳原子的醛、酮的亲核加成反应

含 α-不对称碳原子的醛、酮化合物，由于羰基碳与 α-不对称碳原子之间的 C—C 单键可以旋转，使这类化合物呈现不同的构象；而且这些不同构象呈现不均等的分配现象，即有些构象很稳定，占所有构象的较大比例，有些构象不稳定，所占比例较小，其中稳定的、所占比例较大的构象为优势构象。克拉姆（D. J. Cram）等人第一次将构象分析与不对称合成联系起来并总结出以下经验规则，下面分别介绍。

5.2.1.1 Cram 规则一

假设含 α-不对称碳原子的醛、酮的 α-碳所连基团用大（L）、中（M）、小（S）来表示的话，那么这个化合物的优势构象如图 5.1 所示。

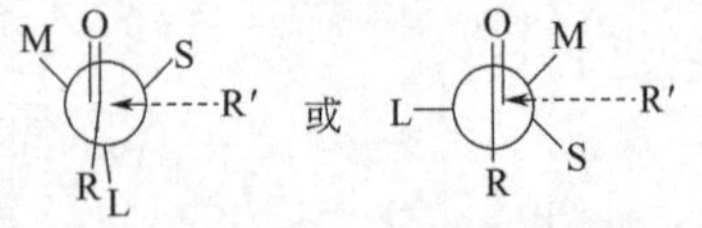

R-L 重叠构象　　全交叉构象

图 5.1 不对称醛、酮的优势构象

这类化合物的重叠优势构象之所以能稳定存在，这是因为羰基氧与大基团（L）的斥力较大的原因，尤其在与格氏试剂或醇铝还原剂等金属试剂反应时，金属先与羰基氧结合，使羰基氧位于小基团（S）与中基团（M）之间，且与氧原子处于斥力最小 180°的方向上，这样才不至于引起较大的扭转张力。醛类化合物更容易以重叠构象存在，因为能产生斥力的与大基团 L 成重叠位置的仅仅是 H 原子。与这一优势构象的羰基反应的试剂如 HCN、$LiAlH_4$、$Al(OR)_3$、Grignard 试剂等将倾向于在空间位阻较小的 S 一边进攻羰基（如图 5.1 的虚线箭头所示），由此形成的产物是主产物。例如：

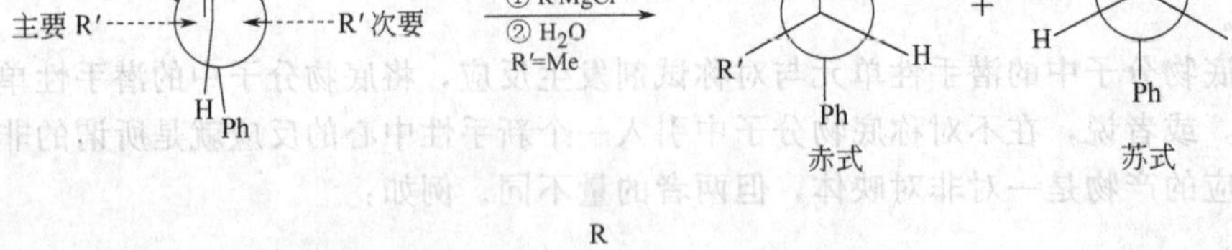

赤式　　苏式

R	赤式	:	苏式
CH_3	2～4	:	1
CH_3CH_2	2.5	:	1
$(CH_3)_2CH$	1.0～1.9	:	1

而以 Felkin 为代表的另外一种观点则认为，分子中任何相互重叠构象都会引起扭转张力的增大。这样，可能存在的分子构象和试剂基团的加成方向是图 5.2 的全交叉构象。从图 5.2 也可以看出，这种全交叉有 **A** 和 **B** 两种构象，这种观点还认为，在过渡状态中，当 R 和 R′与 α-碳原子上的三个基团 L、M、S 之间的相互作用大于羰基氧原子与 L、M、S 之间的作用力时，α-不对称酮化合物还可采用全交叉的优势构象（见图 5.2），而且是构象 **A**，因为 **A** 中 R

与L、M、S基团斥力更小，所以与**B**相比，构象**A**是优势构象。

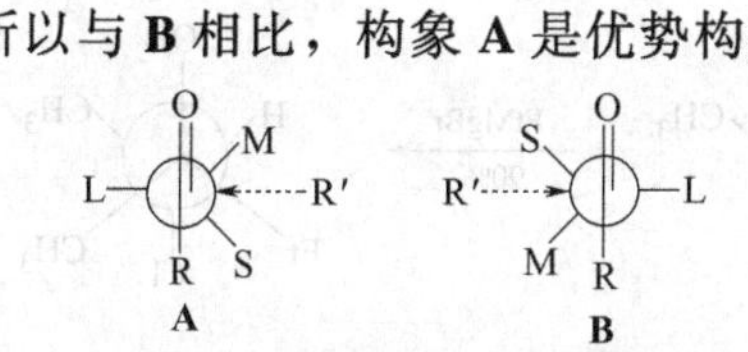

图5.2 全交叉构象的解释

下面是由全交叉构象推测反应结果的一个例子：

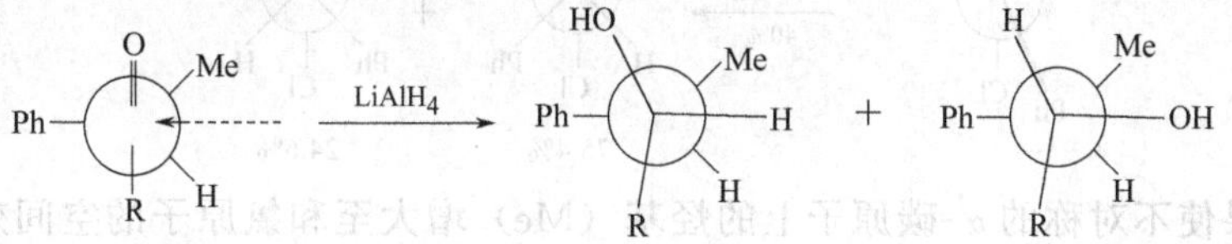

苏式　　赤式

R			
Me	2.5(35℃) ～ 5.6(−70℃)	:	1
Et	2.0 ～ 3.2	:	1
Ph	>4	:	1
Me_2CH	5.0	:	1
Me_3C	49(35℃) ～ 499(−70℃)	:	1

由此可见，正确分析反应底物及其在过渡状态时的优势构象，十分有助于反应的主要方向和主要产物结构的判断。Cram 规则一又称为开链模型。

5.2.1.2　Cram 规则二

如果在酮的不对称 α-碳原子上连接了一个能与酮羰基氧原子形成氢键的羟基或氨基时，反应试剂将从含氢键环的空间阻碍较小的一边进攻羰基。此外，羟基和氨基都含有孤对电子，很容易与格氏试剂或其他金属化合物的金属进行配位，形成螯合环中间体，因此，羰基上的加成反应的方向受这种优势构象的制约。Cram 规则二也称环状模型。

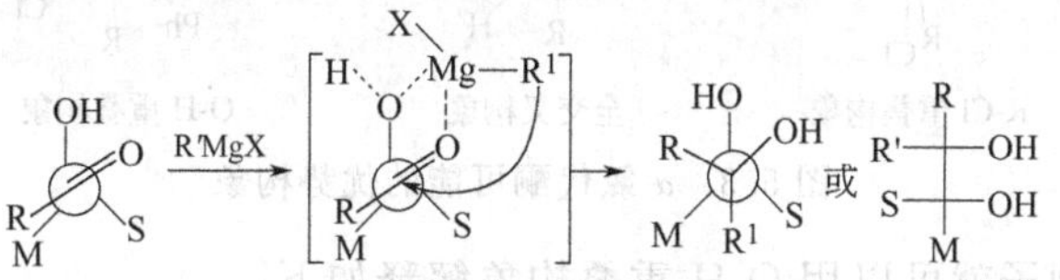

例如：

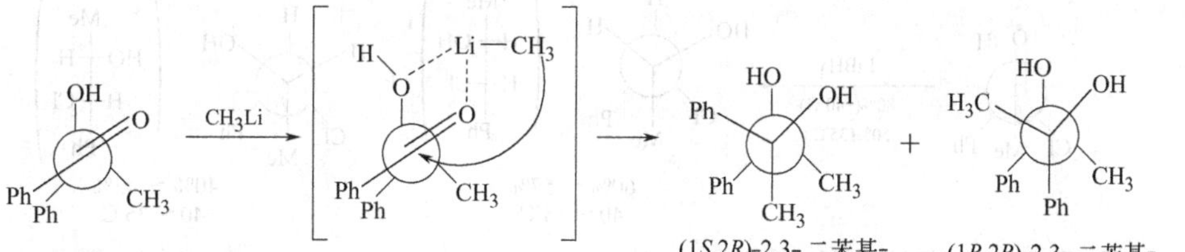

(2*R*)-2- 羟基 -2- 苯基苯丙酮　　(1*S*,2*R*)-2,3- 二苯基-2,3- 丁二醇 主产物　　(1*R*,2*R*)-2,3- 二苯基-2,3- 丁二醇 副产物

需要说明的是，Cram 规则的反应方向是动力学控制的，即速度控制。如果是可逆反应，即热力学控制反应，则不能根据 Cram 规则来判断反应主产物的构型。

5.2.1.3　Cornforth 规则

如果在不对称 α-碳原子上结合着一个卤原子，由于电负性较大的原因，在稳定构象中卤原子与羰基氧原子处于反位向，类似上面的 R-Cl 重叠构象式，对羰基的加成反应的方向受这种优势构象的制约。例如：

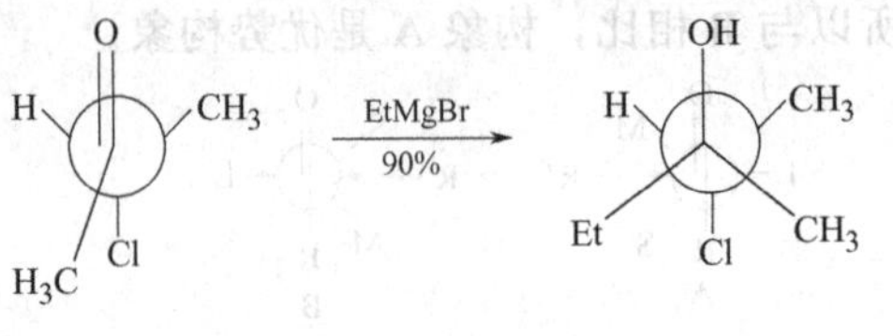

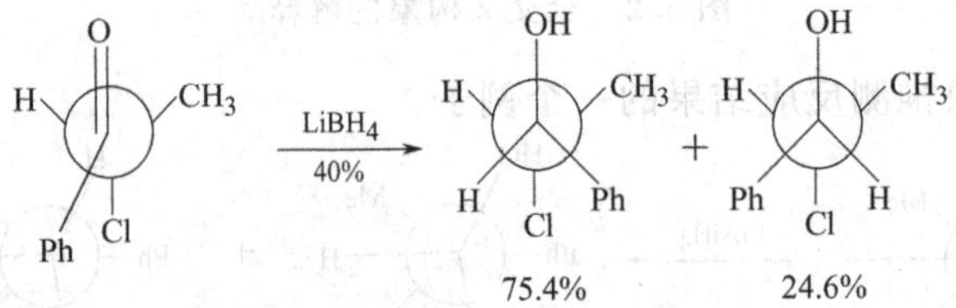

但是，如果使不对称的 α-碳原子上的烃基（Me）增大至和氯原子的空间效应相差不多的苯基（Ph）时，Cornforth 的 R-Cl 重叠构象就不能适应实际情况了。例如：

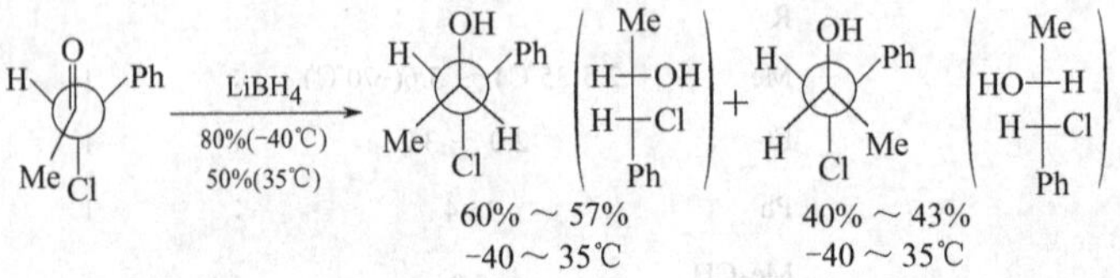

造成这种与 R-Cl 重叠构象不相符现象的原因，一般认为，在优势构象中，卤原子通常不与其他基团或原子成重叠向位，同时考虑分子内其他基团间的相互作用，对于普通的 α-卤代酮，应当采取全交叉构象比较合理。但当 α-碳原子上的甲基被苯基所取代时，则可能以 O-H 重叠构象为优势构象。因为这样可以使 O、Cl 和 Ph 三个富电子的原子或大基团保持相互间较大的距离以保证斥力最小。此时，对羰基进行亲核加成反应的试剂 R′（烃基或氢等）一般倾向于从电负性较小的苯基一边接近羰基碳原子从而获得主产物（见图 5.3）。

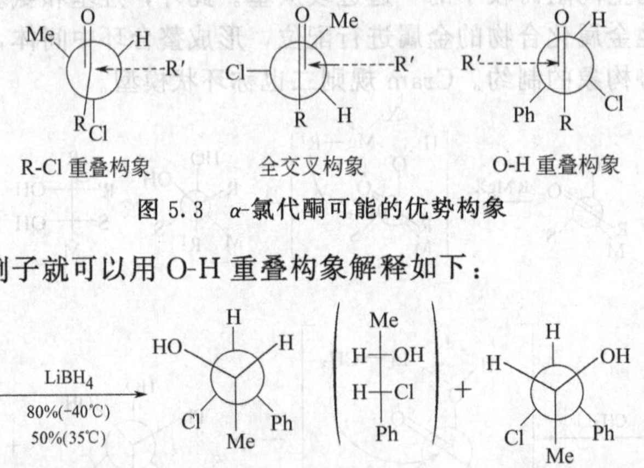

图 5.3　α-氯代酮可能的优势构象

这样，上述反常例子就可以用 O-H 重叠构象解释如下：

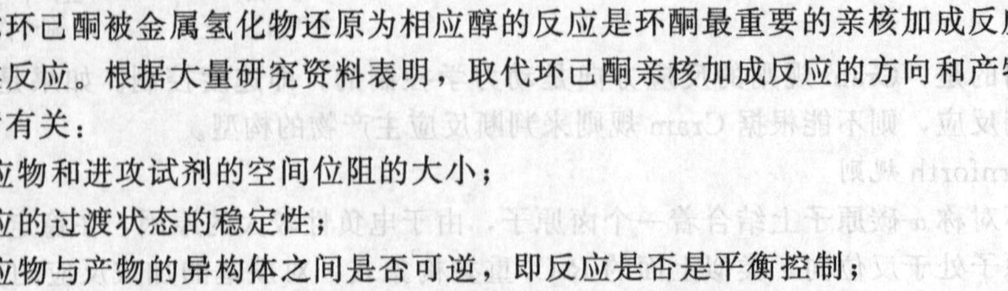

5.2.2　不对称环己酮的亲核加成

不对称环己酮被金属氢化物还原为相应醇的反应是环酮最重要的亲核加成反应，也是研究最多的一类反应。根据大量研究资料表明，取代环己酮亲核加成反应的方向和产物的结构与下列几种因素有关：

① 反应物和进攻试剂的空间位阻的大小；

② 反应的过渡状态的稳定性；

③ 反应物与产物的异构体之间是否可逆，即反应是否是平衡控制；

④ 反应条件（如酸性介质还是中性介质，催化剂的强弱等）。

下面以4-叔丁基环己酮为例加以说明，这里之所以选4-叔丁基环己酮是因为4-叔丁基在环己烷系上具有最强的取平伏键（e）向位的倾向。即它的优势构象如图5.4所示。

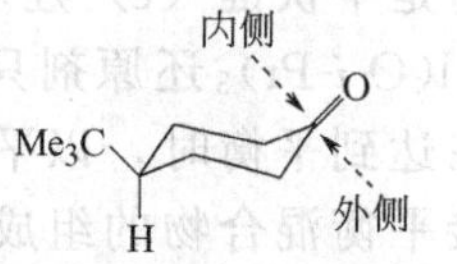

图5.4 4-叔丁基环己酮的优势构象

图中虚线箭头为试剂可能的内、外两侧的进攻方向。在环己酮发生还原反应时，到底是从内侧还是从外侧进攻，其结果将由上述四种因素共同决定。以下就是4-叔丁基环己酮用不同还原剂还原的实验结果：

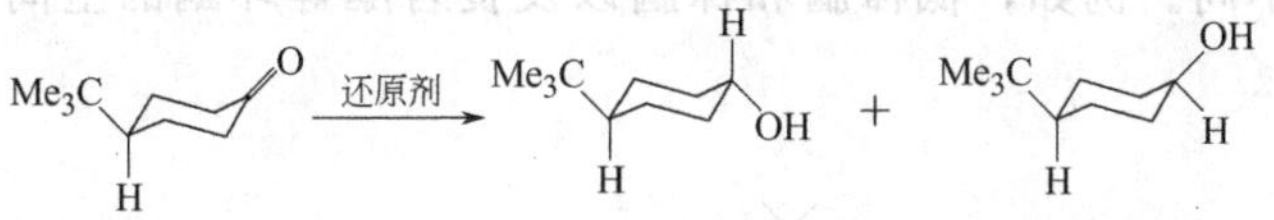

还原剂	反式（内侧进攻）	顺式（外侧进攻）
① $NaBH_4$	80%	20%
② $LiAlH_4$	91%	9%
③ $LiBH[CH(CH_3)CH_2CH_3]_3$	7%	93%
④ $Al(O\text{-}i\text{-}Pr)_3$（平衡）	77%	23%
⑤ Na/ROH	绝大部分	
⑥ $LiAlH_4\text{-}AlCl_3\text{-}Et_2O$（平衡）	99.5%	0.5%
⑦ $H_2\text{-}PtO_2\text{-}HOAC\text{-}HCl$	22%	78%
⑧ $H_2\text{-}PtO_2\text{-}HOAC$	65%	35%

这是4-叔丁基环己酮与不同还原剂反应的结果对比。从4-叔丁基环己酮的优势构象可知，内侧比外侧的空间位阻大，仅从这一点看，进攻试剂应该主要沿外侧进攻羰基，主产物为顺式-4-叔丁基环己醇。但从反应结果看，只是体积较大的三仲丁基硼氢化锂（3）作为还原剂时，才主要生成顺式环己酮。而体积较小的硼氢化钠和氢化铝锂（1,2），主要从内侧进攻，生成反式环己酮。因此在考虑空间位阻时，应同时考虑环己酮和进攻试剂两者的体积。从反应的过渡状态考虑，由内侧进攻的过渡状态（图5.5中**1**）比由外侧进攻形成的过渡状态（图5.5中**2**）稳定。因为过渡状态**1**的环系比较平展，扭转张力基本未变，而过渡状态**2**的环系却变得比较曲折，扭转张力增大，因此前者比后者能量低，稳定性大。而还原剂三异丙醇铝的体积也比较大，反应后也应该得到顺式环己醇。但由于它是一个较弱的催化剂，反应速率慢，当反应结束时反应混合物也达到了平衡。因此，有利于生成稳定的反式环己醇，见实验结果④。相反，醇钠的催化能力强、位阻又小，外侧进攻与内侧进攻的反应速率都较快，产物的两种异构体也能很快达到平衡，所以Na/ROH的还原产物主要是反式异构体，见实验结果⑤。对于实验结果⑥，在平衡时严重倾向于较稳定的反式异构体，这是因为Lewis酸$AlCl_3$与环己酮生成醇铝化合物的缘故。醇铝化合物的形成使得醇羟基膨胀，于是更有利于取稳定构型的异构化合物，水解后获得较稳定的醇。这种平衡作用被称为“非直接的平衡作用”。实验⑦与⑧的差别主要是由于介质的酸性不同造成的。在强酸性介质中（如⑦），外侧进攻的催化氢化速率快，在反应混合物未达到平衡时还原反应就已结束，所以主要得到顺式环己醇；在中性介质中（如⑧），催化氢化反应速率慢，反应结束时两种异构体也达到了平衡，所以获平伏键羟基醇，即反式环己醇。

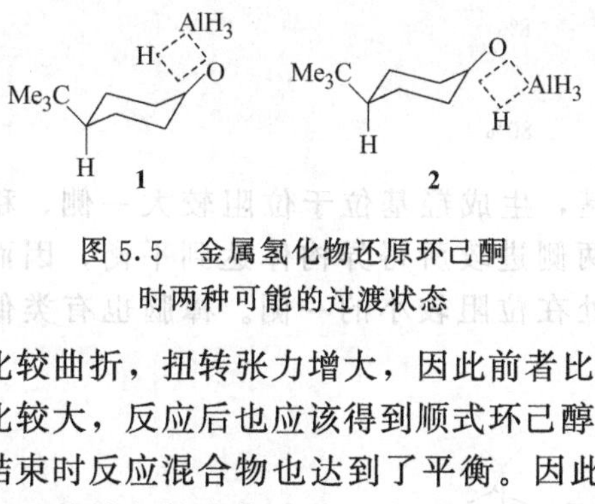

1 **2**

图5.5 金属氢化物还原环己酮时两种可能的过渡状态

总之，用$NaBH_4$和$LiAlH_4$还原取代环己酮时，如果酮基不受阻碍，通常得到的产物是平伏键（e）羟基异构体；如果酮基受到阻碍，则得到直立键（a）羟基的异构体。$Al(O\text{-}i\text{-}Pr)_3$还原剂只适用于位阻较小的酮，通常得到以直立键羟基醇为主的产物。当然在达到平衡时，以平伏键羟基醇为主产物。用钠和乙醇还原酮得到的产物与两种醇的直接平衡混合物的组成相同，即以平伏键羟基醇为主。此外，快速催化氢化将获得直立键羟基醇，不受阻酮基的慢速催化氢化反应将获得平伏键羟基醇，但高度位阻酮仍得到直立键羟基醇。

以上这些结论是环酮还原反应的普遍规律，但是不同的环酮其空间位阻大小不同，生成的产物稳定性也有所不同。例如，低樟脑和樟脑以及莨菪酮等环酮的空间位阻的大小如图 5.6 所示。

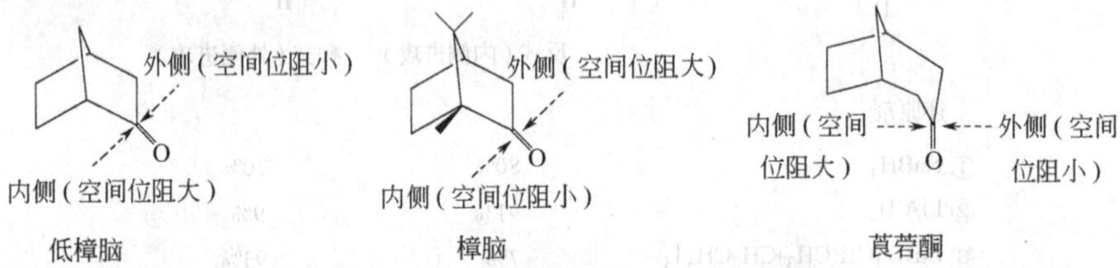

图 5.6　3 种环酮的空间位阻分析

其中低樟脑和樟脑是两个刚性环，因此空间位阻就成了反应的决定性的因素，这一点可以从以下反应得到证实。

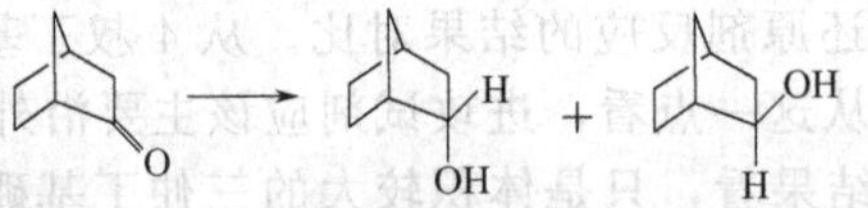

低樟脑	内型低冰片	外型低冰片
$LiAlH_4$	92%	8%
H_2/Pd	绝大多数	
$Al(O\text{-}i\text{-}Pr)_3$（平衡）	20%	80%

这些还原反应都易从空间位阻小的外侧进攻羰基，生成羟基位于位阻较大一侧、稳定性差的内型低冰片。但用三异丙醇铝还原时易使两侧进攻所得异构体达到平衡，因而最终可得到较为稳定的外型低冰片，因为它的羟基处在位阻较小的一侧。樟脑也有类似的结果：

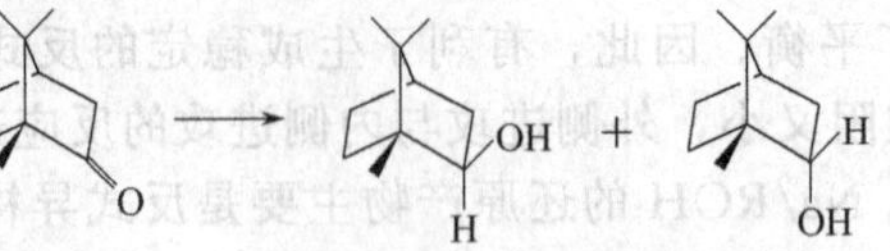

樟脑	外型异冰片	内型异冰片
$LiAlH_4$	90%	10%
$H_2/Pt\text{-}HOAC\text{-}HCl$	95%	5%
$Al(O\text{-}i\text{-}Pr)_3$	63%	37%
$Al(O\text{-}i\text{-}Pr)_3$（平衡）	29%	71%
$Na+Et_2O\text{-}NH_3$	主要产物	

而莨菪酮的环系不像低樟脑和樟脑那样刚性大，其构象能转换。因而莨菪酮的还原根据试

剂和反应条件的不同，反应结果显示出较大的差异，例如：

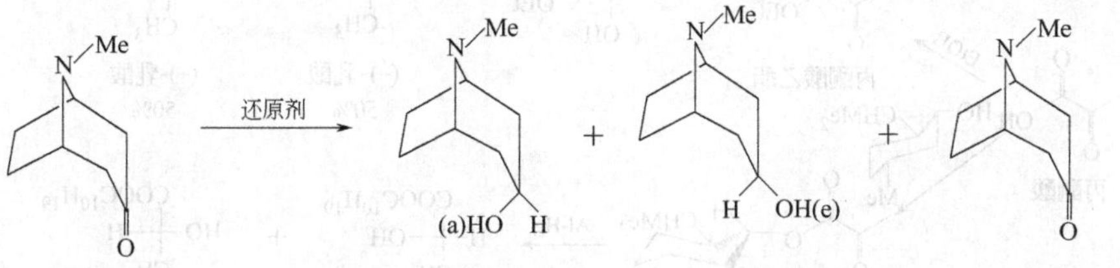

莨菪酮　莨菪醇　假莨菪醇　未反应的莨菪酮

还原剂	莨菪醇	假莨菪醇	未反应的莨菪酮
$NaBH_4$	28%～52%	72%～48%	1%～0.5%
$LiAlH_4$	42%～45%	57%～54%	
Na/ROH	4%	85%	11%
Al(O-*i*-Pr)$_3$	65%～71%	34%～ 29%	1%
H_2-PtO_2-EtOH	100%		
H_2-PtO_2-H_2O	95%	5%	
H_2-PtO_2-HOAC-H_2O	81%	—	
H_2-PtO_2-HCl	57%	43%	
H_2-Ni(R)	80%		

可见，体积较小的 $LiAlH_4$ 和 $NaBH_4$，可以从位阻较大的内侧进攻羰基生成稳定性较好的假莨菪醇（羟基在 e 键上）。金属钠/乙醇的还原反应，产物很接近于平衡混合物的组成；这与取代环己酮的还原结果一致。但体积较大的还原剂三异丙醇铝和 H_2/催化剂却主要从位阻较小的羰基外侧进行加成，生成稳定性相对较差的莨菪醇。但当用 H_2-PtO_2 还原时，莨菪醇的含量或产率随反应介质的酸性增大而下降，这可能是因为当 H^+ 浓度增大时，莨菪酮的甲亚氨基氮原子和羰基氧原子之间形成氢键，从而改变了莨菪酮原有的构象组成分配的缘故，如图 5.7 所示。

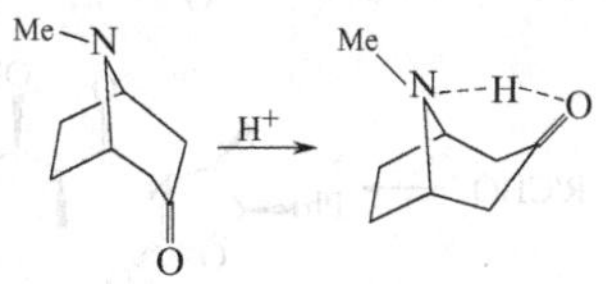

图 5.7　酸对莨菪酮的构象影响

5.3　对映择向合成

对映择向合成一般是指把对称的或者说非手性反应物转变为不对称化合物的反应。实现这一转变通常有引入手性辅基法、试剂控制法以及催化剂控制三种方法。下面分别讨论。

5.3.1　引入手性辅基进行对映择向合成

早在 1904 年，Mckenzie 就发现丙酮酸分别与乙醇和（－）-薄荷醇反应生成的酯再还原水解所得结果不同（反应方程见后）。丙酮酸乙酯还原水解的产物是外消旋体（等量的左旋和右旋乳酸），而丙酮酸薄荷醇酯还原水解的结果是以（－）-乳酸为主。显然后者属于不对称合成。也就是说，在对称的反应物分子（如丙酮酸）中引入一个不对称的辅助因素（如薄荷醇），就可以导致不对称合成。

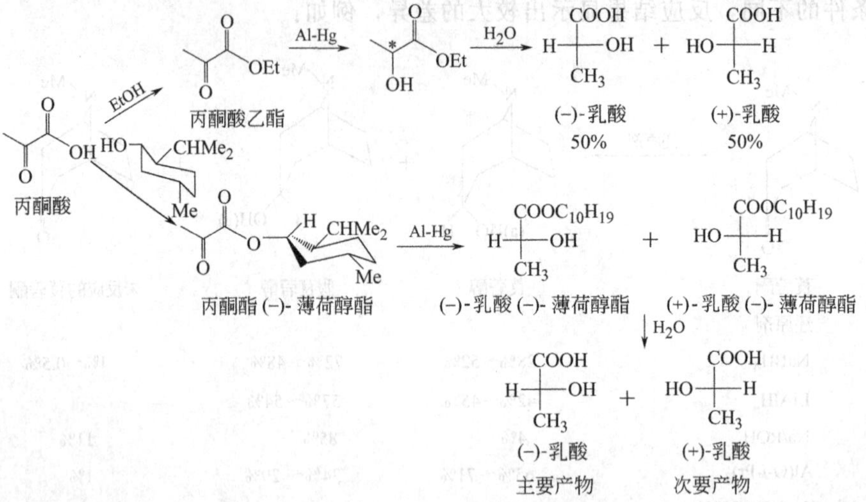

醇醛缩合反应往往使用手性辅剂以达到对映择向合成的目的。1964 年，Mitsui 首次使用手性辅剂获得了不对称醇醛缩合反应的立体控制结果，但选择性还不高（58%）。20 世纪 80 年代使用了一些高选择性的手性辅剂来诱导高对映选择性的醇醛缩合反应并获得成功。这些手性辅剂有：

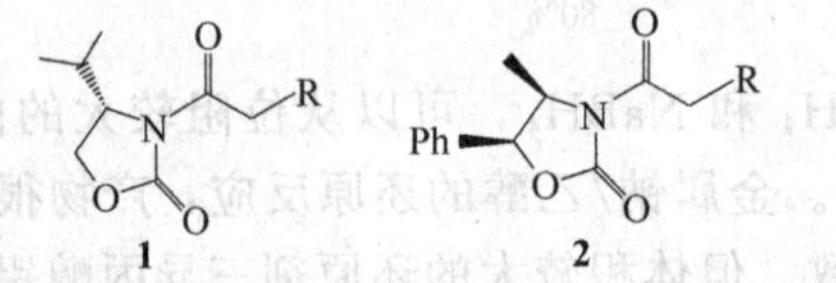

这些手性辅剂与二正丁基硼三氟甲磺酸盐［$(n\text{-Bu})_2BOSO_2CF_3$］反应就生成醛醇反应所需的烯醇体 **3** 和 **5**。它们与醛 R′CHO 的反应如下：

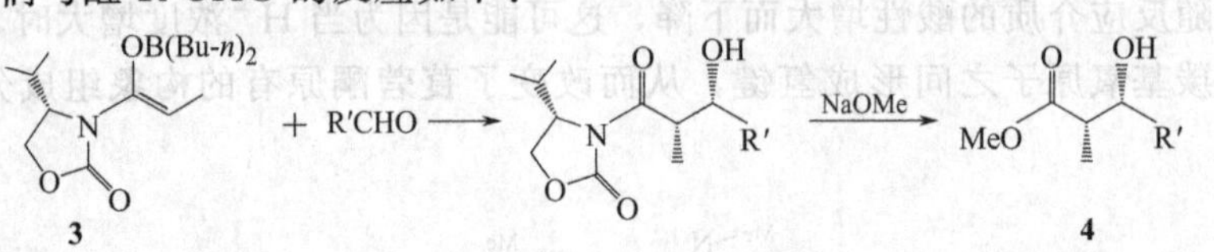

3 **4**

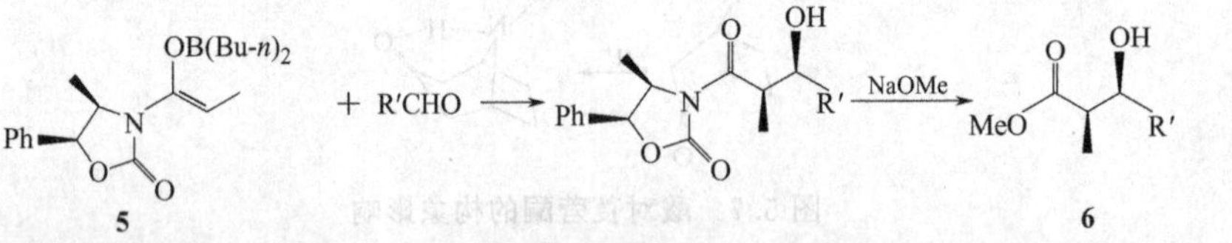

5 **6**

两种 *Z* 型烯醇体 **3** 和 **5** 都产生顺式（syn-）醇醛缩合产物，其非对映选择性大于 99%。二者在甲醇钠的作用下得到异构体 **4** 和 **6**，两者互为对映体。

另外，作为对映择向醇醛缩合反应的手性辅剂还有很多种类，这里再举一例：

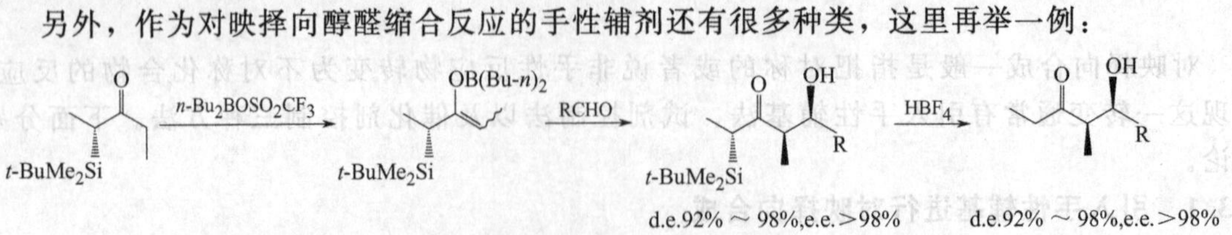

d.e.92% ～ 98%,e.e.>98% d.e.92% ～ 98%,e.e.>98%

5.3.2 利用不对称试剂进行对映择向合成

5.3.2.1 试剂控制的不对称硼氢化反应

烯烃的硼氢化氧化反应获得反马氏醇，这是上一章已讲到的重要反应之一，这一反应通常采用乙硼烷-过氧化氢试剂。当用手性硼烷（如下面反应中的二异松莰基硼烷 **1** 和 **2**）代替乙硼烷与烯烃发生硼氢化-氧化反应时，结果会获得光学活性仲醇。这两种二异松莰基硼烷分别由

(+)-α-蒎烯和（−)-α-蒎烯在适当条件下反应而制得。通常是由（+)-α-蒎烯制得左旋二异松莰基硼烷[(−)-(IPC)$_2$BH]，由（−)-α-蒎烯制得右旋二异松莰基硼烷[(+)-(IPC)$_2$BH]。

这两种不对称硼烷对顺二取代烯烃的硼氢化速度很快，硼烷很快加成到双键上，所得三取代硼烷用碱性过氧化氢氧化便得到构型保留的醇。例如，(−)-(IPC)$_2$BH（**1**）与顺-2-丁烯硼氢化-氧化得到**3**［*R*-(−)-2-丁醇］（87%e.e.），而用（+)-(IPC)$_2$BH与顺-2-丁烯发生硼氢化-氧化则得到**4**[(*S*)-(+)-2-丁醇]（86%e.e.)。

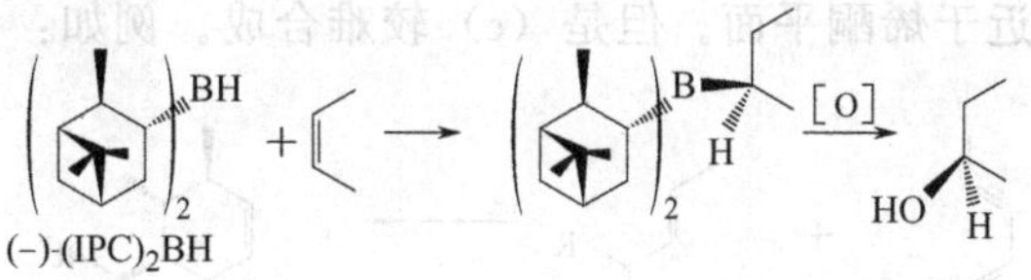

1 **3**

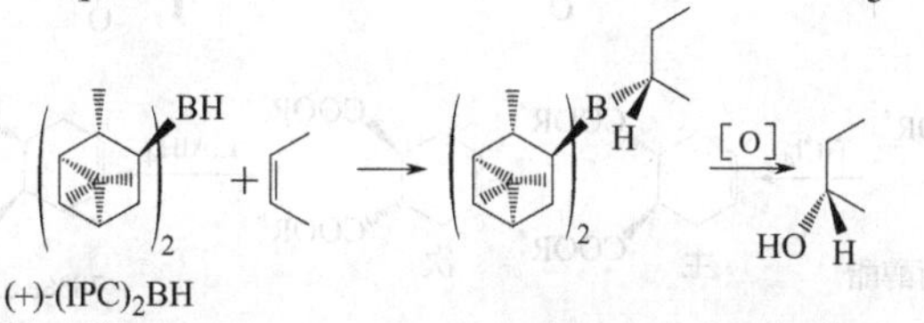

2 **4**

其他顺式二取代烯烃与二异松莰基硼烷的不对称硼氢化-氧化获得类似结果（见表5.1)。可见，不对称硼烷**1**与顺式二取代烯烃的硼氢化速度快，而且得到的产物光学纯度高。当它与反式二取代烯烃或其他位阻较大的烯烃进行硼氢化反应时，不仅速度慢，而且产物光学纯度低。

表 5.1 使用（−)-(IPC)$_2$BH 的烯烃的硼氢化反应

项 目	烯 烃	醇	$[\alpha]_D^{20}$	%e.e.	构 型
顺式烯烃	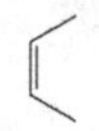	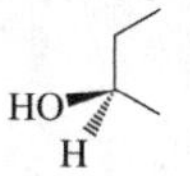	−11.8(−13.3)	87(98.4)	*R*
	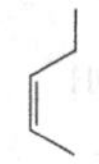	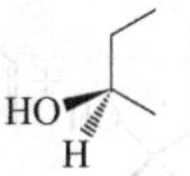	−8.6	82	*R*
		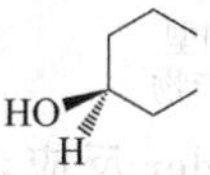	−6.5(−6.7)	91(95)	*R*
		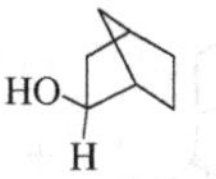	−2.0	67～70(40)	1*S*,2*S*
反式烯烃		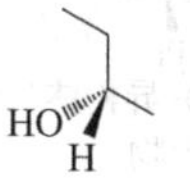	+1.44	13	*S*
	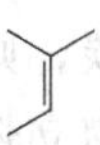	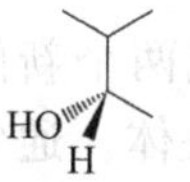	+0.75	14	*S*

5.3.2.2 手性亲双烯体控制的不对称Diels-Alder反应

常用的手性亲双烯体有以下几种，见图5.8。

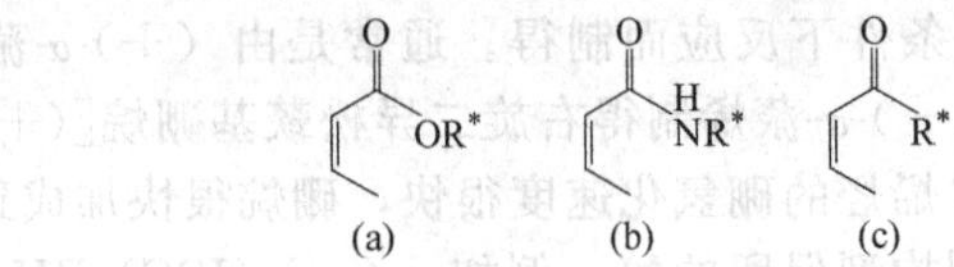

图 5.8 常见的手性亲双烯体

在三种亲双烯体中，其中（c）被认为是比（a）和（b）更有效的手性试剂。因为（c）分子中手性基（R*）更接近于烯酮平面。但是（c）较难合成。例如：

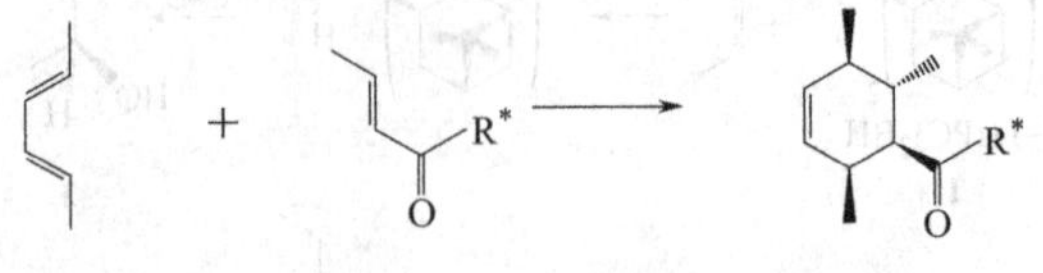

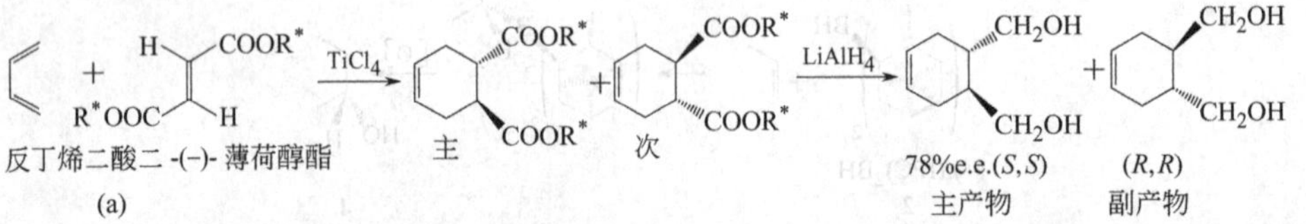

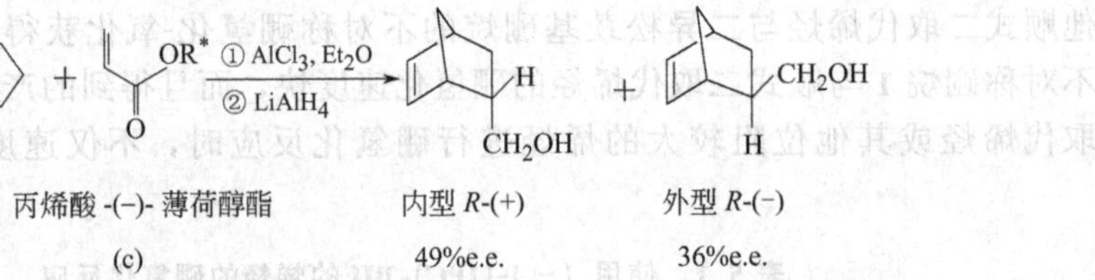

这一反应的产物是两对对映体，即内型和外型各一对。反应第一步生成酯的产率为 84%，其中内型产率占为 93%，外型产率占 7%。在内型对映体中，异构体 *R*-(＋) 过量 49%，在外型对映体中，异构体 *R*-(－) 过量 36%。

又如下列反应以内型产物为主：

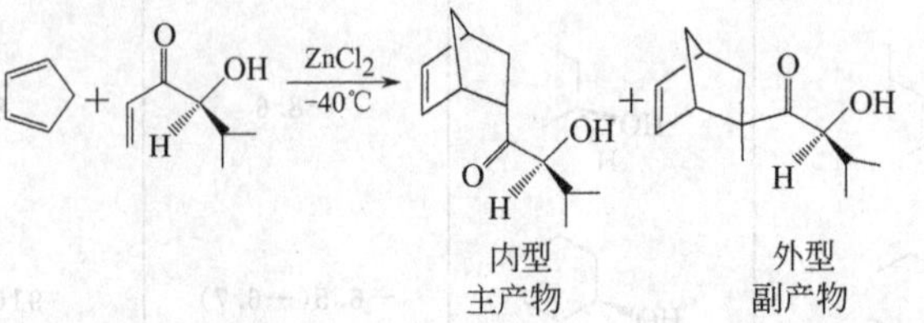

又如，环戊二烯与乙氧基亚烯铵盐的 Diels-Alder 反应，主产物也是内型-（*S*）-异构体。

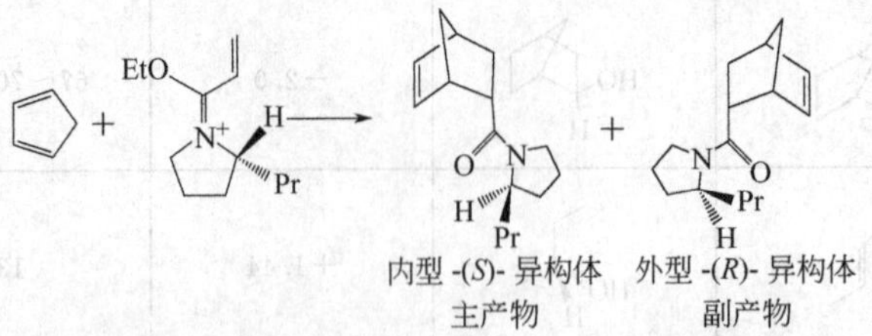

5.3.2.3 手性试剂诱导的醇醛缩合反应

在醇醛缩合反应中，如果醛与烯醇体作用生成两个新的不对称碳，则可产生四个异构体，即顺式（syn）一对对映体和反式（anti）一对对映体。通常控制产物立体化学的因素有两个：一是烯醇体的几何构型决定了新生成的两个不对称碳的相对关系，*Z* 型烯醇体得到 syn-异构体，*E* 型烯醇体得到 anti-异构体；二是烯醇体对底物的进攻方向决定了新生成不对称碳上羟基的立体结构。常见的手性试剂有：

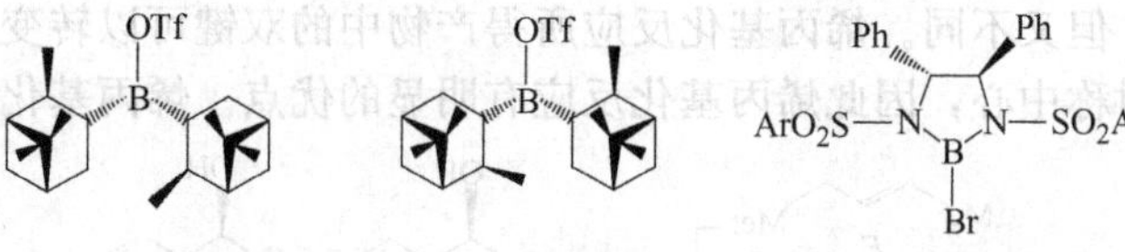

(−)-(Ipc)$_2$BOTf　　(+)-(Ipc)$_2$BOTf　　3a Ar=p-$CH_3C_6H_4$　3b Ar=p-$NO_2C_6H_4$

1　　2　　3

这些手性试剂可诱导醇醛缩合，得到高立体选择性的产物，例如：

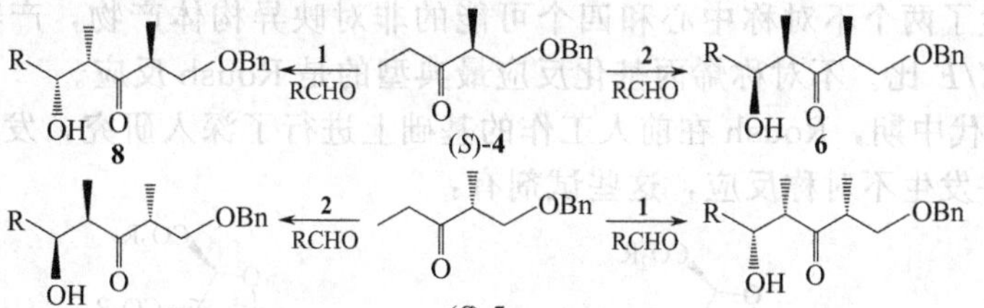

8　(S)-4　6　9　(S)-5　7

用噁唑啉处理硼试剂 **1** 就得到烯醇体 **10**，**10** 与醛发生醇醛缩合反应，得到主产物苏式异构体（anti-**11**）：

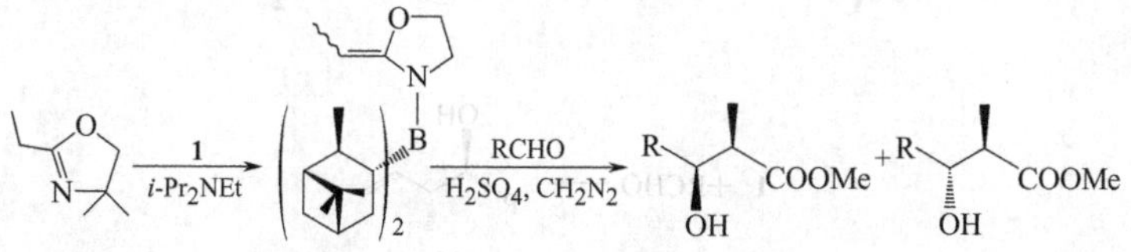

10　syn-11　anti-11

R	e. e. %(anti)	anti : syn
n-PrCHO	77	91 : 9
c-HexCHO	84	95 : 5
t-BuCHO	79	94 : 6

又如：

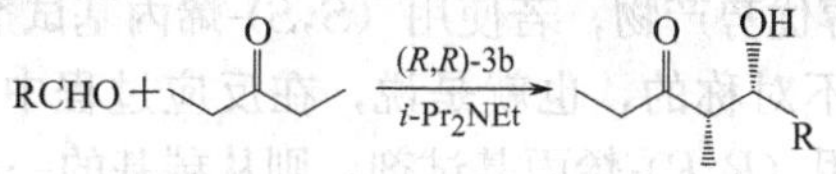

12

RCHO	产率/%	syn : anti	e. e. /%
PhCHO	95	94.3 : 5.7	97
MeCH$_2$CHO	85	98 : 2	95
EtCHO	91	>98 : 2	>98

另外，醛与带烯丙基的有机金属化合物的反应在合成上与醇醛缩合反应非常相似，被称作醛的烯丙基化反应。

5.3.2.4　醛的不对称烯丙基化反应

烯丙基化反应与醇醛缩合反应的对照如图 5.9 所示，图中 a 为醇醛缩合，b 为烯丙基化反应：

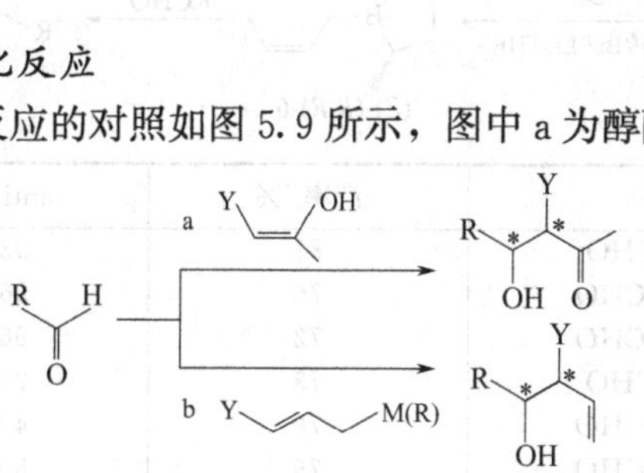

图 5.9　醇醛缩合反应与醛的烯丙基化反应对比

可见，二者非常类似，但又不同。烯丙基化反应所得产物中的双键可以转变成羰基，还可以被环氧化继续引入新的不对称中心，因此烯丙基化反应有明显的优点。烯丙基化反应通式表示如下：

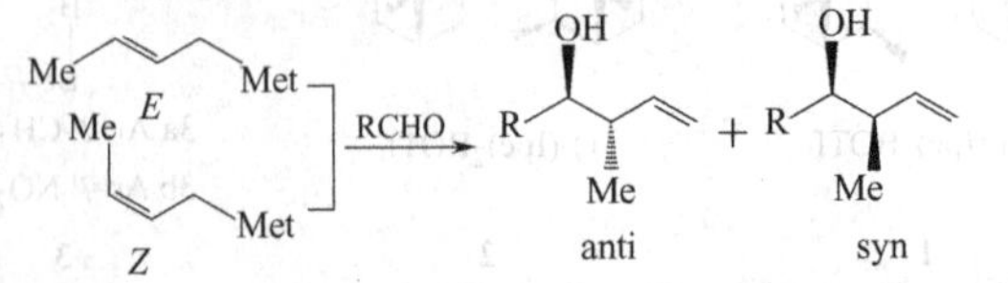

Met=SiMe$_3$; SnBu$_3$; BR$_2$; AlR$_2$; MgX; Li; CrX$_2$; TiCp$_2$X; ZrCp$_2$X

这一转化产生了两个不对称中心和四个可能的非对映异构体产物，产物的 syn/anti 取决于反应物烯烃的 Z/E 比。不对称烯丙基化反应最典型的是 Roush 反应。

20 世纪 80 年代中期，Roush 在前人工作的基础上进行了深入研究，发现了一种新的烯丙基硼酸酯能诱导并发生不对称反应，这些试剂有：

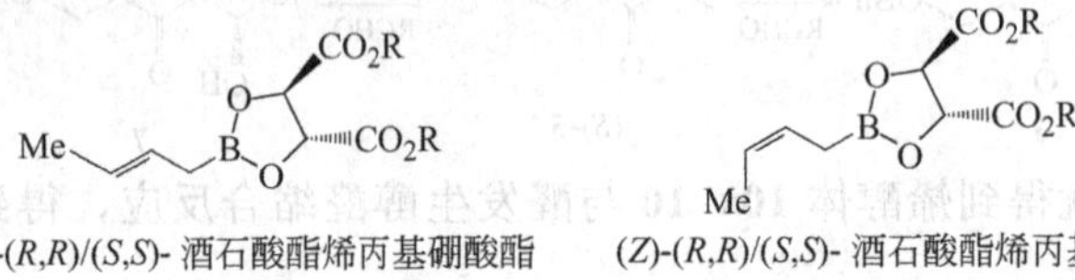

(*E*)-(*R*,*R*)/(*S*,*S*)- 酒石酸酯烯丙基硼酸酯　　(*Z*)-(*R*,*R*)/(*S*,*S*)- 酒石酸酯烯丙基硼酸酯

1　　**2**

例如：

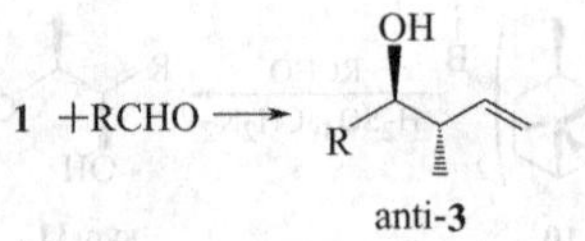

anti-**3**

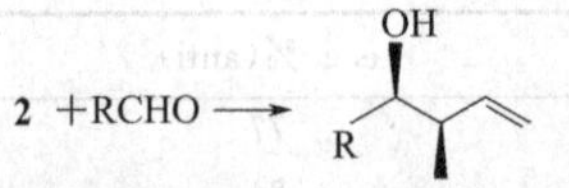

syn-**4**

在这一反应中，*E* 型酒石酸酯烯丙基硼酸酯与醛反应，生成的是反式产物（anti-**3**），而 *Z* 型酒石酸酯烯丙基硼酸酯与醛反应，产物是顺式（syn-**4**）。有一规则到目前无例外，那就是当使用（*R*,*R*)-烯丙基试剂时，产生（*S*)-醇优势产物；若使用（*S*,*S*)-烯丙基试剂，则得到（*R*)-醇的优势产物。这是因为平面醛分子的两面是不对称的，也就是说，在反应过程中烯丙基试剂的双键作为亲核试剂，在进攻醛羰基时，如果使用（*R*,*R*)-烯丙基试剂，则从羰基的一面进攻，相反，使用（*S*,*S*)-烯丙基试剂，要从羰基的另一面进攻。另一硼试剂 **5** 也常用于烯丙基化反应：

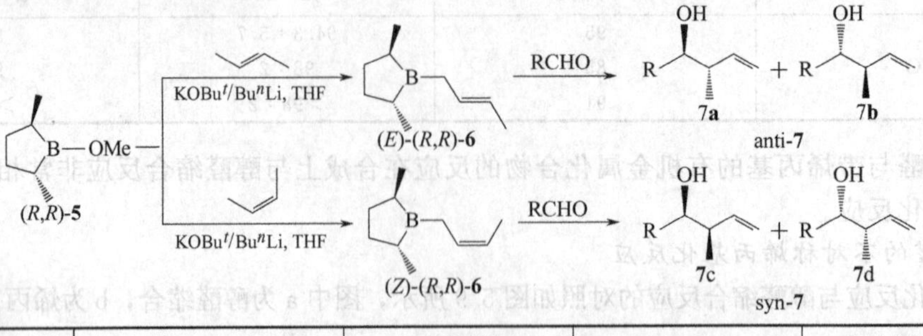

巴豆基硼烷	醛	产率/%	anti∶syn	主要产物的 e. e. /%
E-6	C_2H_5CHO	81	93∶7	96
E-6	*i*-C_3H_7CHO	76	96∶4	97
Z-6	*i*-C_4H_9CHO	72	96∶4	95
Z-6	C_2H_5CHO	73	7∶93	86
Z-6	*i*-C_3H_7CHO	70	4∶96	93
Z-6	*i*-C_4H_9CHO	75	5∶95	97

(*R*,*R*)-**5** 与顺-2-丁烯和反-2-丁烯作用分别制得 *Z*、*E* 两种烯丙基硼烷(*Z*)-(*R*,*R*)-**6** 和(*E*)-(*R*,*R*)-**6**，这两种烯丙基硼烷与醛作用发生烯丙基化反应时，*Z*-烯丙基硼烷导致顺式产物 syn-**7**，*E*-烯丙基硼烷产生反式产物 anti-**7**，非对映选择性约为 20∶1。在大多数情况下，e. e. 超过 95%。

5.3.3 应用不对称催化剂的对映择向合成

不对称催化氢化反应是当前化学领域的前沿阵地，在诺贝尔奖百年庆典之际，美国化学家 W. S. Knowles 和 K. B. Sharpless 与日本化学家 R. Noyori，正是因为他们在不对称催化合成方面的杰出工作而获得了 2001 年诺贝尔化学奖的殊荣。

5.3.3.1 烯烃的不对称催化氢化

20 世纪 60 年代以前，烯烃的催化氢化反应主要使用非均相催化剂。例如使用贵金属分散于手性载体上的非均相催化剂使潜手性的烯烃进行不对称催化氢化，但产物的对映体过量仅有 10%～15% e. e，如此低的效率无法满足合成工作的需要。60 年代以后的 30 多年中，均相催化剂（通常是过渡金属络合物）的开发和利用，使潜手性烯烃催化氢化的产物对映体过量（% e. e.）达到 90% e. e. 以上。自此，不对称催化氢化成为研究热点和有机合成前沿领域。

（1）手性膦配体与过渡金属铑络合物催化 *α*-酰氨基丙烯酸的氢化反应　对 *α*-酰氨基丙烯酸进行催化氢化是合成光活性 *α*-氨基酸的有效方法。过渡金属铑（Rh）与手性膦配体形成的络合物是这一反应有效的催化剂。常见的手性膦配体有：

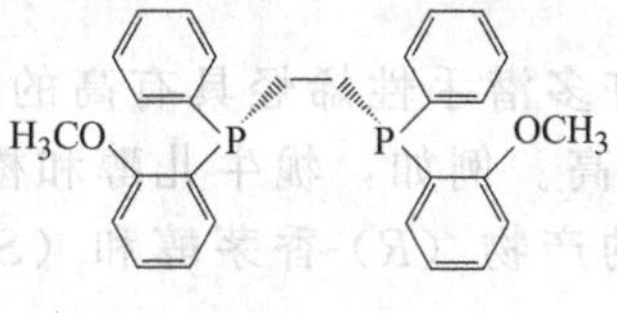

(*R*,*R*)-DIPAMP
1

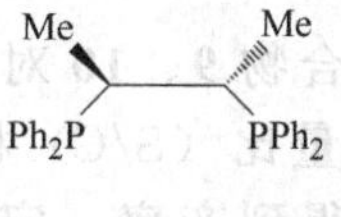

(*S*,*S*)-CHIRAPHOS
2

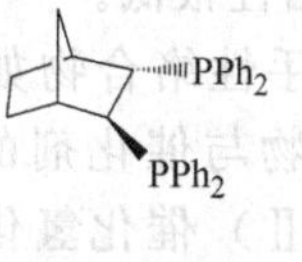

(*S*,*S*)-NORPHOS
3

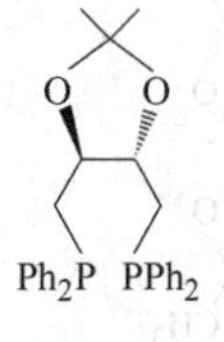

(*R*,*R*)-DIOP
4

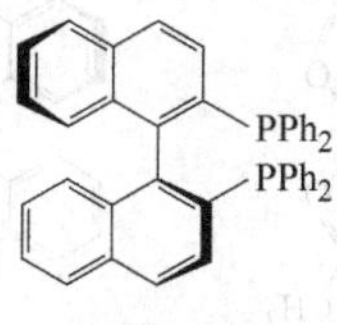

(*S*)-BINAP
5

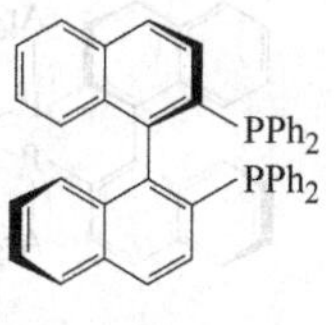

(*R*)-BINAP
6

应用这些手性配体对烯烃进行催化氢化得到很好的效果，其产物的对映体过量都较高，例如：

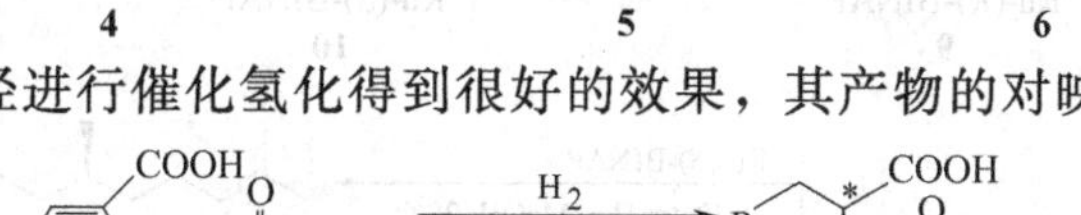

手性膦配体	产物 e. e. /%		手性膦配体	产物 e. e. /%	
	R=C_6H_5	R=H		R=C_6H_5	R=H
1	96(*S*)	94(*S*)	4	85(*R*)	73(*R*)
2	99(*R*)	91(*R*)	5	100(*R*)	98(*R*)
3	95(*S*)	90(*R*)			

（2）手性 Rh-二茂铁基膦络合物催化的丙烯酸的不对称氢化　Rh-手性（氨基）烷基二茂铁基膦络合物对三取代的丙烯酸的氢化反应表现出高立体选择性和高催化活性。最常见的配体是手性二茂铁基膦：

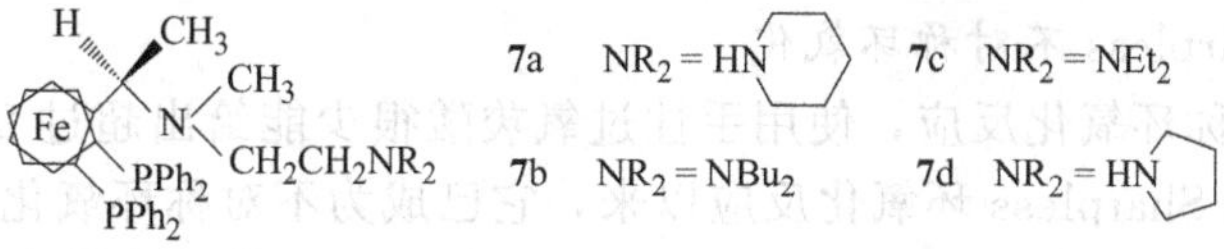

7

用这种配体与铑的络合物催化三取代丙烯酸获得对映体过量较高的产物，例如：

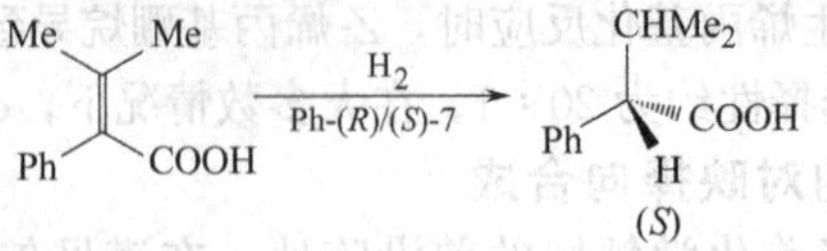

使用不同配体、溶剂、反应时间，其对映体过量%e. e. 也不同，具体见下表：

配体	溶剂	时间/h	产物构型	%e. e.
7a	THF/MeOH(9 : 1)	30	*S*	98.4
7a	THF/MeOH(8 : 2)	20	*S*	97.6
7a	*i*-PrOH	20	*S*	97.0
7a	MeOH	5	*S*	95.8
7b	THF/MeOH(8 : 2)	20	*S*	97.9
7c	THF/MeOH(8 : 2)	30	*S*	98.1
7d	THF/MeOH(8 : 2)	30	*S*	98.2

可见，Rh-手性二茂基膦络合物对这一反应表现出高度对映选择性。而像 **2** 等催化剂对该氢化反应的催化活性很低。

另外，钌的手性络合物如化合物 **9**、**10** 对许多潜手性烯烃具有高的对映选择性和催化活性，而且底物与催化剂的用量比（S/C）极高。例如，牻牛儿醇和橙花醇用（*R*)-或（*S*)-BINAP-Ru(Ⅱ）催化氢化，得到产率一定的产物（*R*)-香茅醇和（*S*)-香茅醇，且对映体过量高达 96%～99% e. e.：

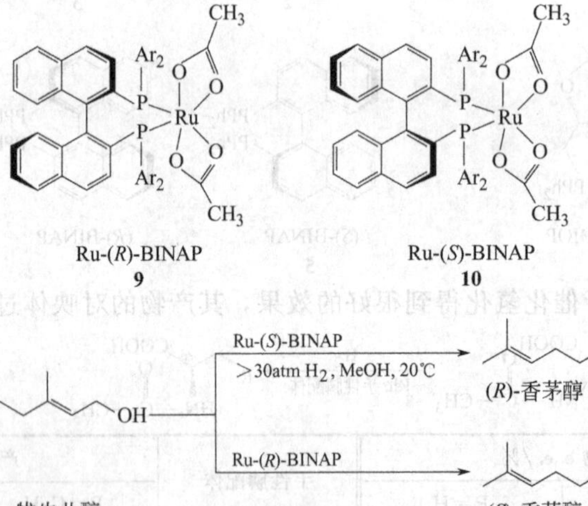

Ru-(*R*)-BINAP
9

Ru-(*S*)-BINAP
10

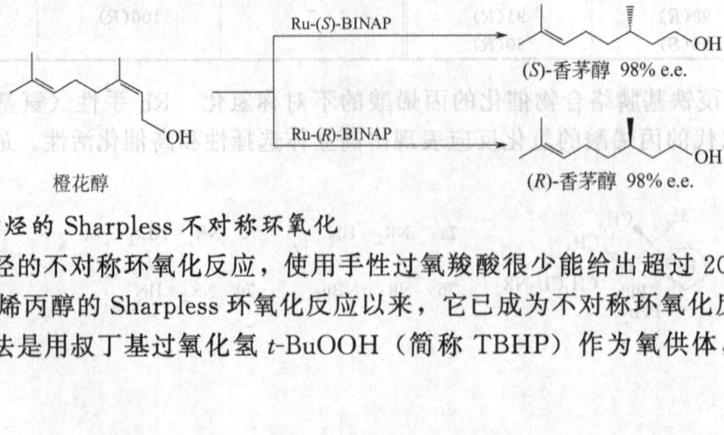

5.3.3.2 烯烃的 Sharpless 不对称环氧化

对于烯烃的不对称环氧化反应，使用手性过氧羧酸很少能给出超过 20% e. e. 的产物。自 1980 年发现烯丙醇的 Sharpless 环氧化反应以来，它已成为不对称环氧化反应最成功的经典方法。这一方法是用叔丁基过氧化氢 *t*-BuOOH（简称 TBHP）作为氧供体，四异丙氧基钛[(*i*-

PrO)$_4$Ti]和酒石酸二乙酯（DET）为催化剂，使各种烯丙基伯醇发生环氧化反应，其化学产率为70%～90%，光学产率在90%以上。这一反应的立体选择性主要决定于加入的酒石酸酯的构型。反应可用图5.10表示：

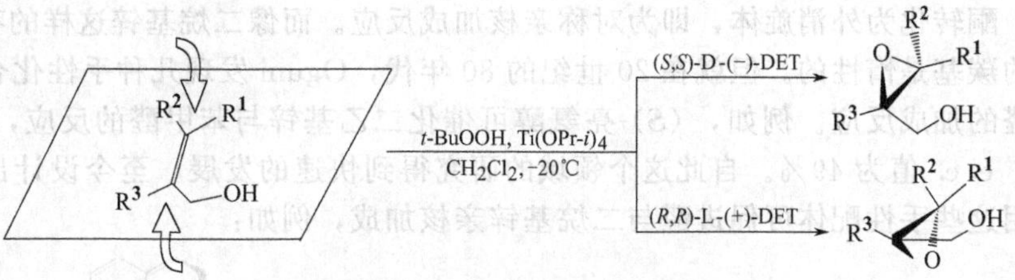

图5.10　Sharpless不对称环氧化

这一反应的特点是：①高光学纯度，一般都大于90% e.e.，迄今获得的最高值为99.5% e.e.；②产物的绝对构型可以预见，对潜手性烯丙醇而言，图5.10所示规律尚未见有例外；③反应时间较长。

1985年，我国科学家周维善发现在反应体系中加入催化量的CaH_2和硅胶，可将反应时间大大缩短。此后，又发现4Å分子筛的存在不仅能使反应时间缩短，而且原来需用化学计量的酒石酸钛络合物促进剂，现在只需催化量的Ti(OPr-*i*)$_4$和DET就可完成不对称反应。实现了催化Sharpless环氧化反应。下面是几个实例：

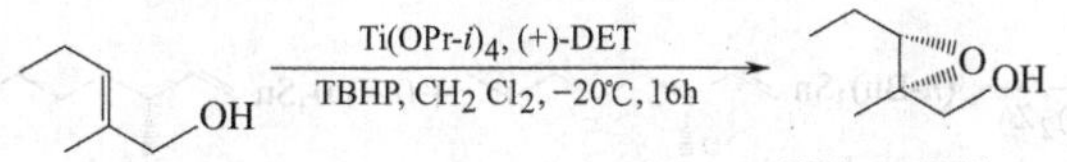

79%, ＞95% e.e.

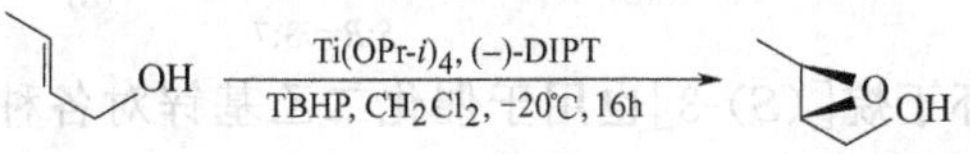

45%, ＞79.5% e.e.

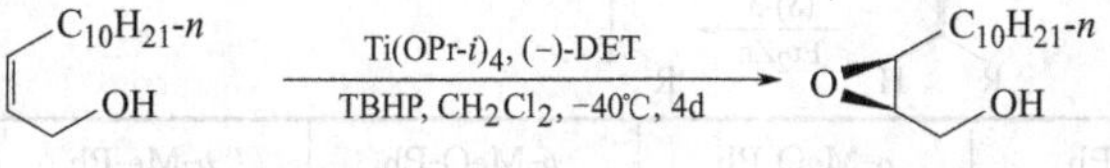

TBHP: 叔丁基过氧化氢

DET: 酒石酸二乙酯

80%, 91% e.e.

Sharpless的不对称环氧化对顺烯丙醇的立体选择性远不如反烯丙醇高，例如：

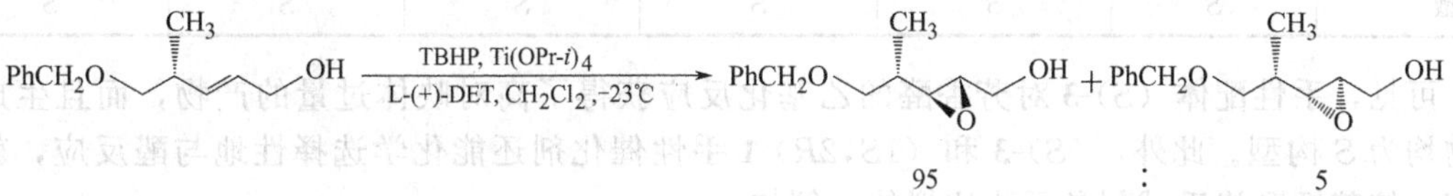

95 : 5

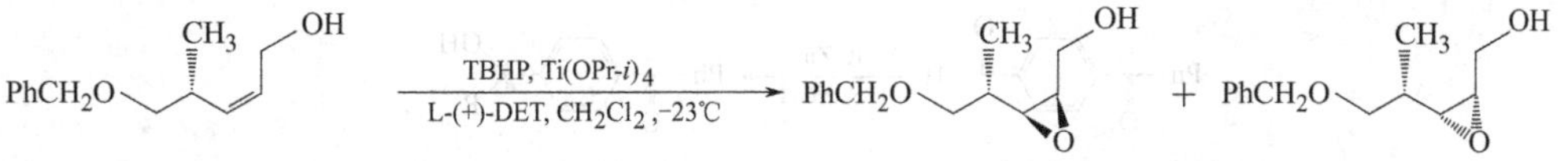

1 : 5

Sharpless环氧化反应的意义不仅在于产生了环氧醇，更主要的是环氧醇可进一步与各种亲核试剂发生区域选择性和立体选择性的开环反应，由此可获得多种手性分子。例如：

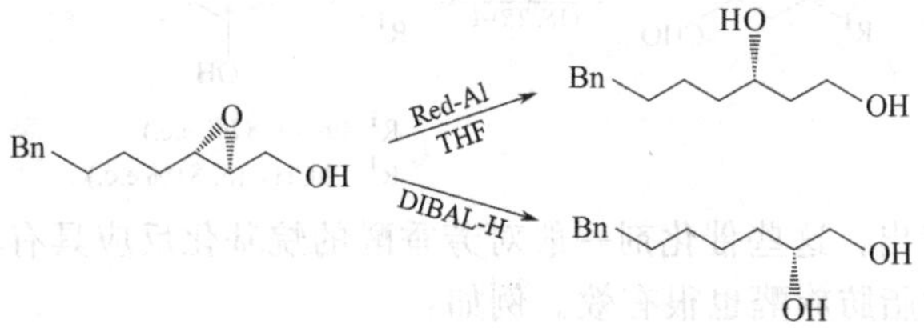

5.3.3.3 手性催化剂诱导醛的不对称烷基化

醛、酮分子中羰基的烷基化生成相应醇的反应，是一个古老而经典的亲核加成反应，最典型的例子就是醛、酮与 Grignard 试剂的反应。但由于 Grignard 试剂反应活性非常大，往往使潜手性的醛、酮转化为外消旋体，即为对称亲核加成反应。而像二烷基锌这样的有机金属化合物对于一般的羰基是惰性的。但就在 20 世纪的 80 年代，Oguni 发现几种手性化合物能够催化二烷基锌对醛的加成反应。例如，(*S*)-亮氨醇可催化二乙基锌与苯甲醛的反应，生成 (*R*)-1-苯基-1-丙醇，e. e. 值为 49%。自此这个领域的研究得到快速的发展，至今设计出许多新的手性配体，应用这些手性配体可促进醛与二烷基锌亲核加成，例如：

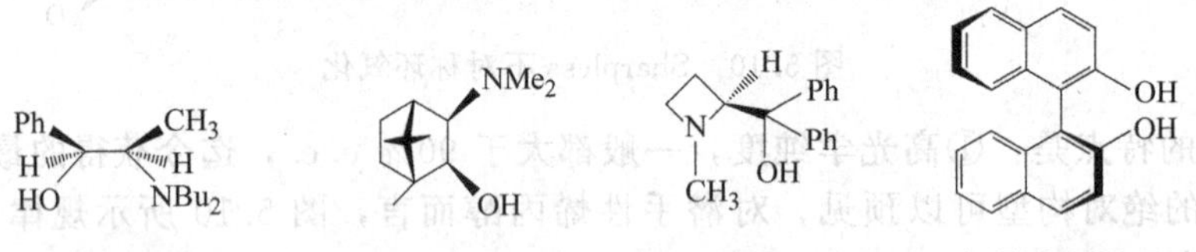

1 (1*S*,2*R*)-DBNE　　**2** (−)-DAIB　　(*S*)-**3**　　**4** (*R*)-BINOL

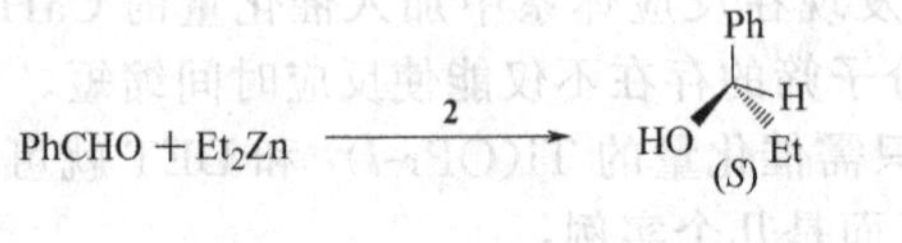

97% e.e., 98% e.e.

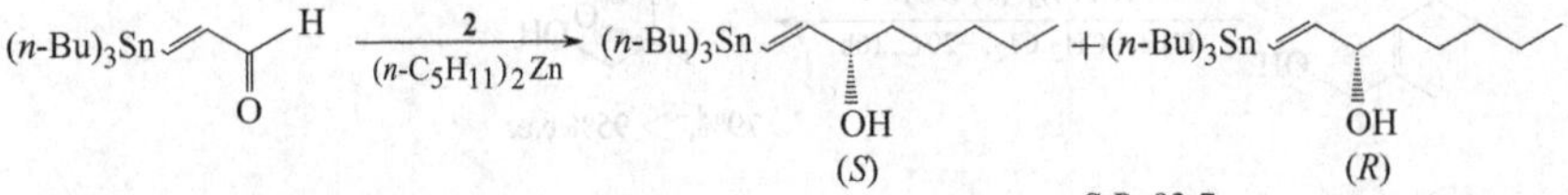

S:*R*=93:7

(*S*)-1-甲基-2-(二苯基羟甲基)-氮杂环丁烷[(*S*)-3]也用于催化二乙基锌对各种醛的对映选择性加成。在温和的反应条件下获得手性仲醇，光学产率高达 100%。

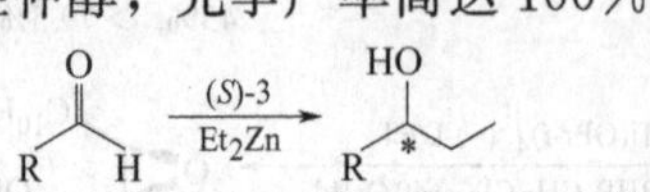

R	Ph	*p*-Cl-Ph	*o*-MeO-Ph	*p*-MeO-Ph	*p*-Me-Ph	*E*-PhCH ═CH
e. e. %	98	100	94	100	99	80
构型	*S*	*S*	*S*	*S*	*S*	*S*

可见，手性配体 (*S*)-**3** 对芳香醛的乙基化反应获得了高对映体过量的产物，而且生成的产物均为 *S* 构型。此外，(*S*)-**3** 和 (1*S*,2*R*)-**1** 手性催化剂还能化学选择性地与醛反应，就此而言，烷基锂和格氏试剂是无法比拟的。例如：

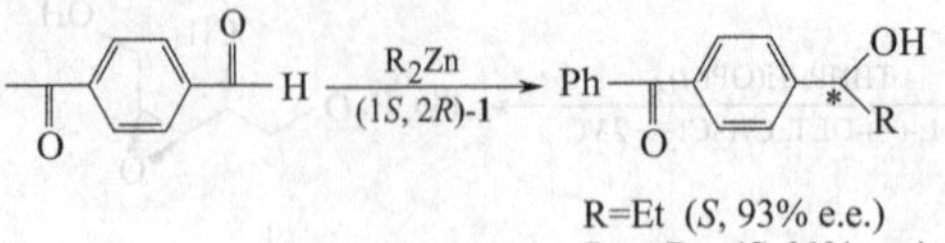

R=Et (*S*, 93% e.e.)
R=*n*-Bn (*S*, 92% e.e.)

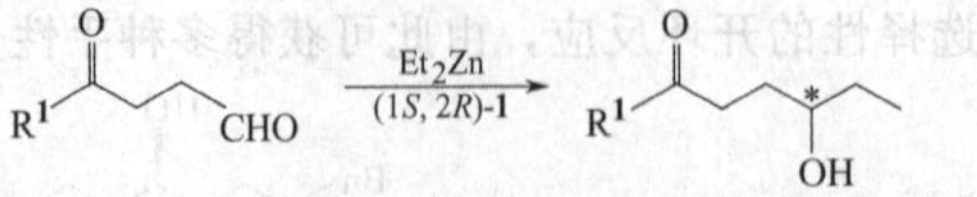

R^1=Ph (*S*, 87% e.e.)
R^1=$PhCH_2$ (*S*, 81% e.e.)

从上述实例可以看出，这些催化剂一般对芳香醛的烷基化反应具有较高的立体选择性。催化剂 **4**[(*R*)-BINOL]对脂肪族醛也很有效。例如：

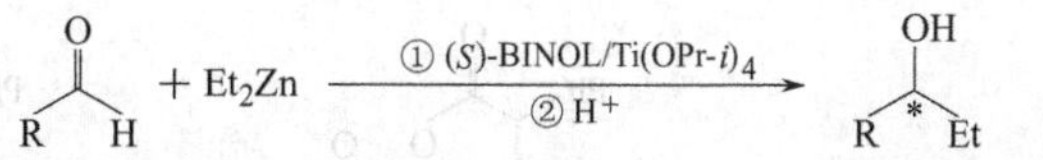

R	BINOL(eq)	条件	产率/%	%e. e.(构型)
Ph	0.2	0℃,20min	100	91.9(*S*)
m-MeOPh	0.2	0℃,20min	100	94(*S*)
n-$C_{18}H_{17}CHO$	0.2	−30℃,40h	94	86(*S*)
n-$C_6H_{13}CHO$	0.2	−30℃,40h	75	85(*S*)
PhCH═CHCHO	0.2	0℃,1h	97	82(*S*)

5.4 双不对称合成

5.2 节介绍的非对映择向合成是通过手性底物中已经存在的手性单元诱导底物分子中的潜手性中心与非手性试剂发生反应，即底物控制不对称合成；而 5.3 节讲的对映择向合成主要是通过手性试剂包括催化剂使非手性的底物直接转化为手性产物的过程，分别表示如下：

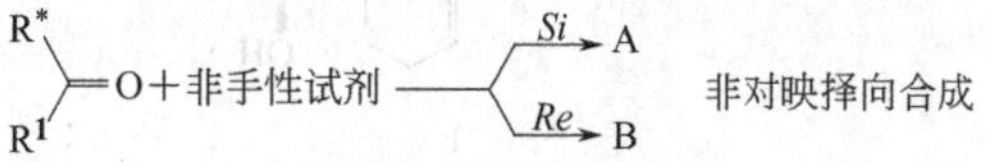

非对映面选择性A:B=1

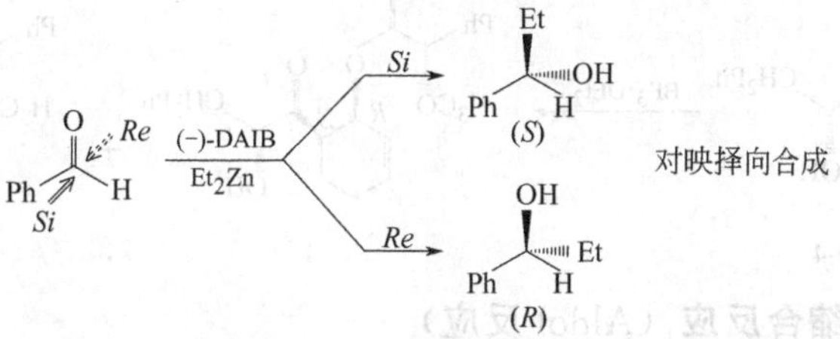

对应面选择性 S:R=99:1 (*S*, 98% e.e.)

本节要讨论的双不对称合成是上述两种不对称合成方法的组合，也就是在手性底物与手性试剂双重诱导下的不对称反应。换句话说，若控制产物立体化学的手性因子有两个（一个来自于底物，一个来自于试剂），则这种反应称之为双不对称合成。在双不对称反应中，产物的立体化学情况更为复杂，它不仅与反应物和试剂的绝对构型有关，而且也与过渡态的手性中心之间的相互匹配关系有关。这种反应与酶对底物的识别颇为类似。

1985 年 Masamune 提出，在双不对称反应中，两个手性因子参与的不对称反应与仅有一个手性因子参与的不对称反应相比，如果反应的立体选择性提高了，那么就称这两个手性因子"匹配"（matched）或"匹配对"；反之，如果反应的立体选择性下降，则这两个手性因子就是"不匹配"（mismatched）或"错配对"。本节只讨论 Diels-Alder 反应和 Aldol 反应的双不对称合成。

5.4.1 双不对称 Diels-Alder 反应

对于 Diels-Alder 反应，可以通过寻找适当试剂达到高效控制反应立体化学的目的。例如，应用手性双烯 (*R*)-**1** 与非手性亲双烯体 **2** 进行反应，其产物的非对映选择性为 1∶4.5；如用非手性的双烯 **3** 与手性亲双烯体 (*R*)-**4** 进行反应，其结果产生 1∶8 的非对映体混合物。如果用手性双烯 (*R*)-**1** 与手性亲双烯体 (*R*)-**4** 进行反应，则发现非对映选择性为 1∶40，显然比前两种情况的立体选择性都高，因此称之为匹配对。若用 (*R*)-**1** 与 (*S*)-**4** 发生环加成反应，则两个非对映面选择性是互相抵消的，产物非对映选择性为 1∶2。因而称之为错配对。反应方程见下：

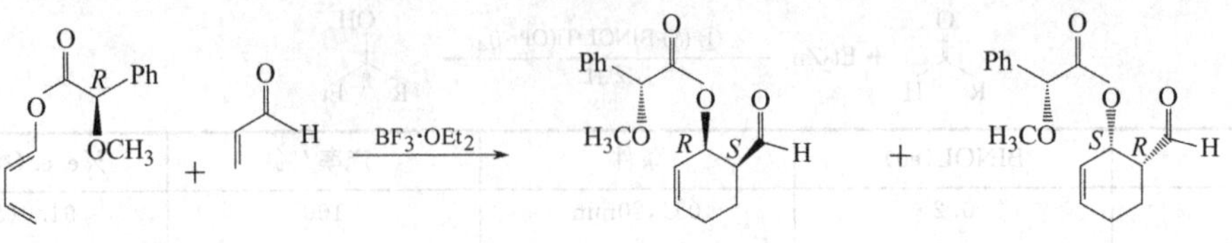

(*R*)-**1**　　**2**　　1　：　4.5

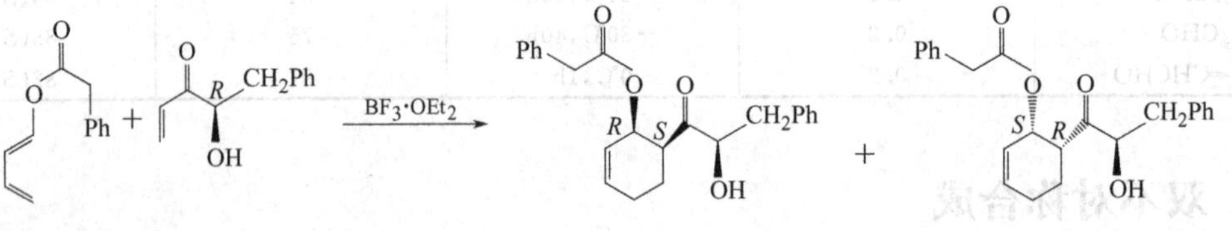

3　　(*R*)-**4**　　1　：　8

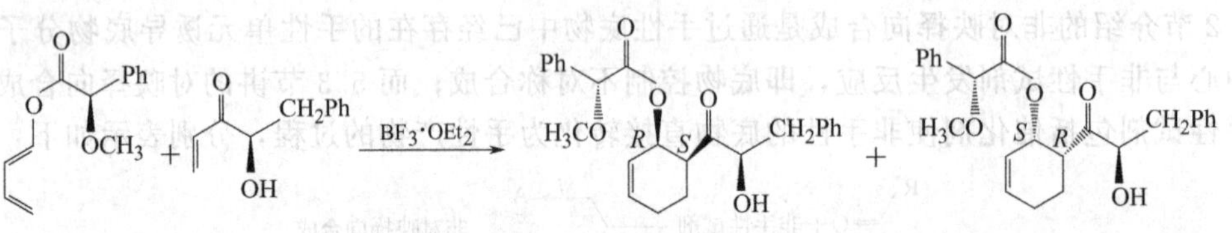

(*R*)-**1**　　(*R*)-**4**　　1　：　40

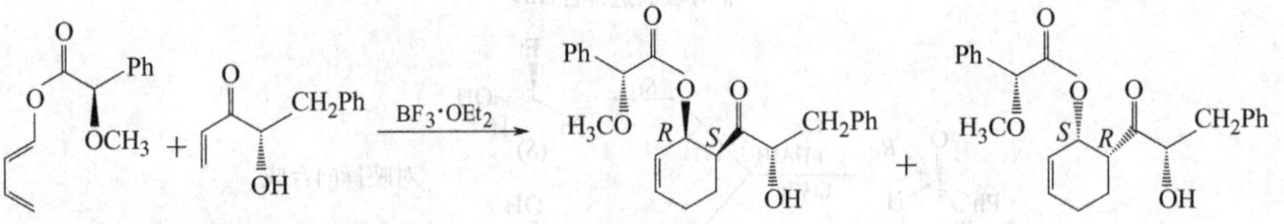

(*R*)-**1**　　(*S*)-**4**　　1　：　2

5.4.2　双不对称醛醇缩合反应（Aldol 反应）

手性醛与手性烯醇体之间的醛醇缩合反应是最典型的双不对称合成。例如，手性醛（*S*)-**6** 与非手性烯醇体 **7** 反应时，所得非对映体化合物 **8**∶**9**＝1.75∶1。但当用手性烯醇体 **10** 处理手性醛（*S*)-**6** 时，其结果是非对映选择性高达 600∶1；同样的手性醛（*S*)-**6** 用手性烯醇体 (*S*)-**13** 处理时，非对映选择性是 400∶1，显然后两个是匹配对的反应，见图 5.11。

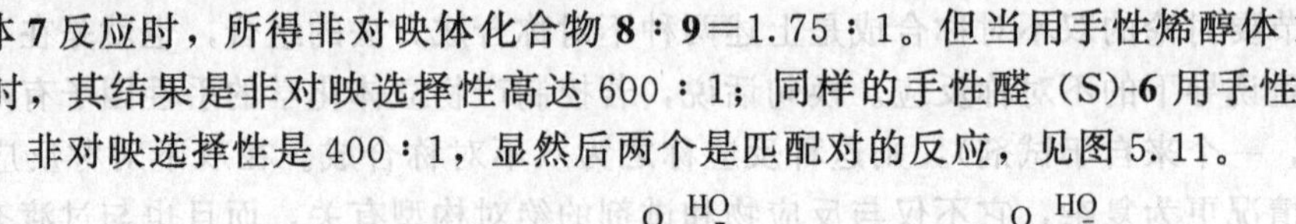

(*S*)-**6**　　**7**　　**8**　　**9**

1.75　：　1

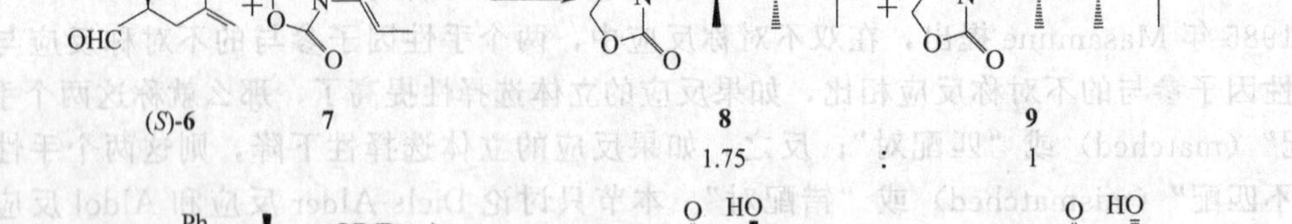

(*S*)-**6**　　**10**　　**11**　　**12**

600　：　1

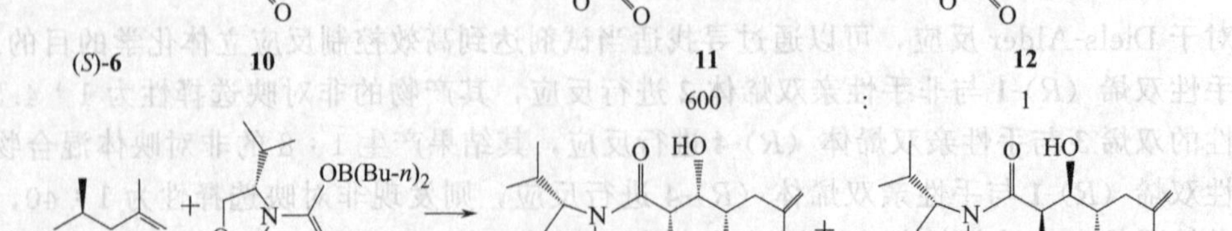

(*S*)-**6**　　(*S*)-**13**　　**14**　　**15**

400　：　1

5.5 绝对不对称合成

前面所涉及的不对称合成都是在反应体系中引入了分子不对称源，这种不对称反应称为“相对不对称合成”。绝对不对称合成是指在反应中引入或使用非分子的不对称源，如圆偏振光或磁场，由此来促使不对称反应发生。这种不使用任何外界手性诱导试剂的不对称合成叫做绝对不对称合成。例如，在少量碘的存在下，以右旋或左旋的圆偏振光照射顺二芳基乙烯分子，就产生了（−）-或（+）-螺并苯，见图 5.11。

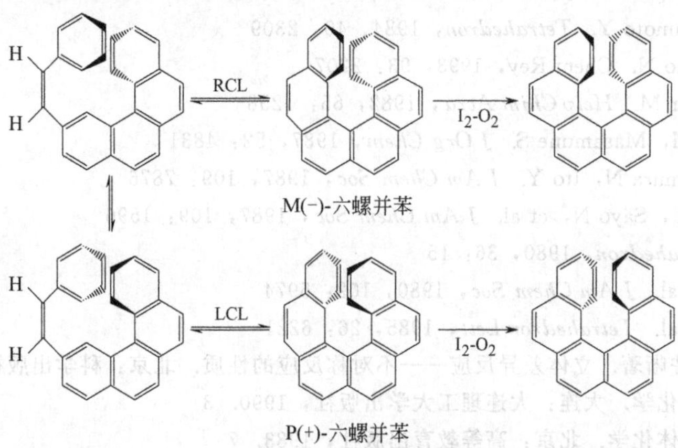

图 5.11 P(＋)-和 M(－)-螺并苯的绝对不对称合成

圆偏振光（CL）之所以能够促使不对称反应发生，通常被认为是由于它对反应物的不同构象有不同的活化能，因而对形成某一构型的产物有利，结果致使该有利构型产物过量而呈现旋光性。例如，对于无任何外界手性诱导剂的不对称合成，它是一种固态所特有的过程。首先非手性分子自发结晶成为手性晶体，然后利用手性晶体在光照下的固相反应，将反应物转变为具有手性的产物。这里的不对称诱导完全是由手性晶体引起的。在此不做更多解释。

对于绝对不对称合成的研究至少现在还是纯理论性的，它的意义不在于合成本身，而在于人类对大自然的探索。

参考文献

1 林国强，陈耀全，陈新滋，李月明著．手性合成——不对称反应及其应用．北京：科学出版社，2000

2 叶秀林编著．立体化学．北京：北京大学出版社，1999

3 周维善，庄治平著．不对称合成．北京：科学出版社，1997

4 吴毓林，姚祝军编著．现代有机合成化学——选择性有机合成反应和复杂有机分子合成设计．北京：科学出版社，2001

5 殷元骐，蒋耀忠主编．不对称催化反应进展．北京：科学出版社，2000

6 张滂主编．有机合成进展．北京：科学出版社，1992

7 戴立信，钱延龙主编．有机合成化学进展．北京：化学工业出版社，1993．427

8 顾可权，林吉文编著．有机合成化学．上海：上海科学技术出版社，1987

9 刘传生，王玉标，黄垂权主编．有机化学选论．沈阳：辽宁教育出版社，1990

10 陈良，乐美卿编著．立体化学基础．北京：化学工业出版社，1992．12

11 Brown H C，Ayyangar N R，Zweifel G. *Ibid*，1964，86：486

12 Morrison J D，Mosher H S，“Asymmetric Organic Reactions”；revised ed.；American Chem Soc. Books：Washington D C，1976

13 Masamune S，Choy W，Petersen J S，Sita L R. *Angew Chem*，*Int Ed Engl*，1985，24：1

14 Armstrong R W, Beau J M, Cheon S H, et al. *J Am Chem Soc*, 1989, 111: 7530
15 Nicolaou K C, Dai W M, Guy R K. *Angew Chem*, *Int Ed Engl*, 1994, 33: 15
16 Noyori R, Kitamura M, Suga S, Kawai K. *J Am Chem Soc*, 1986, 108: 6071
17 Behnen W, Mehler T, Martens J. *Tetrahedron*: *Asymm*, 1993, 4: 1413
18 Soai k, Watanabe M, Koyano M. *J Am Chem Soc Chem Comm*, 1989, 534
19 Mitsui S, Konno K, Onuma I, Shimizu K. *J Chem Soc Jpn*, 1964, 85: 437
20 Evans D A, Bartroli J, Shih T L. *J Am Chem Soc*, 1981, 103: 2127
21 Prashad M, Har D, Kim H Y, Repic O. *Tetrahedron Lett*, 1998, 39: 7067
22 Meyers A I, Yamamoto Y. *J Am Chem Soc*, 1981, 103: 4278
23 Meyers A I, Yamamoto Y. *Tetrahedron*, 1984, 40: 2309
24 Yamamoto Y, Asao N. Chem Rev, 1993, 93: 2207
25 Fujita K, Schlosser M. *Helv Chim Acra*, 1982, 65: 1258
26 Garcia J, Kim B M, Masamune S. *J Org Chem*, 1987, 52: 4831
27 Hayashi T, Kawamura N, Ito Y. *J Am Chem Soc*, 1987, 109: 7876
28 Takaya H, Ohra T, Sayo N, et al. *J Am Chem Soc*, 1987, 109: 1596
29 Bartlett P A. *Tetrahedron*, 1980, 36: 15
30 Sharpless K B, et al. *J Am Chem Soc*, 1980, 102: 5974
31 Zhou Weishan, et al. *Tetrahedron Lett*, 1985, 26: 6221
32 [日] 泉美治，田井晰著. 立体差异反应——不对称反应的性质. 北京：科学出版社，1987
33 袁云程编著. 立体化学. 大连：大连理工大学出版社，1990. 3
34 冯海嶷编. 有机立体化学. 北京：高等教育出版社，1983. 7
35 张生勇，郭建权著. 不对称催化反应——原理及在有机合成中的应用. 北京：科学出版社，2002. 12
36 [英] R S 沃德著. 有机合成中的选择性. 王德坤，陶京朝，廖新成译. 北京：科学出版社，2003. 7

习题

5-1 解释下列概念及符号的意义：

(1) 不对称合成

(2) 非对映择向合成

(3) 对应择向合成

(4) 双不对称合成

(5) 绝对不对称合成

(6) 对映体过量（% e. e.）

(7) 非对映体过量（% d. e.）

(8) 光学纯度（% o. p.）

(9) 立体选择性和立体专一性

5-2 某天然除虫菊酸，分离测得比旋光度为 15.60°（$c=1\%$甲醇溶液），经不对称合成，测得比旋光度为 11.54°，试求不对称合成的选向率以及 [A] 和 [B] 的含量（设 [A] 为主要对映体的含量）。

5-3 确定下列化合物的立体构型（*R*/*S*）

(1) 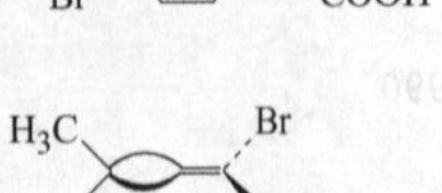

(2) 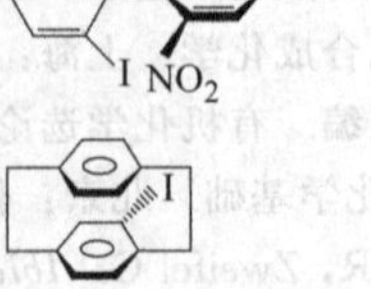

(3) 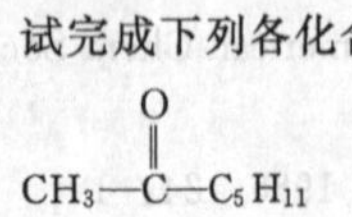

(4)

5-4 试完成下列各化合物的不对称还原反应

(1)

(2) $Ph-\overset{O}{\overset{\|}{C}}-COOH$

(3) $Ph-CH_2\overset{O}{\overset{\|}{C}}-CH_3$

(4) 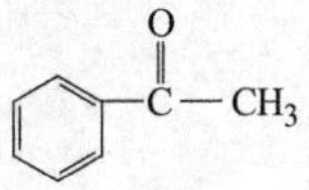

5-5　写出下列反应的主产物（请在括号中先写出反应物的优势构象）

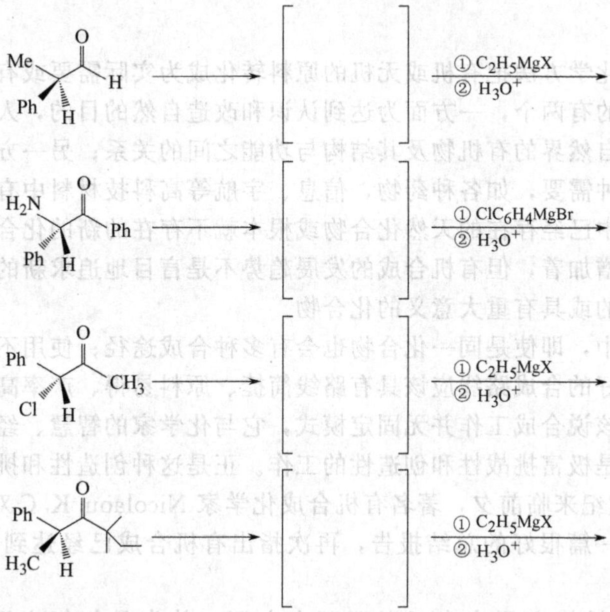

第 6 章　反合成法及其应用

6.1　引言

有机合成是利用化学方法把有机或无机的原料转化成为实际需要或有理论价值的新的有机化合物的过程。其目的有两个，一方面为达到认识和改造自然的目的，人类竭力合成许多天然化合物以期了解构成自然界的有机物及其结构与功能之间的关系；另一方面就是为了满足人类活动的越来越多的各种需要，如各种药物，信息、宇航等高科技材料中有效物质等。为此，化学家不断合成自然界中已经存在的天然化合物或根本就不存在的新的化合物。如今，新的有机化合物以惊人的速度增加着，但有机合成的发展趋势不是盲目地追求新的化合物，而是去设计合成预期有优异性能的或具有重大意义的化合物。

在有机合成工作中，即使是同一化合物也会有多种合成途径；使用不同的原料和反应，合成效率自然也不同。好的合成路线应该具有路线简捷、原料易得、产率高、成本低、对环境无污染等诸多特点。应该说合成工作并无固定模式，它与化学家的智慧、经验、实验技巧和装置密切相关，有机合成是极富挑战性和创造性的工作。正是这种创造性和挑战性赋予了有机合成十足的魅力。在 21 世纪来临前夕，著名有机合成化学家 Nicolaou. K. C 对 20 世纪之前天然产物全合成的成果作了一篇很好的总结报告，再次指出有机合成已经达到了艺术与科学的完美结合。

有机合成面临的挑战主要来自于以下两个方面。首先是如何应用或创造各种反应以应付合成中随时会遇到的化学、区域以及立体选择性要求，从而搭建目标分子特定的构造和构型。这一点我们在前面第 3、4、5 章中已经详细地介绍过了。其次是如何采用最恰当的策略制定出最合理可行的合成路线。为此，合成化学家像建筑师一样从事着被他们看作是“艺术”的分子建筑的精细工作。在此过程中，合成每一个目标分子都没有可以采用的通用原则和步骤。但是，在 20 世纪 60 年代后期，以 Corey. E. J 为代表的合成化学家提出了“反合成”（retrosynthesis）的概念，有的也叫“逆合成”。他从设计方法学的角度将有机合成所涉及的所谓“建筑艺术”与逻辑推理很好地结合起来，同时吸收了计算机程序设计的思维方法，形成了自成体系、有一定规律可循的有机合成方法学，是对化学中有机合成这一领域的又一巨大贡献。Corey 的有机合成设计原理提供了一种规范的、系统化的有机合成实践活动，具有相当大的影响力，Corey 也因此获得了 1990 年的诺贝尔化学奖。下面系统介绍反合成法及其应用。

6.2　反合成法原理和基本概念

6.2.1　反合成原理

在学习有机反应时，一般是沿着由起始原料经过化学反应生成特定分子这样一种思路进行的，即由原料决定合成反应和方法并由合成反应最后决定合成的目标分子的方法。可是，当开始制订一项有机合成计划时，最初能得到的信息只有目标分子本身，即，靶分子（targic molecular）。反合成法就是利用这个仅有的信息，分析目标分子的结构，反向推出合成目标分子所需的中间体直到唾手可得的起始原料为止，从而设计出合成路线的一种思维方法。这种过程正好与合成方向相反，因此，称之为反合成原理。Corey 曾经运用这种方法在有机合成方面做出了非凡的成就。这种逆推思维过程通常表示为：

目标分子⇒中间体⇒起始原料

可见，转化是反合成分析的核心。为了区别于用“→”表示的正常的合成方向，用“⇒”表示反合成分析的转化过程。其中采用了“官能团转换”、骨架中化学键的“切断”、“连接”等重要手段，并提出“合成元”、“反合成元”等重要概念。下面本章就首先介绍反合成原理的这些基本概念。

6.2.2 反合成法基本概念

目前，在国内外有机合成专著和文献中，运用反合成法进行有机合成设计时，常常会用到诸如合成元、反合成元、切断等概念。因此，这里有必要把它们的含义和使用方法搞清楚，以便在合成中熟练地应用之。

（1）合成元（synthon）与合成等效剂　在有些文献中合成元（synthon）又称“合成子”，它最初是由有机合成化学界哈佛学派代表科里（Corey）教授提出的。所谓合成元是反合成分析中目标分子反向回推时所得的结构单元。合成等效剂是指与合成元对应的、具有等同功能的稳定化合物。合成元与合成等效剂的区别与联系参见以下实例，见表 6.1。

表 6.1 合成元和合成等效剂的几个实例

示例	目标分子	合成元	合成等效剂	转化的依据
1	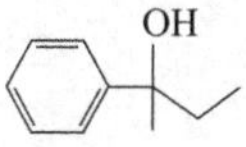	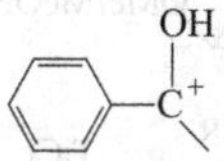 $CH_3—CH_2^-$	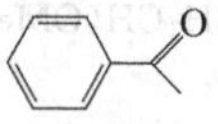 $CH_3—CH_2Mg—Br$	酮与格氏试剂反应
2	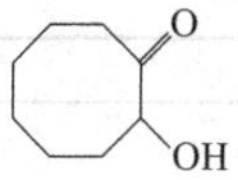	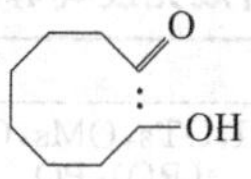	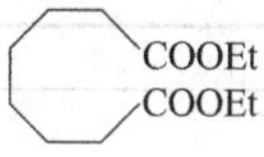	偶姻反应
3	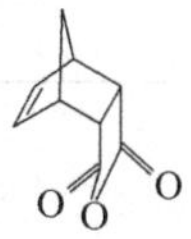	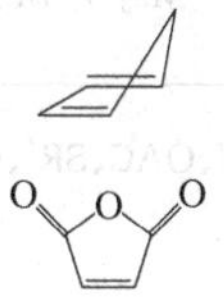	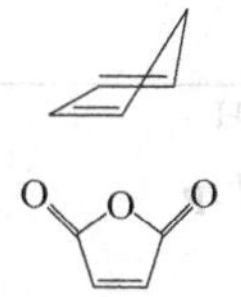	Diels-Alder 反应

由此得出：

① 合成元与合成等效剂是两个不同的概念，但二者又相互联系。在示例 3 情况下，二者指的是同一种化合物。

② 合成元有四种不同的形式。在示例 1 中合成元是碳正离子和碳负离子两种形式；在示例 2 中合成元是自由基，而示例 3 中合成元又表现为中性分子的形式。这四种合成元按其性质分为：a. 具有亲电性或能接受电子的合成元（acceptor synthon），如碳正离子合成元，用 a 表示；b. 具有亲核性或能给出电子的合成元（donor synthon），如碳负离子，用 d 表示；c. 自由基合成元，用 r 表示；d. 中性分子合成元，用 e 表示。a、d、r 三种合成元常态下都不稳定，不能直接作为合成原料，此时要用合成等效剂来代替它。e 合成元在合成中可直接使用。a、d 是两种最最常见的合成元，具体见表 6.2 和表 6.3。

表 6.2 重要的 d 合成元及其等价试剂

合成元		合成等效剂
R_d	R^-	$RM(M=Na,Li,MgX)$；R_2CuLi $Ph_3P=CHR'$　$(EtO)_2\overset{O}{\overset{\parallel}{P}}{}^{+}—CH^-—R^1$ $Me_3S^+I/DMSO$　$Me_3\underset{\underset{O}{\parallel}}{S^+}I^-/NaOH$
$d^{1,2}$	$R—CH=CH^-$ $R—C\equiv C^-$	$R—CH=CHX/M$，$R—CH=CHM/MX$ $R—C\equiv CH/HaNH_2$（或 $BuLi,RMgX$）
d^1	$CH_2^-—NO_2$ $C^-\equiv N$　$Z—\underset{H}{\underset{\mid}{C^-}}—Z$	$CH_3NO_2/RONa$　$Me_3SiCH_2SMe/n\text{-}BuLi$ $HCN/NaOH/H_2O$　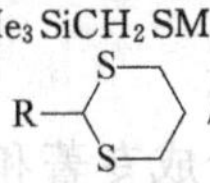 $/n\text{-}BuLi$ Me_3SiCH_2X/Mg $DMSO/NaH$
d^2	$—CH^-—\overset{O}{\overset{\parallel}{C}}—$	$—CH_2CO—/NaOH(RONa,BnLi,LDA)$ $—CH_2CO—/H_2N—$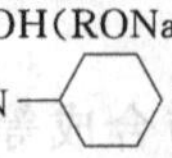（或 NH_2NR_2）$/LDA$ $—CH_2CO—/$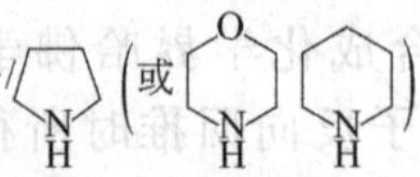
d^3	$H_2C^-CH_2CH=S$ $RO_2CCH_2\overline{C}HCO_2R$ $C^-\equiv C—CO_2R$ $CH_2^-CH_2COCH=CH_2$ $CH_2^-CH_2CH(OMe)_2$ $CH_2^-CH_2CO_2R$	$CH_2=CH—CH_2SH/BnLi$ $RO_2CCH_2CH_2CO_2R/LDA/BnLi$ $HC\equiv C—CO_2R/LDA$ $CH_2=CHCH(OSiR_3)CH=CH_2/BuLi$  $/MeONa$ 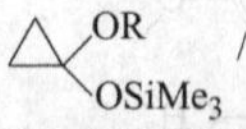 $/TiCl_4$

表 6.3 重要的 a 合成元及其等价试剂

合成元		合成等效剂
R_a	R^+	$RX(X=Cl,Br,I,OTs,OMs,OTf)$ $(RO)_2SO_2$　$(RO)_3PO$ $Me_3S^+X^-$　$Me_3O^+BF_4^-$ $R^+AlCl_4^-$
a^1	$R—\overset{OH}{\overset{\mid}{C^+}}—R$	$R—CO—R'$ $RCOX$　$(X=Cl、OAC、SR'、OR')$ $R_2C(SR')(OSiR'_3)$
a^2	$—\underset{\mid}{C^+}—\overset{O}{\overset{\parallel}{C}}—$ $—\underset{\underset{H}{\mid}}{C^+}—\overset{OH}{\overset{\mid}{C}}H—R$	$X—\underset{\mid}{CH}—\overset{O}{\overset{\parallel}{C}}—$　$XCH—\underset{\mid}{C}(OR')(OR')$　$(X=Br,OTs,OMs$ 等$)$ $—CH=CH—NO_2$ $X—\underset{\underset{H}{\mid}}{CH}—\overset{OH}{\overset{\mid}{CH}}—$　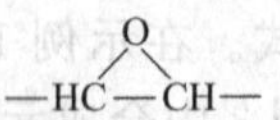
a^3	$—\underset{\mid}{C^+}—CH_2—\overset{O}{\overset{\parallel}{C}}—$ $—\underset{\mid}{C^+}—CH=C—$	$—\underset{\mid}{C}=CH—COR(H)$　$—\underset{\mid}{C}=CH—CO_2R$　$—\underset{\mid}{C}=CH—CN$ $—\underset{\mid}{C}=CH—\overset{\mid}{\underset{\mid}{C}}—X$　$(X=Cl、Br、I、OTs、OMs)$ Ms=甲磺酰基

硝基烷烃和氢氰酸在碱性条件下失去质子，成为经典的 d^1 合成元，此外亚砜、砜、1,3-二噻烷等的碳负离子也是 d^1 合成元，羰基衍生物 P-碳负离子，包括烯醇、烯胺或亚胺金属等，均是有用的 d^2 合成元。烯丙硫醇、1,4-二羰基化合物、丙炔羧酸酯和烯丙硅醚等在碱性条件下失去质子，可获得相应的 d^3 合成元。γ,δ-不饱和羰基化合物在 2mol 强碱作用下所形成的双负离子是 d^5 合成元。

在 a 合成元中，各种不同形式的碳正离子和带部分正电荷的碳原子均是 a 合成元的最主要形式。

(2) 切断、连接及重排

① 切断（disconnection，简称 dis）

切断是人为地将化学键断裂，把目标分子骨架拆分为两个或两个以上的合成元，达到简化靶分子目的的一种转化方法。"切断"通常是在要切断的化学键上用符号"⌈"标出并在转化双箭头上加注 dis 来表示，如：

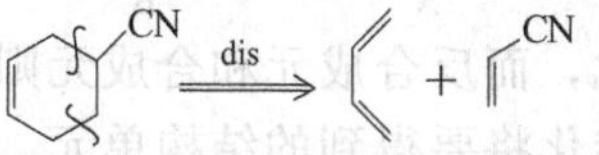

需要指出的是人为的切断并不意味着无原则的切断！在反合成分析中，切断时应遵循下列原则：a. 应有合理的切断依据，正确的切断应以合理的反应机理为依据，按照一定机理进行的切断才会有合理的合成反应与之对应；b. 切断时应遵循最大程度简化原则；c. 如果切断有几种可能时，应选择合成步骤少、产率高、原料易得的方案。

② 连接（connection，简称 con）

连接是把目标分子中两个适当的碳原子连接起来，使之形成新的化学键，获得便于进一步拆分的合成元。"连接"通常是在双箭头上加注 con 来表示。比如：

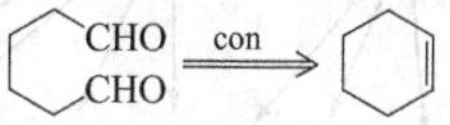

③ 重排（rearrangement，简称 rearr）

重排是按重排反应的反方向把目标分子拆开或重新组装依此来简化目标分子。在双箭头上加注 rearr 表示，例如：

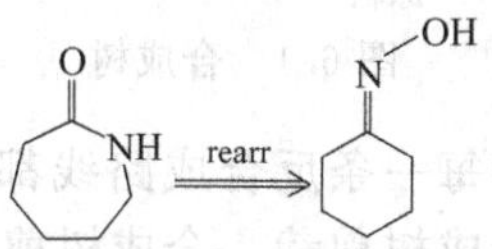

(3) 官能团转换　官能团转换是在不改变目标分子骨架的前提下变换官能团的类型或位置，依此来简化目标分子。一般有下面三种方式：

即官能团互变（functional group interconversion，FGI），比如：

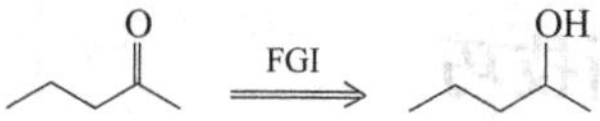

官能团添加（functional group addition，FGA），比如：

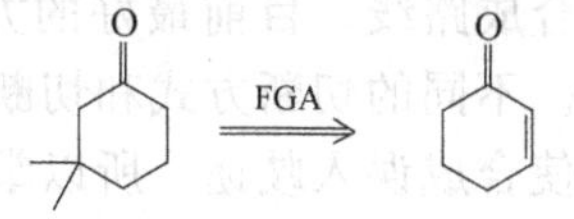

官能团消除（functional group removal，FGR），比如：

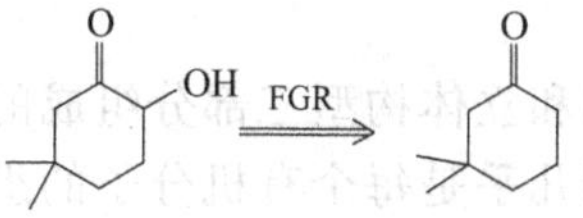

官能团转化的主要目的是：

① 目标分子变换成一种更易合成的前体化合物或易得原料；

② 在反向切断、连接或重排等反合成分析之前，往往需经过官能团转化把目标分子变换成必要的形式；

③ 添加导向基，如活化基、钝化基、阻断基和保护基等以提高化学、区域或立体选择性。

总之，反合成分析就是通过以上切断、连接和重新组装等骨架转化和官能团转化而实现的。

(4) 反合成元（retron） 为从概念上区别合成元和合成中间体，Corey 在合成设计中又提出了反合成元（retron）这一术语。在对目标分子进行反合成转化时，要求目标分子中存在某种必要的结构单元，只有这种结构单元存在时才能进行有效的反合成转化，进而简化目标分子并推导出易得的起始原料。换句话说，反合成元是反合成分析中进行某一转化所必需的结构单元。如下列结构单元 A、B 分别是 Diels-Alder 反应、Robinson 成环反应的反合成元。

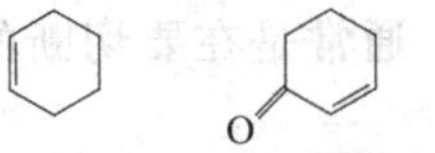

A　　B

反合成分析的核心问题是转化，而反合成元和合成元则是这一核心问题的两个方面，前者是转化的必要结构单元，后者是转化将要得到的结构单元。

(5) 合成树 重复或交替使用以上反合成转化方法即可推导出起始原料。若是较简单的目标分子只需经几步转化就得到起始原料，而较复杂的目标分子则需要多步转化才能获得起始原料，而且复杂分子经转化可能得到不止一条的反合成路线，分子越复杂，可能的反合成路线就越多，推导出的图像就如一株倒长的树，该图像就称为合成树，如图 6.1 所示。

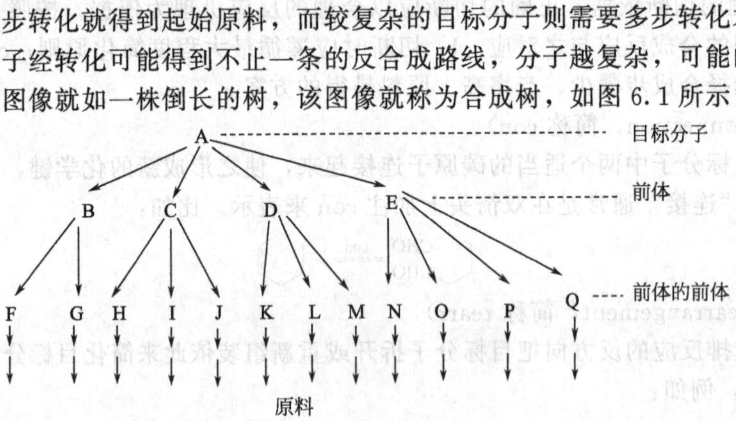

图 6.1　合成树

必须指出的是，并不是合成树的每一条反合成路线都是理想的合成途径，必须进行考察、比较来取舍，这个过程就是所谓的合成树剪裁。合成树剪裁工作需考虑合成路线的长短、反应条件是否温和、产率的高低、原料和试剂是否易得以及分离程序是否简便等多方面的因素，特别应注意立体化学问题。

6.3 反合成分析中的切断技巧

要为某一目标分子设计理想的合成路线，目前最好的方法是反合成法。在反合成分析中，简化目标分子最有利的手段是切断。不同的切断方式和切断次序都将导致不同的合成路线。但有些切断是不恰当的，有些甚至会使合成误入歧途，所以掌握一些切断技巧将有利于快速给出目标分子合理的合成路线。

6.3.1 优先考虑骨架的形成

有机化合物是由骨架、官能团和立体构型三部分组成的，其中立体构型并不是每个有机化合物都具备的。然而骨架和官能团几乎是每个有机分子的组成部分，所以骨架形成和官能团引入是设计合成路线中最基本的两个过程，其中骨架形成又是设计合成路线的核心。因为官能团虽然很重要，决定着化合物的主要性质，但它毕竟是附着在骨架上的，如果不优先考虑骨架的形成，官能团也就没有归宿了。

但是骨架的形成又离不开官能团的作用。因为碳-碳骨架形成的位置，就在官能团所在的或受官能团影响的部位上。因此，要形成碳-碳键，前体分子必须要有成键所要求的官能团。例如，醛基是合成下面目标分子的必备官能团。

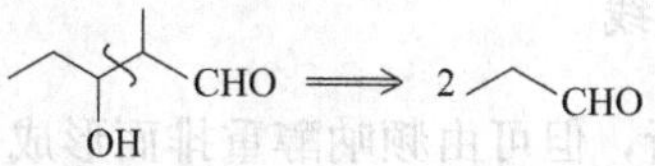

6.3.2 优先在杂原子处切断

连接杂原子（如 O、N、S 等原子）的化学键往往是不稳定的，而且在合成过程中容易再连接，故切断杂原子键对合成路线的设计是有利的。例如：

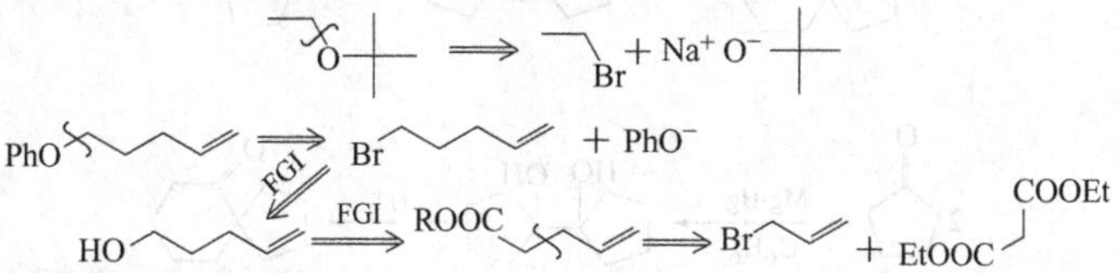

6.3.3 添加辅助官能团后再切断

有些化合物直接拿来切断比较困难，此时如果在某一部位添加某种官能团，问题就会迎刃而解。但在添加辅助官能团时，应确认它是容易被除去的，否则不能添加。例如：

例 1：设计 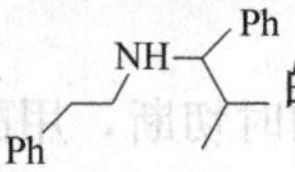 的合成路线

分析：

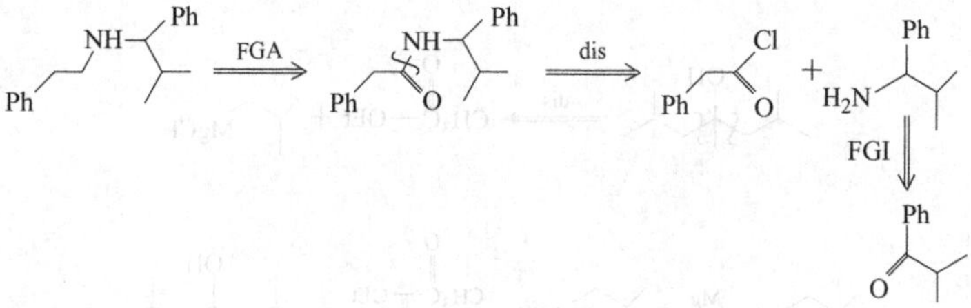

合成：

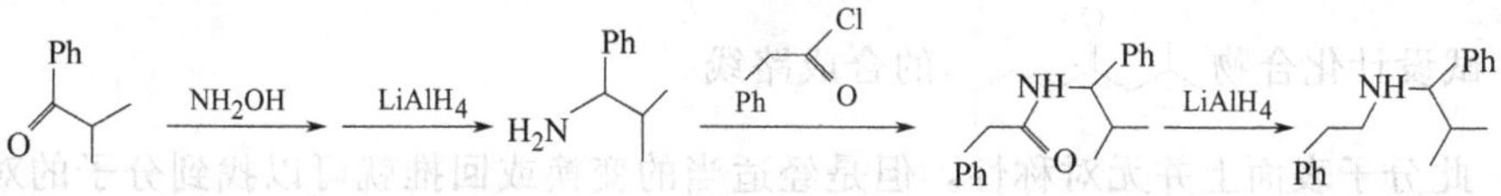

例 2：试设计化合物 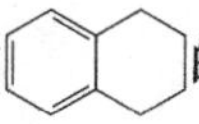 的合成路线

分析：

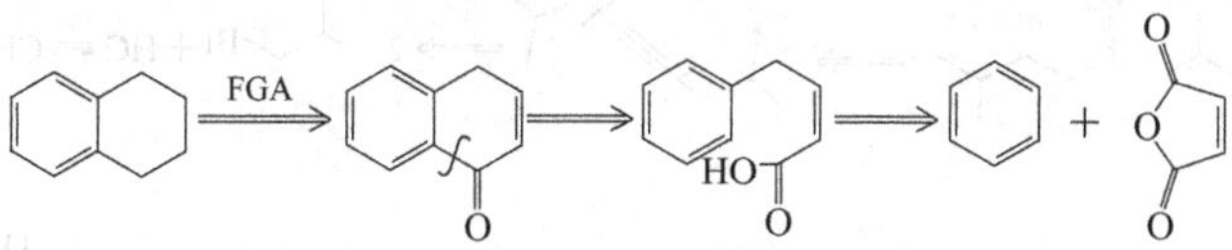

合成：

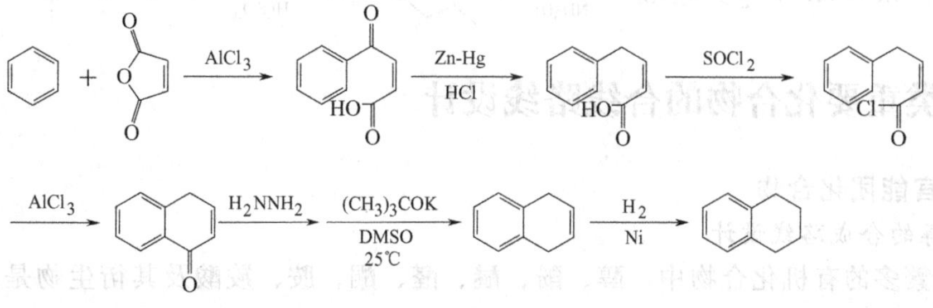

6.3.4 将目标分子推到适当阶段再切断

有些目标分子找不到直接切断的合理方式，此时还可考虑先将目标分子经官能团互换、重排等回推到某一替代目标分子后再进行切断，这也是一种常用的、行之有效的办法。

例：试设计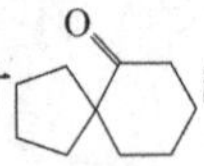的合成路线

分析：此化合物无法直接切断，但可由频呐醇重排而形成，所以考虑先回推到频呐醇阶段。

分析：

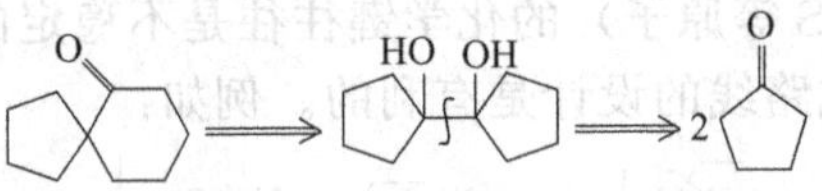

合成：

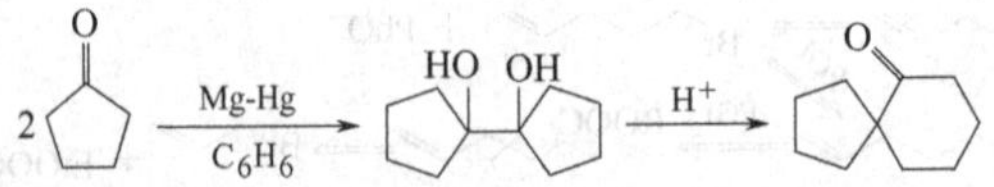

6.3.5 利用分子的对称性

有些目标分子包含或隐含着对称结构，我们可以利用这种结构上的对称性来简化合成路线。

例 1：试设计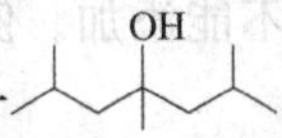的合成路线

分析：目标分子有明显的对称结构，所以可将两个对称结构同时切断，用酯与格氏试剂反应来合成。

分析：

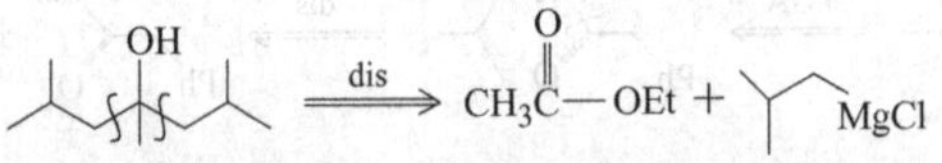

合成：

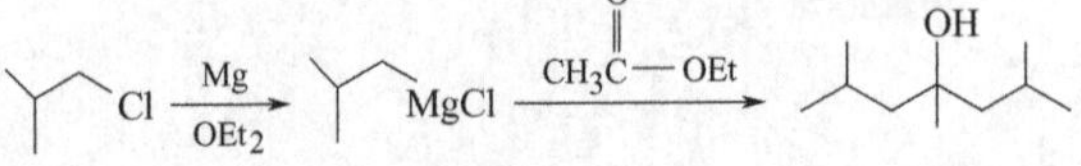

例 2：试设计化合物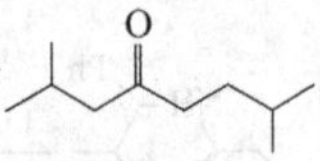的合成路线

分析：此分子表面上并无对称性，但是经适当的变换或回推就可以找到分子的对称性，即目标分子存在潜在的分子对称性。

分析：

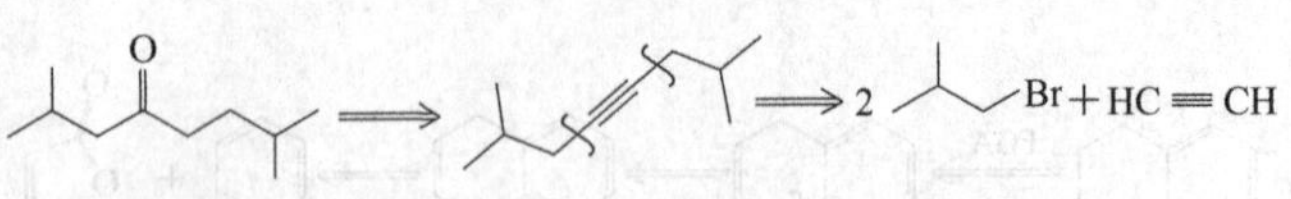

合成：

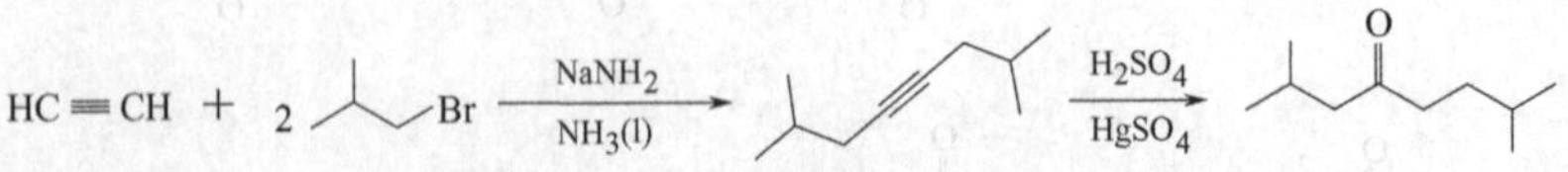

6.4 几类重要化合物的合线路线设计

6.4.1 单官能团化合物

6.4.1.1 醇的合成路线设计

在种类繁多的有机化合物中，醇、酚、醚、醛、酮、胺、羧酸及其衍生物是最基本的几

类。其中醇是最特殊最重要的一种，因为它是连接烃类化合物如烯烃、炔烃、卤代烃等与醛、酮、羧酸及其衍生物等羰基化合物的桥梁物质。所以醇的合成除了本身的价值外，它还是进一步合成其他有机物的中间体。合成醇最常用、最有效的方法是利用格氏试剂和羰基化合物的反应，但切断的方式要视目标分子的结构而定。

例 1： 设计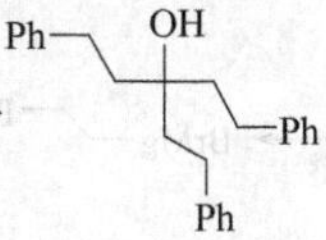的合成路线

分析：

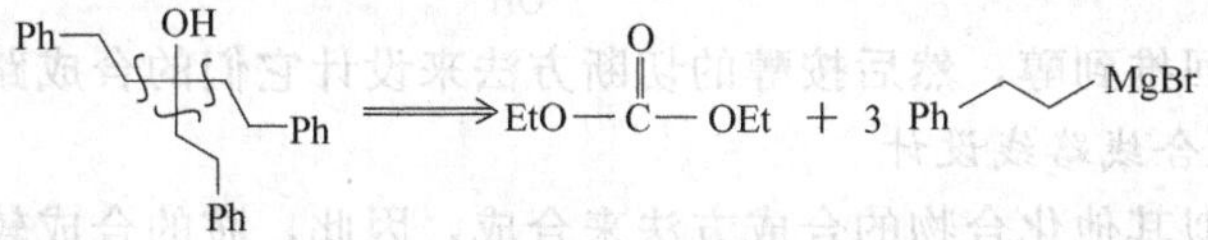

合成：

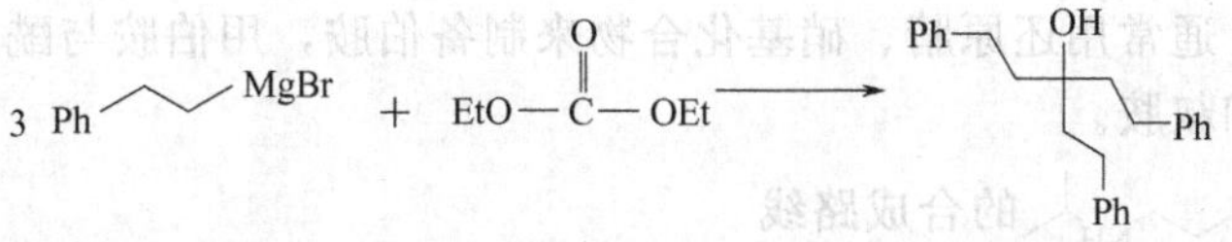

总结：包含对称结构单元的醇，采用多处同时切断的方式可简化合成路线，原料是格氏试剂和酯。

例 2： 设计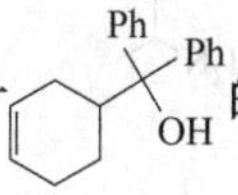的合成路线

分析：

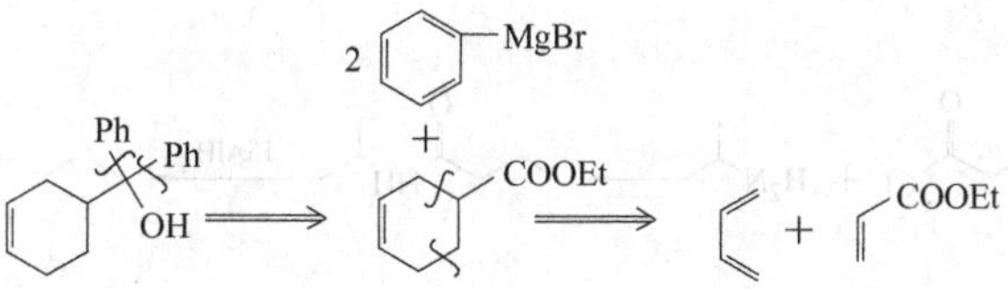

合成：

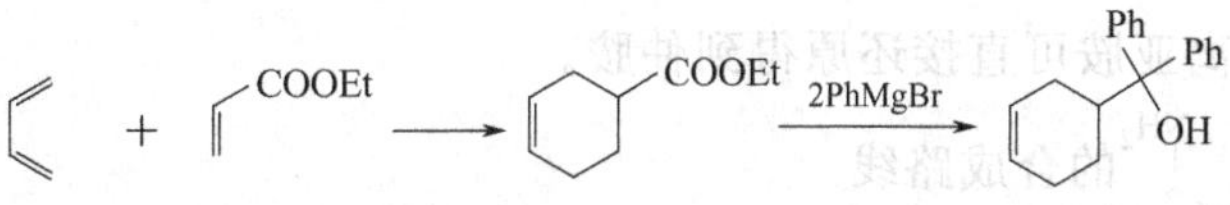

例 3： 试设计的合成路线

分析：

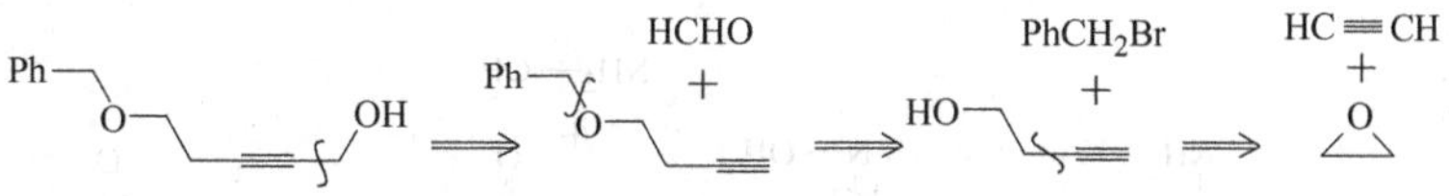

合成：

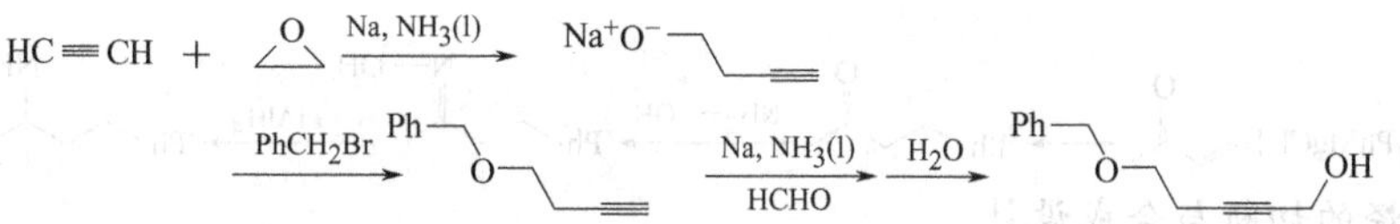

例 4： 试设计的合成路线

分析：此目标化合物是烯烃，但可回推到醇，然后按醇的切断方式进一步切断。

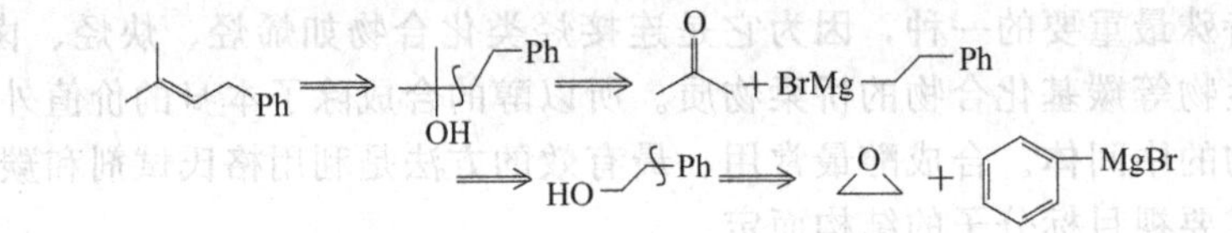

合成：

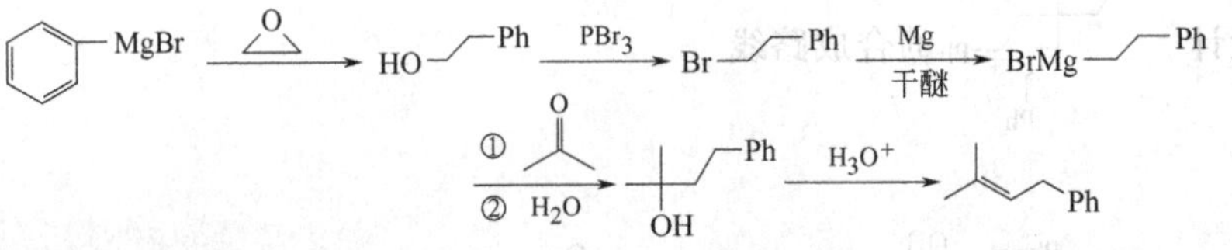

许多有机化合物都可回推到醇，然后按醇的切断方法来设计它们的合成路线。

6.4.1.2　胺的切断及合线路线设计

胺通常不能用类似其他化合物的合成方法来合成，因此，胺的合成较为独特。合成胺最常见的方法是用卤代烃与氨作用，但这一反应的最大的缺点是产物为混合物，不符合高产率的有机合成要求。所以，通常用还原腈、硝基化合物来制备伯胺，用伯胺与酰卤、醛或酮反应，然后再还原制备仲胺和叔胺。

例 1：试设计 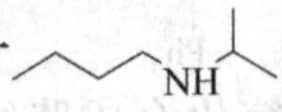 的合成路线

分析：

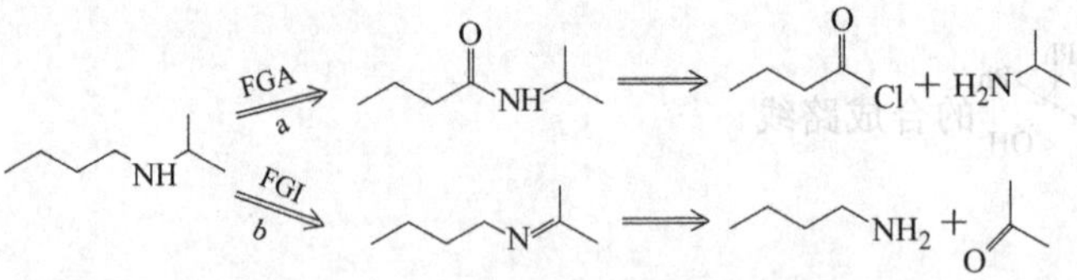

合成：

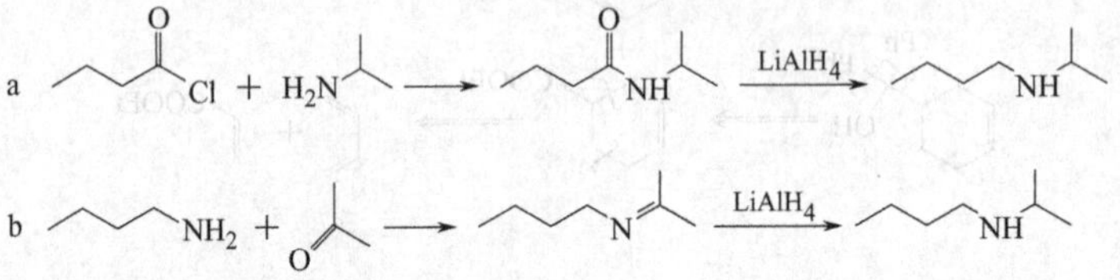

在 b 方案中，不用分离亚胺可直接还原得到仲胺。

例 2：设计 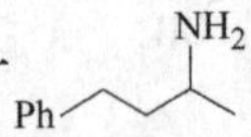 的合成路线

分析：这个化合物也是伯胺，但不同的是与氨基相连的碳带有支链。此时，用氰的还原法显然不合适，而还原肟是合成支链化伯胺的好方法。

分析：

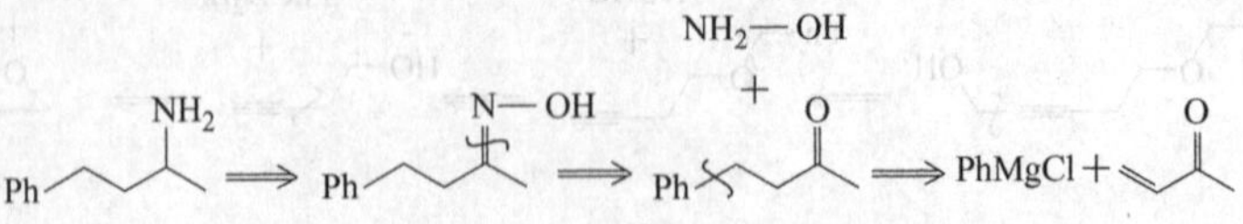

合成：

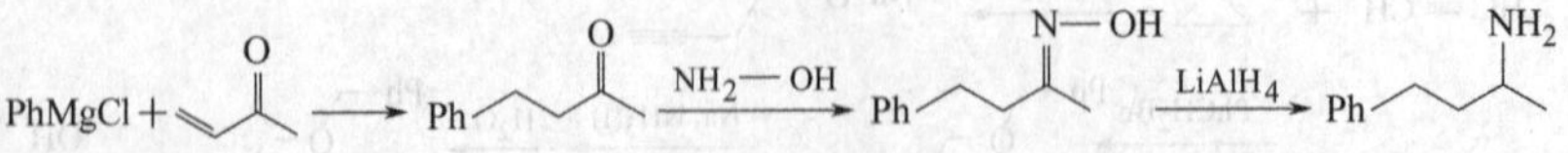

6.4.1.3　烯烃的切断与合成设计

简单的烯烃通常有两种切断方法，一种是前面介绍的先回推到醇再进行切断；另一种方法是利用 Wittig 反应。

例 1：设计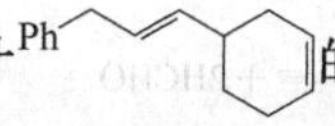的合成路线

分析：Wittig 反应要求目标分子从双键处切断，双键的哪一端来自卤代烃，哪一端来自羰基化合物几乎可以随意选定，只要原料易得即可，而且，Wittig 反应具有立体选择性。

显然，a 方案比 b 方案的合成子易得，所以选 a 方案。

分析：

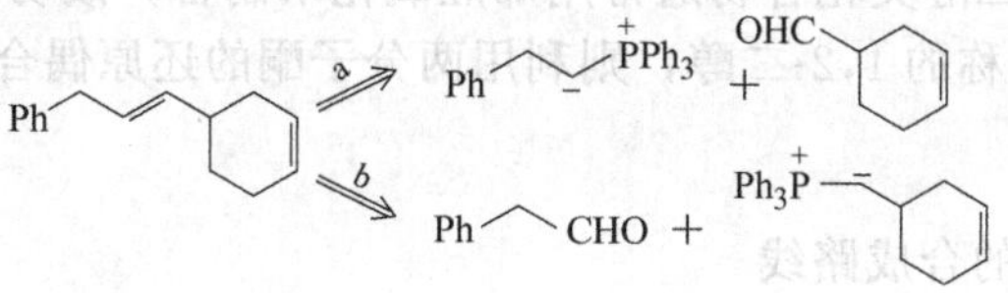

合成：

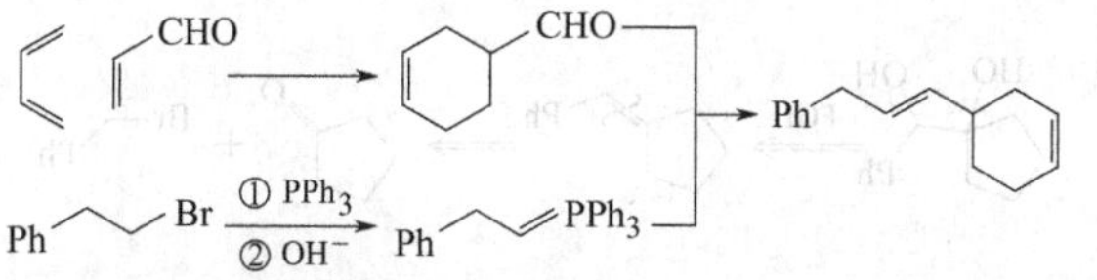

例 2：试设计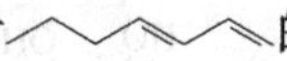的合成路线

分析：

合成：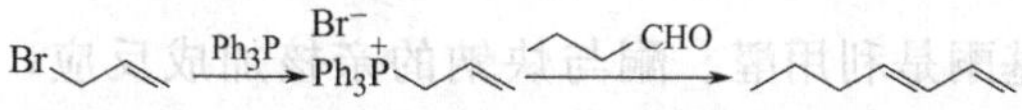

6.4.1.4　**羧酸的合成**

羧酸也是一类重要的有机物，有了羧酸，羧酸衍生物就很易制备。羧酸的合成除了先回推到醇再切断的路线外，还有两种方法可利用：一种是利用格氏试剂与二氧化碳反应制羧酸；另一种是利用丙二酸二乙酯与卤代烃反应来制备羧酸。

例：试设计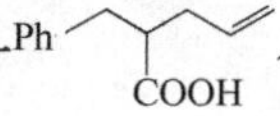合成路线

分析：

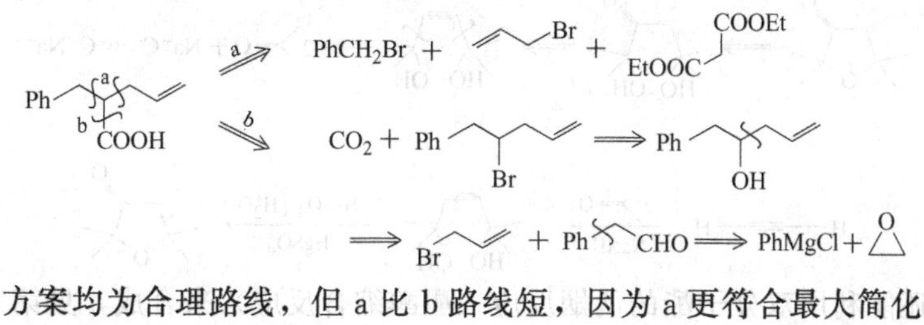

显然，两种方案均为合理路线，但 a 比 b 路线短，因为 a 更符合最大简化原则，所以 a 比 b 更好。

合成：

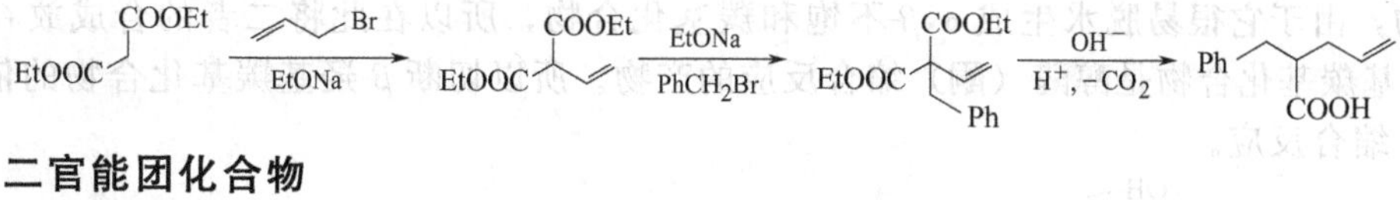

6.4.2　二官能团化合物

二官能团化合物主要包括 1,1-、1,2-、1,3-、1,4-、1,5-、1,6-二官能团等化合物，下面分别讨论它们的合成。

6.4.2.1　1,1-二官能团化合物

这一类化合物主要有氰醇、缩酮等化合物，现举例如下。

试设计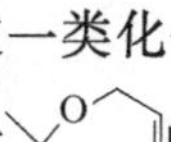的合成路线

分析：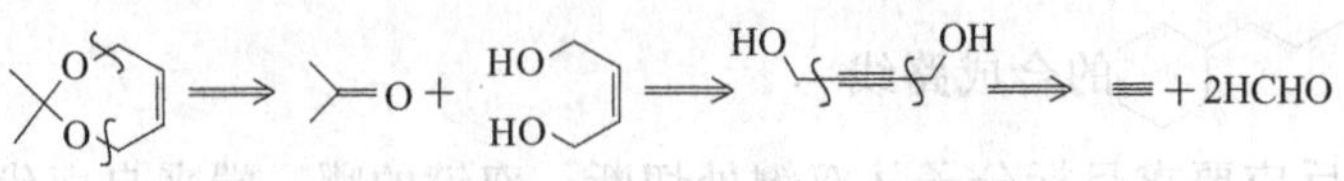

合成：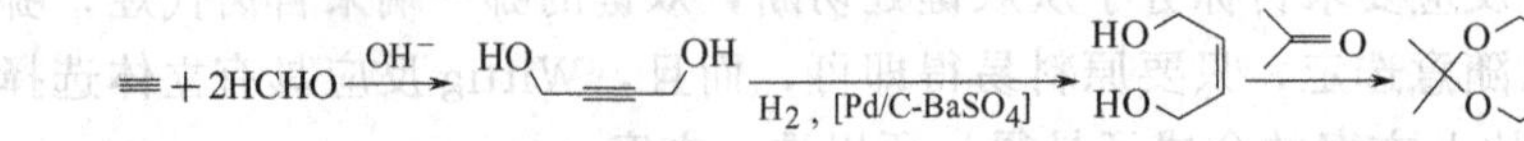

6.4.2.2　1,2-二官能团化合物

（1）1,2-二醇　1,2-二醇类化合物通常用烯烃氧化来制备，故切断时1,2-二醇先回推到烯烃再进行切断。如果是对称的1,2-二醇，则利用两分子酮的还原偶合直接制得，偶合剂是Mg-Hg-$TiCl_4$。

例：试设计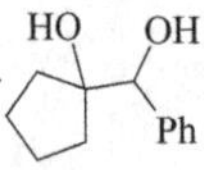的合成路线

分析：

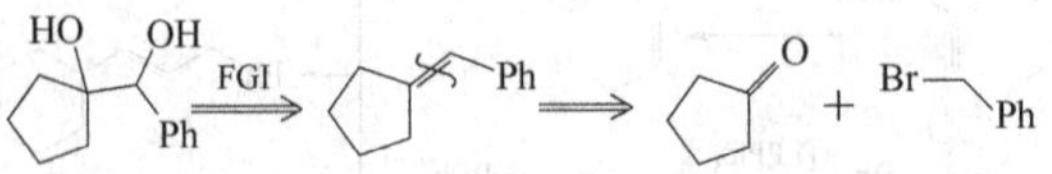

合成：

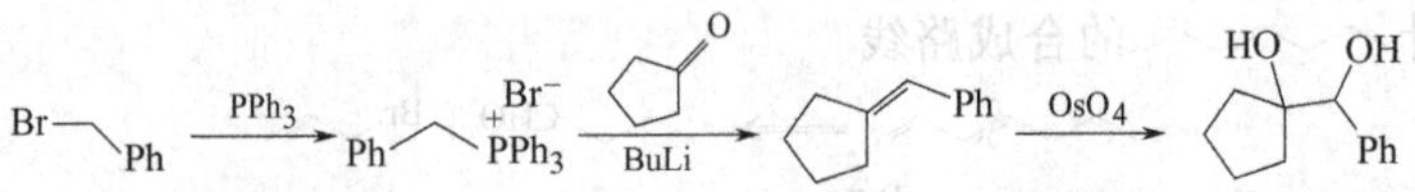

（2）*α*-羟基酮　*α*-羟基酮是利用醛、酮与炔钠的亲核加成反应，然后在叁键上水合制得。所以*α*-羟基酮的切断方式如下：

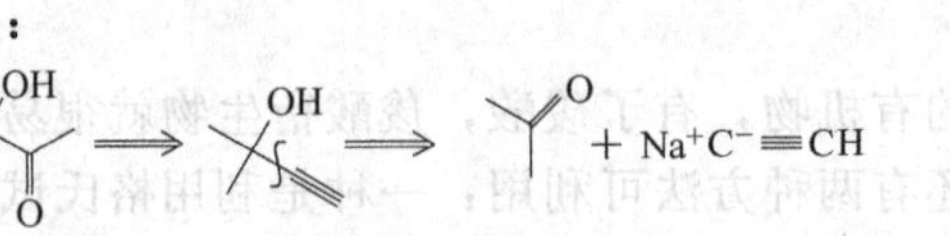

例：试设计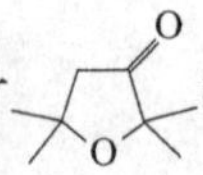的合成路线

分析：

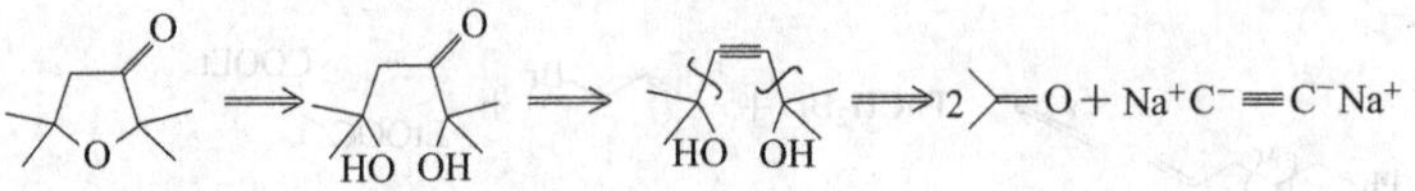

合成：

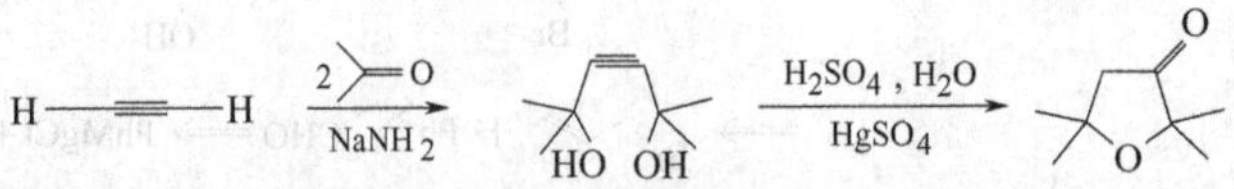

此外，*α*-羟基酮还能利用双分子酯的偶姻反应（酮醇缩合反应）来合成，见第2章。

6.4.2.3　1,3-二官能团化合物

（1）*β*-羟基羰基化合物和*α*,*β*-不饱和羰基化合物　*β*-羟基羰基化合物属于一种1,3-二官能团化合物，由于它很易脱水生成*α*,*β*-不饱和羰基化合物，所以在此将二者的合成放在一起讨论。*β*-羟基羰基化合物是醇醛（酮）缩合反应的产物。所以切断*β*-羟基羰基化合物的依据是醇醛（酮）缩合反应。

例1：试设计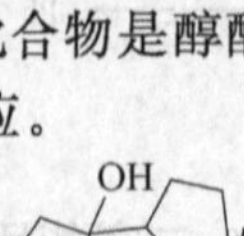的合成路线

分析：

合成：

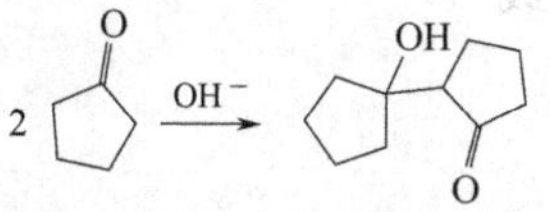

此外，β-羟基羰基化合物还可以利用 Knoevenagel 反应、Reformatsky 反应、Perkin 反应、Claisen-Schmidt 反应、Doebner 反应、Cope 反应等（详见第 2 章）来合成。α,β-不饱和羰基化合物很容易从 β-羟基羰基化合物脱水获得。因此，这些反应都是 α,β-不饱和羰基化合物的切断依据。合成 α,β-不饱和羰基化合物的反应归纳如下：

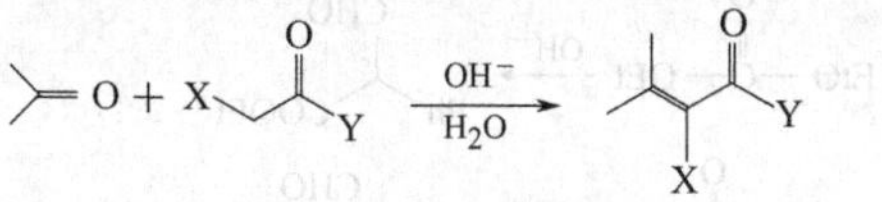

其中：X=H, NO_2, COOEt, CN, COOH
Y=OH, OR, OAC

那么，α,β-不饱和羰基化合物的切断就可归纳为：

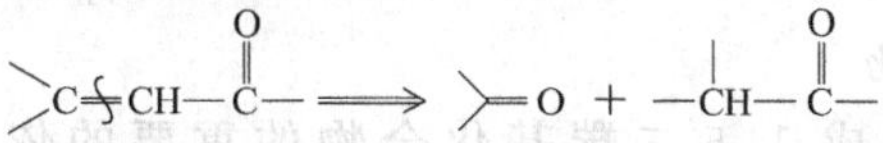

例 2： 设计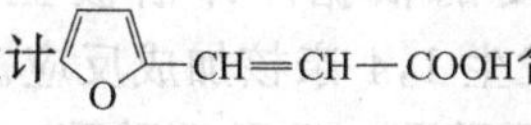合成路线

分析：

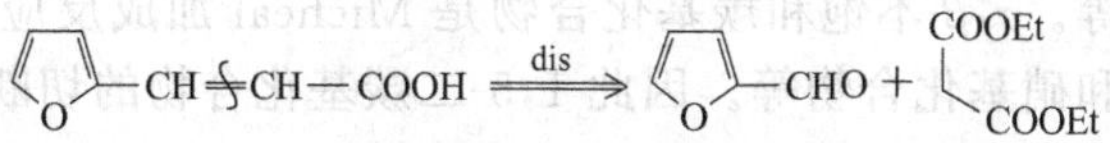

合成：

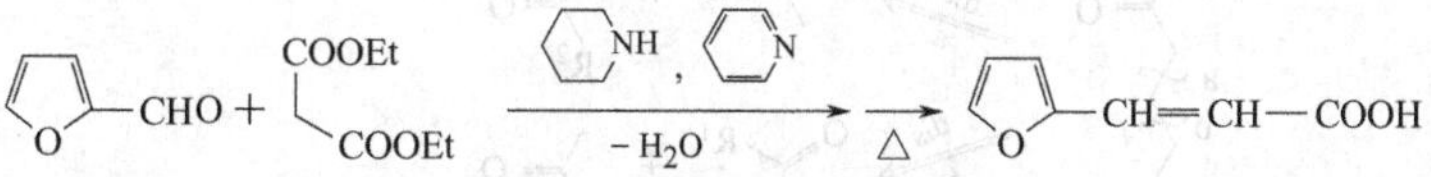

Doebner 反应

(2) 1,3-二羰基化合物　Claisen 缩合反应是切断 1,3-二羰基化合物的依据，Claisen 缩合反应包括 Claisen 酯缩合、酮酯缩合、腈酯缩合等。这些缩合分别得到结构上略有差异的化合物，但最终都能生成 1,3-二羰基化合物，因此，目标化合物可切断为酰基化合物和 α-H 试剂两种合成等效剂：

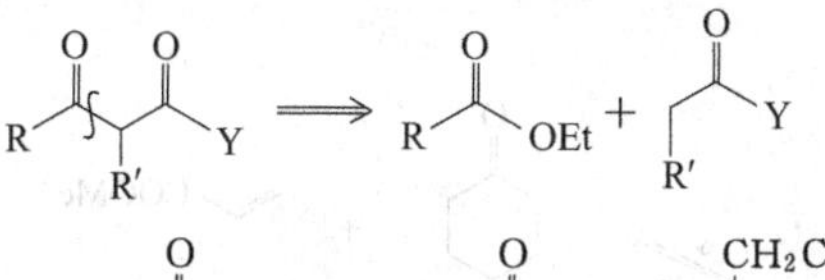

其中：Y=H, OR, R

酰化试剂有：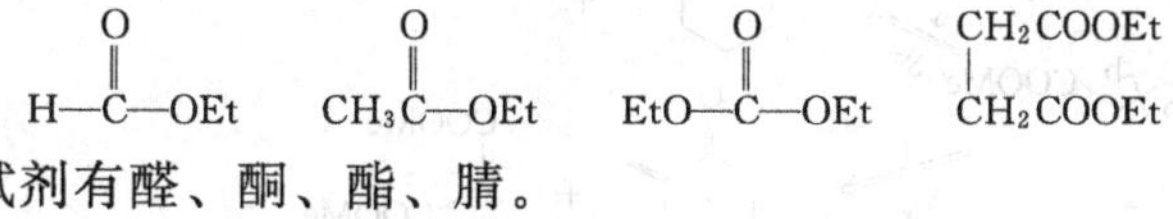

提供 α-H 的试剂有醛、酮、酯、腈。

例 1： 设计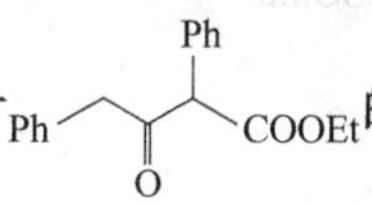的合成路线

分析：这是一个 β-酮酸酯，可以考虑利用 Claisen 酯缩合反应来合成。

分析：

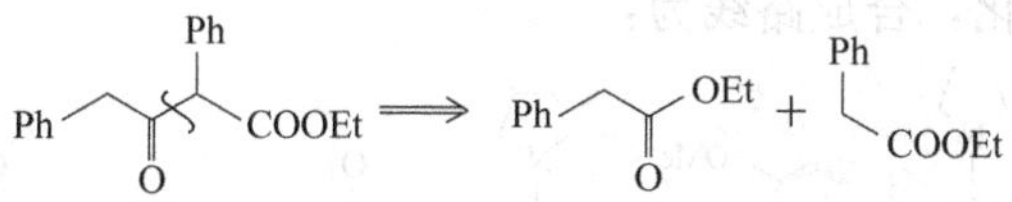

合成：

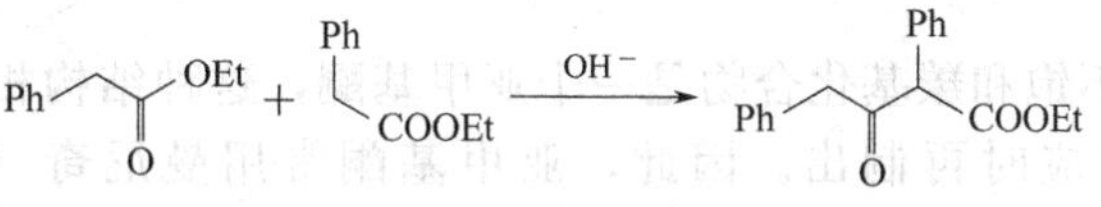

例 2：设计 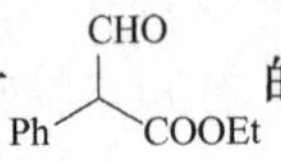 的合成路线

分析：

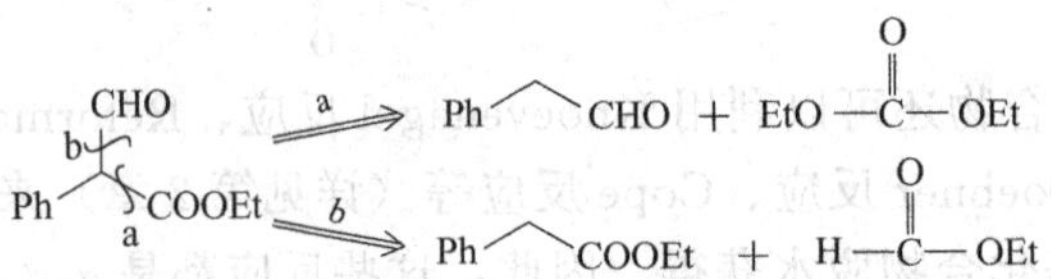

合成：

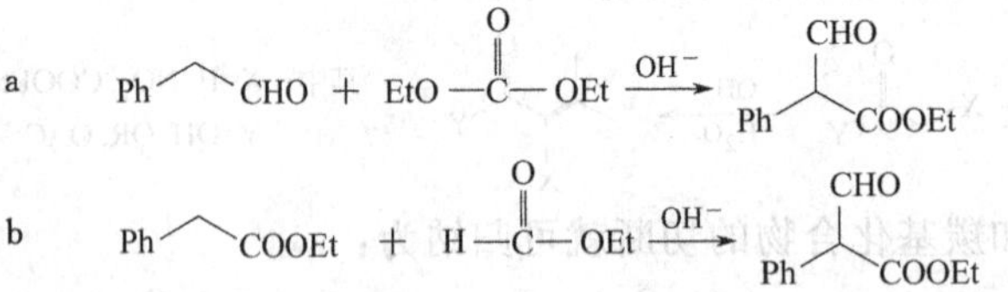

6.4.2.4　1,5-二羰基化合物

Micheal 加成反应是合成 1,5-二羰基化合物的重要的依据。即活泼亚甲基化合物（CH_2XY）与 α,β-不饱和羰基化合物在碱作为催化剂时，发生 1,4-亲核加成反应。其中活泼亚甲基化合物是 Micheal 加成的给予体，它包括丙二酸酯、氰酸酯、乙酰乙酸酯、羧酸酯、酮、腈、脂肪族硝基化合物等。α,β-不饱和羰基化合物是 Micheal 加成反应的受体，它包括 α,β-不饱和醛、酮、酰胺、氰和硝基化合物等。因此 1,5-二羰基化合物的切断方式如下：

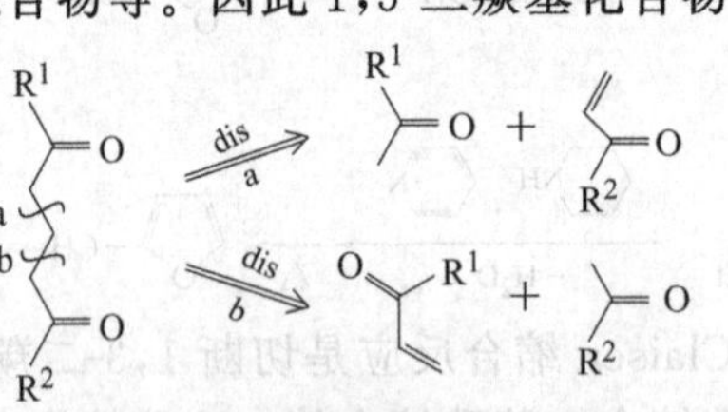

在切断后必须保证得到具有合理结构的合成等效剂，即一个合成等效剂具有 α,β-不饱和羰基化合物结构，另一个具有活泼亚甲基结构的化合物。

例 1：设计以下化合物的合成路线

分析如下：

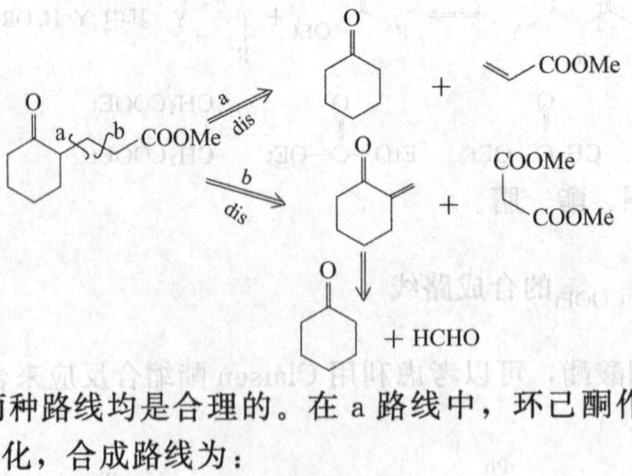

从理论上讲，a、b 两种路线均是合理的。在 a 路线中，环己酮作为亚甲基化合物其活性较低，此时借助烯胺来活化，合成路线为：

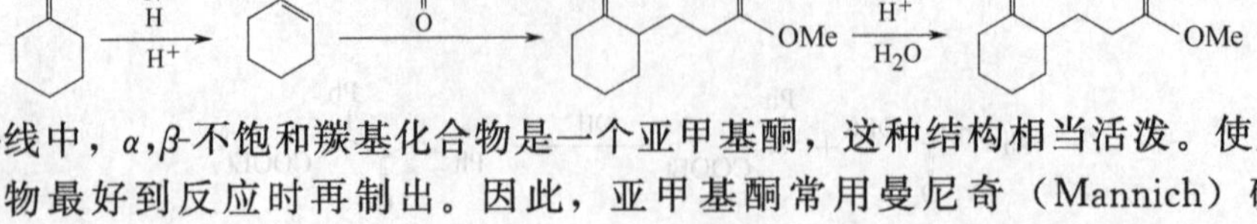

在 b 路线中，α,β-不饱和羰基化合物是一个亚甲基酮，这种结构相当活泼。使用这种稳定性差的化合物最好到反应时再制出。因此，亚甲基酮常用曼尼奇（Mannich）碱代替，在

Micheal 反应体系中（碱性条件下），曼尼奇碱分解释放出 α,β-不饱和羰基化合物。

曼尼奇碱是用含有 α-H 的醛（酮）与甲醛和仲胺进行缩合，生成 α-H 被取代的“胺甲基化合物”，即曼尼奇碱。这个曼尼奇碱比起始原料多一个碳，在碱性条件下释放出亚甲基酮。b 合成路线为：

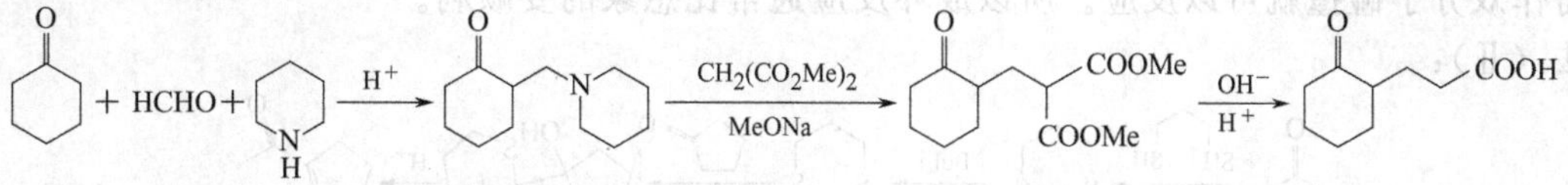

例 2：试设计化合物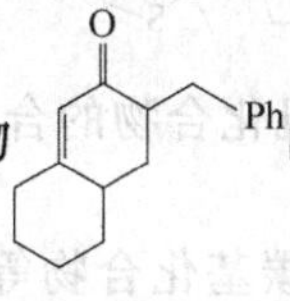**的合成路线**

分析：

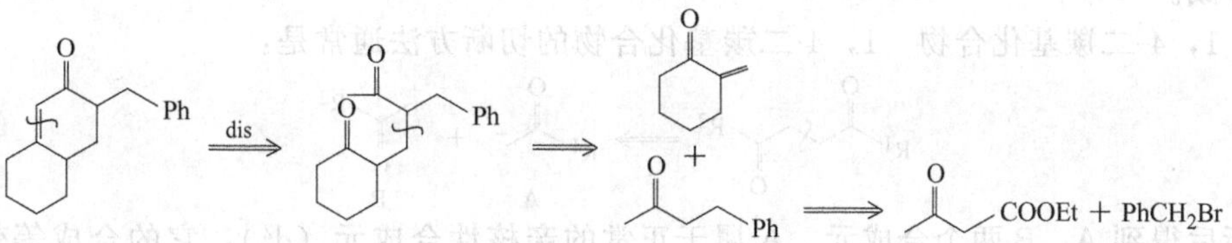

合成：

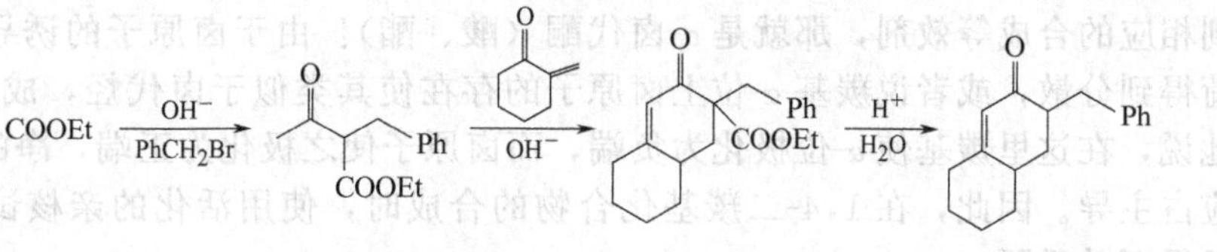

其中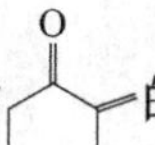的合成采用 Mannich 反应（见**例 1**）。

6.4.2.5　1,6-二官能团化合物

1,6-二官能团化合物可以由环己烯及其衍生物的氧化来制备，而环己烯及其衍生物又是 Diels-Alder 反应的产物，很容易获得。因此，1,6-二官能团化合物的切断策略是重接法。例如：

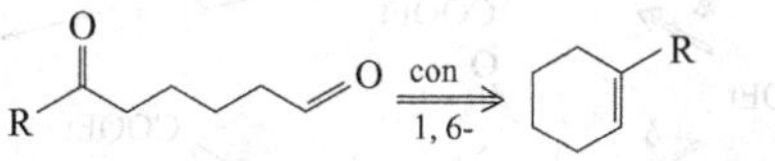

此外，Micheal 加成反应、Baeyer-Villiger 反应也是 1,6-二官能团化合物的合成依据。

例：试设计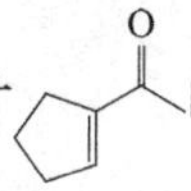**的合成路线**

分析：

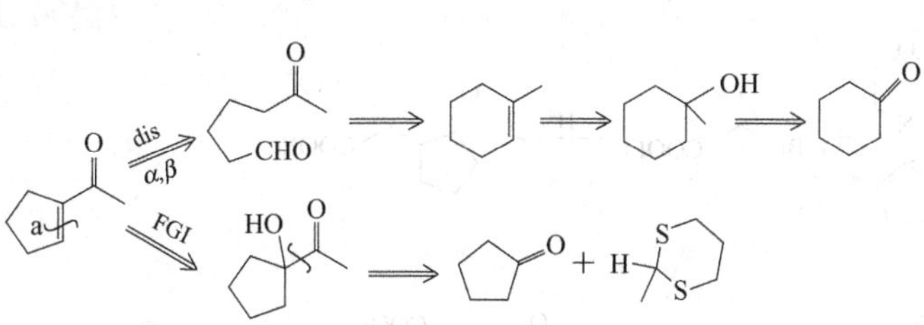

(Ⅰ)

(Ⅱ)

合成：

方法（Ⅰ）：

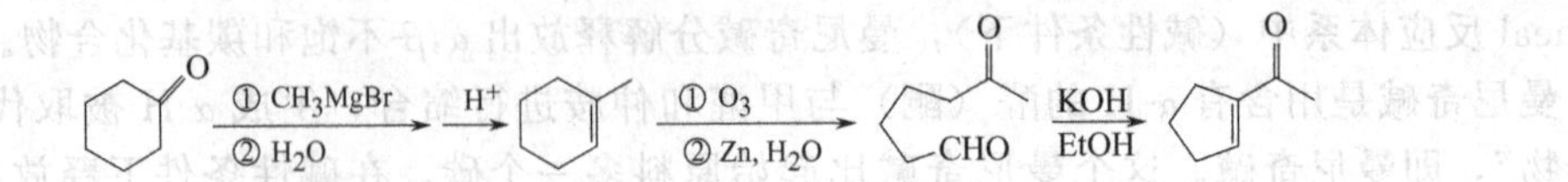

通常分子内反应比分子间反应在动力学上有利，因为反应活性部位为同一分子的两部分，无需作双分子碰撞就可以反应。所以成环反应通常比想象的要顺利。

方法（Ⅱ）：

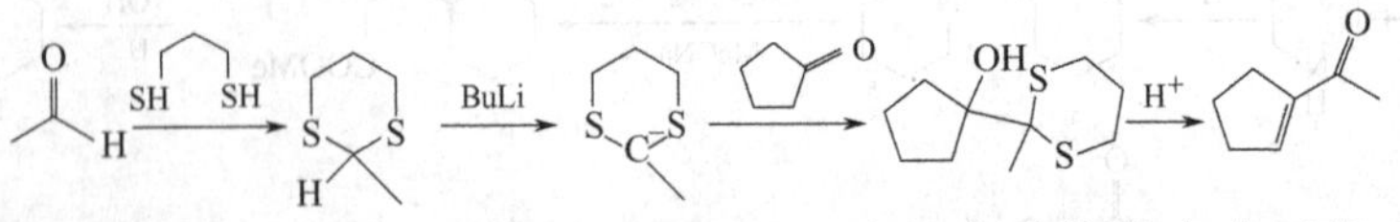

比较两种方法，（Ⅱ）可能比（Ⅰ）更好！由此可见，有机化合物的合成不能死板教条。

6.4.2.6　1,4-二官能团化合物

1,4-二官能团化合物包括 1,4-二羰基化合物、γ-羟基羰基化合物等。下面举例说明此类化合物的合成。

（1）1，4-二羰基化合物　1，4-二羰基化合物的切断方法通常是：

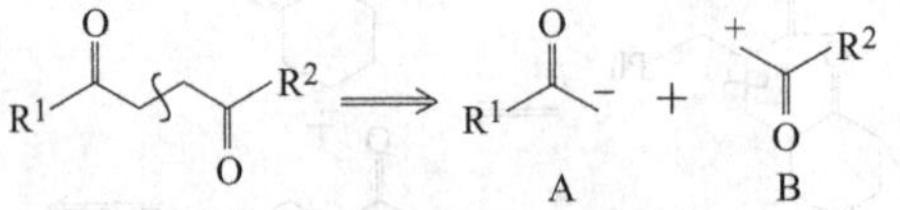

切断后得到 A、B 两个合成元，A 属于正常的亲核性合成元（d^2），它的合成等效剂是含 α-H 的醛或酮；而 B 却是一个不合逻辑的反常的亲电性合成元（a^2）。然而，这种反常合成元确能找到相应的合成等效剂，那就是 α-卤代酮（酸、酯）！由于卤原子的诱导效应使羰基 α 碳的负电荷得到分散，或者说羰基 α-位上卤原子的存在使其类似于卤代烃，成为好的亲电试剂。更准确地说，在这里羰基使 α-位极化为负端，而卤原子使之极化为正端，净的结果是卤原子的诱导效应占主导。因此，在 1,4-二羰基化合物的合成时，使用活化的亲核试剂来控制反应的取向就显得至关重要。

例 1：设计化合物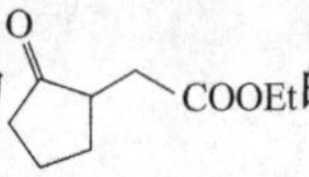的合成路线

分析：

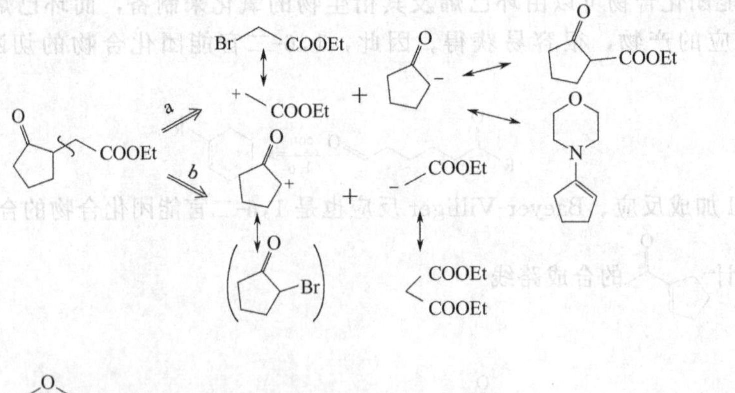

合成：

a 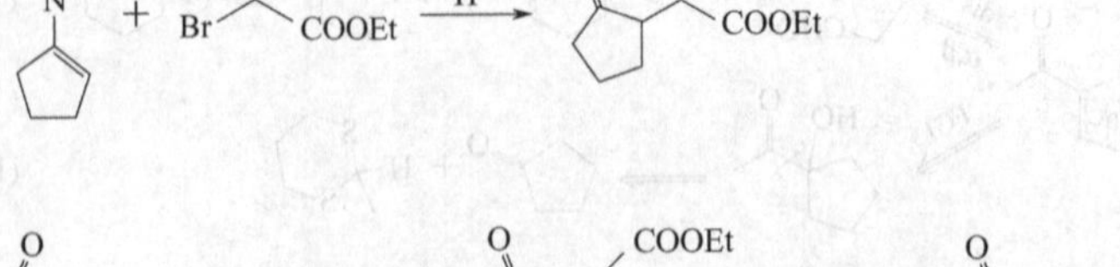

b

此外 1,4-二羰基化合物还可以在 1,2-位切断：

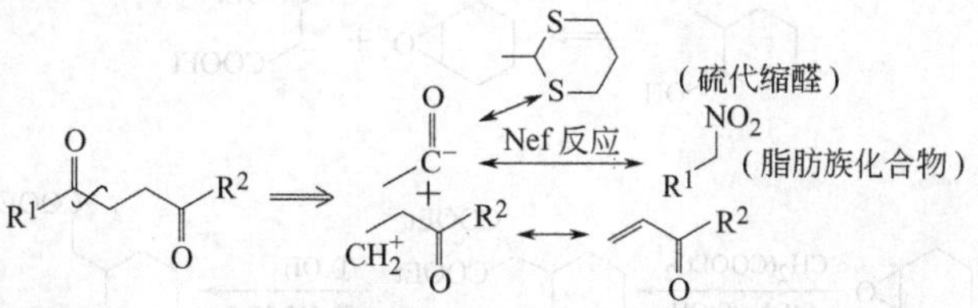

实践证明，硫代缩醛负离子与 α,β-不饱和羰基化合物的反应受限，得不到目标产物；相反，酮的另一个合成等效剂——脂肪族硝基化合物与 α,β-不饱和羰基化合物反应却非常奏效。而且在强酸性介质中，硝基化合物可以转变为酮，即所谓的 Nef 反应：

Nef 反应： 

其历程为：

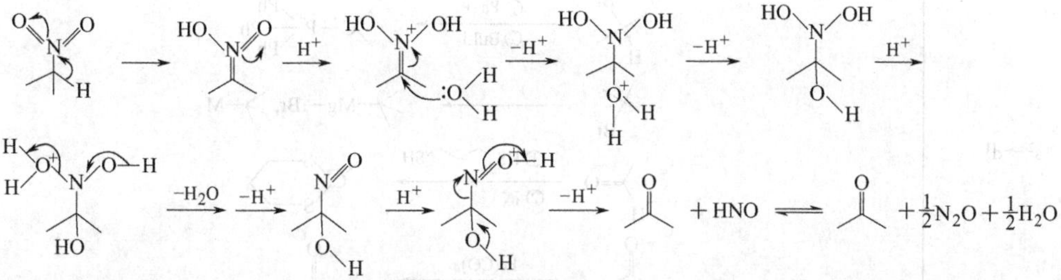

但是强酸性介质对很多类型的官能团都会有破坏作用，因此，强酸性条件对反应其实是不实用的。后来有人对 Nef 反应条件进行了改进，发现反应在 $TiCl_3$ 的缓冲水溶液（pH≈6）中，硝基化合物顺利地转变为羰基化合物。举例如下。

例 2：化合物 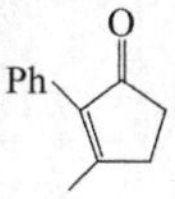 的合成

分析：

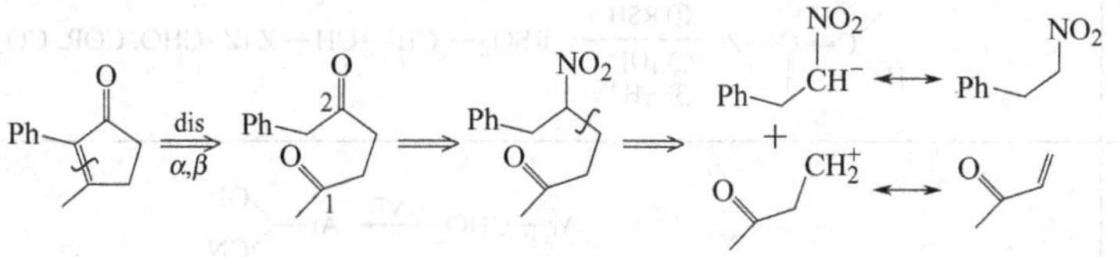

合成：

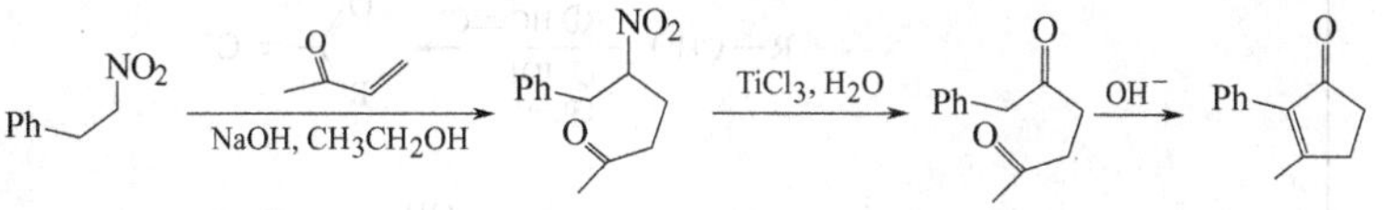

（2）γ-羟基羰基化合物

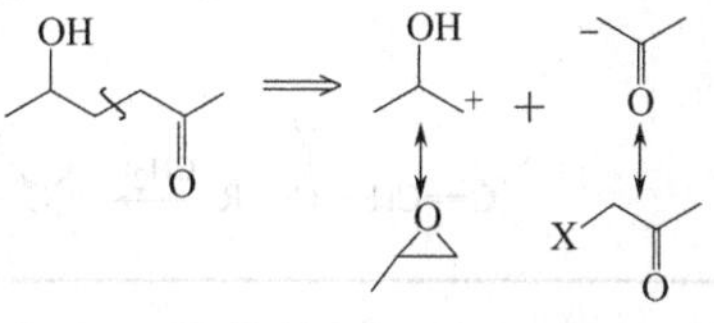

这里用环氧化合物作为亲电合成元的等效剂，亲核合成元的等效剂与前面一样。例如下面化合物的合成。

分析：

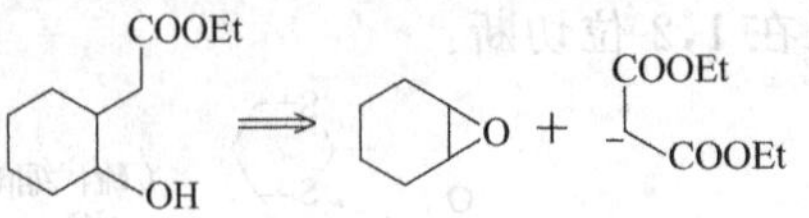

合成：

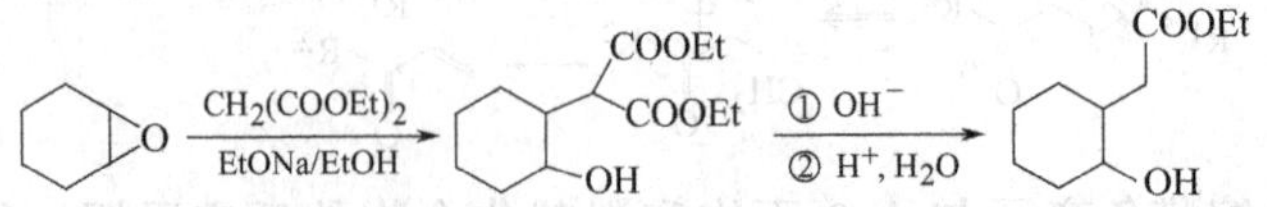

(3) 极性转化　通过杂原子的交换或引入，或者另一基团的添加，可将某一合成子的正常极性转化成其相反性质（$a^1 \rightarrow d^1$），或使其电荷从原来的中心碳原子转移到另一碳原子上，这些过程称之为“极性转化”（umpolung），见表 6.4。

表 6.4　可以发生极性转化的物质和方法

类　型		极性反转的转化反应
交换杂原子	$a^1 \rightarrow d^1$	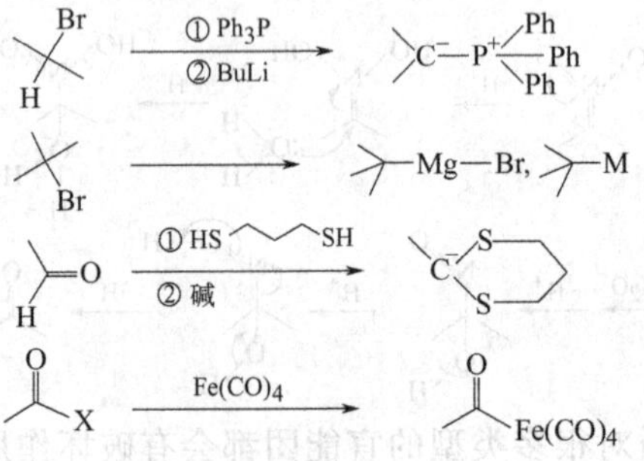
引入杂原子	$d^{1,2} \rightarrow a^{1,2}$	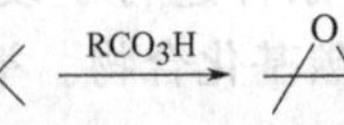
	$d^2 \rightarrow a^2$	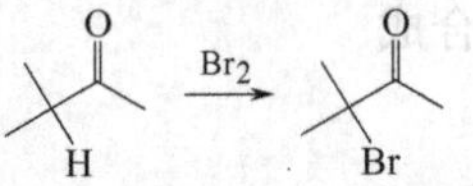
	$a^3 \rightarrow d^3$	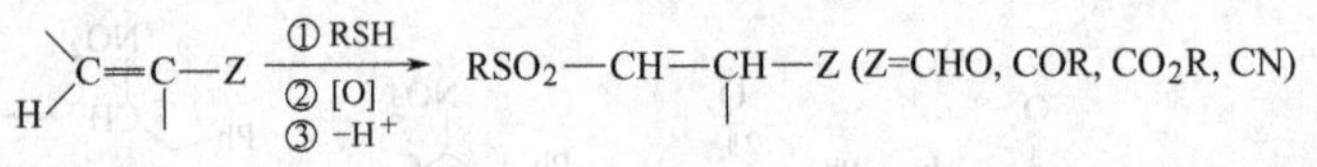
添加基团	$a^1 \rightarrow d^1$	
	$a^1 \rightarrow d^3$	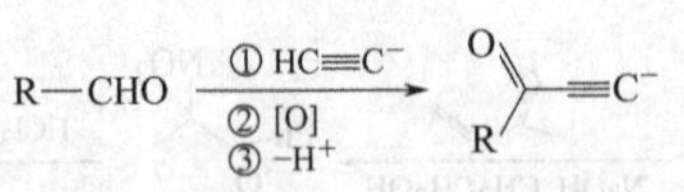
	$a^1 \rightarrow a^3$	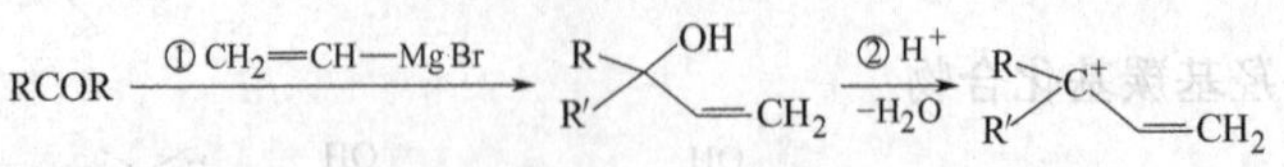
	$a^3 \rightarrow a^4$	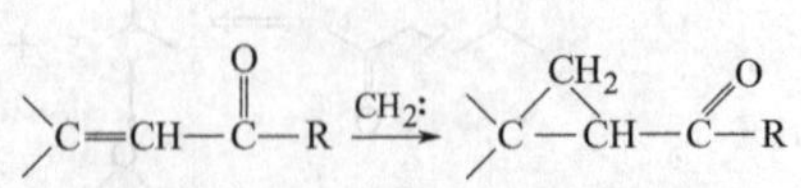

极性转化的应用非常普遍，下面举例说明。

例 1： 的合成

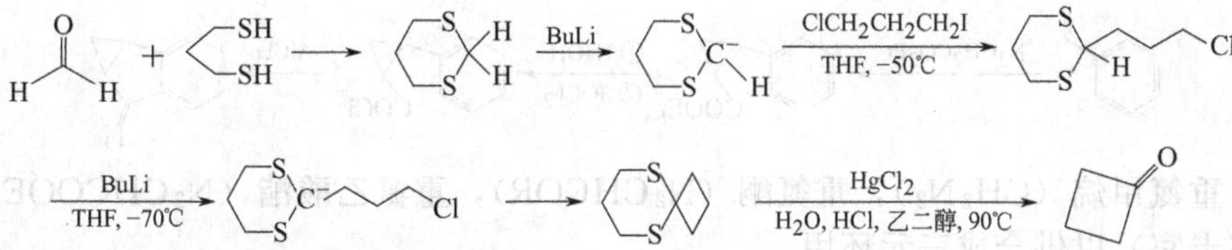

例 2：1,4-环庚二酮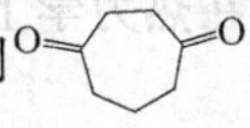的合成

分析：

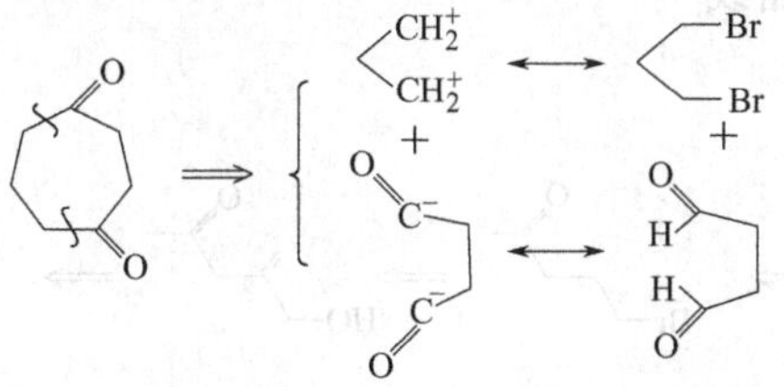

合成：

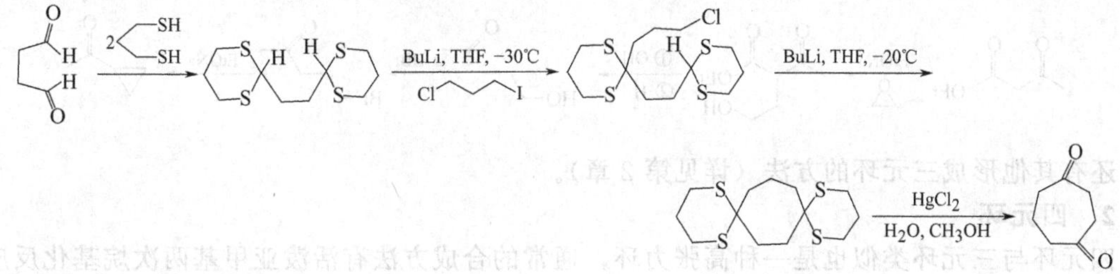

6.5 碳环的切断与合成路线设计

在脂环化合物中，三、四元环是小环，五、六、七元环是最常见、最稳定的碳环，八到十二元环称为中环，十二元环以上的脂环叫大环。不同的环有不同的合成方法，在这里主要讨论常见的脂环化合物的合成路线的设计。

6.5.1 三元环

插入反应是合成三元环最常用的方法，例如：

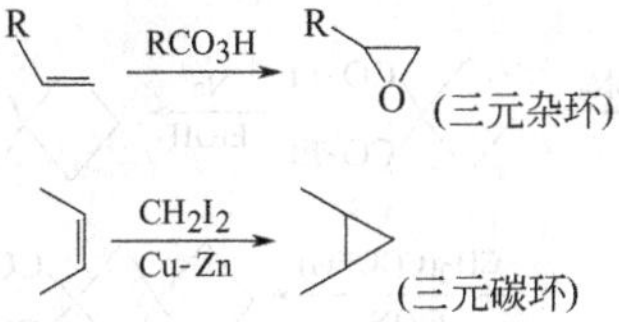

因此，插入反应是切断三元环的依据之一。

例 1：设计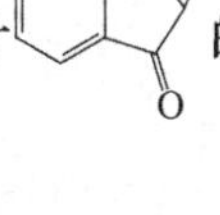的合成路线

分析：

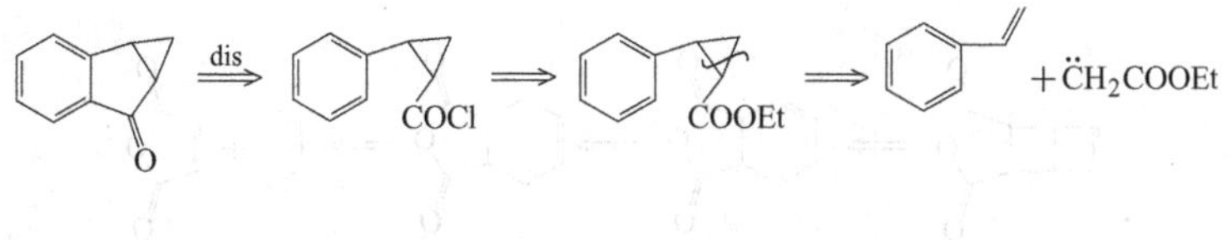

合成：

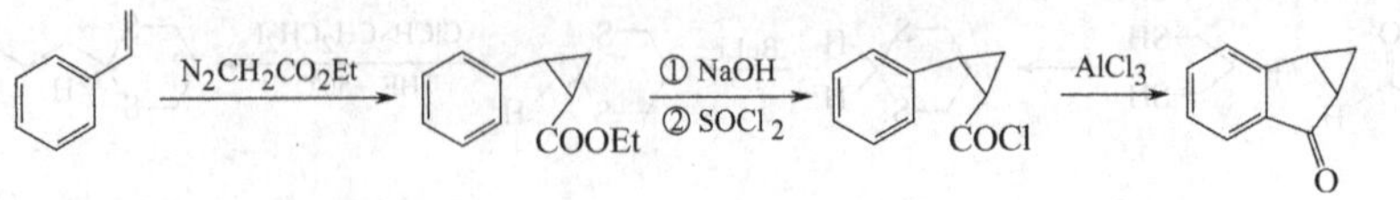

此外，重氮甲烷（CH_2N_2），重氮酮（N_2CHCOR），重氮乙酸酯（$N_2CHCOOEt$）等都能产生碳烯（卡宾）以供合成三元环用。

分子内烷基化反应也是形成三元环的经典方法，三元环在热力学上是很不稳定的，但已证明，对于环丙酮采用下列切断方法是较好的。

例 2：设计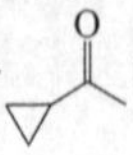的合成路线

分析：

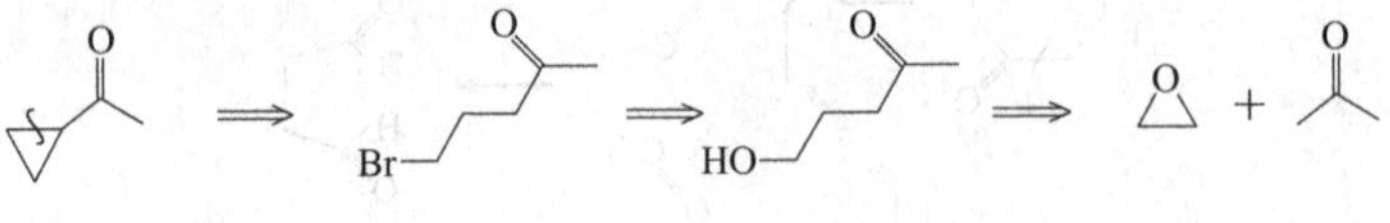

合成：

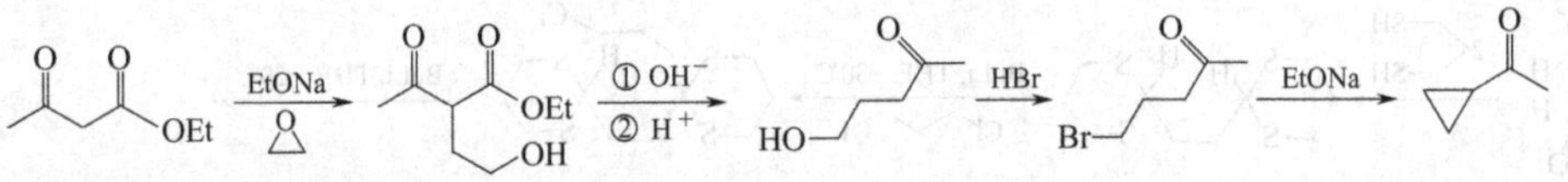

还有其他形成三元环的方法（详见第 2 章）。

6.5.2 四元环

四元环与三元环类似也是一种高张力环，通常的合成方法有活泼亚甲基两次烷基化反应和光化学 2+2 环加成反应两种，下面举例说明。

例 1：设计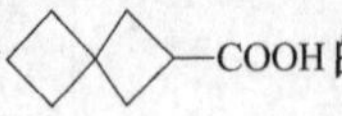的合成路线

分析：

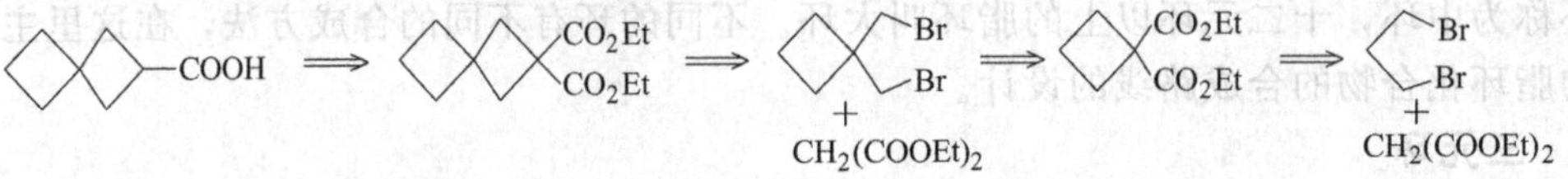

合成：

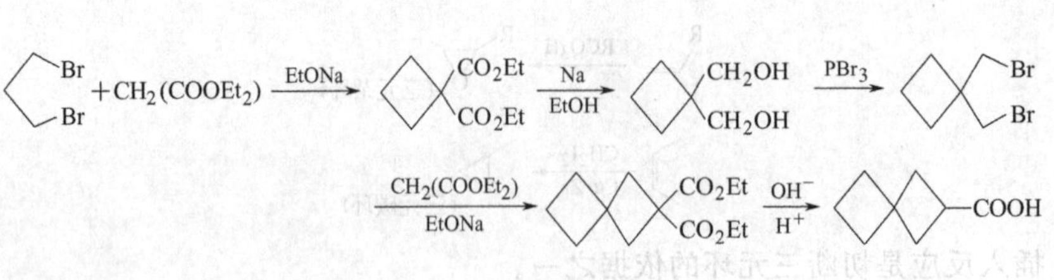

例 2：设计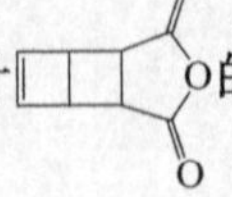的合成路线

分析：

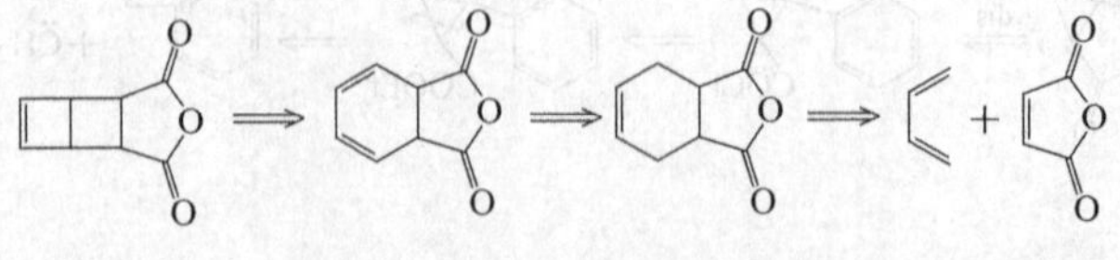

合成：

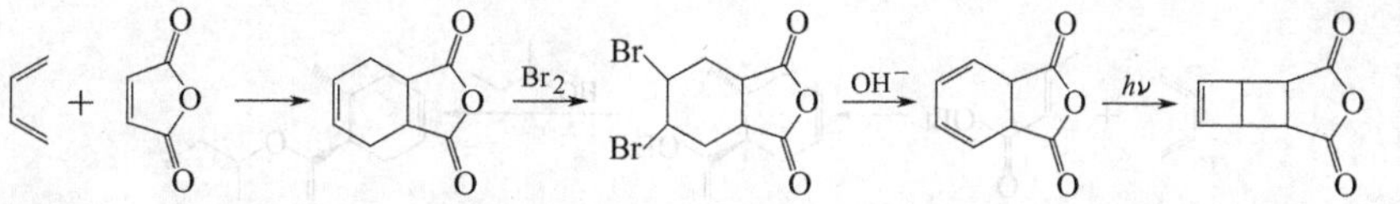

6.5.3 五元环

在上一节中合成的二羰基化合物在形成五元脂环时扮演着重要的角色，因为二羰基化合物可以通过分子内羟醛缩合、酮酯缩合等反应成环，特别是在形成五元环时，在动力学上非常有利。下面仅举一例说明。

例：设计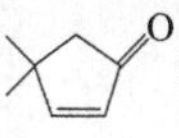的合成路线

分析：

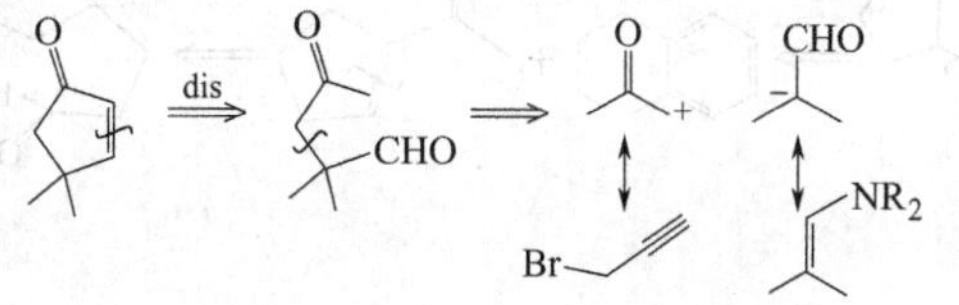

合成：

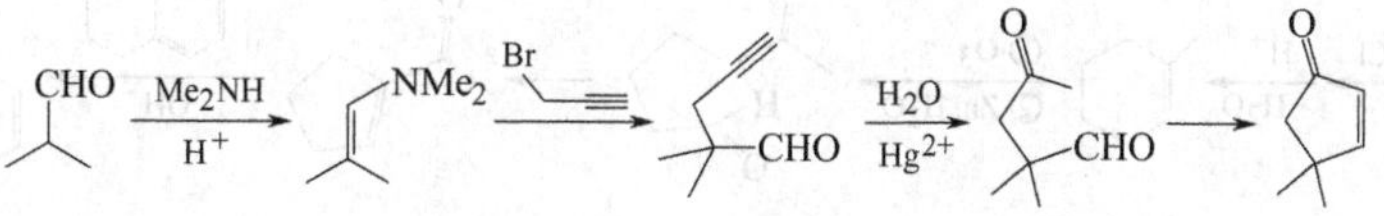

在此例中，五元环的合成利用了1,4-二羰基化合物。

6.5.4 六元环

制备六元脂环有几种通用的方法，它们是Diels-Alder反应、Robinson成环反应、傅-克反应等。这里举例说明。

例1：设计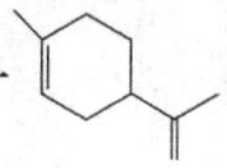的合成路线

分析：

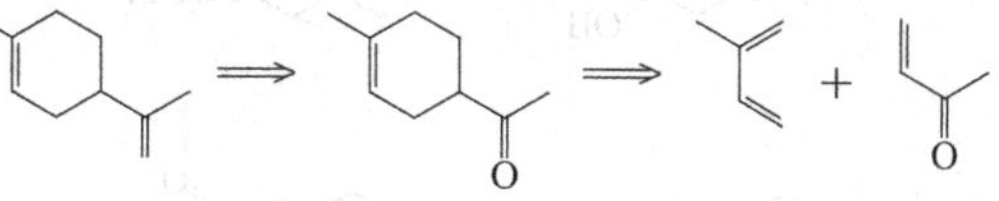

合成：

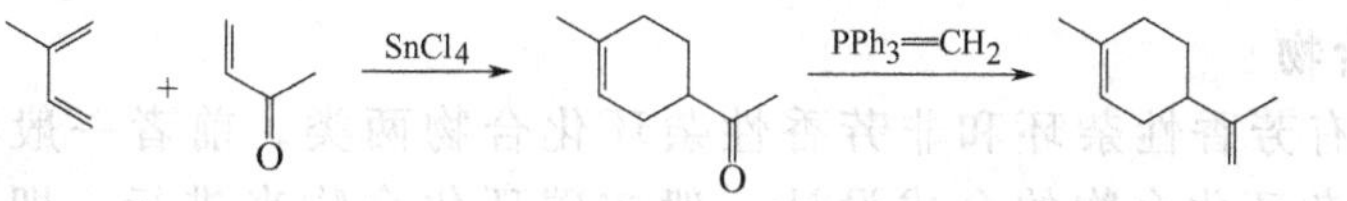

例2：设计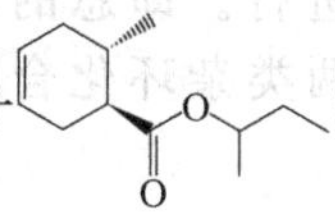的合成路线

分析：

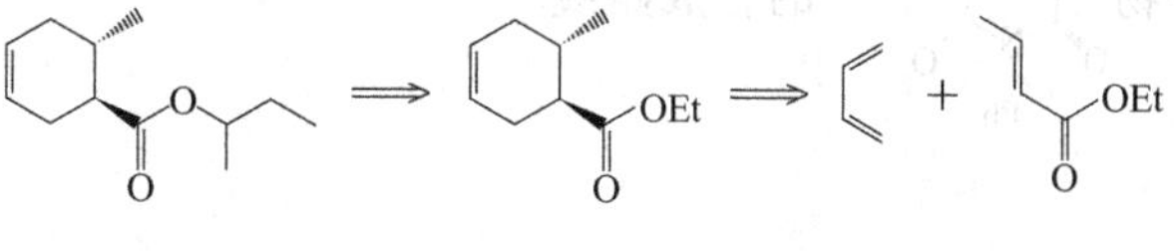

合成：

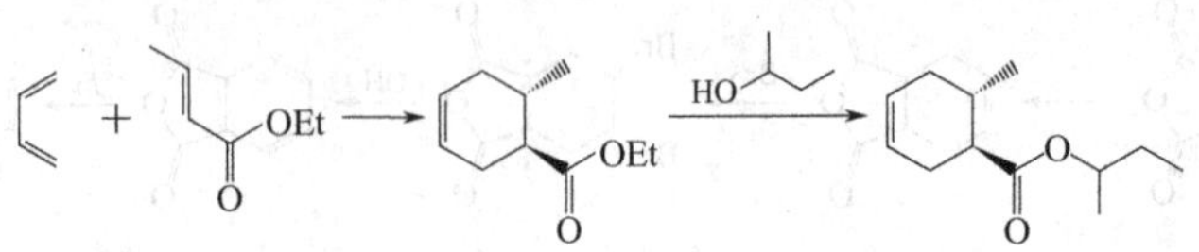

例 3： 试设计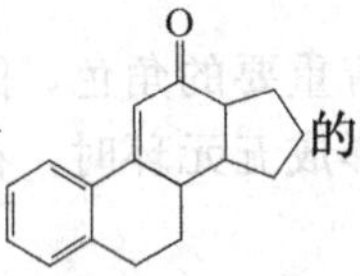的合成路线

分析：

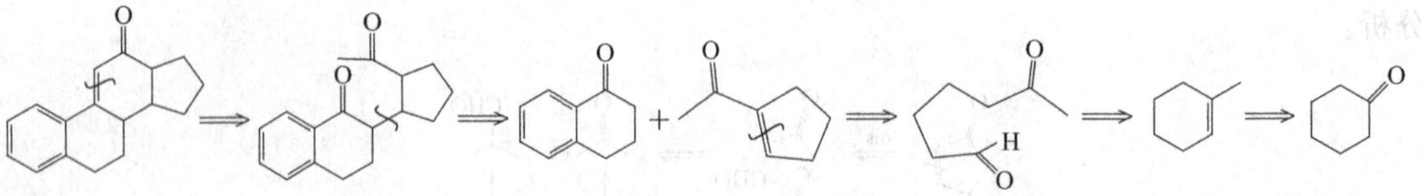

合成：

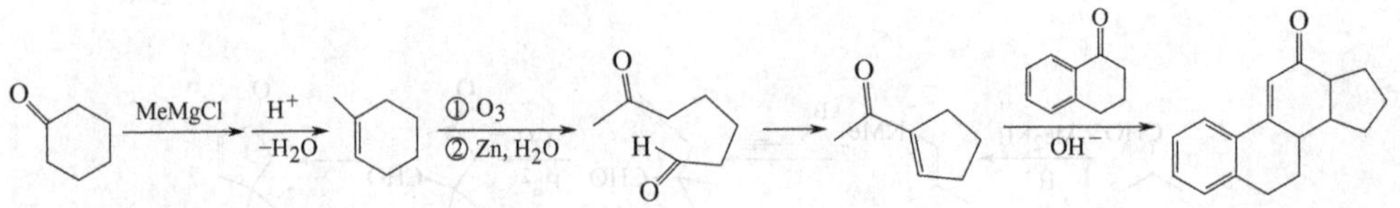

6.5.5　中环与大环

α,ω-二元酸酯的酮醇缩合反应可生成大环状α-酮醇。该反应主要用于制备 8～13 元碳环化合物。

例： 设计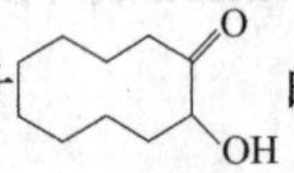的合成路线

分析：

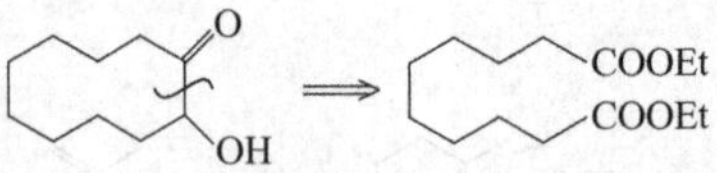

合成：

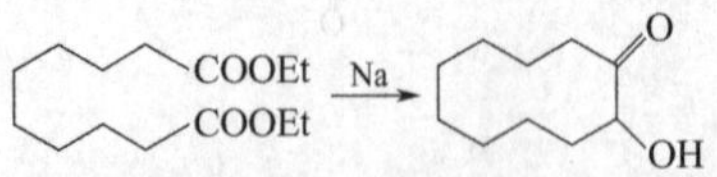

6.5.6　杂环化合物

杂环化合物有芳香性杂环和非芳香性杂环化合物两类。前者一般都有专门的合成方法，而非芳香性杂环化合物的合成设计一般按碳环化合物来进行。即总的思路是先从杂原子处切断，然后回推得到简单易得的原料。下面分别就这两类杂环化合物的合成举例说明。

例 1： 试设计化合物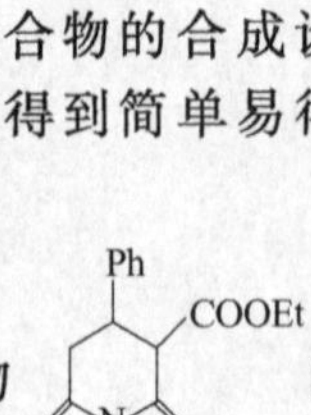的合成路线

分析：

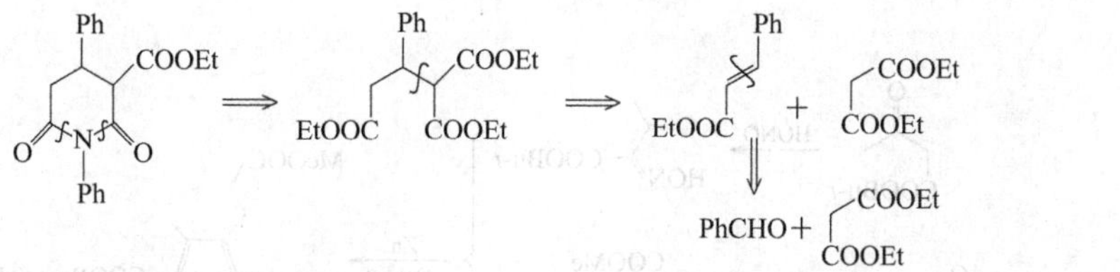

合成：

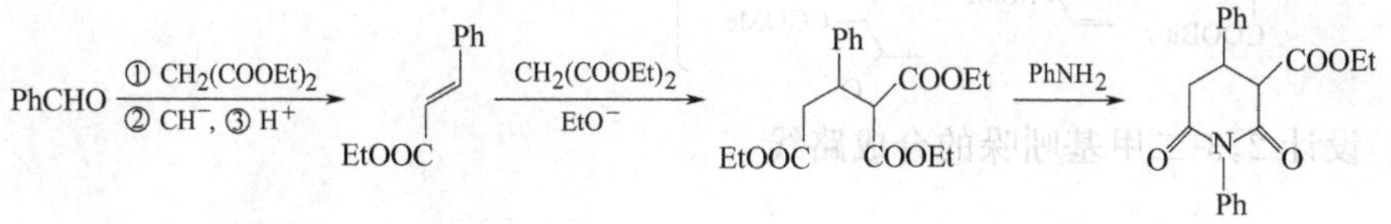

例 2：试设计下列化合物的合成路线

分析：

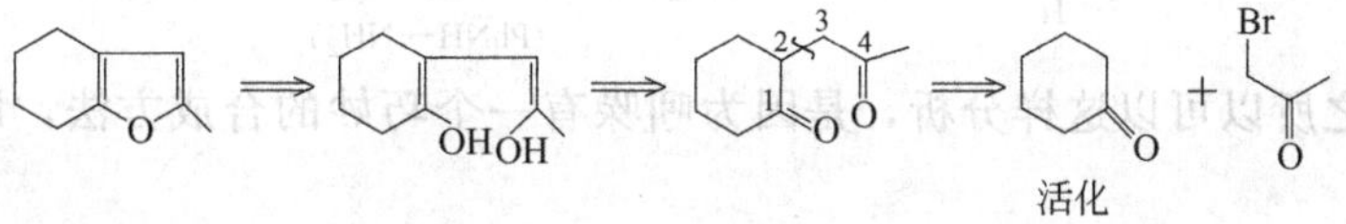

合成：

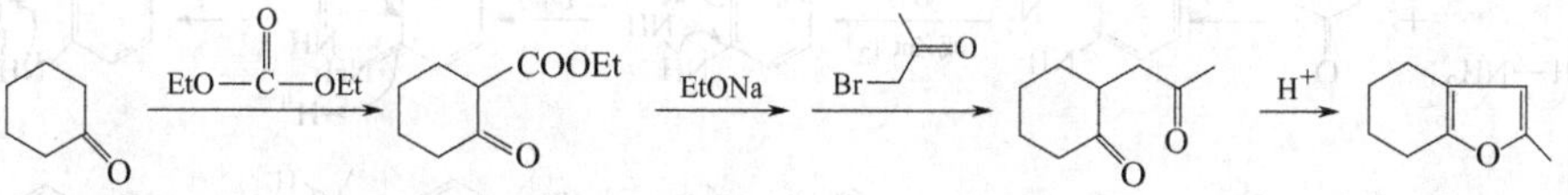

例 3：试给下列化合物设计合理的合成路线

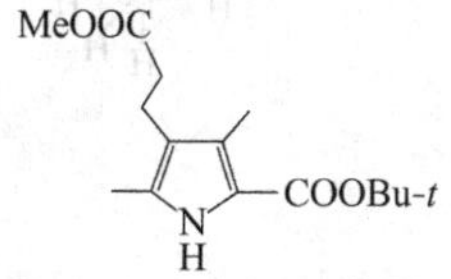

分析：

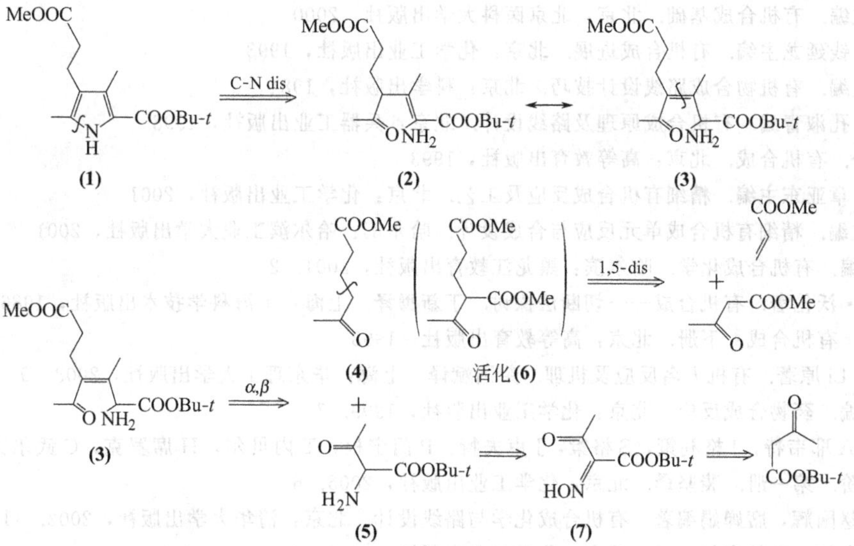

这个分析过程看起来非常冗长，但实际上（7）还原为（5）、（5）与（6）的缩合以及缩合反应后的脱羧均可一起发生。这就是 Hantszch 的吡咯合成法。

合成：

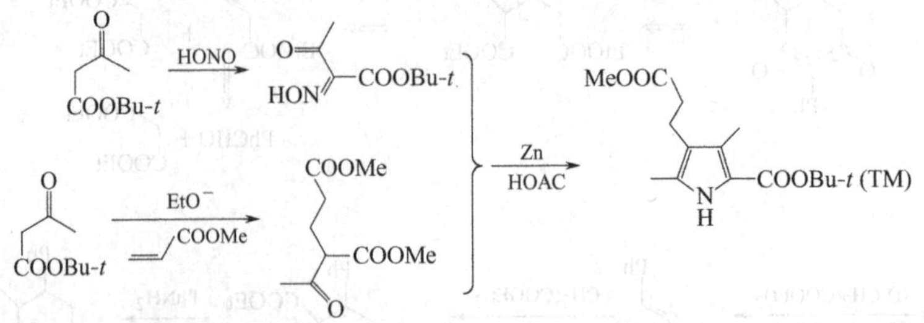

例 4：设计 2,3-二甲基吲哚的合成路线

分析：

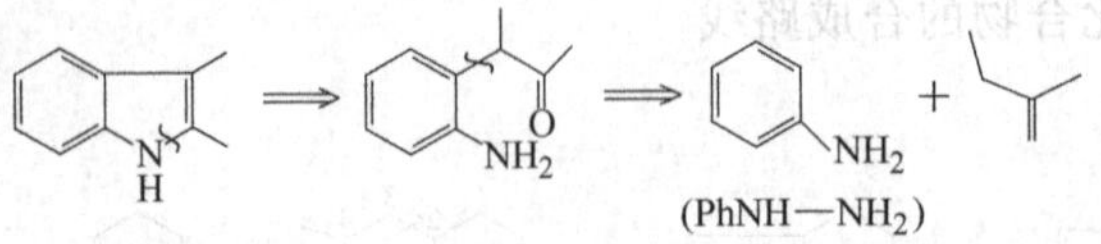

这个化合物之所以可以这样分析，是因为吲哚有一个巧妙的合成方法，即费歇尔（Fischer）吲哚合成法：

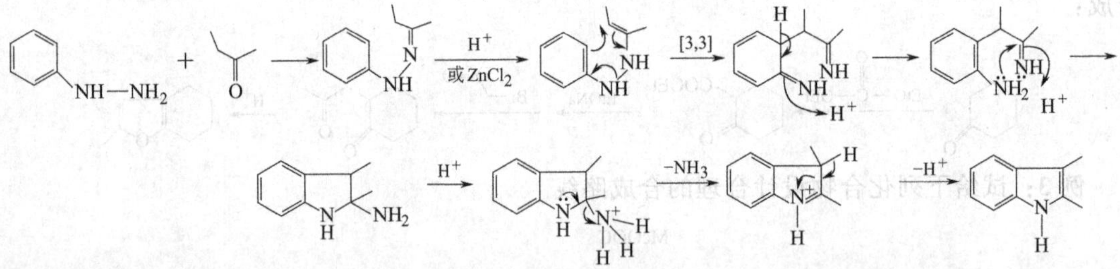

参考文献

1 徐家业主编．有机合成化学及近代技术．西安：西北工业大学出版社，1997

2 王建新主编．精细有机合成．北京：中国轻工业出版社，2000

3 岳宝珍主编．有机合成基础．北京：北京医科大学出版社，2000

4 戴立信，钱延龙主编．有机合成进展．北京：化学工业出版社，1993

5 嵇耀武主编．有机物合成路线设计技巧．北京：科学出版社，1984

6 陈慧宗，孔淑青编．有机合成原理及路线设计．北京：兵器工业出版社，1998

7 黄宪编著．有机合成．北京：高等教育出版社，1993

8 蒋登高，章亚东主编．精细有机合成反应及工艺．北京：化学工业出版社，2001

9 郝素娥主编．精细有机合成单元反应与合成设计．哈尔滨：哈尔滨工业大学出版社，2001

10 尚岩主编．有机合成化学．哈尔滨：黑龙江教育出版社，2001．2

11 ［英］S·沃伦著．有机合成——切断法探讨．丁新腾译．上海：上海科学技术出版社，1986

12 吴世辉．有机合成．下册．北京：高等教育出版社，1993

13 Jie Jack Li 原著．有机人名反应及机理．荣国斌译．上海：华东理工大学出版社，2003．9

14 闻韧主编．药物合成反应．北京：化学工业出版社，1999．7

15 ［德］J A 耶韦特，J 格利策，S 格策，J 卢夫特，P 门宁根，T 内贝尔，H 席罗克，C 武尔夫编著．有机合成进阶．第一册．裴坚译．北京：化学工业出版社，2005．6

16 巨勇，赵国辉，席婵娟编著．有机合成化学与路线设计．北京：清华大学出版社，2002．11

17 徐家业主编．高等有机合成．北京：化学工业出版社，2005．2

18 Johnson W S，Jensen N P，Hooz J．*J Amer Chem Soc*，1966，88：3859

19 Nishimura T．*Bull Chem Soc Japan*，1952，25：54

20 Rajagopalan S, Raman P V A. *Org Syn*, 1955, Coll Vol Ⅲ: 425
21 Bergmann E D, Ginsburg D, Pappo R. *Org Reactions*, 1959, 10: 179
22 Woodward R B, singh T. *J Amer Chem Soc*, 1950, 72: 494
23 Tramontini M. *Synthesis*, 1973, 703
24 Logan A V, Marvell E N, Lapore R, Bush D C. *J Amer Chem Soc*, 1954, 76: 4127
25 Baumgarten H E, Creger P L, Villars C E. *J Amer Chem Soc*, 1958, 80: 6609
26 Corey E J, Cheng X M. *The Logic of Chemical Synthesis*. NewYork: Wiley, 1989
27 Shehaas M, Waldmann H. *Angew Chem Int Ed Engl*, 1996, 35: 2057
28 Greene T W, Muts P M. *Protective groups in organic synthesis 3d*. New York: John Wiley & Sons, Inc, 1999
29 Theodoridis G. *Tetrahedron*, 2000, 56: 2339
30 Grigg R. *Tetrahedron*, 1996, 52: 11385
31 Thanupran C, et al. *Tetrahedron Lett*, 1986, 27: 2295
32 Hwu J R, Gilbert B A. *J Am Chem Soc*, 1991, 113: 5917
33 Ballini R, Bosica G, Fiorini D, Petrini M. *Tetrahedron Lett*. 2002, 43: 5233

习题

6-1 解释下列术语或缩写字符的含义

合成元，反合成元，合成等效剂，FGI，FGA，FHR

6-2 设计下列化合物的合成路线

(1)
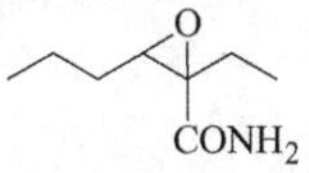

(2)
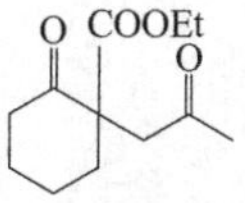

(3)
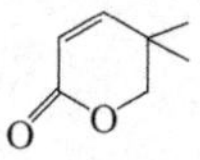

(4)
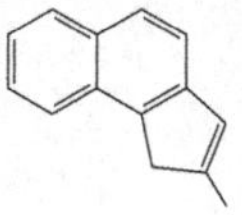

(5)
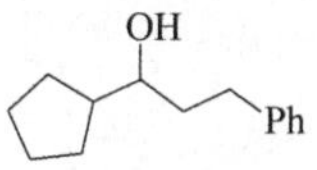

(6)
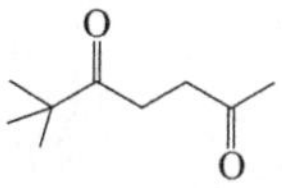

(7)
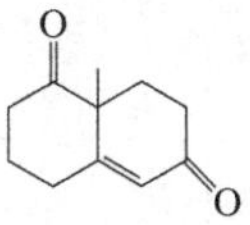

(8)
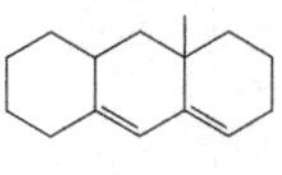

(9)
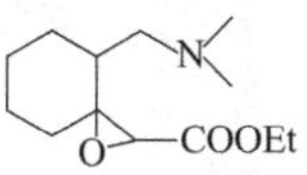

(10)
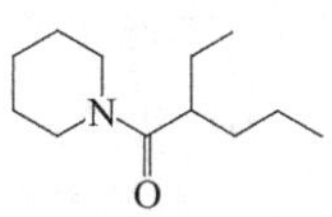

(11)
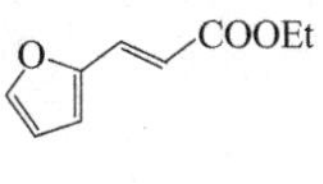

(12)
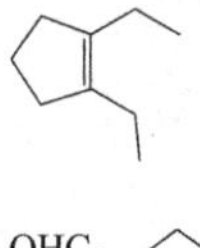

(13)
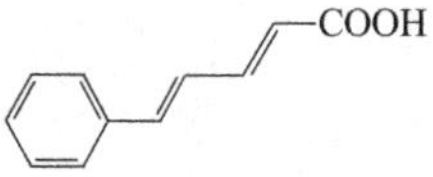

(14)
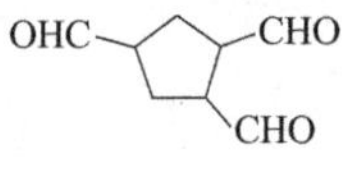

(15)
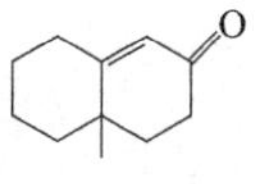

(16)
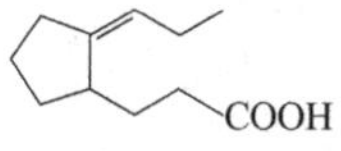

(17) 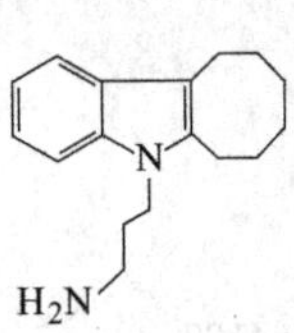

(18) 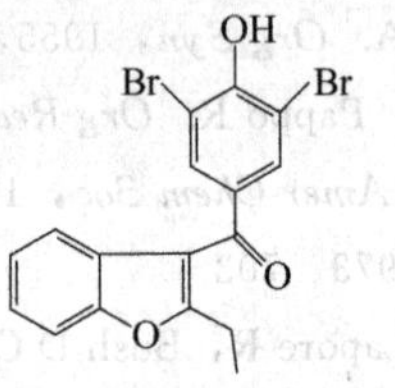

(19) 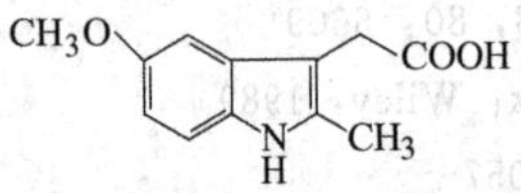

(20) 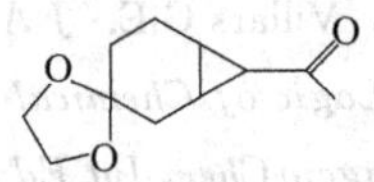

(21) 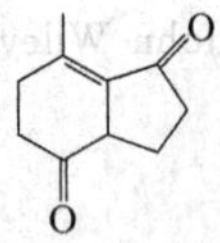

(22) 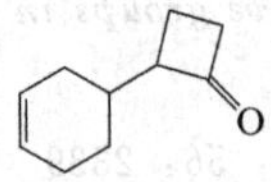

第7章 有机合成控制方法与策略

在有机合成过程中必然会遇到控制问题，即在底物分子的特定位置上进行特定的反应。尤其是在复杂分子的合成过程中，若分子有两个或多个反应活性中心时，将会出现反应试剂不能按预期的只进攻某一部位或官能团的情况，为此，通常采用以下三种策略：

① 选择性反应的利用；

② 导向基的应用，包括活化基、钝化基、阻断基和保护基；

③ 潜在官能团及应用。

除以上三种合成控制策略外，本章还将涉及重排反应的利用、合成路线的优化及计算机辅助有机合成设计等其他策略。

7.1 有机合成选择性的利用

在有机合成过程中，要想在特定的位置上发生特定的反应以期达到合成目标分子的最终目的，选择性反应的利用是首选策略。反应的选择性（selectivity）是指在某一给定条件下，同一底物分子的不同位置或方向上都可能发生反应并生成两种或两种以上种类的不同产物的倾向性。当其中某一反应占主导且生成的产物为主产物时，这种反应的选择性就较高，如果两种反应趋势相当，这种反应选择性就较差。有机合成选择性包括化学、区域和立体三种类型。

7.1.1 化学选择性

化学选择性（chemoselectivity）是指不使用保护或活化等策略，使分子中多个官能团之一发生某种所需反应的倾向性；或一个官能团在同一反应体系中可能生成不同产物的控制情况，也就是指反应试剂对不同官能团或处于不同化学环境的相同官能团的选择性反应。例如：

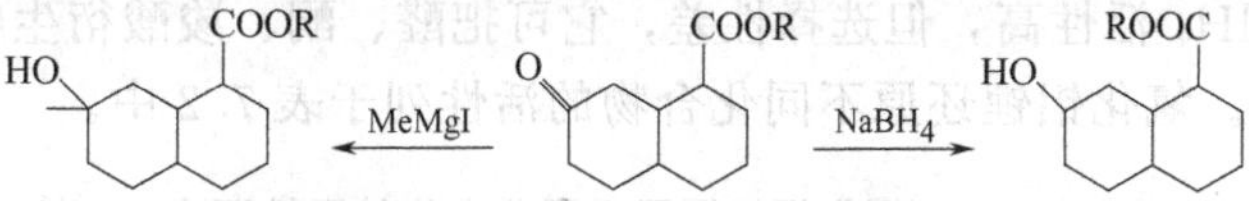

这种不同官能团之间的选择性反应较易实现，因为被选择的两种官能团之间有质的不同，所以很容易找到合适的试剂和条件有选择地使活性较高的官能团发生反应。但如果要使低活性的官能团发生选择性反应就比较困难，此时需采用保护高活性官能团的办法，以达到选择性的目的。后面将专门介绍试剂和反应条件的选择性反应以及保护基的使用。此外，处于不同化学环境的相同官能团也因反应的差异性而易于区别。例如：

若在选择性很差的情况下，应尽量避免进行这种选择性反应。例如：

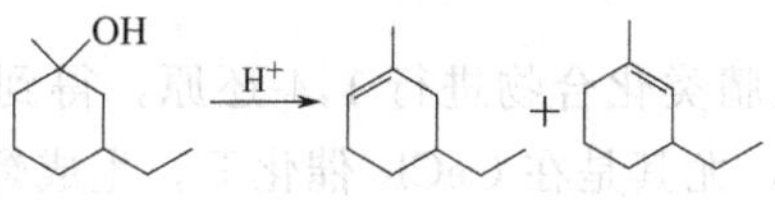

7.1.1.1 不同官能团的选择性

（1）双键与叁键的选择性加成　当烯炔化合物与卤化氢或卤素进行亲电加成反应时，双键比叁键的活性高，即双键优先反应。例如：

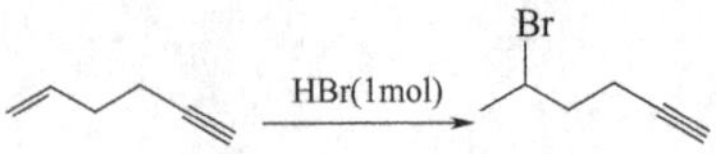

但如果发生亲核加成反应，则选择性正好相反；当双键与叁键处于共轭状态时，也有相同的选择性。例如：

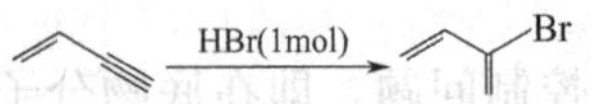

(2) 常见官能团的选择还原　过渡金属催化剂和金属氢化物是还原常见官能团主要的两大类还原剂。对催化氢化反应，官能团的活性受多种因素的影响，但被还原的活性次序见表 7.1。

表 7.1　不同类型的有机物催化氢化反应的活性顺序

反应活性	反应物	氢化产物	反应活性	反应物	氢化产物
最高	RCOCl	RCHO		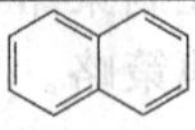	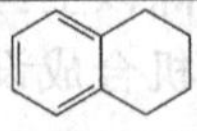
	RNO_2	RNH_2			
	R—C≡C—R′	R—CH═CHR′		RCO_2R'	RCH_2OH
	RCHO	RCH_2OH		RCONHR′	RCH_2NHR'
	R—CH═CHR′	$R—CH_2CH_2R'$			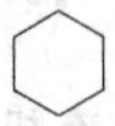
	RCOR′	RCHR′OH			
	$ArCH_2X$	$ArCH_3$			
↓	RCN	RCH_2NH_2	最低	RCOOH	RCH_2OH

可见，叁键比双键更易被氢化还原；对催化氢化而言，双键比羰基的活性高。例如：

$$RCH═CH—CH_2C≡CH \xrightarrow[Pd\text{-}BaSO_4]{H_2} RCH═CH—CH_2CH═CH_2$$

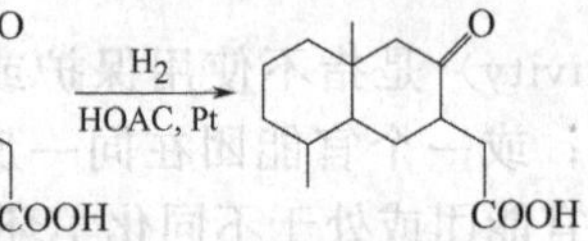

金属氢化物 $LiAlH_4$ 活性高，但选择性差，它可把醛、酮、羧酸衍生物还原为醇（或胺），但一般不与烯烃作用。氢化铝锂还原不同化合物的活性列于表 7.2 中。

表 7.2　氢化铝锂还原不同化合物的活性顺序

活性	反应物	氢化产物	活性	反应物	氢化产物
最高	>═O（包括醛、酮、酰氯）	>CH—OH		RCONHR′	RCH_2NHR'
	RCO_2R'	RCH_2OH		RNO_2	RNH_2
↓	RCN	RCH_2NH_2	最低	$ArCH_2X$	$ArCH_3$

$NaBH_4$ 活性比较差一些，但选择性较高，尤其是对酰氯、醛、酮的还原较快，而对酯和硝基化合物几乎不起作用。例如：

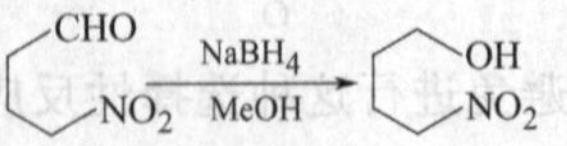

$NaBH_4$ 可与 α,β-不饱和酯类及腈类化合物进行 1,4-还原，得到饱和酯类或腈类；与 α,β-不饱和醛或酮化合物进行 1,2-还原，尤其是在 $CeCl_3$ 催化下，生成烯丙醇。

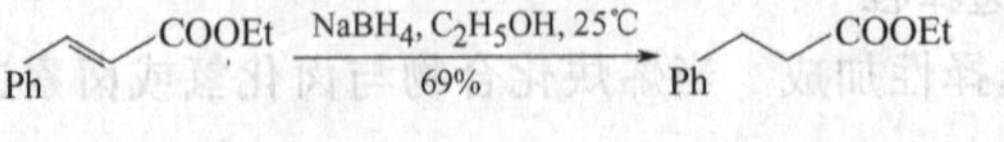

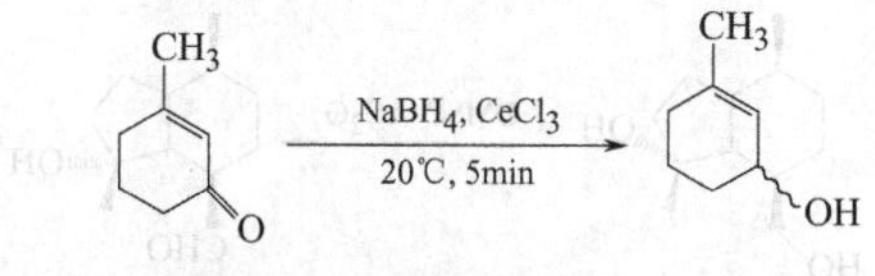

表 7.3 为烷基硼烷还原不同化合物的活动顺序。

表 7.3 烷基硼烷还原不同化合物的活动顺序

活性	反应物	氢化产物	活性	反应物	氢化产物
最高	RCOOH	RCH_2OH		RCN	RCH_2NH_2
↓	R—CH═CH—R	$R—CH_2—CH_2—R$	↓	（环氧化合物）	（OH H 加成产物）
	R(R′)C═O	R(R′)CH—OH	最低	RCO_2R'	RCH_2OH

要选择区分醛与酮比较困难，但在一般情况下醛基的活性比酮稍高一些，在特定的条件下，醛基可优先反应，而在另外一些情况下，还能使酮基优先还原。例如：

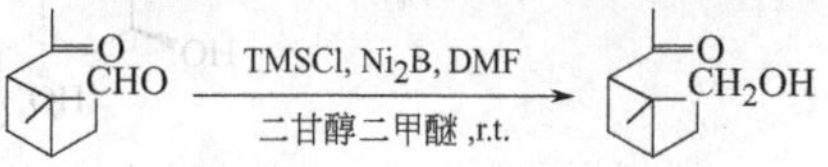

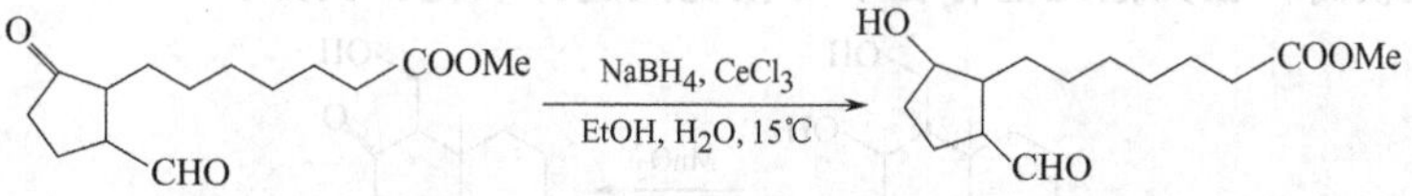

(3) 选择性酰化试剂的活性次序　酰化反应随酰化试剂活性的大小而有难易之分，酰化试剂活性越大，酰化反应越易进行，常见的酰化剂反应活性大小顺序如下：

$$RCOCl \approx RCH=C=O > RCOOCOR > RCOOPh > RCOOR' > RCOOH > RCONHR'$$

当两种酰基存在于同一分子内时，活性较高的酰基优先反应，若想让活性较低的酰基反应，需先把它转化为活性更高的酰基再进行反应，例如：

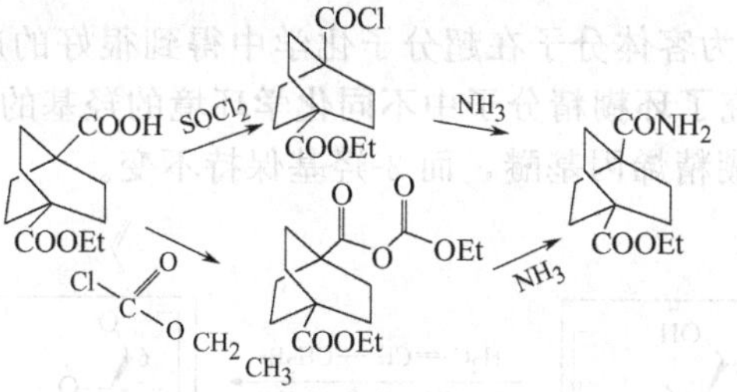

在这里先把—COOH 转变为比酯基更活泼的酰氯或酸酐，再氨解生成酰胺。

7.1.1.2　处于不同化学环境的相同官能团的选择性

区分两种相同官能团的唯一条件就是它们所处的化学环境不同，下面以一些典型官能团的选择性反应为例说明。

(1) 羟基的氧化与醚化　不同环境下的羟基其活性大小不同，氧化的优先次序也不同。例如：

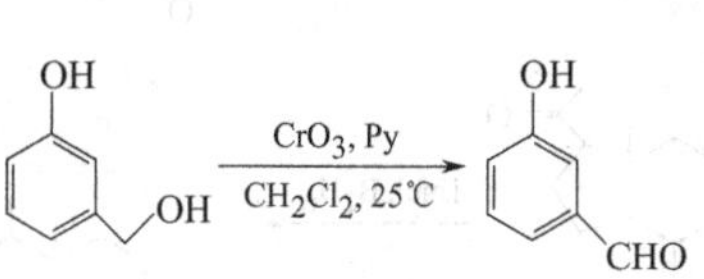

在这里伯羟基表现出比酚羟基更高的活性。通常伯羟基也比仲羟基活性高。例如：

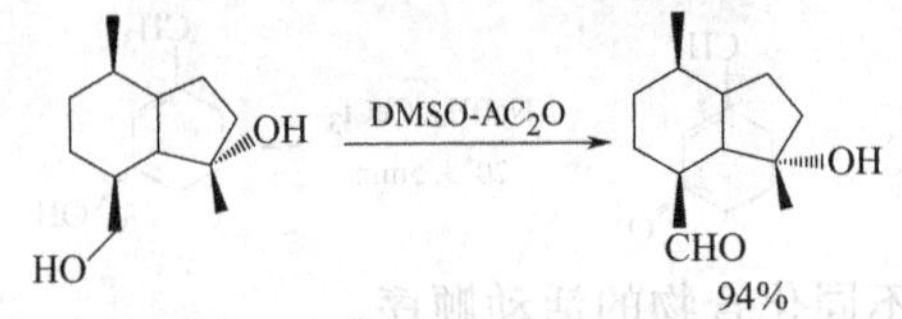

但是，利用下列一些特定试剂也可优先选择仲羟基氧化，而同时存在的伯羟基保持不变。例如：

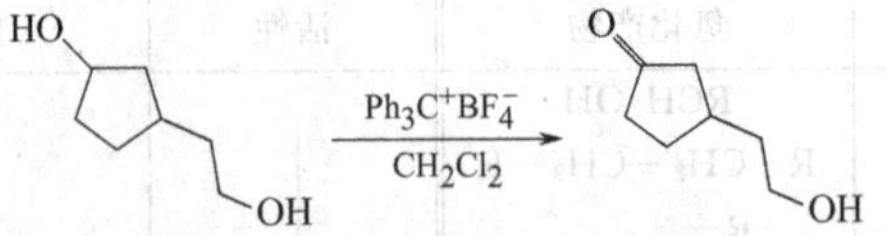

此外，即使是同一种羟基（如均为仲羟基），也可以因其周围骨架环境的不同而被选择氧化。例如：

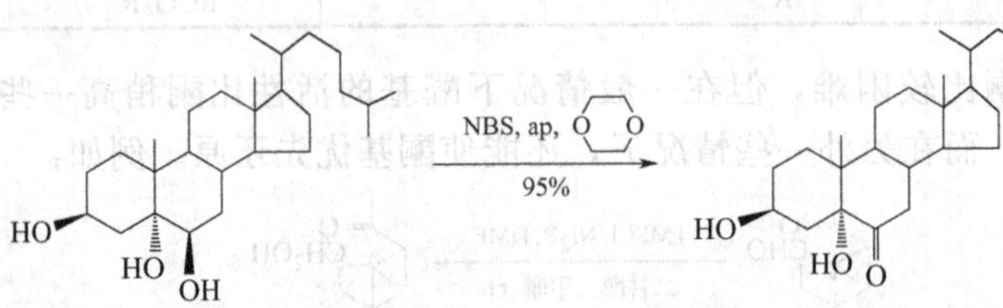

烯丙基羟基活性较高，在其他羟基存在下可被优先选择氧化。例如：

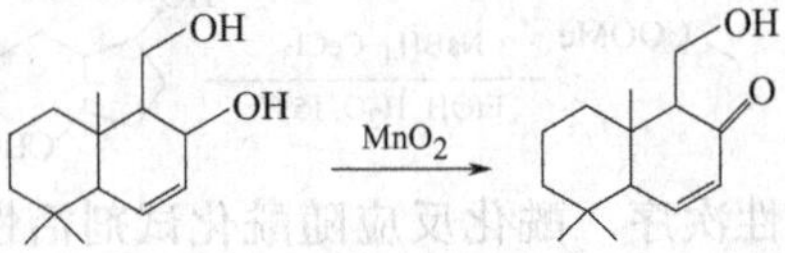

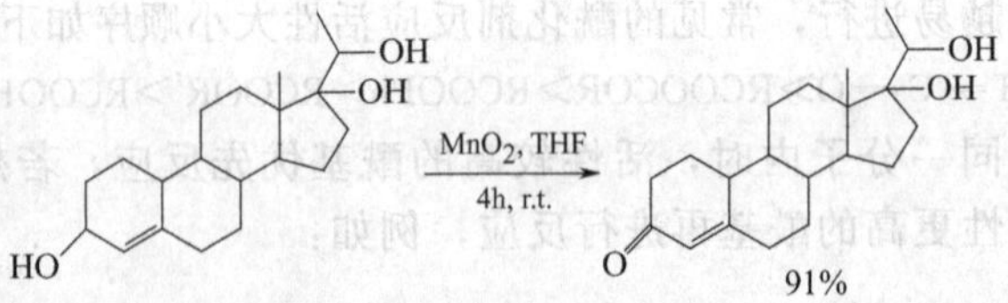

近 20 年来，环糊精作为客体分子在超分子化学中得到很好的应用，尤其是环糊精衍生物的性能更好。作者张蓉研究了环糊精分子中不同化学环境的羟基的选择性烯丙基醚化反应，从而合成了 2,6-位取代的环糊精烯丙基醚，而 3-羟基保持不变。

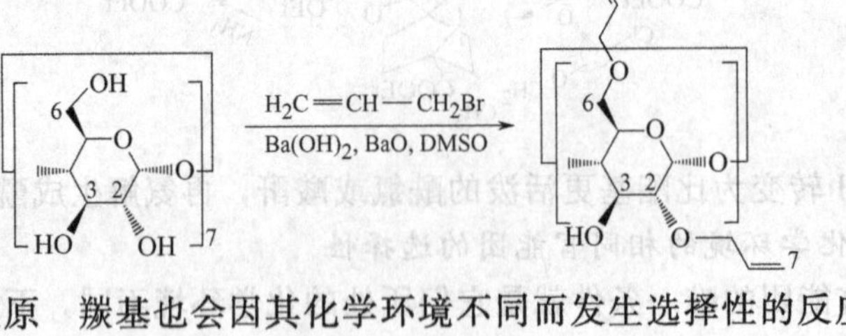

(2) 羰基的选择还原　羰基也会因其化学环境不同而发生选择性的反应。例如：

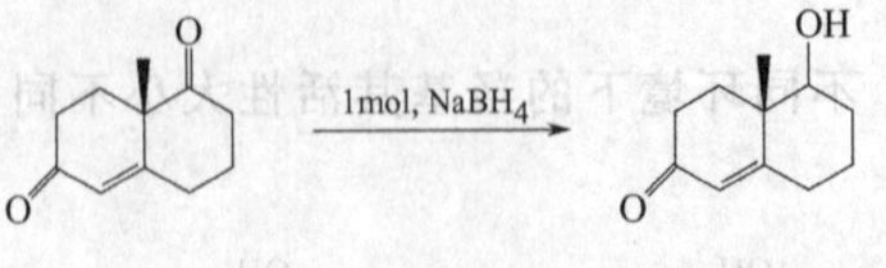

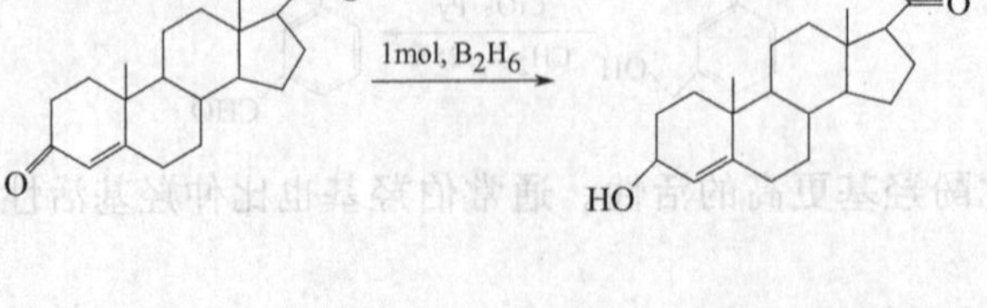

这是饱和酮与 α,β-不饱和酮的选择反应，即使都是饱和酮也可因骨架环境的不同而发生选择反应，甾族化合物就是典型的例子。

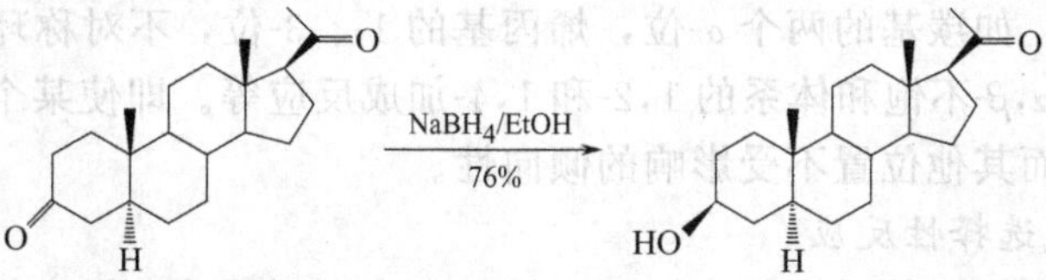

7.1.1.3　两个完全相同的官能团的选择性

即使是两个完全相同的官能团，也有办法使二者之一反应，而不影响另一个官能团。

（1）选择性试剂的利用　当利用适当试剂使两个完全相同的官能团之一起反应，且生成的产物活性比起始原料小时，反应就可停留在这一步，从而达到区分两个相同官能团的目的。例如：

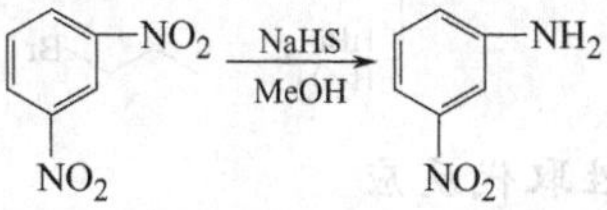

硫氢化钠（铵）、硫化物以及 $SnCl_2$ 都是还原芳环上硝基的选择性还原剂，不仅像上例中有数目上的选择性，还有芳环位置上的选择。例如：

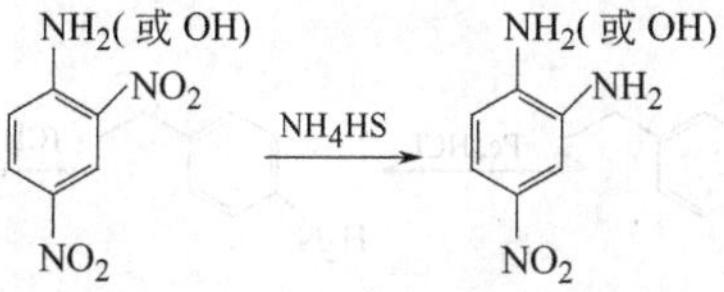

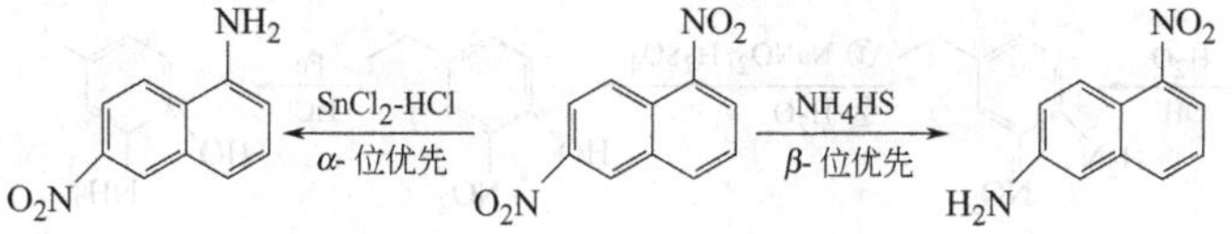

（2）利用环酐合成

例 1：

由 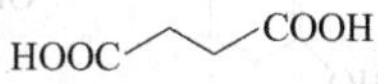 合成化合物 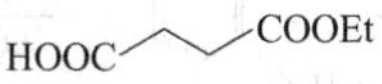

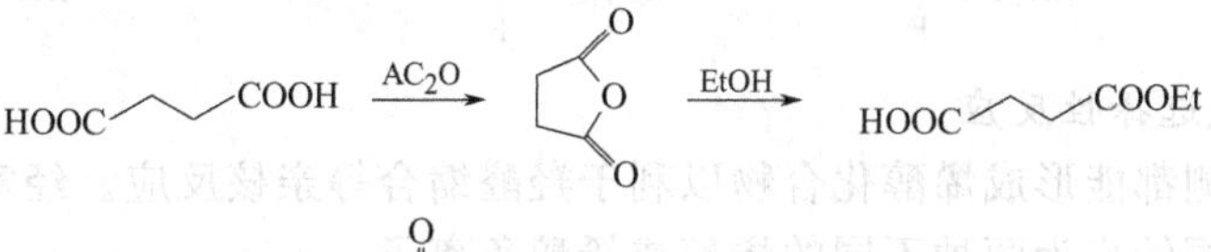

例 2： 由 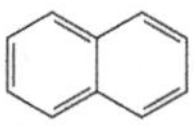 合成化合物 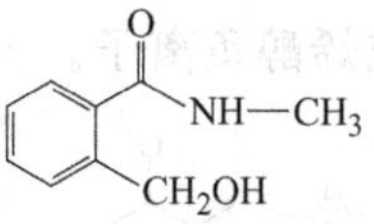

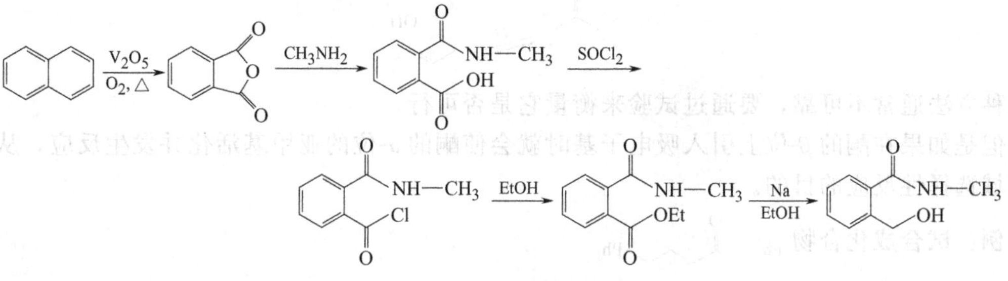

7.1.2 区域选择性

区域选择性（regioselectivity）是指试剂对底物分子中两种不同部位上的进攻，从而生成不同产物的选择情况。如羰基的两个 α-位，烯丙基的 1-、3-位，不对称环氧乙烷衍生物两侧位置上的选择反应以及 α,β-不饱和体系的 1,2-和 1,4-加成反应等。即使某个官能团化学环境中的某个特定位置起反应而其他位置不受影响的倾向性。

7.1.2.1 烯烃的区域选择性反应

不对称烯烃有三个不同的活性部位，即双键的两个不同的碳和烯丙位。随反应条件的改变可以在这三个位置上发生选择性反应。

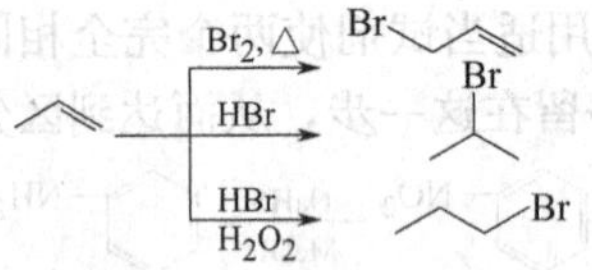

7.1.2.2 芳香化合物的区域选择性取代反应

芳香化合物的亲电取代反应因定位基的性质不同有不同的区域选择性，其定位规则在基础有机化学中已学过，在此只举一例说明。

例：由乙苯出发合成下列化合物

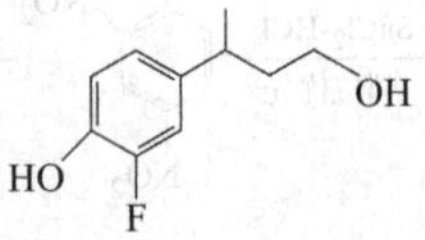

合成：

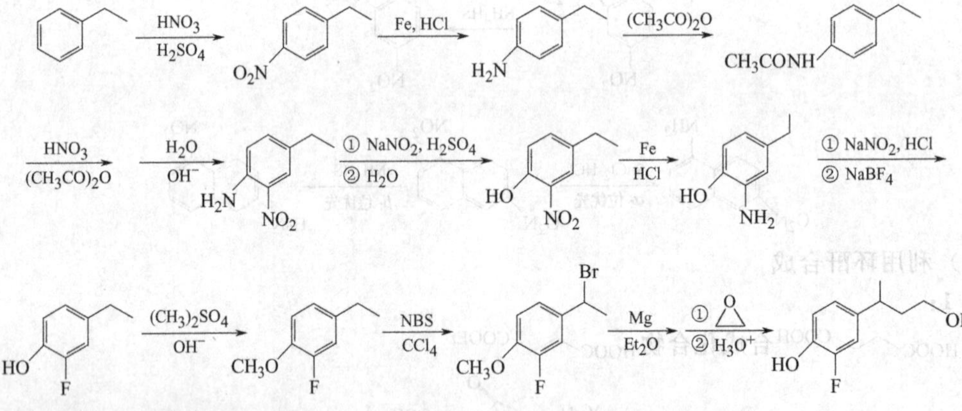

7.1.2.3 酮的区域选择性反应

不对称酮的两侧都能形成烯醇化合物以利于羟醛缩合等亲核反应。经实验得出，在不同的酸度下可以把一种酮转变为两种不同的烯醇或烯醇负离子。

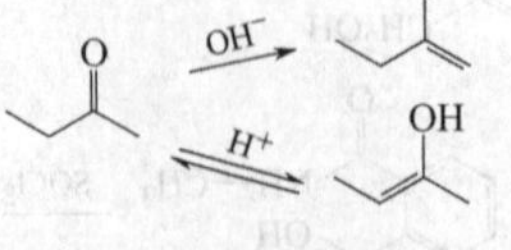

但这种方法通常不可靠，要通过试验来衡量它是否可行。

但是如果在酮的 β-位上引入吸电子基时就会使酮的 α-位的亚甲基活化并发生反应，从而达到区域选择性反应的目的。

例：试合成化合物 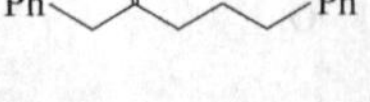

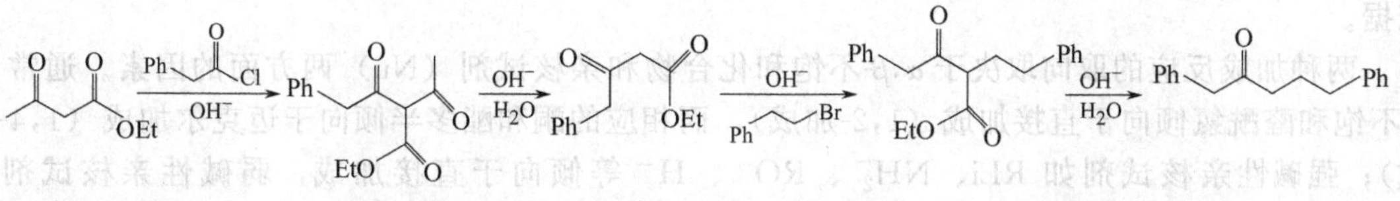

1　　　　　　　　2　　　　　　　　3

在此合成过程中，中间体**2**与苯乙基溴反应时，由于两个吸电子基的作用使其中间的亚甲基比苄基位的亚甲基更活泼，所以，**2**与卤代烃的亲核取代反应发生在两个吸电子基之间的亚甲基上，而不是苄基位的亚甲基上，生成目标分子**3**。又如下面这个化合物的合成。

分析：

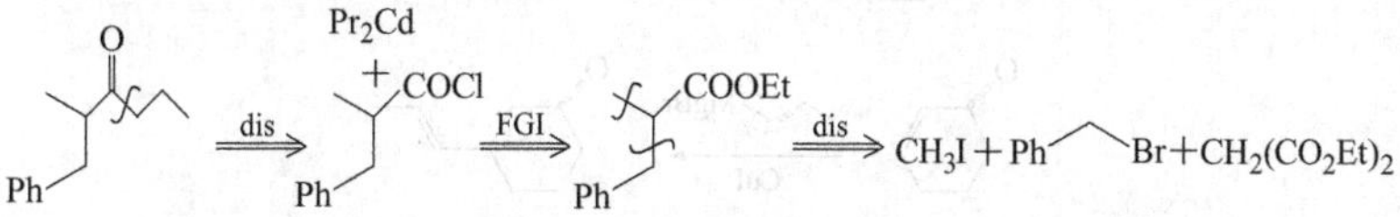

合成：

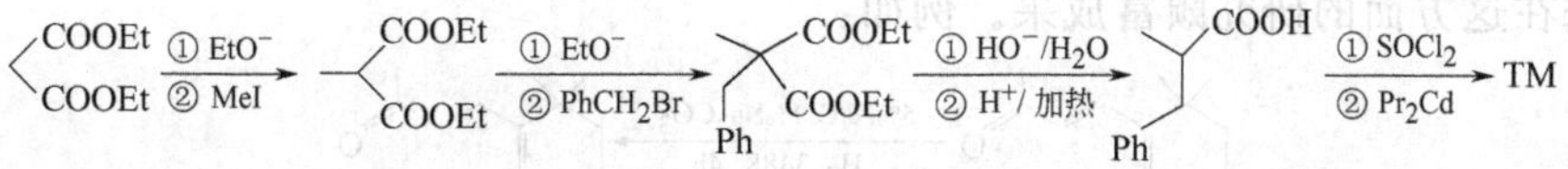

7.1.2.4　Diels-Alder 反应的区域选择性

不对称双烯体与不对称亲双烯体的 Diels-Alder 反应是"邻、对位"定位的。例如：

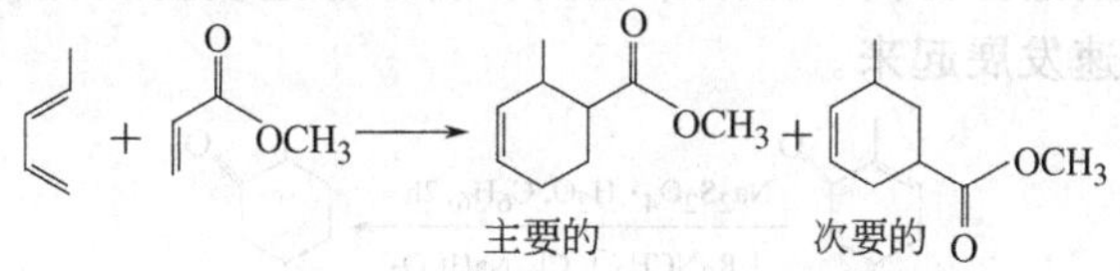

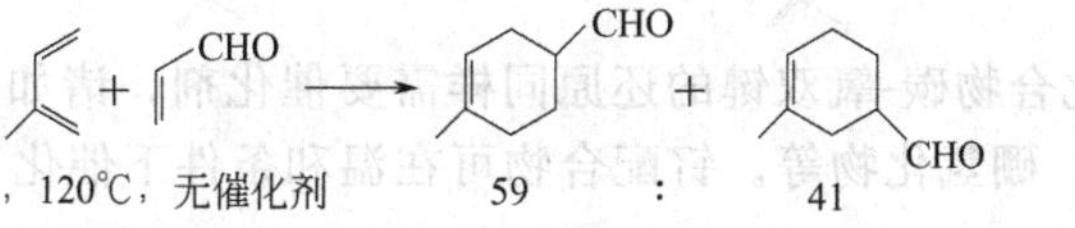

甲苯，120℃，无催化剂	59	:	41
苯，25℃，$SnCl_4$	96	:	4

例： 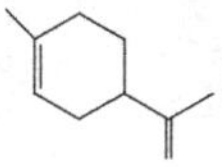 **的合成**

分析：

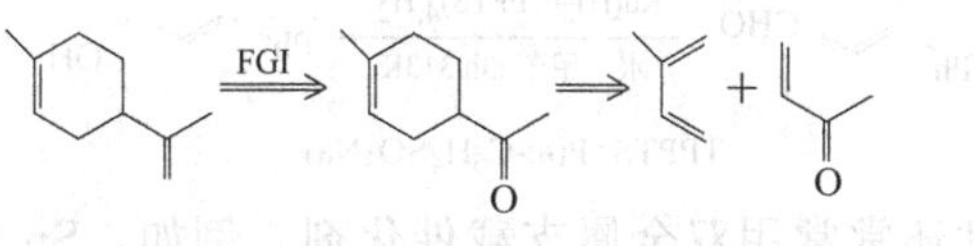

合成：

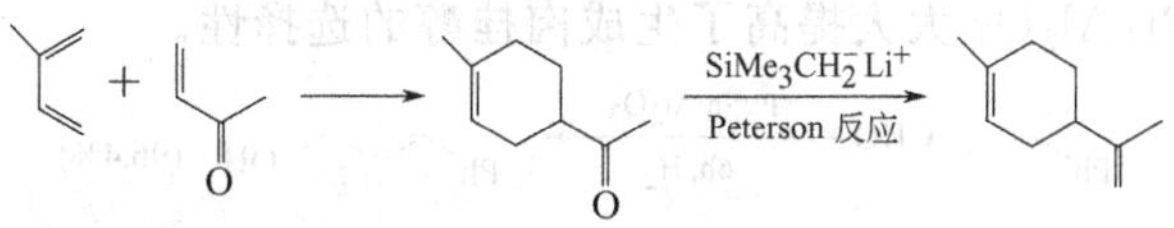

7.1.2.5　*α,β*-不饱和羰基化合物的区域选择性

α,β-不饱和羰基化合物的 1,2-和 1,4-加成反应在区域上形成两种选择性产物。

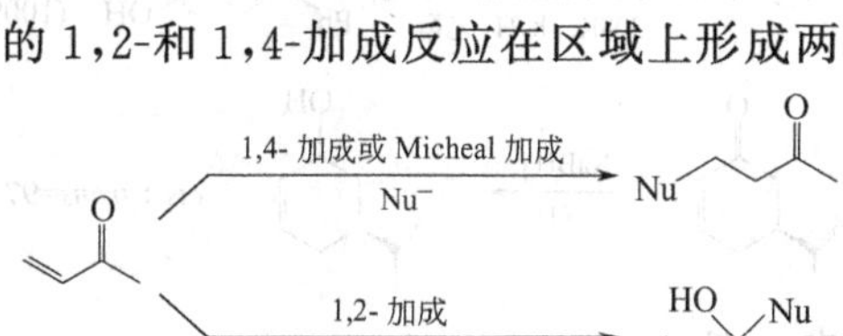

如何确定哪种产物为主产物，只有通过实验。但有一些普遍性规律可作为判断的参考

依据。

两种加成反应的取向取决于α,β-不饱和化合物和亲核试剂（Nu）两方面的因素。通常α,β-不饱和醛酰氯倾向于直接加成（1,2-加成），而相应的酮和酯多半倾向于迈克尔加成（1,4-加成）；强碱性亲核试剂如 RLi、NH_2^-、RO^-、H^- 等倾向于直接加成，弱碱性亲核试剂如 RMgBr、RS^-、RNH_2 及稳定碳负离子倾向于迈克尔加成。但这些规律并不是很可靠。有一可靠的方法能使格氏试剂或 RLi 按 1,4-加成进行，那就是使用 Cu（Ⅰ）作为催化剂。它能催化迈克尔加成而不能催化与酮的直接加成。

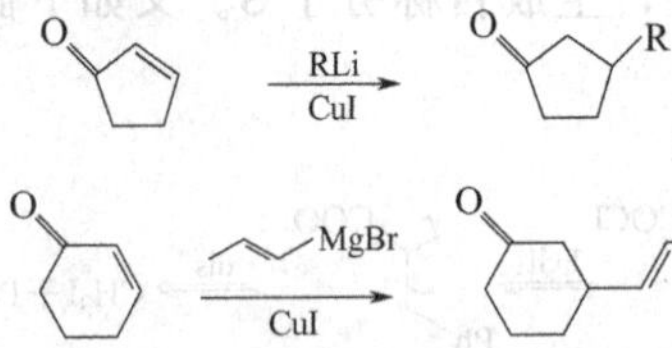

此外，选择适当的还原剂使α,β-不饱和羰基化合物的碳-碳双键和碳-氧双键有选择地还原，近年来在这方面的研究颇富成果。例如：

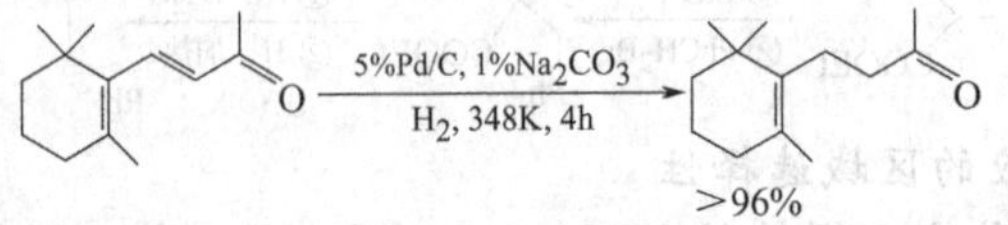

过渡金属作为催化剂选择性高，但成本也高。所以非过渡金属化合物如 NaS_2O_4，Se、Te 等氢化物的催化还原迅速发展起来。

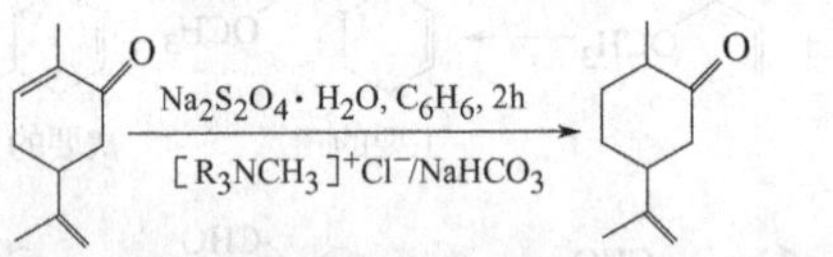

α,β-不饱和羰基化合物碳-氧双键的还原同样需要催化剂，诸如，Ru、Pt、Rh 等过渡金属配合物、金属氢化物、硼氢化物等。钌配合物可在温和条件下催化α,β-不饱和醛的羰基还原。

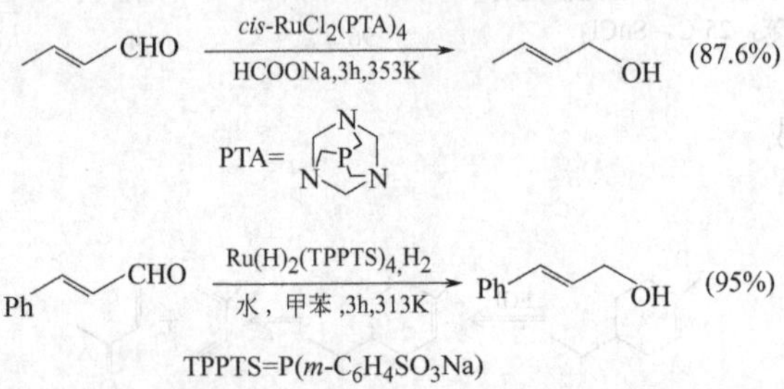

为了提高催化剂的选择性还常常用双金属支载催化剂。例如，Sn 加入到 Pt/Al_2O_3 中或通过低温液相还原法制备的 Pt/Al_2O_3 大大提高了生成肉桂醇的选择性。

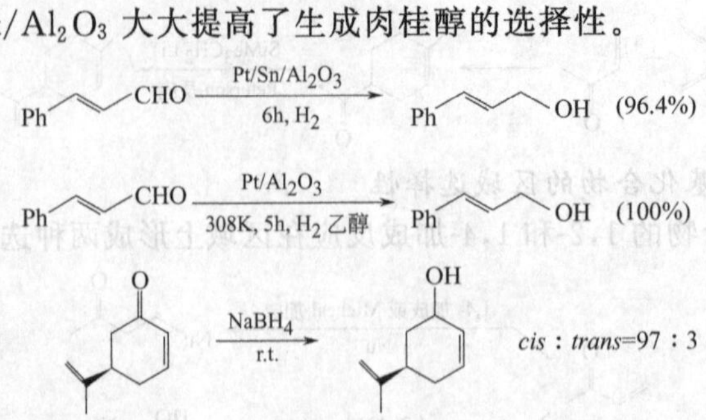

7.1.3 立体选择性与立体专一性

立体选择性（stereoselectivity）反应指凡是反应机理能提供两条可供选择的、化学上等同的途径，以便能够选择最有利的途径（动力学控制）或生成最稳定产物（热力学控制）的方式进行的反应。如果所得两种控制产物的量相差无几，则表明立体选择性很差。在应用各种反应合成目标分子时，如何控制产物中两种异构体的量，如何控制产物的立体构型是设计合成路线考虑的重要问题。我们在第 6 章中已经讨论过的环已酮还原为环已醇的反应就具有立体选择性：

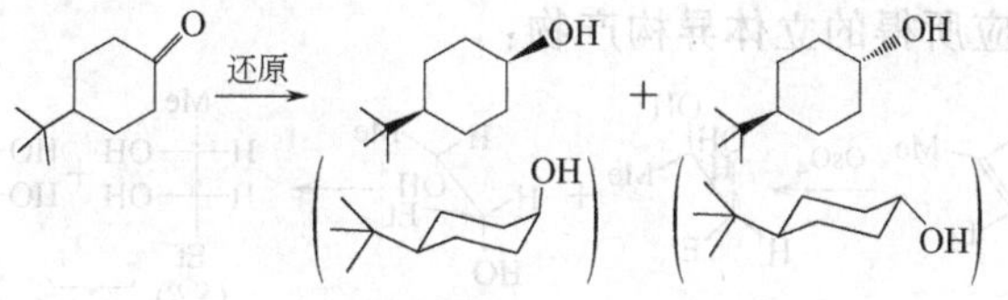

1　　2

反式醇 **2** 比较稳定，故在平衡条件下占优势，如用 Al(OPr-*i*)$_3$ 作为还原剂时就得到热力学平衡产物 **2**（见第 5 章）。然而用位阻较大的活泼试剂 LiAlH(OBu-*t*)$_3$ 还原时，获得产物却主要是顺式醇 **1**，因为这是一个有利于过渡态形成的反应，是动力学控制反应。酮的还原反应和酮的亲核加成反应都属于很难预料产物结果的典型情况，因为动力学和热力学两种因素起着相反的作用。比如下面这个例子，采用了苯基锂作为亲核试剂，结果产物多半是动力学控制的竖键加成。

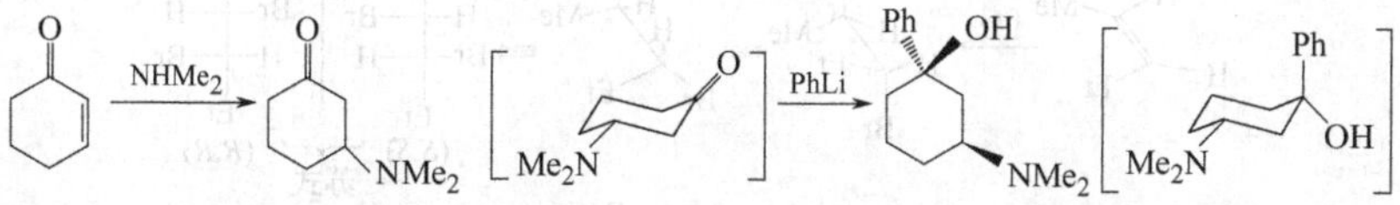

还有一些反应，往往因为位阻的原因而选择不太拥挤的一侧进攻，从而导致某种倾向的立体选择性。例如，氢气还原肟的时候就选择了与芳基相对的一侧的直立键。

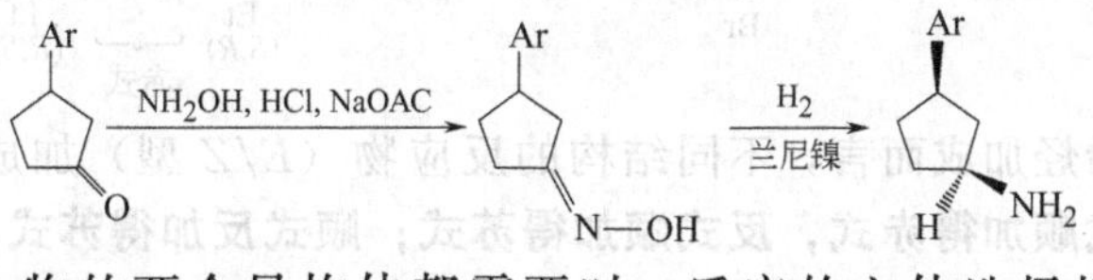

有时，当一个化合物的两个异构体都需要时，反应的立体选择性较差反倒是个优点！例如：

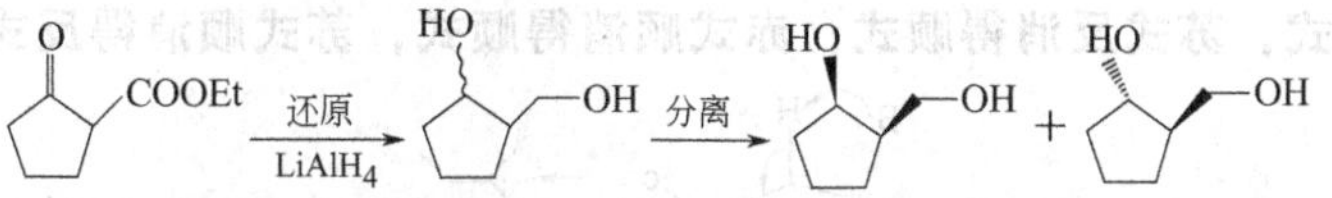

立体专一性（stereospcificity）反应指那些凡是机理要求生成一种特定立体化学结构的反应，不管生成的这种产物是否稳定，立体专一性反应的产物一定要生成。而且不同立体异构的反应物分别给出不同的立体构型产物。它们可能是对映体或非对映体。例如：

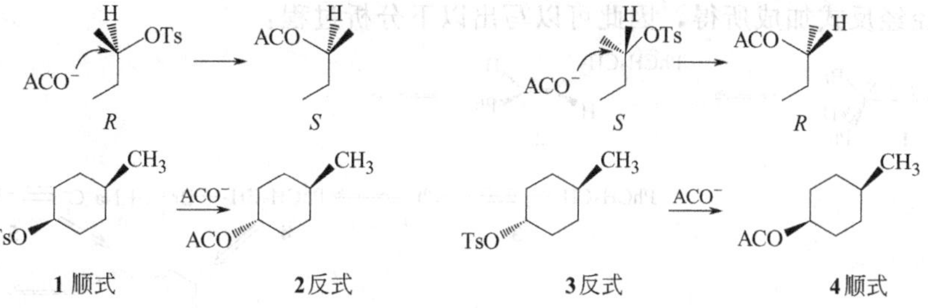

可见，这种由一种异构体的反应物得到一种产物，由另一种异构体反应物得到另一种产物是立体专一性反应的特点。发生立体专一性反应的还有以下几种：

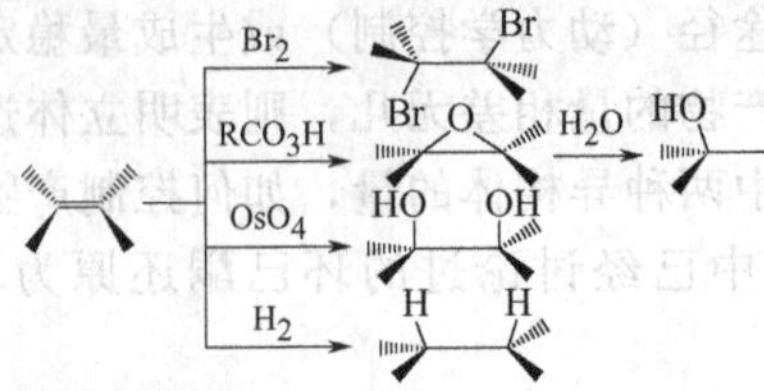

请看立体专一性反应所得的立体异构产物：

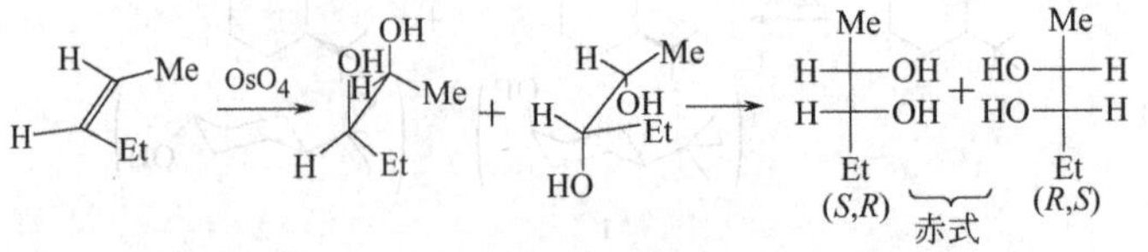

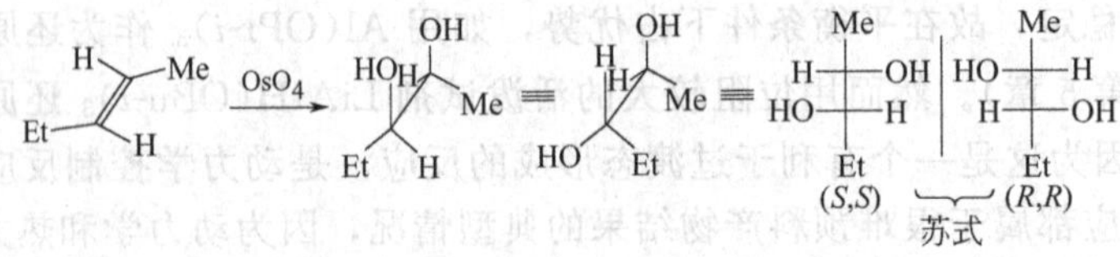

又如：

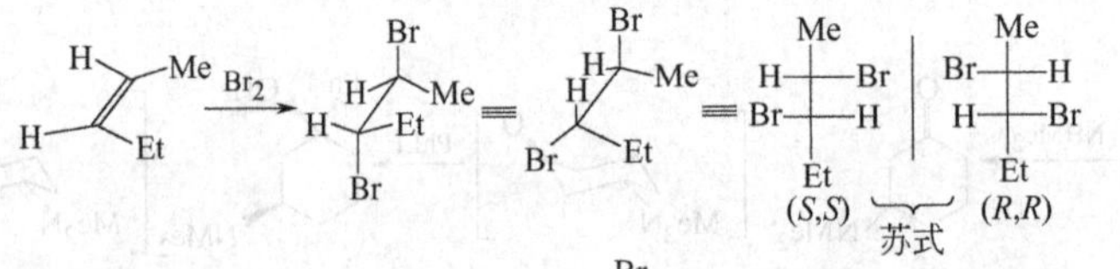

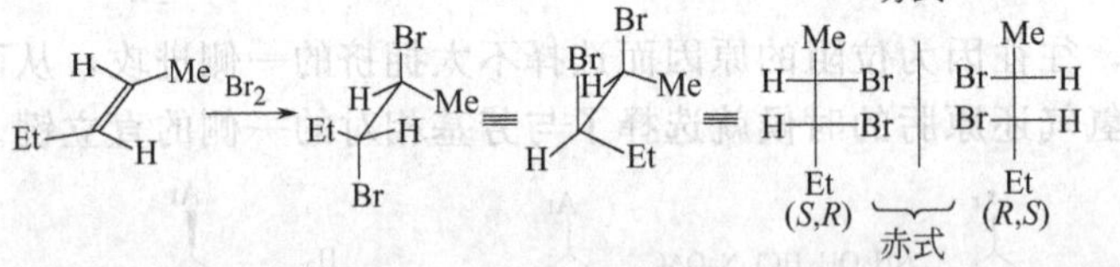

由此可见，对于烯烃加成而言，不同结构的反应物（*E*/*Z* 型）加成后所得产物的构型也不同，通常符合：**顺式顺加得赤式，反式顺加得苏式；顺式反加得苏式，反式反加得赤式。**以 E2 进行的消除反应也是立体专一的，当按照机理要求的方式（反式或顺式）进行消除时，如果被消除的 H 和 X 原子所在的两个碳原子均为手性碳的话，则得到与上述规律一致的结果，即：**赤式反消得反式，苏式反消得顺式；赤式顺消得顺式，苏式顺消得反式。**

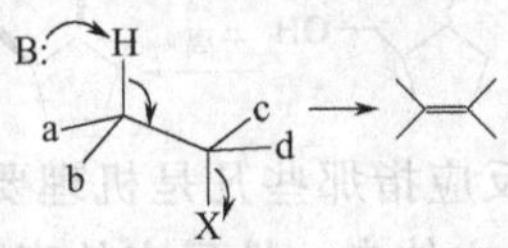

例 1：试合成化合物（1*S*,2*R*)-1,4-二苯基-1,2-二溴丁烷

分析：目标化合物的立体结构是赤式，它是经过反式加溴得到的，由此可以判断，目标分子是反式烯烃经反式加成所得，因此可以写出以下分析过程：

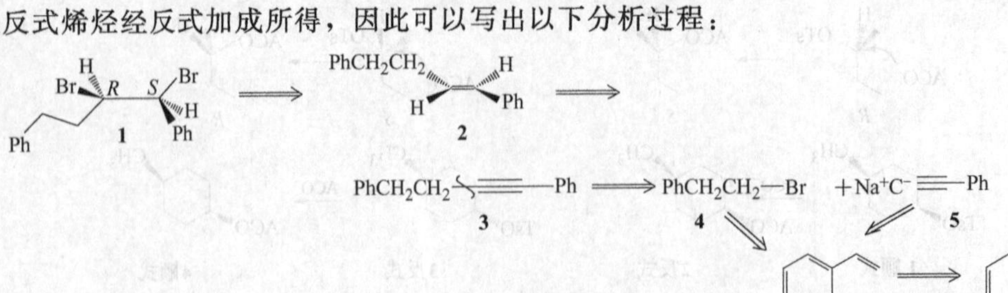

目标分子 **1** 只能回推为反式烯烃 **2**，这是由分子 **1** 的立体构型和烯烃反式加溴的立体化学所决

定的。反式烯烃最好由炔烃 3 还原制得，该分子的合成路线是：

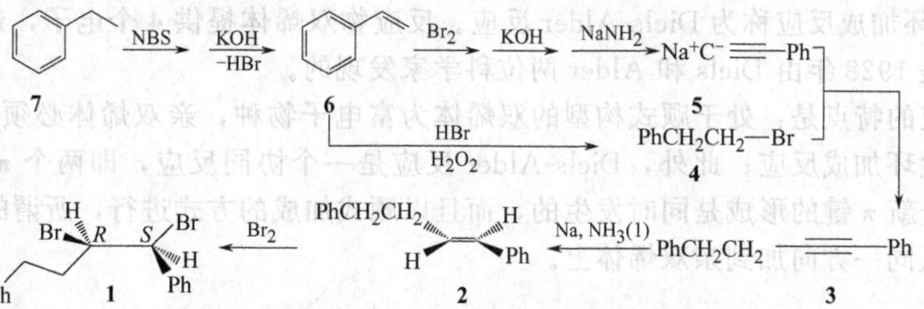

7　6　5　4　1　2　3

需要特别指出的是，环氧化合物是可以很好的、可利用的控制立体构型的物种之一，因为它是烯烃几何构型与 sp^3 立体化学之间的一个桥梁。烯烃经顺式加成立体专一地生成环氧化合物，环氧化合物被亲核试剂进攻得到具有已知立体化学的两个手性中心。

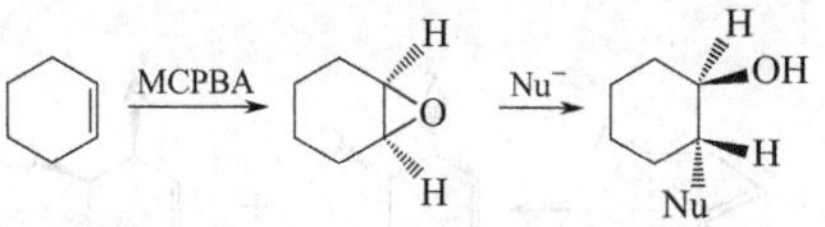

例 2：合成榆小的信息素摩梯斯曲里汀（Mutistriatin）：

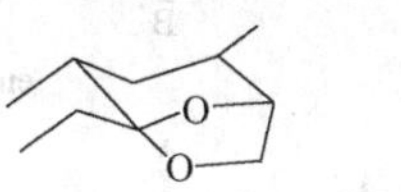

分析：

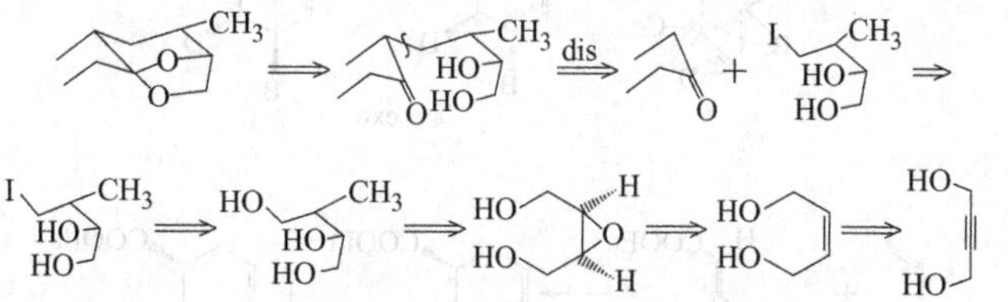

合成：

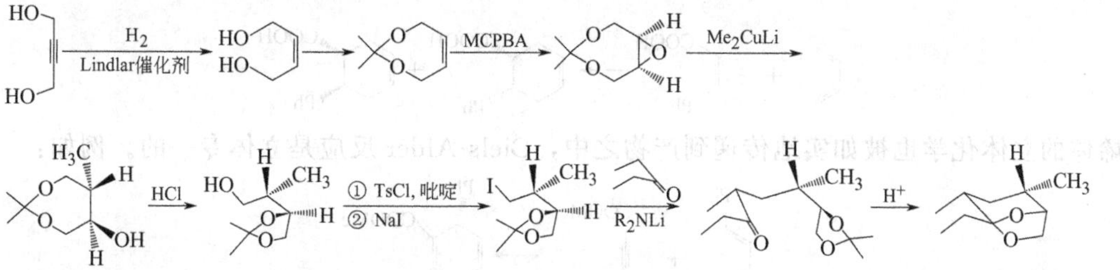

由此我们看出，立体专一性反应实际上就是一种立体选择性反应，只是立体专一性反应的选择性为 100%，选择性非常好。

下面讨论双键顺/反式的选择控制、Diels-Alder 反应的立体选择性以及电环化反应、环加成反应的立体选择性反应。

7.1.3.1　双键顺/反选择性的控制

双键顺/反异构的选择控制主要有两种途径：一种是通过炔烃的立体控制还原；另一种是通过 Wittig 反应控制。

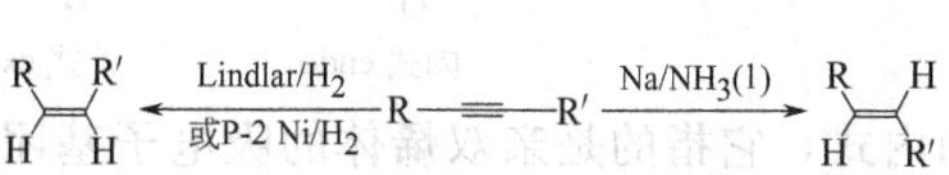

醛经 Wittig 反应生成烯烃的立体化学与叶立德的性质有关，稳定的叶立德以 *E* 型产物为主，不稳定的叶立德主要生成 *Z* 型产物。溶剂也是影响产物顺反异构的重要因素，详见第 5 章。

7.1.3.2 Diels-Alder 反应的立体选择性

[4+2] 环加成反应称为 Diels-Alder 反应。反应物双烯体提供 4 个电子，亲双烯体提供 2 个电子。这是 1928 年由 Diels 和 Alder 两位科学家发现的。

这个反应的特点是：处于顺式构型的双烯体为富电子物种，亲双烯体必须是缺电子物种，才能顺利发生环加成反应；此外，Diels-Alder 反应是一个协同反应，即两个 π 键的打开与两个 σ 键和一个新 π 键的形成是同时发生的，而且以顺式加成的方式进行，所谓的顺式加成原则就是双烯体从同一方向加到亲双烯体上。

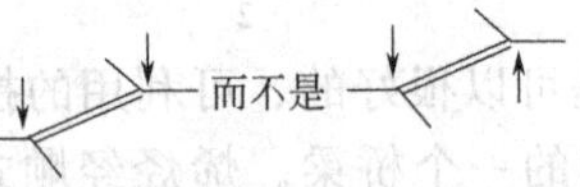

这样，产物保持了双烯体和亲双烯体的立体化学特征，即顺式的亲双烯体给出顺式产物，反式亲双烯体给出反式产物。

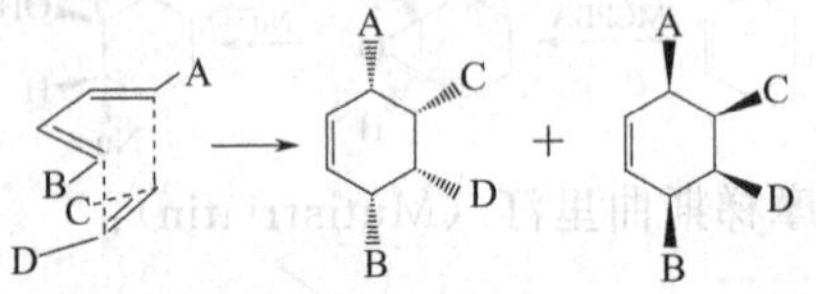

endo

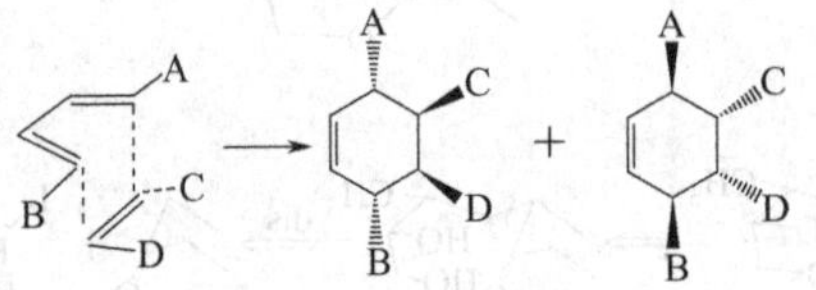

exo

例如：

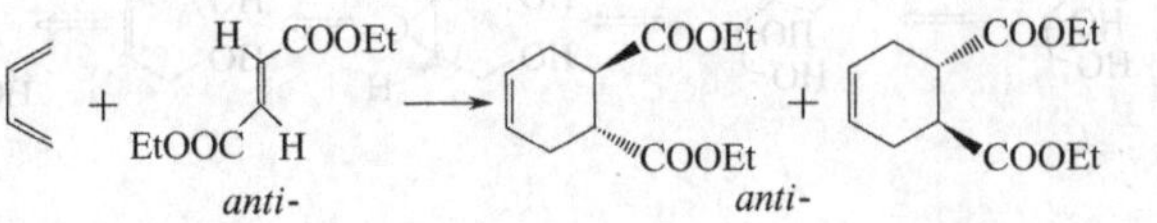

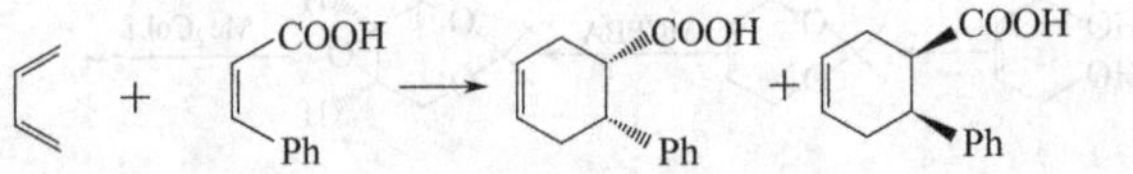

双烯体的立体化学也被如实地传递到产物之中，Diels-Alder 反应是立体专一的。例如：

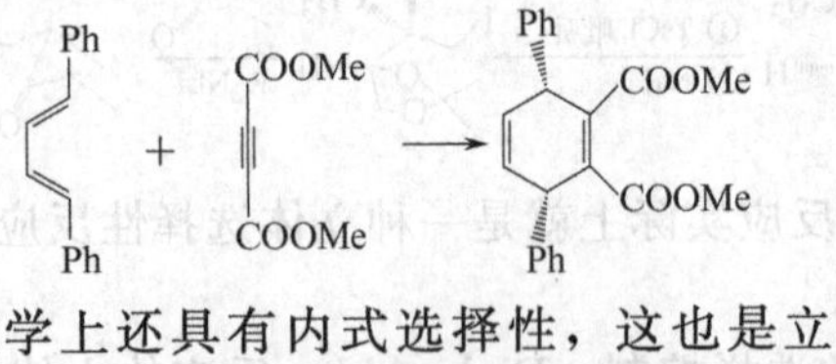

Diels-Alder 反应在立体化学上还具有内式选择性，这也是立体选择性的一个重要方面。所谓的内式选择性从下面这个环状体系的例子看得非常清楚：

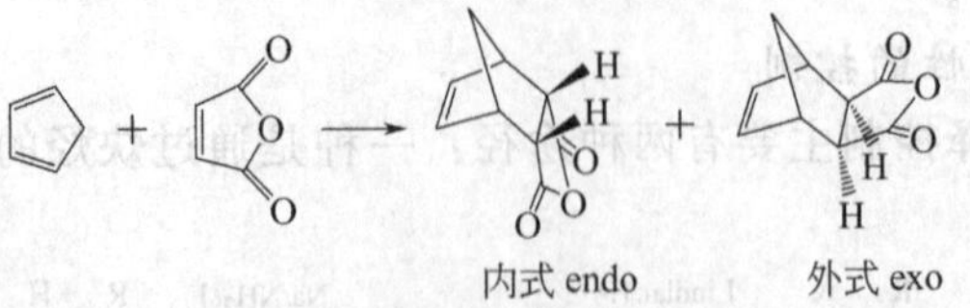

内式 endo　　外式 exo

这两个产物称作外式和内式，它指的是亲双烯体的吸电子基团 Z（这里是羰基 CO）与新的环己烯中的双键之间的相互关系。实验证明，Diels-Alder 反应是内式选择的，因为这是动力学产物，尽管外式产物通常更稳定一些。亲双烯体中的吸电子基团 Z 的作用在于在内式过渡态中通过空间吸引双烯体，从而使过渡态变得稳定。这是一种次级轨道作用，它并不导致成键，但有助于形成过渡态。

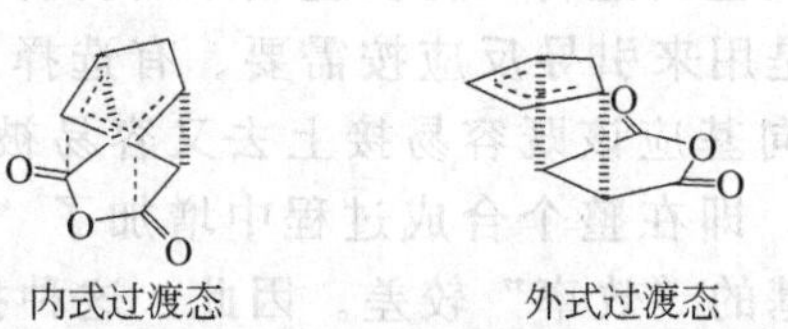

有人也把双烯体和亲双烯体之间反应式的这种位置关系叫做最接近原则。当两种反应物在瞬时碰撞时，亲双烯体中的吸电子基团 Z 往往与双烯体中的双键非常靠近。结果是反应后形成的六元环的双键与来自亲双烯体的活化基团尽可能靠近。

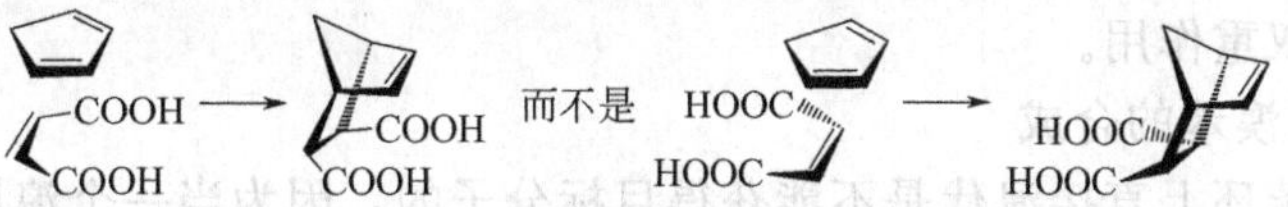

对于开链化合物来说，如果把一个分子写在另一个分子之上，也容易写出内式产物的立体化学。例如：

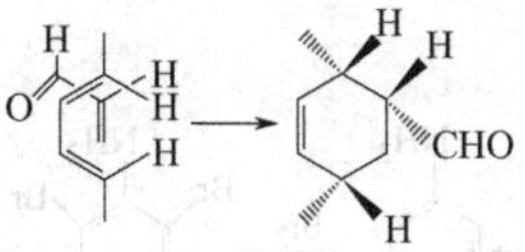

再举几个 Diels-Alder 反应的例子：

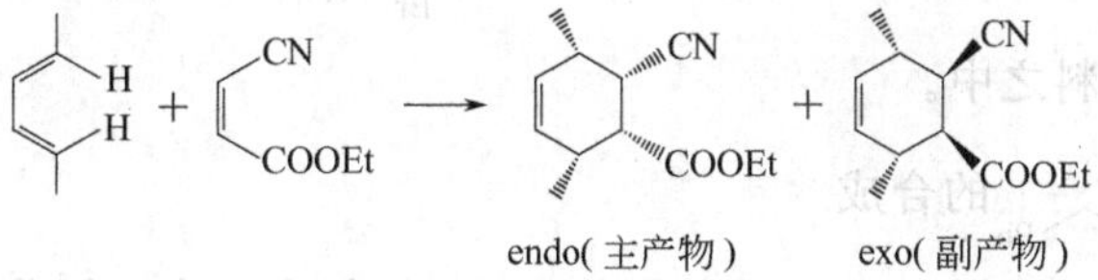

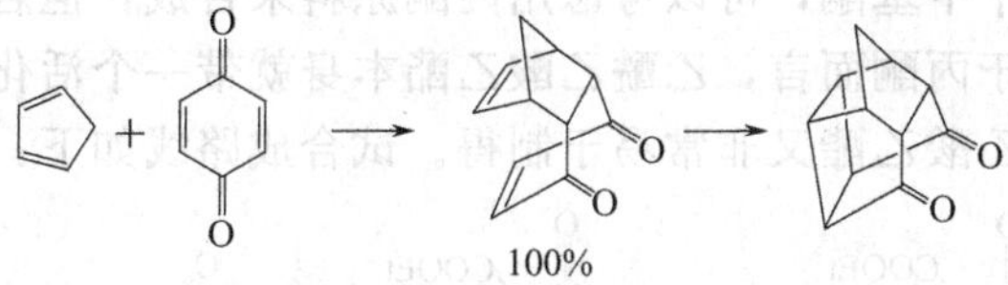

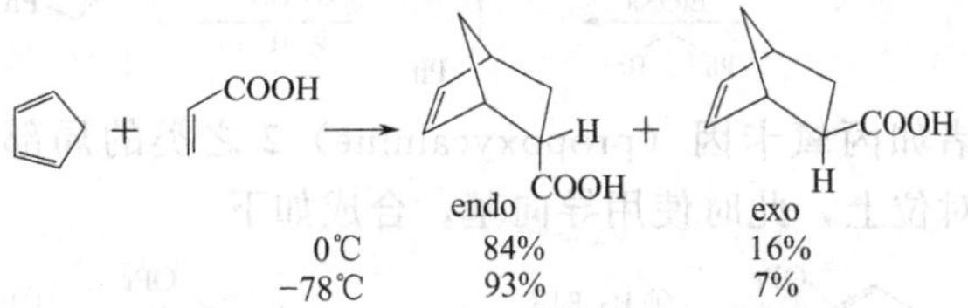

7.1.3.3 ［2＋2］环加成立体选择性

与［4＋2］反应不同，［2＋2］环加成只有在光照下才能进行。而与 Diels-Alder 反应相同的是［2+2］反应中两个反应物的立体化学通常能重现于产物中。详见第 10 章。下面仅举一例说明：

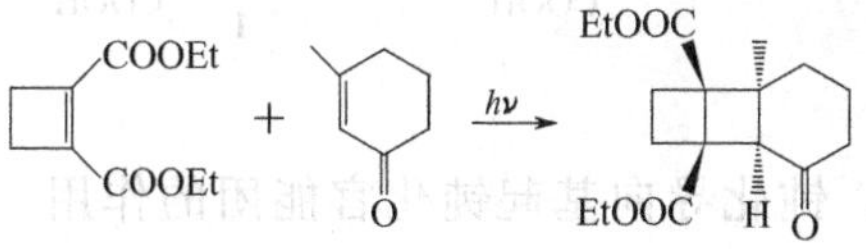

7.2 有机合成中导向基的应用

在有机合成中，为了让某一结构单元引入到原料分子的特定位置上，除利用原料分子中不同官能团的活性差异进行选择反应外，对一些无法进行直接选择的官能团，常常在反应前引入某种控制基团来促使选择性反应的进行，待反应结束后再将它除去。这种预先引入的控制基团叫做导向基。它的作用是用来引导反应按需要、有选择地进行，它包括活化基、钝化基、保护基等。一个好的导向基应该既容易接上去又容易被去掉。这种控制因素的引入，一旦达到目的后，又要除去，即在整个合成过程中增加了“引入”和“除去”两个步骤，从这个意义上讲，运用导向基的“效率”较差。因此，这种控制因素是不得已才使用的一种方法。

7.2.1 活化导向基

由于引入导向基，分子的某一部位比其他部位更容易发生反应，即此时导向基所起的作用是活化和定位导向双重作用。

例 1：1,3,5-三溴苯的合成

分析：要想在苯环上直接溴代是不能获得目标分子的，因为当一个溴原子取代以后，第二个溴原子不能进入它的间位；而且溴原子是钝化苯环的取代基，当第一个溴取代后，第二、三个溴代就变得较难。此时应考虑使用活化导向基。

合成：

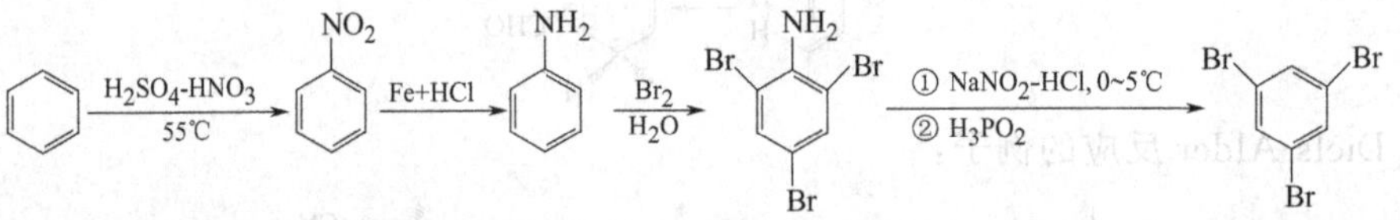

有时导向基就来自于原料之中。

例 2：化合物 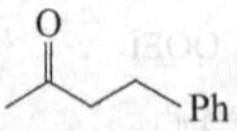 的合成

分析：目标分子是一个甲基酮，可以考虑用丙酮原料来合成，但若选用乙酰乙酸乙酯为原料效果会更好。因为相对于丙酮而言，乙酰乙酸乙酯本身就带一个活化导向基——酯基，能使反应定向进行，而且乙酰乙酸乙酯又非常易于制得。试合成路线如下：

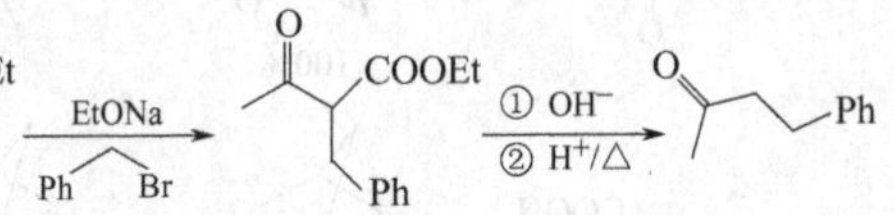

又如，化合物 **1** 是合成诸如丙氧卡因（propoxycainine）**2** 之类的局部麻醉剂，氨基不能通过水杨酸直接导入羧基的对位上，此时使用导向基，合成如下：

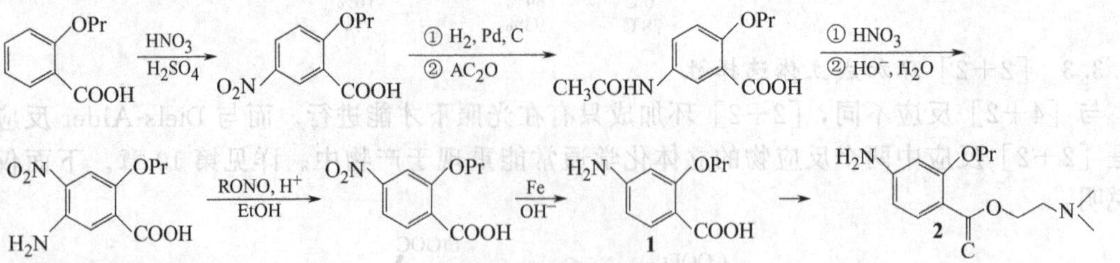

7.2.2 钝化导向基

与活化导向基正好相反，钝化导向基起钝化官能团的作用，使反应停留在某一阶段。例如，对溴苯胺的合成。如果用苯胺直接溴代，将会有邻、对位的多溴代产物生成。因此，先将强定位基氨基钝化，同时不能改变其定位作用。此时如果把氨基（—NH_2）变成乙酰氨基（—$NHCOCH_3$）再进行溴代，即可获得目标分子。因为—$NHCOCH_3$ 是一个比—NH_2 活性更低的邻、对位定位基，此时溴代主要产物是对溴乙酰苯胺，然后水解除去乙酰基。合成路线如下：

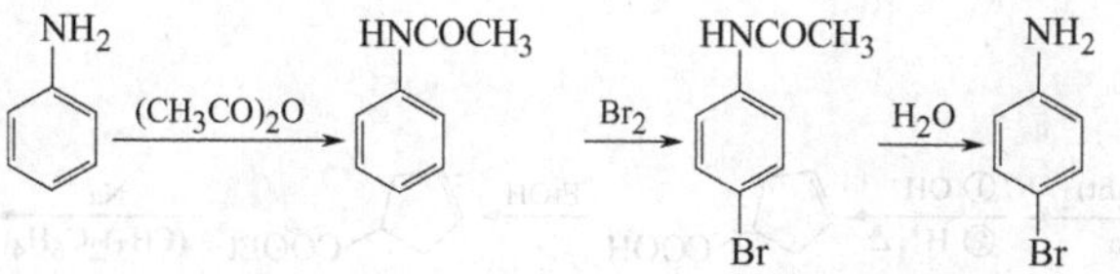

7.2.3 阻断基

阻断基（blocking group）也是一种导向基，它的引入可以使反应物分子中某一可能优先反应的活性部位被封闭，目的是让分子中其他活性较低的部位发生反应并能顺利引入所需要的基团。等目的达到后，再除去阻断基。常用的阻断基有—SO_3H，—COOH，—$C(CH_3)_3$，它们是通过封闭某些特定位置来起导向作用的。

例 1：邻硝基苯胺的合成

分析：氨基是强活化苯环的邻对位定位基，因此要想获得邻位取代的硝基苯胺需考虑将对位封闭。当邻位硝化以后，再除去对位的阻断基。通常选用—SO_3H 为阻断基。

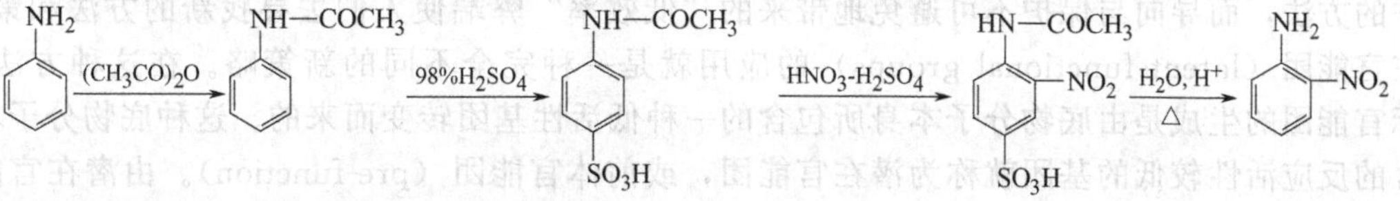

例 2：试设计 2,6-二氯苯酚合成路线

分析：与上例同样的原因，本题也需使用阻断基，因芳环上的傅-克反应是可逆的，在此选用叔丁基为阻断基。

合成：

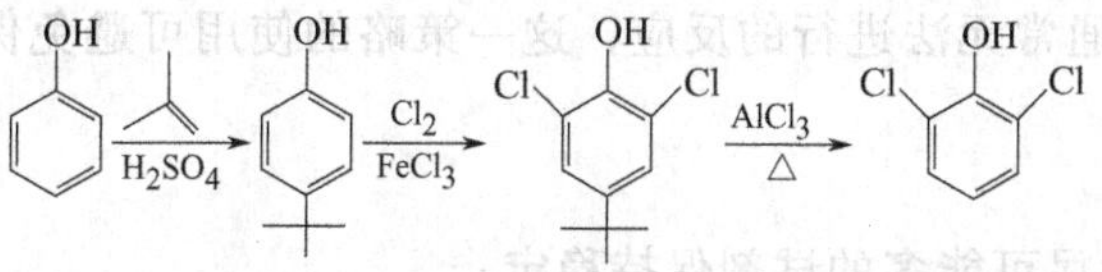

7.2.4 保护基

关于各类官能团的保护及脱保护在本书第 2 章已作详细讨论，在此仅举例说明它的使用。

例 1：

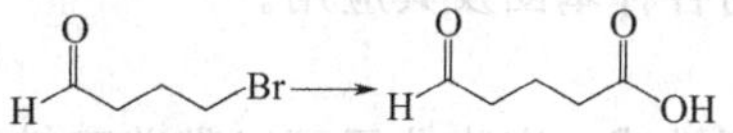

分析：显然目标分子与原料分子只差一个碳原子，最简单的方法是将原料分子制成格氏试剂与 CO_2 反应就可以合成目标分子。但在制备格氏试剂之前必须把—CHO 保护起来，否则，格氏试剂不可能制得，因为，格氏试剂与醛不能共存。所以合成路线是：

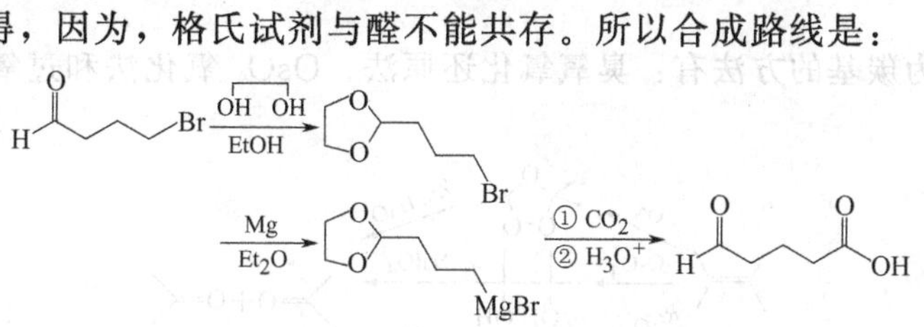

例 2：设计 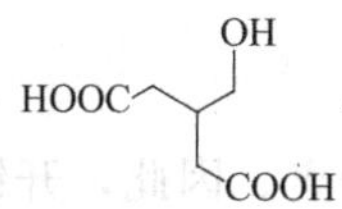 合成路线

分析：

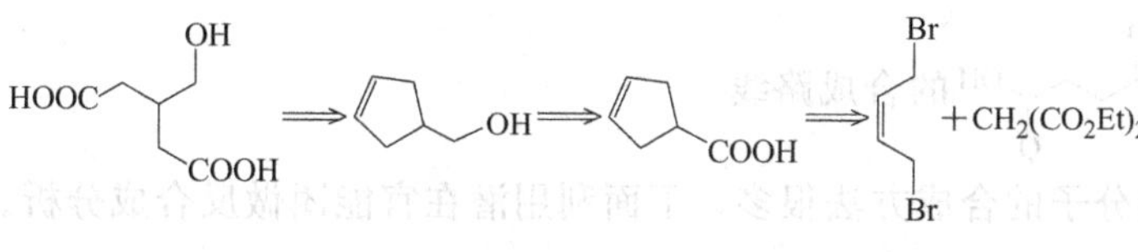

合成：

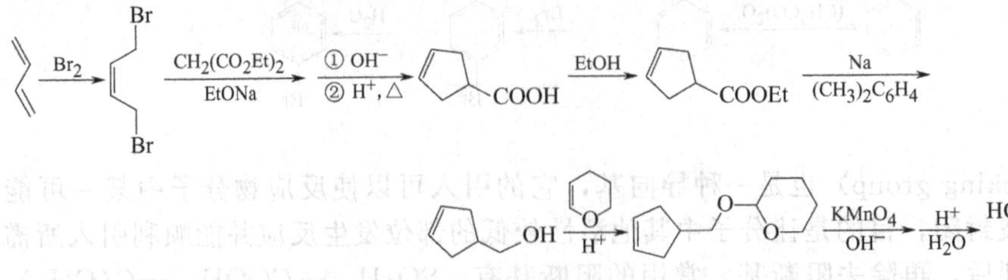

7.3 潜在官能团及应用

在有机合成方法学研究过程中，当选择性反应不能满足合成工作的需要时，开辟了导向和保护的方法，而导向与保护不可避免地带来的“低效率”弊端使人们去寻找新的方法和策略，潜在官能团（latent functional groups）的应用就是一种完全不同的新策略。在这种方法中，目标官能团的生成是由底物分子本身所包含的一种低活性基团转变而来的。这种底物分子本身包含的反应活性较低的基团就称为潜在官能团，或前体官能团（pre-function）。由潜在官能团转变而来的官能团称为目标官能团（goal-function），转化反应称为展示（exposition）。

潜在官能团的使用是先把前体分子的其他官能团发生所需要的反应后，再将潜在官能团转变成目标官能团的一种方法。即潜在官能团法由两步反应组成，第一步是在分子的其他部位反应，第二步是将目标官能团从潜在官能团中展示出来。利用潜在官能团策略可以使分子进行一些在目标官能团存在时通常无法进行的反应，这一策略的使用可避免保护基的使用。潜在官能团应具备下列条件：

① 原料易得；

② 反应活性低，对尽可能多的试剂保持稳定；

③ 能经选择性或专一性反应展示出来且条件要温和；

④ 可作为一个以上目标官能团的潜在者（即多重潜在官能团）。

下面是能充当潜在官能团的各种基团及其应用。

7.3.1 烯烃作为潜在官能团

由于烯烃双键对多种试剂不敏感，底物分子可以带着双键发生多步合成反应而双键本身不受影响，同时双键又存在许多展示反应，可将其转化为多种目标官能团。因此双键是一个十分有用的潜在官能团。

开链烯烃转化为羰基的方法有：臭氧氧化还原法、OsO_4 氧化法和过氧化物环氧化等，用下式表示：

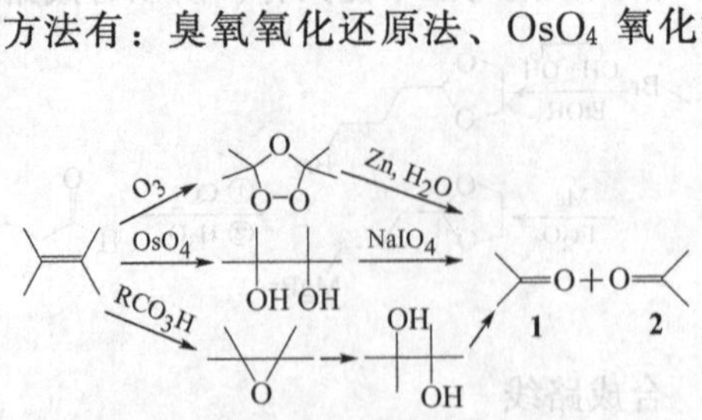

如果两个羰基化合物 **1** 和 **2** 都是所需的目标分子，则必须分离。因此，开链烯烃作用羰基的潜在官能团应用最多的是末端烯烃。

例：试设计 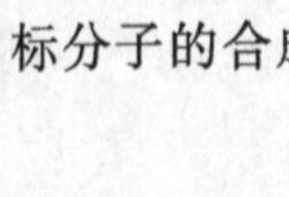 的合成路线

分析：该目标分子的合成方法很多，下面利用潜在官能团做反合成分析。

分析：

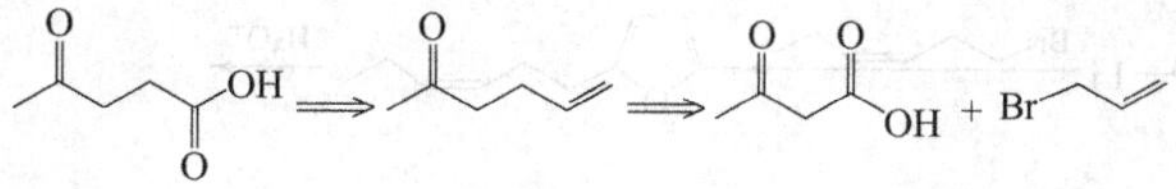

合成：

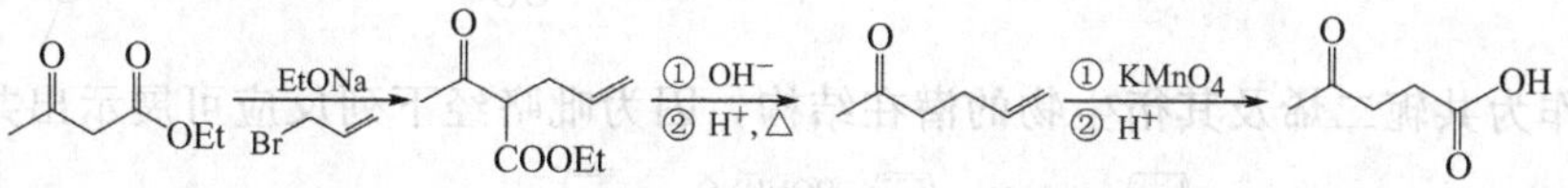

在这里双键展示出来的是羧基。

与直链烯烃相比，环烯烃是更有合成价值的潜在官能团。双键被氧化后生成的两个羰基都保留在同一分子中，并能进一步参与各种反应。合成上使用最多的是环己烯及其衍生物，因为环己烯及其衍生物可由 Diels-Alder 反应立体专一性地制得，而且它被氧化后得到 1,6-二羰基化合物，进一步发生分子内缩后得到环戊烯衍生物。这一反应把六元环转化为五元环，因此在合成上应用非常广泛，尤其是天然化合物的合成。例如：

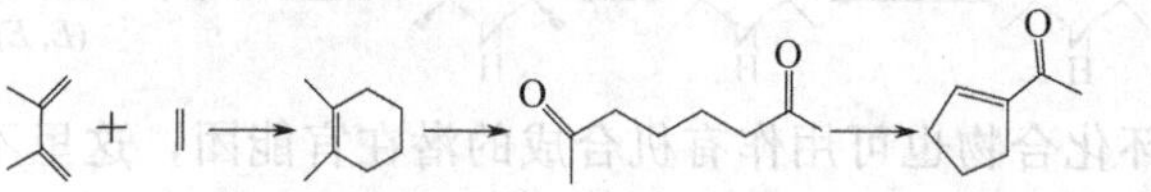

另外，在稠环体系中，环烯烃往往被作为中环和大环的潜在官能团，例如：

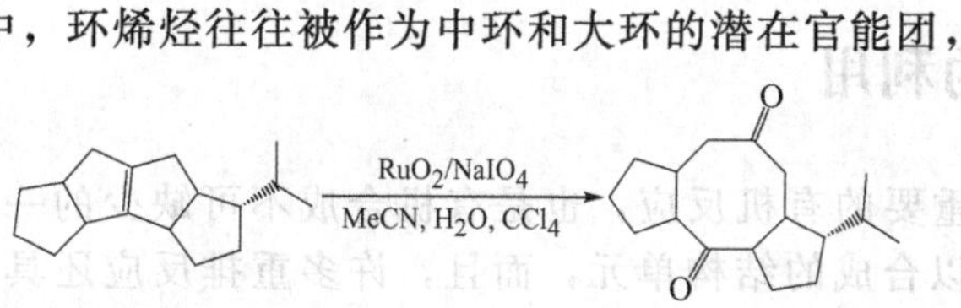

7.3.2 羰基作为潜在官能团

羰基因能发生 Wittig 反应生成烯烃，故羰基可作为烯烃的潜在官能团。例如下面这个化合物的合成。

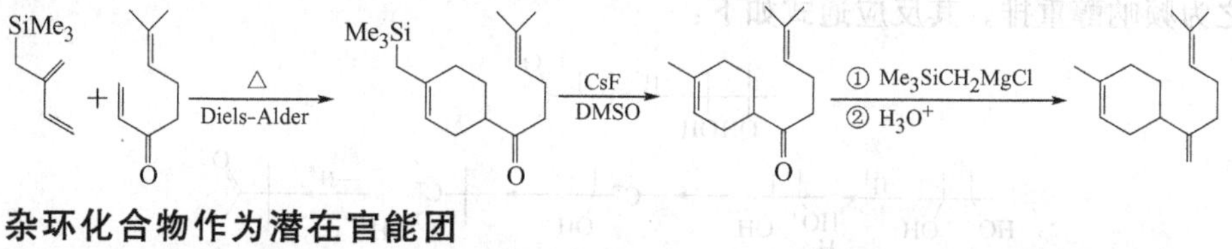

7.3.3 杂环化合物作为潜在官能团

杂环化合物在现代有机合成中有着重要的地位，作为潜在官能团，呋喃、噻吩、吡咯都有应用，下面举例说明杂环作为潜在官能团在有机合成中的应用。

呋喃常被作为 1,4-二酮的潜在官能团。呋喃分子在酸催化下直接开环形成 1,4-二酮。

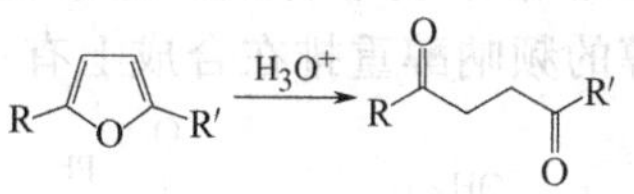

例 1：试设计 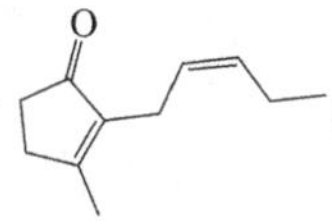 的合成路线

分析：

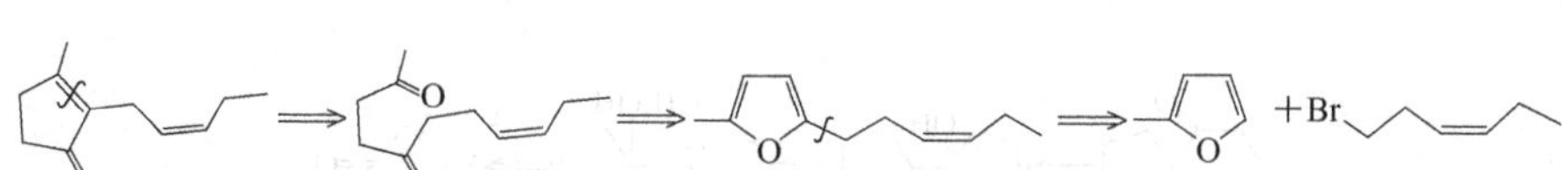

合成：

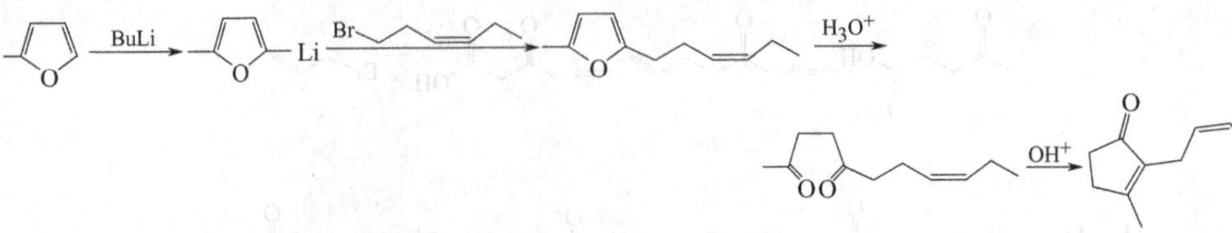

吡咯环可以作为共轭二烯及其衍生物的潜在结构，因为吡咯经下列反应可展示出共轭二烯：

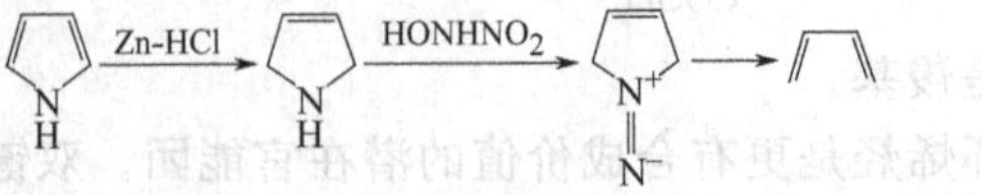

例 2：试设计的合成路线

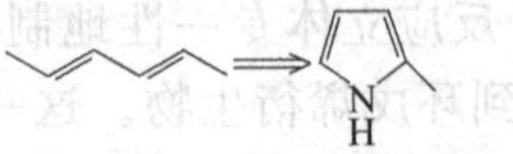

分析：

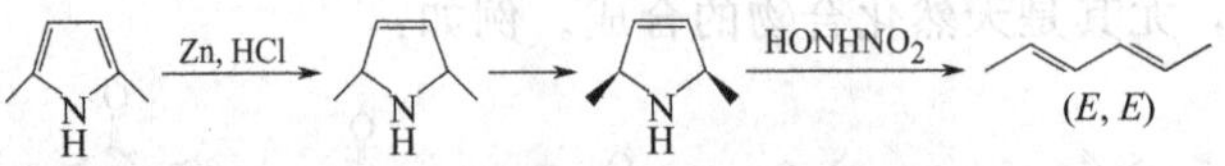

合成：

此外，噻吩等其他杂环化合物也可用作有机合成的潜在官能团，这里不再讨论。

7.4 重排反应的利用

重排反应是一类重要的有机反应，也是有机合成不可缺少的一大类反应。应用重排反应能合成其他反应难以合成的结构单元，而且，许多重排反应还具有很好的立体和区域选择性。因此，本节将介绍重排反应及其在合成上的应用。限于篇幅，这里只讨论几个常用的重排反应。

7.4.1 频呐醇重排

邻二叔醇（频呐醇，pinacol）在酸的作用下，生成频呐酮，因该过程发生了重排反应，所以称之为频呐醇重排。其反应通式如下：

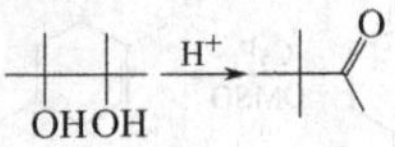

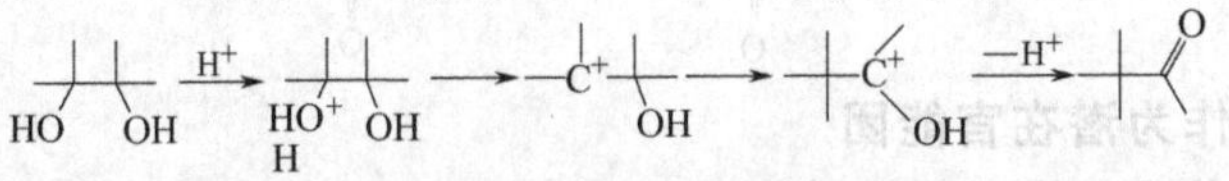

如果邻二叔醇分子中连接两个羟基的碳原子上所连的其他四个烃基各不相同时，情况就比较复杂。首先是哪个羟基先脱水的问题，其次是两个烃基哪个优先迁移的问题。显然，这种不对称邻二叔醇经重排后产物是混合物，非常不利于合成。通常在合成中应用较多的是对称邻二叔醇。但是含有脂环的不对称邻二醇的频呐醇重排在合成上有一定的应用。例如：

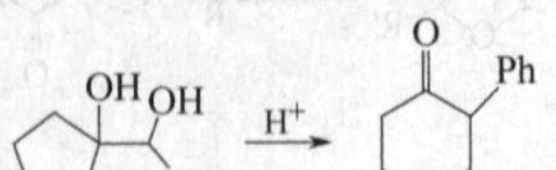

例：试设计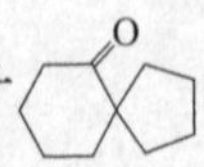的合成路线

分析：

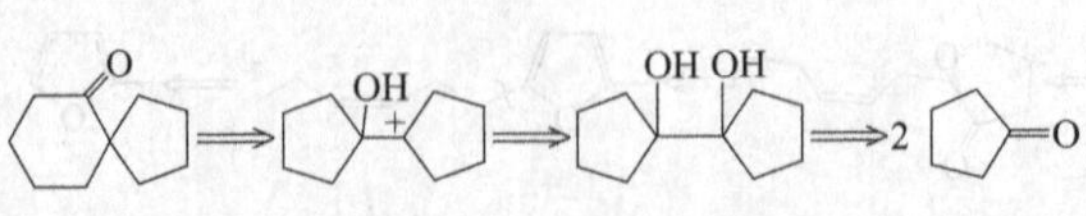

合成：

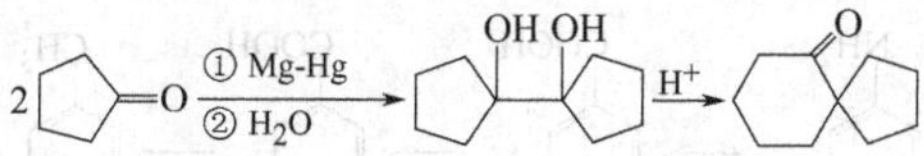

7.4.2 Arndt-Eistert 重排

由羧酸通过下列反应获得高一级羧酸同系物的方法称为 Arndt-Eistert 重排。

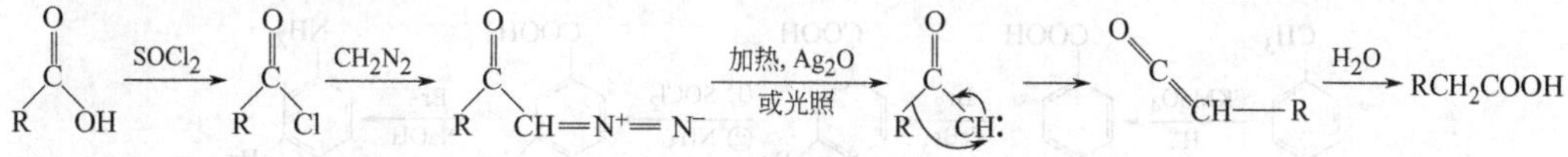

例：下列羧酸的合成

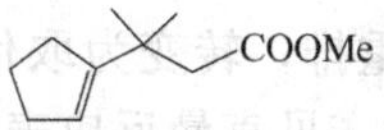

分析：

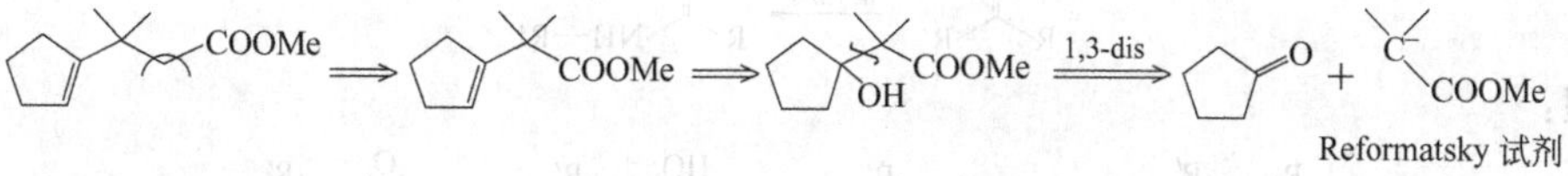

合成：

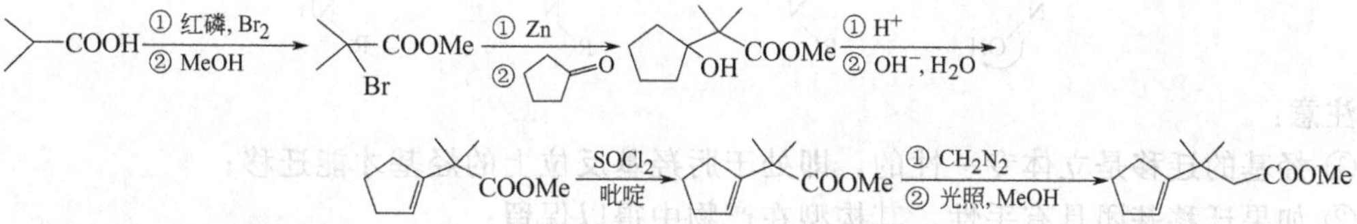

7.4.3 Hoffmann 重排

氮原子上无取代的酰胺经溴在碱溶液中处理，脱去羰基生成少一个碳的伯胺的反应称之为 Hoffmann 重排。由于产物比反应物少了一个碳原子，故这类反应又叫 Hoffmann 降解反应。

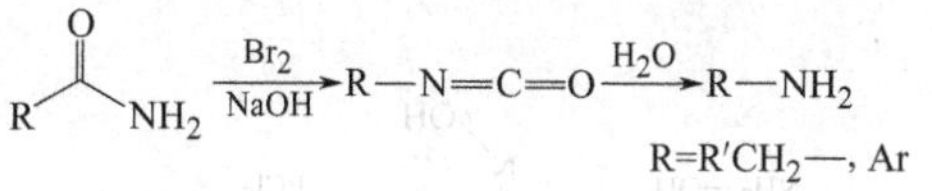

例如：

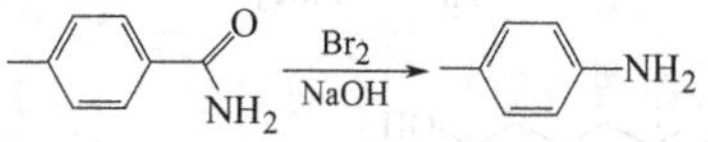

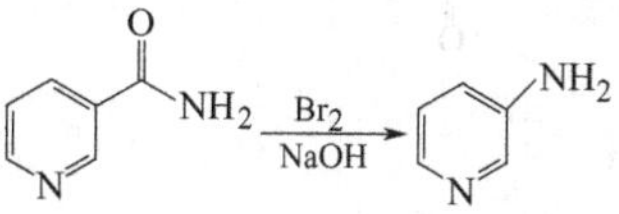

由此可见，Hoffmann 重排反应是制备伯胺的重要方法之一，反应物可以是脂肪族、脂环族、芳香族的酰胺，还可以是杂环酰胺。因此，Hoffmann 重排反应的应用范围非常广泛。而且有证据表明，如果烃基 R 带有手性单元，重排后构型保持不变，不发生消旋作用。例如：

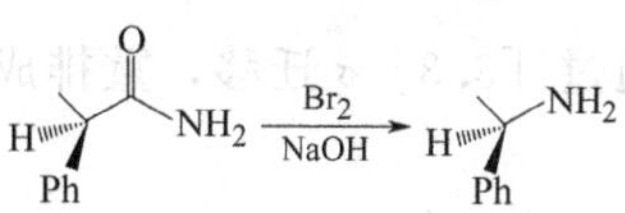

Hoffmann 重排反应常用来合成不能直接用亲核取代反应制备的伯胺。

例： 试用原料 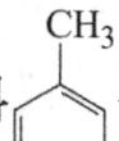 合成化合物 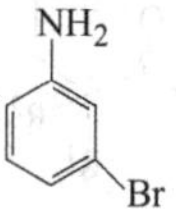

分析：

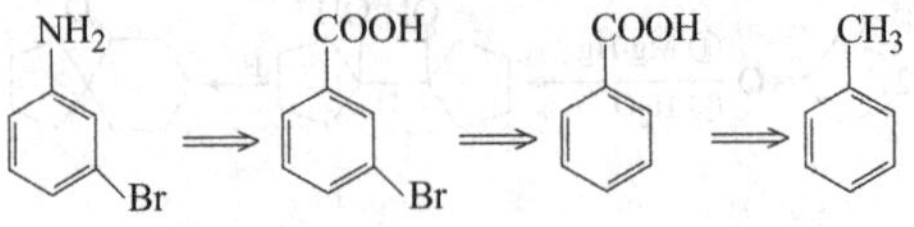

合成：

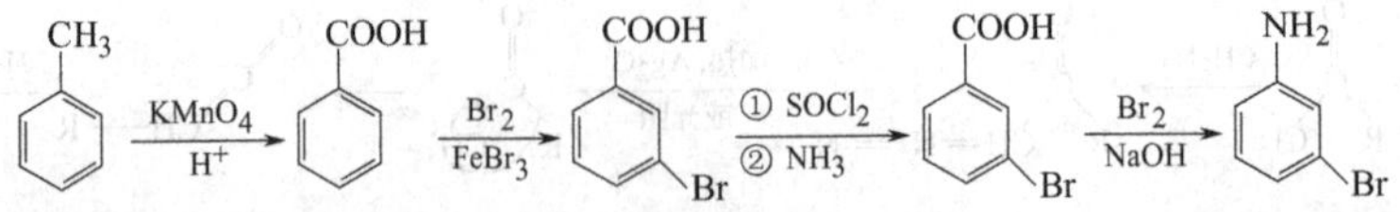

7.4.4 Beckmann 重排

酮肟在 PCl_3 等酸性催化剂作用下重排，转变为取代酰胺的反应称为贝克曼重排反应。生成的酰胺又能进一步被水解为相应的胺。贝克曼反应表示为：

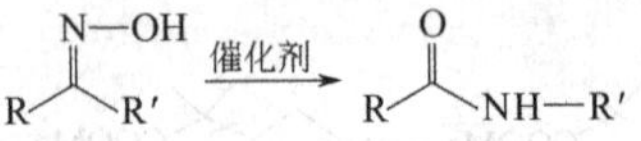

反应机理：

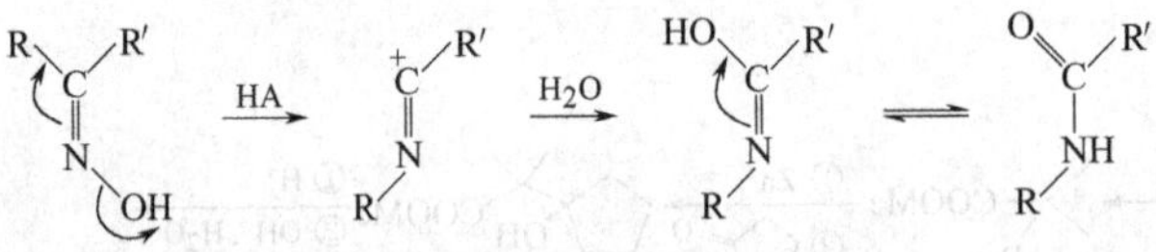

注意：

① 烃基的迁移是立体专一性的，即处于肟羟基反位上的烃基才能迁移；

② 如果迁移基团具有手性，其构型在产物中得以保留；

③ 贝克曼重排是分子内协同过程；

④ R 和 R′通常是烷基或芳基，氢的迁移少见，且芳基比烷基优先迁移；

⑤ 催化剂有 Cu、Ni(R)、$Ni(AC)_2/BF_3$、Cl_3COOH、PCl_5、H_3PO_4 等。

例 1：

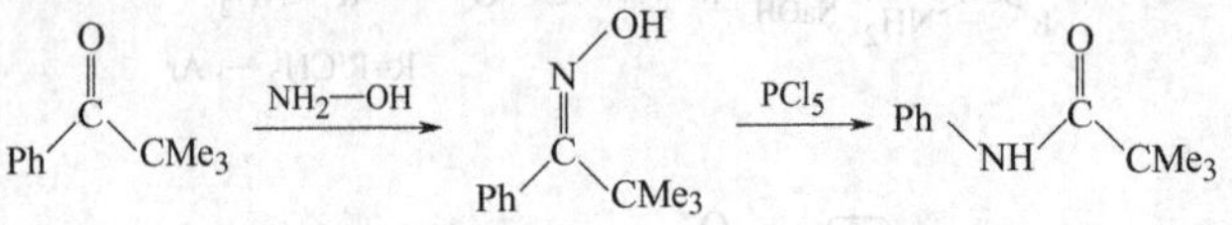

例 2：试合成化合物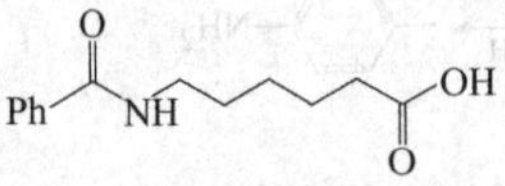

合成：

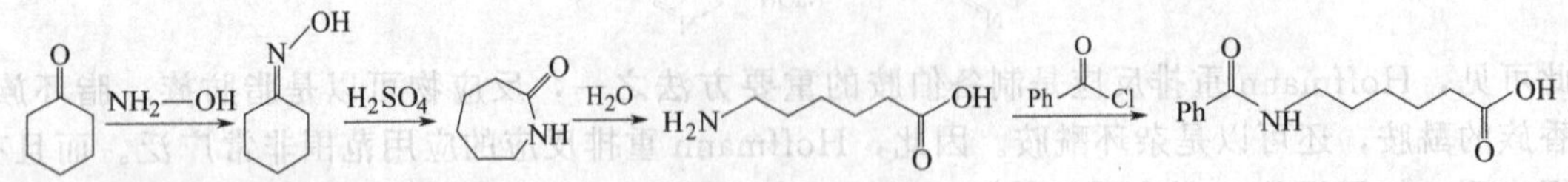

7.4.5 Claisen 重排

烯醇或酚的烯丙基醚加热，通过［3.3］σ 迁移，重排成 γ,δ-不饱和醛、酮或邻烯丙基酚的反应称为 Claisen 重排。

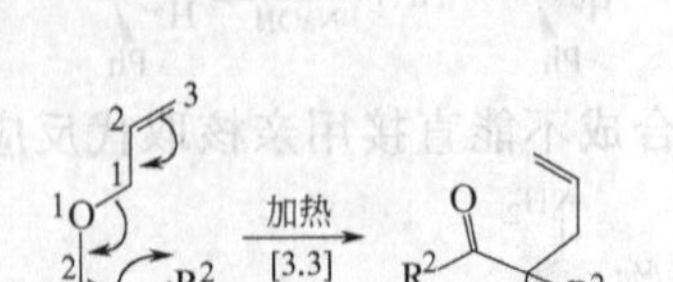

例：化合物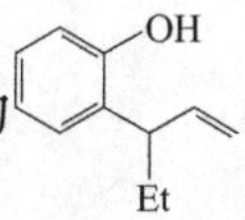**的合成**

分析：

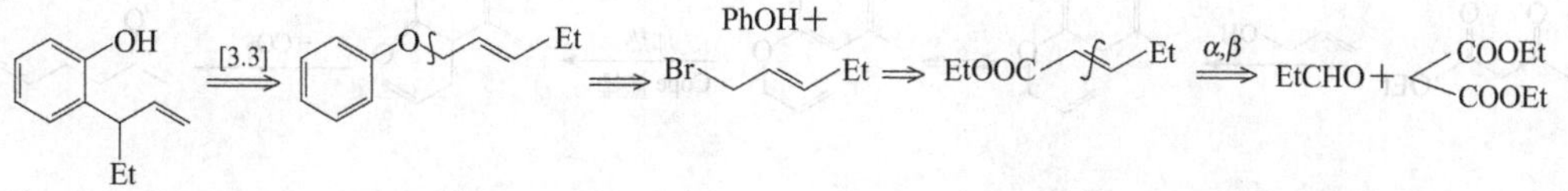

合成：

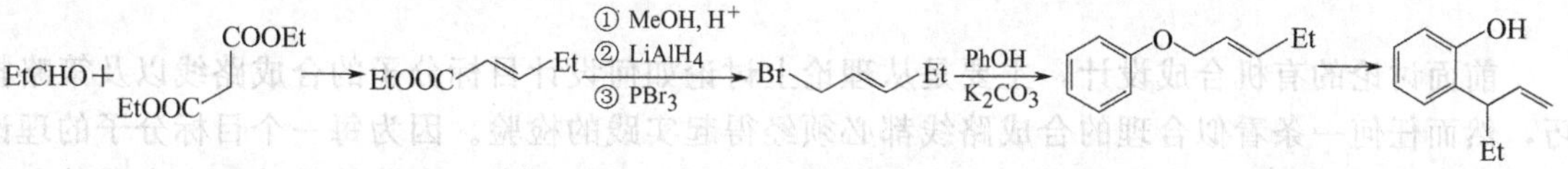

Claisen 重排在天然有机物的合成中是一种很有价值的方法，例如鲨烯的合成就应用到 Claisen 重排反应。

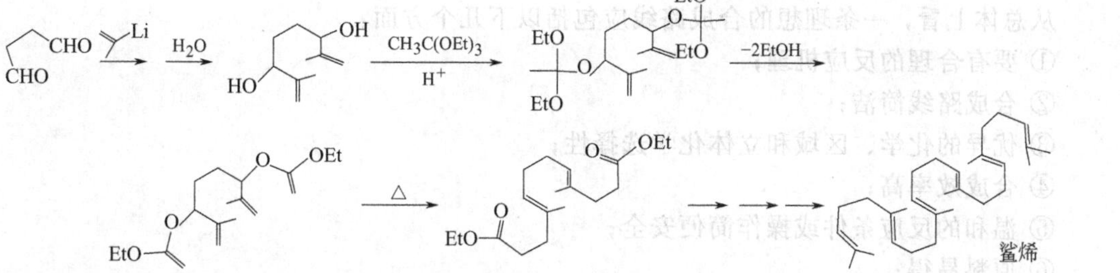

7.4.6 Cope 重排

1,5-二烯（即双烯丙基衍生物）加热，经过［3.3］σ 迁移，发生异构化得到另一双烯丙基衍生物的反应，称为 Cope 重排。

Cope 重排只有不对称的反应物 1,5-二烯发生 Cope 重排在合成中才有应用价值，因为对称分子在重排前后是相同的化合物。

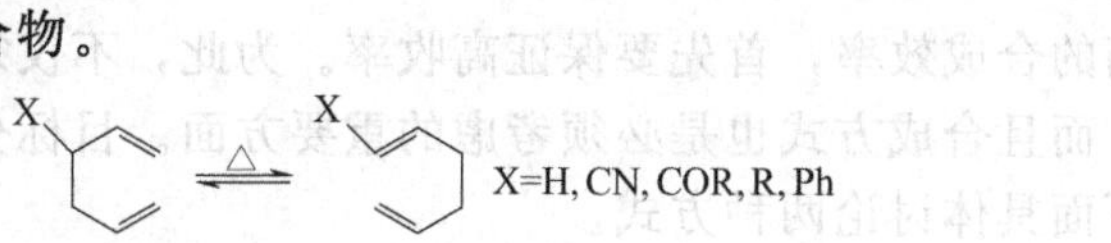

如果一个双键是苯环的双键，Cope 重排不能进行。

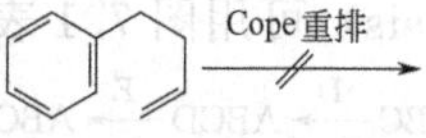

Cope 重排的反应物和产物中单键和双键的数目相等，总的键能大致相同，所以它是可逆反应，动态平衡的位置取决于产物和反应物的相对稳定性。

Cope 重排一般在较高温度下进行，例如 3-甲基-1,5-己二烯重排温度在 300℃。但是当 3-位上有不饱和基（如羰基，酯基等）时，因为不饱和基在重排后与双键发生共轭，产物相对稳定，所以反应变得容易进行，表现为反应温度下降；当反应物是带有张力环的二烯丙基衍生物，Cope 重排因解除环的张力也变得容易，通常也是在较低的温度下重排。

例：由乙酰乙酸乙酯合成化合物 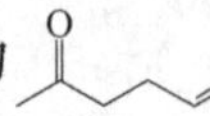

合成：

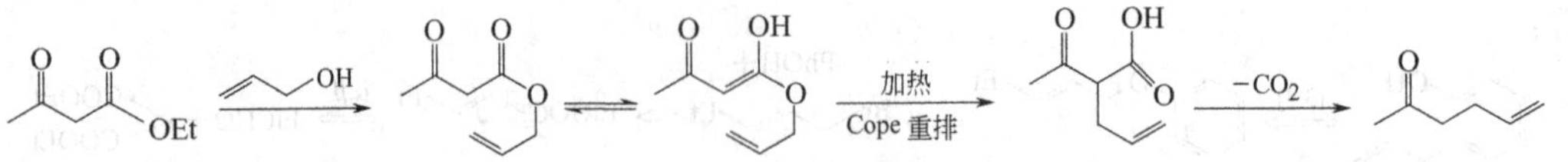

7.5 合成路线的优化

前面讨论的有机合成设计，主要是从理论上讨论如何设计目标分子的合成路线以及策略技巧，然而任何一条看似合理的合成路线都必须经得起实践的检验。因为每一个目标分子的理论设计最终都要付诸生产实践，满足人类科研、生产及生活的要求。本节就是从生产实践的角度来讨论合成设计路线的优化问题。

从总体上看，一条理想的合成路线应包括以下几个方面：

① 要有合理的反应机理；

② 合成路线简洁；

③ 优异的化学、区域和立体化学选择性；

④ 合成效率高；

⑤ 温和的反应条件或操作简便安全；

⑥ 原料易得；

⑦ 尽可能符合绿色合成原则。

前三个问题已作过讨论，问题⑦将在下一章讨论。本节主要从④、⑤、⑥三个方面阐述如何优化合成路线。

7.5.1 合成效率

为了达到较高的合成效率，首先要保证高收率。为此，不仅须保证较高的分步收率和尽可能短的合成路线，而且合成方式也是必须考虑的重要方面。目标分子的合成方式有直线式和汇聚式两种类型，下面具体讨论两种方式。

7.5.1.1 直线式与汇聚式

有机合成的直线式（linear synthesis）可用图 7.1 表示：

$$\mathrm{A \xrightarrow{B} AB \xrightarrow{C} ABC \xrightarrow{D} ABCD \xrightarrow{E} ABCDE \xrightarrow{F} ABCDEF}$$

图 7.1 直线式有机合成

即由原料 A 与 B 经第一步反应生成中间体 AB，AB 又与原料 C 经第二步反应生成 ABC，依此直线顺序，共经过五步生成目标分子（TM）ABCDEF。如果每步反应的收率均为 90%，则总收率只有 $(0.90)^5 \times 100\% = 59\%$。也就是说，直线式合成法的总收率会随合成路线的增长而急剧下降（准确地说是呈指数下降）。此外，活泼官能团在多步反应中的保留也是一个问题。而汇聚式（convergent synthesis）是先以直线式合成中间体，然后再汇聚成最终的目标分子的一种合成方式，用图 7.2 表示：

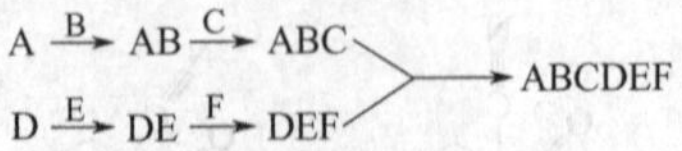

图 7.2 汇聚式有机合成

假设每步的收率也是 90%，仍然是五步反应，但只有三步是连续的，此时总收率为 $(0.90)^3 \times 100 = 73\%$。由此看出，一旦可能，应优先选择汇聚式合成。总之，合成路线较短时可以采取直线式，较长路线应采用汇聚式合成。

7.5.1.2 *反应次序的合理安排*

在多步反应合成中，反应次序应遵循下列几条原则：

① 产率低的反应尽可能安排在前面。从数学角度看，例如产率分别为50%、80%、90%的三步反应的总收率是相同的。即：50%×80%×90%=90%×80%×50%。但是，从生产成本核算来看，左边合成顺序的成本比右边合成顺序的成本低。如果将产率低的反应放在合成路线的末尾，放在前面的、产率较高的反应产物在作为最后一步反应的原料时，必定会有更大的损失。这样降低了合成效率，是不可取的。

② 难度较大的反应要安排在合成路线的早期阶段，即先难后易的原则。原因是这样做可以使整个合成路线中处理量和工作量减少，节约人力物力。

③ 将价格高的原料尽可能安排在后期阶段。制备同样量的目标化合物，价格高的原料使用越晚，其总成本就越低。

④ 安排反应次序时应考虑前面的反应是否有利于后面反应的进行。例如，苦味酸在工业上的合成路线如下：

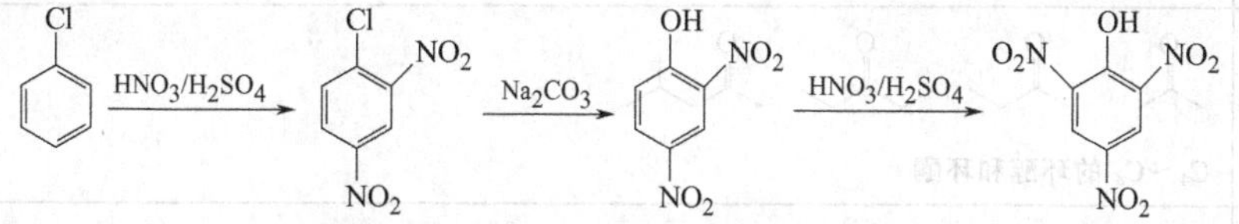

第一步氯苯硝化获得2,4-二硝基氯苯，有利于第二步的水解，第二步水解获得的硝基苯酚使第三步引入最后一个硝基变得更加有利。如果直接让氯苯硝化生成2,4,6-三硝基氯苯较困难，或者让氯苯先水解成苯酚再硝化困难更大。所以，应有合理的合成路线要求合理的反应次序。有时反应次序直接影响反应的效率。例如，化合物**1**的合成可以有两条均合理的路线，但事实上路线b却能给出高产率，因为a路线中氯甲基在硝化条件下易被氧化而破坏。

分析：

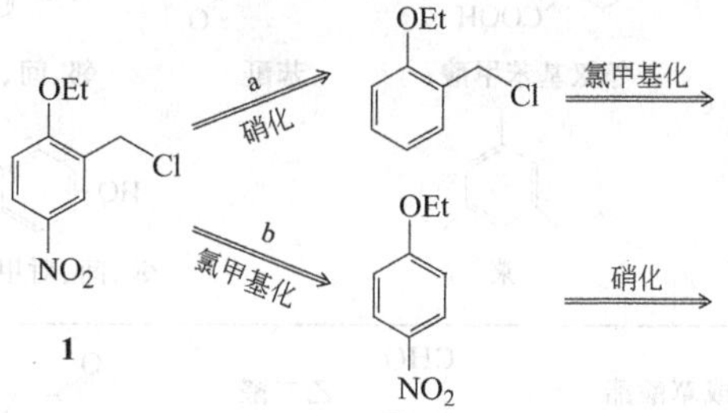

合成：

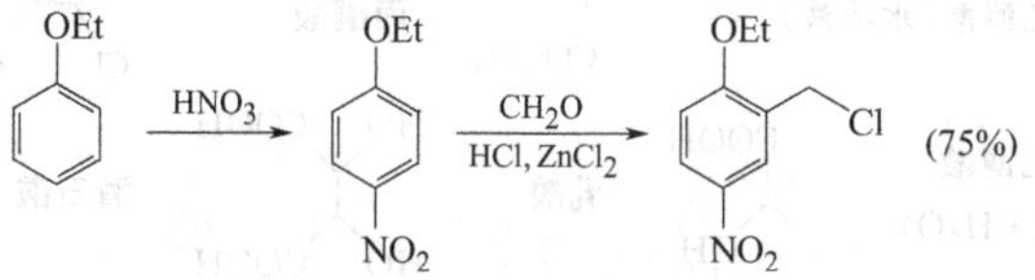

除以上原则外，设计和开发新反应或对现有反应作进一步的改良，往往会提高合成效率，因为合理的反应往往能缩短合成路线，给出制备某中间体或目标分子的捷径。因此是效率更高的反应。

7.5.1.3 *易得起始原料的策略*

在反合成法的所有技巧、策略和准则当中，切断成为易得原料是合成过程中最基础的原则之一。尤其是对初学者而言，对便宜易得原料的认识还不足，导致在分析设计合成路线时只局限于理论上的合理性，而一个合理的合成设计要付诸实施，必须考虑用市场上能买得到的、廉价的原料才有可操作性。否则只是纸上谈兵，毫无实际应用价值。

在分析一个目标分子时，对于难导入的取代基，试图使之包含在易得的起始原料中被认为是好的策略。包含难以直接导入的取代基（如，OH—，NH_2—，COOH—等基团）且易于获得的芳香族原料药以及常见脂肪族起始原料中的一部分列在这里（见表 7.4）。供初学者参考。

例如，化合物 **1** 和 **2** 的合成。分析合成麝香 **1** 可回推到原料间甲苯酚；阿司匹林可以合成

表 7.4　某些易于获得的起始原料化合物（参考文献［6］）

分　类	被认可的脂肪族起始原料化合物
直链化合物	C_1～C_8 左右的醇、烷基卤、羧酸、醛、胺
支链化合物	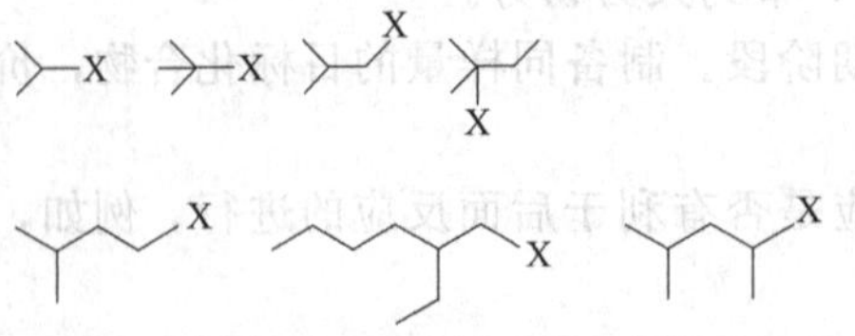
酮类	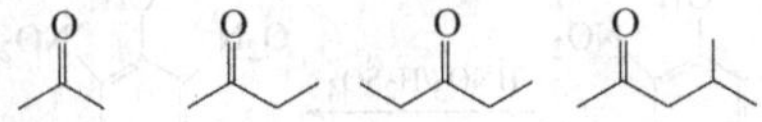
环状化合物	C_4～C_8 的环醇和环酮
聚合物单体	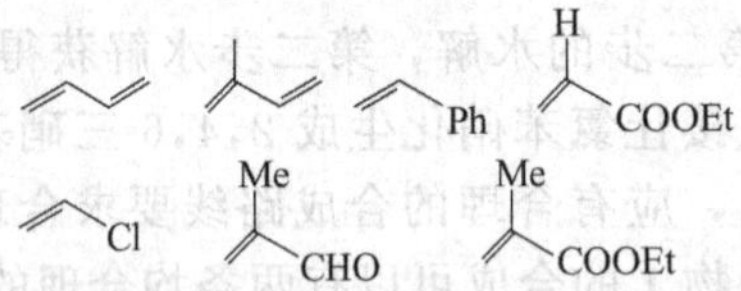
芳香族化合物	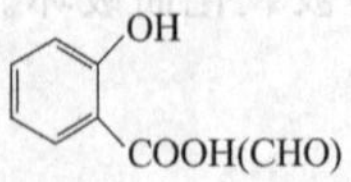 水杨酸（或水杨醛） 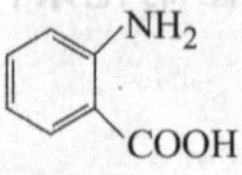 邻氨基苯甲酸 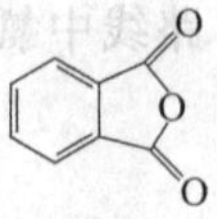 苯酐 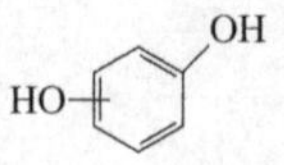 邻、间、对苯二酚 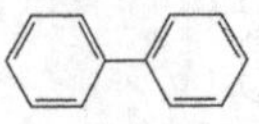 联苯 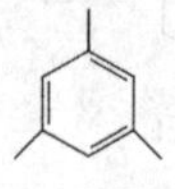 苯 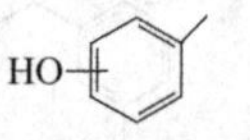 邻、间、对甲苯酚
二官能团化合物	COOH(Et)—COOH(Et) 草酸或草酸酯；CHO—CHO 乙二醛；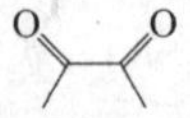 丁二酮；COOH—CHO 乙醛酸（水溶液）；COOH—$COCH_3$ 丙酮酸；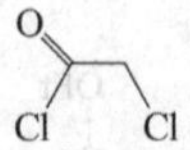 氯乙酰氯；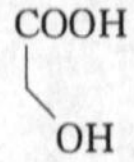 乙醇酸（·H_2O）；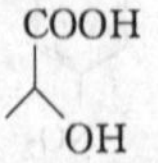 乳酸；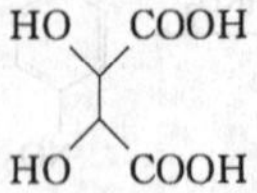 酒石酸；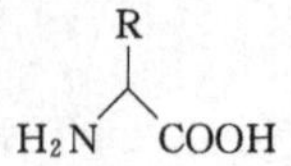 α-氨基酸；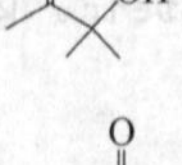 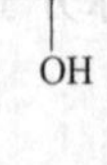 乙偶姻；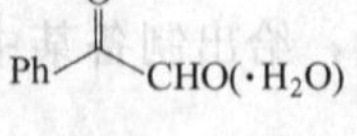 苯基乙二醛；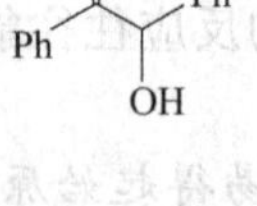 苯偶姻；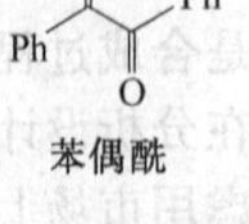 苯偶酰；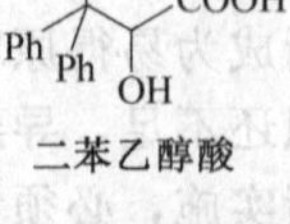 二苯乙醇酸；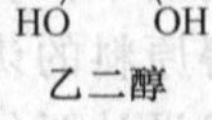 乙二醇；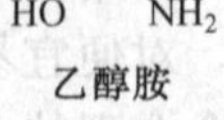 乙醇胺；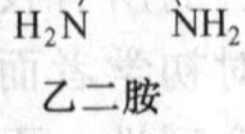 乙二胺

化合物 2。

例 1：化合物 1 的分析

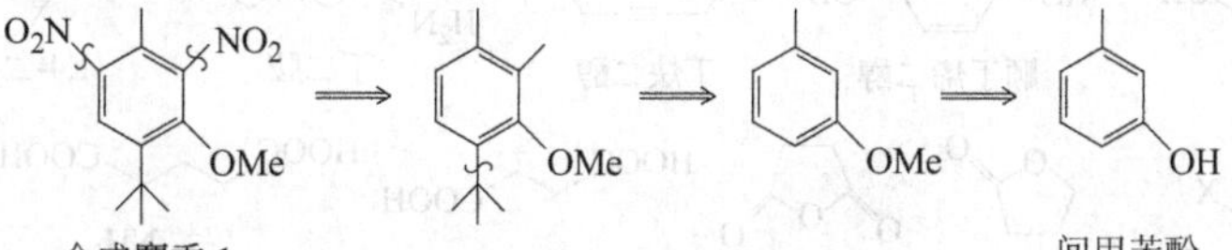

合成麝香 1　　　　间甲苯酚

合成：

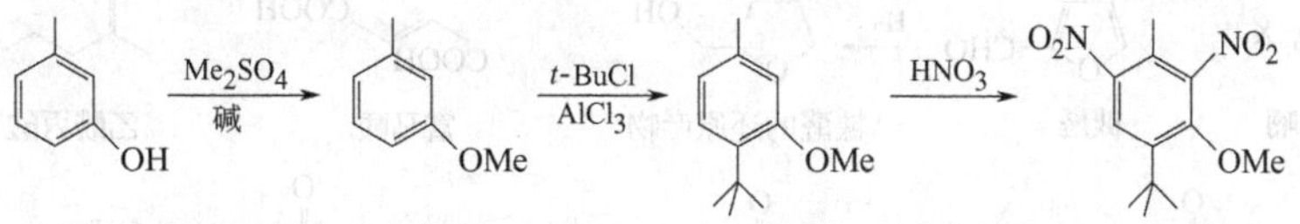

例 2：化合物 2 是抗喘药 Salbutamol 的合成中间体，其反合成分析如下：

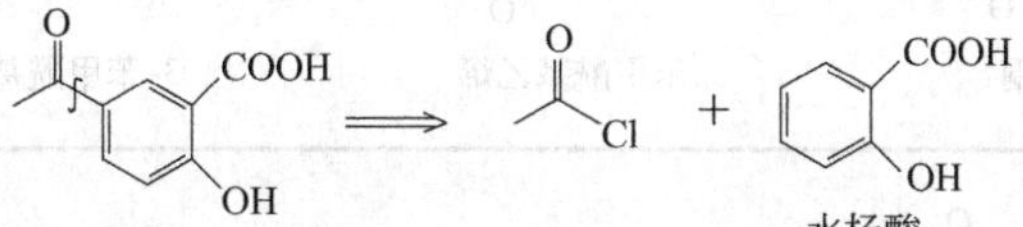

2　　　　水杨酸

这个化合物的合成要比分析的容易，因为酚在酰化时最好先将酚转化为酚酯，然后重排达到目的。而此时的酚酯是现成的廉价原料，即阿司匹林。所以，合成如下：

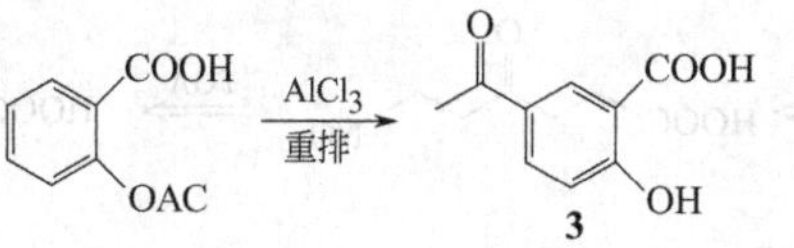

3

阿司匹林

以上两个例子都回推到相应的廉价易得的原料。有时所选用的原料不仅唾手可得，经济实惠，更重要的是还可以简化合成步骤，举例如下。

例 3：化合物 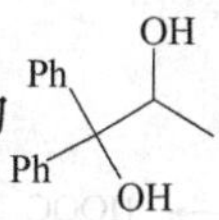 **的合成**

分析：这个化合物可以按常规回推到烯烃，再用 Wittig 反应合成之，但是合成路线相对较长且 Wittig 反应成本太高。如果能按照下列方式进行，路线简洁，经济实用。

分析：

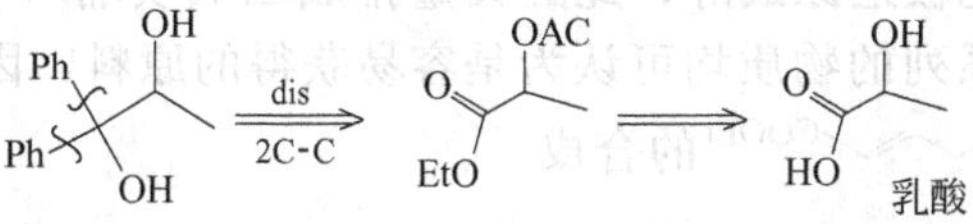

乳酸

实际合成比以上分析过程更简洁，因为合成时，乳酸加热就形成二聚的内酯，不需要专门酯化，以利于格氏试剂与酯基的反应。

合成：

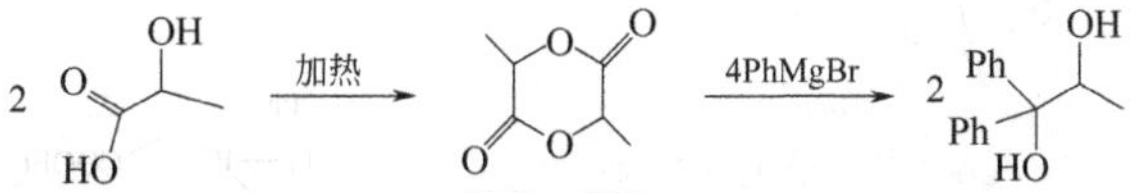

乳酸二聚体

在 1,4-二官能团化合物的合成过程中遇到的困难是寻找反常合成子的等效剂的问题，为避免这个问题，常常使用一些廉价而易得的 1,4-二官能团化合物药作为合成的起始原料，见表 7.5。

表 7.5　一些易得的 1,4-二官能团化合物（见文献［6］）

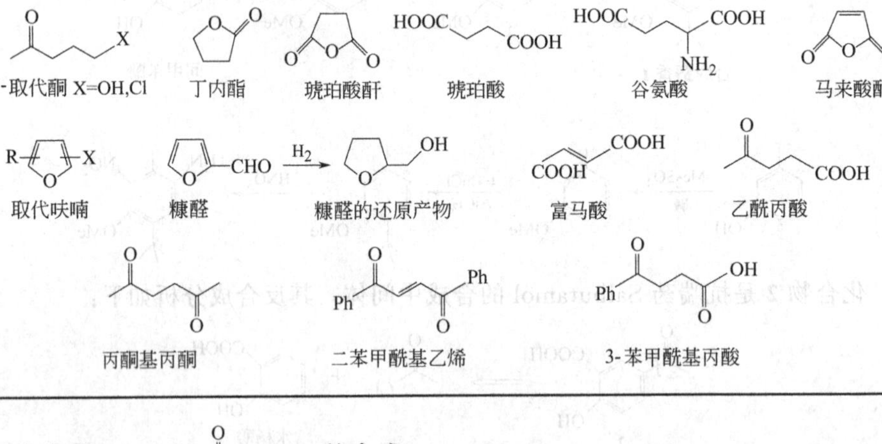

例 4：化合物 的合成

分析：

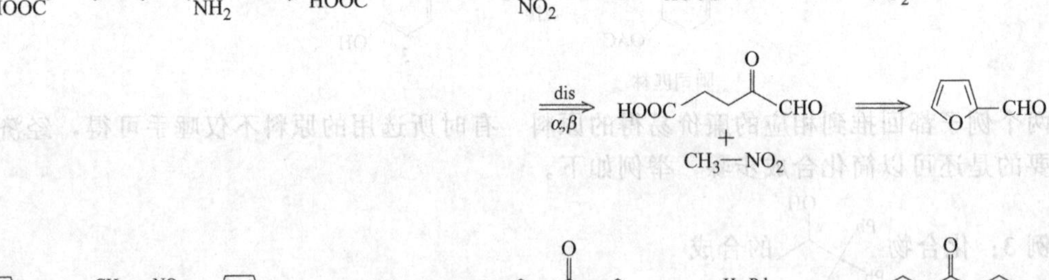

合成：

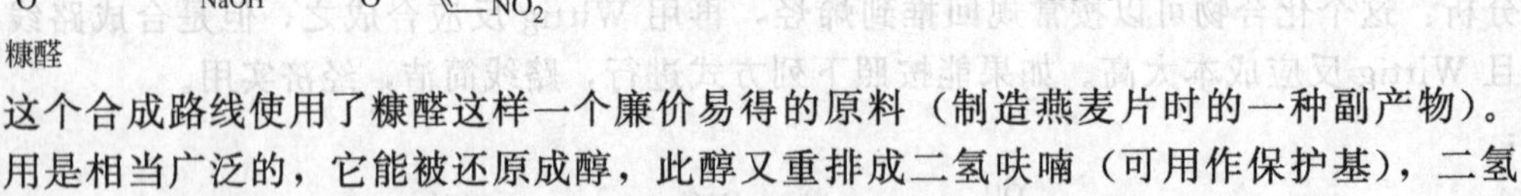

这个合成路线使用了糠醛这样一个廉价易得的原料（制造燕麦片时的一种副产物）。糠醛的应用是相当广泛的，它能被还原成醇，此醇又重排成二氢呋喃（可用作保护基），二氢呋喃又水解成 δ-羟基醛。这一系列的物质均可认为是容易获得的原料，因为它们都来自于糠醛。

例 5：化合物 的合成

分析：

合成：

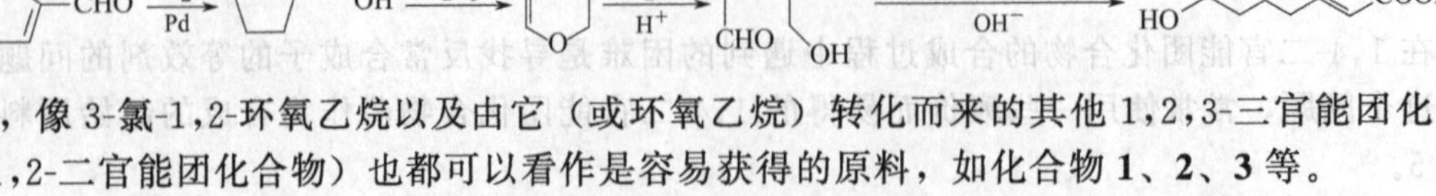

此外，像 3-氯-1,2-环氧乙烷以及由它（或环氧乙烷）转化而来的其他 1,2,3-三官能团化合物（或 1,2-二官能团化合物）也都可以看作是容易获得的原料，如化合物 **1**、**2**、**3** 等。

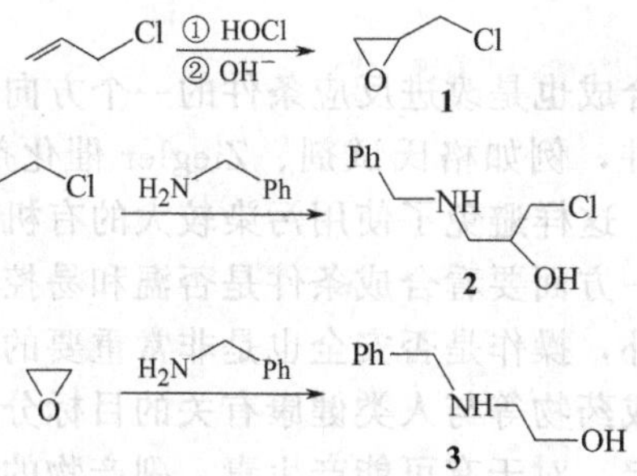

例 6：化合物 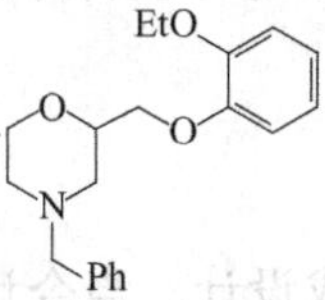 **（抗抑郁剂，Vivalan）的合成**

分析：

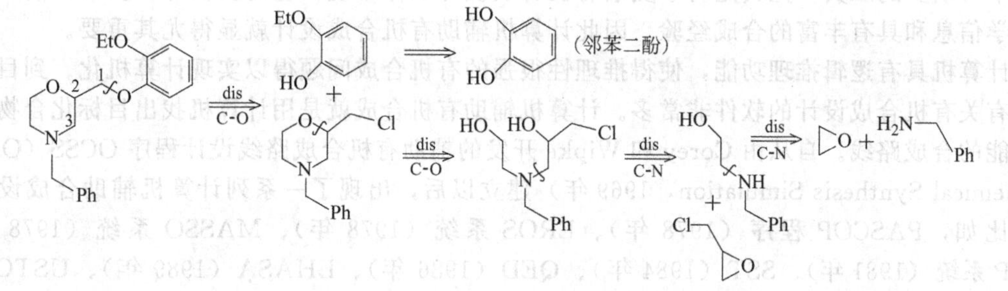

合成：

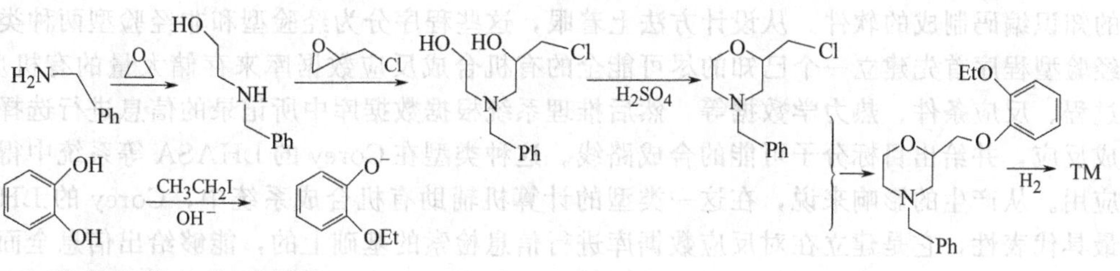

7.5.2 反应条件与实验操作

前面已提到，收率是衡量一个合成反应优劣的重要标准之一。但是，在工业上有时也未必如此，相反，若中间试验的反应条件易于波动，则工业上难以接受。在有机合成反应中有两种极端的类型，即平顶型和尖顶型，见图 7.3。

其中尖顶型反应要求的条件非常苛刻，条件稍有波动便会使产率下降，这种反应在实验室操作是可以接受的，但在工业上由于技术或操作原因更希望选用平顶型反应，因为平顶型反应即使条件有点差异，合成产率也不会受到严重影响。

此外，在温和条件下进行合成反应是现代有机合成方法所追求的目标之一。温和的反应条件应该是：温度最好在室温，介质最好是中性，压力最好在常压下，也就是希望合成反应尽可能与生化过程相近。当然，具体情况要具体分析，有时为了另一方面的要求经常在这方面作些让步是可以理解的。

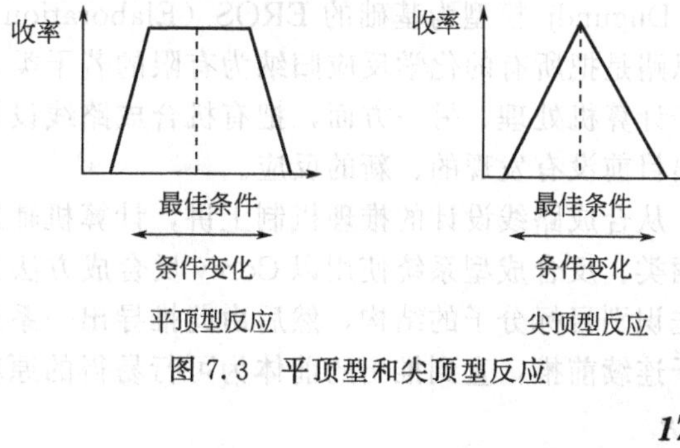

图 7.3 平顶型和尖顶型反应

金属有机化合物在有机化学合成上的应用大大地改善了有机合成的条件，它们往往都是条件温和的反应或是催化反应。详见第

3 章，此处不再赘述。

另外，在水介质中进行合成也是改进反应条件的一个方向。目前很多金属有机化合物的反应要求严格的无水、无氧条件，例如格氏试剂、Ziegler 催化剂等。但最新的研究表明，有机合成可以在水中很好地反应，这样避免了使用污染较大的有机溶剂，具体反应见第 11 章。

一个理想的合成路线，一方面要看合成条件是否温和易控或工业上是否可行，另一方面要看后处理是否方便有效。此外，操作是否安全也是非常重要的。如无足够的防护设施时，这种反应应尽量慎重使用。在合成药物等与人类健康有关的目标分子时，还要考虑反应中可能带入的微量杂质是否符合有关规定，对于有可能产生毒、副产物的反应即使再好也只能弃之不用。

7.6 计算机辅助有机合成设计

三十多年前，Corey 等人开始研究用计算机来辅助有机合成设计。当今计算机已成为化学研究不可缺少的工具，尤其是对于复杂有机合成设计工作来说，它需要设计人员掌握浩如烟海的化学信息和具有丰富的合成经验。因此计算机辅助有机合成设计就显得尤其重要。

计算机具有逻辑推理功能，使得推理性很强的有机合成问题得以实现计算机化。到目前为止，有关有机合成设计的软件非常多。计算机辅助有机合成就是用计算机找出目标化合物的各种可能的合成路线。自从由 Corey 和 Wipke 开发的辅助有机合成路线设计程序 OCSS（Organic Chemical Synthesis Simulation，1969 年）建立以后，出现了一系列计算机辅助合成设计系统，比如，PASCOP 程序（1978 年）、EROS 系统（1978 年）、MASSO 系统（1978 年）、CASP 系统（1981 年）、SST（1984 年）、QED（1986 年）、LHASA（1989 年）、USTC（90 年代）等，这些程序也越来越成熟。它们是通过模拟一个解题过程，运用人工智能技术及专家系统的知识编码制成的软件。从设计方法上着眼，这些程序分为经验型和非经验型两种类型。

经验型程序首先建立一个已知的尽可能全的有机合成反应数据库来存储大量的有机反应、反应过程、反应条件、热力学数据等。然后推理系统根据数据库中所记录的信息进行选择和评估合成反应，并给出目标分子可能的合成路线。这种类型在 Corey 的 LHASA 等系统中得到很好的应用。从产生的影响来说，在这一类型的计算机辅助有机合成系统中，Corey 的 LHASA 系统最具代表性，它是建立在对反应数据库进行信息检索的基础上的，能够给出信息全面（包括反应条件、产率等）的、具体实用的分析结果。但从另一角度看，这些优点同时也是缺点。因为它只适用于已存入数据库中的反应，对于新的和未录入的反应，程序则无法实现。因此，数据库需及时不断地充实和更新内容。最致命的缺点是，整个分析过程都局限在已知反应范围内，给出的新的合成路线只是已知反应在实际过程中先后次序的重新组合，合成路线不可能含有新的反应。在有机合成中，如果没有新反应的发现，有机合成化学就会停止发展。所以，后来发展了理论型或非经验型的系统软件。

与经验型相反，理论型不是用已知的、大量的有关反应信息而是应用抽象的原子和价键电子模型，把化学反应在数字上进行公式化、程序化，以便于计算机处理，其代表系统是以 Ugi-Dugundji 模型为基础的 EROS（Elaboration of Reaction of Organic Synthesis）系统。它的思路是把所有的化学反应归纳为有限的若干类，每一类都对应一定的数学形式，这样一方面便于计算机处理，另一方面，把有机合成路线设计问题推理化、形式化，最重要的是由此可以给出目前没有发现的、新的反应。

从合成路线设计的推理机制上讲，计算机辅助有机合成设计系统又可分为反合成型和合成型两类。反合成型系统使用以 Corey 反合成方法为基础建立的数据库。比如 LHASA 系统，它首先识别目标分子的结构，然后由此推导出一系列可能的前体分子，依此前体分子为新的目标分子连续前推，直到推出的前体为可行易得的原料为止。而合成型则正好相反，它是通过给定的原料向目标分子推进以得出合成路线。将两种推理机制结合形成一种双向推理系统，从而使系统更快地获得合成路线。

随着计算机功能的逐渐庞大和化学家的不断努力，计算机辅助合成设计将逐渐完善。在不久的将来，计算机会帮助人们找出价廉、物美、不浪费资源、不污染环境的符合绿色化学要求的反应路线。而且，计算机辅助分子合成也必将被更多的合成化学家所掌握，并运用于实践中。

参考文献

1 李长轩主编．有机合成设计．开封：河南大学出版社，1994

2 李天全主编．有机合成化学基础．北京：高等教育出版社，1992

3 吴毓林，姚祝军编著．现代有机合成化学——选择性有机合成反应合复杂有机分子的合成设计．北京：科学出版社，2002

4 荣国斌编著．高等有机化学基础．第二版．上海：华东理工大学出版社，北京：化学工业出版社，2001.6

5 嵇耀武编著．有机物合成路线设计技巧．北京：科学出版社，1984

6 ［英］S·沃伦著．有机合成——切断法探讨．丁新腾译．上海：上海科学技术文献出版社，1984

7 张滂主编．有机合成进展．北京：科学出版社，1992

8 吴世晖编著．有机合成（下册）．北京：高等教育出版社，1993

9 于海涛，康汝洪等．有机化学，2000，20（4）：441

10 杨季秋编译．高选择性有机合成．北京：科学出版社，1991

11 金寄春编．重排反应．北京：高等教育出版社，1990.7

12 曹正白，陈克潜编．有机反应中的酸碱催化．北京：高等教育出版社，1995.7

13 张焜，杨雪娇，杨辉荣．精细化工，1998，15

14 王礼琛，刘春河．药学进展，1998，22（4）：236

15 李景宁，潘东编著．有机合成路线设计与推导．广州：广东高等教育出版社，1996

16 ［英］R K 麦凯，D M 史密斯著．有机合成指南．北京：科学出版社，1988.1

17 张蓉，赵邦蓉．合成化学，2003，vol. 11（1）：76

18 张蓉，赵邦蓉．合成化学，2003，vol. 11（2）：178

19 于海涛，康汝洪，欧阳兴梅．有机化学，2000，20（4），441～453

20 R K Mackie，D M Smith，R A Aitken. *Guidebook to Organic Synthesis* 3rd. 北京：世界图书出版社，2001.4

21 巨勇，赵国辉，席婵娟编著．有机合成化学与路线设计．北京：清华大学出版社，2002.11

22 徐家业主编．高等有机合成．北京：化学工业出版社，2005. 2

23 Crandall T G，Lawton R G. *J Amer Chem Soc*，1969，91：2127

24 Hunsberger I m，Lednicer D，Gutowsky H S，Bunker D L，et al. *J Amer Chem Soc*，1955，77：2466

25 Fitch H M. *Org Soc*，1955，Coll Vol Ⅲ：658

26 Craig J C，Young R. *J Org Syn*，1962，42：19

27 Woods G F，Sanders H. *J Amer Chem Soc*，1947，69：2926

28 Jung M E，brown R W. *Tetrahedron Lett*，1978，2771

29 Posner F H，Perfetti R B，Runquist A W. *Tetrahedron Lett*，1976，3499

30 Trost B M，Masuyama Y. *Tetrahedron Lett*，1984，25：173

31 Fieser L F，Rajagipalan S. *J Amer Chem Soc*，1949，71：3938

32 Stefanivic M，Lajsic S. *Tetrahedron Lett*，1967，1777

33 Borbaruah M，Barua N C，Sharma R P. *Tetrahedron Lett*，1987，28：5741

34 Mehra G，Krishnamurthy N，Karra S R. *J Chem Soc Chem Commun*，1989，1299

35 Reerz MM T，Wenderoth B，Peter R. *J Chem Soc Chem Commun*，1983，406

36 Crawfird T C，Breirenbach R. *J Chem Soc Chem Commun*，1979，388

37 Wershifen S，Scharf H D. *Synthesis*，1988，854

38 Jihnsin W S, Berner D, Dunas D J, et al. *J Amer Chem Soc*, 1982, 104: 3508
39 T Li, Y D Xu, G J Li. *CuiHua XueBao*, 1995, 16, 87
40 M Arai, K I Usui, Y Nishiyama. *J Chem Soc*, *Chem Commun*, 1993, 24, 1853
41 M Hemandez, P Kalck. *J Mol Catal A*: *Chemical*, 1997, 116, 131
42 [英] R S 沃德著．有机合成中的选择性．王德坤，陶京朝，廖新成译．北京：科学出版社，2003.7

习题

7-1 解释下列名词

化学选择性 区域选择性 立体选择性 展示 保护基 导向基 阻断基 直线式合成 汇聚式合成

7-2 完成下列转变

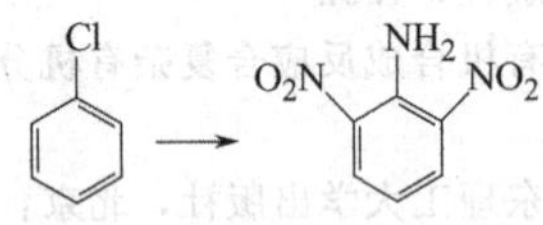
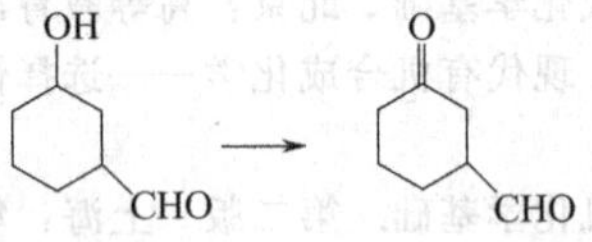
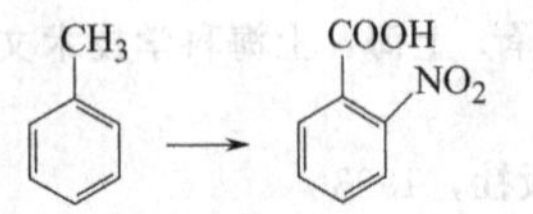
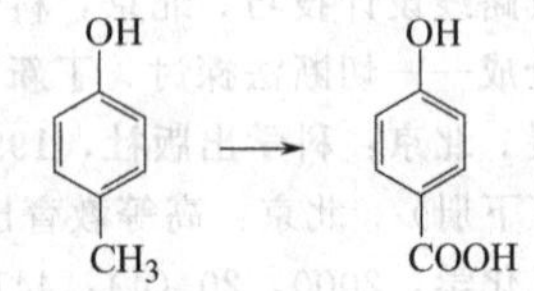
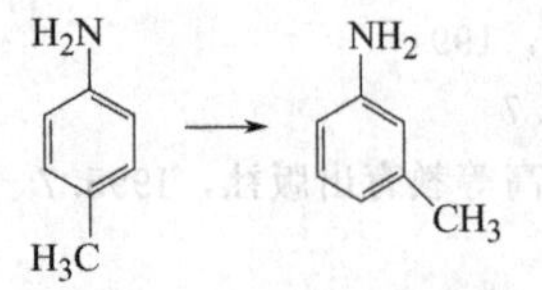
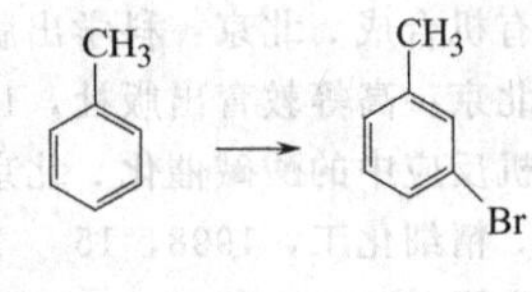

7-3 写出反应产物

(1) 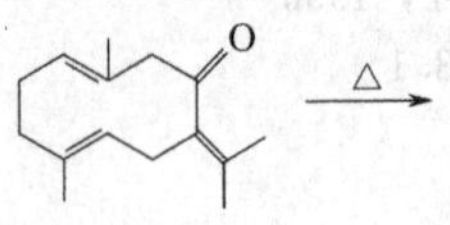 (2) 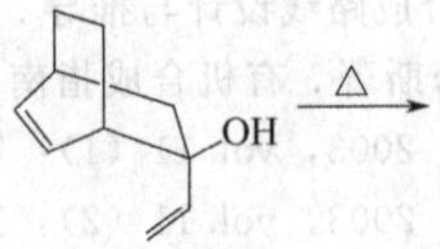

(3) 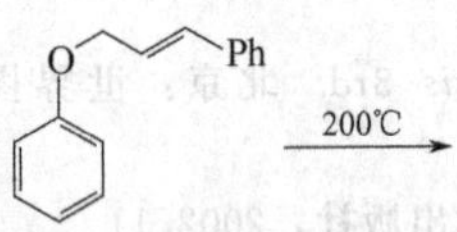 (4) 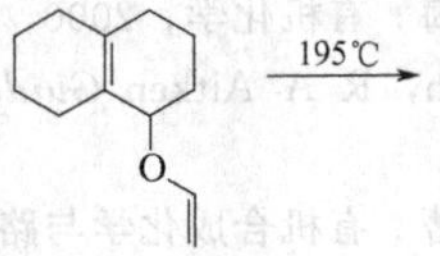

7-4 试设计下列化合物的合成路线

(1) 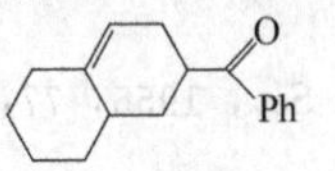 (2) 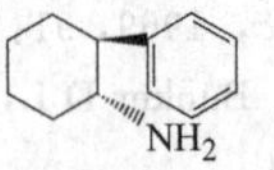 (3) 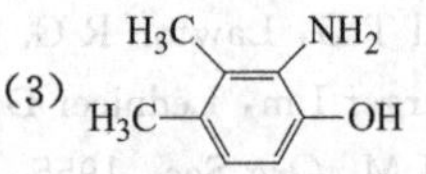

(4) 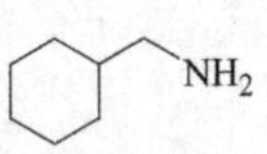 (5) 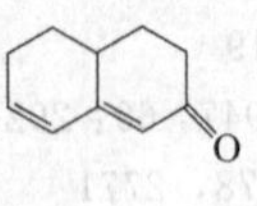 (6) 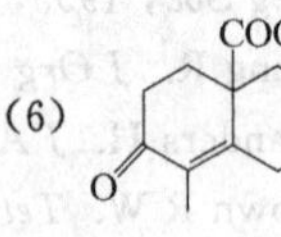

(7) 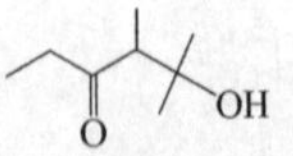 (8) 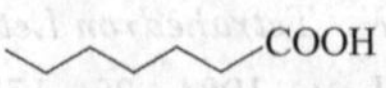 (9) 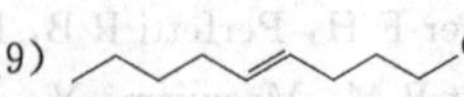

(10) 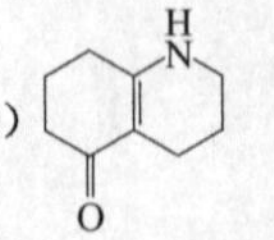 (11) 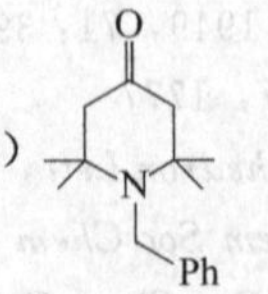 (12) 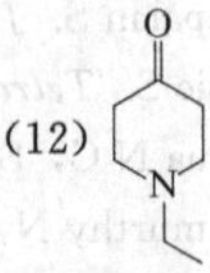

(13) 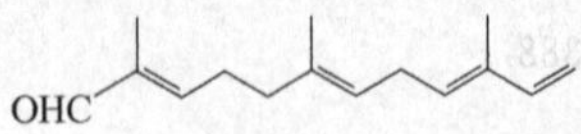 (14) 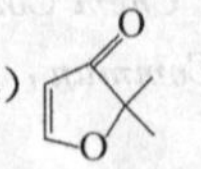 (15) 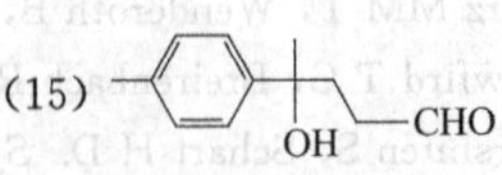

第8章 绿色合成

8.1 绿色化学

毫无疑问，化学对人类做出了巨大贡献，以至于我们每个人的衣食住行都无不与化学有关。可以说，是化学尤其是有机合成化学的发展和进步，在更大程度上提高了人类的生活质量，改变了人类的生活方式。例如，药品的发展减轻了人类的病痛，延长了人类的寿命；农药、化肥的大力发展，使人类得以增产增收，减轻了人口增长对食物需求的压力；聚合物技术的创新，促进了制衣等日用产品和建筑材料以及电视、电话、计算机等高科技产品部件的更新换代。然而不可否认，传统的合成化学方法已经对整个人类赖以生存的生态环境造成了严重的污染和破坏，人类也正面临有史以来最严峻的环境危机。人口急增，资源消耗殆尽，大气污染，臭氧层破坏，全球变暖，海洋污染，土地退化和沙漠化，森林锐减，生物多样性减少，环境公害，有毒化学品和危险废物等都是威胁人类生存的环境问题。如此严重的问题，有机化学尤其是有机合成化学工业应负有主要责任。因为事实证明，苯胺曾经是合成染料的重要中间体，但是它强烈的致癌作用在当时并未认识到；酯化反应中使用的催化剂——无机酸的使用向环境排放了大量的有害废水；傅-克反应中 $AlCl_3$ 等 Lewis 酸催化剂的使用对设备腐蚀严重，对人身造成危害；有机反应使用的有机溶剂如苯、醚、氯仿等通常挥发性较大，它们是严重的大气污染源。近年来受到极大关注的环境污染元凶二噁英也是制备许多有用的工业助剂和农用化学品的副产物。诸如此类，有机合成化学工业带来的污染随处可见。以往解决污染问题的主要手段是治理、停产甚至关闭，国家也曾因此花费了大量的人力、物力和财力。但是多年来治理污染的经验告诉人们，只注重末端治理的方法投资大，收效小。到20世纪90年代，污染治理的观念才由末端治理升华到以预防为主，即防患于未然的理念。尤其是近年来，可持续发展的理念得到社会、经济、环境等多方面的足够重视，化学家提出了与传统治理污染不同的“绿色化学”概念。

绿色化学不是治理污染而是防止污染产生的一种新观念，它是开发从源头解决污染问题的一门科学。对环境保护及社会的可持续发展具有重大意义。

8.1.1 绿色化学的定义

绿色化学（green chemistry）又称环境无害化学（environmentally benign chemistry）、环境友好化学（environmentally friendly chemistry）、清洁化学（clean chemistry）。绿色化学的定义是利用化学的技术和方法去减少或消灭那些对人体健康、社区安全、生态环境有害的原料、催化剂、溶剂和试剂、产物及副产物等的使用和生产。绿色化学的理想在于不再使用有毒、有害的物质，不再产生废物，不再处理废物。它是一门从源头上防止污染的化学，是一种能最大限度地从资源合理利用、环境保护及生态平衡等方面满足人类可持续发展的化学。因而，绿色化学的研究成果对解决环境问题是有根本性意义的。

绿色化学的主要特点是原子经济性，也就是说，在获取新物质的转化过程中充分利用每个原料的原子，实现“零排放”。因此，它既可以充分利用资源，又不产生污染。传统化学向绿色化学的转变可以看作是化学从“粗放型”向“集约型”的转变。

绿色化学的核心问题是研究新反应体系，包括新合成方法和路线，寻找新的化学原料，探索新的反应条件，设计和研制绿色产品等。从理论上讲，绿色化学要求通过对有关化学反应的热力学和动力学研究，探索新兴化学键的形成和断裂的可能性及其选择性的调节与控制，发展新型化学反应和工艺过程，推动化学学科的发展。

8.1.2 绿色化学原理

研究绿色化学的先驱者们总结出了这门新型学科的基本原理，为绿色化学今后的研究指明了方向。

(1) 防止污染 (prevention) 优于治理污染　防止污染的产生，而不是在污染产生后再进行治理。近 20 年间，用于化学和化工过程的后处理以及废物处置费用占化学产品成本的比重越来越大。利用绿色化学的方法就可减少或消除污染，从而减免了因治理污染所带来的费用支出，而防止污染费用要比治理污染费用小得多。

(2) 原子经济性 (atom economy) 过去在评价一个合成反应的效率时，通常使用产率这个概念。如果一个合成反应的产率达 100%，就被认为是一个非常完美的合成方法。但从绿色化学的角度来看，这种衡量标准存在较大的缺陷。1991 年，美国著名化学家 Trost 提出原子经济性 (atom economy) 的概念来评估化学反应的效率。它考察的是有多少反应物的原子进入目标分子中去。理想的原子经济性反应应该是反应物原子 100%地转化到目标产物中而没有原子生成其他副产物。

(3) 无害化学合成 (less hazardous chemical synthesis) 无害化学合成是设计只采用和生产低毒或无毒化学品的合成，由于危险来自于危害性与暴露性两个方面，减少或消除任一方面都可降低危险性。避免暴露固然可行，但降低毒性的生产才是根本的办法。因此，只要可能，应尽量采用毒性小的合成路线。

(4) 设计安全化学品 (designing safer chemicals) 任何物质的分子结构与其性能之间都存在着内在的联系，尤其在毒性作用机理以及分子结构的表征与控制方面的快速发展的今天，安全化学品的设计已成为可能，安全化学品的设计目标是使所设计的产品在具有最大的期望功能与性质的同时，把它们的毒性降到最低限度。

(5) 使用安全溶剂和助剂 (safer solvents and auxiliaries) 这一原理是希望在合成反应过程中，尽可能不使用助剂和溶剂，如果必须使用时，应选择无毒无害的助剂。因为助剂不能进入最终的产物之中，只能成为废物流中的一部分而造成环境污染。目前，解决的办法是在必须使用助剂时，选择下列无公害的绿色助剂。

a. 以水作为溶剂。与有机溶剂相比，水是理想的环境无害溶剂，因为它不会增加废物流的浓度，尤其是超临界水的使用效果更理想。

b. 以超临界流体作为溶剂，如超临界 CO_2。

c. 无溶剂反应。开发无溶剂反应的途径之一是设法寻找能起溶剂作用的反应试剂。

另外，设法使反应物在熔融态下或者在固相表面直接反应。这些途径都可避免使用助剂或溶剂。

(6) 设计能源经济性反应 (design for energy efficiency) 合成反应所需的能量包括反应活化能、加热、冷却、高压、真空、超声以及产物分离提纯所需的能量。这些能耗都给经济效益带来较大的限制。为了提高经济效益，尽可能使合成技术在环境温度和压力下进行。为此，开发和使用催化剂可使反应途径改变，使反应易于进行。

(7) 使用可再生原料 (use of renewable feedstocks) 可再生（更新）原料一般是指各种生物质 (biomass) 原料，包括草类木本植物、农作物和森林残余物。其他在有限时间内可再生的物质也属于可再生资源。太阳能也可看作是一种可持续能源。而枯竭原料主要是指化石燃料 (fossil fuel)。与枯竭原料相比，可再生原料没有枯竭的威胁，也不会导致经济方面的压力。

(8) 尽量避免不必要的衍生步骤　经过前几章的学习我们已经知道，在设计一个化合物的合成路线时，为了提高选择性，常常使用导向和保护的方法，待反应结束后再除去导向基和保护基。显然，这些步骤是合成过程中多余的衍生步骤，不仅消耗资源，而且必然产生废物。因此，在合成中应最大限度地避免衍生步骤，以降低原料消耗和避免环境污染。

(9) 催化剂优于化学计量试剂　由于催化剂可以提高反应的选择性，因此使用催化剂可使副产物减少或纯粹不产生。此外，催化剂可降低反应的活化能，因而反应所需的能量也就降低了。

(10) 降解设计（design for degradation）　化学品在被使用后若仍然保持原状，在环境中就很容易被动植物吸收并在体内累积放大，从而对人类和生物体产生危害。设计在使用后可降解的化学产品是绿色化学的要求。

(11) 预防污染中的实时分析（real-time analysis for pollution prevention）　分析测试手段的不断发展和完善，开发出非常实用的实时分析方法，实现在线监测，对有害物质的生成做到提前控制。过量试剂的使用可通过监测反应进程实现最小；还可通过在线监测调节反应条件，控制副产物的生成。

(12) 防止意外事故的安全工艺（inherently safer chemistry for accident prevention）化学过程中所选用的物质及其形态应做到将意外事故的可能性降到最低，其中包括泄露、爆炸和火灾。

8.2　有机合成反应的原子经济性

在绿色化学原理中已提到原子经济性的概念，原子经济性是绿色化学中无废生产的基础所在。因此，利用和开发原子经济性反应是绿色有机合成的关键。本节具体介绍化学反应的新概念——原子经济性、原子利用率和常见反应的原子经济性评价。

8.2.1　原子经济性

原子经济性（atom economy）的提出体现了化学家对合成效率和环境双重问题的关注与重视。它认为高效有机合成应最大限度地利用原料分子中每个原子并使之转化为目标分子，达到零排放。也就是说，在设计合成路线时，应力求经济地利用原子，避免任何不必要的衍生步骤，这样的合成路线才是对环境友好的，也是高效的。

Trost 认为，合成效率（synthetic-efficiency）是当今合成方法学关注的焦点。合成效率包括两个方面：一个是选择性（包括化学、区域、非对映和对映选择性）；另一个就是原子经济性，即原料分子中究竟有百分之几的原子转化到产物中去了。一个高效的合成反应不但要有高选择性，而且必须具备较好的原子经济性。理想的原子经济性反应是原料分子中的原子百分之百地变成期望的产物，同时不需要其他试剂或仅需要无损耗的促进剂。用下列反应表示原子经济性反应：

$$A + B \longrightarrow C + D \quad 其中\ D=0$$

式中，C 为目标产物；D 为副产物。对于理想的原子经济性反应，D＝0。

原子经济性(%)＝(被利用原子的质量/反应中所使用的全部反应物分子的质量)×100%

8.2.2　原子利用率

原子利用率（atom utilization）是原子经济性的衍生，含义基本相同。在有些著作中，两者是相同概念，但也有一些把两个概念在表述上作了区分。原子利用率（atom utilization, AU）表述为：

AU＝(目标产物的摩尔质量/化工过程中产物的所有物种的摩尔质量之和)×100%。

可见，原子经济性和原子利用率两者表述不同，但实质上是相同的。然而原子经济性反应往往是指100%的原子利用率的反应。若不是原子经济反应则可计算它的原子利用率。也就是说，当一个反应的原子利用率达100%时，我们就说它是一个原子经济性反应。目前在化工生产中常用的产率的含义是：

产率(%)=(所得目标产品的实际质量/目标产品的理论质量)×100%

比较评价合成效率的两种指标不难看出：原子经济性（或原子利用率）与产率是两个根本不同的概念：前者是从原子水平上看化学反应，它不仅是对合成效率的评价，而且考虑了环境的影响；而后者则从传统宏观量上来看化学反应，它关注的仅仅是目标产品的转化率。显然只用反应产率或收率来衡量反应是否理想是不够的。当原料百分之百地转变为目标产物时，才能实现零排放。可见，只有同时使用两种评估标准，才能使合成反应更有效、更“绿色化”。以下反应是工业上已采用的原子经济性反应：

$$CH_3CH{=}CH_2 + CO + H_2 \longrightarrow CH_3CH_2CH_2C(=O){-}H$$

$$CH_2{=}CH{-}CH{=}CH_2 + 2HCN \longrightarrow NC{-}CH_2CH_2CH_2CH_2{-}CN$$

$$2CH_2{=}CH_2 + O_2 \longrightarrow 2$$ 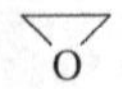

必须指出，这些反应在理论上可实现原子经济性反应，但在实际反应中，需要使用高选择性催化剂才能实现工业生产意义上的原子经济性。

8.3 有机合成中常见反应的原子经济性

有机合成的基础是有机反应。有机反应的类型非常多，本节主要讨论常见的几类有机合成反应如重排反应，加成反应，取代消除反应，周环反应和氧化还原反应等的原子经济性反应。

8.3.1 重排反应

重排反应（rearrangement reaction）是构成反应物分子的原子通过改变相互的位置、连接以及键的形成方式从而产生一个新分子的反应。重排反应是通过热、光及化学诱导等方法来控制的。这类反应的特点之一就是反应物分子中的所有原子经重新组合后均转移至产物分子中，无内在的废物产生。因此，重排反应的原子利用率达100%，它是原子经济性反应，是绿色化学的首选反应类型之一。

像这类结构互变的重排反应有许多，如Beckmann重排、Claisen重排等。它们在有机化合物及药物合成中都有应用，是非常重要的有机合成反应，它是原子经济性反应。其通式为：

$$A \longrightarrow B$$

例如：

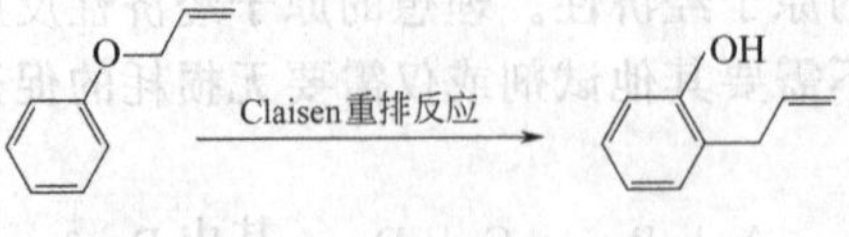

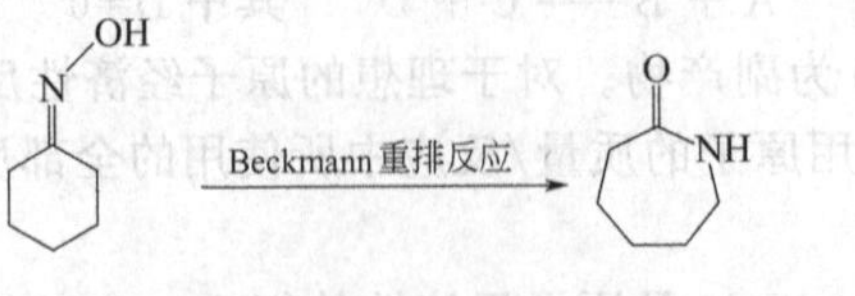

8.3.2 加成反应

加成反应（addition reaction）是不饱和分子与其他分子相互加合生成新分子的反应。反应中发生了不饱和π键的断裂和σ键的形成。根据进攻试剂的性质或π键断裂及σ键形成的方式不同，加成反应又分为亲电加成、亲核加成、催化加氢和环加成等类型，其通式为：

$$A + B \longrightarrow C$$

由于加成反应是将一种反应物分子全部加到另一反应物分子上，因此是原子经济性反应。例如：

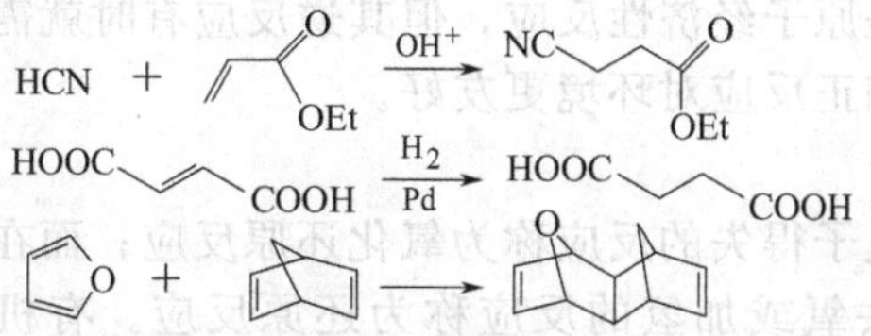

正像所有的反应一样，反应的实际效率最终需要实验数据来确认，即使是理论上的原子经济性反应也不能例外，因为还需要考虑反应速率等。

8.3.3 取代反应

取代反应（substitution reaction）是有机分子中原子或基团被其他原子或基团所取代的反应。取代反应按照化学键断裂方式或取代基团的性质不同分为三种基本类型，即亲核取代、亲电取代和游离基取代。但无论是哪一种取代，其结果都是被取代基团不再出现在目标产物中，而是作为废物被排放。因此，取代反应不是原子经济性反应，例如：

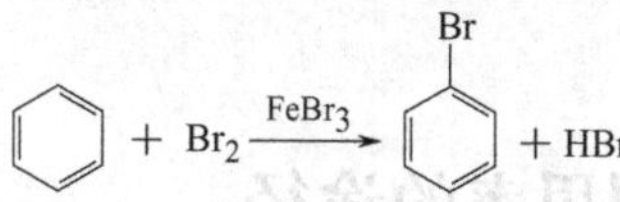

由此可见，取代反应生成副产物是不可避免的。因为副产物是合成方法的直接结果，因此，取代反应不仅不是原子经济性反应，而且在资源利用及环境污染方面均有一定的不足。但这并不意味着它绝对不可取，如果一个取代反应在设计时，精心考虑和选择了离去基团使其对环境无害，则反应也可以是方便和高效的。

8.3.4 消除反应

消除反应（elimination reaction）是在有机分子中除去两个原子或基团而生成不饱和化合物的反应。按被消去原子或基团所处的位置，可分为：α-消除、β-消除和γ-消除。通式为：

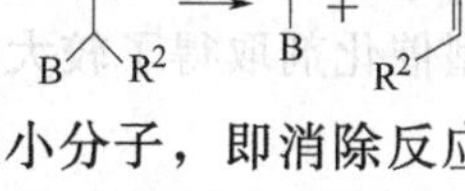

由于消除或降解反应生成了其他小分子，即消除反应必然会生成副产物。所以消除反应与取代反应一样不是原子经济性反应，尤其是季铵碱的热分解反应制备烯烃，其原子利用率很低。例如：

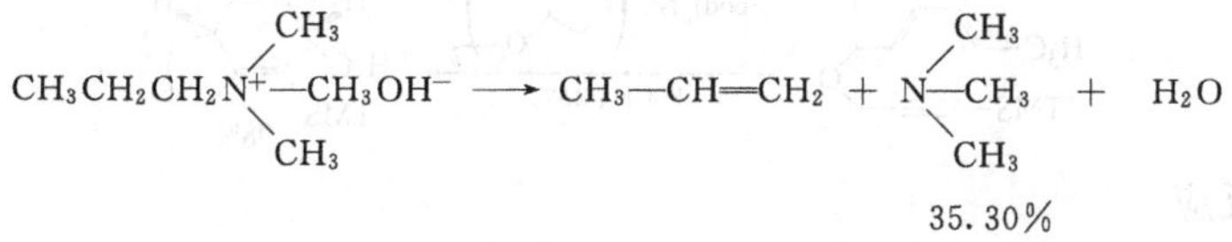

35.30%

8.3.5 周环反应

周环反应（pericyclic reaction）是经过一个环状过渡态的协同反应（concerted reaction），即在反应过程中新键的生成与旧键的断裂是同时发生的。比如，电环化反应、环加成反应、σ-迁移反应等都是周环反应的典型例子。例如：

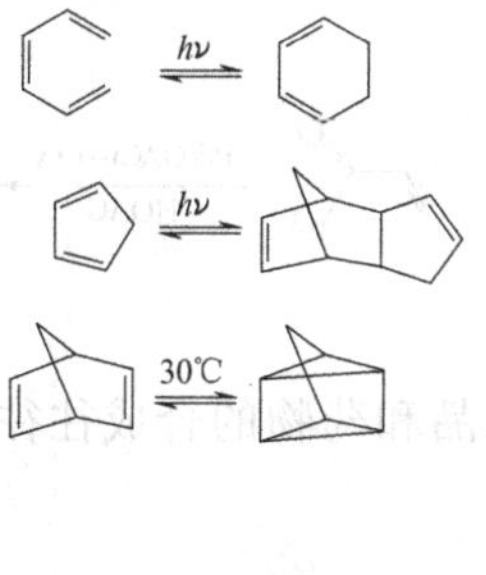

这些反应的通式可表示为：

$$A \rightleftharpoons B$$

周环反应的正反应一般都是原子经济性反应，但其逆反应有时就需要把一个分子分解成两个分子，因此，逆反应往往不如正反应对环境更友好。

8.3.6 氧化还原反应

在无机反应中把发生电子得失的反应称为氧化还原反应；而在有机反应中，把加氧或去氢的反应称为氧化反应，而去氧或加氢的反应称为还原反应。有机氧化还原常用的氧化剂有：$KMnO_4$、$K_2Cr_2O_7$、PbO_2、有机过氧酸等，常用的还原剂有碱金属、金属氢化物、醇铝化合物等。例如：

$$3 \begin{array}{c} R^1 \\ | \\ R^2\text{—CH—OH} \end{array} + 2KMnO_4 \longrightarrow 3 \begin{array}{c} R^1 \\ | \\ R^2\text{—C=O} \end{array} + 2MnO_2 + 2KOH + 2H_2O$$

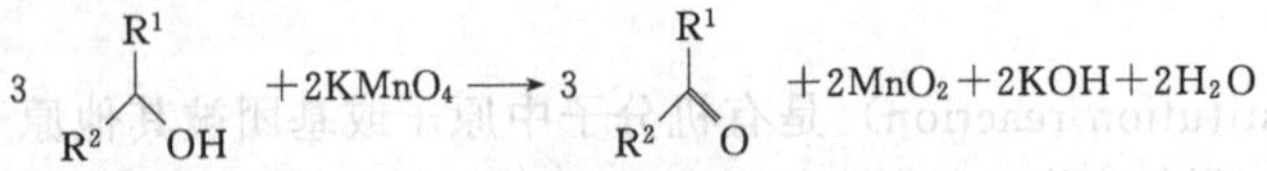

可见，氧化还原反应副产物多，原子经济性很差，是化学工业环境污染最严重的反应之一。更不幸的是，环境无害的氧化剂很难寻找。从绿色化学角度看，电化学氧化还原比化学氧化还原更好一些。但总的来说，在设计合成路线时应尽量避免氧化还原反应，这是绿色化学所要求的。

8.4 提高化学反应原子利用率的途径

绿色合成的核心是使反应实现原子经济性。然而真正的原子经济性反应非常有限。因此，不断寻找新的途径提高合成反应的原子利用率是十分重要的。近年来，在这方面取得了可喜的成果，很好地实现了有机合成过程的绿色化。

8.4.1 开发新型的催化剂

催化剂不仅使化学反应速率成千上万倍地提高，而且采用催化剂可以高选择地生成目标产物。据统计，在化学工业中80%以上的反应只有在催化剂作用下才能获得具有经济价值的反应速率和选择性。而新的催化材料是创造新催化剂的源泉，也是提高原子经济性，开发绿色合成方法的重要基础。近年来，开发新型催化剂取得了较大的进展。尤其是过渡金属催化剂的开发与利用。

（1）过渡金属催化的环加成反应

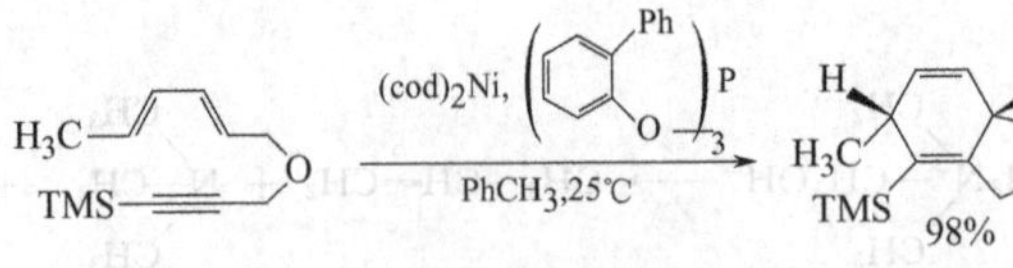

（2）异构化反应

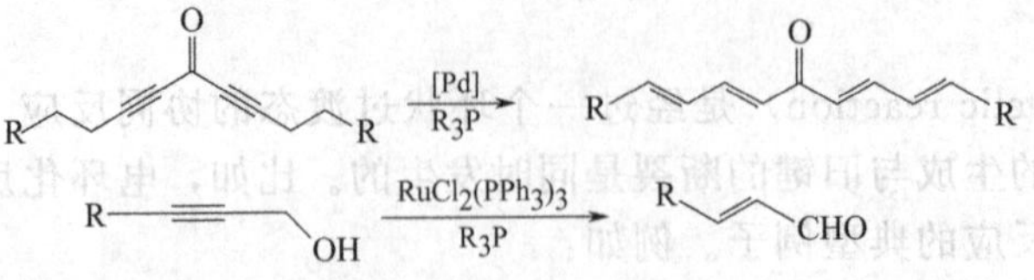

（3）烯炔偶联反应

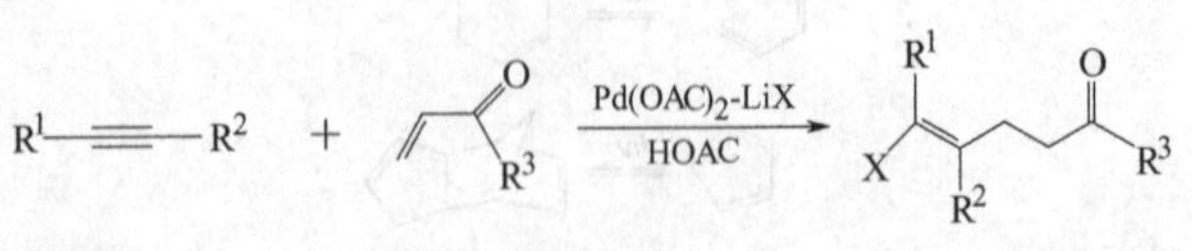

8.4.2 设计新的合成路线

在有机合成中，尤其是精细化学品和药物的合成往往需要多步反应才能达到目的。即使单步反应的收率较高，多步反应的总的原子利用率也不会很理想。若能设计新的合成路线来缩短和简化合成步骤，反应的原子利用率就会大大提高。布洛芬的合成就是很好的例子。布洛芬是许多止痛消炎药的主要成分，过去布洛芬的合成需六步反应才能得到产品。原子利用率只有40.04%。最近，法国BHC公司发明设计的新路线只需三步反应即可得到产品布洛芬，原子利用率达77.44%。新方法减少了37%的废物排放。BHC公司也因此获得1997年度美国“总统绿色化学挑战奖”。布洛芬的两种合成路线见图8.1。

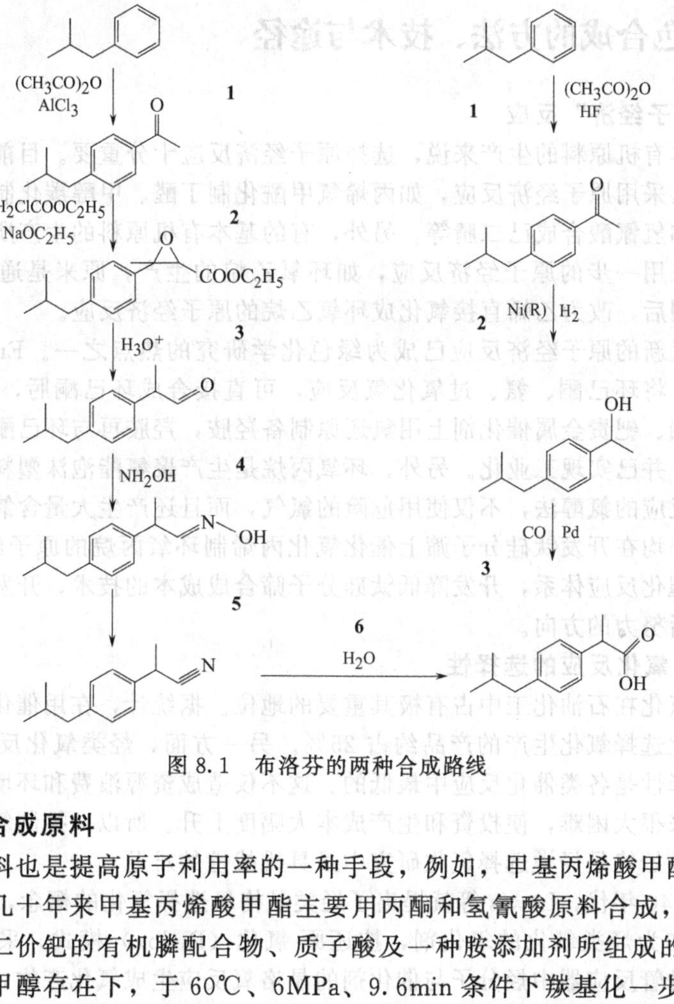

图8.1　布洛芬的两种合成路线

8.4.3　采用新的合成原料

采用新合成原料也是提高原子利用率的一种手段，例如，甲基丙烯酸甲酯的合成就是一个很好的例子。过去几十年来甲基丙烯酸甲酯主要用丙酮和氢氰酸原料合成，原子利用率仅有47%。最近开发了二价钯的有机膦配合物、质子酸及一种胺添加剂所组成的均相钯催化剂体系，将甲基乙炔在甲醇存在下，于60℃、6MPa、9.6min条件下羰基化一步制得甲基丙烯酸甲酯（MMA）。这一反应的原料全部转化为产品，反应的原子利用率达到100%，成为原子经济性反应。而且该方法原料成本低，消除了硫酸对环境的污染。两种合成路线分别为：

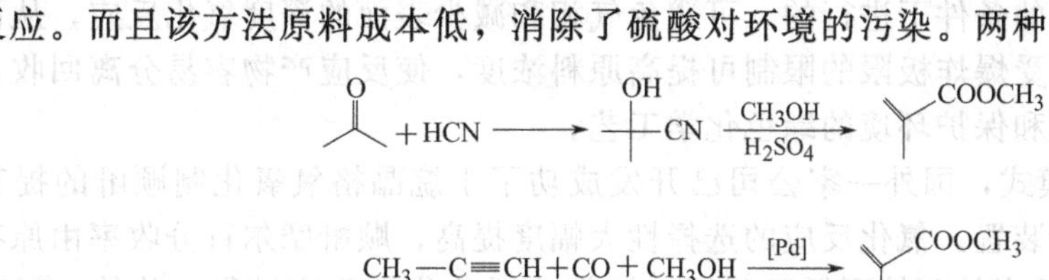

1997年在美国化学会年会上，有机化学家认为理想的合成反应只是构筑目标分子骨架，而不再需要进一步精心设计官能团，并提供了符合这一要求的“SYNGEN”软件。这种观点从前面用催化剂提高原子经济性的例子中得以证实。过去认为官能团的存在是骨架形成的基础（或条件），而现在具有特殊功能的催化剂可以使惰性的原子或稳定的化学键（如饱和的C—H

键）活化并使之参与反应，而且这种反应往往又是原子经济性的。这正是绿色合成所追求的目标。

绿色化学时代的到来，对合成化学提出了新的要求，这是严峻的挑战，也是一个良好的机遇。绿色化学的主旋律是合成化学尤其是有机合成化学，它强调反应的原子经济性和选择性。绿色合成方法的研究和成功应用将推动本学科进一步的发展，也将为传统化学工业带来一场革命，造福于人类。

8.5 实现绿色合成的方法、技术与途径

8.5.1 开发"原子经济"反应

对于大宗基本有机原料的生产来说，选择原子经济反应十分重要。目前，在基本有机原料的生产中，有的已采用原子经济反应，如丙烯氢甲酰化制丁醛、甲醇羰化制醋酸、乙烯或丙烯的聚合、丁二烯和氢氰酸合成已二腈等。另外，有的基本有机原料的生产所采用的反应，已由二步反应，改成采用一步的原子经济反应，如环氧乙烷的生产，原来是通过氯醇法二步制备的，发现银催化剂后，改为乙烯直接氧化成环氧乙烷的原子经济反应。

近年来，开发新的原子经济反应已成为绿色化学研究的热点之一。EniChem 公司采用钛硅分子筛催化剂，将环已酮、氨、过氧化氢反应，可直接合成环已酮肟，取代由氨氧化制硝酸、硝酸离子在铂、钯贵金属催化剂上用氢还原制备羟胺，羟胺再与环已酮反应合成环已酮肟的复杂技术路线，并已实现工业化。另外，环氧丙烷是生产聚氨酯泡沫塑料的重要原料，传统上主要采用二步反应的氯醇法，不仅使用危险的氯气，而且还产生大量含氯化钙的废水，造成环境污染。国内外均在开发钛硅分子筛上催化氧化丙烯制环氧丙烷的原子经济新方法。此外，针对钛硅分子筛催化反应体系，开发降低钛硅分子筛合成成本的技术，开发与反应匹配的工艺和反应器仍是今后努力的方向。

8.5.2 提高烃类氧化反应的选择性

烃类选择性氧化在石油化工中占有极其重要的地位。据统计，在用催化过程生产的各类有机化学品中，催化选择氧化生产的产品约占 25%。另一方面，烃类氧化反应不仅原子利用率很低，而且其选择性是各类催化反应中最低的。这不仅造成资源浪费和环境污染，而且给产品的分离和纯化带来很大困难，使投资和生产成本大幅度上升。所以，控制氧化反应深度、提高目的产物的选择性始终是烃类选择氧化研究中最具挑战性的难题。

早在 20 世纪 40 年代，Lewis 等就提出了烃类晶格氧选择氧化的概念，即用可还原的金属氧化物的晶格氧作为烃类氧化的氧化剂，按还原-氧化（Redox）模式，采用循环流化床提升管反应器，在提升管反应器中烃分子与催化剂的晶格氧反应生成氧化产物，失去晶格氧的催化剂被输送到再生器中用空气氧化到初始高价态，然后送入提升管反应器中再进行反应。这样，反应是在没有气相氧分子的条件下进行的，可避免气相和减少表面的深度氧化反应，从而提高反应的选择性，而且因不受爆炸极限的限制可提高原料浓度，使反应产物容易分离回收，这是控制氧化深度、节约资源和保护环境的绿色化学工艺。

根据上述还原-氧化模式，国外一家公司已开发成功了丁烷晶格氧氧化制顺酐的提升管再生工艺，建成第一套工业装置。氧化反应的选择性大幅度提高，顺酐摩尔百分收率由原有工艺的 50%提高到 72%，未反应的丁烷可循环利用，被誉为绿色化学反应过程。此外，间二甲苯晶格氧氨氧化制间苯二腈也有一套工业装置。在 Mn、Cd、Tl、Pd 等变价金属氧化物上，通过甲烷、空气周期切换操作，实现了甲烷氧化偶联制乙烯的新反应。由于晶格氧氧化具有潜在的优点，近年来已成为选择氧化研究中的前沿。工业上重要的邻二甲苯氧化制苯酐、丙烯和丙烷氧化制丙烯腈均可进行晶格氧氧化反应的探索。关于晶格氧氧化的研究与开发，一方面要根

据不同的烃类氧化反应，开发选择性好、载氧能力强、耐磨强度好的新催化材料；另一方面要根据催化剂的反应特点，开发相应的反应器及其工艺。

8.5.3 选用更“绿色化”的起始原料和试剂

选用对人类健康和环境危害较小的物质为起始原料去实现某一化学过程将使这一过程更安全，这是显而易见的。例如，芳香胺的合成过去通常是以氯代芳烃为原料，与 NH_3 发生亲核取代来合成。但氯代芳烃的毒性大，严重地污染了环境。现在发展起来的所谓 NASH（nucleophilic aromatic substitution for hydrogen）方法，直接用芳烃与氨或胺发生亲核取代反应就可以达到目的。例如：

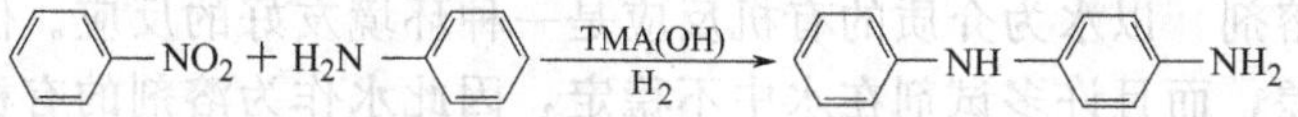

用碳酸二甲酯（DMC）代替硫酸二甲酯作为甲基化试剂，也是绿色合成的一个实例。因为硫酸二甲酯有剧毒，是强烈的致癌物，这几乎使它无法应用，而碳酸二甲酯是无毒的，并在甲基化反应中已取得成功。例如：

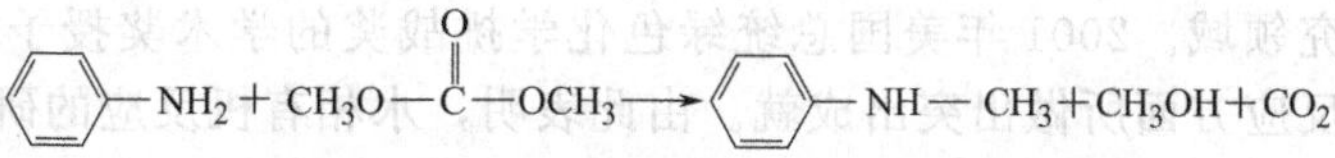

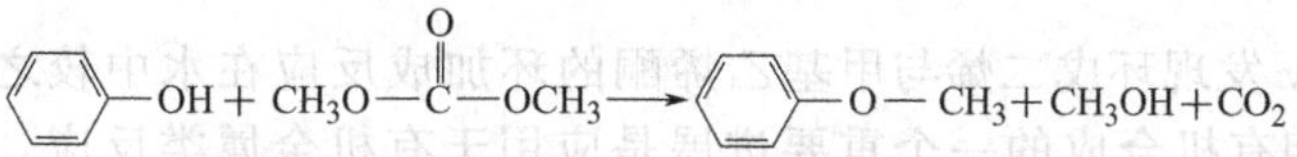

以上最后一个反应是碳原子上的甲基化反应。用碳酸二甲酯可以在活性亚甲基的碳上发生甲基化反应，避免了活性亚甲基通常发生的难以控制的多甲基化反应，而且这一反应有较高的产率和选择性，苯乙腈的转化率高达 98%。而碳酸二甲酯过去也是用剧毒光气来合成的，现在可以用甲醇的氧化羰基化反应来合成：

$$CH_3OH + CO + O_2 \longrightarrow (CH_3O)_2CO + H_2O$$

另外，HCN 也是绿色有机合成中需回避的试剂，例如苯乙酸的制备，过去常常采用氰解苄氯来合成，而现在可以用苄氯直接羰基化获得：

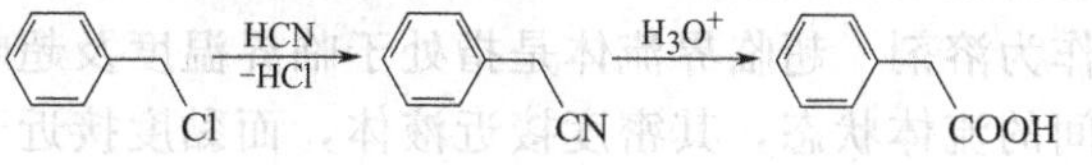

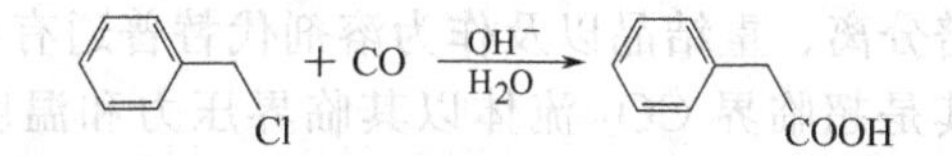

这种方法避免了使用剧毒氰化物，使合成更加“绿色化”。苯乙酸是合成医药如青霉素、农药等的中间体，所以它的绿色合成就显得非常重要。

8.5.4 采用无毒、无害的高效催化剂

在反应温度、压力、催化剂、反应介质等多种因素中，催化剂的作用是非常重要的。高效催化剂一旦被应用，就会使反应在接近室温及常压下进行。催化剂不仅使反应快速、高选择性地合成目标产物，而且当催化反应代替传统的当量反应时，就避免了使用当量试剂而引起的废物排放，这是减少污染最有效的办法之一。如 Wittig 反应是一个原子利用率相当低的当量反应，一旦把它变成催化反应，其原子经济性提高了，污染减少了。

$$RCHO + ClCH_2COOR + Bu_3As \xrightarrow{\text{催化量的 } PPh_3} R{-}CH{=}CH{-}COOR + HCl + Bu_3AsO$$

当反应体系中加入三苯基膦时，Bu_3AsO 就会被还原成原来的催化剂 Bu_3As，形成催化循环，巧妙地实现了催化的 Wittig 反应。此外，过渡金属导向有机合成也可使反应从当量反应转变成催化反应。关于过渡金属在有机合成中的应用，前面专门章节已作过讨论，这里主要讨论反应介质在绿色合成中的作用。

8.5.5 采用无毒、无害的溶剂

大量的与化学品制造相关的污染问题不仅来源于原料和产品，而且源自于在其制造过程中使用的溶剂。对于传统的有机反应，溶剂是必不可少的。这是由于有机溶剂对有机物有良好的溶解作用所决定的。但有机溶剂的毒性和较高的挥发性也使之成为有机合成造成污染的主要原因。因此，需要限制这类溶剂的使用。采用无毒无害的溶剂代替挥发性有机化合物作为溶剂已成为绿色化学的重要研究方向。目前超临界流体、水以及离子液体作为反应介质甚至采用无溶剂反应的有机合成在不同程度上已取得了一定成果和进展。它们将成为发展绿色合成的重要途径和有效方法。

(1) 以水作为溶剂　以水为介质的有机反应是一种环境友好的反应。但是由于大多数有机物在水中的溶解性差，而且许多试剂在水中不稳定，因此水作为溶剂的有机反应很少见。然而水溶剂独特的优点诸如操作简便、使用安全以及水资源丰富，成本低廉，不污染环境等使之成为潜在的、环境友好的反应介质。此外，水溶剂的一些特性对某些重要有机转化是十分有益的，有时甚至可提高反应速率和选择性。科学家预测，水相反应的研究将会在有机合成化学中开辟出一个新的研究领域。2001 年美国总统绿色化学挑战奖的学术奖授予中国留美学者李朝军，奖励他在水相反应方面所做出突出成就。由此表明，水相有机反应的研究正在受到越来越多的关注。

1980 年 Breslow 发现环戊二烯与甲基乙烯酮的环加成反应在水中较之以异辛烷为溶剂的反应快 700 倍。水相有机合成的一个重要进展是应用于有机金属类反应。Fujimoto 等发现下列反应在水相中进行时产率可达 67%～78%，若以己烷或苯作为溶剂却没有产物生成。

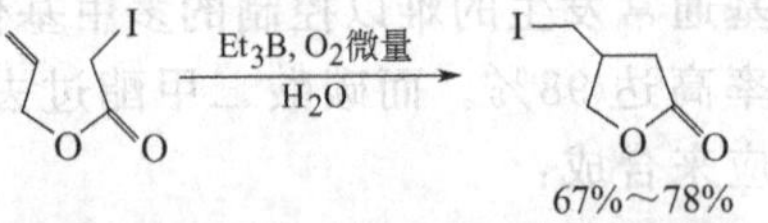

67%～78%

水相有机反应的研究已涉及到周环反应、亲核加成和取代反应、金属参与的有机反应，Lewis 酸和过渡金属催化的有机反应以及氧化还原反应等。有关水相反应的研究正处在发展之中，相应的机理和理论有待进一步探索。

(2) 以超临界流体作为溶剂　超临界流体是指处于临界温度及超临界压力下的流体，它是一种介于气态与液态之间的流体状态，其密度接近液体，而黏度接近于气态。由于这些特殊性质，超临界流体在萃取、色谱分离、重结晶以及作为溶剂代替普通有机溶剂用于有机合成等方面表现出特有的优越性。尤其是超临界 CO_2 流体以其临界压力和温度适中，来源广泛，价廉无毒等优点而得到广泛应用。CO_2 的临界温度和压力是 31.1℃和 7.38MPa，在此临界点之上，CO_2 就是超临界的液体。由于此流体内在的可压缩性、流体的密度、溶剂强度和黏度等性能均可通过压力和温度的变化来调节，因此在这种流体中进行着的反应也可得到有效控制。目前，有关超临界 CO_2 作为有机反应的“洁净”介质的研究已有大量报道。

例如：

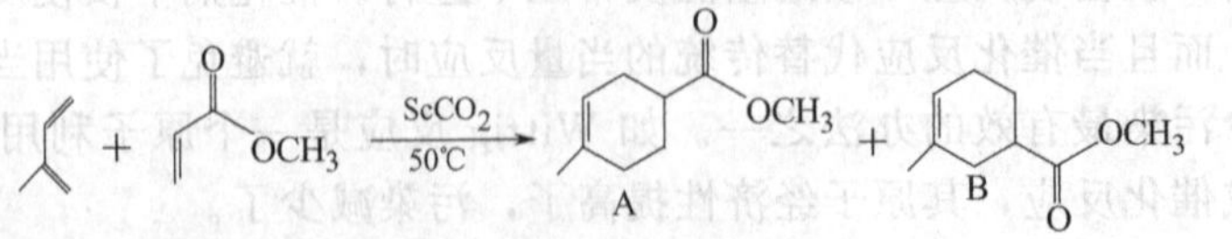

	A	B
常压下	99.5%	0.5%
73.5atm	38.9%	61.1%
203atm	85.9%	14.1%

可见，在常压和远高于临界压力时，产物 A 占优势，只有在 CO_2 的临界点附近时，才以 B 产物为主。

最近 Burk 小组报道了以超临界 CO_2 流体为溶剂可提高不对称氢化反应的对映选择性，例如：

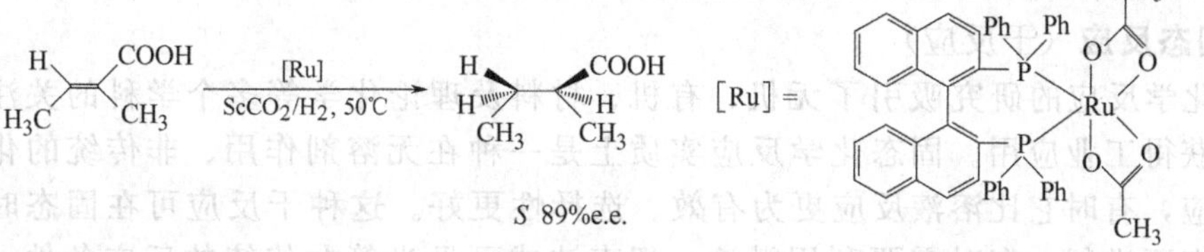

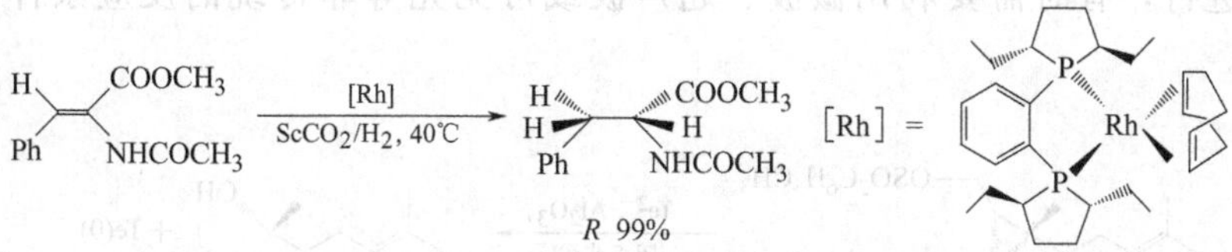

近来，对于“洁净”反应介质，除超临界 CO_2 外，超临界水和近临界水的研究引起了重视，尤其是近临界水。因为近临界水相对超临界水而言，温度和压力都较低，此外，有机物和盐都能溶解在其中。因此，近来对近临界水中的研究受到关注。有关的内容在此不作介绍。

8.5.6 反应方式的改变

采用有机电合成方式是绿色合成的重要组成部分。由于电解合成一般无需使用危险或有毒的氧化剂或还原剂，通常在常温、常压下进行，在洁净合成中具有独特的魅力。例如，自由基反应是有机合成中一类非常重要的碳-碳键形成反应，实现自由基环化的常规方法是使用过量的三丁基锡烷。这样的过程不但原子利用率很低，而且使用和产生有毒的难以除去的锡试剂。这两方面的问题用维生素 B_{12} 催化的电还原方法可完全避免。利用天然、无毒、手性的维生素 B_{12} 为催化剂的电催化反应，可产生自由基类中间体，从而实现在温和、中性条件下化合物 **1** 的自由基环化产生化合物 **2**。有趣的是两种方法分别产生化合物 **2** 的不同的立体异构体。

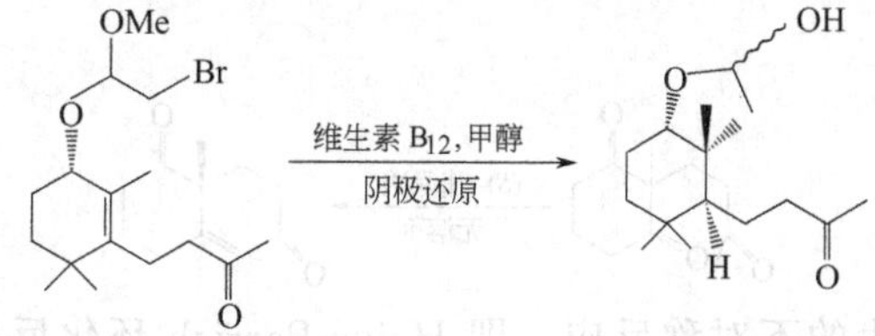

1 **2**

有关有机电合成的内容详见第 9 章。除电合成方式外，超临界合成、光合成和微波合成等也可使某些反应实现绿色化，这些相关内容详见第 10、第 11 章。

8.5.7 采用高效合成方法

对于传统的取代、消除等反应而言，每一步反应只涉及一个化学键的形成，就是加成反应包括环加成反应也仅涉及 2～3 个键的形成。如果按这样的效率，一个复杂分子的合成必定是一个冗长而收率又很低的过程。这样的合成不仅没有效率，而且还会给环境带来危害。因为，一个几十步才能完成的庞大合成路线，使用的试剂或原料必定很多，且往往涉及分离提纯等过程，由此带来的污染和成本升高是不言而喻的。近年来发展起来的一锅反应、串联反应等都是高效绿色合成的新方法和新的反应方式，这种反应的中间体不必分离，不产生相应的废弃物。这种高效合成法将在本书的第 11 章介绍，这些反应和方法的进一步发展和完善将会给合成方法学以及传统的化学反应带来一场革命。在此仅举两个例子加以说明：

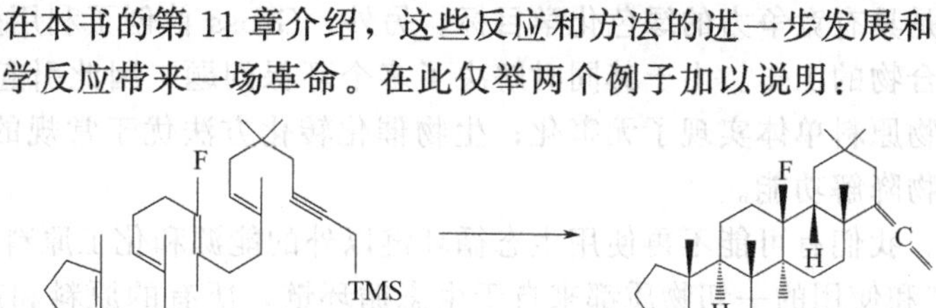

此外，高效合成方法还有组合合成、模板合成等（见第 11 章）。

8.5.8 固态反应（干反应）

固态化学反应的研究吸引了无机、有机、材料及理论化学等多个学科的关注，某些固态反应已获得工业应用。固态化学反应实质上是一种在无溶剂作用、非传统的化学环境下进行的反应，有时它比溶液反应更为有效、选择性更好。这种干反应可在固态时进行，也可在熔融态下进行，有时需要利用微波、超声波或可见光等非传统的反应条件。下面是固态反应的实例。

例 1：

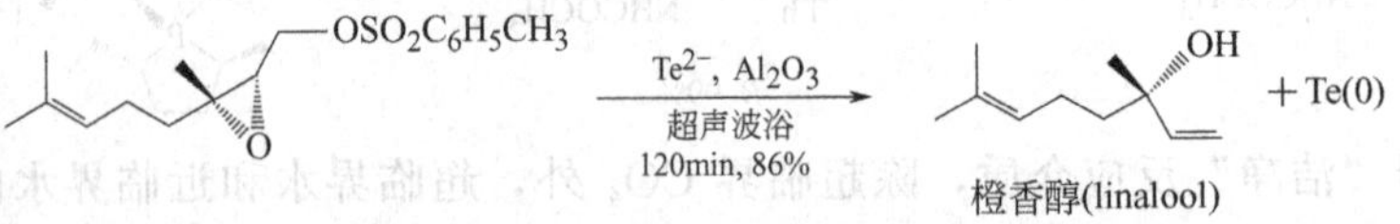

这个反应可以在超声波或微波促进下进行，也可以在机械作用下通过固态研磨完成。

例 2：

旋光性的 2,2-二羟基-1,1-联萘是一个重要的手性配体，一般它是通过外消旋体的拆分来获得的。消旋的联萘酚通常由萘酚在等当量的 $FeCl_3$ 或三（2,4-戊二酮基）合锰作用下，在液相中氧化偶联制得。但此反应有副产物醌生成，且锰盐价格昂贵，因此限制了它的使用。由 Toda 发现的以 $FeCl_3 \cdot 6H_2O$ 为固体氧化剂与萘酚在固相中直接反应，效果很好，速度又快，产率可达 95%。

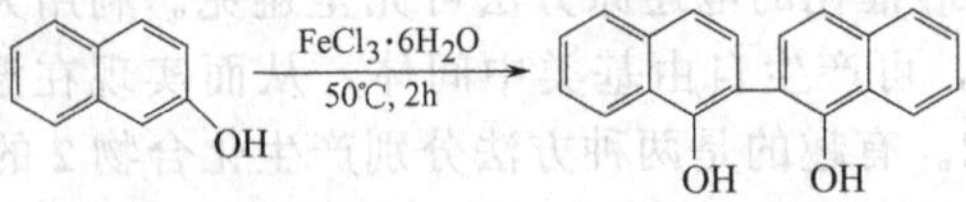

例 3：

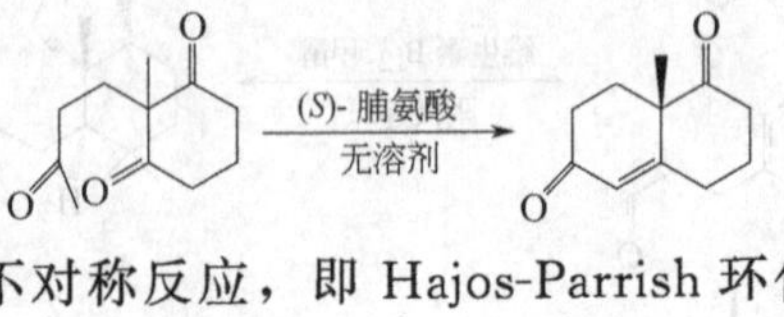

这一反应是在无溶剂下发生的不对称反应，即 Hajos-Parrish 环化反应，得到一种重要的手性砌块。

8.5.9 利用可再生的生物质资源

利用生物量（生物原料）（biomass）代替当前广泛使用的石油，是保护环境的一个长远的发展方向。1996 年美国总统绿色化学挑战奖中的学术奖授予 TaxasA&M 大学 M. Holtzapple 教授，就是由于其开发了一系列技术，把废生物质转化成动物饲料、工业化学品和燃料。生物质主要由淀粉及纤维素等组成，前者易于转化为葡萄糖，而后者则由于结晶及与木质素共生等原因，通过纤维素酶等转化为葡萄糖，难度较大。Frost 报道以葡萄糖为原料，通过酶反应可制得己二酸、邻苯二酚和对苯二酚等，尤其是不需要从传统的苯开始来制造作为尼龙原料的己二酸取得了显著进展。由于苯是已知的治癌物质，以经济和技术上可行的方式，从合成大量的有机原料中去除苯是具有竞争力的绿色化学目标。另外，Gross 首创了利用生物或农业废物如多糖类制造新型聚合物的工作。由于其同时解决了多个环保问题，因此引起人们的特别兴趣。其优越性在于聚合物原料单体实现了无害化；生物催化转化方法优于常规的聚合方法；Gross 的聚合物还具有生物降解功能。

在不久的将来，我们有可能不再使用生态循环链以外的能源和化工原料（如煤、石油和天然气），而做到生产和使用的一切物质都来自于生态循环链，所有的原料和产物也都可在生态循环链中降解。总之，利用生物质代替当前广泛使用的煤和石油，是保护环境的一个长远的发展方向。

参考文献

1 仲崇立编著. 绿色化学导论. 北京：化学工业出版社，2000
2 杨家玲主编. 绿色化学与技术. 北京：北京邮电大学出版社，2001
3 闵恩泽，吴巍等编著. 绿色化学与化工. 北京：化学工业出版社，2000
4 王延吉，赵新强编著. 绿色催化过程与工艺. 北京：化学工业出版社，2002
5 杜灿屏，刘鲁生，张恒主编. 21 世纪有机化学发展战略. 北京：化学工业出版社，2002
6 陆熙炎. 化学进展，1998，10 (2)：123
7 陆熙炎主编. 金属有机化合物的反应化学. 北京：化学工业出版社，2000
8 荣国斌编著. 高等有机化学基础. 上海：华东理工大学出版社，北京：化学工业出版社，2001
9 曾庭英，宋心琦. 大学化学，1995，10 (6)：25
10 SchwarzenBach R P. *Enviornmental Organic Chemistry*. Joho Wiley & Sons Inc，1993
11 Borman S. *Chem Eng News*，1992，(9)：2
12 Sheldon R A. *Chem Tech*，1994，24 (3)：38
13 Verweij J，Devroonr E. *Reel Trav Chim Pays-Bas*，1993，112：66
14 黄培强，高景星. 化学进展，1998，10 (3)：265
15 Trost B M. *Science*，1991，254 (5037)：1471
16 Sheldon R A. *Chem & Ind*，1992，(23)：903
17 Wender P A. *Chem Rev*，1996，96 (1)：1
18 Clark J H，Macquarrie D J. *Chem Soc Rev*，1996，25 (5)，303
19 Hutchinson J H，Pattenden G，Myers P L. *Tetrahedron Lett*，1987，28 (12)，1313
20 雷立旭，忻新泉. 化学通报，1997，(2)，1
21 邓道利，陆忠辉，吴可. 有机化学，1994，14 (4)，336
22 刘艳，刘大壮，曹涛. 化学通报，1997，(6)，1
23 Posner G H. *Chem Rev*，1986，86 (5)，831
24 戴立信，陆熙炎，朱光美. 化学通报，1995，(6)，15
25 Thompson L A，Ellman J A. *Chem Rev*，1996，96 (1)，555
26 朱清时. 大学化学，1997，12 (6)，7
27 闵恩泽，陈家镛等. 绿色化学与技术——推进化工生产可持续发展的途径，中国科学院院士咨询报告. 总［1998］C003（化 06 号）
28 唐有祺. 化学通报，1998，7：6
29 吴棣华. 化学进展，1998，10 (2)：131
30 陈华，黎耀忠，李东文，程溥明，李贤均. 化学进展，1998，10 (2)：146
31 沈师孔，闵恩泽. 化学进展，1998，10 (2)：137
32 姚国欣. 科技进步与学科发展（下册）. 北京：中国科学技术出版社，1998：530
33 闵恩泽. 化学进展，1998，10 (2)：207
34 Tanko J M，Blackert J F. *Science*，1994，263：203
35 Draths K M，Forst J W. J *Am Chem Soc*，1994，116：399

习题

8-1 试述绿色化学的概念、原理和意义。

8-2 解释原子经济性和原子利用率的异同。

8-3 判断下列反应哪些是原子经济性反应？

(1)

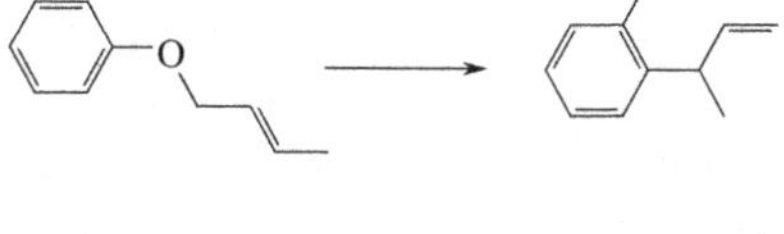

(2) 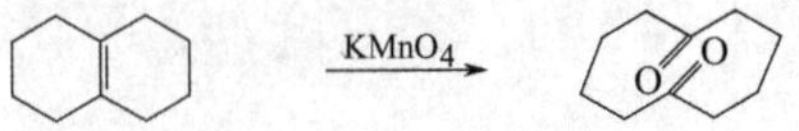

(3) 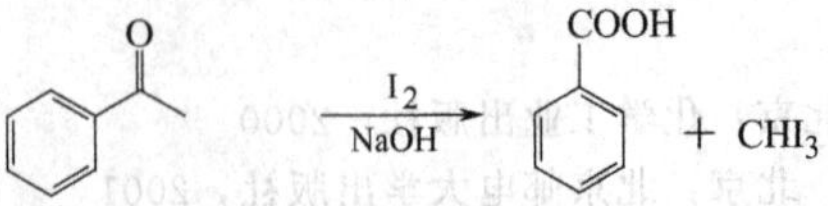

8-4 试述提高原子经济性的途径。

8-5 实现绿色合成的方法和技术有哪些？

第9章　有机电化学合成

9.1　概述

有机物的电化学合成又称为有机物的电解合成，常常简称为有机电合成；它是用电化学技术和方法研究有机化合物合成的一门新型学科，涉及电化学、有机合成化学及化学工程等多个学科，属于边缘科学。

在合成有机化合物的反应中，有许多反应涉及电子的转移，如果将这些反应安排在电解池中进行时，这些反应便成为了有机电合成反应。

早在1834年，法国化学家法拉第（M. Faraday）就通过电解醋酸钠溶液制得了乙烷，这可称为是最早的有机电合成反应：

$$2CH_3COO^- \longrightarrow C_2H_6 + 2CO_2 + 2e^-$$

1849年柯尔贝（H. Kolbe）研究了各种羧酸溶液的电解反应，通过电解戊酸溶液制得了正辛烷。后来发现一系列脂肪酸都可以通过电解脱去羧基生成较长链的烃，这种反应可写成如下通式：

$$2RCOO^- \longrightarrow R—R + 2CO_2 + 2e^-$$

此反应称为柯尔贝反应。它被用来由短链脂肪酸合成长链烃，是最早实现工业化的有机电合成反应。

后来，对乙酸溶液进行电解时还发现，若使用白金电极，则柯尔贝反应的电流效率达到100%；但使用钯阳极时，电解可生成甲醛；在冰乙酸中若使用铂、钯或二氧化铅电极，则几乎只进行柯尔贝反应；而用石墨电极时，则生成乙酸醇。这一现象表明，在有机电合成中通过调节电极的种类、电解质、电解条件可以控制有机电合成反应。这也是有机电合成的重要优点之一。

在有机电合成发明100多年的时间里，化学家们主要利用这一技术研究普通化学反应难以合成的物质。直到20世纪60年代，化学家才认识到许多精细化学品采用电解合成技术是极为有效的，并且有机电合成可以在温和的条件下进行，用电子这一干净的“试剂”去代替那些会造成环境污染的氧化剂和还原剂，是一种环境友好的洁净合成，代表了现代化学工业发展的方向。因此，在近40年来有机电合成日益受到化学家们的重视，并在许多国家得到了迅速发展和广泛应用。随着有机电合成技术的发展，一些高温、高压、高污染的传统化学合成已逐渐被有机电合成取代。目前国内外已投产或工业化试验成功的有机电合成产品有100多种；有机电化学合成技术在煤转化领域也显示出了很好的应用前景，作者在这一方面做了大量的研究工作，并取得了许多成果。

随着化学工业的发展，有机电合成技术的优势将更加突出，将受到越来越多的科技界、产业部门和环保部门的重视，显示出广阔的应用前景。

9.2　有机电合成技术

9.2.1　电解装置与电解方式

有机电合成均在电解装置中进行，组成电解装置各部分的选择对成功进行电解合成至关重

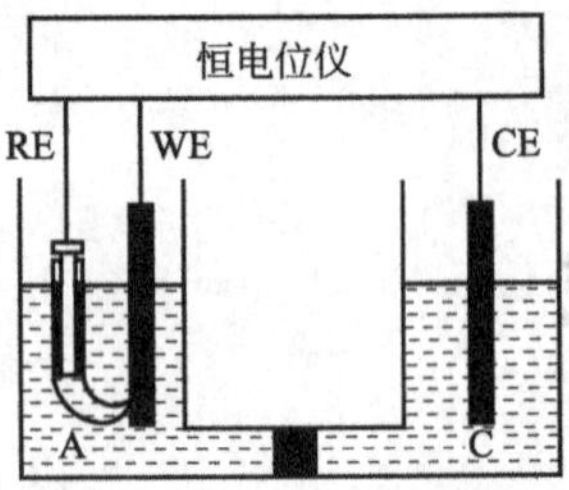

图 9.1　恒电位电解示意图

要。有机电合成最基本的装置包括 5 部分：直流电源、电极（阴极和阳极）、电解容器、电压表和电流表。电极和盛电解液的容器构成电解池，工业上传统地称为电解槽。

实验室研究一般选用 20A/20V 的电源；若采用导电性差的非水电解液，则需要增大电压容量，通常选用 20A/100V 的电源。工业电解过程通常采用高电压、大电流的直流整流器作为电源。除直流电源外，电解装置的其他部分将在以下几个小节中分别讨论。

电解方式主要有恒电位电解和恒电流电解两种。恒电位电解是利用恒电位仪使工作电极电势恒定的一种电解方式，如图 9.1 所示。

图中 WE、CE 和 RE 分别代表工作电极（又称研究电极）、辅助电极和参比电极。参比电极下部的毛细管之所以靠近工作电极是为了减小欧姆电阻产生的电压降 *IR*。对于恒电位电解，由于电位恒定，电解反应的选择性高，主反应的电流效率恒定，产物的纯度高，且分离容易。因此实验室研究大部分采用恒电位电解方式。由于在恒电位电解过程中，反应物在电极附近的浓度梯度降低，电流不断减小，要达到较高的产率需要很长时间，况且所用恒电位仪价格较高，输出功率较小，所以工业上通常都采用恒电流电解方式。

恒电流电解是通过采用恒电流仪来实现的。在恒电流电解过程中，电流恒定，反应物浓度下降，阴极电位也不断降低，造成电解反应的选择性下降，结果使主反应的电流效率下降，而副反应的电流效率增大。因此只有在目标产物的电极反应对电位不太敏感，即在较宽的电位范围内只生成目标产物的情况下，才能采用恒电流方式电解。否则目标产物纯度低，副产物多，分离困难，成本也较高。

恒电流-恒电位电解是一种理想的电解方式，它可以吸收恒电位电解和恒电流电解方式的长处，又可弥补二者的不足。但实现这种电解方式必须使反应物和产物浓度保持不变。反应物可以通过不断加入使其浓度恒定，而产物不断分离出去却比较困难。

9.2.2　电解槽

电解槽又称为电解池或电化学反应器。电解槽分为一室电解槽和二室电解槽两大类。若主反应的反应物和产物在辅助电极上不发生反应，则可采用无隔膜的一室电解槽；否则须用有隔膜的二室电解槽。实验室常用的几种电解槽见图 9.2。

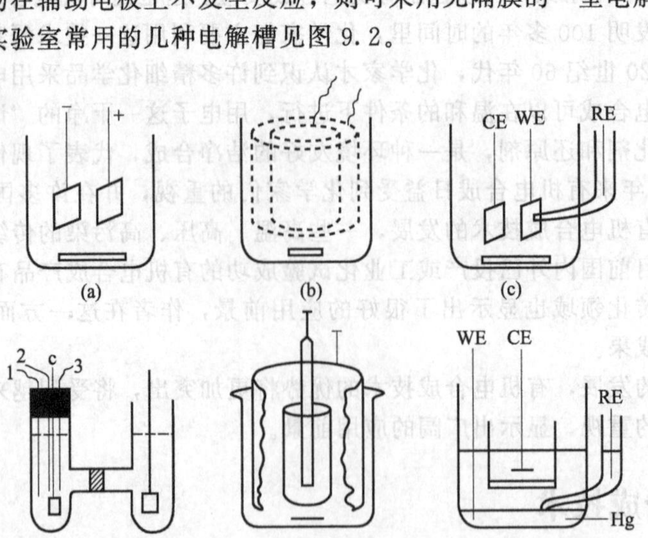

图 9.2　实验室常用的几种电解槽

图 9.2 中 (a)、(b)、(c) 为一室电解槽，其中 (b) 为烧杯中插入两个同心圆筒电极的一室电解槽；(c) 为三电极一室电解槽，WE 为工作电极，CE 为辅助电极，RE 为参比电极，加参比电极是为了监控工作电极的电极电势。图 9.2 中 (d)、(e)、(f) 为二室电解槽，其中 (d) 为 H 型电解槽，隔膜装在连通两极部的中间部位；(e) 的隔膜是圆筒状的，将中间的棒状电极套住，隔膜外侧装有圆筒形的另一电极；(f) 是二室三电极电解槽，内杯低部为隔膜，外杯底部为汞电极。

工业生产用的电解槽还需考虑生产规模与效率、传质与传热、电极表面电位及电流分布、材料及成本等因素，因而其结构要比实验室所用的电解槽复杂得多。

9.2.3 电极材料及其修饰

电极材料及其表面性质对电极反应途径、选择性影响很大，不同的电极材料可能导致不同的产物，比如，不同电极材料可影响硝基苯电还原的产物，如图 9.3 所示。可见电极材料的选择在有机电合成中是非常重要的。

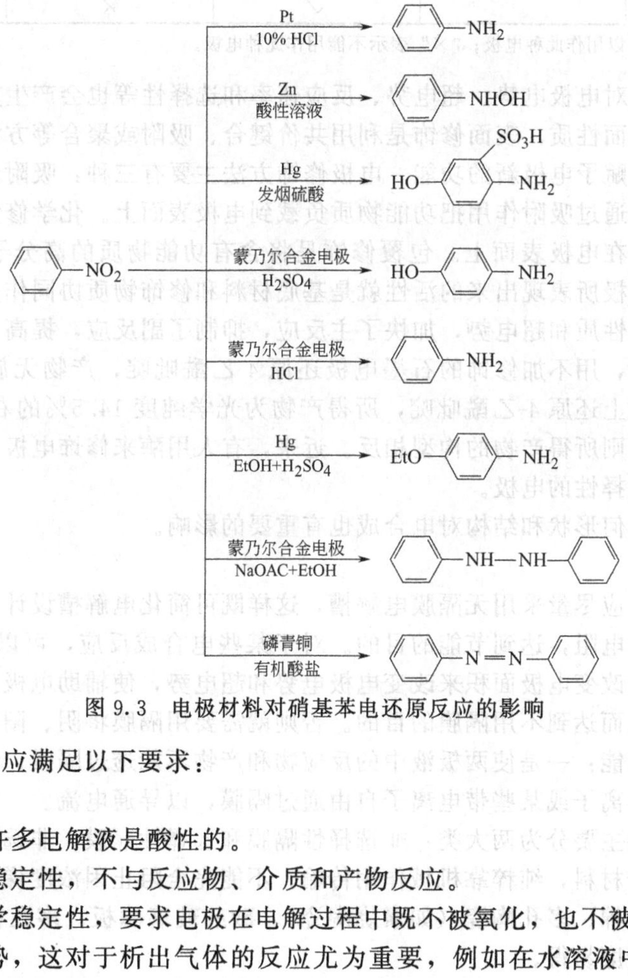

图 9.3 电极材料对硝基苯电还原反应的影响

电极材料的选择应满足以下要求：

① 导电性能好。

② 耐腐蚀，因许多电解液是酸性的。

③ 优良的化学稳定性，不与反应物、介质和产物反应。

④ 优良的电化学稳定性，要求电极在电解过程中既不被氧化，也不被还原。

⑤ 适当的超电势，这对于析出气体的反应尤为重要，例如在水溶液中电解时应选择析氢超电势高的电极材料作为阴极，这样可防止水还原成氢气。

⑥ 良好的电化学活性；表观活化能小、交换电流密度大的电极材料可认为电极活性好，反之电极活性差；电极活性高可减小电化学极化，提高电流效率。

⑦ 良好的选择性，若在较宽的电位范围内仅生成目标产物，则可认为选择性好，反之选择性差。

⑧ 易加工成型，机械强度高。

⑨ 价格低廉。

由于以上要求的限制，特别是对阳极材料的要求更加严格，因此实际上可采用的电极材料并不很多。表 9.1 列出了有机电合成中常用的一些电极材料。

表 9.1　有机电合成中常用的一些电极材料

电极材料	电导率/$\Omega^{-1}\cdot cm^{-1}$	阳极	阴极	介质要求
Pt	1.0×10^5	√	√	
石墨	2.5×10^2	√	√	
Pb	4.5×10^4	√	√	
Fe		√	√	
Ni		√	√	
Hg	1.0×10^4	×	√	作为阳极时须碱性介质
Cu	5.6×10^5	√	√	
蒙乃尔合金		√	√	
PbO_2		√	×	

注：表中"√"表示可以用作此种电极；"×"表示不能用作此种电极。

电极的表面性质对电极电势、超电势、反应速率和选择性等也会产生重大影响。通过电极修饰可改变电极的表面性质，表面修饰是利用共价键合、吸附或聚合等方法将具有特定功能的物质引入电极表面，赋予电极新的功能。电极修饰方法主要有三种：吸附修饰、化学修饰和包覆修饰。吸附修饰是通过吸附作用把功能物质负载到电极表面上。化学修饰是通过化学键的作用，把功能物质键合在电极表面上。包覆修饰是将含有功能物质的高分子膜包裹在电极表面上。经过修饰后的电极所表现出来的活性就是基底材料和修饰物质协同作用的结果，从而改变了被修饰电极的反应性质和超电势，加快了主反应，抑制了副反应，提高了反应的选择性，延长了电极寿命。例如，用不加修饰的石墨电极还原 4-乙酰吡啶，产物无旋光性；但用光活性分子键合到石墨电极上还原 4-乙酰吡啶，所得产物为光学纯度 14.5%的右旋体；若用 *R*-苯丙氨酸甲酯修饰电极，则所得产物的构型相反。近来，有人用酶来修饰电极，希望能获得具有良好生物催化活性和选择性的电极。

另外，电极的几何形状和结构对电合成也有重要的影响。

9.2.4　隔膜材料

在设计电解槽时应尽量采用无隔膜电解槽，这样既可简化电解槽设计，降低设备投资，又可减少阴、阳极间的电阻，达到节能的目的。对于某些电合成反应，可以通过改变电极材料、改变电极表面性质或改变电极面积来改变电极电势和超电势，使辅助电极与主反应的反应物和产物不发生反应，从而达到不用隔膜的目的。否则就需要用隔膜将阴、阳两极分隔开。

隔膜具有两种功能：一是使两极液中的反应物和产物不能透过隔膜，以阻止两极液的相互混合；二是可使带电离子或某些带电离子自由通过隔膜，以导通电流。

常见的隔膜材料主要分为两大类：非选择性隔膜和选择性隔膜。非选择性隔膜一般为多孔性无机材料和高分子材料，纯粹靠机械作用传输，不能完全阻止因浓度梯度存在而产生的渗透作用。这类隔膜有石棉、多孔陶瓷（如素烧陶瓷）、砂芯玻璃滤板、多孔橡胶等。这类隔膜耐高温、耐酸性，且价廉易得。

选择性隔膜又叫离子交换膜，分为阳离子交换膜和阴离子交换膜两种。阳离子交换膜仅允许阳离子通过，阴离子交换膜则只允许阴离子通过。离子交换膜是一种具有高选择性的高分子功能膜，在有机电合成中应用非常广泛。

9.2.5　溶剂和支持电解质

有机电合成均在溶液中进行，选择适当的溶剂也是一个相当重要的问题。选择溶剂的首要条件是对反应物有良好的溶解性，同时还要考虑产物容易分离，这对间接电解合成尤为重要。

有机电合成中的溶剂分为质子型溶剂和非质子型溶剂两类。提供质子能力强的溶剂为质子型溶剂，如水、酸、醇等，提供质子能力弱的溶剂为非质子型溶剂，如乙腈、*N*,*N*-二甲基甲酰胺(DMF)、环丁砜和吡啶等。

水是最经济、无污染、最安全的溶剂。但许多有机化合物在水中的溶解度很小，从而限制了水作为溶剂在有机电合成中的使用。因此常常利用加表面活性剂、强力搅拌或超声波分散的方法来促进有机物在水中的分散和溶解。

乙腈既能溶解很多有机化合物，又能与水混溶，并且在电极电势为−3.5～2.4V（相对于饱和甘汞电极 SCE）范围内不发生电解，因而成为有机电合成中一种常用的溶剂。不过乙腈易燃、有毒，在使用中应注意安全。

为了提高有机物在水中的溶解度，同时又需要有良好的导电性，常常使用由有机溶剂和水组成的混合溶剂。

大部分溶剂的导电能力较差，因而需要在其中添加一定量的可电离的盐、酸或碱来提高电解液的导电能力，添加的这些可电离的物质称为支持电解质。另外添加不同的电解质，对电极反应选择性的影响往往不相同，因而合理选择支持电解质也是很重要的一个问题。

水作为溶剂时常选用各种盐、酸、碱作为支持电解质。在非质子型有机溶剂中常采用 $LiClO_4$、LiCl、$LiBF_4$、$NaClO_4$、$R_4N^+BF_4^-$、$R_4N^+X^-$、$R_4N^+OH^-$、$R_4N^+ClO_4^-$（R代表烃基，X代表卤素）及磺酸盐等作为支持电解质。在甲醇和乙醇溶剂中常用氢氧化物作为支持电解质。

另外在选择溶剂和支持电解质时还要考虑其析出电势，以便在电解时只发生有机电合成的主反应，而不发生溶剂或电解质的电解反应。

9.3 有机电合成方法

在传统有机电合成技术的基础上，近代又开发出了一些节能、高效的有机电合成方法，如间接电合成法、成对电合成法、电聚合和电化学不对称合成等。

9.3.1 间接有机电化学合成

直接有机电合成是依靠反应物在电极表面直接进行电子交换来生成新物质的一种方法。但有些有机化合物直接进行电合成却难以获得令人满意的结果，其主要原因在于：电极反应速率太慢；有机反应物在电解液中的溶解度太小；反应物或产物易吸附在电极表面上，产生焦油状或树脂状物质污染电极，致使电合成产率和电流效率太低；或在电解过程中，产率或电解效率迅速降低。对于这些情况，可考虑采取间接电化学合成的方法。

间接电合成是通过一种传递电子的媒质（氧化还原对）与反应物发生化学反应生成产物，发生价态变化的媒质然后通过电解恢复原来的价态，再生的媒质又重新参与下一轮化学反应，如此循环使用。例如氧化态（高价）媒质 M_O 将反应物 S 氧化为产物 P，本身被还原为还原态（低价）媒质 M_R，M_R 通过电氧化以再生，这个过程表示如下：

在上述过程中，有机反应物并不直接参加电解反应，而是通过媒质不断电解再生与反应物发生化学反应变成产物的，因而将这一方法称为间接电合成法。

间接电合成可采取两种操作方式：槽内式和槽外式。槽内式间接电合成法是在同一装置中同时进行化学反应和电解反应，因此这一装置既是化学反应器，又是电解槽。槽外式间接电合成法是将媒质先在电解槽中电解，再将电解后的媒质（包括电解液）从电解槽转移到反应器中，与反应物进行化学反应生成产物。反应结束后产物与含媒质的电解液分离，然后媒质返回电解槽中重新电解再生。槽内式间接电合成法可以节省设备投资，操作也简便，但必须满足两个条件：一是电解反应与化学反应的条件必须相匹配，即二者的反应速率相近，温度、压力等反应条件基本相同；二是反应物或产物不会污染电极表面。

用于间接电合成的媒质分为金属媒质、非金属媒质、有机物媒质和金属有机化合物媒质等种类。金属媒质应用得最多，表 9.2 中列出了一些常用的金属媒质及其标准电极电势。

表 9.2 金属媒质及其标准电极电势

金属氧化还原电对	$\varphi^\ominus$/V(酸性)	金属氧化还原电对	$\varphi^\ominus$/V(酸性)
$Co^{3+}+e^-\longrightarrow Co^{2+}$	1.81	$Tl^{3+}+2e^-\longrightarrow Tl^+$	1.25
$Ce^{4+}+e^-\longrightarrow Ce^{3+}$	1.61	$MnO_2+4H^++2e^-\longrightarrow Mn^{2+}+2H_2O$	1.23
$MnO_4^-+8H^++5e^-\longrightarrow Mn^{2+}+4H_2O$	1.51	$Fe^{3+}+e^-\longrightarrow Fe^{2+}$	0.77
$Mn^{3+}+e^-\longrightarrow Mn^{2+}$	1.51	$TiO^{2+}+2H^++e^-\longrightarrow Ti^{3+}+H_2O$	0.10
$PbO_2+4H^++2e^-\longrightarrow Pb^{2+}+2H_2O$	1.46	$Ti^{3+}+e^-\longrightarrow Ti^{2+}$	−0.37
$Cr_2O_7^{2-}+14H^++6e^-\longrightarrow 2Cr^{3+}+7H_2O$	1.33	$Cr^{3+}+e^-\longrightarrow Cr^{2+}$	−0.41

由于不同媒质的氧化还原能力不同，因而在有机电合成中的使用范围也不相同，例如媒质 Ce^{4+}/Ce^{3+} 中 Ce^{4+} 具有较强的氧化能力，可用于仲羟基的氧化、环烷酮的开环、芳香族化合物的侧链氧化、对苯二酚的醌化等间接电合成中，而媒质 Mn^{3+}/Mn^{2+} 主要用于芳香族化合物侧链醛、酮化的间接电合成中。

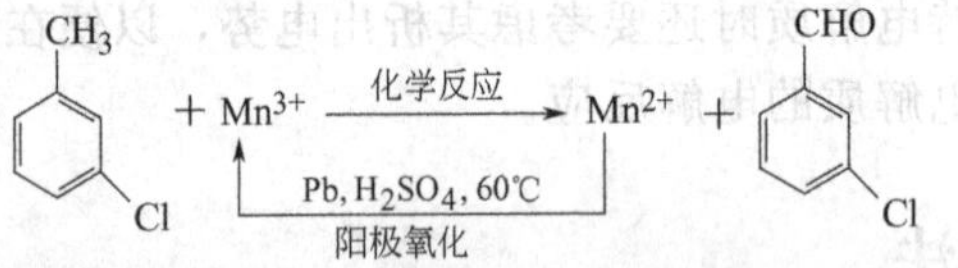

以上是使用一种媒质的情况，还可使用两种或两种以上媒质进行间接电合成。一种媒质在电极上被氧化（或还原），这种氧化态（或还原态）的媒质再氧化（或还原）第二种媒质，氧化态（或还原态）的第二种媒质再把反应物氧化（或还原）为产物。

9.3.2 成对电合成

电解过程中发生的氧化反应和还原反应都是成对出现的，也就是说，在阳极发生氧化反应的同时，阴极必定发生还原反应。在通常的有机电合成过程中，往往只利用某一电极（阳极或阴极）上的反应来合成产物，而另一电极（阴极或阳极）上的反应未被利用，如通常水溶液中 H_2 或 O_2 析出。显然这是很不经济的。如果在阴、阳两极同时安排可以生成目标产物的电极反应，则可大大提高电流效率，理论上可达 200%，既节省了电能，降低了成本，又大大提高了电合成设备的生产效率。

成对电合成的两个电极反应的电解条件必须匹配，也就是说，必须有大致相同的电解条件，如槽电压、电解温度及电解时间等。不过成对电合成中的一个电极为有机电合成反应，另一电极反应则既可以是有机电合成反应，也可以是无机电合成反应。另外根据实际情况，决定使用隔膜还是不使用隔膜。如果反应物 S 在阳极氧化为中间产物 I，I 再在阴极上还原为目标产物 P，像这一类型的反应则必须在无隔膜的电解槽中进行，反应通式为：

$$S \xrightarrow[-e^-]{\text{阳极}} I \xrightarrow[+e^-]{\text{阴极}} P$$

河北师范大学电化学研究所在实验室成功地将成对电合成与间接电合成结合起来，通过对葡萄糖电解，在一个电解槽中同时得到了三种产物：甘露醇、山梨醇和葡萄糖酸盐。阴极液为弱碱性的葡萄糖溶液（Na_2SO_4 为支持电解质），阴极还原反应为：

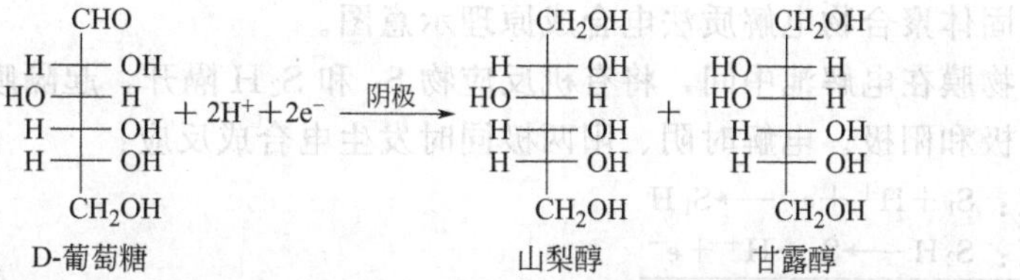

阳极液为葡萄糖和 NaBr 溶液。阳极进行间接电氧化，首先发生电化学反应，Br^- 氧化为 Br_2，然后 Br_2 再与葡萄糖发生氧化反应生成葡萄糖酸，然后加入 Na_2CO_3 生成葡萄糖酸钠，其反应式如下：

$$2Br^- - 2e^- \longrightarrow Br_2$$

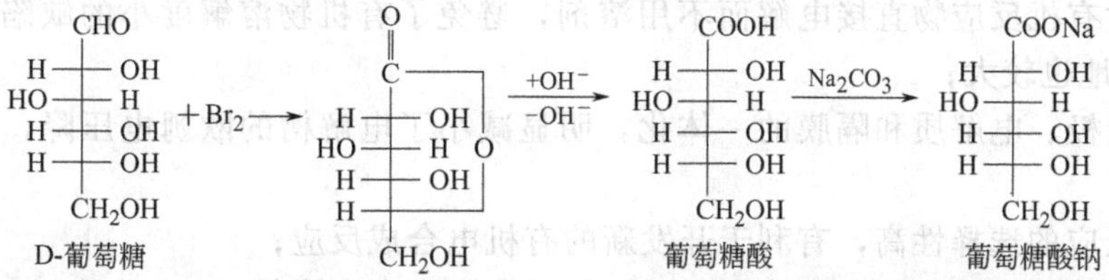

成对电合成有许多优点，被称为绿色工业，近年来成对电合成的研究已成为中外有机电化学家共同研究的热点之一。

9.3.3 电化学聚合

电化学聚合简称为电聚合，是指应用电化学方法在阴极或阳极上进行聚合反应，在聚合反应中包含电子转移步骤。

电聚合反应机理与普通的聚合反应相同，一般也分为链的引发、增长和终止三个阶段。

链的引发是产生自由基即活性中心的过程。引发剂 A（或单体 R 本身）在电极上转移电子成为活性中心 A^*，即：

$$A + e \longrightarrow A^*$$

链的增长是活性中心转移和聚合物链不断增长的过程：

$$A^* + R \longrightarrow A + R^*$$

$$R^* + R \longrightarrow R_2^*$$

$$R_2^* + R \longrightarrow R_3^*$$

……

链的终止是聚合物末端的活性基团通过复合反应或歧化反应失去活性而终止聚合的过程。

通过改变电极材料、溶剂、支持电解质、pH 或电聚合方式可获得不同结构和性能的功能高聚物材料；通过控制电解条件可改变高聚物的聚合度和分子量。目前利用电聚合法已经制备出了一些具有特殊功能的材料，例如导电高聚物材料。因而，电聚合已成为有机电合成中前景看好的一个方向。

9.3.4 固体聚合物电解质法

固体聚合物电解质法（SPE）是 20 世纪 80 年代初发展起来的一种新的电合成方法，它是利用金属与固体聚合物电解质的复合电极进行电解合成的一种方法。这种复合电极的固体聚合物膜一方面起隔膜作用，另一方面可以传递离子起导电作用。

金属-固体聚合物电解质电极是在固体聚合物膜（如离子交换膜）表面复合一层多孔金属材料。其制备方法有：化学镀法、热喷法、热压法、渗透法和浸渍-还原法等。

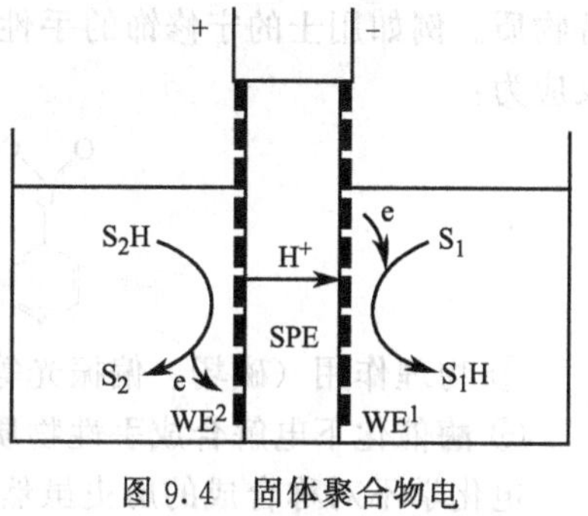

图 9.4 固体聚合物电解质法合成原理示意图

图 9.4 是固体聚合物电解质法电合成原理示意图。

固体聚合物膜在电解池中间，将有机反应物 S_1 和 S_2H 隔开，起隔膜作用；膜两侧的金属层分别作为阴极和阳极。电解时阴、阳两极同时发生电合成反应：

阴极反应：$S_1 + H^+ + e^- \longrightarrow S_1H$

阳极反应：$S_2H \longrightarrow S_2 + H^+ + e^-$

电解反应：$S_1 + S_2H = S_1H + S_2$

这一方法可同时生成两种产物，相当于成对电合成，除此之外，这一方法还有以下优点：

① 电解体系可以不加支持电解质，这样便避免了支持电解质可能引起的副反应，并且产物也容易分离和提纯；

② 可以对有机反应物直接电解而不用溶剂，避免了有机物溶解度小的缺陷，即使使用溶剂，其选择余地也较大；

③ 由于电极、电解质和隔膜的一体化，明显减小了电解槽的欧姆电压降，比常规电合成法更省电能；

④ 电解反应的选择性高，有利于开发新的有机电合成反应；

⑤ 由于不使用支持电解质和溶剂，从而使环境污染大大降低。

这一方法的不足之处是复合电极制备较困难。不过，这一方法有潜在的良好的应用前景。

9.3.5 电化学不对称合成

电化学不对称合成是指在手性诱导剂、物理作用（如磁场、偏振光）等诱导作用的存在下，将潜手性的有机化合物通过电极反应生成有光活性的化合物的一种合成方法。手性诱导剂包括手性反应物、手性支持电解质、手性氧化还原媒质（在间接电合成中）、手性修饰电极等。与通常的不对称合成相比，电化学不对称合成具有反应条件温和、易于控制、手性试剂用量少、产物较纯、易于分离等优点。不过电化学不对称合成也有其不足，如产物光学纯度不高，手性电极寿命不长、重现性不佳等。

根据手性诱导源的不同，电化学不对称合成方法分为以下几种类型。

① 电解手性物质合成新的手性产物，例如由 L-胱氨酸合成 L-半胱氨酸，由 D-葡萄糖酸到 D-阿拉伯酸。

② 通过手性溶液合成手性物质，手性溶液是外加手性添加剂（包括手性支持电解质）的电解液。手性添加剂通过共吸附、氢键、络合氧化还原反应等形式诱导偏光，再进行电极反应得到手性产物，例如在手性添加剂麻黄碱及其衍生物或冠醚存在下，还原芳基烷基酮可生成相应有光学活性的醇，光学纯度最高可达 19%。

③ 通过手性电极合成手性物质，手性电极是通过吸附或共价的方法将手性诱导剂附着或键合在电极表面而形成的电极。常用的手性诱导剂是一些生物碱，如士的宁、奎尼定、吐根碱等物质。例如用士的宁修饰的手性电极，还原 4-乙酰吡啶，产物的光学纯度为 14.5%，电极反应为：

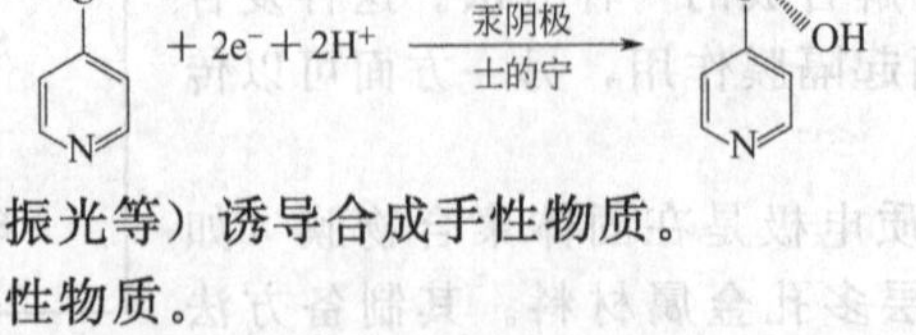

④ 物理作用（磁场、偏振光等）诱导合成手性物质。

⑤ 酶催化下电解合成手性物质。

电化学不对称合成的历史虽然不长，目前还存在许多不足，但应用前景非常诱人，尤其在手性药物的电合成方面。

9.4 有机电合成反应

有机电合成反应的种类比较繁杂，下面按通常有机化学反应的类型来分别介绍。

9.4.1 官能团变换反应

许多有机物的官能团通过阳极氧化或阴极还原可变为另一官能团的产物。

（1）双键的电氧化　在不同电解条件下，双键氧化的产物不同，如乙烯的电氧化：

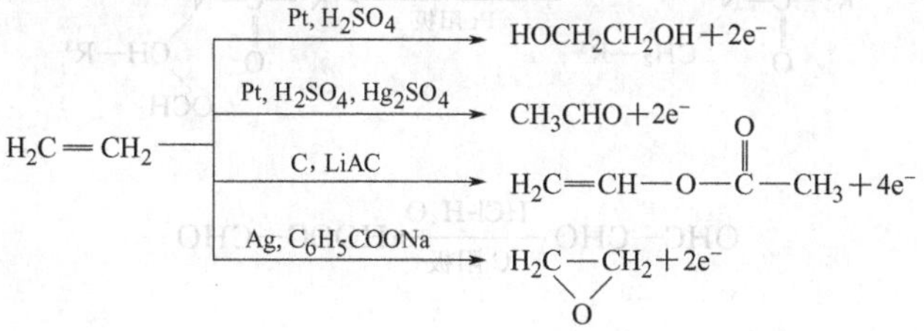

双键还可电氧化为酮，例如：

$$H_3C—CH═CH—CH_3 + H_2O \longrightarrow H_3C—\overset{O}{\overset{\|}{C}}—CH_2—CH_3 + 2H^+ + 2e^-$$

（2）芳香族化合物电氧化　芳香族化合物电氧化的类型较多，下面略举几例。

生成醌的反应：

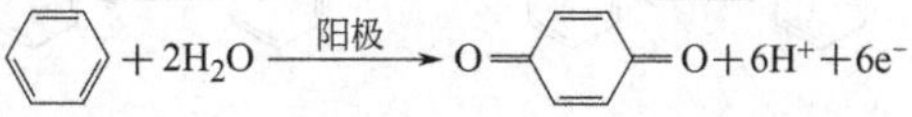

酰氧基化反应：

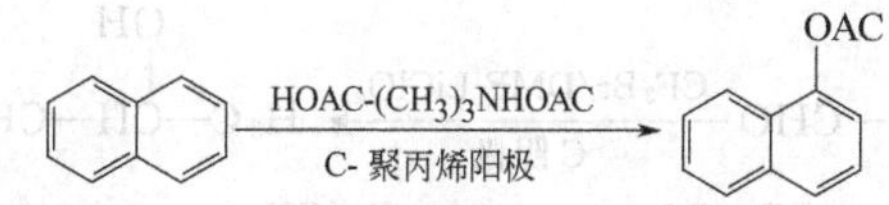

甲基氧化反应：

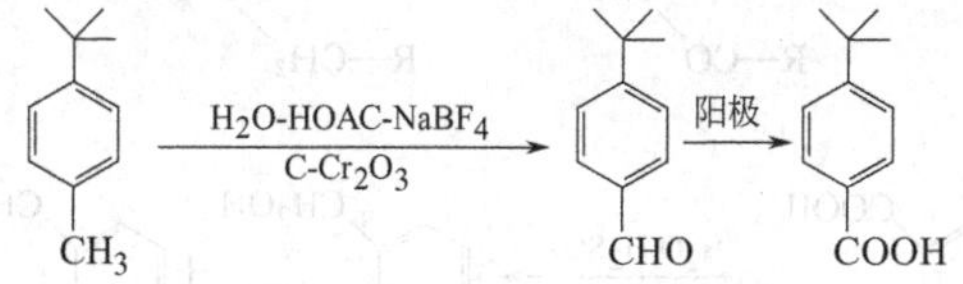

（3）杂环化合物的电氧化　杂环化合物能够发生的电氧化反应较多，下面举几例。

呋喃的氧化：

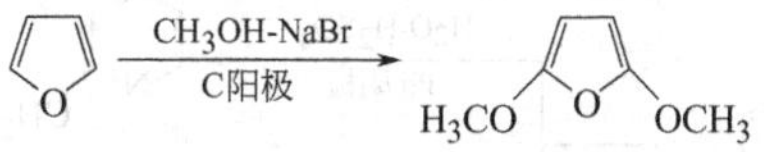

糠醛的氧化：

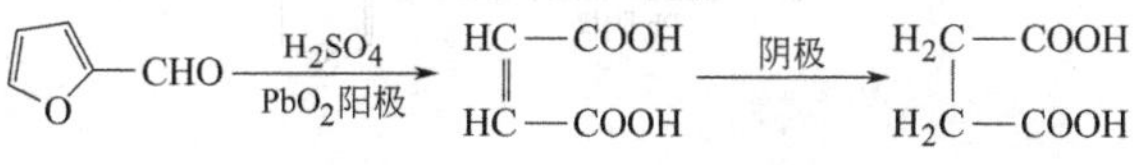

吡啶的氧化：

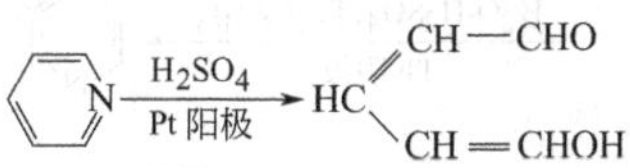

哌啶的氧化：

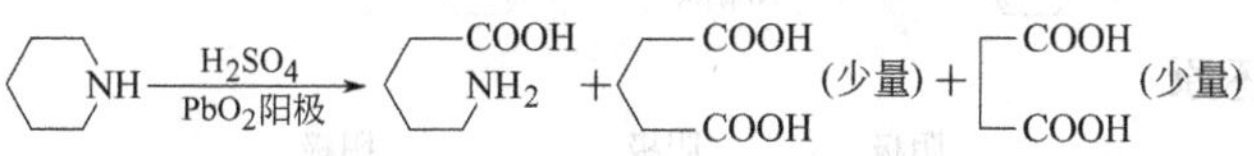

（4）羟基的电氧化

$$R-CH_2OH \xrightarrow{\text{阳极}} RCHO \xrightarrow{\text{阳极}} RCOOH$$

（5）羰基的电氧化

羧酸盐的氧化：

$$2C_2H_5COO^- \xrightarrow[\text{Pt 阳极}]{CH_3OH} H_5C_2-C_2H_5+2CO_2+2e^-$$

酰胺的烷氧基化：

$$R^1-\underset{\underset{O}{\|}}{C}-N\overset{R^2}{\underset{CH_2-R^3}{\diagdown}} \xrightarrow[\text{Pt 阳极}]{CH_3OH-KPF_6} R^1-\underset{\underset{O}{\|}}{C}-N\overset{R^2}{\underset{\underset{OCH_3}{\overset{|}{CH}}-R^3}{\diagdown}}$$

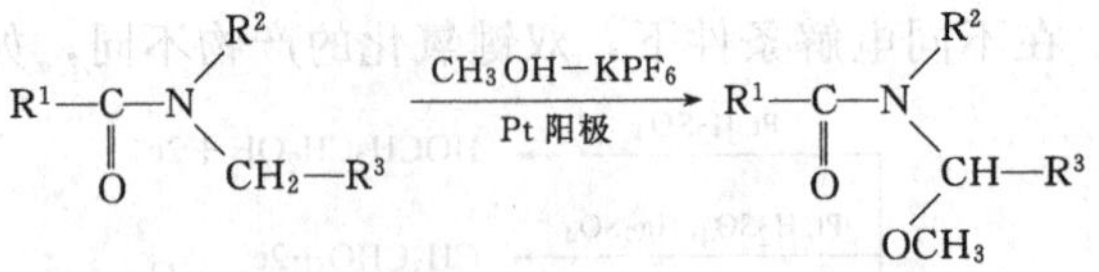

醛基的氧化：

$$OHC-CHO \xrightarrow[\text{C 阳极}]{HCl-H_2O} HOOC-CHO$$

（6）硫醚氧化

$$R-S-R \xrightarrow{\text{阳极}} R-\underset{\underset{O}{\|}}{S}-R \xrightarrow{\text{阳极}} R-\underset{\underset{O}{\|}}{\overset{\overset{O}{\|}}{S}}-R$$

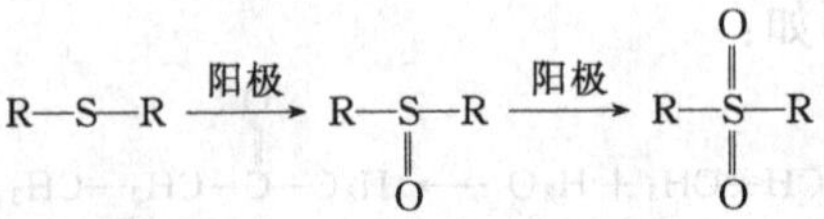

（7）苯肼氧化

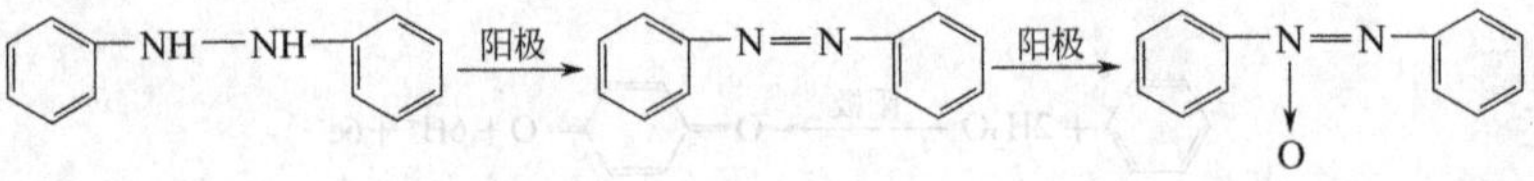

（8）羰基的电还原

$$H_3C-CHO \xrightarrow[\text{C 阴极}]{CF_3Br/DMF-LiClO_4} H_3C-\underset{\underset{CF_3}{|}}{\overset{\overset{OH}{|}}{CH}}$$

$$\overset{R-CO}{\underset{R-CO}{\diagup}}NR' \xrightarrow{\text{阴极}} \overset{R-CH_2}{\underset{R-CH_2}{\diagup}}NR'$$

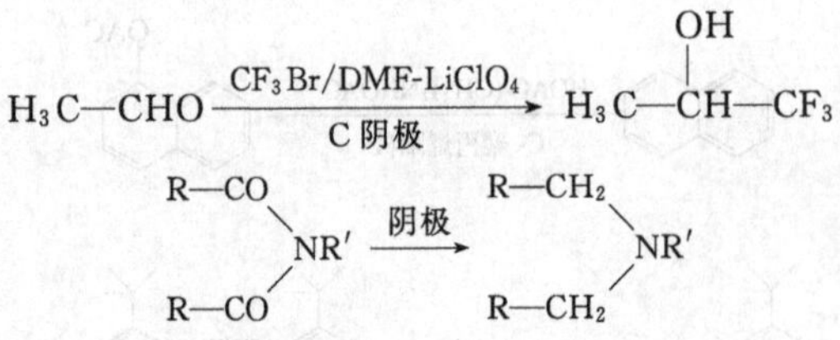

（9）羧基的电还原

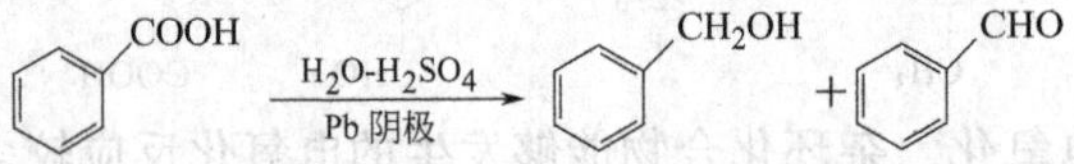

（10）酰胺的电还原

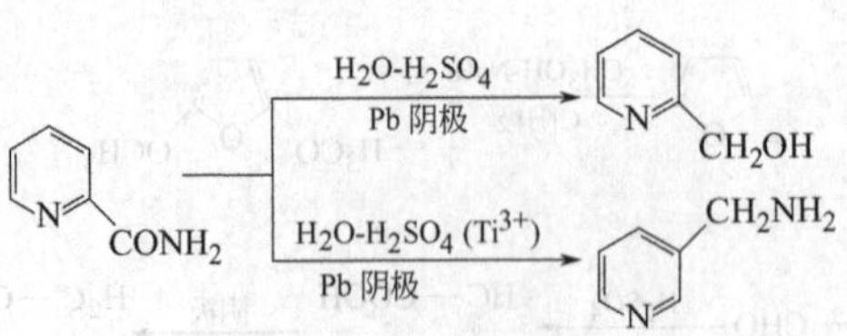

（11）腈的电还原

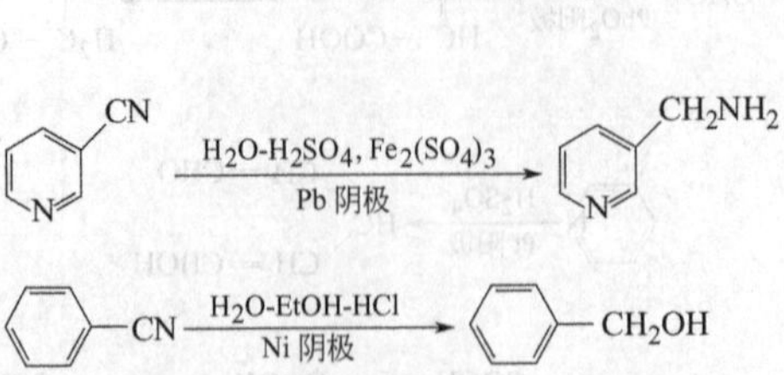

（12）硝基的电还原

$$R-NO_2 \xrightarrow[\text{还原}]{\text{阴极}} R-NO \xrightarrow[\text{还原}]{\text{阴极}} R-NHOH \xrightarrow[\text{还原}]{\text{阴极}} R-NH_2$$

(13) 羟基的电还原

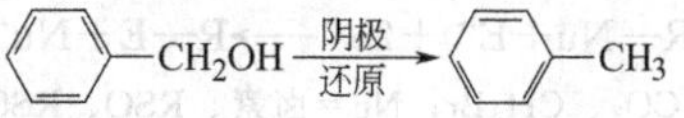

(14) 偶氮化合物的电还原

(15) 亚氨基的电还原

(16) 磺酰基的电还原

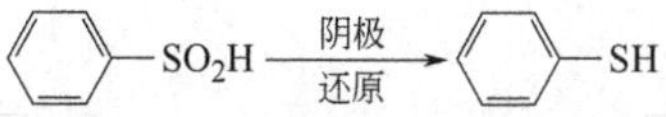

9.4.2 电加成反应

阳极加成是两个亲核试剂分子（用 Nu 表示）和双键体系加成的同时失去两个电子的反应，通式为：

$$R_2C{=}CR_2 + 2Nu^- \xrightarrow{\text{阳极}} \underset{Nu}{R_2C}-\underset{Nu}{CR_2} + 2e^-$$

阴极加成是两个亲电试剂分子（用 E 表示）和双键体系加成的同时加两个电子的反应，通式如下：

$$R_2C{=}CR_2 + 2E^+ + 2e^- \xrightarrow{\text{阴极}} \underset{E}{R_2C}-\underset{E}{CR_2}$$

电加成反应举例如下：

(1) 烯烃的氧化加成

$$H_2C{=}CH_2 \xrightarrow[\text{C 阳极}]{H_2O\text{-}HCl\ (FeCl_3)} \underset{Cl}{H_2C}-\underset{Cl}{CH_2}$$

(2) 烯烃的还原加成

$$H_3C-CH{=}CH_2 \xrightarrow{\text{阴极}} H_3C-CH_2-CH_3$$

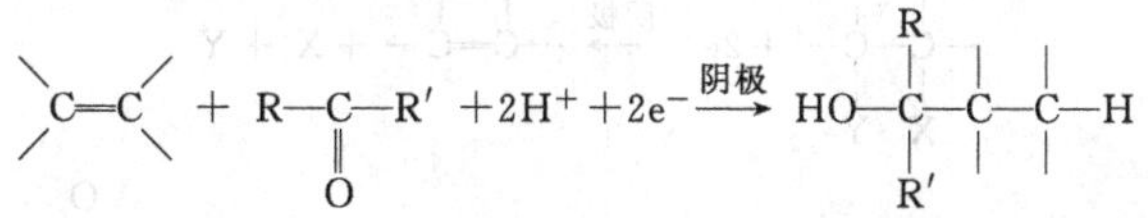

(3) 芳香族化合物的还原加成

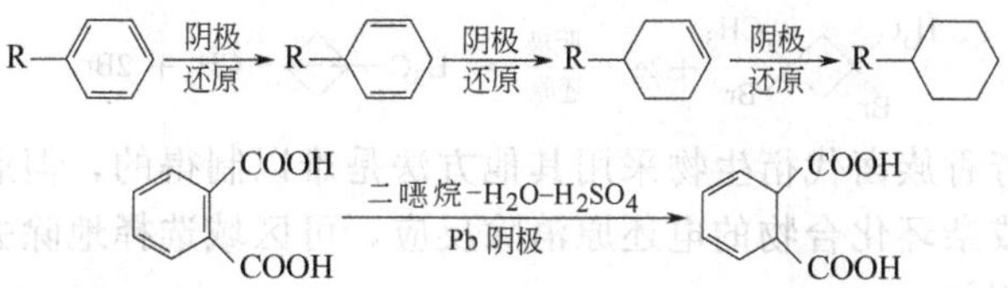

(4) 杂环化合物的还原加成

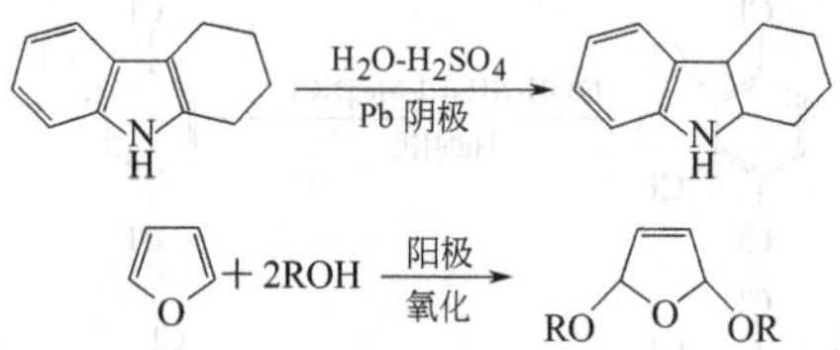

9.4.3 电取代反应

阴极取代反应是亲电试剂对亲核基团的进攻，阳极取代反应则正好相反。阴极和阳极的取代反应可分别用以下通式表示：

阴极取代
$$R-Nu+E^{+}+2e^{-}\longrightarrow R-E+Nu^{-}$$
（E=H、CO_2、CH_3Br；Nu=卤素、RSO、RSO_2、NR_3）

阳极取代
$$R-E+Nu^{-}\longrightarrow R-Nu+E^{+}+2e^{-}$$
［E=H、R_3C、OCH_3 或其他；R=Ar、$ArCH_2$、卤素、$RCON(CH_3)CH_2$、$>C=C=CH_2$ ］

例如苯环上的取代：

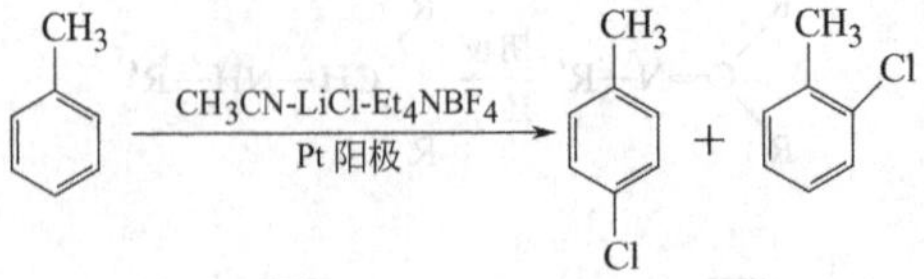

苯环侧链上的取代：

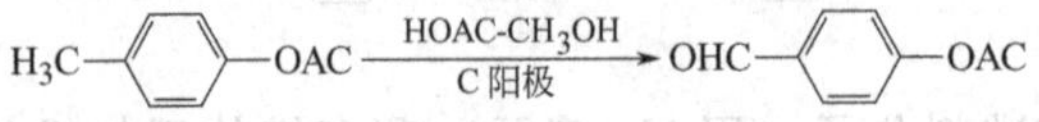

杂环上的取代：

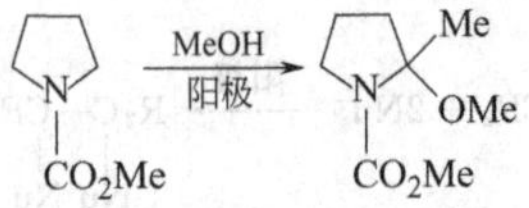

9.4.4 电消除反应

阳极和阴极电化学消除反应分别为阳极和阴极电加成反应的逆反应。

（1）阳极电消除反应（脱羧）

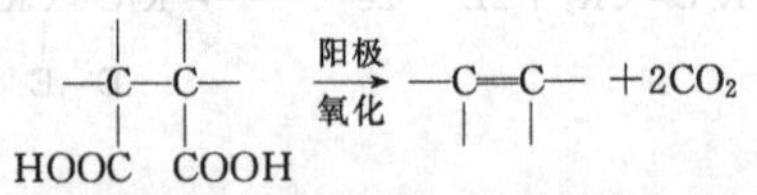

例如：

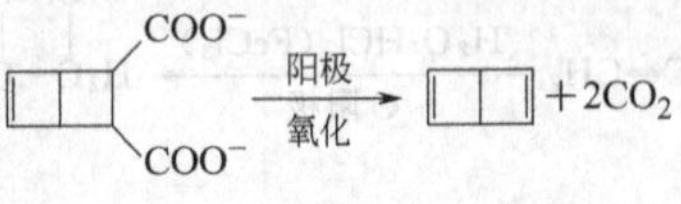

（2）阴极电消除反应

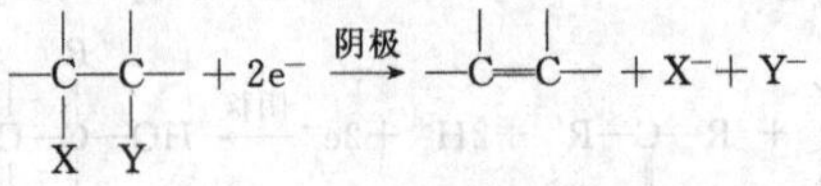

其中X、Y=F、Cl、Br、I、RCOO、RSO_3、RS、HS、OH、$-O-\overset{O}{\overset{\|}{C}}-O-$ 等。例如：

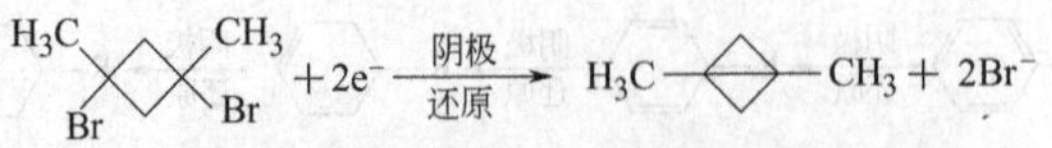

某些特殊取代方式的芳香族卤代衍生物采用其他方法是难以制得的，但通过对全卤代（或部分卤代）芳香族化合物或杂环化合物的电还原消除反应，可区域选择地除去一个卤原子，此反应具有很高的选择性，例如：

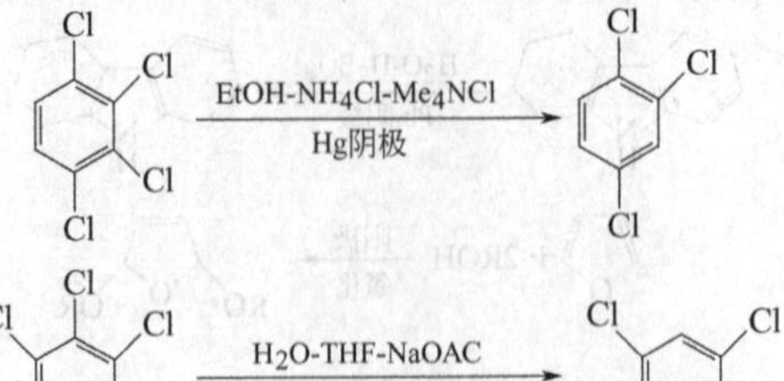

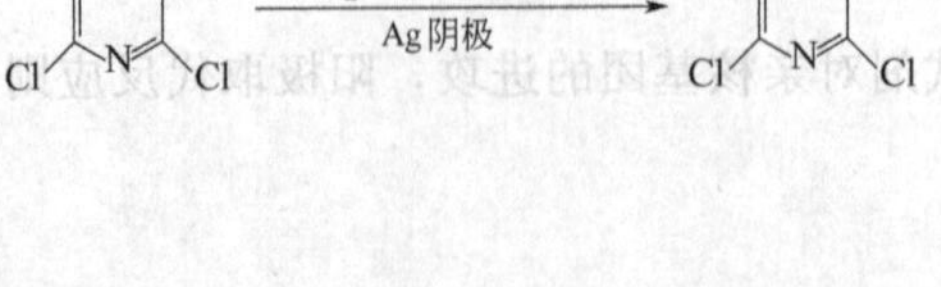

9.4.5 C-C 偶合反应

（1）**阳极 C-C 偶合** 可用以下通式来表示： $2R-E \xrightarrow{\text{阳极}} R-R+2E^++2e^-$

或

$$2 \text{C=C} + 2Nu^- \xrightarrow{\text{氧化}} Nu-\text{C}-\text{C}-\text{C}-\text{C}-Nu + 2e^-$$

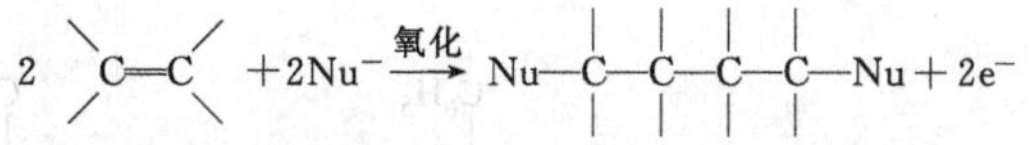

例如：

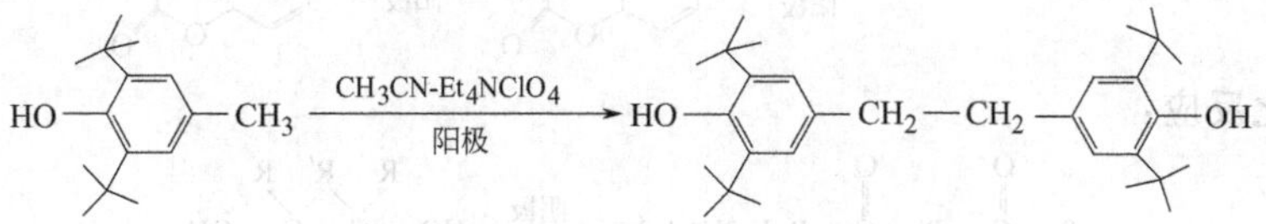

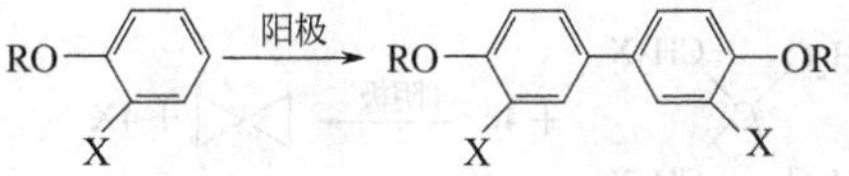

$$2RCOO^- \xrightarrow[\text{Pt 阳极}]{CH_3OH} R-R + 2CO_2 + 2e^-$$

上式为著名的柯尔贝（Kolbe）反应，是增长碳链的主要反应之一。

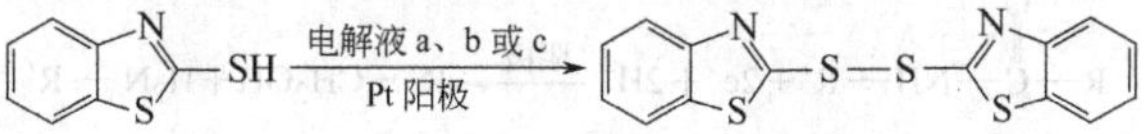

式中，电解液 a 为 Et_3N-CH_3OH，收率为 99%；b 为 CH_3OH-NaBr，收率为 99%；c 为 H_2O-KOH，收率为 98%。

（2）**阴极 C-C 偶合反应** 可用下式表示： $2R-Nu+2e^- \xrightarrow{\text{阴极}} R-R+2Nu^-$

或

$$2 \text{C=C} + 2E^+ + 2e^- \xrightarrow{\text{阴极}} E - \text{|||||} - E$$

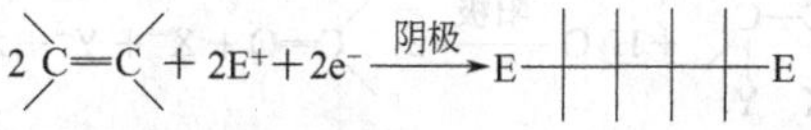

例如，活化烯烃与羰基化合物的 C-C 偶合反应：

$$H_2C=CH + RCHO \xrightarrow[\text{Pb 阴极}]{H_2O-Et_4NSO_4Et} R-\text{CH}-CH_2-CH_2-CN$$
$$\quad\quad | \quad\quad\quad\quad\quad\quad\quad\quad\quad\quad\quad\quad |$$
$$\quad\quad CN \quad\quad\quad\quad\quad\quad\quad\quad\quad\quad OH$$

有机卤代物的还原脱卤反应：

$$2 Br\text{—}CH_2CH_2\text{—}OH \xrightarrow[\text{Cu 阴极}]{H_2O-NH_4OH-NH_4Cl} HO\text{—}(CH_2)_4\text{—}OH$$

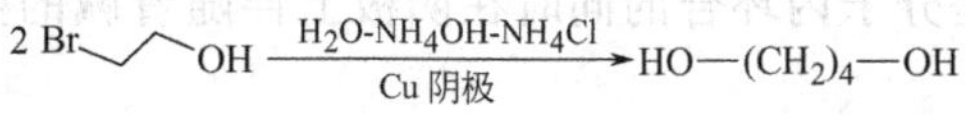

硝基化合物的偶氮化反应：

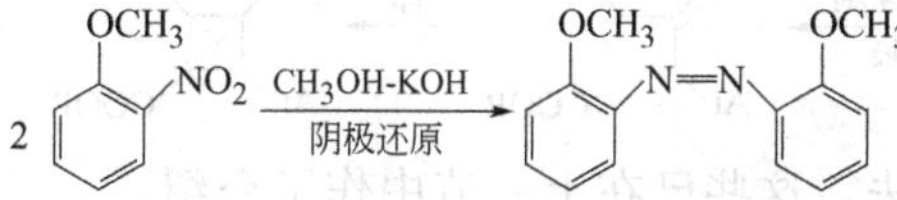

9.4.6 电聚合反应

有机物通过电极反应可生成二聚化合物，称为电二聚化反应。
例如：

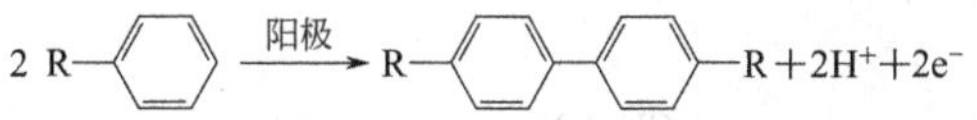

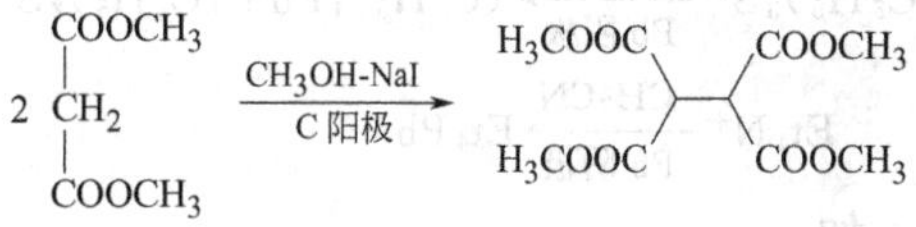

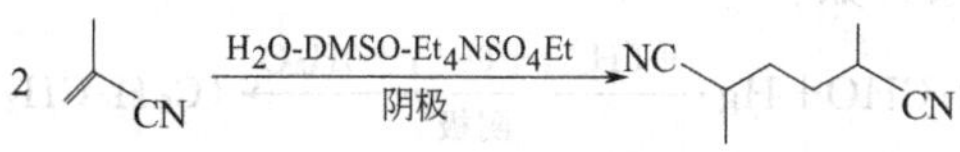

多个分子经过电极反应可聚合成大分子，称为电多聚化反应。通过电化学引发和控制电解条件可得到一定聚合度的聚合物。

9.4.7 电环化反应

阳极电环化反应：

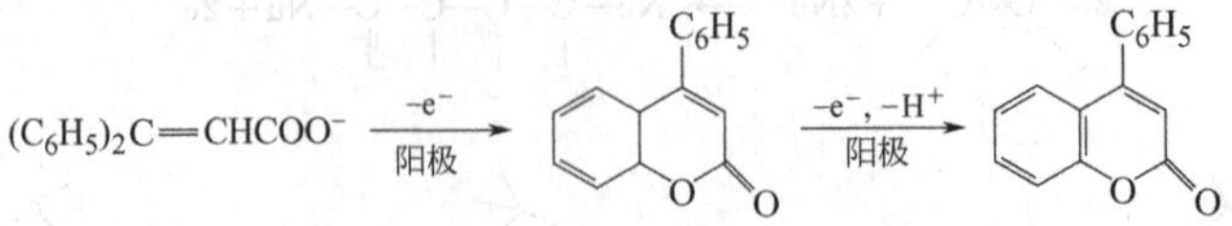

阴极电环化反应：

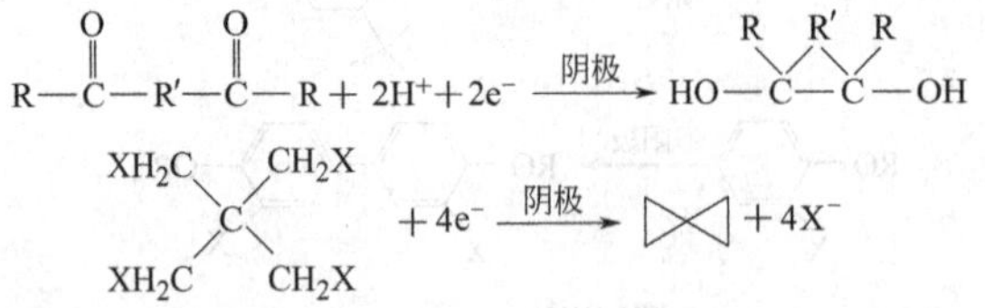

9.4.8 电裂解反应

阴极还原裂解反应：

$$R-\overset{O}{\overset{\|}{C}}-NH-R'+2e^-+2H^+ \xrightarrow{\text{阴极}} R-CH_2OH+H_2N-R'$$

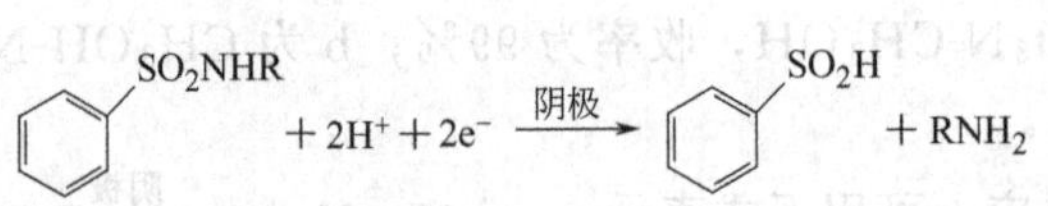

阳极氧化裂解反应：

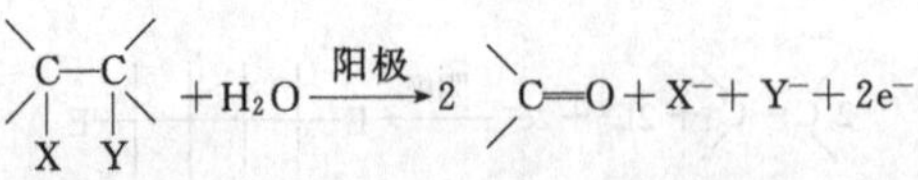

(X、$Y=NR_2$、OR、C_6H_5S等)

9.4.9 不对称电合成反应

通过电极反应可以合成许多光活性物质。这类电极反应称为不对称电合成反应或手性电合成反应。例如，桂皮酸酯在DMF/Et_4NBr溶液中经电化学加氢二聚，所得的反式烯酸酯环合成光活性的五元环（结果是分子内环合的同时在阴极上伴随着碱的生成），收率大于95%，电极反应如下：

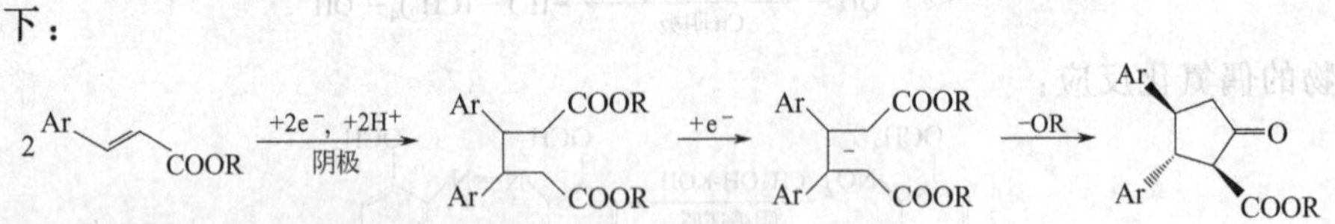

不对称电合成有许多方法，这些已在上一节中作了介绍。

9.4.10 金属有机化合物的电合成反应

金属有机化合物应用广泛，常常用作防爆剂、稳定剂、防腐剂、催化剂及颜料等。电合成是制备金属有机化合物的一种有效方法。

① 锍离子的电还原：

$$(C_2H_5)_3S^+ \xrightarrow[\text{Pb 阴极}]{CH_3CN} (C_2H_5)_4Pb+(C_2H_5)_2S$$

$$Et_4N^+ \xrightarrow[\text{Pb 阴极}]{CH_3CN} Et_4Pb$$

② 羰基化合物的电还原，如：

$$2C_6H_5CHO+Hg \xrightarrow[\text{阴极}]{+6H^+,+6e^-,-2H_2O} (C_6H_5CH_2)_2Hg$$

$$2R_2CO + Hg + 6H^+ + 6e^- \xrightarrow{\text{Pb 阴极}} (R_2CH)_2Hg + 2H_2O$$

③ 烯烃化合物的电还原，如

$$4H_2C{=}CHCN + Sn + 4H^+ + 4e^- \xrightarrow{\text{Sn 阴极}} Sn(CH_2CH_2CN)_4$$

④ 卤代烃的电还原，通式如下：

$$RX + e^- \longrightarrow RX^{-}\cdot \longrightarrow R\cdot + X^-$$

$$M + nR \longrightarrow MR_n$$

式中，R、X 及 M 分别代表烃基、卤素和金属，R· 为烃自由基，MR_n 为金属有机化合物。例如：

$$4C_2H_5Br + Pb + 4e^- \xrightarrow[\text{Pb 阴极}]{\text{LiBr}} Pb(C_2H_5)_4 + 4Br^-$$

⑤ 有机金属盐的电还原，如：

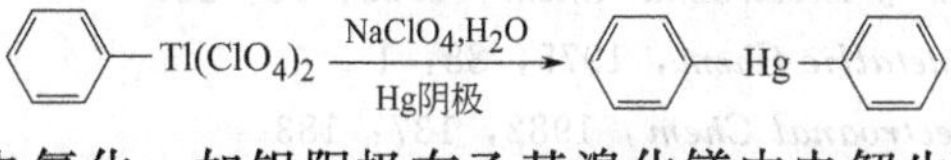

⑥ 有机金属配合物的电氧化，如铝阳极在乙基溴化镁中电解生成三乙基铝的电解反应为：

$$6C_2H_5MgBr + 2Al \longrightarrow 3Mg + 3MgBr_2 + 2Al(C_2H_5)_3$$

⑦ 金属有机化合物的电置换，这是利用与金属有机化合物中的金属交换而生成新金属有机化合物的一种方法，如：

$$(C_6H_5)_2PbCl_2 + 3Hg \longrightarrow Hg(C_6H_5)_2 + Pb + Hg_2Cl_2$$

$$2MAlR_4 + Mg \longrightarrow MgR_2 + 2AlR_3 + 2M$$

式中，M 为碱金属。

⑧ 有机电氟化合成反应，如：

$$ClBrC{=}CCl_2 \xrightarrow[\text{NaF,Ni阳极}]{0\sim5℃,5\sim7V} ClF_2C{-}CCl_2F$$

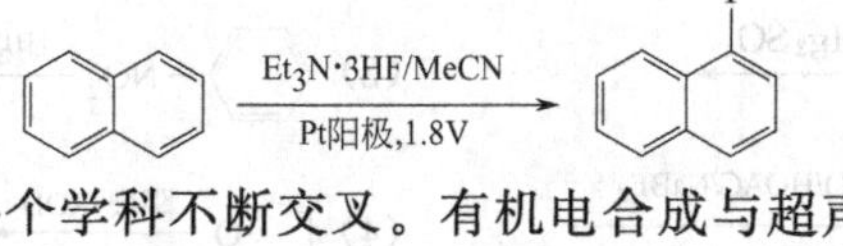

随着科学技术的发展，各个学科不断交叉。有机电合成与超声波合成结合，形成了一种新的合成技术，即有机电-声合成。超声波应用于电合成后，不仅可加快电合成反应，而且可以在反应过程中不断清洁反应电极，避免了电极被污染和产物覆盖，从而可一直保持较高的电流效率和较长的电极寿命。此外，近年来，电合成还与光合成、微波合成结合，形成光电合成和电波有机合成新技术；甚至还可把电、光和超声波三者结合起来，形成电光声有机合成技术。

参考文献

1 王光信，张积树编著．有机电合成导论．北京：化学工业出版社，1997

2 马淳安著．有机电化学合成导论．北京：科学出版社，2002

3 顾登平，贾振斌．有机电合成进展．北京：中国石化出版社，2001

4 徐家业主编．高等有机合成．北京：化学工业出版社，2005

5 王建新主编．精细有机合成．北京：中国轻工业出版社，2000

6 杨辉，卢文庆编著．应用电化学．北京：科学出版社，2001

7 杨绮琴，方北龙，童叶翔编著．应用电化学．广州：中山大学出版社，2001

8 唐培堃主编．精细有机化学及工艺学．天津：天津大学出版社，1999

9 潘春跃主编．合成化学．北京：化学工业出版社，2005

10 郭建忠，李志萍，薛永强．菲的高效液相催化氧化制取菲醌．太原理工大学学报，2003，34（1）：60～62

11 贾晓辉，郭建忠，薛永强．菲液相催化氧化制取菲醌．山西化工，2001，21（3）：1～3

12 贾晓辉，薛永强．高效液相催化氧化菲制取菲醌．南华大学学报（理工版），2004，18（2）：20～24
13 刘芝平，薛永强，王志忠．用高锰酸钾氧化工业菲制备菲醌．山西化工，2004，24（4）：29～30
14 刘芝平，薛永强，栾春晖，张俊峰．硫酸铬电解氧化反应的研究．山西化工，2006，26（2）：4～6
15 刘芝平．电化学氧化菲合成菲醌：［硕士学位论文］．太原：太原理工大学，2005
16 Niyazmbetov M E，Evans D H. *Terahedron*，1993，43：9627
17 Genders J D，Weinberg N L，Zawodzinski C. *Electroorganic Synthesis*. New York：Marcel Dekker，1991. 273
18 Bergel A. Devaux-Basseguy R. *J Chim Phys*，1996，93：753
19 Kopilov J，Schatzmiller S，Kirav E. *Electrochim Acta*，1976，21（7）：535
20 Kopilov J，KariV E，Miller L L. *J Am Chem Soc*，1977，99（10）：3450
21 Horner L，Degner D. *Tetrabedron Lett*，1968，（56）：5889
22 Yoshida K. *Electrooxidation in Organic Chemistry*. New York：John & Sons，1984
23 Mckinney P S，Rosenthal S. *J Electroanal Chem*，1968，16：261
24 Tedoradze G A. *J Organometallic Chem*，1975，88：1
25 Sarrazin J，Tallec A. *J Electroanal Chem*，1982，137：183
26 Rault E，Sarrazin J，Tallec A. *J Appl Electrochem*，1985，15：85

习题

9-1 有机电化学合成技术有何优缺点？

9-2 在什么条件下须使用有隔膜电解槽？

9-3 恒电位电解和恒电流电解各有何优缺点？如何实现既恒电位又恒电流电解。

9-4 工作电极、辅助电极和参比电极各在电解中起什么作用？

9-5 在什么情况下需采用间接电合成？在什么情况下需采用槽外式间接电合成？并举例说明。

9-6 成对电合成对两个电极上的反应有何要求？举例说明成对电合成法。

9-7 固体聚合物电解质法有何优缺点？如何制备固体聚合物电解质复合电极？

9-8 根据所给条件，完成下列电解时的电极反应：

（1）$H_2C{=}CH_2 \xrightarrow{Pt/H_2SO_4/Hg_2SO_4}$

（2）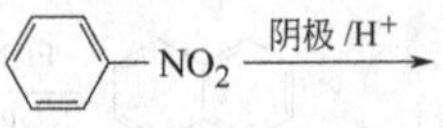

（3）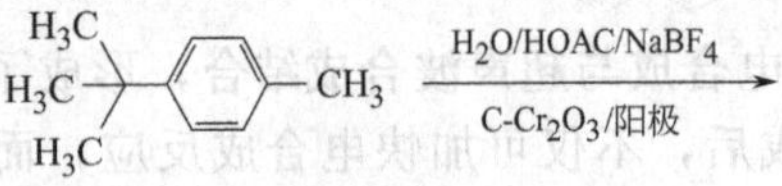

（4）

（5）

（6）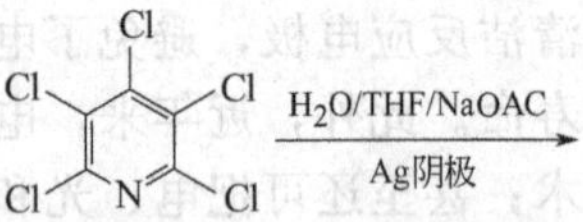

（7）$CH_3CH_3COOH \xrightarrow{CH_3OH/Pt\ 阳极}$

（8）$2CH_3CH_2COO^- \xrightarrow{CH_3OH/Pt\ 阳极}$

9-9 将下面的有机反应设计成电解池，并写出电极反应，试选择电解方法，说明理由。

（1）$RCH{=}CH_2 \xrightarrow{H_2O_2，痕量\ OsO_4} RCH(OH)CH_2OH$

（2）$RCH{=}CH_2 \xrightarrow{Zn,HCl(aq)} RCH_2CH_3$

（3）$C_6H_5CH_3 \xrightarrow{MnO_4^{2-},OH^-} C_6H_5COO^-$

（4）$HCHO$（甲醛）$\xrightarrow{Ag(NH_3)_2^+} CO_2$

（5）$HO-CR_2-CR_2-OH \xrightarrow{Pb(Ⅳ)} 2\ R_2C{=}O$

9-10 为了减少对环境的污染，可将下述反应通过间接电合成方法来实现，试写出下列各反应所对应的电极反应和间接电合成实施的反应步骤。

(1) $CH_3CH_2OH \xrightarrow{Cr_2O_7^{2-}/H^+} CH_3CHO$

(2) 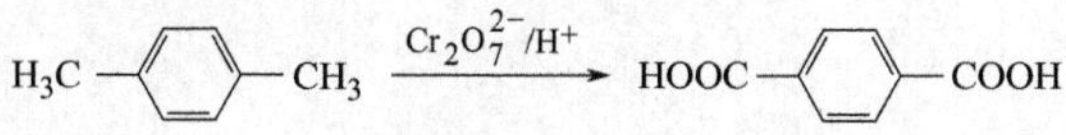

(3) 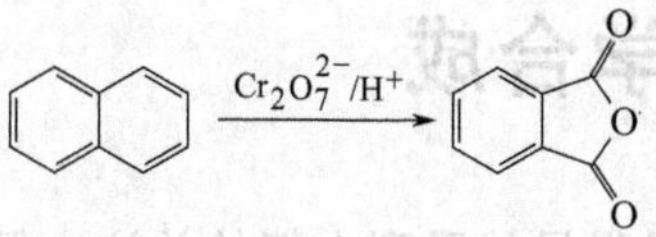

(4) 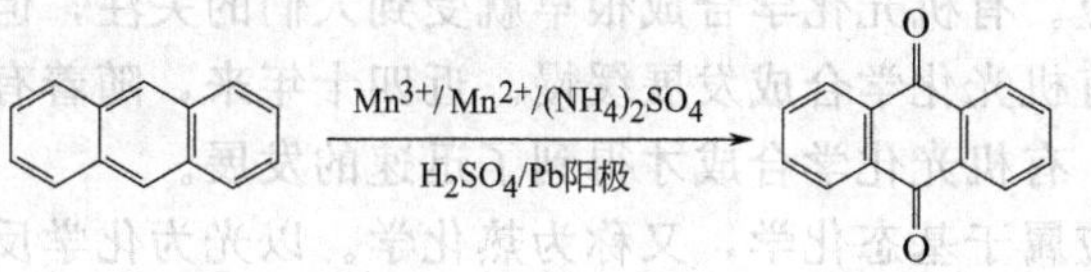

第 10 章　有机光化学合成

光化学就是研究被光激发的化学反应。有机光化学合成很早就受到人们的关注，但由于缺少适宜的光源以及分析上的困难，致使有机光化学合成发展缓慢。近四十年来，随着有机波谱分析手段的完善和各种紫外光源的出现，有机光化学合成才得到了迅速的发展。

以热为化学变化提供能量的化学反应属于基态化学，又称为热化学。以光为化学反应提供能量的化学反应属于激发态化学，即光化学。二者研究的是不同性质的化学反应。人们研究发现许多化学反应在基态条件下（加热条件下）是不能发生的，但在光照条件下可以发生，也就是说，有机光化学反应能够完成许多用热化学反应难以完成或根本不能完成的有机合成工作，所以有机光化学合成具有重要的应用价值。

10.1　有机光化学基础

10.1.1　光致激发

在有机光化学反应中，反应物分子吸收光能而由基态跃迁到激发态，成为活化分子，然后引起化学反应。

光化学所用光的范围一般在可见光 700nm 到紫外光 200nm。一个反应分子吸收一个光子后被激发活化，则 1mol 分子吸收的能量为：

$$E=Nh\nu=\frac{Nhc}{\lambda}=\frac{6.023\times10^{23}\times6.62\times10^{-34}\times2.998\times10^{8}}{10^{-9}\lambda\times10^{3}}\mathrm{kJ\cdot mol^{-1}}=\frac{1.197\times10^{5}}{\lambda}\mathrm{kJ\cdot mol^{-1}}$$

式中，N 为阿伏伽德罗常数；h 为普朗克常数；c 为光速；λ 为光的波长。

有机化合物的键能在 200～500kJ·mol^{-1}范围内，则有机分子吸收波长为 600～239nm 的光后则可造成键的断裂，而发生化学反应。

有机分子吸收光能后，可使电子从基态分子轨道激发到某个较高能量的分子轨道。可能的跃迁有 $\sigma\rightarrow\sigma^*$、n（非键轨道）$\rightarrow\sigma^*$、$\pi\rightarrow\pi^*$ 和 $n\rightarrow\pi^*$ 等；但绝大多数有机光化学反应都是通过 $n\rightarrow\pi^*$ 和 $\pi\rightarrow\pi^*$ 跃迁进行的。

大多数有机分子在基态时各个成键和非键轨道上的电子都是配对的，每对电子的自旋取向相反。因这一状态电子总自旋角动量在磁场方向的分量只有一个，在光谱中呈现一条谱线，因而称为单重态或单线态，用 S 表示，基态的单线态用 S_0 表示。当某个电子从基态跃迁到激发态时，在激发态电子有两种不同的取向，例如 $\pi\rightarrow\pi^*$ 情况如图 10.1 所示。当 π 和 π^* 轨道中电子自旋取向相反时，仍为单线态，第一激发态的单线态用 S_1 表示，更高的激发态的单线态分别用 S_2、S_3……表示。而当两个电子的取向相同时，总自旋角动量在磁场方向有三个分量，在光谱中呈现三条谱线，从而称为三重态或三线态，用 T 表示，第一激发态所对应的三线态用 T_1 表示，更高能级的激发三线态用 T_2、T_3……表示。对于同一激发组态，三线态的能量比单线态要低，即 $E_{T_1}<E_{S_1}$、$E_{T_2}<E_{S_2}$……。

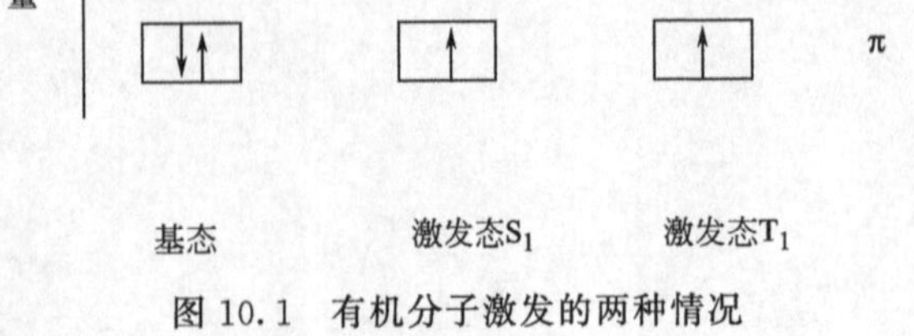

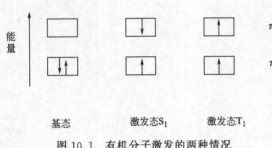

图 10.1　有机分子激发的两种情况

10.1.2 激发态行为

实际上，电子并不能在任意两个能级间跃迁。将量子力学理论应用于电子跃迁，得到了电子跃迁的选择定则：所有自旋守恒的跃迁是允许的，否则是禁阻的（不允许的）。例如 $S_0 \rightarrow S_1$、$T_1 \rightarrow T_2$、$S_2 \rightarrow S_1$ 是允许的，而 $S_0 \rightarrow T_1$、$T_2 \rightarrow S_1$ 等是不允许的。但事实上也常观察到违反选择定则的跃迁，这是因为选择定则是基于“纯”的电子状态计算而得到的。

根据洪特规则，同一电子组态自旋平行的未成对电子数越多，则能量越低，可见激发三线态的能量比对应的单线态低。因为能量越高越不稳定，寿命越短，所以激发三线态的寿命比单线态的长。不过不同多重性的激发态之间也能发生状态转换（不损失能量），这个过程称为系间窜越。由于电子能级间还有一系列能级间隔较小的振动能级，所以等能的系间窜越必定涉及振动能级，如 S_1 的某个振动能级向 T_1 的某个振动能级窜越，如图 10.2 所示。

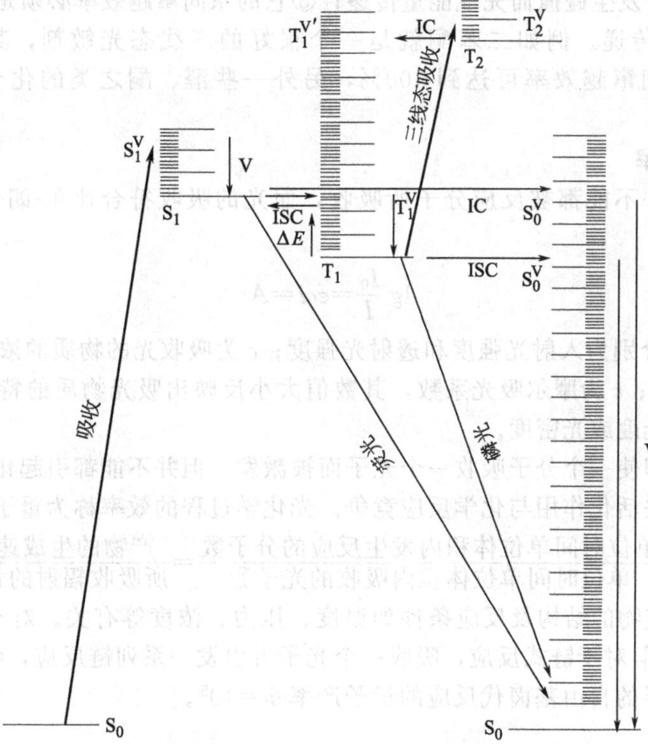

V为振动阶式消失，IC为内转换，ISC为系间窜越

图 10.2　分子激发与去活图解

一个光化学反应涉及的是单线态还是三线态，取决于系间窜越与激发单线态化学反应二者的相对速度。如果系间窜越速度快，则将转成三线态，由三线态引发光化学反应。如果系间窜越速度慢，则将通过单线态发生反应。

激发态很不稳定，不是发生化学反应，就是通过辐射或非辐射过程失去激发能。辐射失活时通过放出荧光或磷光来实现。荧光是电子从激发单线态最低振动能级（S_1）跃迁到基态单线态（S_0）的某个振动能级时所发出的辐射。磷光是激发三线态（T_1）向基态（S_0）某振动能级跃迁所发出的辐射。由于 $T_1 \rightarrow S_0$ 的跃迁是自旋禁阻的，所以磷光辐射过程很慢，寿命较长（$10^{-5} \sim 10^{-3}$s），光线较弱。非辐射去活分为系间窜越和内转换两种类型。内转换是指由一种状态不失能量地转变为另一种具有相同多重性的状态，如从 S_1 的某个振动能级转变为 S_0 的某个振动能级（二者能量相同）。所有这些激发态放出能量的过程参见图 10.2。

激发态分子除分子内部发生能量消失过程外，激发态分子还可通过分子内碰撞，把能量传给能量接受体分子（基态分子），而回到基态，能量接受体分子上升到激发态，这一过程称为敏化过程。激发态能量给予体分子称为敏化剂（D），也称为光敏剂；接受体分子（基态）称为淬灭剂（A）。敏化剂可能是反应分子，也可能是易吸收光能的介质分子，如植物光合作用中的叶绿素，淬灭剂可以是反应分子，也可能是溶剂分子、基态敏化剂或杂质等。若淬灭剂为反应分子，则就可能引起反应生成产物。一般光化学反应机理如下：

$$D(S_0)\xrightarrow{h\nu}D(S_1)\xrightarrow{ISC}D(T_1)$$

$$D(T_1)+\text{反应物 }A(S_0)\longrightarrow D(S_0)+\text{反应物 }A(T_1)$$

$$\text{反应物 }A(T_1)\longrightarrow \text{产物}(S_0)$$

理想的敏化剂应符合下列几个条件：①三线态能量要高于反应物受体三线态的能量，否则敏化剂不能与受体发生能量传递；②其三线态应有足够长的寿命和足够大的浓度，使其有足够的时间与反应物分子发生碰撞而完成能量传递；③它的系间窜越效率必须是高的，以便能发生稳定的三线态能量传递。例如二苯酮就是一个很好的三线态光敏剂，其三线态能量高达 $287kJ\cdot mol^{-1}$，系间窜越效率可达到 100%，另外一些醛、酮之类的化合物也是较好的光敏剂。

10.1.3 光化学效率

光源发出的光并不能都被反应分子所吸收，而光的吸收符合比尔-朗伯（Lambert-Beer）定律：

$$\lg\frac{I_0}{I}=\varepsilon cl=A \tag{10.1}$$

式中，I_0 和 I 分别为入射光强度和透射光强度；c 为吸收光的物质的浓度（$mol\cdot L^{-1}$）；l 为溶液的厚度（cm）；ε 为摩尔吸光系数，其数值大小反映出吸光物质的特性及电子跃迁的可能性大小；A 为吸光度或光密度。

在光辐照下，即使一个分子吸收一个光子而被激发，但并不能都引起化学反应，这是因为有辐射和非辐射的去活化作用与化学反应竞争。光化学过程的效率称为量子产率（Φ）：

$$\Phi=\frac{\text{单位时间单位体积内发生反应的分子数}}{\text{单位时间单位体积内吸收的光子数}}=\frac{\text{产物的生成速度}}{\text{所吸收辐射的强度}}$$

Φ 的大小与反应物的结构及反应条件如温度、压力、浓度等有关。对于许多光化学反应，Φ 处于 0～1 之间。但对于链式反应，吸收一个光子可引发一系列链反应，Φ 值可达到 10 的若干次方。例如，烷烃的自由基卤代反应的量子产率 $\Phi=10^5$。

10.2 有机光化学合成技术

前面介绍了光化学原理，但要将这些原理变成现实，合成出有机化合物，还必须通过有机光化学合成技术才能实现。有机光化学合成技术是研究有机光化学反应的必要手段，包括光源的选择、光强的测定、光化学反应器、光化学中间体的鉴别和测定等。对于产物的检出和分析以及反应过程动力学的研究，一般可以采用标准的化学方法来完成。

10.2.1 光源的选择

10.2.1.1 波长的选择

有机光化学反应的初级过程（分子吸收光成为激发态分子，解离后生成各种自由基、原子等中间体的过程）和量子效率均与光源有关。理想的光源应该是单色光，这可使绝对光强的测定大大简化。除激光器外，大多数光源都是多色光，通常要采用某种光学方法来得到狭窄的某个波段的光。单色器（光栅型或棱镜型）是将光的波长变窄的常用仪器，不过分离后的光强不够理想。加一片或多片滤光片以及能允许某个波段光透过的溶液也是常用的方法。

光源波长的选择应根据反应物的吸收波长来确定。常见的几类有机化合物的吸收波长为：烯 190～200nm；共轭脂环二烯 220～250nm；共轭环状二烯 250～270nm；苯乙烯 270～300nm；酮 270～280nm；苯及芳香体系 250～280nm；共轭芳香醛酮 280～300nm；α,β-不饱和酮 310～330nm。并且有机化合物的电子吸收光谱往往有相当宽的谱带吸收。光源的波长应与反应物的吸收波长相匹配。

10.2.1.2　光源的选择

常用的普通光源有碘钨灯、氙弧灯和汞弧灯。以石英玻璃制成的碘钨灯可提供波长低于 200nm 的连续的紫外光；低压氙灯可提供 147nm 的紫外光；汞弧灯分为低压、中压和高压三种类型，低压汞灯主要可提供波长为 253.7nm 和 184.9nm 的紫外光，中压汞灯可提供主要波长为 366nm、546nm、578nm、436nm 和 313nm 的紫外光或可见光；高压汞灯可提供 300～600nm 范围内多个波长段的紫外光或可见光。另外 Zn 和 Cd 弧灯可提供 200～230nm 的紫外光。

激光器也是常用的光源，可提供不同波长的单色光。激光器的工作模式有连续波（CW）、脉冲式及混合型。一些重要激光器的波长为：N_2 激光器（337nm）；准分子（如 KrF）激光器（246nm）；Ar 离子激光器（458～514nm）；可调谐染料激光器（200～1100nm）。

10.2.2　光化学反应器

经典的光化学反应器由光源、透镜、滤光片、石英反应池、恒温装置和功率计等几部分组成，如图 10.3 所示。灯发出的紫外光通过石英透镜变为平行光，再经过滤光片将紫外光变为某一狭窄波段的光，通过垂直于光束的石英窗照射在反应混合物上，未被反应体系吸收的光透射到功率计（某种光强检测仪器），由功率计测出透射光的强度。

若采用激光器作为光源，则不需要滤光片，其他装置与经典光化学反应器类似，现在已有专门出售的光化学反应器，将光源、透镜、滤光片、反应池和光强检测器等集成在一起，成为一个完整的反应系统。

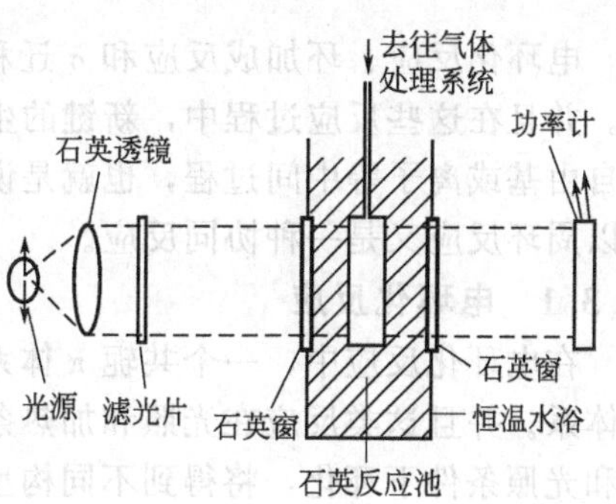

图 10.3　经典的光化学实验装置示意图

10.2.3　光强的测定

为了考察反应体系对不同波长的吸收情况和计算量子产率，需要测定吸收前后光的强度，下面介绍几种常用的方法。

紫外分光光度法：若在紫外分光光度计中装入与光化学反应实验相同的光源，则利用空白液和反应物混合液的吸光度值，可算出反应体系在给定波长下的吸光分率。因此，人们常常将紫外分光光度计改装为光化学反应器，集反应和检测于一体。不过这一方法仅能测出相对值。

热堆法：利用光照在涂黑物体表面温度升高的原理，将热电偶的外结点涂成黑色，根据热电偶测出的温度值来折算光的强度。这一方法的缺点是热电偶对室温起伏很敏感，往往会带来误差。

光电池法：光电池是光照下可产生电流的一种器件，光强与电流成正比，根据电流大小可计算出光的强度，不过光电池需要预先校准。光电池法的优点是灵敏度比热堆法高，温度的起伏对它影响很小，另外实验室的杂散光对它影响不大，不必严格地加以排除。

测定光强的另一种方法是化学露光剂法，是利用量子产率已精确地知道的光化学反应的速率进行测量的一种方法。这种性质的化学体系在光化学中称为化学露光剂，又叫做化学光量计。最常用的化学露光剂是 $K_3Fe(C_2O_4)_3$ 的酸性溶液。当光照射时，Fe^{3+} 被还原成 Fe^{2+}，$C_2O_4^{2-}$ 则同时被氧化成 CO_2。生成的 Fe^{2+} 和 1,10-菲咯啉形成的红色配合物可作为 Fe^{2+} 的定量依据。这样利用测定 Fe^{2+} 的浓度和已知的量子产率便可计算出光的强度。若将露光剂放在反应器前面，则可测出入射反应器的光强；若放在反应器之后，则可测出透射反应器的光强，如图 10.4 所示。

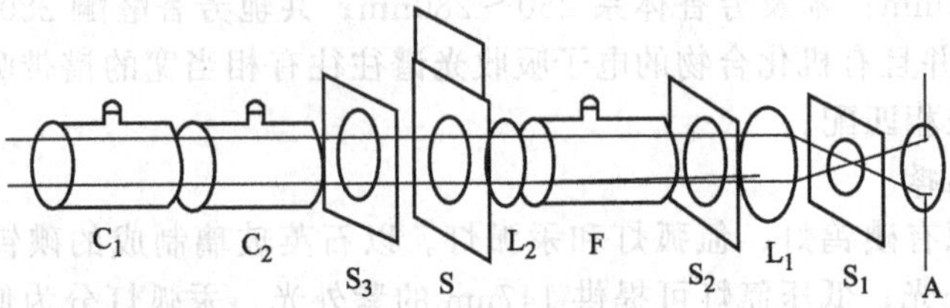

图 10.4　化学光亮剂测定量子产率示意图

A—光源；S_1、S_2、S_3—狭缝；F—滤波器；L_1—短焦距凸透镜；L_2—长焦距凸透镜；C_1—反应器；C_2—化学光量计；S—快门

常用的气相化学露光剂是丙酮，当波长为 200～300nm，温度高于 125℃和压力低于 6.7kPa 时，生成 CO 的量子产率为 1。

关于光化学中间体的鉴定与测定可参考有关专著。

10.3　周环反应

电环化反应、环加成反应和 σ 迁移反应均是通过环状过渡而进行的反应，故称为周环反应。并且在这些反应过程中，新键的生成和旧键的断裂同时发生，反应只经历一个过渡态而没有自由基或离子等中间过程，也就是说，这类反应是没有中间体过程而一步完成的基元反应。所以周环反应又是一种协同反应。

10.3.1　电环化反应

在电环化反应中，一个共轭 π 体系中两端的碳原子之间形成一个 σ 键，构成少一个双键的环体系。并且这类反应在光照和加热条件下的成键方式是不同的。例如丁二烯型的化合物在加热和光照条件下环化，将得到不同构型的环丁烯型产物。

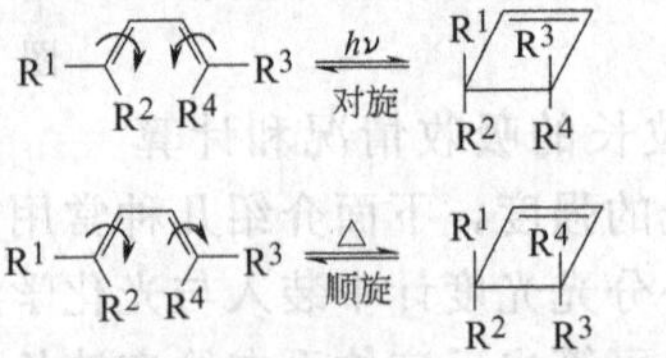

对于己三烯型的化合物，则加热和光照的环化成键旋转方式与丁二烯型化合物正好相反，通过实验总结出的电环化规则见表 10.1。这一规则可以用前线轨道理论和分子轨道对称守恒原理给予解释。另外，需要指出的是，电环化反应是可逆反应，开环反应也服从这一规则。

表 10.1　共轭多烯的电环化规则

π 电子数	反应条件	成键旋转方式	π 电子数	反应条件	成键旋转方式
4n	加热	顺旋	4n+2	加热	对旋
	光照	对旋		光照	顺旋

利用电环化规则可合成一些具有较大张力的分子，例如由不饱和内酯的环化产物的光化学脱羧可生成环丁二烯三羰基铁，如下所示。这一方法已成为合成这种金属有机化合物的重要手段之一。

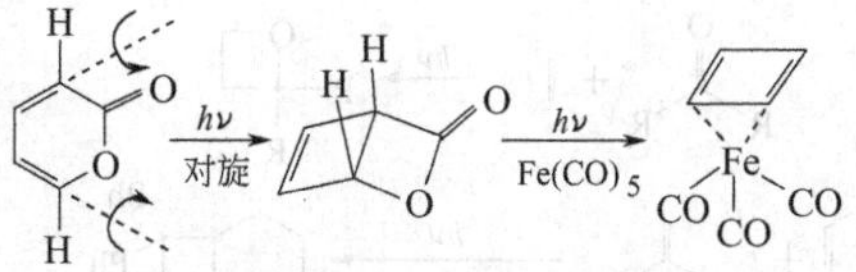

己三烯型的光关环反应常用于合成多核芳香环化合物，如：

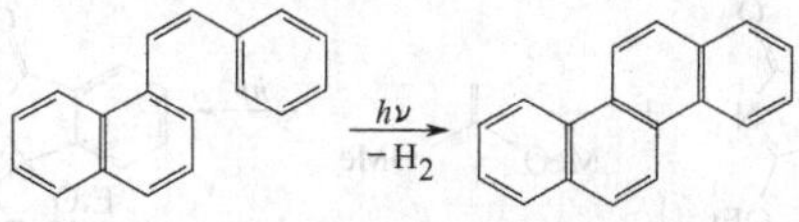

利用光开环反应合成维生素 D_3 前体。通过控制光的波长和反应进度，可得到以维生素 D_3 前体为主的开环产物，进一步进行热允许［1,7］σ 迁移、氢迁移而得到维生素 D_3。这是光环化反应在精细有机合成工业中的一个成功例子。

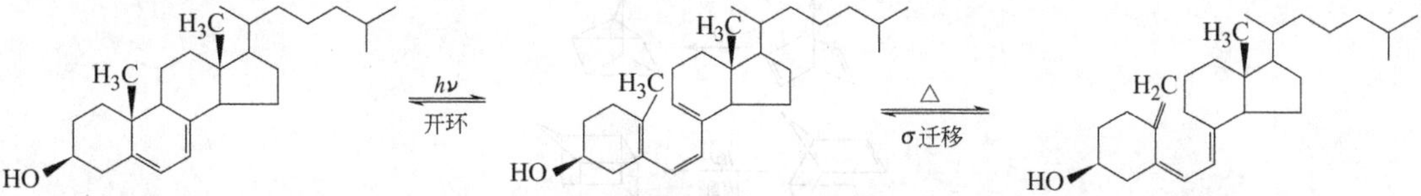

麦角甾醇　　维生素 D_3 前体　　维生素 D_3

其他例子：

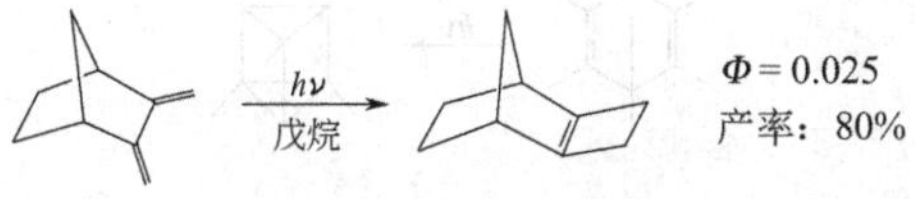

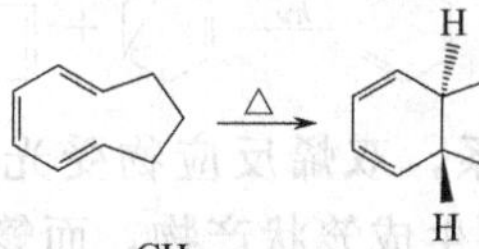

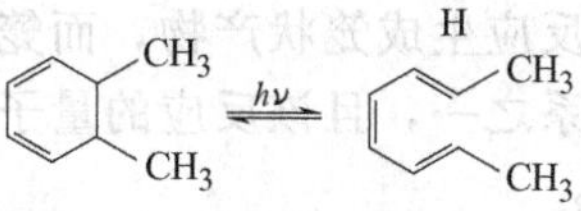

10.3.2　环加成反应

最广泛和最有用的光化学反应之一是光环化加成反应，它是指两个共轭体系、烯烃或双键互相结合生成一个环状化合物的反应。在环加成反应中，发生加成的两个双键变为 2 个单键，同时生成 2 个新的单键，构成少 2 个双键的环体系。

环加成反应种类较多，主要分为分子内环加成和分子间环加成两大类。还可以按参与环化反应的各组分原子数来分，这样，烯烃的二聚为［2+2］环加成，Diels-Alder 反应为［4+2］环加成等。

（1）分子间光环化加成　分子间光环化加成是指含双键的两个分子通过光加成形成环状化合物的反应，如：

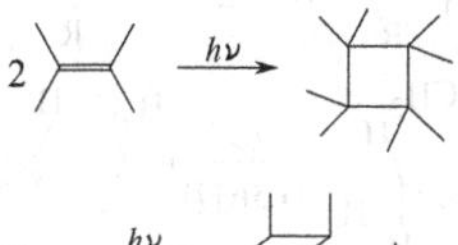

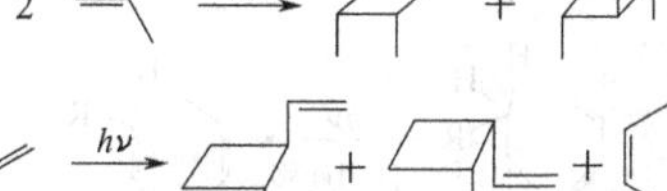

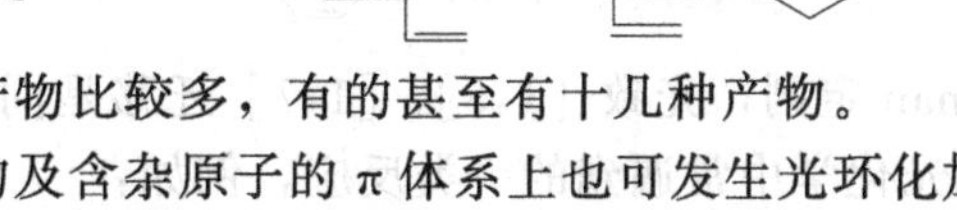

可见分子间光环化加成的产物比较多，有的甚至有十几种产物。

除烯烃外，羰基化合物及含杂原子的 π 体系上也可发生光环化加成反应，如：

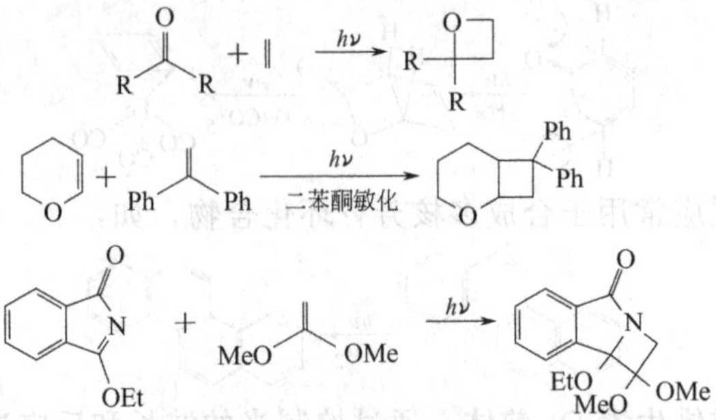

(2) 分子内光环化加成　分子内光环化加成是指含多个双键的分子通过光加成形成环状化合物的反应，可生成不同立体结构的化合物（如笼状化合物），例如：

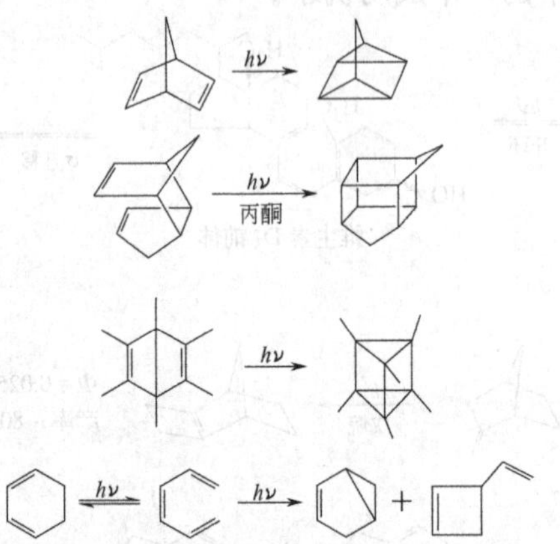

下面的反应被认为是一个储能体系，双烯反应物受光激发，由于它带有苯乙烯基（Ar）而能直接吸收长波光发生环合加成反应生成笼状产物，而笼状产物又能放出能量返回生成反应物，因此被认为是太阳能储存的体系之一，且该反应的量子产率相当高（0.4～0.56）。

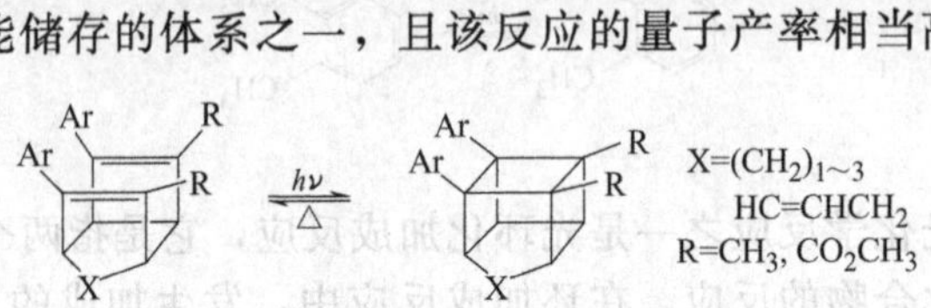

10.3.3　σ迁移反应

σ迁移是指共轭烯烃体系中一端的σ键移位到另一端，同时协同发生π键的移位过程，这一过程也经过环状过渡态，但σ迁移的结果不一定生成环状化合物。根据H原子从碳链上转移的位置，有［1,3］、［1,5］、［1,7］等类型的σ迁移，如下所示：

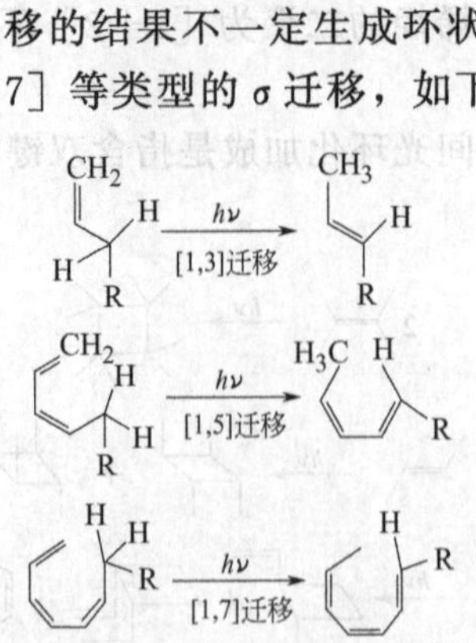

根据Woodward-Hoffman定则，光致［1,3］、［1,7］迁移是同面的，而［1,5］迁移是异面的。σ键迁移反应是有机光化学中常遇到的一类反应，例如：

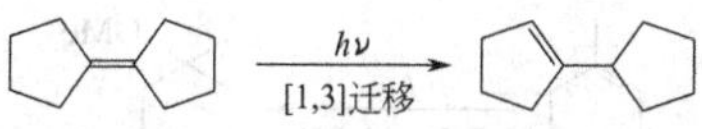

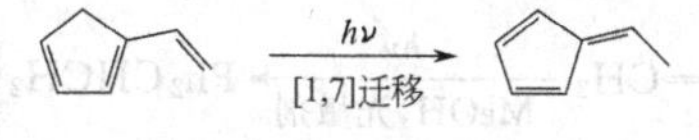

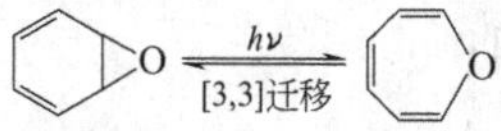

注意：除电环化反应外，某些环加成反应和 σ 迁移反应在加热条件下也可能发生。

10.4 烯烃的光化学反应

烯烃参与的光化学反应很多，除光电环化反应、光环加成反应和光致 σ 迁移反应外，还可发生光异构、光重排和光加成反应等。

10.4.1 光诱导的顺-反异构化反应

烯烃虽然也可通过热反应进行顺反异构化，但主要得到的却是热力学上更稳定的反式异构体。而光异构化的结果却不一样。例如在光照条件下，顺式二苯乙烯或反式二苯乙烯均可生成顺式占 93%、反式占 7%的混合产物。

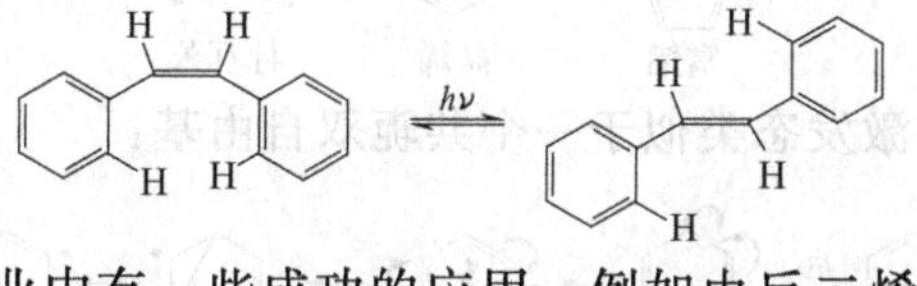

烯烃的光异构在制药工业中有一些成功的应用，例如由反二烯酮光异构生成的顺-2-(亚环己基亚乙基)-环己酮，是合成维生素 D_2 一类化合物的必要中间体。

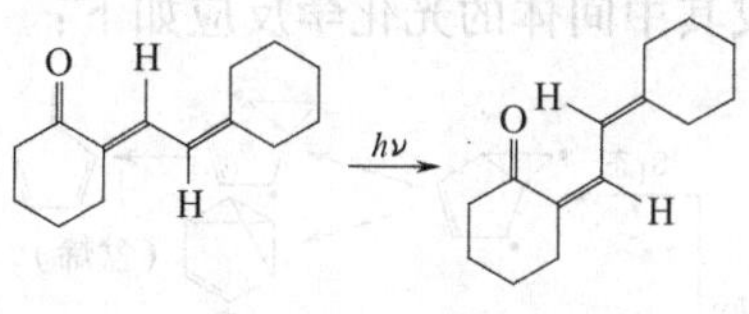

10.4.2 光诱导的重排反应

烯烃的光重排反应大部分是双键与环之间的重排反应，例如：

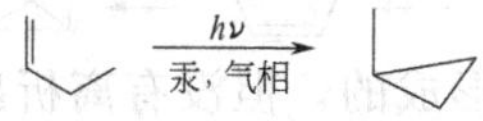

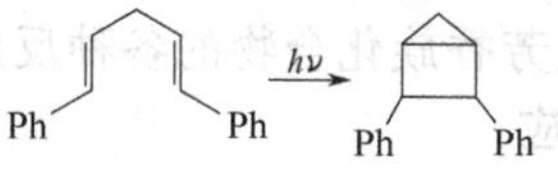

光重排也可发生在不同的环之间，如：

（半瞬烯）

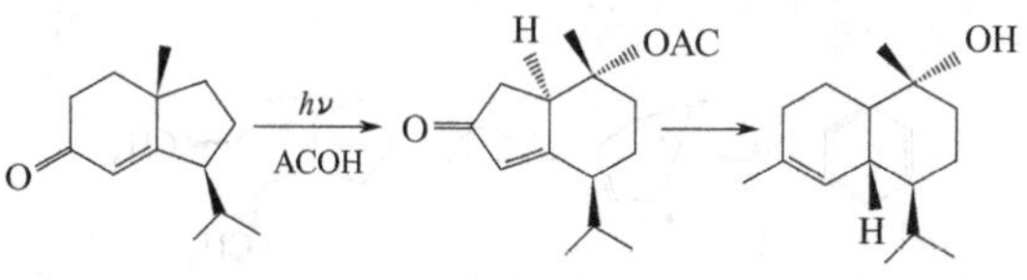

10.4.3 光加成反应

激发态比基态往往具有更大的亲电或亲核活性，烯烃在光照条件下加上质子后可再进行亲核加成反应，取向与马氏规则一致。但在三线态光敏剂存在下，常得到反马氏规则的加成产物。例如：

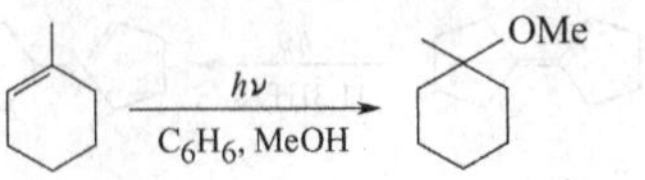

$$Ph_2C{=}CH_2 \xrightarrow[\text{MeOH，光敏剂}]{h\nu} Ph_2CHCH_2OCH_3$$

烯烃也能发生分子内光加成反应，如：

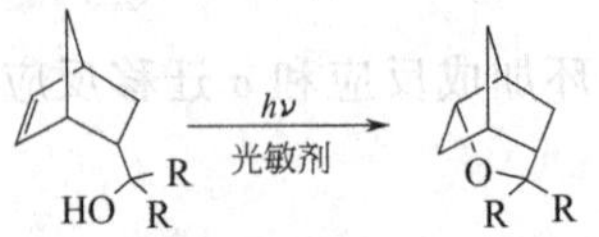

10.5 芳香族化合物的光化学反应

10.5.1 苯的激发态

苯的热化学性质是稳定的，但其光化学性质却是活泼的。用 166～200nm 的光照射苯，可得到富烯（亚甲茂）、盆烯和杜瓦苯：

实验结果表明，苯在其激发态类似于一个共轭双自由基：

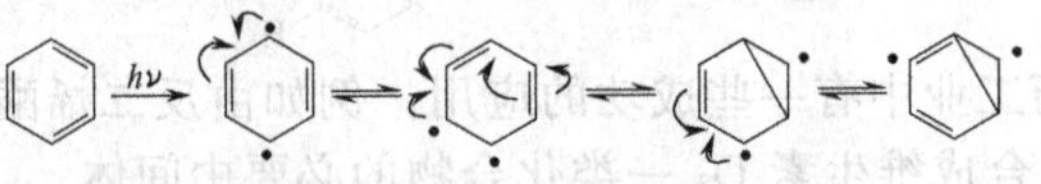

通过实验结果，人们认为苯生成其中间体的光化学反应如下：

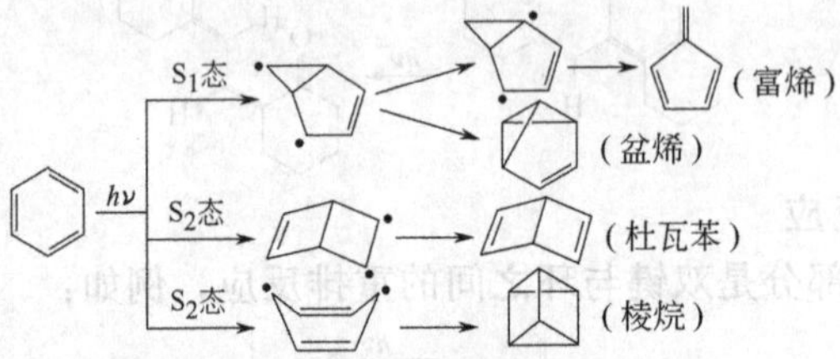

式中的棱烷中间体可能是由 S_2 态形成的，但没有离析出来。

利用这些中间体，可以说明苯及芳香族化合物的各种反应。

10.5.2 芳香族化合物的光加成反应

苯在光照下产生的单线态中间体可以与烯烃发生 1,2-、1,3-和 1,4-加成反应，1,3-加成常得到立体专一性产物，如苯的加成：

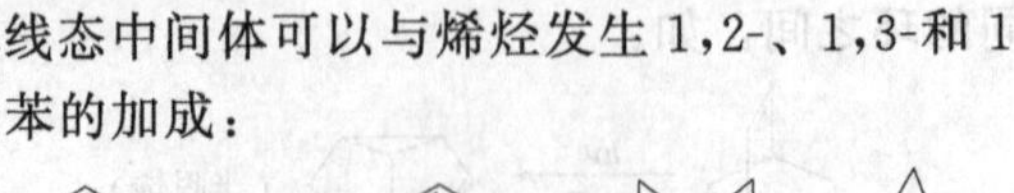

苯光解产物的加成：

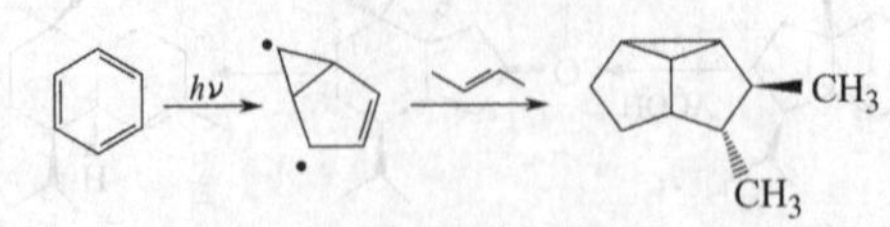

芳香族化合物的分子内加成：

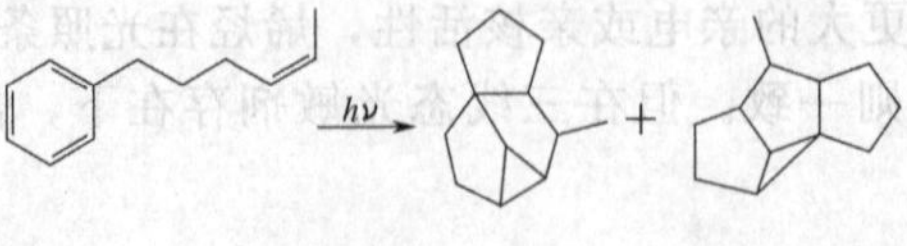

10.5.3 芳环上的光取代反应

芳香族化合物芳环上的光化学取代位置与热化学取代有着显著的差别。例如：

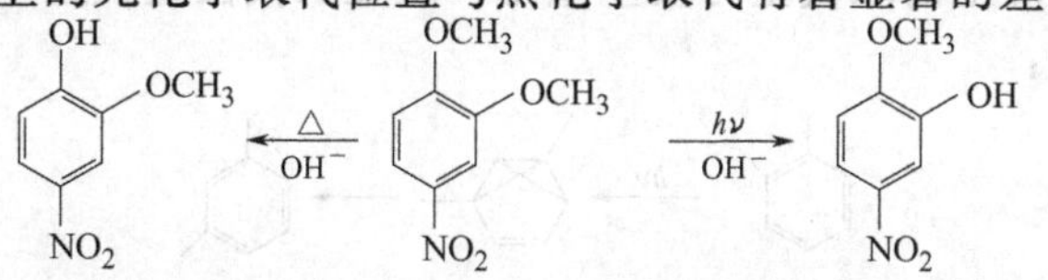

这种现象与发生电子激发时碳环上电子密度的变化密切相关。并且当用不同波长的光照射时，激发态碳环上的电子密度分布也有差别，因而有可能导致不同波长光的照射时，芳环上的取代位及产物不相同。在光化学反应中，芳环 π→π* 激发产生单线态，继而通过单线激发态进行反应。这是芳环上光取代的主要反应方式，但也有一些三线态发生的反应。由于芳环激发态性质的不同，从而可能发生不同的取代模式。人们发现光取代的定向作用与热取代相同，这很可能是形成了激发态后迅速发生内部转换，变为基态的高振动能级，因而得到与基态反应相同的取代结果，例如：

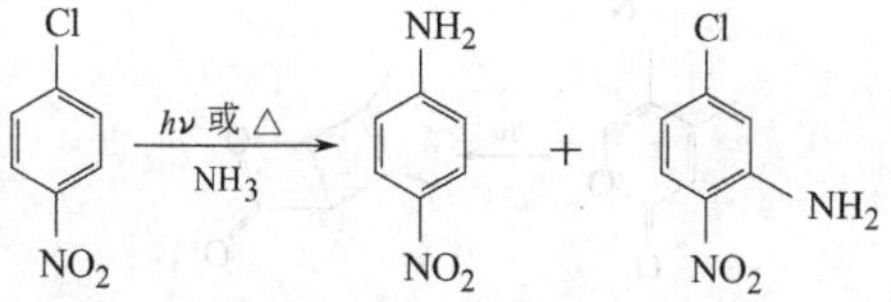

芳环上光取代反应的类型较多，历程也较复杂，并非都有一定的普遍规律，举例如下。

亲核取代：

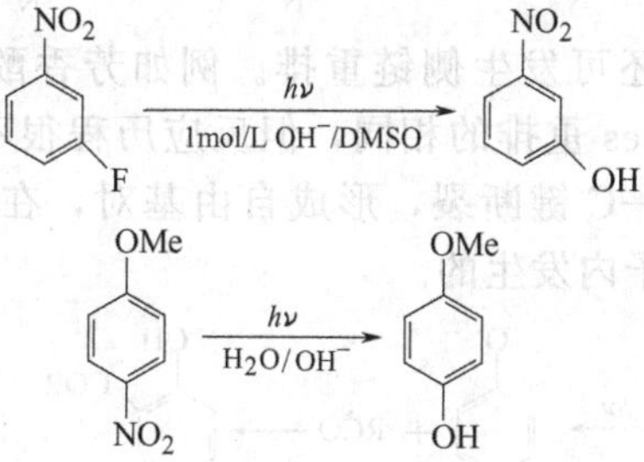

亲电取代：

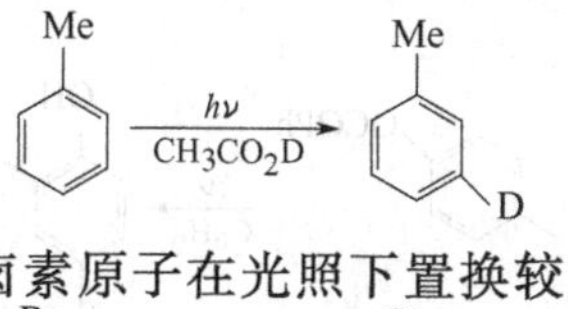

卤素间的相互光取代，较轻的卤素原子在光照下置换较重的卤素原子：

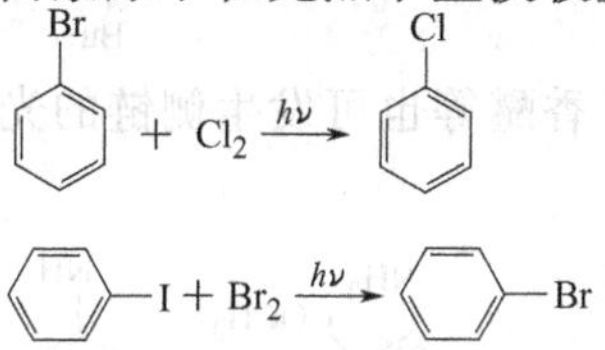

分子内取代：

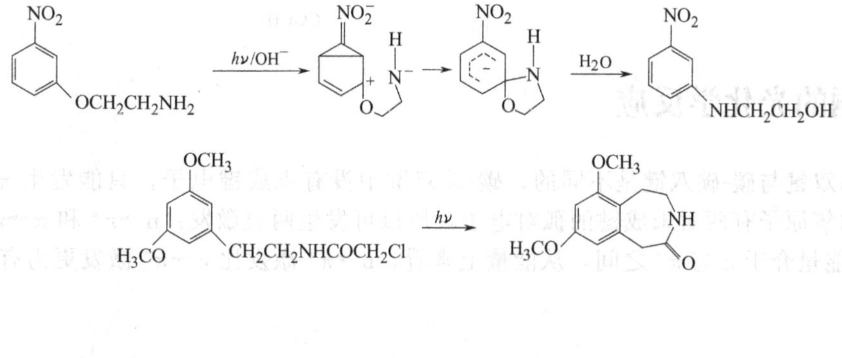

10.5.4 芳香族化合物的光重排反应

在光照条件下，苯环上的取代基可发生重排，改变取代位置，这些取代位置与生成苯环激发态的结构有关，例如：

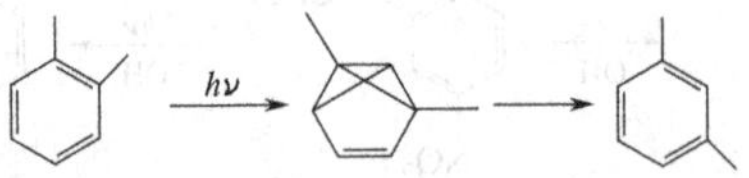

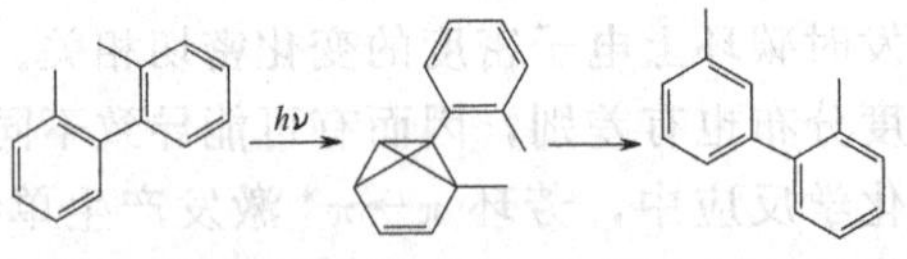

芳香杂环在光照条件下也能发生重排，并且是通过杜瓦苯或盆烯结构的激发态重排的，如：

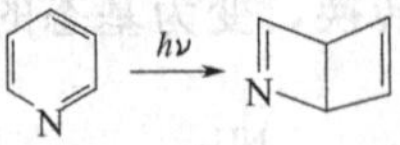

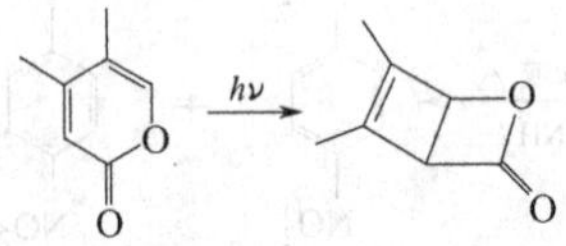

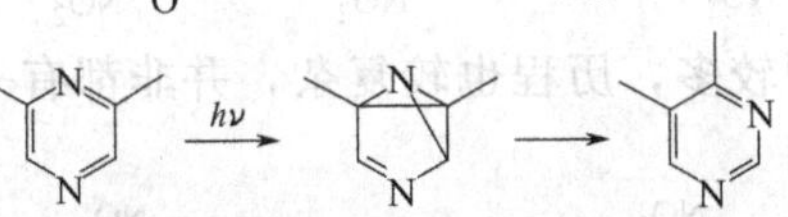

在光激发下，芳香化合物还可发生侧链重排。例如芳香酚酯在光激发下发生的 Fries 重排，虽然重排产物与热反应 Fries 重排的相同，但反应历程很不相同。光 Fries 重排的反应历程是通过激发三线态，发生 O—C 键断裂，形成自由基对，在溶剂笼中自由基对再结合成产物，并且反应几乎完全是在分子内发生的。

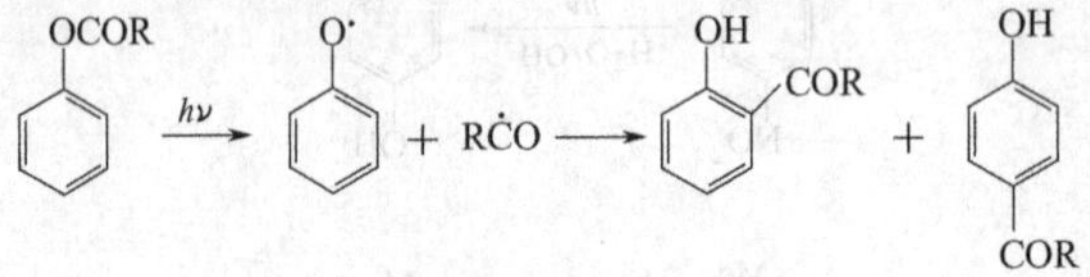

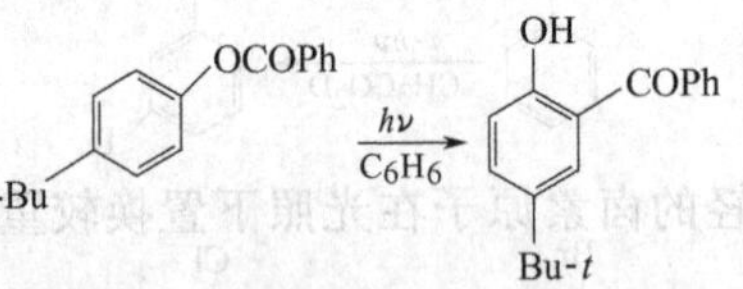

除芳香酚酯外，酰基苯胺、芳香醚等也可发生侧链的光重排反应，不过反应不完全是分子内的，有分子间反应过程存在。

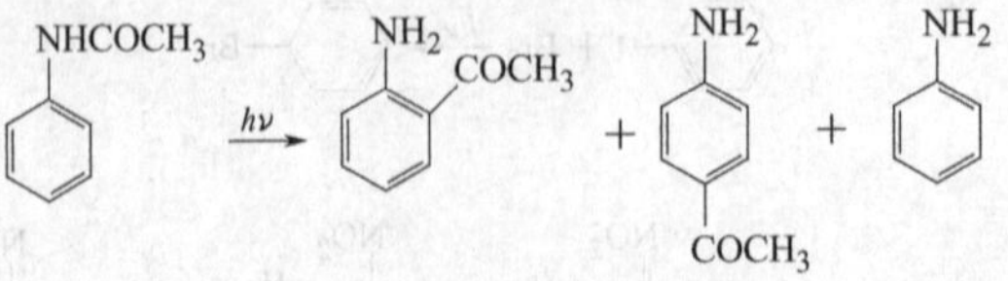

10.6 酮的光化学反应

羰基的双键与碳-碳双键是不同的，碳-碳双键中没有未成键电子，只能发生 $\pi \to \pi^*$ 激发；而羰基中的氧原子有两对未成键的孤对电子，所以可发生两类激发：$n \to \pi^*$ 和 $\pi \to \pi^*$。因非键轨道（n）能量介于 π 与 π^* 之间，从能量上来看，$n \to \pi^*$ 激发比 $\pi \to \pi^*$ 激发更为有利，因此羰基化合物的大多数光化学反应是由 n→π* 激发引起的。同样 n→π* 激发也要产生单线态（S_1）和三线态（T_1）两个激发态，如图 10.5 所示。

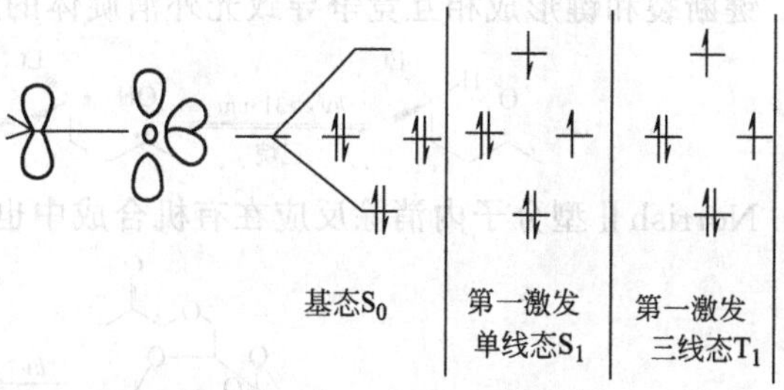

图 10.5 羰基基态和激发态的电子排布

酮类化合物激发态的系间窜越很有效，所以很容易从单线态转移到三线态，而通过三线态进行反应。

虽然 n→π* 激发容易，但羰基化合物发生 n→π* 吸收的强度却较低。此外，由于非键电子强烈的溶剂化作用，所以 n→π* 跃迁受溶剂极性的影响较大；溶剂的极性大，使 n→π* 跃迁的能级间隔增大，吸收向波长较短的方向移动，即发生蓝移现象；反之可发生红移现象。

脂肪族醛、酮类化合物 n→π* 的吸收波长范围为 340～230nm。例如丙酮的 n→π* 吸收，在气相时为 280nm，在液相时为 265nm。

10.6.1 Norrish Ⅰ 型反应

在激发态的酮类化合物中，邻接羰基的 C—C 键最弱，因此首先在此处断裂，生成酰基和烃基自由基，然后再进一步发生后续反应，该反应称为 NorrishⅠ型反应。在不对称羰基化合物中，断裂发生在羰基的哪一边则取决于生成自由基稳定性的相对大小。例如：

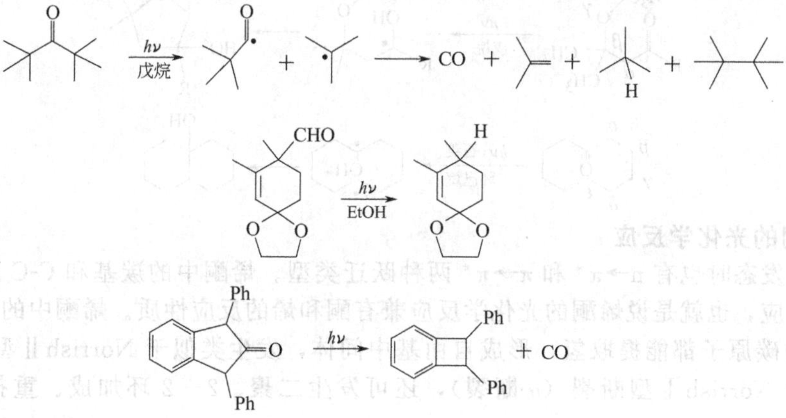

通过 NorrishⅠ型光解反应，还可发生异构化、重排等的结果，如：

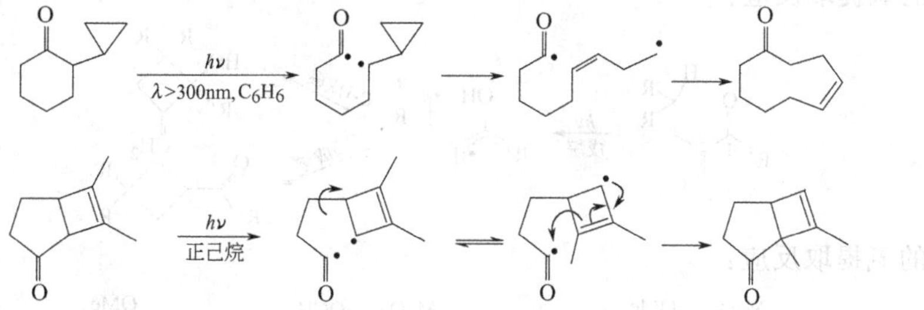

10.6.2 Norrish Ⅱ 型反应

当酮的羰基上的一个取代基是丙基或更大的烷基时，光激发态的羰基从羰基的 γ-位夺取氢形成 1,4-双自由基，然后分子从 α、β 处发生键断裂，生成小分子的酮和烯，双自由基也可环化生成环醇。这一反应称为 NorrishⅡ型反应。

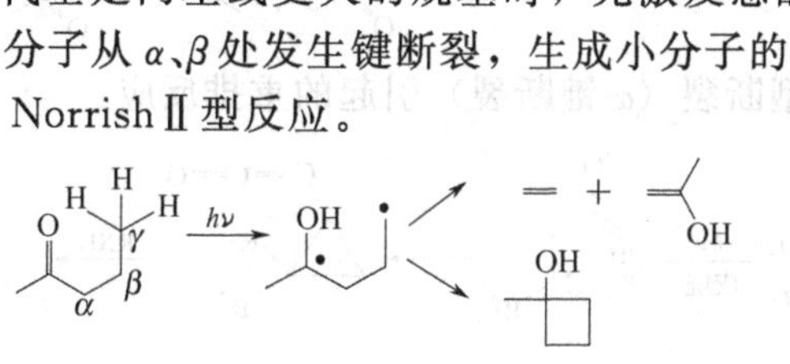

键断裂和键形成相互竞争导致光外消旋体的形成，也就是 γ-氢的逆向转移造成了光消旋。

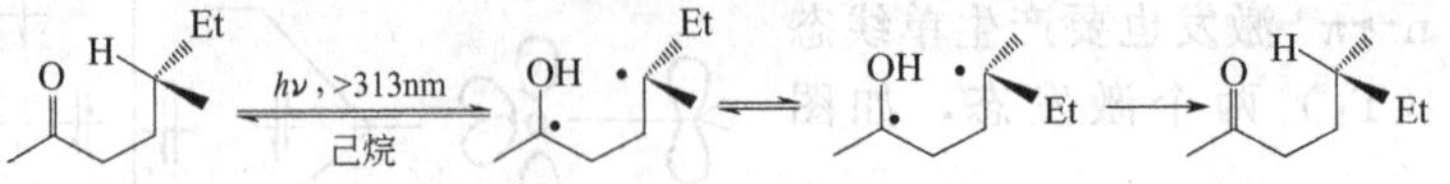

Norrish Ⅱ 型分子内消除反应在有机合成中也有许多重要应用，例如脱去糖类的保护基团。

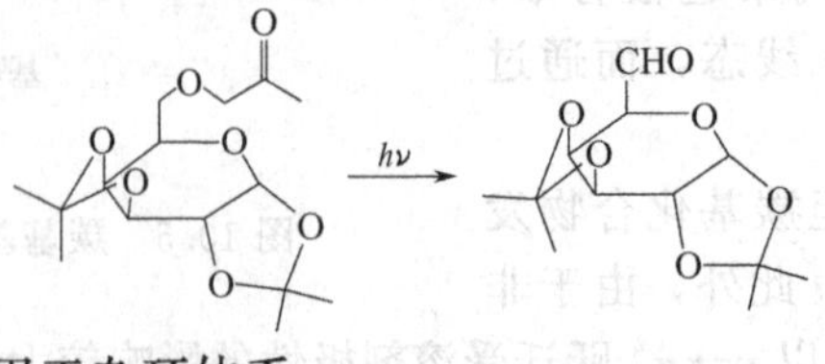

Norrish Ⅱ 型反应还可应用于杂环体系。

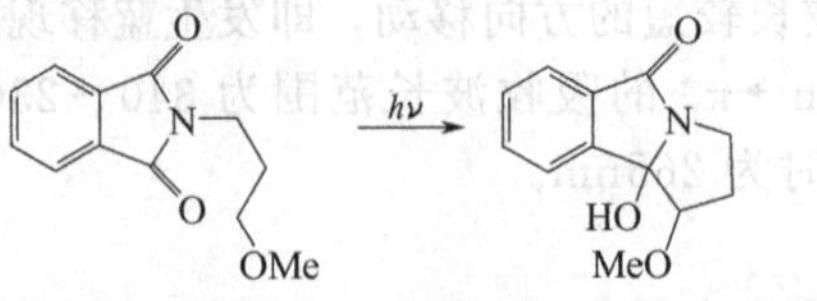

羰基激发时，也可能夺取 δ-氢或更远的氢。究竟夺取哪一位置上的氢，取决于形成双基稳定性的大小。

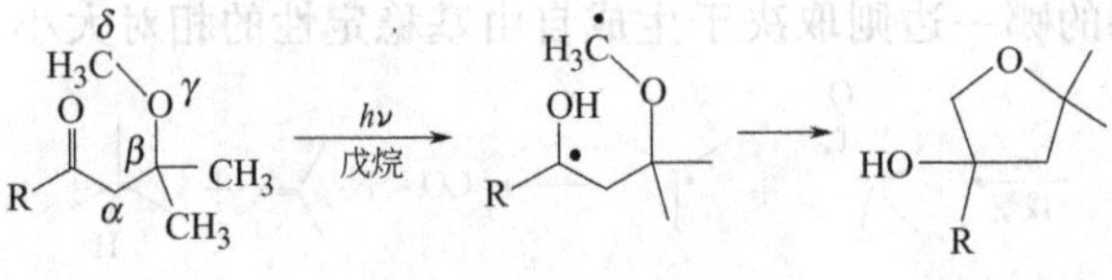

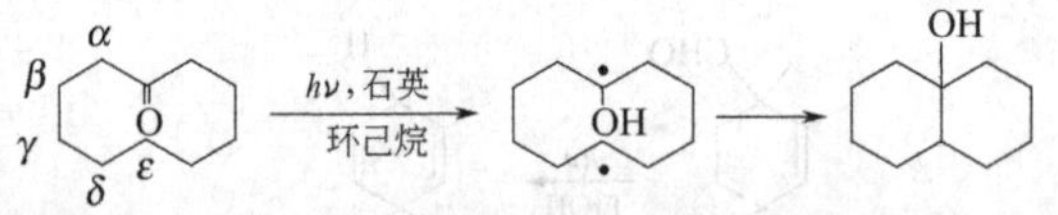

10.6.3 烯酮的光化学反应

烯酮在激发态时也有 n→π* 和 π→π* 两种跃迁类型。烯酮中的羰基和 C-C 双键都有可能参与光化学反应，也就是说烯酮的光化学反应兼有酮和烯的反应性质。烯酮中的羰基氧和在共轭体系端头的碳原子都能提取氢，形成自由基中间体，发生类似于 Norrish Ⅱ 型反应的反应。烯酮也能发生 Norrish Ⅰ 型断裂（α-断裂），还可发生二聚、2＋2 环加成、重排及异构化等反应。

羰基氧的氢提取反应：

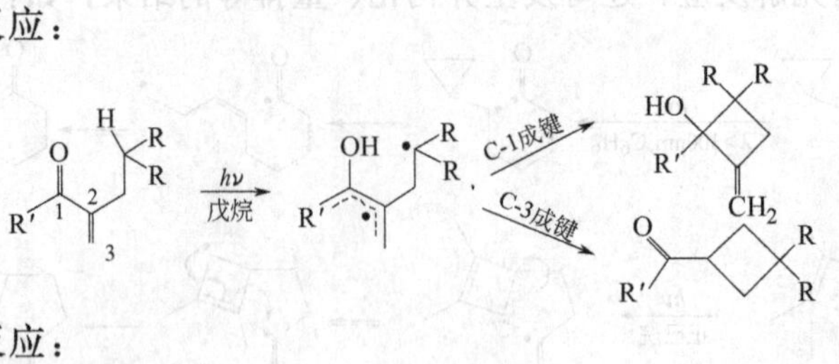

端头碳的氢提取反应：

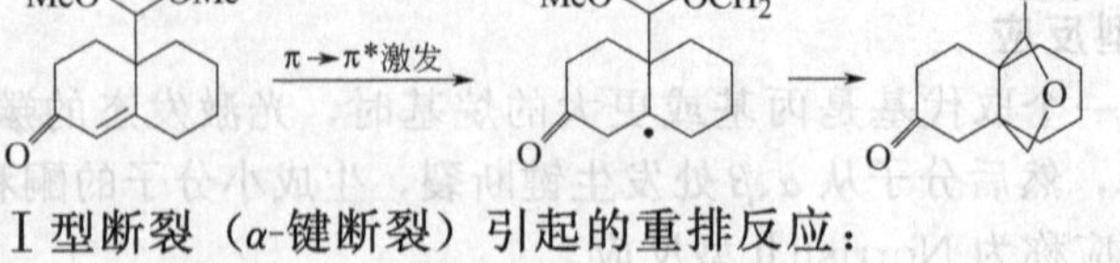

烯酮发生 Norrish Ⅰ 型断裂（α-键断裂）引起的重排反应：

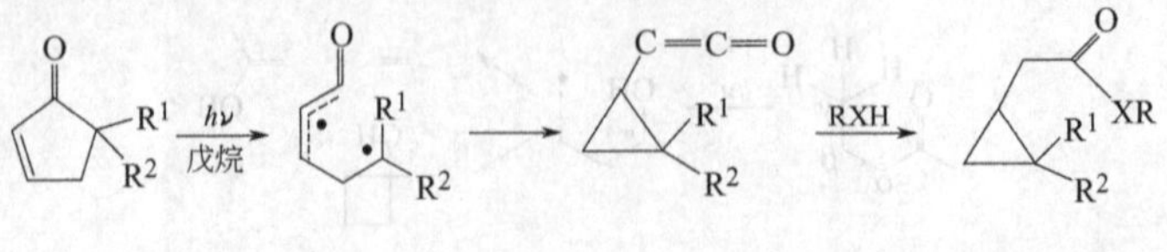

α-键不断裂也可发生重排，例如环己烯酮型化合物的光重排反应：

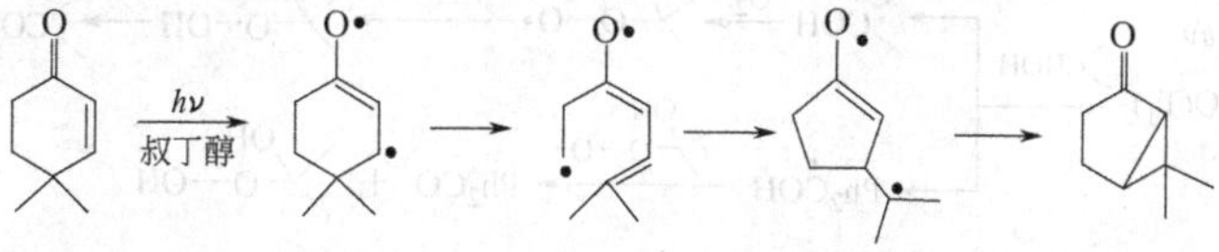

烯酮可以与烯烃发生光环加成反应，烯烃加成到烯酮的 C═C 双键上（2+2 加成），形成环丁烷衍生物。

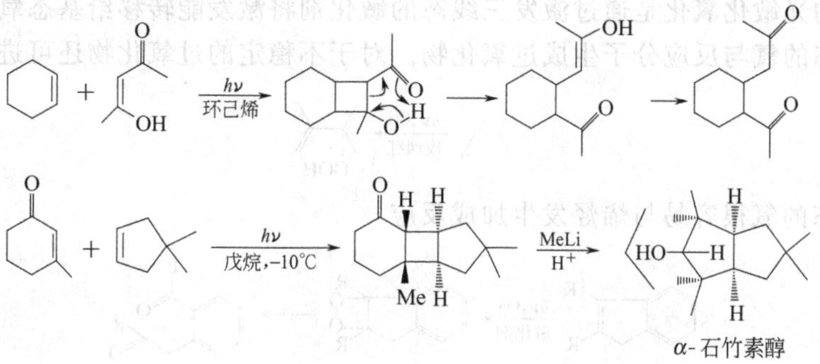

烯酮的光二聚反应：

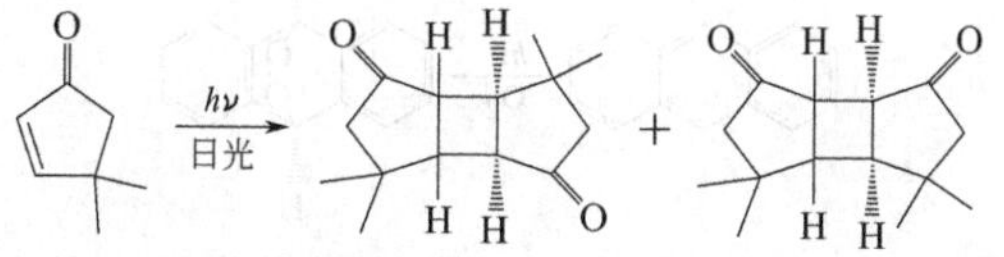

10.7 光氧化、光还原和光消除反应

10.7.1 光氧化反应

光氧化反应是指分子氧对有机分子的光加成反应。光氧化过程有两种途径：一种是有机分子 M 的光激发态 M^* 和氧分子的加成反应，另一种是基态分子 M 与氧分子激发态 O_2^* 的加成反应，如下所示。

Ⅰ型光敏化氧化：

$$M \xrightarrow[\text{敏化剂}]{h\nu} M^* \xrightarrow{O_2} MO_2$$

Ⅱ型光敏化氧化：

$$O_2 \xrightarrow[\text{敏化剂}]{h\nu} O_2^* \xrightarrow{M} MO_2$$

以上两种途径都需要敏化剂参与，并且一般都是通过敏化剂的激发三线态进行的。对于第一种途径（Ⅰ型光敏化氧化），敏化剂激发态从反应分子 M 中提取氢，使分子 M 生成自由基，然后自由基接着将 O_2 活化成激发态，然后激发态氧分子与反应分子 M 反应，常用的光氧化反应的敏化剂主要是氧杂蒽酮染料如玫瑰红、亚甲基蓝和芳香酮等。

（1）Ⅰ型光敏化氧化

作为Ⅰ型光敏化氧化的一个例子是异丙醇的二苯酮光敏化氧化。二苯酮吸光后成为激发单线态，经系间窜越，形成激发三线态，三线态的二苯酮提取异丙醇中的氢，异丙醇成为自由基，异丙醇自由基接着与基态氧作用生成过氧化自由基，过氧化自由基再与异丙醇作用生成过氧化物，进一步分解生成酮和过氧化氢。氢化二苯酮自由基能与过氧化自由基作用而生成二苯酮，可是二苯酮在反应中没有消耗，只起到敏化剂的作用。

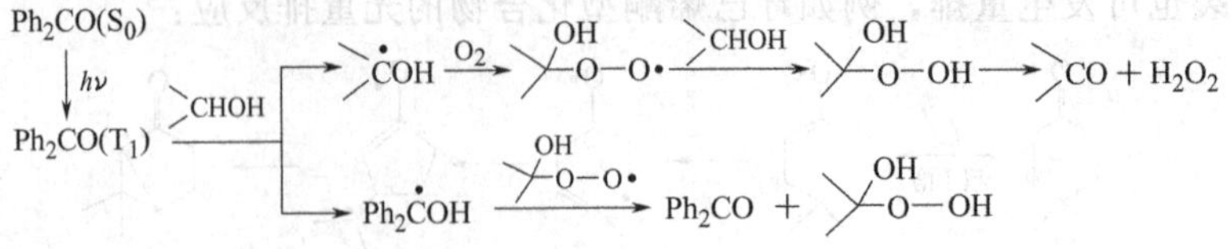

如果没有氧存在时，由氢提取形成的自由基则生成偶合产物如乙二醇衍生物。

(2) Ⅱ型光敏化氧化

这一类型的光敏化氧化是通过激发三线态的敏化剂将激发能转移给基态氧，使氧生成激发单线态，单线态的氧与反应分子生成过氧化物。对于不稳定的过氧化物还可进一步分解。

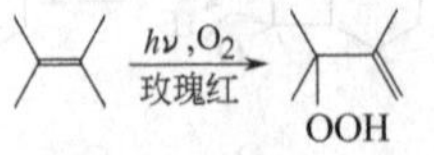

激发单线态的氧很容易与烯烃发生加成反应

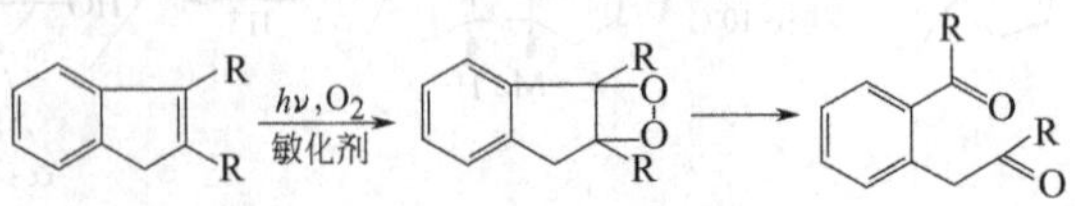

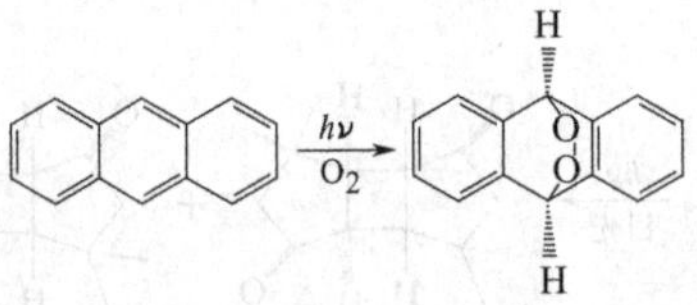

许多（内）桥环过氧化物是热不稳定的，加热时剧烈分解，甚至发生爆炸。并且（内）桥环过氧化物也是光不稳定的，见光重排成双环氧化物。

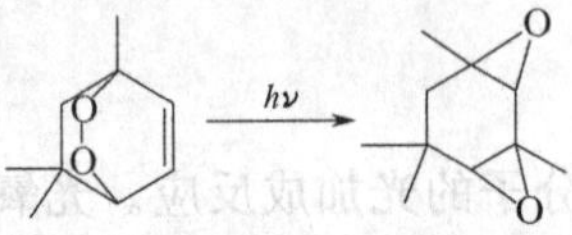

10.7.2 光还原反应

光还原反应是光照条件下氢对某一分子的加成反应，研究较多的是羰基化合物的光还原反应。由于激发态酮中羰基氧原子一般是亲电的，因而能与氢或一个适当的氢给予体反应。若氢是本身分子上的，则为分子内还原，即羰基还原为羟基，这是上一节讨论过的 NorrishⅡ型反应。若氢是由另一分子提供的，则发生分子间的氢提取反应。光谱研究表明，光还原反应是通过羰基 n→π* 激发的三线态进行的。因此，光还原反应对氧和其他三线抑制剂的存在是敏感的。从而光还原反应常与其他光化学反应竞争，产物相对比较复杂，并且溶剂对量子产率影响很大。

例如二苯酮的光还原：

$$Ph_2CO \xrightarrow{h\nu} Ph_2CO\ (S_1) \longrightarrow Ph_2CO\ (T_1) \xrightarrow{RH} Ph_2\dot{C}OH + R\cdot$$

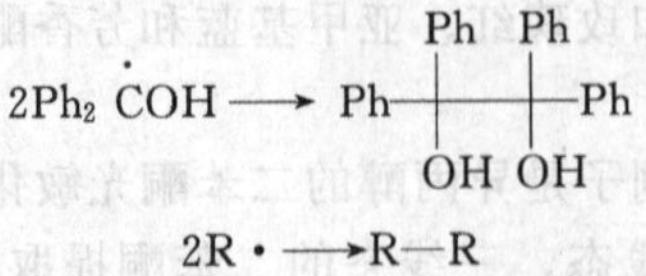

$$2R\cdot \longrightarrow R-R$$

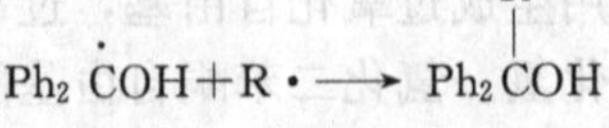

其他例子：

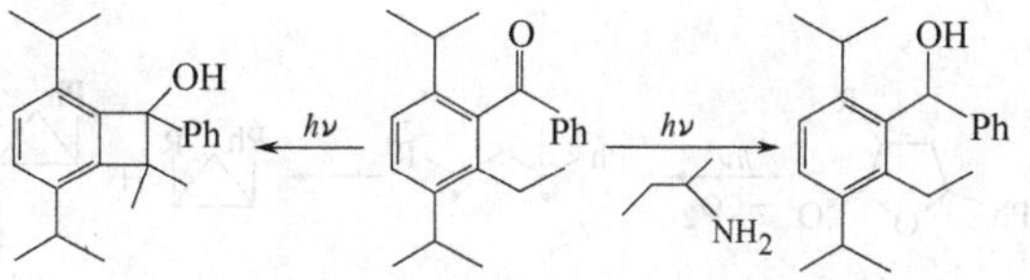

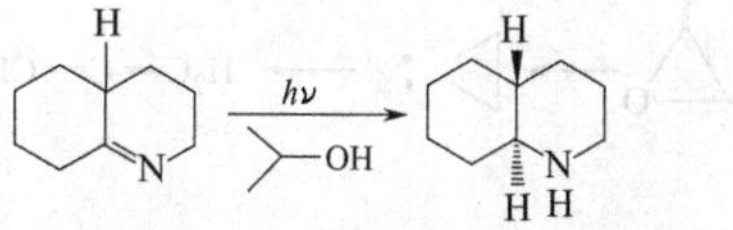

醌类光解发生还原时，激发态醌由溶剂中夺取氢生成半醌自由基，歧化后得到醌和二酚。

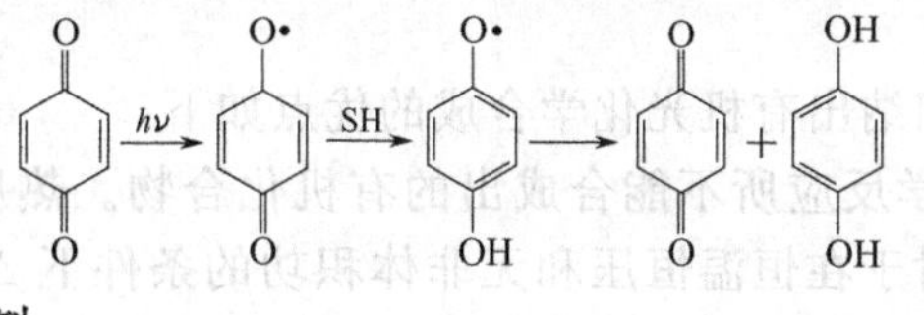

式中，SH 为质子性溶剂。

10.7.3 光消除反应

光消除反应是指那些受光激发引起的一种或多种碎片损失的光反应。在前面讨论的羰基化合物的反应中有一氧化碳的损失，除此之外光反应还可导致分子氮、氧化氮和二氧化硫等的损失。

光消除氮的反应：

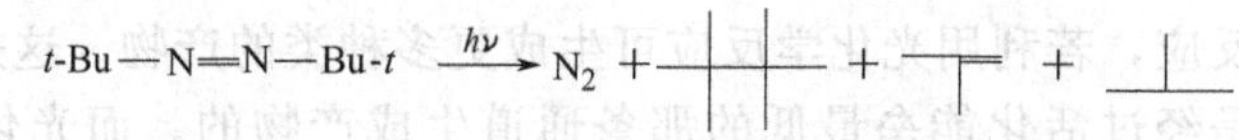

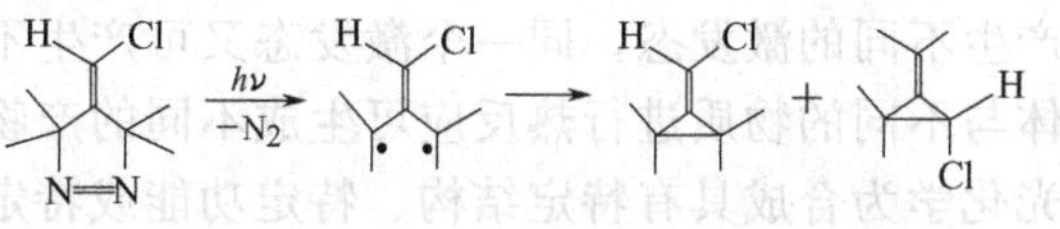

光消除氧化氮的反应：

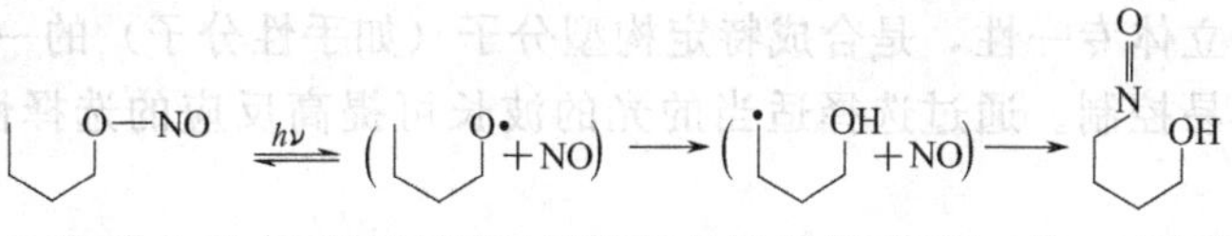

在以上反应中，δ-位碳上的氢原子转移是该反应的关键步骤。这一反应是应用光化学反应合成有机分子最成功的实例之一，称为 Barton 反应。

光消除二氧化硫的反应：

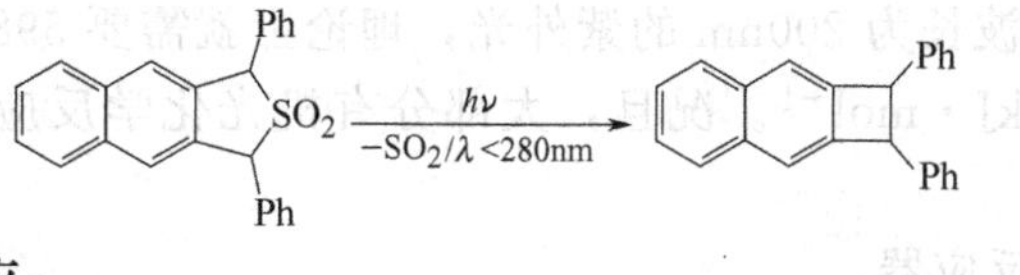

光消除二氧化碳的反应：

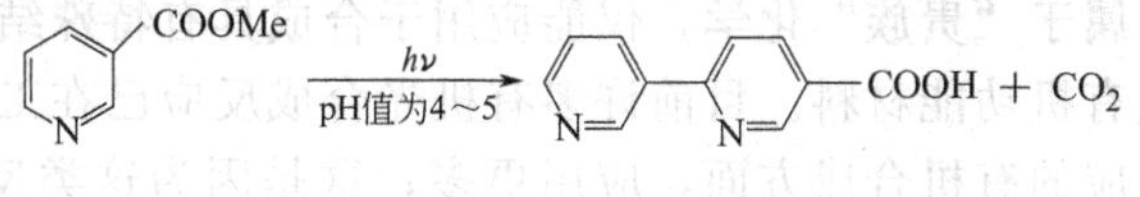

脱羰基的光化反应：

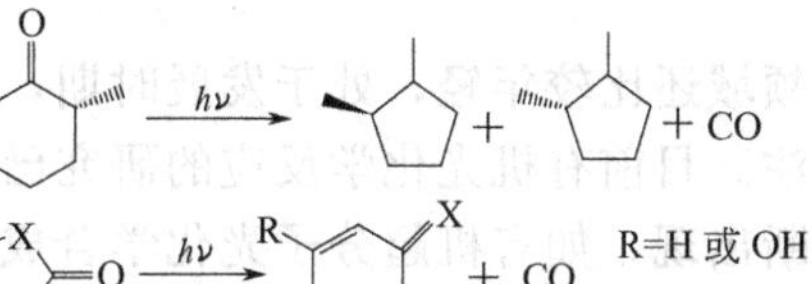

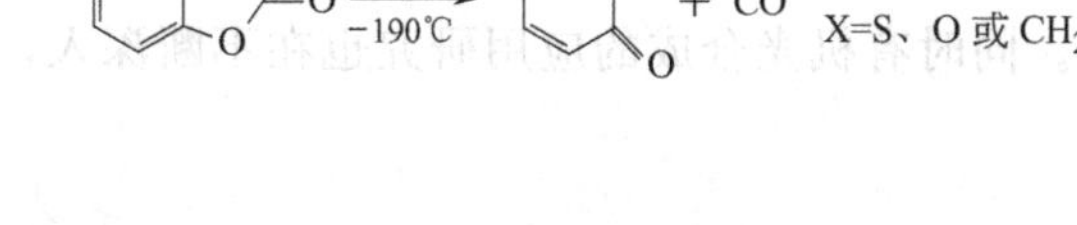

脱羧基的光化反应：

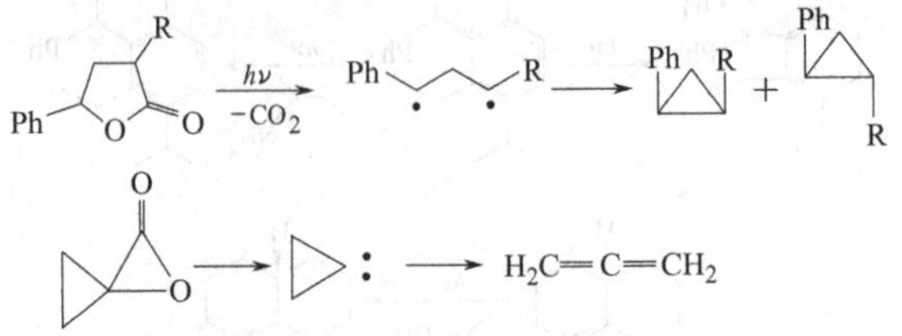

10.8 有机光化学合成的优缺点及应用前景

通过以上讨论，可以归纳出有机光化学合成的优点如下。

① 可合成出许多热化学反应所不能合成出的有机化合物。热反应遵循热力学的规律，光反应遵循光化学的规律。对于在恒温恒压和无非体积功的条件下 $\Delta G>0$ 的某些反应，热反应是不能发生的，但光反应有可能发生。在此条件下，热反应都会使体系的 ΔG 减小，而不少光化学反应却能使体系的 ΔG 增加。

② 受温度影响不明显，一般在室温或低温下就能发生，只要光的波长和强度适当即可，并且反应速率与浓度无关。可见，利用光化学反应，则可能将高温高压下进行的热化学反应转变到常温常压下进行。

③ 产物具有多样性。除了热化学不能合成出而光化学可合成出的这部分反应外，即使对热化学能发生的某些反应，若利用光化学反应可生成更多种类的产物。这是因为热化学的反应通道不多，反应主要是经过活化能垒最低的那条通道生成产物的。而光化学反应的机理较复杂，不同波长的光照会产生不同的激发态，同一个激发态又可产生不同的反应过渡态和活化中间体，同一个活化中间体与不同的物质进行热反应可生成不同的产物。光合成产物的通道理论上可有无穷个。从而使光化学为合成具有特定结构、特定功能或特定用途的有机化合物提供了可能。

④ 具有高度的立体专一性，是合成特定构型分子（如手性分子）的一种重要途径。

⑤ 化学反应容易控制。通过选择适当的光的波长可提高反应的选择性；通过光的强度可控制反应速率。

当然，有机光化学合成也有其缺点。

① 一般来说，有机光化学合成的副产物比较多，纯度不高，分离比较困难。

② 有机光化学合成能耗大。这是因为电子激发所需的能量比热反应加热所需的能量大得多。如 1mol 敏化剂吸收波长为 200nm 的紫外光，理论上就需要 598kJ 的能量，大大超过了一般 C—C 单键的键能 $346\text{kJ}\cdot\text{mol}^{-1}$。况且，大部分有机光化学反应的量子产率相当低，从而使能量的消耗相当大。

③ 需要特殊的专用反应器。

由上可知，光化学属于“贵族”化学，仅能应用于合成具有特殊结构和特殊性能的合成中间体、精细化工产品或有机功能材料。目前许多有机光合成反应已在工业上得到了应用。尤其是在涉及自由基连锁反应的有机合成方面，应用更多；这是因为这类反应的光量子产率很高，消耗的光能很少。

相对来说，有机光合成领域还比较年轻，处于发展时期，但它广阔的应用前景已受到全球有机化学家和光化学家的关注。目前有机光化学反应的研究已成为有机合成中的一个热点，有机光合成的一些新的方法不断出现，如有机超分子光化学合成，多光子有机合成，有机光电合成、不对称光化学合成等。同时有机光合成的应用研究也在不断深入，如光合作用的机理、叶绿素的作用、人工模拟光合作用、光致变色机理及应用、有机废水的光解、有机光学材料、光能转换等。目前有机光化学反应已在精细化工、生命、材料、环保等领域得到了许多应用，其前景十分诱人。

参考文献

1 荣国斌编著. 高等有机化学基础. 上海：华东理工大学出版社；北京：化学工业出版社，2001. 20～73

2 高振衡编译. 有机光化学. 北京：人民教育出版社，1979

3 宋心琦，周福添，刘剑波合著. 光化学——原理、技术及应用. 北京：高等教育出版社，2001

4 张永敏编著. 物理有机化学. 上海：上海科学技术出版社，2001. 328～353

5 徐家业，杨毅，陈开勋主编. 有机合成化学及近代技术. 西安：西北工业大学出版社，1997. 176～189

6 [美] D O科恩，R L德里斯科著. 有机光化学原理. 丁树明，史永基译. 北京：科学出版社，1989

7 戴立信，钱延龙主编. 有机合成化学进展. 北京：化学工业出版社，1993. 561～595

8 [英] J巴尔特洛甫，J科伊尔著. 光化学原理. 宋心琦等译. 北京：清华大学出版社，1983

9 曹瑾编. 光化学概论. 北京：高等教育出版社，1985

10 曹怡，张建成主编. 光化学技术. 北京：化学工业出版社，2004

11 王建新主编. 精细有机合成. 北京：中国轻工业出版社，2000. 218～223

12 唐培堃主编. 精细有机合成化学及工艺学. 天津：天津大学出版社，1993. 83～88

13 Wayne R P. *Principles and Applications of Photochemistry*. Oxford：Oxford University Press，1988

14 Cowan D O and Drisko R L. *Elements of Organic Photo Chemistry*. New York：Plenum Press，1976

15 Rabek J F. *Experimental Methods in Photochemistry and Photophysics*. Two Volumes. Chichester and New York：John Wiley，1982

16 Balzani V，Scandola F. *Supermolecular Photochemistry*. New York：Ellis Horwood，1991

17 Mccullough J J. *Chem Rev*，1987，87：811

18 胡秀贞. 化学通报，1994，(11)：12

19 高元明. 化学通报，1994，(4)：10

20 Crimmins M T. *Chem Rev*，1988，88：1453

21 Margaratha P. Top Curr Chem，1982，(1)：103

22 赵跃强，孙彦平，许文林. 科技情报开发与经济，1999，(6)：39

23 李琳. 化学反应工程与工艺，1995，11 (4)：386

习题

10-1 什么叫光化学反应，与热化学反应有何不同？

10-2 何谓单线态和三线态，同一组态何者能量较低，为什么？

10-3 简述一般光化学反应的机理和特点。

10-4 何谓光化学露光剂，如何利用它来测光强？

10-5 光化学反应采用何种电源，波长范围如何？

10-6 完成下列周环反应

(1) 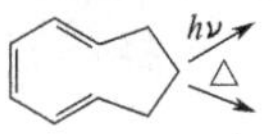

(2) 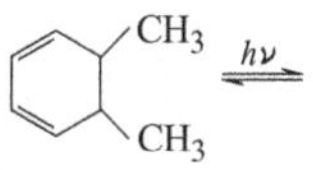

(3) 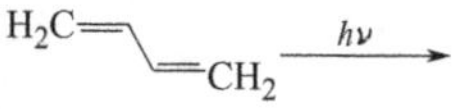

(4) 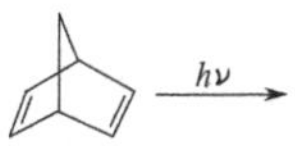

(5) 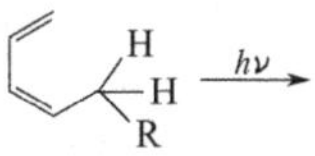

(6) 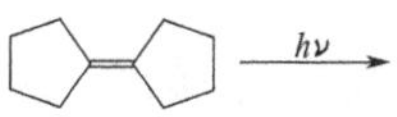

10-7 完成下列光化学反应

(1) 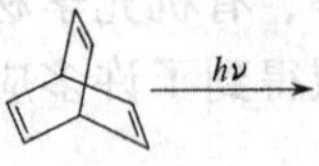

(2) 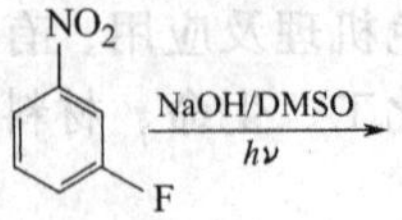

(3) $R_2C{=}CH_2 \xrightarrow[h\nu]{CH_3CH_2OH}$

(4) 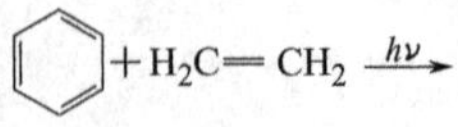

(5) 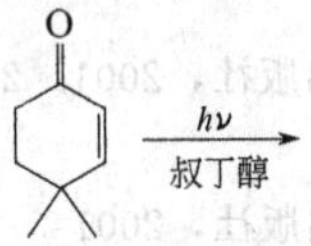

(6) 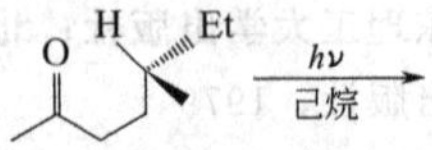

(7) 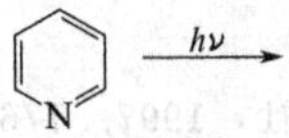

(8) 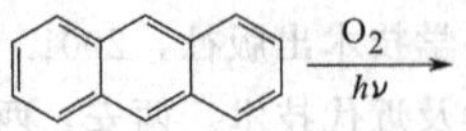

第 11 章 其他现代有机合成方法与技术

20 世纪后期，有机合成发展很快，新的合成试剂、新的合成反应、新的合成方法和新的合成技术不断出现。尤其是近二十年来，随着人们环保意识的增强和可持续发展战略的实施，对有机合成提出了更高的要求。目前有机合成正在向着高效、环保、高选择性、高收率的方向发展，并取得了显著的成效。除前面几章介绍的现代有机合成方法与技术外，本章将对最近发展起来的其他有机合成新方法和新技术作简要的介绍。

11.1 微波辐照有机合成

微波是频率在 300MHz～300GHz 范围内的电磁波，它位于电磁波谱的红外辐射（光波）和无线电波之间。微波在 400MHz～10GHz 的波段专门用于雷达，其余部分用于电讯传输。此外，由于微波的热效应，从而使微波作为一种非通讯的电磁波广泛用于工业、农业、医疗、科研及家庭等民用加热方面。为了防止民用微波对雷达、无线电通讯、广播、电视的干扰，国际上规定各种民用微波的频段为 915MHz±15MHz 和 2450MHz±50MHz。

产生微波的电子管发明于 20 世纪 30 年代。开始微波技术仅用于军事雷达；1947 年美国发明了第一台加热食品的机器——微波炉；1952 年微波等离子体用于光谱分析；60 年代后用于无机材料的合成，如表面膜（金刚石膜、氮化硼膜等）和纳米粉体材料的合成；直到 1986 年微波才用于有机合成。

在近十几年来，微波辐照有机合成技术发展很快，已取得了一大批成果。

11.1.1 微波对有机化学反应的影响

微波的波长在 0.1～100cm 之间，能量较低，比分子间的范德华结合能还小，因而只能激发分子的转动能级，根本不能直接打开化学键。目前比较一致的观点认为：微波加快化学反应主要是靠加热反应体系来实现的。但同时人们也发现，微波电磁场还可直接作用于反应体系而引起所谓的“非热效应”，如微波对某些反应有抑制作用，可改变某些反应的机理，一些阿累尼乌斯型反应在微波辐照下不再满足阿累尼乌斯关系等。另外，人们还发现微波对反应的作用程度不仅与反应类型有关，而且还与微波本身的强度、频率、调制方式（如波形、连续、脉冲等）及环境条件有关。关于微波对化学反应的“非热效应”，目前还没有令人满意的解释。

微波对凝聚态物质的加热方式不同于常规的加热方式。常规的加热方式是由外部热源通过热辐射由表及里的传导式加热，能量利用率低，温度分布不均匀。而微波加热是通过电介质分子将吸收的电磁能转变为热能的一种加热方式，属于体加热方式，温度升高快，并且里外温度相同。

微波加热原理是这样的：在液体中电介质分子的偶极子转向极化（取向极化）的弛豫时间在 10^{-12}～10^{-9}s 之间，这一时间与微波交变电场振动一周的时间相当。因此，当微波辐照溶液时，溶液中的极性分子受微波作用会随着其电场的改变而取向和极化，吸收微波能量，同时这些吸收了能量的极性分子在与周围其他分子的碰撞中把能量传递给其他分子，从而使液体温度升高。因液体中每一个极性分子都同时吸收和传递微波能量，所以升温速率快，且液体里外温度均匀。

介质在微波场中的平均升温速率与微波频率（v）、电场强度（E）的平方和介质的有效损耗（ε_e''）成正比，与介质密度（ρ）和恒压热容 c_p 成反比，即：

$$\frac{T-T_0}{t}=\frac{5.66\times10^{-11}\varepsilon_e''vE^2}{\rho c_p} \tag{11.1}$$

式中，t 为微波辐照时间；T_0 和 T 分别为液体辐照前后的温度。介质的有效损耗与液体的介电常数成正比，如极性较大的乙醇、丙醇、乙酸等具有较大的介电常数，50ml 液体经微波辐照 1min 后即可沸腾，而非极性的 CCl_4 和碳氢化合物等的介电常数很小，则几乎不吸收微波。要想获得高热效应，必须使用极性溶剂，如水、醇、酸等。

由于微波加热的直接性和高效率，往往会产生过热现象，例如在 0.1MPa 压力下，绝大多数溶剂可过热 10～30℃，而在较高压力下甚至可过热 100℃。因此在微波加热时，必须考虑过热问题，防止暴沸和液体溢出。

微波也可加热许多固体物质。在固体中，分子偶极矩是固定的，不能自由旋转和取向，故不能与微波的电场偶合而吸收微波能量。但在半导体或离子导体中，由于电子、离子的移动或缺陷偶极子的极化而吸收微波，结果使这些固体被加热。微波对固体的加热效率也与介电损耗有关，介电损耗高的固体如石墨、Co_2O_3、Fe_3O_4、V_2O_5、Ni_2O_3、MnO_2、SnO_2 等在 500～1000W 的微波辐照下，1min 内可升温 500℃以上；而介电损耗很低的固体如金刚石、Al_2O_3、TiO_2、MoO_2、ZnO、PbO、玻璃、聚四氟乙烯等在微波场中升温很慢或几乎不升温。因此常用玻璃和聚四氟乙烯作为有机合成的反应器材料。

由于微波具有对物质高效、均匀的体加热作用，而大多数化学反应速率与温度又存在着阿累尼乌斯关系（即指数关系），从而微波辐照可极大地提高反应速率。大量的实验结果表明，微波作用下的有机反应的速率较传统加热方法有数倍、数十倍甚至上千倍的增加，特别是可使一些在通常条件下不易进行的反应迅速进行。

11.1.2 微波有机合成装置

实验中微波有机合成一般在家用微波炉或经改装后的微波炉中进行。反应容器一般采用不吸收微波的玻璃或聚四氟乙烯材料。

对于无挥发性的反应体系（包括反应物、产物、溶剂和催化剂等），可在置于微波炉中的敞口器皿中反应。这种反应技术的缺点是很难对反应条件加以调控，并且在反应过程中温度高时液体有溢出的可能。

对于挥发性不大的反应体系（蒸气压不高），可采用密闭合成反应技术。将反应物放入聚四氟乙烯容器中，密封后置于微波炉中，开启微波进行反应。利用这种装置，Gedye 等人成功地进行了苯甲酰胺的水解、甲苯氧化、苯甲酸甲酯化等反应。这一技术的缺点是反应器容易发生爆裂，因而常常在反应器外面再包上一层抗变形的不吸收微波的刚性材料。另一方面，这一技术的温度控制也比较麻烦。

为了使有机合成反应在安全可靠和操作方便的条件下进行，需要将微波炉改造，使加液、搅拌和冷凝过程在微波炉腔外进行，微波常压反应装置如图 11.1 所示。

微波常压合成反应技术的出现，大大地推动了微波有机合成化学的发展。

在微波常压合成技术发展的同时，英国科学家 Villemin 发明了微波干法合成反应技术。所谓干法，是指以无机固体为载体的无溶剂有机反应。将有机反应物浸渍在氧化铝、硅胶、黏土、硅藻土或高岭石等多孔性无机载体上，干燥后置于密封的聚四氟乙烯管中，放入微波炉内启动微波进行反应，反应结束后，产物用适当溶剂萃取后再纯化。无机固体载体不吸收 2450MHz 的微波，而吸附在固体介质表面的羟基、水或极性分子则可强烈地吸收微波，从而使这些附着的分子被激活，反应速率大大提高。1991 年法国科学家 Bram 等人利用 Al_2O_3 和 Fe_3O_4 作为垫底在玻璃容器上，以酸性黏土作为催化剂，由邻苯甲酰基苯甲酸合成蒽醌。1995 年我国吉林大学李耀先等采用常压微波反应器，用微波干法技术合成出 L-四氢噻唑-4-羧酸。但是干法反应只能在载体上进行，从而使参加反应的反应物的量受到了很大限制。

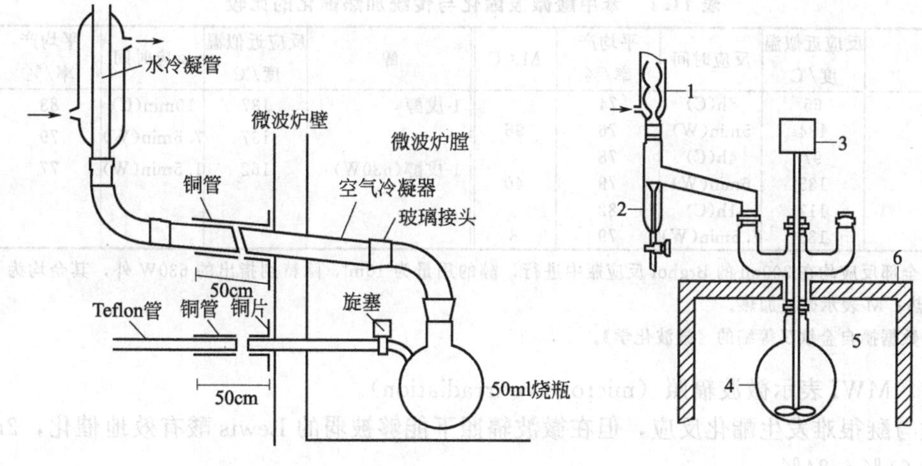

(a) 微波常压反应装置之一　　(b) 微波常压反应装置之二

图 11.1　微波有机合成常压反应装置

1—冷凝器；2—分水器；3—搅拌器；4—反应瓶；5—微波炉膛；6—微波炉壁

除此之外，台湾大学 Chen 等人建立了连续微波合成技术，后来 Cablewski 等人进一步完善了这一技术；Raner 等人还设计了可适用于高温（260℃）、高压（10MPa）的釜式多功能微波反应器，利用这一装置还可进行动力学研究。

在微波辐照有机合成设计中，除选用适当的反应器外，还须选用适当的反应介质。为了使体系能很好地吸收微波能量，一般选用极性溶剂作为反应介质。溶于水的有机化合物一般应以水为溶剂，这样可使成本和污染大大降低。对不溶于水的有机物可采用低沸点的醇、酮和酯等作为溶剂，也可采用热效率更高的高沸点的极性溶剂，如氯苯、邻二氯苯、1，2，4-三氯苯和二甲基甲酰胺（DMF）等，其中 DMF 具有较大的优越性，因为反应时生成的水可与 DMF 混溶而不分层。

11.1.3　微波技术在有机合成中的应用

微波辐照下的有机反应速率较传统的加热方法快数倍、数十倍，甚至上千倍，并且具有操作方便、产率高及产品易纯化等优点。因此微波有机合成技术虽然时间不长，但发展迅速。目前，研究过并取得了明显加速效果的有机合成反应有 Diels-Alder 反应，酯化反应，重排反应、Knoevenagel 反应、Perkin 反应、苯偶姻缩合、Reformatsky 反应、Deckmann 反应、缩醛（酮）反应，Witting 反应、羟醛缩合、开环、烷基化、水解、氧化、烯烃加成、消除反应、取代、成环、环反转、酯交换、酰胺化、催化氢化、脱羧、脱保护、聚合、主体选择性反应、自由基反应及糖类和某些有机金属反应等，几乎涉及了有机合成反应的各个主要领域。由于篇幅所限，下面只能简要介绍其中某些反应。

11.1.3.1　酯化反应

酯化反应是最早应用微波技术的有机反应之一。1986 年 Gedye 等利用密闭反应器首先研究了苯甲酸与醇的酯化反应，发现微波对酯化反应有明显的加速作用，微波酯化与传统加热酯化有着不同的规律，如表 11.1 所示。由表中的数据可知，微波对低沸点醇的加速作用非常显著，苯甲酸与甲醇的酯化反应，比传统加热法提高反应速率 96 倍。

同样，对二元羧酸的酯化反应也有显著的加速作用。反式丁烯二酸与甲醇的双酯化反应，微波照射下 50min，产率为 82%，而传统加热法达到相近产率需 480min。

$$HOOC-CH=CH-COOH + CH_3OH \xrightarrow[\text{MWI}]{H_2SO_4} H_3COOC-CH=CH-COOCH_3 + H_2O$$

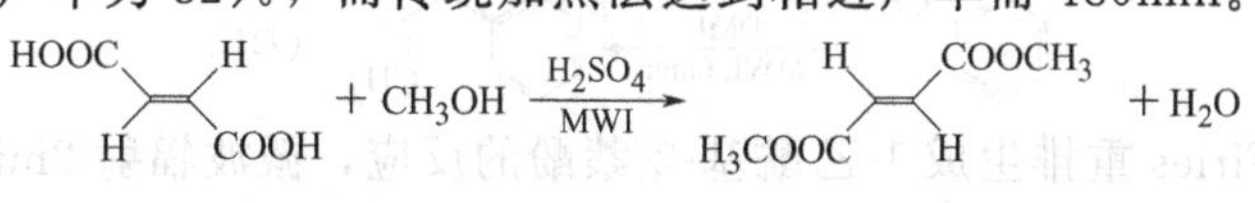

表 11.1　苯甲酸微波酯化与传统加热酯化的比较

醇	反应近似温度/℃	反应时间	平均产率/%	M：C	醇	反应近似温度/℃	反应时间	平均产率/%	M：C
甲醇	65	8h(C)	74		1-戊醇	137	10min(C)	83	
	134	5min(W)	76	96		137	7.5min(W)	79	1.3
1-丙醇	97	4h(C)	78		1-戊醇(630W)	162	1.5min(W)	77	6.1
	135	6min(W)	79	40					
1-丁醇	117	1h(C)	82						
	135	7.5min(W)	79	8					

注：1. 全部反应均在 300ml 的 Brghof 反应瓶中进行，醇的用量为 10ml，除特别指出的 630W 外，其余均为 560W；C 表示传统加热；M 表示微波加热。

2. 表中数据摘自金钦汉等编的《微波化学》。

式中，MWI 表示微波辐照（microwave irradiation）。

羧酸与醚很难发生酯化反应，但在微波辐照下能够被弱的 Lewis 酸有效地催化，2min 内，产率可达 61%～84%。

$$ArCH_2OR + R'COOH \xrightarrow[MWI]{LnBr_3} ArCH_2OCOR' + ROH$$

式中，Ln＝La，Nd，Sm，Dy，Er；Ar＝4-$CH_3C_6H_5$—，3，5-$(CH_3)_2C_6H_3$—；R＝C_2H_5—，n-C_3H_7—，n-C_4H_9—；R′＝CH_3—，n-C_3H_7—，n-C_4H_9—。

11.1.3.2 Diels-Alder 反应

Diels-Alder(简写为 D-A) 反应是一种 $4n+2$ 的环加成反应，微波照射有明显的效果。马来酐与蒽在二甘醇二甲醚中，用微波辐照 1min，产率达 90%，而传统加热法则需 90min。

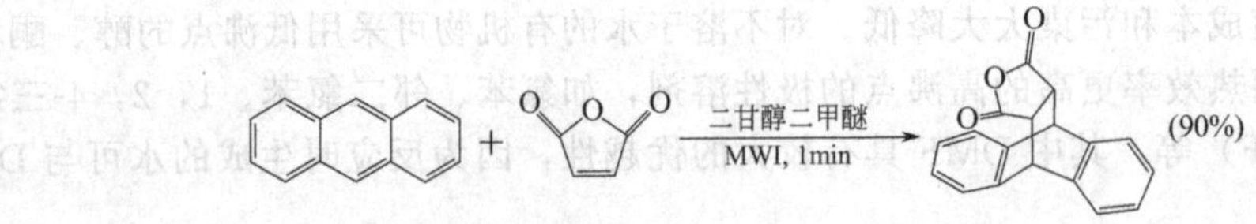

1,4-环己二烯与丁炔二羧酸酯进行传统加热反应时，首先发生偶联，继而发生分子内的 D-A 反应，产率较低（<40%），而微波辐照 6min，产率可达 87%。

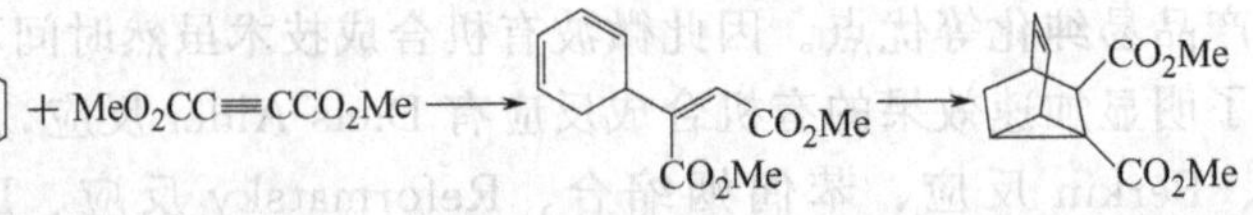

微波也可加速杂原子的 D-A 反应。例如，2-甲基-1,3-戊二烯与乙醛酸酯在苯中于密闭反应器中用微波加热至 140℃，反应 10min，产率为 96%，而常规条件下反应 6h，产率仅为 14%。

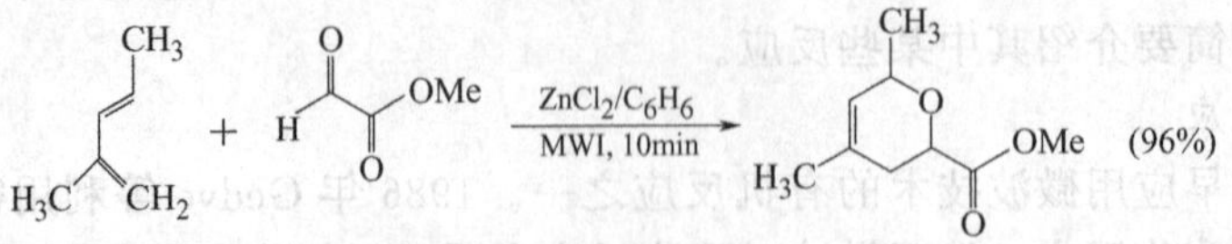

11.1.3.3 重排反应

烯丙基苯基醚的重排反应是典型的 Claisen 重排，在 DMF 溶剂中，用传统方法在 200℃反应 6h，产率为 85%，而用微波辐照 6min，产率可达 92%。

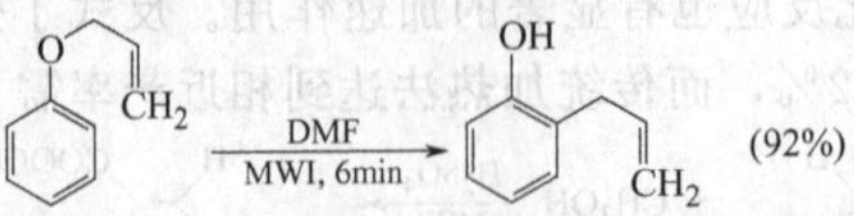

乙酸-2-萘酯经 Firies 重排生成 1-乙酰基-2-萘酚的反应，微波辐射 2min，产率达 70%。

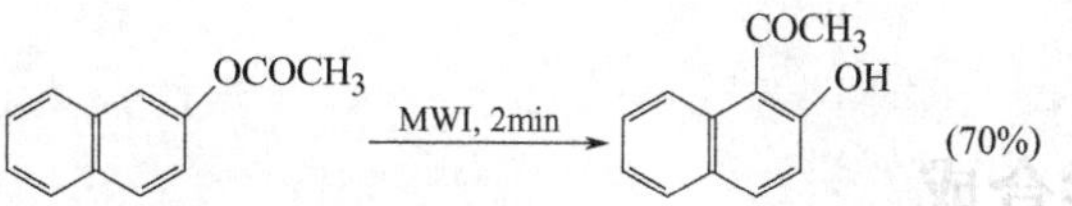

(70%)

11.1.3.4 烷基化反应

4-氰基酚钠与苄基氯合成 4-氰基苄基醚，微波辐照 4min，产率达 93%，而传统条件下反应 12h，产率仅为 72%。

(93%)

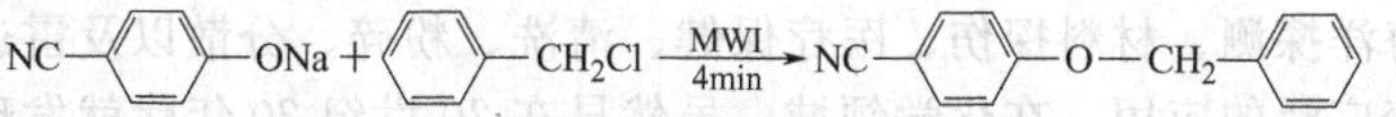

在微波辐照下，苯并噁嗪、苯并噻嗪类化合物与卤代烷在硅胶载体上能迅速生成 N-烷基化产物，反应速率较传统方法最多提高了 80 倍。

(72%~79%)

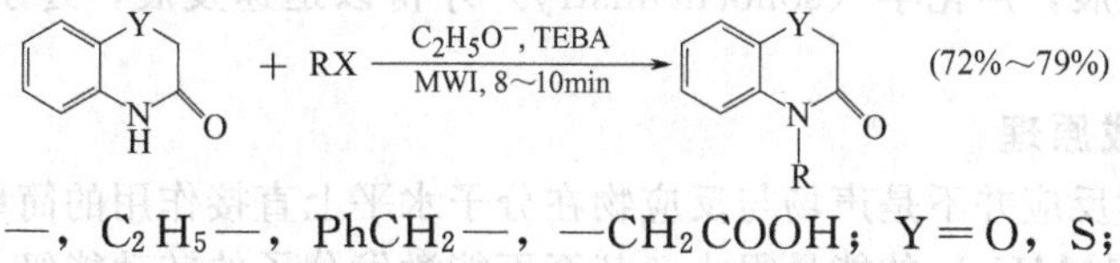

式中，R＝CH$_3$—，C$_2$H$_5$—，PhCH$_2$—，—CH$_2$COOH；Y＝O，S；TEBA 为氯化三乙基苄基铵。

乙酰乙酸乙酯、苯硫基乙酸乙酯与卤代烷反应只需 3~4.5min，烷基化产物的产率可达 58%~83%。

$$RCH_2COOC_2H_5 + R'X \xrightarrow[\text{MWI, 3~4.5min}]{\text{KOH-K}_2\text{CO}_3,\text{PTC}} R—CH—COOC_2H_5 \quad (58\%～83\%)$$

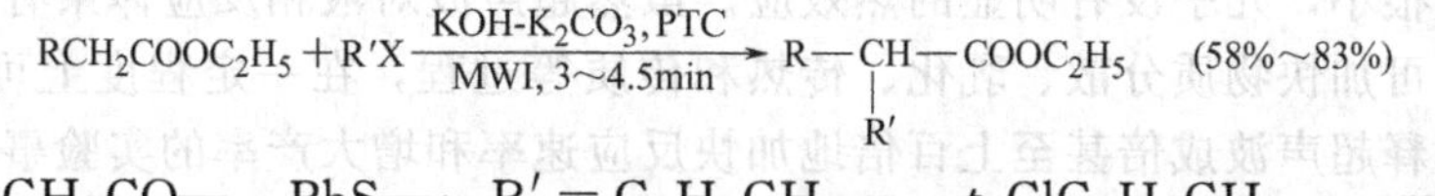

式中，R＝CH$_3$CO—，PhS—；R′＝C$_6$H$_5$CH$_2$—，p-ClC$_6$H$_4$CH$_2$—，m-CH$_3$OC$_6$H$_4$—，CH$_2$＝CHCH$_2$—，CH$_3$(CH$_2$)$_3$—；PTC 表示相转移催化剂（phase-transfer catalysis）。

11.1.3.5 环反应

四氢吡啶与苯甲醛可合成具有人体生化意义的四苯基卟啉，采用微波干反应技术，10min 产率为 9.5%。虽然产率与传统方法相比没有明显提高，但这种微波干反应技术极大地简化了产品的分离与提纯过程。

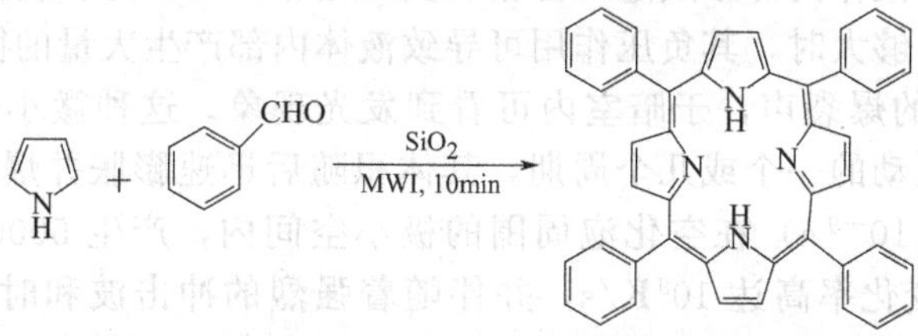

取代吡啶并色满酮是药物合成的重要中间体，它一般由取代苯氧烟酸分子内缩合生成，但传统方法反应时间长，后处理麻烦。若用微波辐照，仅 5min 就完成了反应，产率达 94%。

(94%)

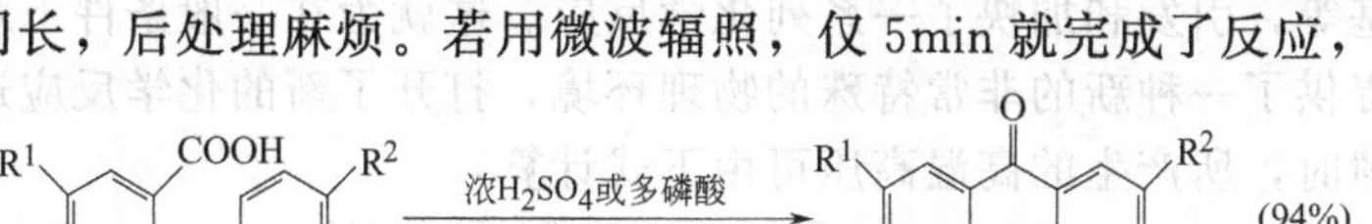

蒽醌是重要的合成中间体，通过微波技术可使产率较传统方法大为提高。

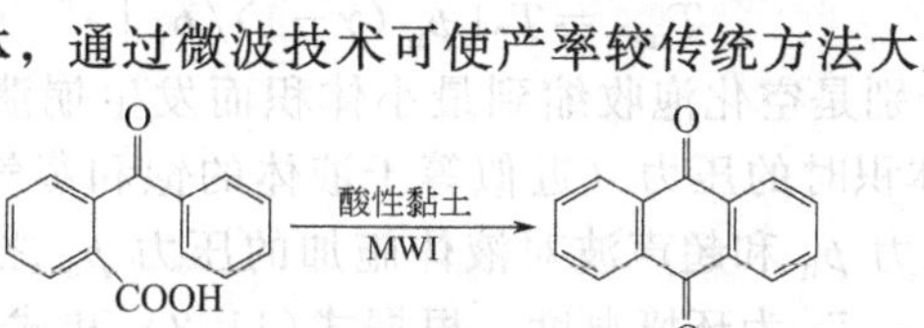

尽管微波辐照加速有机化学反应的机理还未完全搞清楚，但微波能显著加速几乎所有的有机反应速率和提高反应产率，已成为不可辩驳的实验事实。微波有机合成技术引起了有机合成界的极大关注，并成为有机合成研究的热点之一，研究成果不断涌现，并展现出了广阔的应用

前景。

11.2 有机声化学合成

声化学是指利用超声波加速化学反应、提高反应产率的一门新兴交叉学科。

通常把频率范围为20kHz～1000MHz的声波称为超声波（ultrasound）。从20世纪20年代以来，超声波在海洋探测、材料探伤、医疗保健、清洗、粉碎、分散以及雷达和通讯中的声电子器件等方面有着广泛的应用。在化学领域，虽然早在20世纪20年代就发现超声波有促进化学反应的作用，但长期以来未引起化学家们的重视。直到20世纪80年代中期，随着大功率超声设备的普及和发展，声化学（sonochemistry）才得以迅速发展，终于成为了化学领域的一个新的分支。

11.2.1 声化学合成原理

超声波促进化学反应并不是声场与反应物在分子水平上直接作用的简单结果。这是因为常用超声波（20kHz～10MHz）的能量很小，甚至不能激发分子的转动能级，因而根本不可能打开化学键而引发反应。超声波也不像微波那样，主要通过加热反应体系来促进化学反应。这是因为即使有的介质吸收超声波而使其本身温度升高，但温度升高不大，况且有的反应体系对超声波的吸收系数很小，几乎没有明显的热效应。虽然超声波对液相反应体系有显著的机械作用（如振荡作用），可加快物质分散、乳化、传热和传质等过程，在一定程度上可促进化学反应，但这也不足以解释超声波成倍甚至上百倍地加快反应速率和增大产率的实验事实。研究结果表明，加快反应的主要作用是超声波的声空化效应。

超声空化是指液体在超声波的作用下激活或产生空化泡（微小气泡或空穴）以及空化泡的振荡、生长、收缩及崩溃（爆裂）等一系列动力学过程。液体中的空化泡一方面来自于附着在固体杂质或容器表面中的微小气泡或析出溶解的气体，另一方面也是更主要的一方面是来自超声波对液体作用的结果。超声波作为一种机械波作用于液体时，波的周期性波动对液体产生压缩和稀疏作用，从而在液体内部形成过压位相和负压位相，在一定程度上破坏了液体的结构形态。当超声波的能量足够大时，其负压作用可导致液体内部产生大量的微小气泡或空穴（即空化泡），有时可听到小的爆裂声，于暗室内可看到发光现象。这种微小气泡或空穴极不稳定，存在时间仅为超声波振动的一个或几个周期，其体积随后迅速膨胀并爆裂（即崩溃），在空化泡爆裂时，极短时间（10^{-9}s）在空化泡周围的极小空间内，产生5000K以上的高温和大约50MPa的高压，温度变化率高达10^9K/s，并伴随着强烈的冲击波和时速达400km/h的微射流，同时还伴有空穴的充电放电和发光现象。这一局部的高能环境可引起分子热解离、分子离子化和产生自由基等，引发和加快了一系列化学反应。这就为在一般条件下难以实现或不可能实现的化学反应提供了一种新的非常特殊的物理环境，打开了新的化学反应通道。

在空化泡崩溃时，所产生的高温高压可由下式计算：

$$p_{\max}=p_g[p_m(\gamma-1)/p_g]^{\gamma/(\gamma-1)} \tag{11.2}$$

$$T_{\max}=T_0[p_m(\gamma-1)/p_g] \tag{11.3}$$

式中，$p_{\max}$和$T_{\max}$分别是空化泡收缩到最小体积而发生崩溃时泡内的最大压力和最高温度；p_g为空化泡在最大体积时的压力（近似等于液体的饱和蒸气压）；p_m为空化泡崩溃瞬间的液体内压力（等于静压力p_h和超声波对液体施加的压力p_a之和）；γ为空穴内混合气体的恒压热容与恒容热容之比；T_0为环境温度。根据式(11.2)和式(11.3)可估算空化泡崩溃瞬时的泡内最高温度和最大压力。例如在20℃（T_0）水中的含氮（γ=1.33）气泡，环境压力（p_m）为101.3kPa，p_g取20℃水的饱和蒸气压2.33kPa，则可算出$p_{\max}$=107MPa和$T_{\max}$=4200K。实测值要低一些，分别为31.4MPa和3400K。

虽然超声波可加速反应体系的传热、传质和扩散，但不能完全代替搅拌，例如，在生成二氯卡宾的反应中，单纯超声波辐照或单纯搅拌一天以上，与苯乙烯的加成产物的产率分别为38%和31%，若两者结合使用，1.5h后，产率可达96%。

总之超声波促进化学反应可归纳为以下几个主要特点：

① 空化泡爆裂可产生促进化学反应的高能环境（高温高压），使溶剂和反应试剂产生活性物质，如离子、自由基等；

② 超声辐照溶液时还可产生机械作用，如促进传热、传质、分散和乳化等作用，并且溶液或多或少吸收超声波而产生的一定宏观加热效应；

③ 对许多有机反应，尤其是非均相反应，有显著的加速效应，反应速率可较常规方法快数十乃至数百倍，并且在大多数情况下可提高反应产率，减少副产物；

④ 可使反应条件在较为温和的条件下进行，减少甚至不用催化剂，并且还可简化实验操作，大多数情况下不再需要辅以搅拌，有些反应不再需要严格的无水无氧条件或分布投料方式；

⑤ 对金属（作为反应物或催化剂）参与的反应，超声波可及时除去金属表面形成的产物、中间产物及杂质等，一直暴露着清洁的反应表面，从而大大促进了这类化学反应。

不过，超声辐照对有的化学反应效果不佳，对有的反应速率和产率增加不大，甚至对有的反应还有抑制作用；并且由于空化泡爆裂产生的离子和自由基与主反应发生竞争，从而降低了某些反应的选择性，使副产物增加。

11.2.2 有机声化学合成技术

11.2.2.1 超声波声源

频率高于20kHz的声波，因超出人耳可闻上限而被称为超声波。人工超声波由超声波发生器（又称为超声波换能器）产生。超声波发生器是将机械能或电磁能转变为超声振动能的一种器件，分为机械型和机电型两种，而机电型的又分为压电式和磁致伸缩式两类。声化学研究一般采用压电式超声换能器，其部分性能见表11.2。

表11.2 压电式超声换能器的部分性能

换能器种类	石英(片状)	压电陶瓷	
		片状	夹心式
使用频段	>1MHz	200kHz～1MHz	几千赫～几十千赫
电声效率	约80%	约80%	70%～90%
应用举例	超声检测、声化学研究等	清洗、雾化、检测、理疗等	加工、清洗、焊接、声化学研究等

声化学研究的超声波频率并非越高越好。事实表明，随着超声波频率增加，声波膨胀相时间变短，空化核来不及增长到可产生效应的空化泡，即使空化泡形成，由于声波的压缩相时间亦短，空化泡来不及发生崩溃，从而致使空化过程难以发生。有机声化学合成所用的超声波频率，一般为20～80kHz。

提高超声波强度可提高声空化效应。例如，在某一声强下，较高的超声波频率不能产生空化泡，但提高声强后，空化泡仍可形成，不过声强大消耗的功率也大。所以只有在特殊情况下，有机声化学合成才使用500kHz以上的频率。

11.2.2.2 有机声化学反应的影响因素

除超声频率与强度外，有机液相反应体系的性质如溶剂性质、溶液的成分、黏度、表面张力及蒸气压等也对声空化效应有重要影响。例如，在超声波作用下，偕二卤环丙烷与金属在正戊烷溶剂中几乎没有反应，在乙醚溶剂中反应较慢，而在四氢呋喃溶剂中反应很快。

除此之外，超声波的作用方式（连续或脉冲）、反应温度、外压以及液体中溶解气体的种类和含量等也影响有机声化学反应。如温度升高，蒸气压增大，表面张力及黏滞系数下降，使空化泡的产生变得容易。但是蒸气压升高，反过来又会导致空化强度或声空化效应下降，因此为了获得较大的声化学效应，应该在较低温度下反应，并且应选用蒸气压较低的溶剂。

11.2.2.3　声化学反应器

声化学反应器是有机声化学合成技术的关键装置，它一般由电子部分（信号发生器及控制部分）、换能部分（振幅放大器）、耦合部分（超声波传递）及化学反应器部分（反应容器、加液、搅拌、回流、测温等）组成。随着声化学的发展，各种类型的声化学反应器不断出现，但主要类型有四种：超声清洗槽式反应器、探头插入式反应器、杯式声变幅杆反应器和复合型反应器。

(1) 超声清洗槽式反应器　超声清洗机是一种价格便宜、应用普遍的超声设备；很多声化学工作者都是利用超声清洗机来开始他们的试验工作的。

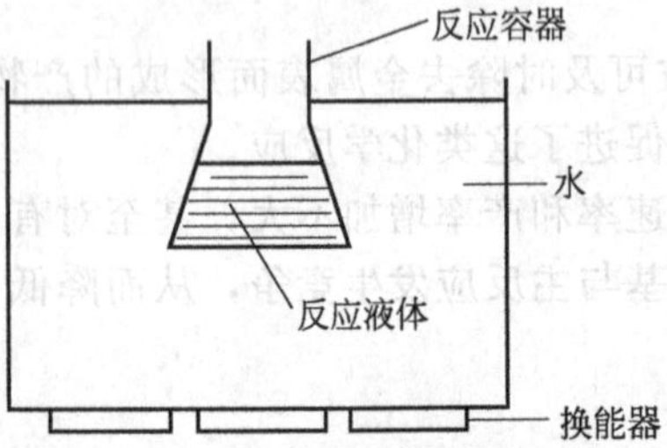

图 11.2　超声清洗槽式反应器

超声清洗机的结构比较简单，它是由一个不锈钢水槽和若干个固定在水槽底部的超声换能器所组成的。将装有反应液体的锥形瓶置于不锈钢水槽中就构成了超声清洗槽式反应器，如图 11.2 所示。

这一反应器方便可得，除了对反应容器要求平底外（超声波垂直入射进入反应液体的超声能量损失较小），无特殊要求。但同时也存在许多缺点：①反应容器截面远小于清洗槽，能量损失严重；②由于反应容器与液体之间的声阻抗相差很大，声波反射很严重，例如对于玻璃反应容器和液体水，其反射率高达70%，不仅浪费声能，而且使反应液体中实际消耗的声功率也无法定量确定；③清洗槽内的温度难以控制，尤其是在较长时间辐照之后，偶合液（清洗槽中的水）吸收超声波而升温；④各种不同型号的超声清洗机的频率和功率都是固定的，并且各不相同，因而不能用于研究不同频率与功率下的声化学反应，也难以重复别人的试验结果。

(2) 探头插入式声化学反应器　产生超声波的探头就是超声换能器驱动的声变幅杆（声波振幅放大器）。探头插入式反应器是由换能器发射的超声波经过变幅杆端面直接辐射到反应液体中的，如图 11.3 所示。可见，这是把超声能量传递到反应液体中的一种最有效的方法。市场上已有这样的超声设备出售，在实验室中被用作为细胞破裂机，后来才应用于声化学研究。

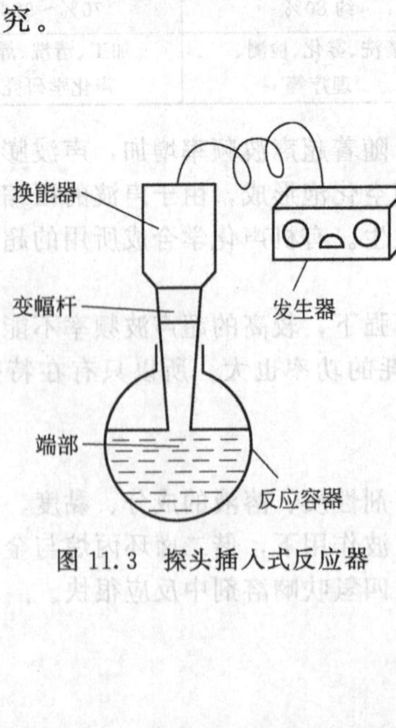

图 11.3　探头插入式反应器

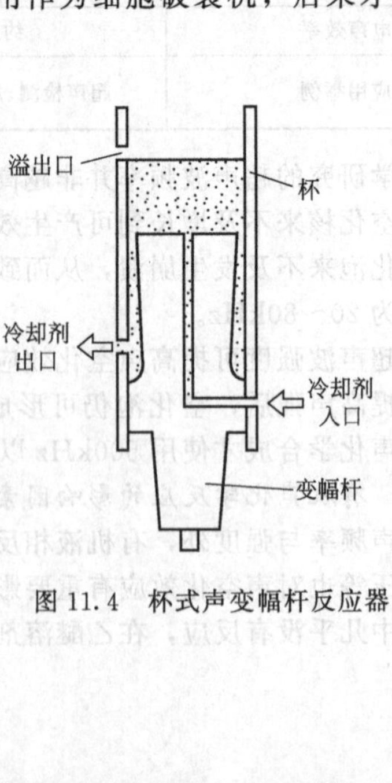

图 11.4　杯式声变幅杆反应器

探头插入式反应器的主要优点是：①探头直接插入反应液，声能利用率大，在反应液体中可获得相当高的超声功率密度，可实现许多在超声清洗槽反应器上难以实现的反应；②功率连续可调，能在较大的功率密度范围内寻找和确定最佳超声辐照条件；③通过交换探头可改变辐射的声强，从而实现功率、声强与辐射液体容量之间的最佳匹配。

这类反应器的不足之处是：①难以对反应液体进行控温；②探头表面易受空化腐蚀而污染反应液体。

插入式反应器还可细分为简单型、玫瑰花型、增压型、连续型和有机金属型等类型。

(3) 杯式声变幅杆反应器　将超声清洗槽反应器与功率可调的声变幅杆反应器结合起来，就构成了杯式声变幅杆反应器，如图 11.4 所示。

杯式结构上部可看成是温度可控的小水槽，装反应液体的锥形烧瓶置入其中，并接受由下而上的超声波辐射。

杯式变幅杆结构反应器的优点是：①频率固定，定量和重复结果较好；②反应液体中的辐照声强可调；③反应液体的温度可以控制；④不存在空化腐蚀探头表面而污染反应液体的问题。其不足之处是：①反应液体中的辐照声强不如探头插入式的强；②反应容器的大小受到杯体的限制。

(4) 复合型声化学反应器　将超声反应器与电化学反应器、光化学反应器、微波反应器结合起来便构成了复合型声化学反应器。例如 Rushing 等报道了超声波引入电解反应还原多氯联苯的研究。对于电解-超声波复合型反应器，若用金属板作为电极的话，可用楔型超声探头将超声波引到电极表面，据说这种探头已有出售。

关于光-超声波复合型反应器，藤进敏发明了一种紫外光或射线与超声波一起产生臭氧的装置，如图 11.5 所示。在这里超声波的作用是喷雾与分散。

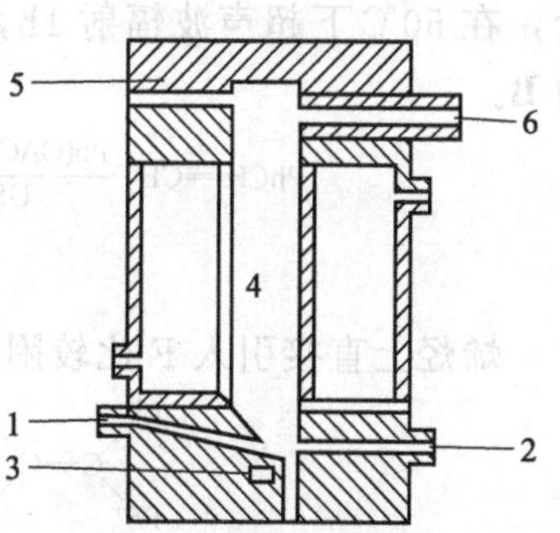

图 11.5　与光或射线结合的复合超声反应器

1—过氧化物供给口；2—氧气供给口；3—超声波发生器；4—化学反应器；5—紫外线或射线；6—臭氧出口

11.2.3　超声波促进下的有机反应

超声波在有机合成中的应用研究在近十年多来发展非常迅速，它比传统的有机合成方法更方便和易于操作，实验仪器也比较简单，易于控制。在超声波辐照下可使许多传统的有机反应在较温和的条件下进行，同时可显著提高产率和缩短反应时间，甚至还可使某些在传统条件下难以发生或不能发生的反应得以进行。当然，并不是超声波辐照对所有的有机反应都有促进作用，甚至对有的反应还有抑制作用和副作用。

超声波既能促进均相液相的有机反应，也能促进液-液多相、液-固多相的有机反应。关于超声波促进有机反应的种类很多，这里只介绍其中几种。

(1) 氧化反应　超声波对氧化反应有明显的促进作用，例如：

$$CH_3(CH_2)_5-\underset{OH}{\underset{|}{CH}}-CH_3 \xrightarrow[\text{②}KMnO_4,\text{己烷},USI\ 1h]{\text{①}KMnO_4,\text{己烷},\text{搅拌}\ 5h} CH_3(CH_2)_5-\underset{O}{\underset{\|}{C}}-CH_3 \qquad \begin{matrix}\text{①}:2\%\\ \text{②}:92\%\end{matrix}$$

式中 USI 表示超声波辐照（ultrasonic irradiation），反应式右边上下两部分的百分数分别表示对应传统反应和声化学反应的产率，以下类同。其他例子：

$$\phi\text{-}\phi\text{-}\underset{\underset{O}{\|}}{C}-CH_2Br \xrightarrow[\text{② Na}_2\text{CO}_3,\text{H}_2\text{O}_2,\text{USI 1h}]{\text{① Na}_2\text{CO}_3,\text{H}_2\text{O}_2,\text{搅拌 7h}} \phi\text{-}\phi\text{-COOH} \quad \begin{array}{l}\text{①:48\%}\\\text{②:88\%}\end{array}$$

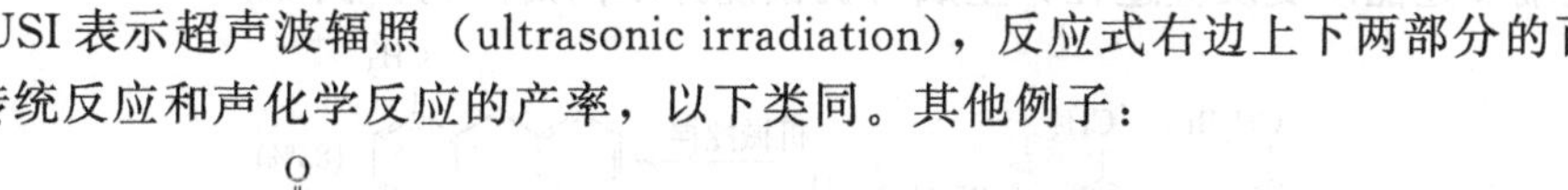

$$n\text{-}C_7H_{15}-CH_2OH \xrightarrow[USI\ 20min]{60\%HNO_3} n\text{-}C_7H_{15}-COOH \quad (100\%)$$

(2) 还原反应　在有机还原反应中，很多是采用金属和固体催化剂，超声波对这类反应的促进作用特别明显。

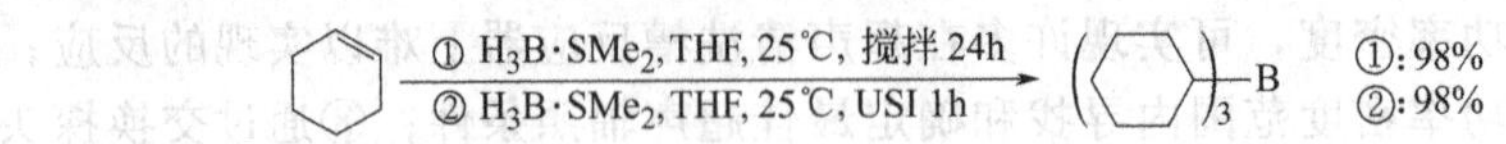

式中，THF 为四氢呋喃。

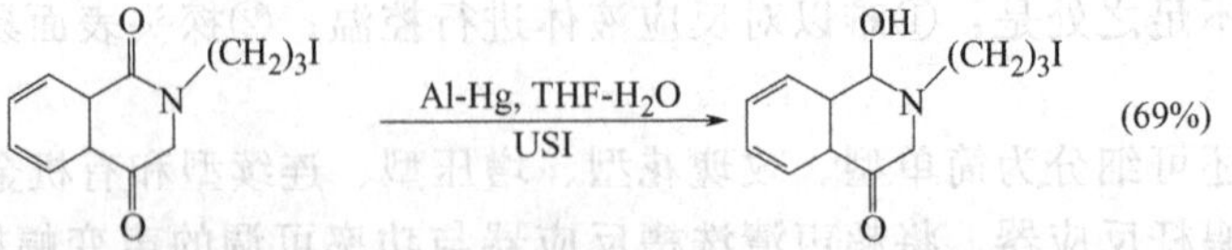

(3) 加成反应　超声波辐照条件下，烯烃的加成机理可能是自由基历程。例如苯乙烯与四乙酸铅的反应，被认为是自由基与离子的竞争反应，产物 **A** 由自由基机理产生，产物 **B** 由离子机理产生，而产物 **C** 是这两种机理共同作用的结果。超声波有利于按自由基机理进行，在 50℃下超声波辐射 1h，产物 **A** 的收率为 38.7%，而搅拌 15h，只能得到 33.1%的产物 **B**。

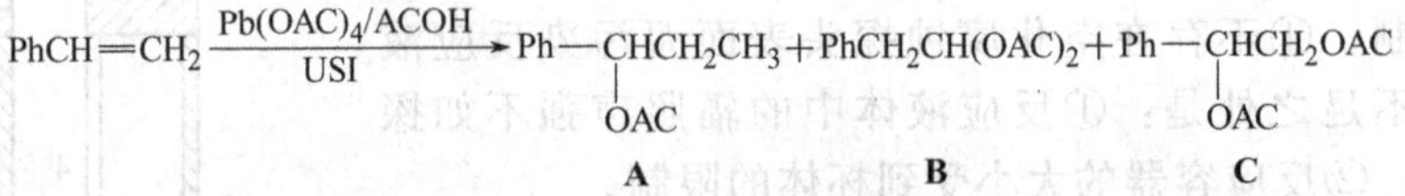

烯烃上直接引入 F 比较困难，而在超声波辐照下则可很方便地引入：

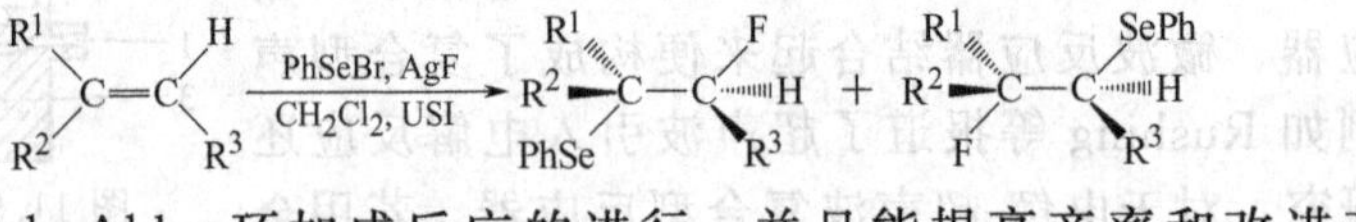

超声波能促进 Diels-Alder 环加成反应的进行，并且能提高产率和改进其区域选择性，例如：

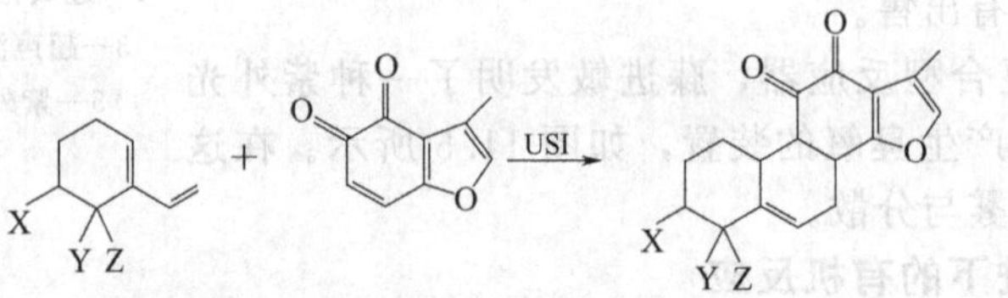

超声波辐照还可使不能发生的加成反应得以进行，例如：

$$H_2C{=}CHCN + CH_3(CH_2)_{13}OH \xrightarrow[\text{USI 2h}]{\text{搅拌 2h}} CH_3(CH_2)_{13}O(CH_2)_2CN \quad \begin{matrix}(0\%)\\(91.4\%)\end{matrix}$$

(4) 取代反应　超声波辐照可以使合成反应的中间产物不经分离而直接参与下一步反应，减少合成的步骤。例如，在超声波作用下，以下最终产物的合成步骤由常规的 15 步减少到 4 步。

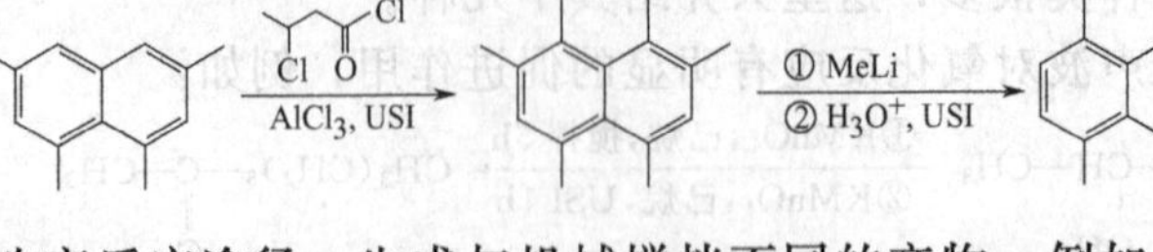

超声波辐照还能改变反应途径，生成与机械搅拌不同的产物，例如：

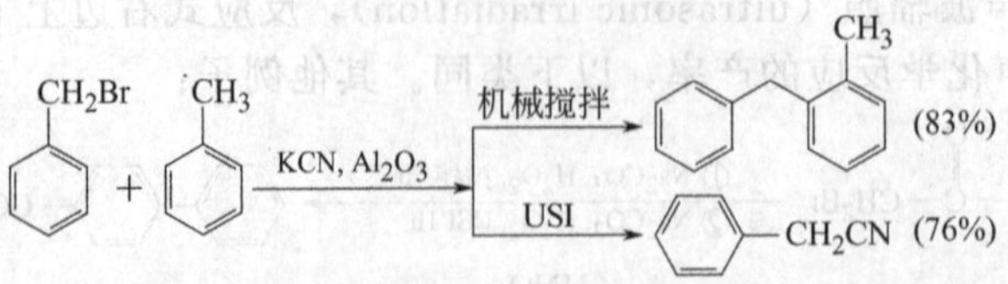

这是因为超声波促使 CN^- 分散在 Al_2O_3 表面，降低了 Al_2O_3 对于 Friedel-Crafts 烷基化反应的催化活性，增大了 CN^- 亲核取代的活性。

（5）偶合反应　对于 Ullmann 型偶合反应，在传统条件下很难反应或根本不反应，而在超声波辐照下反应温度大大降低，并且反应速率比机械搅拌快几十倍甚至更多。

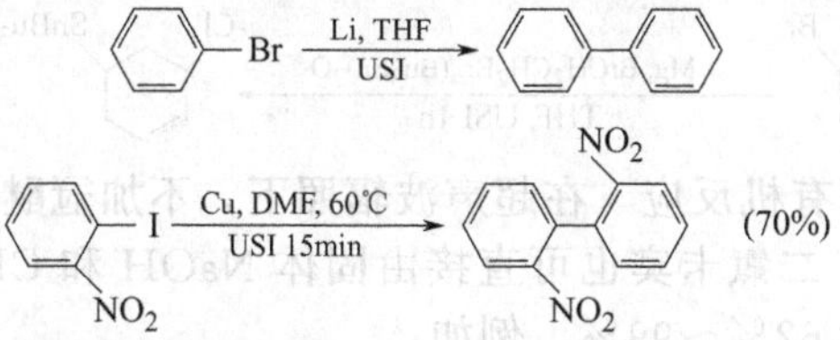

式中，DMF 为二甲基甲酰胺。

对于氯硅烷的偶合，在传统条件下不能发生，而在超声波辐照下可得到较高的产率。

$$2Mes_2SiCl_2 \xrightarrow[\text{USI 15min}]{\text{Li, THF}} Mes_2Si{=}SiMes_2 \quad （约 90\%）$$

式中，Mes＝2,4,6-三甲基苯基。

（6）缩合反应　在 Claisen-Schmidt 缩合的反应中，超声波辐照可使催化剂 C-200 的用量减少，反应时间缩短。

在典型的 Atherton-Todd 反应中，胺、亚胺及肟都易被磷酰化，而醇不能。但在超声波作用下，醇也能顺利地磷酰化，而且收率很高。

$$CH_3(CH_2)_3OH + H{-}\overset{O}{\overset{\|}{P}}(OEt)_2 \xrightarrow[\text{USI 2.5h}]{NEt_3,\,CCl_4} CH_3(CH_2)_3O{-}\overset{O}{\overset{\|}{P}}(OEt)_2 \quad (92\%)$$

（7）消除反应　在下面反应中，超声波作用不仅明显地提高了产率，而且还大大地缩短了反应时间。

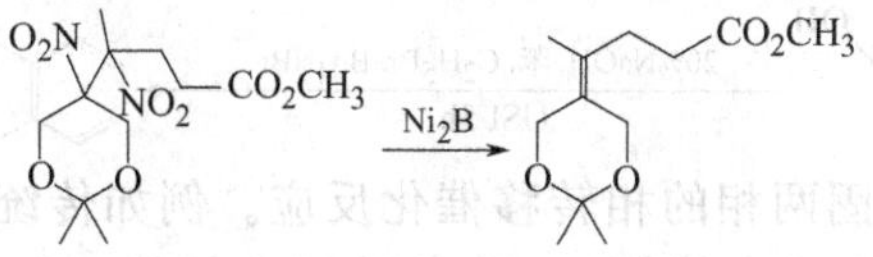

以上反应，传统的方法是在苯中回流 10～12h，产率为 15%，而在超声波辐照下，以甲醇为溶剂，反应 15min，产率可达 92%。

在超声波作用下，对于锌粉进行氟氯烃的脱氯反应也十分有效，例如：

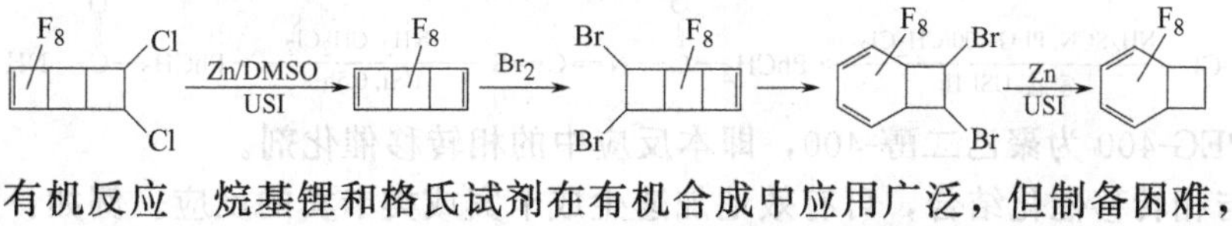

（8）金属有机反应　烷基锂和格氏试剂在有机合成中应用广泛，但制备困难，而在超声波作用下可增加反应活性，大大缩短反应时间。许多反应还可把制备有机金属试剂的反应与应用这一试剂的反应结合在一起进行，如烷基锂与醛、酮的反应，不必先制得烷基锂后再加醛、酮，只需将卤代烷、锂及醛或酮加以混合即可。这不仅减少了操作过程，缩短了反应时间，而且产率也较高。例如：

$$R^1X + R^2R^3CO \xrightarrow[\text{② } H_2O\text{, USI 15～40min}]{\text{① Li, THF}} R^1R^2R^3COH \quad (76\%～100\%)$$

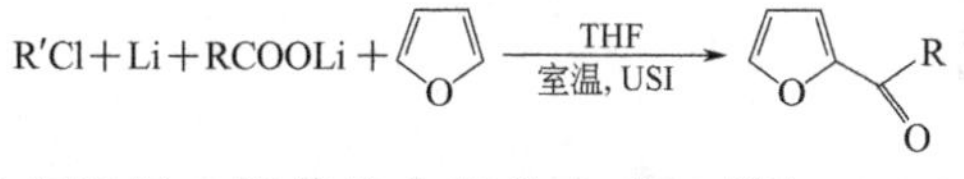

超声波也可用于有机铝、锌等化合物的合成，例如：

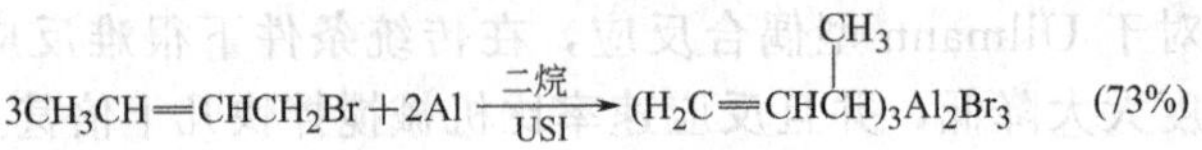

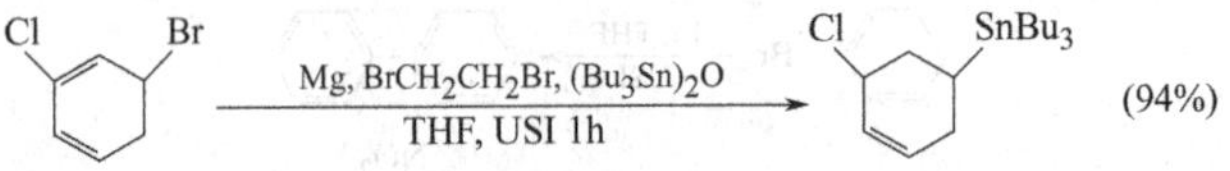

(9) 与无机固体的多相有机反应　在超声波辐照下，不加冠醚就可直接用 $KMnO_4$ 将仲醇氧化为酮，产率可达 90%。二氯卡宾也可直接由固体 NaOH 和 $CHCl_3$ 在超声波作用下产生，与烯烃加成产物的产率可达 62%～99%。例如：

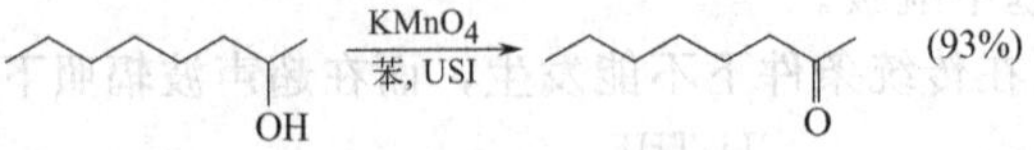

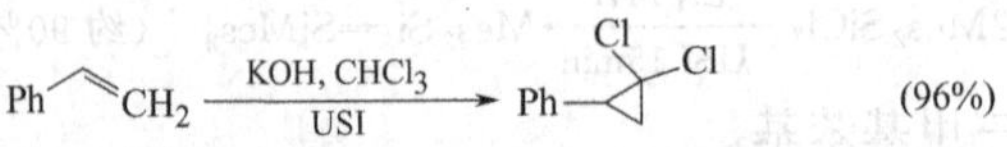

对于标准的干反应——以无机固体为介质的无溶剂反应，超声波对其亦有促进作用。如 Villemin 报道了以 Al_2O_3 为无机载体的干反应（见下面），当 R 为 $CH_3CHBrCH_2$ 时，产率高达 99%。

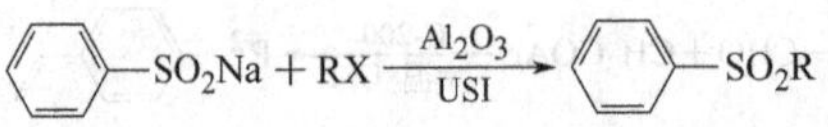

(10) 相转移催化反应　超声波可以产生高能环境，并引起强烈的搅拌分散作用，所以能够大大地促进相转移催化反应，减少催化剂用量，甚至在某些有机反应中，还可完全代替相转移催化剂。

β-萘乙醚是一种人工合成香料的重要中间体，传统合成法，反应温度较高，产率较低（50%～60%）；相转移催化可在较低温度（70～80℃）下进行，其产率也不太高（84%）；若将超声波辐照与相转移催化结合起来，在 75℃，催化剂用量减少一半，反应时间缩短 5h，产率达到 94.2%。

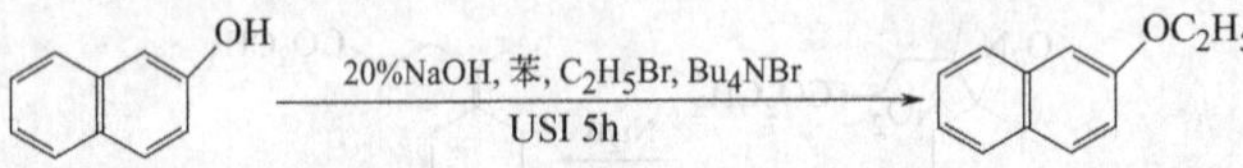

超声波辐照也可促进液-固两相的相转移催化反应。例如传统合成苯乙酰基芳基硫脲化合物时，反应条件比较苛刻（需无水溶剂），反应时间也较长（2～6h），产率也不高（15%）。采用固-液相转移催化法，产率也不太高；但再结合超声波辐照，以甲醇为溶剂，反应 15min，产率即达 92%。

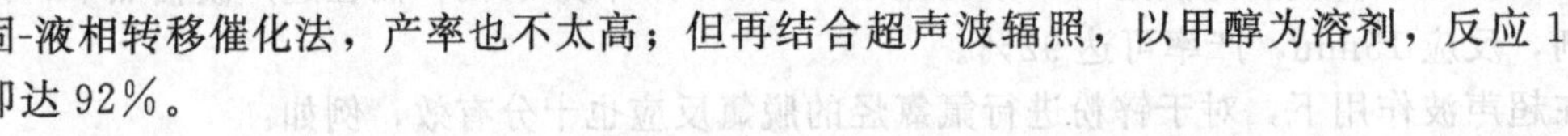

式中，PEG-400 为聚乙二醇-400，即本反应中的相转移催化剂。

超声波与相转移催化结合，可有效地加速生成卡宾或类卡宾的反应。例如：

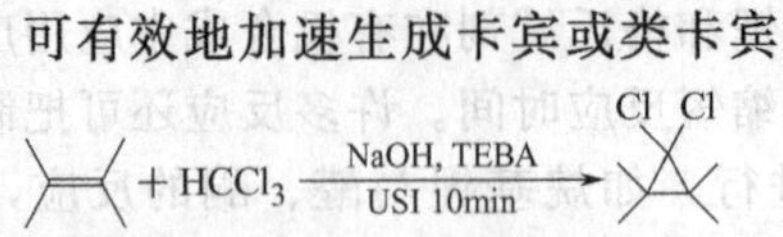

式中，TEBA 为相转移催化剂氯化三乙基苄基铵。

超声波促进有机反应的类型比较多，除以上介绍的外，还可促进重排反应、异构化反应、成环开环反应、分解反应、聚合反应、玻沃反应、金属有机反应及生物催化反应等。

11.3　等离子体有机合成

众所周知，物质在一定压力下随着温度的升高，可由固态变为液态，再变为气态，有的可直接从固态变为气态。如果对气态物质再继续升高温度或放电，气体分子就要发生解离和电离，当电离产生的带电粒子密度达到一定数量时，这一集聚状态称为物质的第四态——等离子体。日光灯放电和霓虹灯放电就是我们常见的等离子体现象。

11.3.1 等离子体的产生、分类和特点

产生等离子体的方法和途径是多种多样的，其中，宇宙天体和地球上层大气的电离层属于自然界产生的等离子体。人工产生的方法主要有气体放电法（电晕放电、辉光放电、电弧放电和微波放电等）、光电离法（激光照射）、射线辐照法（X 射线、γ 射线等）、燃烧法（高温热电离）和冲击波法等。

放电生成的等离子体可分为高温等离子体和低温等离子体两类。在高温等离子体中，因电子温度（T_e）和离子温度（T_i）几乎相等，呈热平衡状态，这时电离气体的温度很高，可达5000～20000K，从而称为高温等离子体或平衡等离子体。在低温等离子体中，$T_e \gg T_i$，不存在热平衡，电离气体温度仅有 300～500K，从而称为低温等离子体或非平衡等离子体。

等离子体的物理特点：①尽管等离子体中存在着大量的带电粒子，但正、负电荷总数相等，整体呈电中性；②由于其内部存在大量的自由电子和离子，从而表现出很强的导电性；③作为一个带电粒子体系，等离子体明显地会受到电磁场的作用。

等离子体的化学特点：①由于等离子体中存在着大量的离子、电子和激发态原子、分子、自由基等极活泼的反应物种，从而使等离子体反应很容易进行，甚至可使某些在常规条件下不能发生的反应得以进行；②利用低温等离子体，可实现高温反应的低温化，例如利用等离子体人工合成金刚石可从传统方法几千度的高温降为几百度。

11.3.2 等离子体有机合成装置

等离子体有机合成装置由放电电源（直流、交流或高频电源）、电极、反应器、真空部分和冷却部分等组成，其中电源与电极用于气体放电，产生等离子体。

等离子体有机合成装置，根据反应系统的具体要求有不同的型式，常见的管型外部电极式反应器见图 11.6 所示。

厦门大学谢素原等自行设计的辉光放电合成装置如图 11.7 所示。反应气体在负压下进入串级反应腔，反应腔外部是 250ml 的水冷圆球玻璃管，内部有一段既作电极又作气流通道的空心铜管，施于两电极的电压在 6kV 以上，电极间距约为 50mm。在气压小于 300Pa 时，电极间发生辉光放电，反应气体被电离成等离子体。

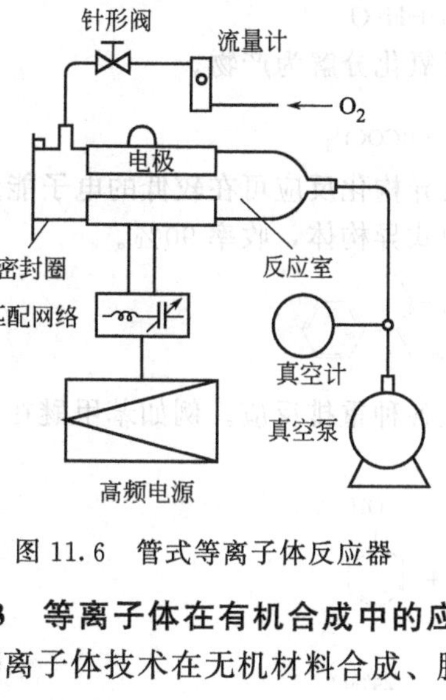

图 11.6　管式等离子体反应器

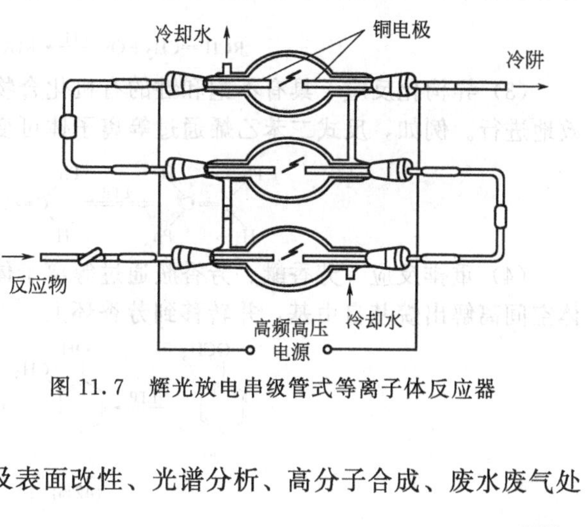

图 11.7　辉光放电串级管式等离子体反应器

11.3.3 等离子体在有机合成中的应用

等离子体技术在无机材料合成、膜合成及表面改性、光谱分析、高分子合成、废水废气处

理、半导体器件等领域有广泛的应用。在有机合成方面应用相对少一些；并且主要是应用低温等离子体技术。

由低温等离子体引发的有机化学反应一般可分为三种类型：①在气相中进行的电离、离解、激发和原子、分子内相互结合以及加成反应；②在等离子体-固体界面发生的聚合或者固体的蚀刻、脱离反应；③在固体或液体表面，由于等离子体发射的光和电子的照射引起的交联、分解反应，附着在表面的活性基团又会引发二次反应。在固体或液体中发生的反应又称为等离子体引发聚合反应。

(1) 合成反应　在不加催化剂的条件下，通过等离子体状态，可以从单质或化合物出发，经过中间体合成各种氨基酸、卟啉、核酸盐等，这种合成可用于说明由原始大气产生生命的过程。

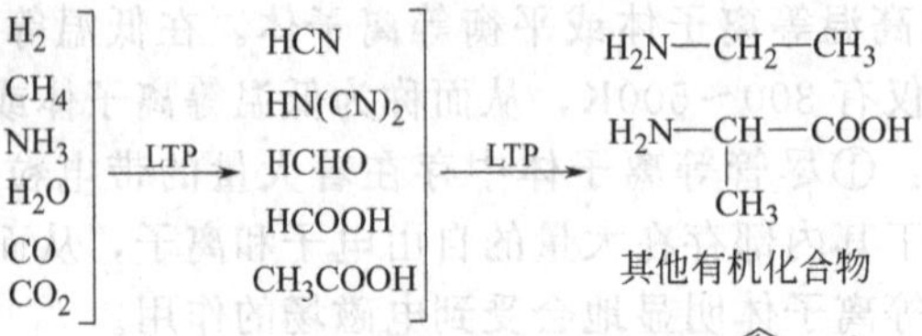

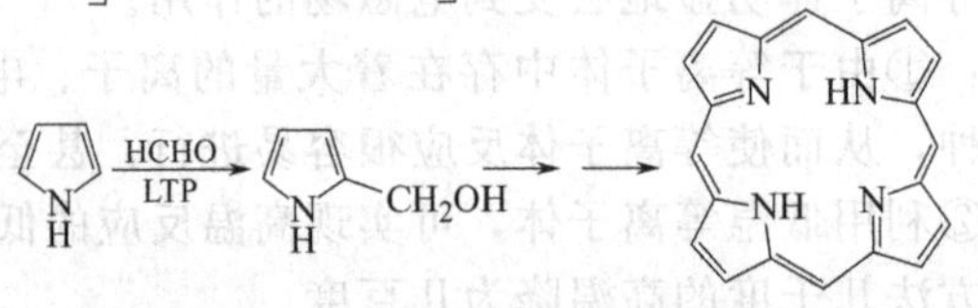

式中，LTP 表示低温等离子体（low temperature plasma）

(2) 脱除反应　通过低温等离子体作用，有机物可发生脱除 H_2、CO、CO_2 等小分子的反应。

$$C_2H_6 \xrightarrow{LTP} C_2H_4 \xrightarrow{LTP} C_2H_2$$

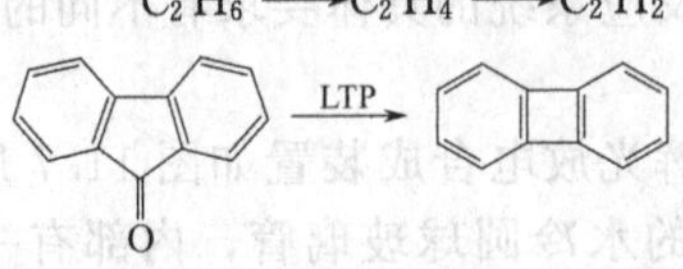

(99%)

原子态氧与烷基作用时，先是脱氢发生羰基化，随着氧化的进行，最后，有机物分解为 CO_2 和 H_2O。

$$RCH_2CH_3 + 2O\cdot \xrightarrow{LTP} RCOCH_3 + H_2O$$

若有机物中含有双键时，能与原子态的氧先环化，然后环氧化分解为产物。

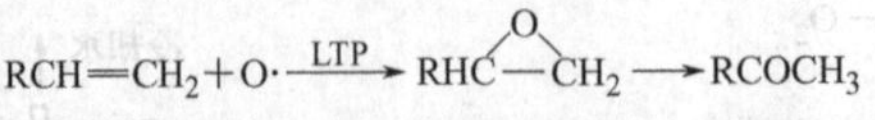

(3) 异构化反应　具有不饱和键的有机化合物的顺反异构化反应可在较低的电子能量下有效地进行。例如，反式二苯乙烯通过等离子体可变换为顺式异构体，收率 90%。

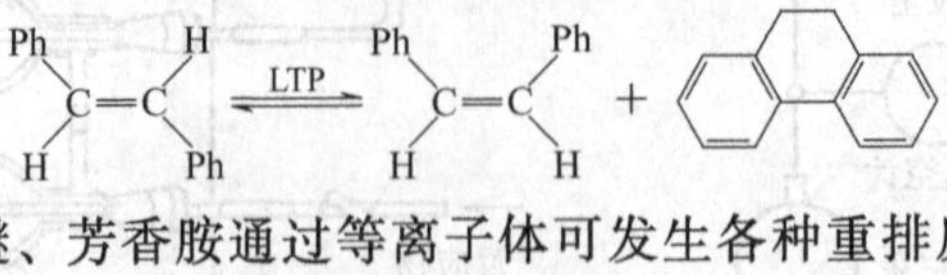

(4) 重排反应　芳香醚、芳香胺通过等离子体可发生各种重排反应。例如苯甲醚在等离子体空间离解出烷基自由基，并转移到芳香环上。

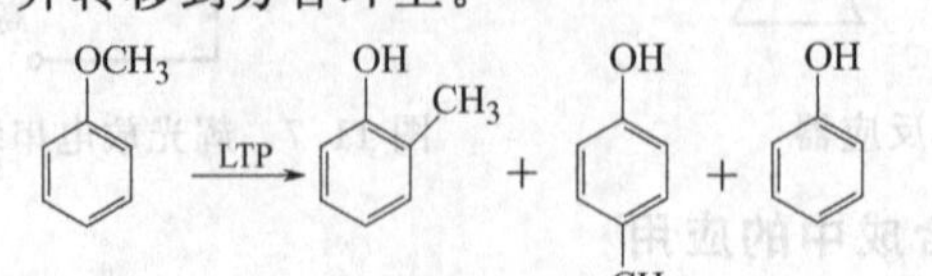

(42%)　(24%)　(24%)

(5) 开环反应　对芳香族化合物只要稍提高电子能量就能打开苯环，生成顺反异构混杂的不饱和碳氢化合物，其中含氮环和苯胺都是以氰基为开环终端的。

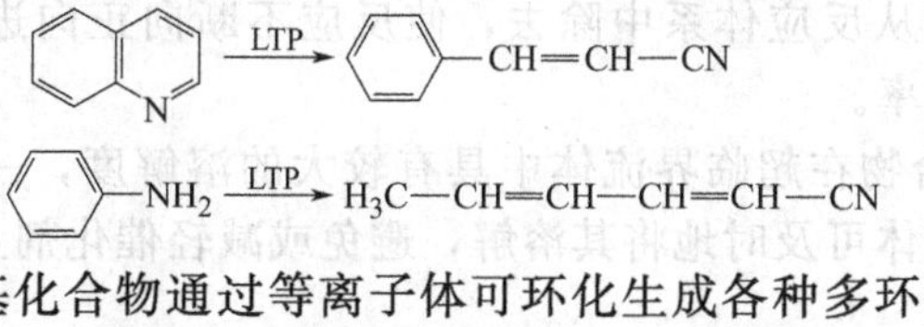

(6) 环化反应　二苯基化合物通过等离子体可环化生成各种多环化合物。

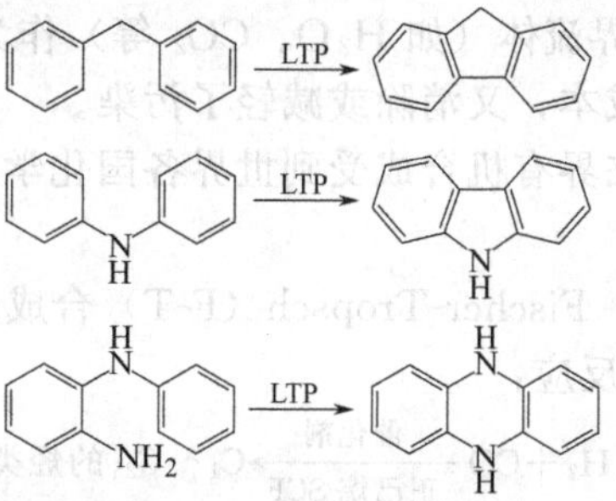

(7) 加成反应　等离子体的加成反应可以是自由基加成，也可以是分子间的加成。

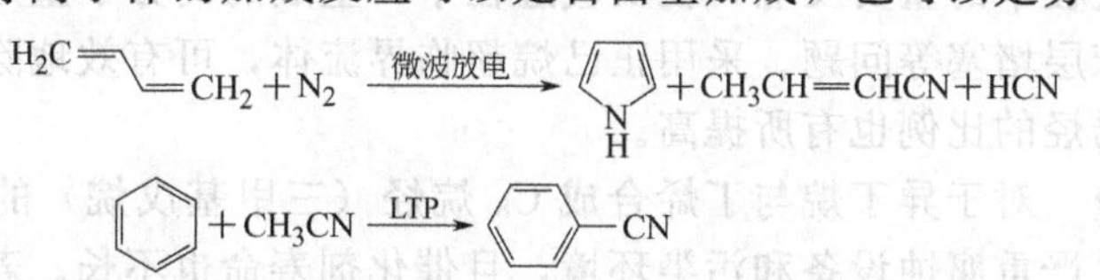

除此之外，利用低温等离子体还可发生取代反应、聚合反应、分解反应、氧化反应等类型的反应。

等离子体有机化学反应不仅可得到热反应和光反应相同的产物，还可能得到热反应和光反应得不到的产物，其产物的多样性具有重要的意义。

11.4　超临界有机合成

当流体的温度和压力处于它的临界温度和临界压力以上时，称该流体处于超临界状态，此时的流体称为超临界流体（supercritical fluid，缩写为 SCF）。超临界流体在萃取分离方面取得了极大成功，并广泛用于化工、煤炭、冶金、食品、香料、药物、环保等许多工业或领域。超临界流体作为反应介质或作为反应物参与的化学反应，称为超临界化学反应。目前关于超临界有机合成的研究还处于初始阶段，不过已取得了一些很有实用价值的成果，充分显示了超临界有机合成技术的巨大潜在优势。

11.4.1　超临界化学反应的特点

超临界化学反应不同于传统的热化学反应，它具有以下特点。

① 与液相反应相比，在超临界条件下的扩散系数远比液体中的大，黏度远比液体中的小。对于受扩散速度控制的均相液相反应，在超临界条件下，反应速率大大提高。

② 在超临界流体介质中可增大有机反应物的溶解度或有机反应物本身作为超临界流体而全部溶解；尤其在超临界状态下，还可使一些多相反应变为均相反应，消除了相界面，减少了传质阻力；这些都可较大幅度地增大反应速率。

③ 因有机反应中过渡状态物质的反应速率随压力的增大而急剧增大，而超临界条件下具有较大的压力，从而可使化学反应速率大幅度增加，甚至可增加几个数量级。当反应物能生成多种产物时，压力对不同产物的反应速率的影响是不相同的，这样就可通过改变超临界流体的

压力来改变反应的选择性，使反应向目标产物方向进行。

④ 超临界流体中溶质的溶解度随温度、压力和分子量的改变而有显著的变化，利用这一性质，可及时将反应产物从反应体系中除去，使反应不断向正向进行；这样既加快了反应速率，又获得了较大的转化率。

⑤ 许多重质有机化合物在超临界流体中具有较大的溶解度，一旦有重质有机物结焦后吸附在催化剂上，超临界流体可及时地将其溶解，避免或减轻催化剂上的积炭，大大地延长了催化剂的寿命。

⑥ 可用价廉、无毒的超临界流体（如 H_2O、CO_2 等）作为反应介质来代替毒性大、价格高的有机溶剂，既降低了反应成本，又消除或减轻了污染。

由于具有以上特点，使超临界有机合成受到世界各国化学界的高度重视。

11.4.2 超临界有机合成反应

（1）Fischer-Tropsch 合成　Fischer-Tropsch（F-T）合成是用 H_2 和 CO 在固体催化剂上合成烃类（$C_1 \sim C_{25}$）混合物的反应：

$$H_2 + CO \xrightarrow[\text{正己烷 SCF}]{\text{催化剂}} C_1 \sim C_{25}\text{的烃类}$$

这是煤炭间接液化过程中的重要反应，在反应过程中，生成的高分子量烃可吸附在催化剂表面造成催化剂失活、床层堵塞等问题。采用正己烷超临界流体，可有效地除去催化剂表面上生成的蜡，并且产物中烯烃的比例也有所提高。

（2）烷基化反应　对于异丁烷与丁烯合成 C_8 烷烃（三甲基戊烷）的反应，目前工业上仍使用强酸催化工艺，严重腐蚀设备和污染环境，且催化剂寿命也不长。若以反应物异丁烷为超临界流体，采用固体酸催化剂，则可克服以上缺点。

（3）Diels-Alder 反应　Randy 等研究了在 SiO_2 催化条件下用超临界 CO_2 作为介质的 D-A 反应，发现随体系压力的升高，反应产率下降，但对反应的选择性无影响。

Thompson 等在超临界 CO_2 介质中研究了下面的 D-A 反应，发现了 40℃时反应速率常数随压力增高而降低的反常现象，还发现在临界点反应速率比液相反应（以乙腈或氯仿为溶剂）快，但在 CO_2 密度接近液体溶剂的高压条件下，反应速率比液相慢。

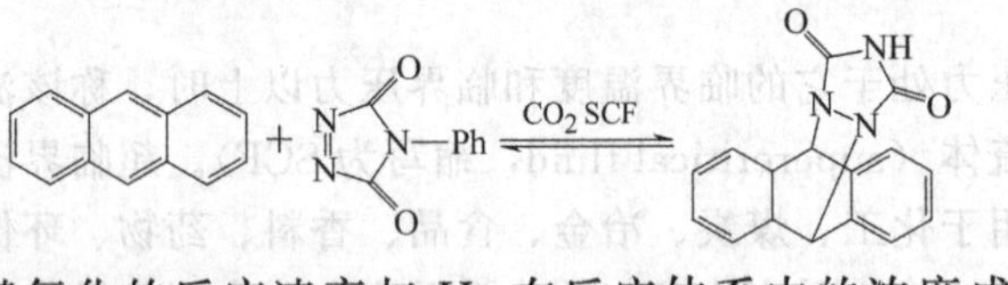

（4）氢化反应　双键氢化的反应速率与 H_2 在反应体系中的浓度成正比，因超临界 CO_2 能与 H_2 完全互溶，特别有利于氢化反应的进行。例如：

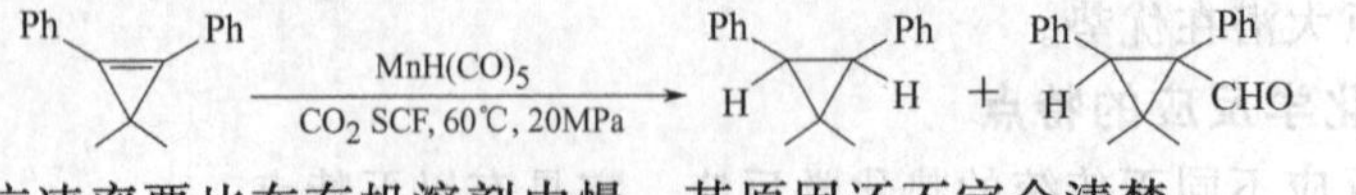

但是下面超临界反应速率要比在有机溶剂中慢，其原因还不完全清楚。

Sabine 等研究了在超临界条件下，亚胺的铱催化氢化反应，发现用超临界 CO_2 作为介质比用液相二氯甲烷作为溶剂的反应速率快，而选择性随催化剂的不同而有较大差异。

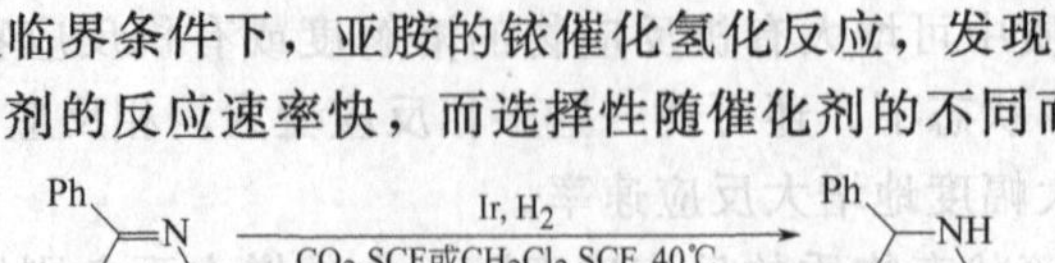

CO_2 加氢合成甲醇、甲酸是一条很有意义的有机合成途径，这是因为这一反应既能降低

大气中的 CO_2，维护生态环境，又能以低成本的形式得到有用的产物。

$$CO_2 + H_2 \xrightarrow[CO_2SCF, 50℃\ 21.2MPa]{RhH_2[P(CH_3)_3]_4, N(C_2H_5)_3} HCOOH$$

(5) 氧化反应　Noyori 对 2,3-二甲基丁烯在超临界 CO_2 介质中的过氧化物环氧化反应进行了研究，发现没有通常的副产物碳酸盐的生成。

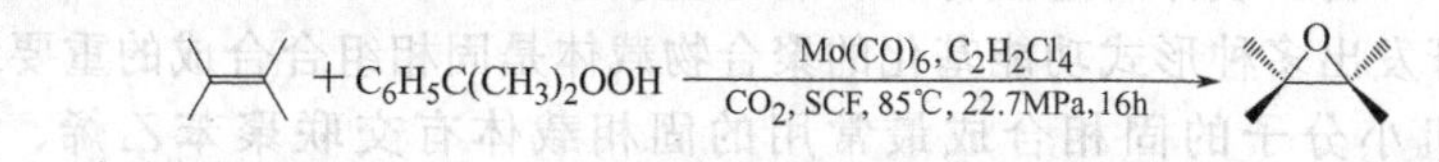

Tumas 小组在超临界 CO_2 介质中用含水的过氧化物 $(CH_3)_3COOH$ 对环已烯进行了氧化，主要生成环己二醇，同时发现若用不含水的超氧化物，则产率只有 15%。

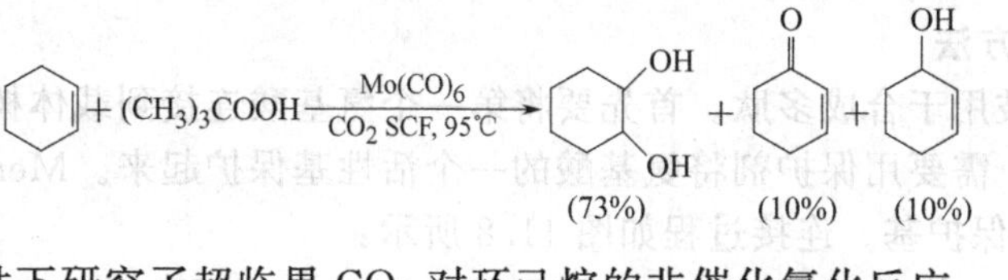

Wu 等在催化条件下研究了超临界 CO_2 对环已烷的非催化氧化反应：

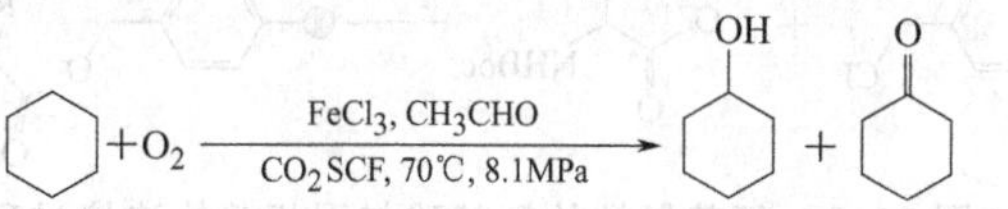

超临界水氧化（supercritical water oxidation，缩写为 SCWO）是氧化分解有害有机物的一种新技术，这一技术可在不产生有害副产物情况下彻底去除有毒有机废物。当温度高于 647K，压力高于 22.1MPa 时，有机组分和氧气完全溶于超临界水中，使有机组分在单相介质中快速氧化为 CO_2、H_2O 和 N_2。这一技术在处理有机废水、废气时有广阔的应用前景。

(6) 重排反应　频哪醇重排反应在液相中需要强酸作为催化剂，催化剂寿命又很短。尽管可用加大酸浓度的方法来提高反应速率，但反应速率和选择性仍然很低。Yutaka 等在 450℃、25MPa 的超临界水中，不加任何催化剂成功地进行了频哪醇的重排反应，反应速率要比回馏条件下在 2.43mol/L 的 H_2SO_4 溶液中快 100 倍。他们认为频哪醇之所以能够在无外加酸的超临界水中进行反应，氢键强度的变化是关键因素。

除以上反应类型外，在超临界流体中还可以有效地进行环化反应、烯键易位反应、羰基化反应、生成金属有机化合物的反应、聚合反应、酶催化反应、自由基反应、酯化反应、异构化反应、烷基化反应、脱除反应、水解反应、超临界相转移反应、超临界光化学反应等。

11.5　固相合成

固相合成法（solid-phase synthesis）就是把底物或催化剂锚合在某种固相载体上，再与其他试剂反应；生成的化合物连同载体过滤、淋洗，与试剂及副产物分离，这个过程能够多次重复，可以连接多个重复单元或不同单元，最终产物通过解脱试剂从载体上解脱下来。固相合成采用过量的反应试剂使反应进行完全，所以即使反应不太完全（20%～30%）也可以进行，并且通过简单过滤就能分离纯化产物。

11.5.1　固相合成载体

固相合成中的载体一般是高分子树脂，并且这些高分子树脂具有以下列特点以满足固相合成的需要：

① 对试剂和溶剂具有化学惰性，具有一定的机械稳定性，能够经受多次混合震荡操作，不受明显损坏，如不发生机械性碎裂等。

② 不溶解但有一定的溶胀性。溶剂分子渗入树脂中，树脂体积膨胀，内表面增大，变成

类似凝胶状，使反应位置能暴露于试剂中，利于化学反应的进行。

③ 载体上有活性基或经过化学修饰可引入活性基，能够与反应底物相连接，并且连接具有一定牢固性，不受后续反应过程的影响。

④ 载体与底物连接后，要能够在合成中间选择性地部分切下以检测反应程度；最后还要从载体上全部解脱下产物。载体的连接臂和功能基直接影响产物的解脱方式，进而影响产物的产率及纯度，因而开发出多种形式功能基化的聚合物载体是固相组合合成的重要组成部分。

目前，用于有机小分子的固相合成最常用的固相载体有交联聚苯乙烯、聚酰胺树脂、TentaGel 树脂等。另外塑料、棉花以及玻璃等其他材料也被用作固相合成的载体。这些高分子材料常被制成 80～200μm 的粒度均匀的小球以供使用。

11.5.2 固相合成方法

固相合成最初被用于合成多肽。首先要将第一个氨基酸连接到载体树脂珠上，为了防止氨基酸之间相互作用，需要用保护剂将氨基酸的一个活性基保护起来。Merrifiled 使用 *N*-叔丁氧羰基（Boc）为氨基保护基。连接过程如图 11.8 所示：

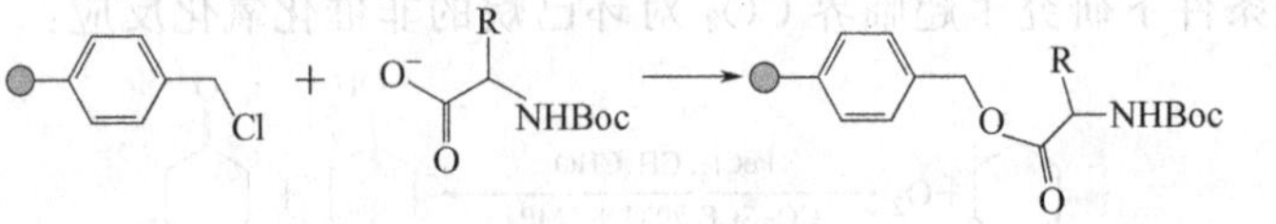

图 11.8 氨基保护的氨基酸与固相载体连接过程

多肽的合成由羧基端向氨基端进行，用三氟乙酸（TFA）脱去 Boc 保护基后加入下一个已实施了 Boc 氨基保护的氨基酸，如此进行直到接上最后一个氨基酸。最后在强酸性条件下用无水 HF 把多肽从树脂珠上解脱下来。

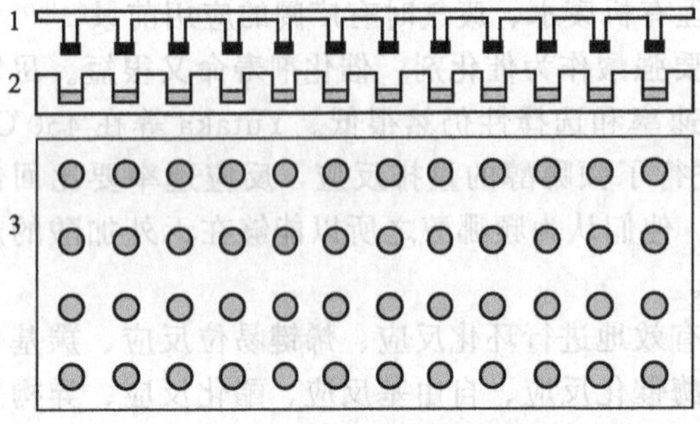

图 11.9 多头法合成装置示意图

固相合成法可以同时合成多种同一系列的产物，即平行合成。平行合成又有多头合成、茶叶袋法、光导向合成等多种技术手段。

（1）多头合成法（the multipin synthesis） 多头合成法又称多针法，其装置见图 11.9。

聚乙烯针状小棒为固相载体，每块板可固定几十支平行排列的小棒，注意排列要规则，两针间距离适宜（图中 1 部分）。反应容器则是与多头装置相配合的具有一排排孔穴的板（图中 2 和 3 部分，其中 3 是 2 的俯视图），针状小棒与孔穴是契合的。反应时先在小棒一端联上肽结构，相应的孔穴中加入保护好的氨基酸，将此板针头浸于相对应滴定板孔穴中进行缩合反应，整个过程采用 Merrilield 标准合成方法完成，最后脱去保护基，但不从载体上切下肽链，让肽悬挂于树脂上可多次缩合，每个反应池得到一种纯的多肽。产物肽的氨基酸顺序取决于孔穴内的氨基酸加入顺序。待反应结束之后，经过快速纯化得到多个不同的产物，可供筛选，也可平行地进行下一步反应。目前不少公司采用了机器手进行合成，每天产物可达数千数万以上。

（2）茶叶袋法（the teabag method） 1985 年 Houghten 等创立了茶叶袋法。该法设计了带微孔（$\phi=74\mu$m）的聚乙烯小袋（15mm×20mm）作为固相树脂的容器，装入固相载体——树脂珠。反应时反应物试剂及各种溶剂可自由穿透，而树脂珠则出不来，恰如泡入水中的茶袋。反应时将数个小袋浸入同一反应试剂中，进行脱保护—洗涤—缩合循环的固相接肽反应，反应完成一步，可将小袋取出投入另一反应器中进行下一步接肽反应，最后以每小袋为一个组合，进行处理使相关产物从树脂珠上裂解下来，每个小袋生成一种多肽，多肽的结构由反应历程决定，可以在袋上编号，并记录相应的反应历程。茶叶袋法的优点在于结构相同的构件缩合时，共同在一个大容器中，节省了试剂和溶剂，并简化了操作。

(3) 光定向平行合成法（light-directed parallel synthesis） 光定向合成法是 20 世纪 90 年代初发明的，是把固相合成技术与光敏印刷术相组合的一种合成方法，这种方法能够在玻璃上合成大量多肽或寡核苷酸。

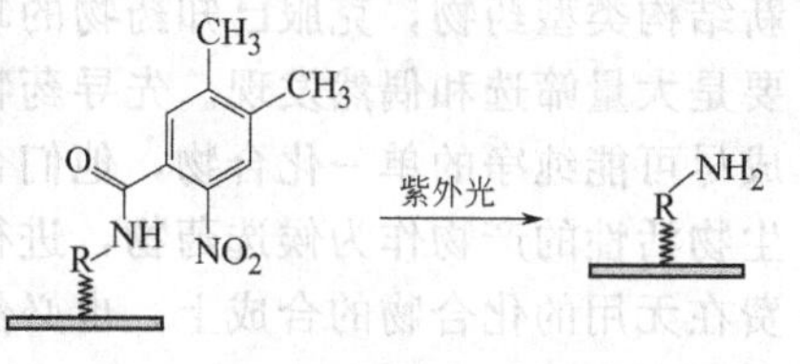

图 11.10 经紫外光照射后，切除 NVOC 保护基

光定向平行合成方法涉及用光保护基保护的策略。此法以玻片为载体，经过处理，使其表面带上氨基。再经反应将光敏保护基 NVOC（6-硝基藜芦氧羰基，6-nitroveratryloxyc-arbonyl）与玻片表面的氨基结合。该保护基可以被 365nm 的紫外光光解切除（见图 11.10）。

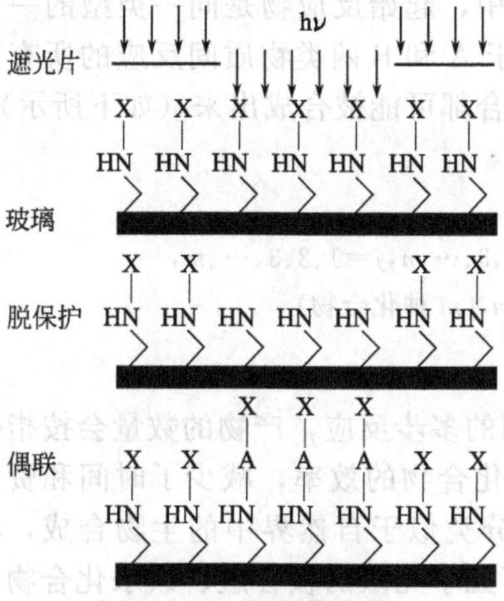

图 11.11 用光蒙片使特定区域受光照脱保护

产物的分子多样性与光照射形式有关。如图 11.11 所示，图中 X 为光保护基，A 为需要连接的氨基酸，A—X 为实施了氨基保护的氨基酸 A。反应时，不需要反应的位置用遮光片遮住，再用紫外灯进行光照，则暴露部分载体上的化学官能团被脱保护。然后整个玻璃片在偶联条件下浸没在需要连接的氨基酸 A 的溶液中（此氨基酸 A 已经进行了氨基保护），则氨基酸 A 连同保护基一起连接到已经过光照脱保护的官能团上。下一步，再进行多次光照脱保护、偶联的循环，可使多个氨基酸反应连成多肽。

若每次只照射玻璃片的一半面积，经过四次不同部位的光照及偶联，可以在 $2^4=16$ 个区域内得到不同的多肽序列（见图 11.12）。其中一个区域为空白，可作为生物测试的阴性对照物。用这种方法可以用 1.28cm×1.28cm 的载体在 50μm 的位点制备八聚核苷酸的全部 65536 个可能序列。

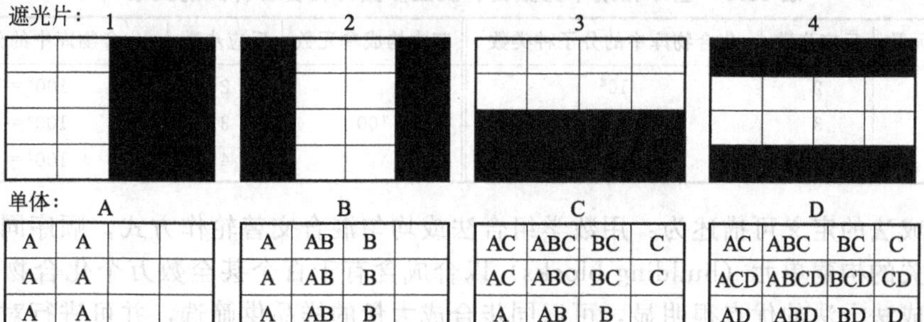

图 11.12 用四次光照产生 16 种单体排列

由于固相合成具有操作简便、产物易于分离纯化、产率较高等优点，近年来受到广泛关注，目前固相合成已由多肽的合成推广到有机合成的其他领域，如糖肽的合成、类立方烷型簇合物、胸腺素 $\alpha 1$、配合物的合成等，并且目前已有自动化合成仪问世。

11.6 组合合成法

11.6.1 概述

新药的开发往往是根据治疗目标寻找先导药物。先导药物的设计目的在于从无到有、发现新结构类型药物，克服已知药物的缺点，例如耐药性、各种副作用等。经典的先导药物研究主要是大量筛选和偶然发现。先导药物设计是药学界攻关多年的难题。化学家们以往的目标是合成尽可能纯净的单一化合物，他们合成成千上万的纯净的化合物，再从中挑选一个或几个具有生物活性的产物作为候选药物，进行药物开发研究。这样的过程必然导致化学家的时间大量浪费在无用的化合物的合成上，也必然使药物的开发成本极高（一种药物的开发约需一亿美元）、时间也需要5～6年。

近几十年来，分子药理学、分子生物学的高度发展，使人们可以直接从分子水平上探究底物与生物蛋白相互作用，生物筛选技术的迅速发展使新化合物的合成成为快速制药的关键所在，组合合成法就是在这样的背景下产生的。

11.6.2 组合合成方法

以前化学家一次只合成一种化合物，一次发生一个化学反应，如 $A+B \longrightarrow AB$。然后通过重结晶、蒸馏或色谱法分离纯化产物AB。在组合合成法中，起始反应物是同一类型的一系列反应物 $A_1 \sim A_n$ 与另一类的一系列反应物 $B_1 \sim B_m$，相对于A和B两类物质间反应的所有可能产物同时被制备出来，产物从 A_1B_1 到 A_nB_m 的任一种组合都可能被合成出来（如下所示）。

$$A+B \longrightarrow AB \qquad \begin{matrix} A_1 \\ A_2 \\ A_3 \\ \vdots \\ A_n \end{matrix} \; + \; \begin{matrix} B_1 \\ B_2 \\ B_3 \\ \vdots \\ B_m \end{matrix} \longrightarrow A_iB_j\,(i=1、2、3、\cdots、n, j=1、2、3、\cdots、m, \text{共 } n\times m \text{ 种化合物})$$

上例仅是两类物质之间的一步反应，若是更多的物质间的多步反应，产物的数量会按指数增加（见表11.3）。这种组合合成法显然大幅度提高了合成化合物的效率，减少了时间和资金消耗，提高了发现目标产物的速度。组合合成法的过程十分类似于自然界中的生物合成，核苷、糖、氨基酸等数量是有限的，但是通过各种键合形成了几乎无限的核苷酸、碳水化合物和蛋白质。

表11.3 基本构成单元数目、反应步数与化合物种类的关系

基本构成单元数	反应步数	化合物库中的分子种类数	基本构成单元数	反应步数	化合物库中的分子种类数
10	2	10^2	100	2	$100^2=10^4$
	3	10^3		3	$100^3=10^6$
	4	10^4		4	$100^4=10^8$

组合合成法的定义可描述为：用数学组合法或均匀混合交替轮作方式，顺序同步地共价连接结构上相关的构建单元（building blocks）以合成含有千百个甚至数万个化合物分子库的策略。组合合成法方法的优点很明显，可以同步合成大量的样品供筛选，并可进行对多种受体的筛选。

组合合成法包括大量归类化合物的合成和筛选，被称为库（library）。库本身就是由许多单个化合物或它们的混合物组成的矩阵。合成库的方法通常有两类：①单个化合物的平行合成，包括多头合成法、茶叶袋法、光控合成法等，这种方法合成的化合物的数目按照反应步骤数稳定递增，可以合成出来不同系列的单一化合物；②混合物的组合合成，合成出来的是许多种化合物的混合物，化合物的数目随连接步骤数指数递增，此种方法被称为真正意义上的组合合成法。

11.6.3 混合组分中有效单体的结构识别——集群筛选法

从成千上万的混合物库中识别出最佳活性物种并进行结构测试显然是对分析化学的挑战。人们受了免疫系统学说的启发，在人体内，当一个新的抗原与体内的大量抗体接触时，就选出了与抗原有最佳结合的抗体，免疫效应随着这种最佳抗体的大量复制而产生。人们因而想到，如果将大量的不同种类的物质（混合物或纯净物）送交生物体系去筛选，应该较容易地选出具有临床意义的最佳药物。这种方法又称为集群筛选（mass screening）。这种筛选方法必须在下列条件成立时才能应用：混合物之间不存在相互作用，互相不影响生物活性。

集群筛选不是常规筛选方法中数目的简单放大，而是与常规筛选存在着本质区别，其数量差别也是常规法远不可比拟的，它并不是逐个测试单一化合物的活性及结构，而是从许多的微量化合物的混合体中通过特异的生物学手段筛选出特异性及选择性最高的化合物，而对其他化合物未作理会。因而它具有如下优点：①筛选化合物量大，快速经济，灵敏度高；②对产物先进行活性筛选，再做结构分析；③只对混合产物中生物活性最强的一个或几个产物进行结构分析；④有的组合库在活性筛选完成时，其活性结构即被识别，无需再分析。对活性产物的分析，可以从树脂珠上切下进行，也可连在树脂珠上用常规的氨基酸组成分析、质谱、核磁共振谱等手段进行结构鉴定。

11.6.4 化合物库的合成

（1）混合裂分合成法及回溯合成鉴定法　混合裂分合成法及回溯合成鉴定法（the portioning-mixing/split method，PM & deconvolution）是由 Furka 等在 1988 年发明的，这种方法被用来在两天内合成百万以上的多肽。现在已成功地用于化合物库的建立。混合裂分合成法建立在 Merrifield 的固相合成基础上，其合成过程主要为以下几个步骤的循环应用：

① 将固体载体平均分成几份；

② 每份载体与同一类反应物中的不同物质作用；

③ 均匀地混合所有负载了反应物的载体。

现以一个由三种氨基酸 X、Y、Z 连接而成的三肽为例。首先把一定量的载体——树脂珠平均分为三份，分别与 X、Y、Z 三种氨基酸中的一种作用，使 X、Y、Z 连在树脂珠上，然后分离中间物及过量的反应物。树脂珠一方面保护了氨基酸的一个基团比如氨基；另一方面连在树脂珠上的物质可以同树脂珠一起通过过滤、淋洗的方法与其他试剂、副产物分离，并且这一过程可以重复多次以连接不同的结构单元。第二步，将连接了三种氨基酸的树脂珠混合均匀再平均分成三份，这样每份树脂珠中都平均包含着 X、Y、Z 三种氨基酸。每份树脂珠再分别与 X、Y、Z 三种氨基酸中的一种作用，X、Y、Z 的氨基就会与连在树脂珠上的氨基酸的羧基发生反应生成二肽。然后再重复前面的混合、均分、反应过程，最后就会得到三组每组 9 种共 27 种包括了 X、Y、Z 各种排列、组合的三肽（见示意图 11.13）。

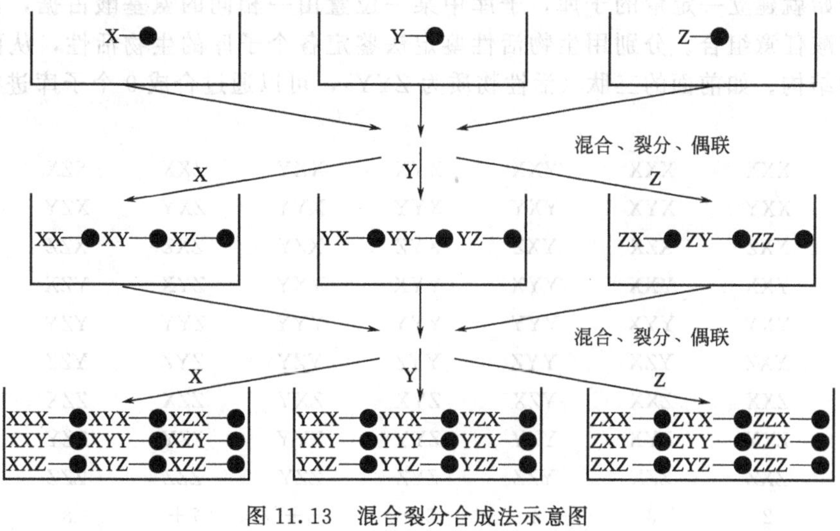

图 11.13　混合裂分合成法示意图

从合成过程可以看出混合裂分合成法具有以下特点：①高效性，如果用 20 种氨基酸为反应物，形成含有 n 个氨基酸的多肽，则多肽的数目为 20^n；②这种方法能够产生所有的序列组合；③各种组合的化合物以 1∶1 的比例生成，这样可以防止大量活性较低的化合物掩盖了少量高活性化合物的生理活性；④单个树脂珠上只生成一种产物，因为每个珠子每次遇到的是一种氨基酸，每个珠子就像一个微反应器，在反应过程中保持自己的内容为单一化合物。

回溯合成鉴定法也叫倒推法。应用这种方法可以实现活性物的筛选与结构分析同时完成。仍以前面 27 个肽的三肽库为例，假设活性物质为 ZYY，那么最后的三池混合物中只有第三个反应池中的产品会显示出生物活性，说明活性肽的最末端的氨基酸为 Z。再向前推，取末端分别为 X、Y、Z 的二肽的三个反应池分别加入 Z 氨基酸，通过生物活性测试，中间的反应池有活性，说明目的产物的第二个氨基酸为 Y，同理可以推测出该活性肽的第一个氨基酸为 Y。至此通过重复的再合成与多次筛选，可以找出库中活性最好的氨基酸序列（见图 11.14）。

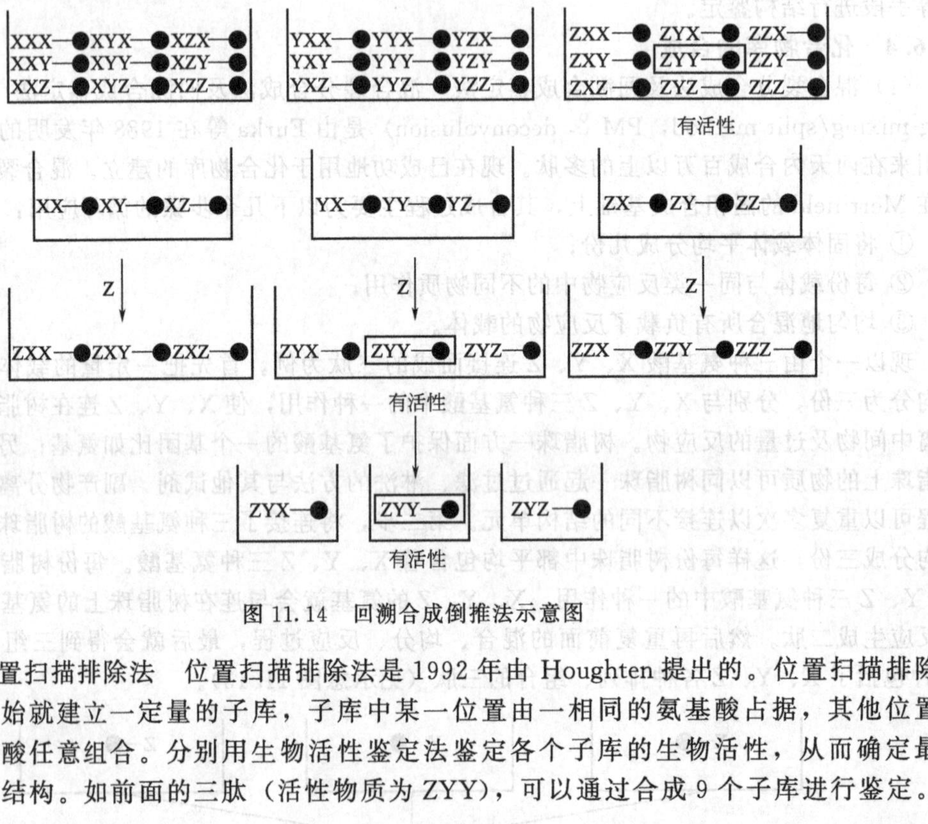

图 11.14　回溯合成倒推法示意图

（2）位置扫描排除法　位置扫描排除法是 1992 年由 Houghten 提出的。位置扫描排除法的关键是开始就建立一定量的子库，子库中某一位置由一相同的氨基酸占据，其他位置则由各种氨基酸任意组合。分别用生物活性鉴定法鉴定各个子库的生物活性，从而确定最终活性物种的结构。如前面的三肽（活性物质为 ZYY），可以通过合成 9 个子库进行鉴定。如下所示：

XXX	XXX	XXX	YXX	XYX	XXY	ZXX	XZX	XXZ
XXY	XXY	XYX	YXY	XYY	XYY	ZXY	XZY	XYZ
XXZ	XXZ	XZX	YXZ	XYZ	XZY	ZXZ	XZZ	XZZ
XYX	YXX	YXX	YYX	YYX	YXY	ZYX	YZX	YXZ
XYY	YXY	YYX	YYY	YYY	YYY	ZYY	YZY	YYZ
XYZ	YXZ	YZX	YYZ	YYZ	YZY	ZYZ	YZZ	YZZ
XZX	ZXX	ZXX	YZX	ZYX	ZXY	ZZX	ZZX	ZXZ
XZY	ZXY	ZYX	YZY	ZYY	ZYY	ZZY	ZZY	ZYZ
XZZ	ZXZ	ZZX	YZZ	ZYZ	ZZY	ZZZ	ZZZ	ZZZ
1	2	3	4	5+	6+	7+	8	9

9个子库中只有5、6、7三个子库具有生物活性（用“+”表示），三个库中共同的组分只有ZYY，因此可以推断目标化合物的成分为ZYY。当然，这种方法每个库化合物要被合成很多次。

（3）正交库聚焦法　用正交库聚焦法寻找活性物质，每个库化合物要被合成两次，被分别包含在两个子库A和B中，即A、B两个子库各包含了“一套”完整的化合物库。A、B子库又分成多个二级子库。比如共9个化合物，则每个子库含3个二级子库，每个二级子库含3个化合物，但要保证每个化合物每次与不同的化合物组合。这样通过找到包含了活性组分的二级子库就可以确定活性化合物。含有9个化合物的鉴定如表11.4所示。A库和B库中各包含了1～9全部的9个化合物，两个库都分为三个二级子库，每个子库中的库化合物的组合不同，如A1二级子库含1、2、3三个库化合物，而B1二级子库则含1、4、7三个库化合物。如果利用生物活性鉴定法测出A2与B2两个二级子库有生物活性，则表明两者共同包含的库化合物5为目标活性物。含有9个化合物需要建立2×3个子库，对于含有N个化合物的库，则需要$2\times\sqrt{N}$个子库才能确定活性物，再通过质谱、核磁共振等手段进行成分鉴定。正交库聚焦法对于只存在一个活性化合物时效果最好，如果库内包含两个以上活性化合物，则找到可能活性化合物的数目会以指数级增长，但只要对这些可能的对象进行再合成，仍然可以鉴定出最好的化合物。

表11.4　正交库聚焦法确定活性化合物

A库 / B库		A1	A2	A3
		1　2　3	4　5　6	7　8　9
B1	1　4　7			
B2	2　5　8		5	
B3	3　6　9			

（4）编码的组合合成　前面介绍的种种筛选活性物种的方法虽然可行，但是需要合成大量的化合物库，通过重复筛选找出活性物种。有时化合物库过于庞大，难以通过这种方式进行快速的结构鉴定与筛选。因此人们设想如果在每个反应底物——树脂珠上贴上类似于超市商品的条形码，通过识别编码，就能知道该树脂珠上的产物合成历程及成分。

近年来，微珠编码技术的发展极为活跃。主要可分为化学编码和非化学编码。化学编码包括：寡核苷酸标识、肽标识、分子二进制编码和同位素编码。非化学编码主要是射频编码法、激光光学编码、荧光团编码。

化学编码的基本原理是化合物库内每个树脂珠上都被连接一个或几个标签化合物，用这些标签化合物对树脂珠上的库化合物作唯一编码。理想的微珠编码技术应该具有下述特点：①标签分子与库组分分子必须使用相互兼容的化学反应在树脂珠上交替平行地合成；②不干扰反应物和产物的化学性质，不破坏反应过程，且不干扰筛选；③标签分子能够与库化合物分离；④标签分子含量应较低，以免占据树脂珠上太多的官能团；⑤编码分子的结构必须在含量很少时就可以由光谱或色谱技术进行确定；⑥经济可行。

下面简单介绍一下分子二进制编码的运作过程。假设我们为一个可能由三个氨基酸构成的二肽库（共9种二肽分子）编码。标签分子可以是符合前述条件的分子，如卤代芳烃。只要选4个标签分子，通过4个分子的出现或缺失，标签共$2^4-1=15$种（全部缺失的无标签状态一般不采用），完全可对此二肽库编码。编码方案如表11.5所示。表中X、Y、Z为三种氨基酸，1、2、3、4为四种卤代芳烃标签分子。之所以同时用两种标签分子（而不是用第5、6种标签分子）表示氨基酸Z的存在及位置，是为了用较少的标签分子来标识多肽分子。

表11.5 用4种标签分子对由三种氨基酸组成的二肽库的编码方案

氨基酸	X		Y		Z	
位置1的编码	1		2		1和2	
位置2的编码	3		4		3和4	
二肽	标签	二肽	标签		二肽	标签
XX	1,3	YX	2,3		ZX	1,2,3
XY	1,4	YY	2,4		ZY	1,2,4
XZ	1,3,4	YZ	2,3,4		ZZ	1,2,3,4

当用20种氨基酸分子为标签分子标记其他非肽类库时，可以为 $2^{20}-1=1048575$ 种库组分编码。用集群筛选找出活性物种后，切下树脂珠上的标签分子，通过电子捕获毛细管电泳等技术检测出标签分子的组成，即可知晓活性物种的成分。所以，组合合成法系统中必不可少地要有一个小型的信息管理中心，掌管着数目庞大的带有“身份证”的新化合物所组成的“仓库”。

在非化学编码中，射频（RF，radiofrequency）编码法是一种极有前途的编码技术。将EEPROM（electrically erasable，programmable read-only memory 电子可擦写程序化只读记忆器）包埋在树脂珠内，通过从远处下载射频二进制信息来编码。当树脂珠经历了一系列化学转化后，芯片记录下相应的合成史对应的信息，再通过读取信息可知活性物质的成分。可以认为在低功率水平上的无线电信号的发射和接受，不会影响化合物库的合成。

11.6.5 平行化学合成

混合裂分法合成化合物库固然效率很高，但其活性成分的鉴定往往需要再合成一系列子库，这无疑加大了工作量，而且其中某些子库的合成不易通过混合裂分法直接合成，这需要借助平行化学合成的手段。平行化学合成是比混合裂分法更早发明的一种合成方法，它在多个反应器中每一步反应同时加入不同的反应物（如各种氨基酸），在相同条件下进行化学反应，生成相应的产物。平行化学合成的特点是操作简单，可以通过机械手完成，目前已有商品化的有机合成仪问世。每个反应器内只生成一种产物，且每个产物的成分可通过加入反应物的顺序来确定。缺点是制备化合物的数目最多等于反应器的数目。常用的固相平行化学合成方法有多头法、茶叶袋法、点滴法、光导向平行化学合成法等。

11.6.6 液相组合合成

固相合成带来的操作上的简单化，有利于反应的自动化进行，提高合成效率。固相反应往往使用某一过量的试剂促使反应完全，此过量试剂及杂质则可以很快地用溶剂洗脱。对一些收率较低（20%～30%）的反应，也可以应用。固相合成因此得到快速发展。但是，固相合成的方法、工艺路线、反应条件都受到了树脂本身物化性质的限制，例如反应温度的选择。固相反应的原位跟踪和分析技术也不如液相丰富。在固相合成中，树脂与底物的连接与解离，这多出来的两步增加了反应的难度，因为连接基团对反应试剂的敏感性是化学家们在合成路线设计时应该考虑的一个问题。另外比较麻烦的是在最后的产物与树脂的解离步骤中大量解离剂的加入给产物提纯带来一定的影响。在目前看来，只有少部分解离试剂通过简单的蒸馏就可以提纯产物，许多树脂的解离方法仍然不完善。而且反应温度不宜过热或过冷，否则可能引起聚合载体及其侧链的断裂。此外生成产物的量较少，带有侧链的载体（商品售价在几美元到几十美元）往往只能合成几毫克到几十毫克的产品。所以，其生产成本较高。固相合成对于肽的合成极具优势，但是单一键的连接方式对于合成分子多样性的化合物库是个致命的弱点。人们正在努力解决这个问题，发展新的固相合成路线。

液相反应的类型较广泛，生成产品量也较大。由于不用特制载体，相对成本要低。但是，液相组合合成要求每步反应之收率不低于90%，并且仅允许一个简单的纯化过程，如使用了一个短小的硅胶层析柱就能达到目的，能够提高合成速度，但这样一来也带来了对分析手段的高要求。它没有树脂负载量的影响，不受合成量的限制，反应过程中能对产物进行分析测定，进行反应的跟踪分析。相对于固相来说，液相合成更适合于步骤少、结构多样性小分子化合物库的合成。

液相组合合成的原理与固相组合合成相同，不同之处在于液相中若想保证每种物质以接近相等的量产出，需预先确定各反应物的反应活性，通过控制浓度使各反应物有接近的化学动力学参数。

液相反应迅速，但收率不高，产品不纯，需要纯化（一般用色谱或重结晶法），费时较多，需进一步深入研究。

组合合成法迅速发展，能够利用组合合成的反应也越来越多，如麦克尔反应、狄尔斯-阿尔德反应、狄克曼环化、羟醛缩合、有机金属加成、脲合成、维狄希反应、环化加成、噻唑啉合成、固相甾族合成等。近几年来，组合合成法已从药物制备领域向电子材料、光化学材料、磁材料、机械和超导材料的制备发展，同时组合合成法开始向其他化学领域中渗透。组合合成法具有巨大的发展潜力，其在更多化学领域中的渗透和发展，将会把化学带入一个新的增长空间。

11.7 高效合成方法——一锅合成

传统的有机合成是一步一步地进行反应的，难免步骤多、产率低、选择性差，且操作十分繁杂。最近一二十年，迅速发展的一锅合成法（one-pot synthesis，one-flask preparation）为革新传统的合成化学带来了新希望，开拓了新途径。采用这一新方法，可将多步反应或多次操作置于一个反应器内完成，不再分离许多中间产物。采用一锅合成法，目标产物将可能从某种新颖、简捷的途径获得。通常，一锅合成多具有高效、高选择性、条件温和、操作简便等特点，它还能较容易地合成一些常规方法难以合成的目标产物。

对于反应：$A \underset{}{\overset{K_1}{\rightleftharpoons}} B \underset{}{\overset{K_2}{\rightleftharpoons}} C$（$K_1$、$K_2$ 为反应的平衡常数），用一锅合成法，中间产物B不经分离，直接进行下一步反应，使B变成C，A、B之间的转化平衡由于B的消耗而向生成B的方向移动，这样会比多步反应产生更多的中间产物B，C的产率自然也比多步反应高。所以一锅合成往往选择性和收率会提高。

如果一个反应需要多步完成，但反应步骤都是在同种溶剂的溶液中进行，反应条件相近，不同的只是体系中的具体组成或温度等，则可以考虑能否用一锅法的合成。下面就常见的几种物质的一锅合成路线作简要的介绍。

(1) 烯、炔的一锅合成　利用Wittig-Horner反应一锅合成烯、炔及其衍生物，近来取得了较大进展。将苯基氯甲基砜或苯基甲氧甲基砜，经二锂化物再转化为磷酸酯，继而与醛、酮反应，简便地制得一系列α-官能化的烯基砜，进一步用碱处理，脱去氯化氢得乙炔基砜。

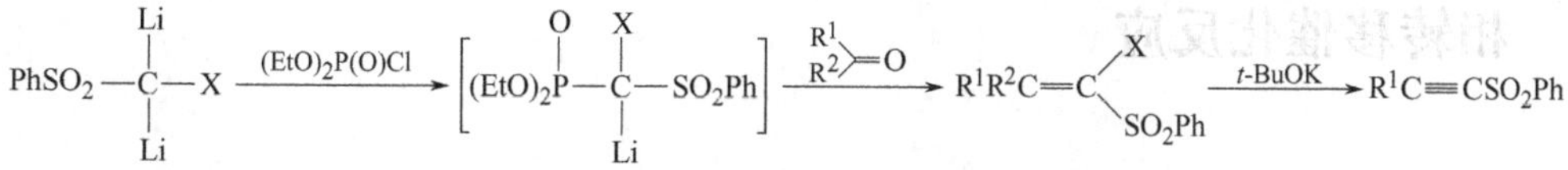

（X=Cl, OCH_3; R^1=CH_3, C_6H_5, p-$CH_3C_6H_4$等; R^2=H, CH_3）

(2) 醛、酮的一锅合成　将酮转变为烯醇盐后与硝基烯烃进行共轭加成，水解得1,4-二酮。起始物为不对称酮时，生成异构体产物，以长碳链二酮为主，含量大于90%

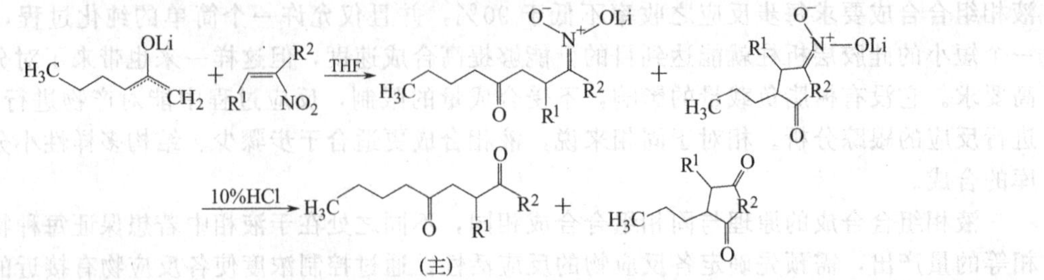

(3) 甲磺酰氯的一锅合成　考虑到硫脲的甲基化和甲基异硫脲硫酸盐的氧化和氯化两步反应均在水溶液中进行，因此采用了一锅合成工艺，将硫脲和硫酸二甲酯的反应混合物直接导入氯气氧化氯化，一步制得甲磺酰氯，此法降低了原材料消耗，收率提高至 76.6%。

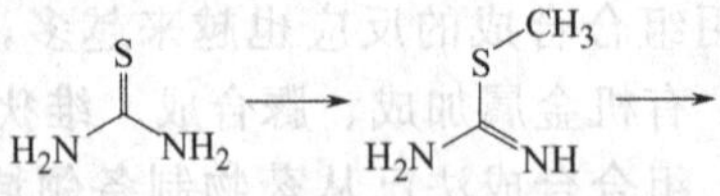

(4) 邻氨基苯甲腈的一锅合成　本方法用靛红为原料，选用合适的有机溶剂，使原料靛红与盐酸羟胺缩合生成靛红-3-肟，在催化剂甲醇钠作用下热分解，生成邻氨基苯甲腈。这样可以减少原料损失，同时使产物溶于其中，有利于原料的充分利用和反应完全，避免产物随二氧化碳逸出。邻氨基苯甲腈的一锅合成合成路线如下，最终收率可达 84%。

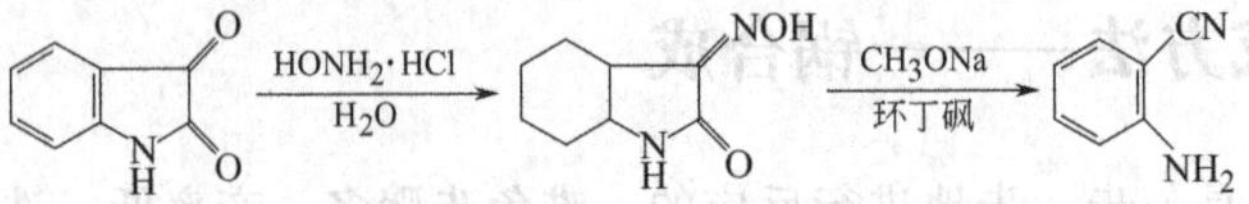

(5) 噻唑及其衍生物的一锅合成　由取代的邻卤硝基苯、CO、S 一锅反应，可得苯并噻唑酮及其衍生物：

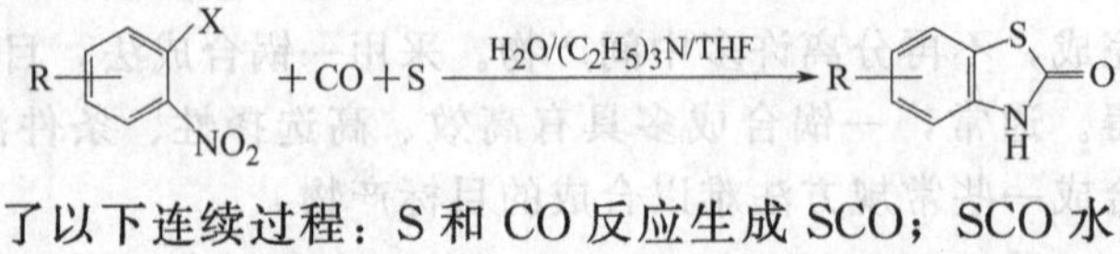

该法被认为经历了以下连续过程：S 和 CO 反应生成 SCO；SCO 水解成 H_2S 和 CO_2；邻卤硝基苯中卤素被 H_2S 取代；将硝基还原为氨基后，在 N 和 S 原子间进行羰基化得到目标物。该法原料易得，过程简单，产率很好，是很有应用前景的工业过程和重要的实验室合成方法。

将 2-氯-3-氨基吡啶和 Grignard 试剂、硫代芳酸酯一锅合成了噻唑衍生物，产率 60%～70%。

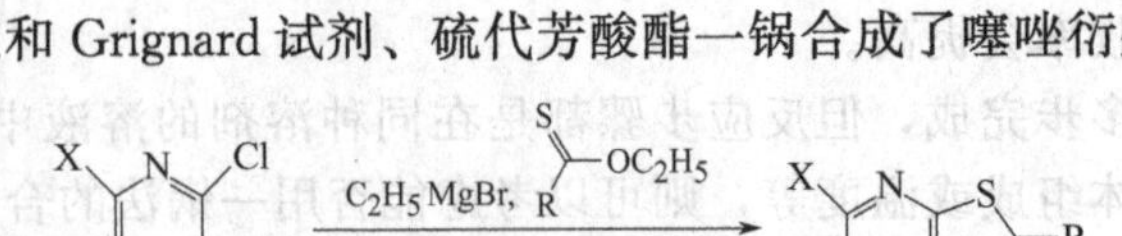

在合成化学中，一锅法已被广泛应用，并正在迅速发展中。更理想的一锅合成法将不断涌现，将促进合成化学和合成工业沿着温和条件、高效率、高选择性、高经济效益的目标不断进步。

11.8　相转移催化反应

当两种反应物处于不同的相（液液或固液）中时，反应物彼此不能靠拢，反应难以进行。加入少量的“相转移催化剂”(phase transfer catalysis，简称 PTC)，使两反应物转移到同一相中，可以使反应顺利进行，这种反应就称为相转移催化反应。

11.8.1 相转移催化机理

相转移催化主要用于液液体系，也可用于液固体系及液固液体系。以季铵盐为例，相转移催化过程如图 11.15 所示：

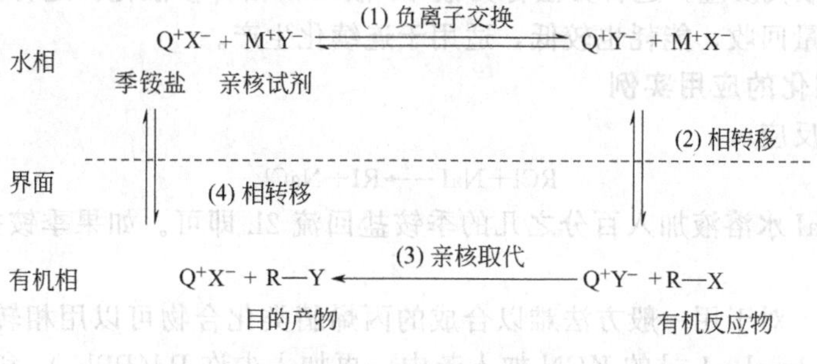

图 11.15 相转移催化机理

此反应是只溶于水相的亲核试剂二元盐 M^+Y^- 与只溶于有机相的反应物 R—X 作用，由于二者分别在不同的相中而不能互相接近，反应很难进行。加入季铵盐 Q^+X^- 相转移催化剂，由于季铵盐既溶于水又溶于有机溶剂，在水相中 M^+Y^- 与 Q^+X^- 相接触时，可以发生 X^- 与 Y^- 的交换反应生成 Q^+Y^- 离子对，这个离子对能够转移到有机相中。在有机相中 Q^+Y^- 与 R—X 发生亲核取代反应，生成目的产物 R—Y，同时生成 Q^+X^-，Q^+X^- 再转移到水相，完成了相转移催化循环。

11.8.2 相转移催化剂

大多数相转移催化反应要求将负离子转移到有机相，常用的相转移催化剂有鎓盐、聚醚和高分子载体三类。鎓盐包括季铵盐、季磷盐、季砷盐、叔硫盐；聚醚类包括冠醚、穴醚和开链聚醚。

季铵盐具有价格便宜、毒性小等优点，得到了广泛的应用。在一般情况下，为了使相转移催化剂在有机相中有一定的溶解度，季铵盐中应含足够的碳数（一般碳数为12～25为宜）。同时，含有一定碳数的季铵盐溶剂化作用不明显，具有较高的催化活性。常用的季铵盐有：$C_6H_5CH_2N^+(C_2H_5)_3 \cdot Cl^-$，苄基三乙基氯化铵，BTEAC；$(C_8H_{17})_3N^+(CH_3) \cdot Cl^-$，三辛基甲基氯化铵，TOMAC；$(C_4H_9)_4N^+ \cdot HSO_4^-$，四丁基硫酸氢铵，TBAB；此外季锑盐、季铋盐和季锍盐也可以用作相转移催化剂，但制备困难、价格昂贵，目前只用于实验室研究。

冠醚用于相转移催化剂的开发较早，但它毒性大、价格高，应用受到限制。常用的冠醚催化剂有：15-冠-5、二苯并冠-5、18-冠-6，二苯并冠-6、二环己基并 18-冠-6 等。

开链聚醚容易得到、无毒、蒸气压小、价廉。在使用过程中，不受孔穴大小的限制，并具有反应条件温和、操作简便及产率较高等优点，是理想的冠醚替代物。常用开链醚有：聚乙二醇类 $HO\leftarrow CH_2CH_2 \rightarrow_n H$；聚氧乙烯脂肪醇类 $C_{12}H_{25}O\leftarrow CH_2CH_2O\rightarrow_n H$；聚氧乙烯烷烷基酚类 $H_{17}C_8-C_6H_4-O\leftarrow CH_2CH_2O\rightarrow_n H$。这类催化剂的特点是能与正离子配合形成（伪）有机正离子，如图 11.16 所示。

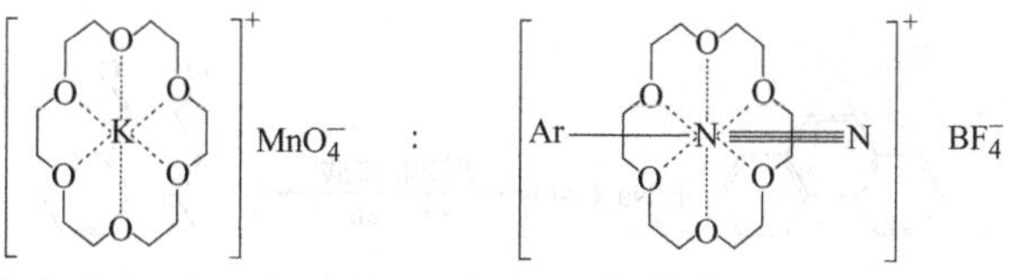

18-冠-6的(伪)有机正离子　　18-冠-6的有机正离子

图 11.16 18-冠-6 的(伪)有机正离子和有机正离子

相转移催化剂价格贵、难回收，因此又发展了固体相转移催化剂。它是将季铵盐、季磷盐、开链聚醚或冠醚化学结合到固态高聚物上形成的既不溶于水，也不溶于一般有机溶剂的固态相转移催化剂，如季铵盐型负离子交换树脂。Y^- 从水相转移到固态催化剂上，再与有机试剂 R—X 发生亲核取代反应，这种方法称为液-固-液三相相转移催化。这种方法操作简便，反应后催化剂可以定量回收，能耗也较低，适用于连续化生产。

11.8.3 相转移催化的应用实例

（1）卤素交换反应

$$RCl + NaI \longrightarrow RI + NaCl$$

将氯代烷与 NaI 水溶液加入百分之几的季铵盐回流 2h 即可。如果季铵盐用量增加，反应还要快得多。

（2）腈的制备　对于用一般方法难以合成的丙烯腈类化合物可以用相转移催化反应制备。将乙烯基卤化物和 $2mol \cdot L^{-1}$ 的 KCN 加入苯中，再加入少许 $Pd(PPh_3)_4$ 和 18-冠-6，在 75℃下反应即可。

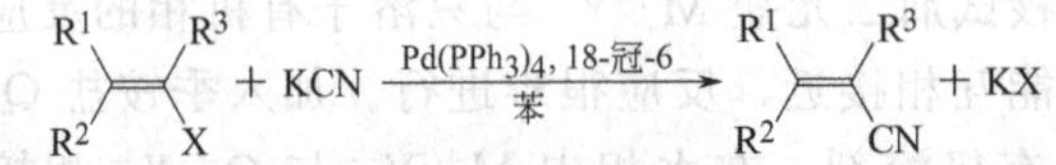

（3）消除反应　α 消除反应可以得到二氯卡宾和二溴卡宾。在相转移催化剂作用下，氯仿在氢氧化钠中顺利地制得二氯卡宾。产生的二氯卡宾是一种活泼的中间体，能与许多物质进行反应，例如与烯烃反应，得到环丙烷的衍生物。

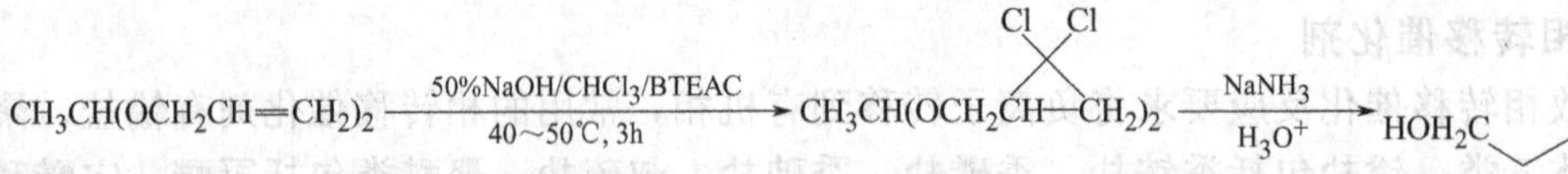

（4）氧化还原反应　常用的氧化剂、还原剂多是无机化合物，如 $KMnO_4$、$K_2Cr_2O_7$、H_2O_2、NaClO 等，它们在有机溶剂中的溶解度很小，故一般的有机物的氧化还原反应耗时长、产率低，用相转移催化剂可以很好地将氧化剂溶于有机相中，例如用冠醚或季铵盐都可以将 $KMnO_4$ 溶入苯中，浓度可达 $0.06mol \cdot L^{-1}$。并且相转移催化的氧化还原反应具有反应条件温和、产品纯、产率高等优点。

相转移催化的氧化反应实例如下。

① 邻醌的合成。邻苯二酚衍生物可在冠醚存在下，被 $KMnO_4$ 氧化成相应的邻醌。该反应收率可达 97%。

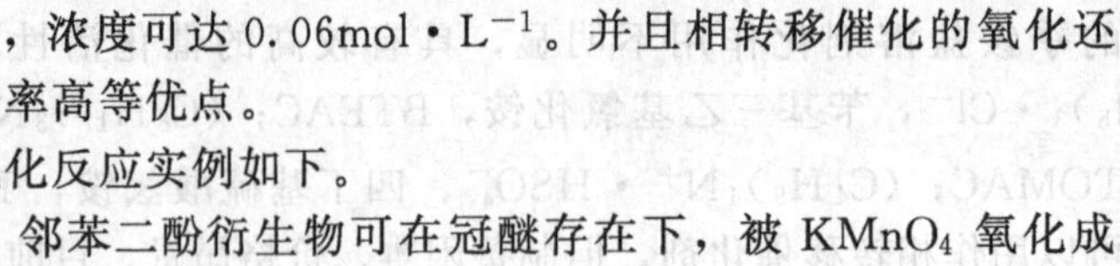

② 菲醌的合成。菲是煤焦油的第二大组分，菲醌是菲氧化的产物，在染料、农药、光学材料等方面有重要的应用。菲和无机氧化剂在水溶液中呈两相，在没有相转移催化剂存在时，反应很慢，且收率很低。但加入季铵盐相转移催化剂后，用 $Na_2Cr_2O_7$ 氧化反应 3h，产率可达 93%。

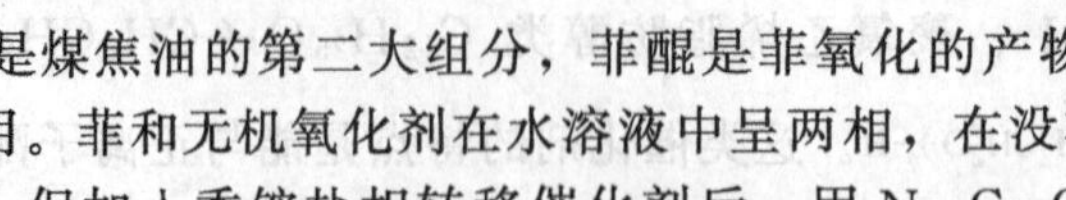

在相转移催化下，$NaBH_4$ 可以使羰基化合物还原成醇，腈类化合物还原成胺类化合物。例如：

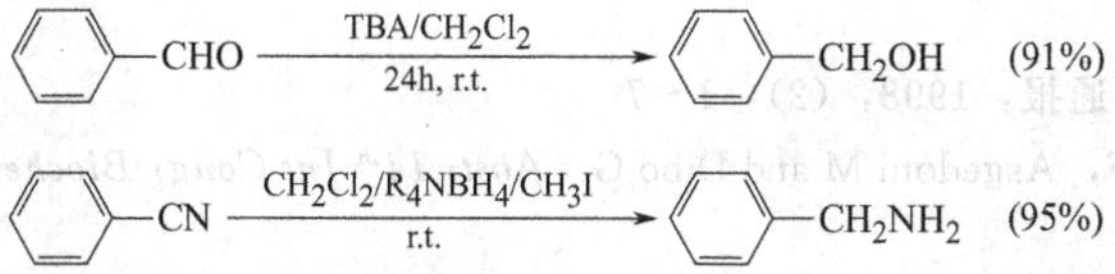

（5）醚的制备　用2-萘酚和苯氯甲烷作为原料，在碱性条件下以四丁基溴化铵为相转移催化剂，80℃条件下，反应2h得产品2-苄基氧萘。

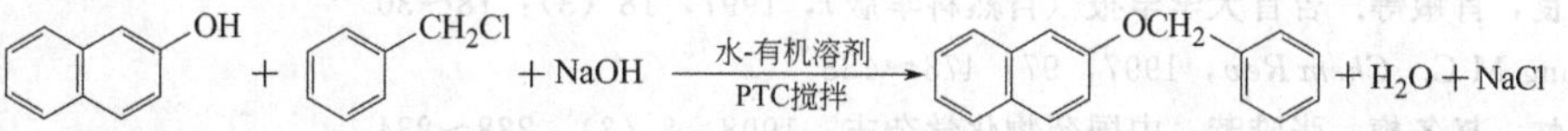

相转移催化最初用于亲核取代反应，如引进—CN和—F的亲核取代、二氯卡宾的生成反应等。后来发展到用于氧化、过氧化、还原、亲电取代等多种类型的反应。在农药、香料、医药领域都有应用。

除以上介绍的一些新方法与新技术外，纳米技术在有机合成中的应用前景也十分诱人。作者研究发现，反应物的分散度（即粒度）对有机多相反应有很大影响。这表现在，反应物的超细化可以改变某些有机反应的方向，可使某些在大粒度时不能发生的反应变为可能；可显著地增大平衡常数，提高产率；可增大反应物间的接触面和降低反应的活化能，加快反应速率；还可降低苛刻的反应条件，使反应在温和的条件下进行。这一领域称为纳米有机合成反应化学，目前处于刚刚起步阶段，但具有很大的发展潜力和广阔的应用前景。

参考文献

1　金钦汉，戴树珊，黄卡玛主编．微波化学．北京：科学出版社，1999

2　徐家业主编．高等有机合成．北京：化学工业出版社，2005

3　冯若，李化茂编著．声化学及其应用．安徽：安徽科学技术出版社，1992

4　覃兆海，陈馥衡，谢毓元．化学进展，1998，10（1）：63

5　戴立信，钱延龙主编．有机合成化学进展．北京：化学工业出版社，1993．597～633

6　曾爱群，肖峻松．广西化工，1999，28（2）：24

7　袁晓燕，肖敏，黄莺等．吉首大学学报，1998，19（4）：31

8　乔庆东，于大勇，张琴等．精细化工，1997，14（6）：32

9　李英俊，郭文生，许永廷等．应用化学，1998，15（1）：96

10　陈杰瑢著．低温等离子体化学及其应用．北京：科学出版社，2001

11　秦正龙．化学教育，1995，（10）：4

12　赵化侨．大学化学，1994，9（4）：1

13　谢素原，张强，黄荣彬等．应用化学，1998，15（6）：61

14　陈维杻编著．超临界流体萃取的原理和应用．北京：化学工业出版社，1998

15　野国中，李正名．化学通报，2002，（4）：221

16　刘艳，刘大壮，曹涛．化学通报，1997，（6）：1

17　王少芬，魏建谟．应用化学，2001，18（2）：87

18　曾健青，张镜澄．广州化学，1996，（2）：8

19　王延吉，丛津生，王世芬．石油化工，1996，25（12）：853

20　郭继志，袁渭康．化工进展，2000，（3）：8

21　[英]Nicholas K，Terrett著．组合化学．许家喜，麻远译．北京：北京大学出版社，1998

22　Merrifield R B. *J Am Chem Soc*，1963，85：2149～2154

23　吴毓林，姚祝军编著．现代有机合成方法．北京：科学出版社，2001

24　徐峻．化学进展，1999，11（3）：286～299

25　Houghten R A. *Proc Natl Acad sci Usa*，1985，82：5131～5135

26　Houghten R A，Pinilla C，Blondelle S E，Appel J R，Dooley C T and Cuervo J H. *Nature*（*London*），

1991，354：84～86
27 刘东祥，蒋华良．化学通报，1998，(2)：1～7
28 Furka A，Sebesytyen F，Asgedom M and Dibo G. *Abstr 14th Int Congr Biochem Prague，Czechoslovakia*，1988，5：47
29 Furka A，Sebestyen F，Asgedom M and Dibo G. *Int J Pept Protein Res*，1991，37：487～493
30 Dooley C T and Houghten R A. *Life Sci*，1993，52：1509～1517
31 李志良，肖敏等．吉首大学学报（自然科学版)，1997，18 (3)：18～30
32 Pirrung M C. *Chem Rev*，1997，97：473～488
33 霍长虹，赵冬梅，张雅芳．中国药物化学杂志，1998，8 (3)：228～234
34 Ohlmeyer M H J，Swanson R N，Dillard L W，Reader J C，Asouline G，Kobayashi R，et al. *Proc Natl Acad Sci，USA*，1993，90：10922～10926
35 肖远胜，万伯顺，梁鑫淼．化学进展，2001，13 (4)：269～275
36 朱崇泉，边军，苏国强．中国医药工业杂志，1996，27 (7)：331～332
37 Boland W，Ney P，Jaenicke L. *Synthesis*，1990，1015
38 Lee J，Oh O T. *Synth Commun*，1990，20，273
39 Miyashita M，Awen B Z E，Yoshikoshi A. *Synthesis*，1990，563
40 Rodriguez J，Waegell B. *Synthesis*，1988，534
41 李家容，周馨我，陈鹏．化学世界，1998，(12)：635～636
42 郭生金，罗美明．化学研究与应用，1995，7 (3)：227～239
43 [联邦德国]E V 戴姆洛夫，S S 戴姆洛夫．相转移催化作用．贺贤璋、胡振民译．北京：化学工业出版社，1988
44 Dehmlow E W. *Tetra*，1971，27：4074
45 Oshi C G. *Tetra lett*，1972，1461
46 唐培堃．精细有机合成化学与工艺．天津：天津大学出版社，1999．40～43
47 常慧．抚顺石油学院学报，1998，18 (4)
48 薛永强．高分散体系对化学平衡的影响．化学通报，1991，(8)：13
49 薛永强等．*J Colloid Interface Sci*，1997，191 (1)：81～85
50 薛永强，栾春晖等．*J Colloid Interface Sci*，1999，217 (1)：107～110
51 郭建忠，李志萍，薛永强．菲的高效液相催化氧化制取菲醌．太原理工大学学报，2003，34 (1)：60～62
52 贾晓辉，郭建忠，薛永强．菲液相催化氧化制取菲醌．山西化工，2001，21 (3)：1～3
53 贾晓辉，薛永强．高效液相催化氧化菲制取菲醌．南华大学学报（理工版)，2004，18 (2)：20～24
54 刘芝平，薛永强，王志忠．用高锰酸钾氧化工业菲制备菲醌．山西化工，2004，24 (4)：29～30
55 刘芝平，薛永强，栾春晖，张俊峰．硫酸铬电解氧化反应的研究．山西化工，2006，26 (2)：4～6
56 刘芝平．电化学氧化菲合成菲醌：[硕士学位论文]．太原：太原理工大学，2005

习题

11-1 试简要说明微波加热液体的原理，其加热方式与传统加热方式有何不同？

11-2 何为微波干反应技术，有何优缺点？

11-3 完成下列微波辐照下的有机反应：

(1) 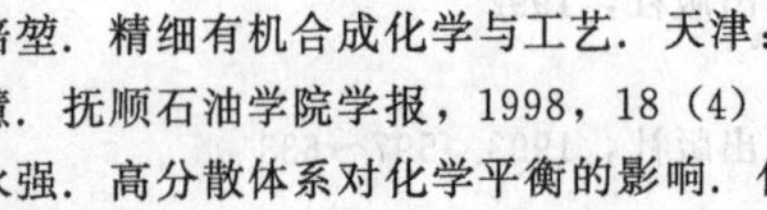

(2) 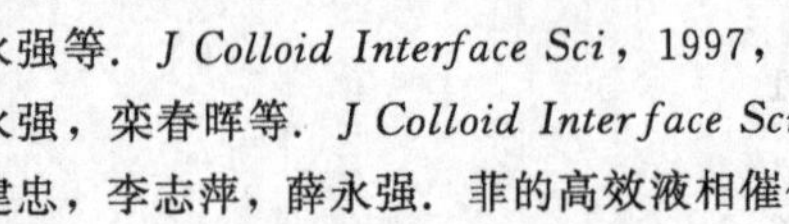

(3) 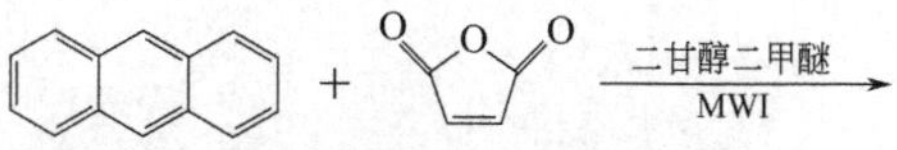

11-4 试说明超声波加速液相反应的机理。

11-5 超声清洗槽式声化学反应器有何优缺点。

11-6 完成下列声化学反应：

(1) $PhCH{=}CHCH_2OH \xrightarrow[USI]{苯,\ 20℃,\ KMnO_4}$

(2) 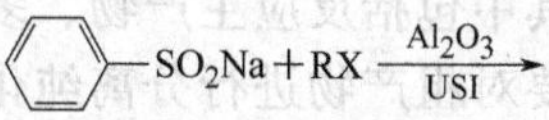

(3) 

11-7 等离子体有机合成有何特点？

11-8 什么叫超临界流体？

11-9 超临界有机合成有何优点，为什么说超临界有机合成对环保有利？

11-10 固相合成有哪些优缺点？对固相合成的载体有何要求？

11-11 解释概念：组合化学、库、集群筛选。

11-12 利用 20 种氨基酸合成一个含有六个氨基酸的多肽库，其中第 2、5 位的可变氨基酸种类分别为 6 和 3，利用混分法合成这个多肽库，这个库中应含有多少种多肽分子？

11-13 什么是一锅合成方法，它一般在何种条件下才能使用？

11-14 相转移催化的机理是什么？常用的相转移催化剂有哪些？

第 12 章　有机合成产物的分离与提纯

由于有机反应较复杂，反应完成后得到的往往是混合物，其中包括反应主产物、多种副产物、剩余的反应物、溶剂和催化剂等，要想得到目的产物就需要对粗产物进行分离纯化。而要证明所得到的纯化产物就是目标产物，则需要通过多种物理、化学性质测试和仪器分析手段对产物进行表征。

分离提纯是根据有机混合物各组分之间的物理性质和化学性质的差别，将各组分逐一分开和提高其纯度的过程。利用各组分之间化学性质的差别，通过化学反应来达到混合物彼此分离提纯的目的就是化学分离法。如菲氧化制备菲醌的产物用饱和亚硫酸氢钠溶液处理，可以使菲醌发生加成反应，以结晶析出，而原料中的菲及其他杂质不发生反应，使菲醌得到分离提纯。由于化学法需针对各个具体反应的反应物、产物的性质进行分离，故在此不进行详细论述。物理分离方法是利用各有机化合物的物理性质之间的差别进行分离的。液体有机物通常利用各组分之间挥发性和蒸气压的差异进行分离。有机物本身有较大挥发性的物质常采用蒸馏、分馏、减压蒸馏等方法进行分离提纯，物质挥发性较小的采用水蒸气蒸馏。利用化合物之间溶解性差异进行分离提纯常用的方法有重结晶法和溶剂萃取法；此外还有升华法、色谱分离法等。

鉴定则是根据目的产物应该具有的性质，通过测定一系列物理常数、物理和化学性质或运用波谱等分析手段证明产物成分和结构。

12.1　重结晶法

重结晶是将晶体溶于溶剂或熔融以后，又重新从溶液或熔体中结晶的过程。又称再结晶。重结晶可以使不纯净的物质获得纯化，或使混合在一起的盐类彼此分离。本节主要讨论溶剂中的重结晶过程。

被提纯物 A 与杂质 B 在溶剂中的溶解度不同有几种情况：①杂质在溶剂中溶解度极小，则配成被提纯物的饱和溶液后杂质可以过滤除去；②杂质较易溶解，混合物在高温下配成饱和溶液，降低温度后 B 留在母液中，A 析出部分而得到提纯，A 的回收率与 A 在不同温度下溶解度的差别有关，溶解度相差越大，回收率越高；③杂质与产物溶解度相同，只有当杂质的量较少时才可以用重结晶法分离提纯，当 A 与 B 含量相近时重结晶法就不能用来分离产物。所以一般重结晶只适用于产品与杂质的溶解性质差别较大，杂质含量在 5%以下的固体混合物的提纯，从反应粗产物直接重结晶是不适宜的，必须先采取其他方法初步提纯。

选择溶剂是重结晶的关键之一，重结晶所用溶剂应该满足以下条件：

① 与被提纯物不发生化学反应。

② 对被提纯的有机物应易于溶于热溶剂中，而在冷溶剂中几乎不溶（溶解度至少大 3 倍）。

③ 对杂质的溶解度应很大（杂质留在母液不随被提纯物析出）或很小（趁热过滤除去杂质）。

④ 能得到较好的结晶，一般溶剂黏度小，能给出很好的结晶。

⑤ 溶剂的沸点要适中（一般在 30～150℃），沸点过低，溶解度改变不大，分离困难；沸点过高，溶剂易附着在固体表面不易除去，也不利于回收溶剂。

⑥ 价廉易得，毒性低。

常用的重结晶溶剂见表 12.1。

表 12.1　常用的重结晶溶剂

溶剂	沸点/℃	密度/g·cm⁻³	极性	溶剂	沸点/℃	密度/g·cm⁻³	极性
水	100	1.0	很大	石油醚	40～80	0.64	小
甲醇	64.96	0.791	很大	乙酸乙酯	77.1	0.90	中
95%乙醇	78.1	0.804	大	苯	80.1	0.88	非
丙酮	56.2	0.79	中	氯仿	61.7	1.48	小
乙醚	34.5	0.714	小	四氯化碳	76.5	1.59	非
冰醋酸	117.9	1.05	中	环已烷	80.8	0.78	非

选择溶剂首先可以参考文献，若在文献中找不到合适的溶剂，则可以根据相似相溶的规则，用实验的方法选择溶剂。其方法是在试管中加入 0.1g 待重结晶样品，滴入 1ml 溶剂，振荡，若室温下样品很快全部溶解，说明样品在此溶剂中溶解度太大，不适合用作此样品的重结晶溶剂；若室温下样品溶解很少，加热至沸腾样品完全溶解，冷却析出大量结晶，则此溶剂一般可用；若加热至沸腾样品还不溶解，补加溶剂，当溶剂量达 4ml 样品在沸腾的溶剂中仍不溶解，说明此溶剂中样品溶解度太小，也不适合用作重结晶溶剂；若溶剂量达 4ml 之前样品在沸腾溶剂中溶解，则冷却溶液，观察结晶是否析出，若无结晶析出，则此溶剂不适用，若有大量结晶析出，则此溶剂可用。

如果难以找到一种合适的溶剂，则采用混合溶剂，混合溶剂一般由两种能以任何比例互溶的溶剂组成，其中一种溶剂对被提纯物溶解度要较大，而另一种溶剂对被提纯物溶解度较小。常用的混合溶剂有乙醇-水、乙醇-乙醚、苯-石油醚、乙醇-丙酮、氯仿-醇、苯-无水乙醇、甲醇-乙醚、苯-环已烷、丙酮-水等。

重结晶的一般过程如下：

① 将不纯的有机物在溶剂的沸点或接近沸点的温度下溶解，制成接近饱和的浓溶液，若固体有机物熔点比溶剂沸点低，则应制成熔点温度以下的饱和溶液，以防止形成两种液相混合物，使重结晶不能很好进行。

② 若溶液含有有色杂质，可加适量脱色剂脱色。常用的脱色剂是活性炭，它可以吸附色素和树脂状杂质，同时也吸附产品，因此加入量不宜过多，以待脱色样品的 1%～5% 为宜。而且千万不能在沸腾或近沸的热溶液中加入活性炭，否则会引起暴沸，使溶液冲出容器发生危险。应该待饱和溶液稍微冷却后再加入适量活性炭摇动，使其在溶液中均匀分散，加热煮沸 5～10min 即可。

③ 趁热过滤热溶液，除去不溶性杂质及活性炭。热过滤要求仪器热、溶液热、动作快。可以用常压过滤法或减压过滤法。常压过滤中为了使过滤迅速，要选用短粗径的漏斗(并在烘箱中预热)，滤纸折成菊花状；如果滤液量较多，还应使用热滤漏斗以维持滤液温度，装置如图 12.1 所示。注意若溶剂是易燃有机溶剂，热滤前必须将火熄灭。减压过滤装置也应事先在烘箱中预热，减压时真空度不宜过高，防止溶剂损失过多，导致晶体过早析出。如发现晶体过早地在漏斗中析出，应用少量热溶剂洗涤，使晶体溶解进入滤液中。

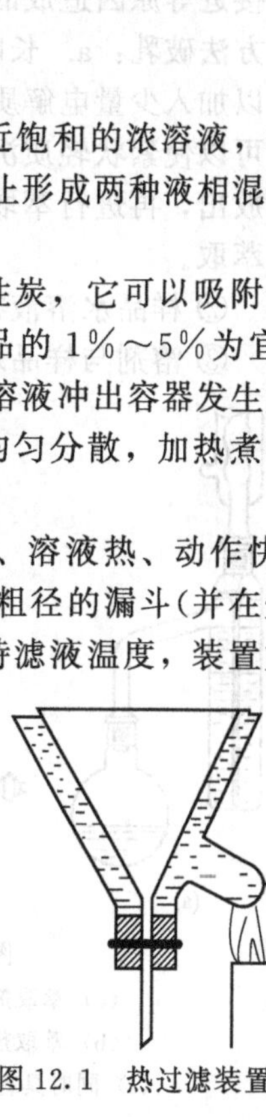

图 12.1　热过滤装置

④ 滤液冷却，使结晶从过饱和溶液中析出，可溶性杂质留在母液中。有时滤液已经冷却，晶体仍未析出，可用玻璃棒摩擦瓶壁促进其析出。

⑤ 过滤并洗涤结晶，结晶干燥后测定熔点，如果熔点不符合要求，则再进行重结晶，直至熔点不再改变。

12.2 萃取

萃取是利用不同物质在两种不互溶的溶剂中溶解度或分配比的不同来达到分离、提取和纯化目的的一种操作。萃取可以从固体或液体中提取所需要的物质，也可以用来洗去混合物中的少量杂质，通常称前者为抽提或萃取，后者为洗涤。

组分 A 在两相之间分配的平衡常数 $K=c_A/c_A'$，式中，c_A 为组分 A 在萃取剂中的浓度，c_A'为组分 A 在原样品溶液中的浓度，K 称为分配系数。当用一定量萃取剂从水溶液中萃取水中溶解的 W_0 克有机化合物时，每次用 S 毫升萃取，萃取 n 次，W_1 为水溶液中剩余的有机物的量，则 $W_1=W_0[KV/(KV+S)]^n$，式中，V 为每次所用萃取剂的体积。由公式看，K 值越大，萃取分离效果越好；在萃取剂总量一定的情况下，萃取次数越多，水中剩余的有机物越少，萃取效果越好，一般以用一定量的萃取剂萃取 3 次左右为宜。

12.2.1 萃取剂的选择

① 分配系数越大越容易把溶质萃取出来，消耗的萃取剂量就越少。

② 萃取剂密度要适中，即两相间有一个密度差，以利于两相分层。

③ 两相间的界面张力要适中，界面张力过大液体不宜分散，两相难以混合；界面张力过小易产生乳化使两相不易分离，一般不宜选择界面张力过小的萃取剂。

④ 黏度低有利于两相的混合与分离。

⑤ 良好的化学稳定性，低毒性，价格低廉，低沸点，易于回收。

萃取时应注意的事项如下：

① 萃取时有时经常会产生乳化现象，这是由于溶剂互溶、存在少量轻质沉淀、两液相密度接近等原因造成的，另外溶液呈碱性时也容易产生乳化现象。针对乳化的原因，可以采用下列方法破乳：a. 长时间放置；b. 溶液呈碱性，可以加入少量硫酸破乳；c. 两液相密度接近，可以加入少量电解质，一方面增加水相密度，另一方面减少有机物在水溶液中的溶解度，同时还可以使絮状轻质沉淀溶解到水中。如果这些方法还不能破乳，在分液时应将乳化层与水相一起放出，再进行萃取；或将乳化层单独分出，进行抽滤、加热、长时间放置等处理，然后再进行萃取。

② 样品水溶液密度最好在 1.1～1.2 之间，过浓萃取不完全；过稀消耗大量萃取剂。

③ 溶剂与样品水溶液应保持一定比例，第一次溶剂一般为样品的 1/3，以后用量一般为 1/4～1/5，一般萃取 3～4 次即可。

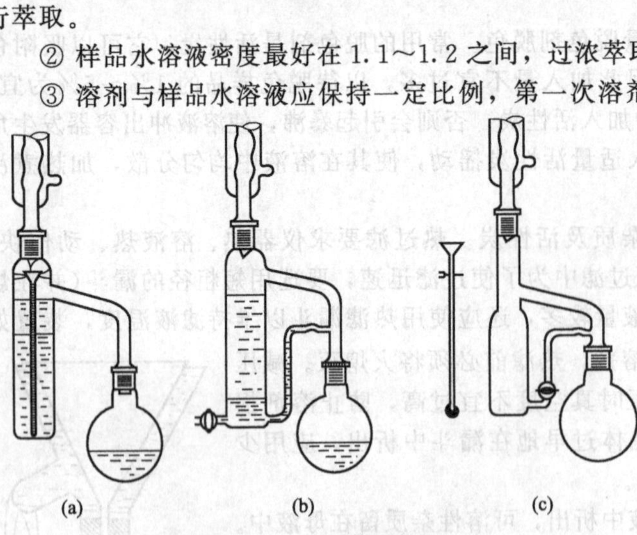

图 12.2 连续萃取装置

(a) 萃取剂密度小于原溶液的连续萃取装置；

(b) 萃取剂密度大于原溶液的连续萃取装置；

(c) 同时具有 (a)、(b) 两种功能的连续萃取装置

12.2.2 连续萃取

当有机物在原溶剂中的溶解度大于在萃取剂中的溶解度时，就需要大量的萃取剂多次萃取，这时可以选用连续萃取的方法以减少萃取剂用量(见图 12.2)。

12.2.3 超临界萃取

超临界萃取是利用流体在超临界区与待分离混合物中的溶质具有异常的相平衡行为和传递性能，且对溶质的溶解能力随压力和温度的改变在相当大范围内变动的特点，从多种液态或固态混合物中萃取出待分离组分的

方法。

气体处在超临界状态下时，性质介于液体和气体之间的单相态，具有与液体接近的密度，黏度高于气体但明显低于液体，扩散系数是液体的几十倍，因此对物料有较好的渗透性和较强的溶解能力，能将物料中某些成分提取出来。通过控制压力、温度，从而改变超临界流体的密度、介电常数等物理量，使其有选择性地将不同极性、沸点的物质分别萃取出来（当然萃取物不可能是单一的，但可以控制条件得到比例最佳的混合成分），然后通过减压、升温使超临界流体变成气体，被萃取物自动析出，从而达到分离提纯的目的。

超临界萃取的特点是：①萃取温度低，适合于对热敏感、易氧化成分的提取；②工艺流程短，易于控制；③萃取效率高，无污染；④超临界流体极性随压力、温度变化，可以提取不同极性物质，适用范围广。

超临界萃取的缺点是：需要在高压下操作，设备投资高。

12.3 升华法

物质由固态不经液态而直接气化成蒸气称为升华，蒸气冷凝直接固化为固态的过程称为凝华。一般对称性较高的固体物质，熔点温度以下具有相当高的蒸气压（大于2.67kPa）才能用升华的方法提纯。升华可以除去不挥发性杂质，或分离不同挥发性的固体混合物。实际上对于有机物的分离来说，重要的不是由什么态变为气态，而是由气态不经过液态变回固态，这样才能得到较纯的化合物。因此凡是由气态变为固态的操作都被称为升华法。

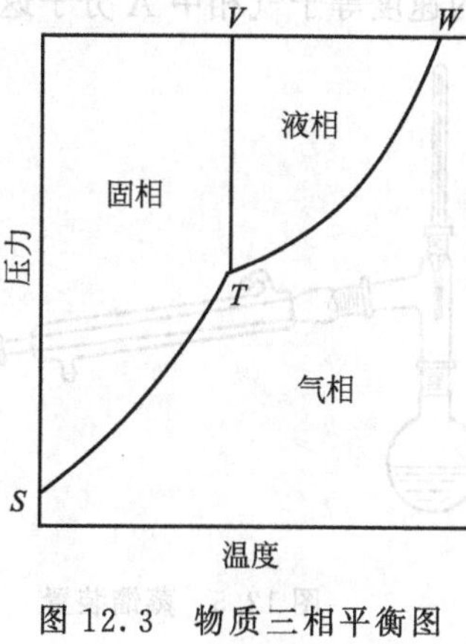

图 12.3 物质三相平衡图

要研究升华现象必须了解物质相平衡图（见图 12.3），图中 TV 线是液固平衡线，可知固体的熔点受压力影响较小；TW 线是气液平衡线；ST 线是气固平衡线，可见固体的蒸气压随温度的降低下降显著。三条线交于一点 T 为三相平衡共存点。由物质三相平衡图可以知道，当温度低于物质三相点的温度时，降低压力物质可以实现气态不经液态凝聚成固态的过程。常用的升华法提纯装置见图 12.4。

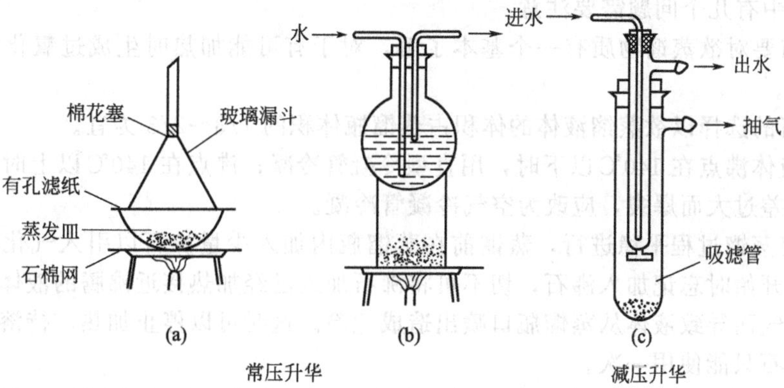

图 12.4 常用的升华装置

若固体物质的蒸气压过低，则升华速度很慢，而且升华收率低（会有一部分从升华装置消散到空气中）。这类物质不适合用升华法提纯。而像蒽醌、樟脑、硫这样的物质，在熔点以下就有较高的蒸气压，气化速度很大，在常压下很容易用升华的方法提纯。如樟脑的三相点温度为179℃，压力为49.3kPa，温度为160℃时压力已经达到29.1kPa，因此必须缓慢加热，在低于179℃条件下，就可以实现升华；但由于三相点压力低于大气压，如果加热很快，蒸气压超过三相点压力，固体就会熔化成液体，蒸气压达到0.1MPa时液体会沸腾。

萘在三相点时平衡蒸气压较低(0.93kPa)，用上述升华方法效率很低，可以加热到熔点以上，使其具有较高蒸气压，同时通入空气降低萘的分压，加速蒸发，还可以使其不凝聚成液体萘而直接固化。另外减压升华也是提纯这类物质的一种方法。

12.4 蒸馏、减压蒸馏、水蒸气蒸馏与分馏

12.4.1 蒸馏原理

将某种液体A置于一密闭容器中，液体表面分子由于分子热运动有从液体表面逸出进入气相的趋势，这种趋势随温度升高而增大，气相中的A分子逐渐增多；同时气相中的A分子受到液面分子的吸引有回到液相的趋势，这个趋势与气相中A分子浓度有关。当A从液面逸出的速度等于气相中A分子返回液面的速度时两者达到动态平衡，此时气相中A的压力称为实验温度下A的饱和蒸气压。液体的饱和蒸气压与温度有关，温度升高，饱和蒸气压增大，当饱和蒸气压达到外界压力时，液体就会沸腾，对应的温度就称为该压力下液体的沸点。液体的沸点与外界压力有关，外界压力降低，液体沸点下降。纯物质在一定压力下有一定的沸点，但有一定沸点的物质却不一定是纯物质，共沸物就具有固定沸点，但却由两种或多种物质混合而成，如含乙醇95.6%、含水4.4%的混合溶液的沸点就是恒定值78.2℃。

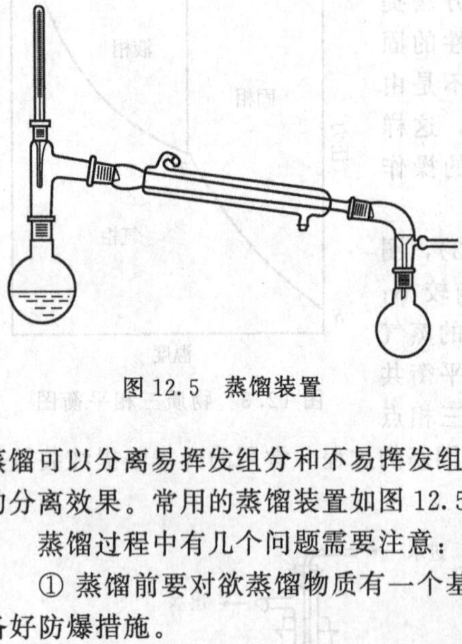

图 12.5　蒸馏装置

将液体加热至沸腾，使之变为蒸气，然后使蒸气冷却再凝结为液体，这两个过程的联合操作称为蒸馏。蒸馏可以分离易挥发组分和不易挥发组分，但各组分的沸点必须相差30℃以上才能得到很好的分离效果。常用的蒸馏装置如图12.5所示。

蒸馏过程中有几个问题需要注意：

① 蒸馏前要对欲蒸馏物质有一个基本了解，对于有可能加热时生成过氧化物的体系应准备好防爆措施。

② 蒸馏瓶的选择以欲蒸馏液体的体积占蒸馏瓶体积的1/3～2/3为宜。

③ 蒸馏液体沸点在140℃以下时，用直型冷凝管冷凝；沸点在140℃以上时，为防止水冷凝管接头因温差过大而爆裂，应改为空气冷凝管冷凝。

④ 为了使蒸馏过程平稳进行，蒸馏前在蒸馏瓶内加入少量沸石以引入气化中心，避免产生暴沸。如果开始时忘记加入沸石，切不可将沸石加入已经加热接近沸腾的液体中，以防因突然产生大量蒸气而导致液体从蒸馏瓶口喷出造成危险。这时可以停止加热，待溶液冷至室温再加入沸石。沸石只能使用一次。

⑤ 蒸馏开始阶段温度计温度未恒定时，有少量液体馏出，称为前馏分，应用另外的容器收集，作为杂质弃掉。温度计温度恒定，且有大量蒸气馏出时，才是所需的产物。

⑥ 蒸馏装置要与大气相通，防止局部堵塞使装置发生爆炸。

⑦ 切不可将蒸馏瓶蒸干，以防止蒸馏瓶开裂。

12.4.2 分馏（精馏）

当欲分离的有机组分的沸点相差在30℃以内时，用简单蒸馏方法无法将其有效分离，这时需要用分馏（工业上称为精馏）的办法将其分离。分馏装置见图12.6。

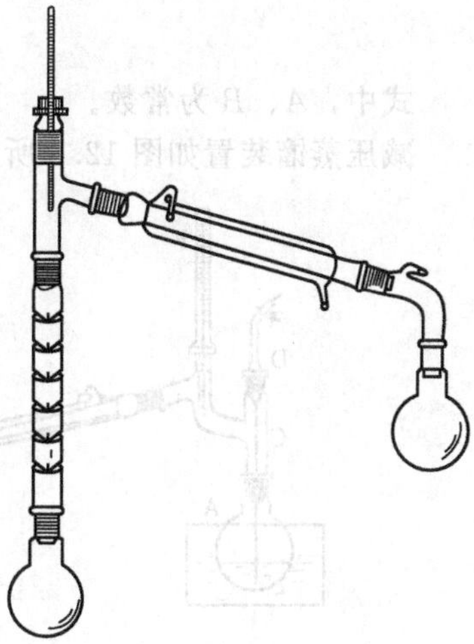

图12.6 分馏装置

分离原理：分馏实质上是多次蒸馏，通过分馏装置实现。分馏装置是在蒸馏瓶和蒸馏头之间增加一个分馏柱，其他部分与蒸馏装置相同。分馏柱是垂直放置的柱身内壁有一定形状的管，或者管中填充特制的填料。当混合物沸腾时，混合蒸气上升进入分馏柱，由于沸点较高的组分容易被冷凝，所以冷凝液中高沸点物质较多，蒸气中低沸点物质较多。冷凝液向下流动，与上升的蒸气相遇，二者进行热交换，上升蒸气中高沸点物质被冷凝，低沸点物质继续呈蒸气状上升；冷凝液中低沸点物质被气化，高沸点物质继续下降。如此经过多次气液接触，多次物质和能量交换，结果是低沸点组分不断上升直至被蒸出，高沸点组分不断下降直至蒸馏瓶中两者得以分离。

分馏时首先要根据欲分离物质沸点差距选择合适的分馏柱，一般沸点相差20℃左右，可以选用简单的分馏柱，差10℃左右要用复杂精细的分馏柱。进行分馏时，要防止凝聚液体在柱内聚集，因为不断上升的蒸气会将液体冲出分馏柱而达不到分馏的目的。为此可以在分馏柱外包一定的保温材料。分馏时还应保证有一定量液体从分馏柱流回蒸馏瓶，即保持一定的回流比；增大回流比可提高分离效果。但是，若控制回流比需要在分流柱上安装分流头。

12.4.3 减压蒸馏

当有机化合物在常压蒸馏时容易分解或发生氧化、聚合等反应时，可以采用减压蒸馏的方法；有时化合物沸点很高，不易蒸出时，也可以用减压蒸馏的方法降低蒸馏温度、缩短蒸馏时间。由于物质的沸点是与外界压力相关的，用真空泵降低液体表面压力，可以使液体在较低的温度下达到沸腾，从而使液体气化与其他未达到沸点的物质分离。这种在较低压力下进行的蒸馏叫做减压蒸馏。低压下物质的沸点可以通过图12.7的经验曲线近似求得。如某有机物常压下的沸点为250℃，当压力为10mmHg（1mmHg＝133.322Pa）时，由10mmHg与250℃两点连线并延长交于左边线上的交点可以得出10mmHg时，该物质的沸点约为115℃。也可以通过两组的沸点和压力值利用公式(12.1) 求得低压下物质的沸点。

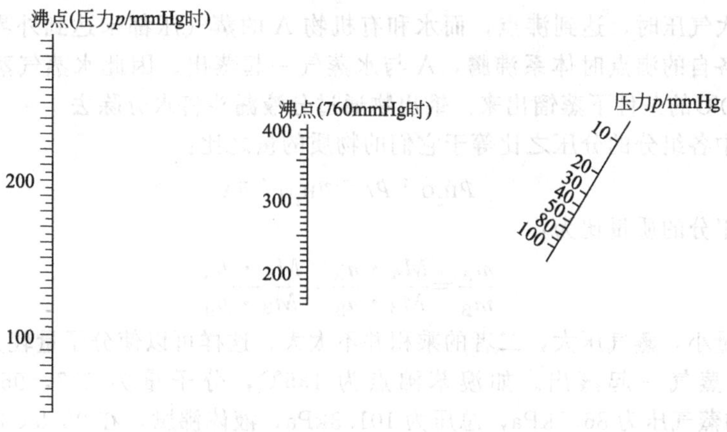

图12.7 液体在常压下沸点与低压下沸点的近似关系图

$$\lg p = A + \frac{B}{T} \quad (12.1)$$

式中，A、B 为常数。

减压蒸馏装置如图 12.8 所示。

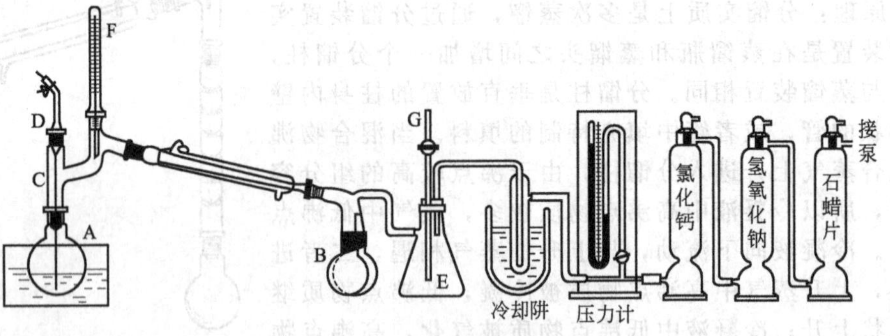

图 12.8 减压蒸馏装置图

A—烧瓶；B—接收瓶；C—克氏蒸馏头；D—毛细管；E—安全瓶；F—温度计；G—带有旋塞的玻璃管

减压蒸馏装置分为蒸馏、减压、保护和测压装置三部分。

蒸馏装置中用克氏蒸馏头代替一般蒸馏头，它有两个作用：一是防止减压条件下液体沸腾而冲入冷凝管；另一个作用是它的支管 C 可以插入毛细管，毛细管上端用霍夫曼夹控制进气速度，毛细管下端插入液体中，距瓶底 1～2mm，使少量空气进入液体，作为沸腾的气化中心，可以使蒸馏平稳进行。

减压通常用水泵或油泵完成，水泵达到的最低压力为该温度下水的饱和蒸气压；油泵能达到更高的真空度。挥发性有机溶剂、水或酸雾进入油泵都会影响到油泵的性能，所以在接受器和油泵之间要安装安全瓶 E、冷阱、干燥塔。冷阱内加冰水、冰盐混合物用以充分凝聚水蒸气和有机物，吸收塔内填充无水氯化钙或硅胶吸收水蒸气、氢氧化钠吸收酸性气体、石蜡片吸收烃类。系统内压力的测量常用水银压力计测量。

12.4.4 水蒸气蒸馏

对沸点较高，100℃时有一定蒸气压（不低于 1.33kPa）的不溶于水的有机物，可以利用水蒸气蒸馏的办法分离、提纯。尤其适用于沸点附近容易分解的物质的提纯。

当水中存在与水不相混溶的物质 A 时，气相的总压等于水的饱和蒸气压与 A 的蒸气压之和，即

$$p_{总} = p_{H_2O} + p_A \quad (12.2)$$

总压等于外界大气压时，达到沸点，而水和有机物 A 的蒸气压都未达到外界大气压。就是说两者都未达到各自的沸点时体系沸腾，A 与水蒸气一起蒸出。因此水蒸气蒸馏可以将高沸点组分在低于 100℃的条件下蒸馏出来。馏出物通过分液漏斗将水分除去。

混合蒸气中各组分的分压之比等于它们的物质的量之比：

$$p_{H_2O} : p_A = n_{H_2O} : n_A \quad (12.3)$$

则流出物中两组分的质量比为：

$$\frac{m_A}{m_B} = \frac{M_A \cdot n_A}{M_B \cdot n_B} = \frac{M_A \cdot p_A}{M_B \cdot p_B} \quad (12.4)$$

因为水的分子量小，蒸气压大，二者的乘积并不太大，这样可以使分子量较大、有一定蒸气压的有机物随水蒸气一起蒸出。如溴苯沸点为 135℃，分子量为 157，95.5℃时蒸气压为 15.2kPa，水的蒸气压为 86.1kPa，总压为 101.3kPa，液体沸腾，在 95.5℃的温度下溴苯被蒸出。其中水与溴苯质量比为：(18×86.1)∶(157×15.2)＝0.65∶1，蒸出 6.5g 水可以带出 10g

溴苯。但当有机物100℃的蒸气压很低时（低于0.133kPa），即使分子量比水大几十倍，但在馏出液中的比例低于1%，就不适宜用水蒸气蒸馏分离。水蒸气蒸馏的装置见图12.9。

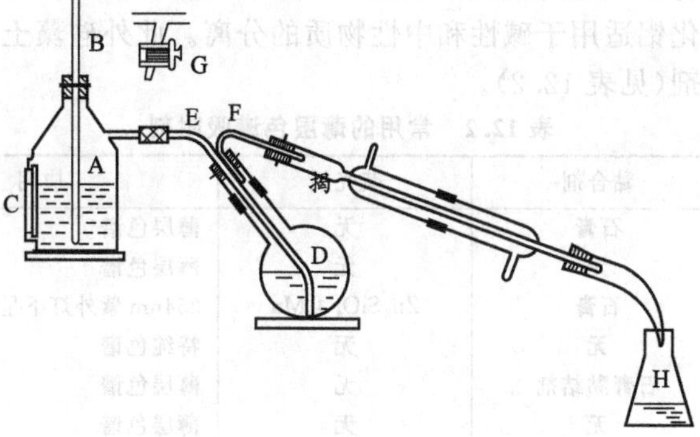

图12.9　水蒸气蒸馏装置

12.5　色谱分离

色谱法又叫层析法，是一种分离多组分的高效分离技术。1906年，俄国植物学家茨维特把植物叶子的石油醚提取液倒入装有碳酸钙吸附剂的玻璃管中，再倒入石油醚，原来的混合物被分成了不同颜色的谱带，混合物得到分离。茨维特就把这种分离方法称为色谱法，此后色谱法不断发展，应用范围不断扩大，并已从分离手段发展为分析手段，分离对象已经不限于有色物质，但“色谱”这一名称一直沿用至今。

色谱法原理是利用不同物质在两相中不同的分配或吸附系数进行分离的。其中层析过程中携带组分向前移动的物质叫做流动相；具有吸附活性的固体或涂在载体表面的液体叫做固定相。按照固定相形状不同，色谱法可以分为：①柱色谱，把固定相填装在玻璃管或金属管制成的色谱柱内，或把固定液涂在细长的毛细管内壁上；②纸色谱，滤纸作为固定相，被分离组分在纸上展开而分离；③薄层色谱，用涂在玻璃板上的吸附剂薄层作为固定相使被分离组分分离。根据分离原理不同可以分为：①吸附色谱，利用固定相对各组分的吸附能力不同进行分离；②分配色谱，根据物质在固定相和流动相中分配系数不同进行分离；③离子交换色谱，根据不同组分与离子交换剂的亲和力不同进行分离；④凝胶色谱，根据各种物质的分子形状和尺寸大小差异进行分离。色谱的分离效果远比分馏、重结晶的效果要好，特别适用于少量、微量多组分混合物的分离。

12.5.1　薄层色谱

薄层色谱（thin layer chromagraphy，TLC）适用于小量样品（几微克到几十微克）的分离。与纸色谱和柱色谱相比，薄层色谱有以下特点：

① 固定相一次使用，不会被污染，样品处理比较简单。

② 应用范围广，对分离物质没有限制。

③ 流动相可选择范围宽，展开剂用量少。

④ 展开时间短，几秒到几十分钟即可展开，而纸色谱、柱色谱往往需要几小时甚至几天。

⑤ 可以使用腐蚀性显色剂，如浓硫酸或浓盐酸；甚至可以将薄层加热到500℃，以观察炭化斑点。

⑥ 同一色谱可以根据被分离物质性质选择不同显色剂或检测方法，不受单一检测器限制。

固定相

薄层色谱的固定相的选用要依据待分离化合物性质，最常用的吸附剂有硅胶和氧化铝。硅胶适用于酸性、中性物质的分离。硅胶表面有大量硅醇基，能吸附大量水，加热时又可以失去吸附水，因而使硅胶具有了一定的活性，向硅胶中加水调整活性称为去活化，加热使硅胶去水调整活性称为活化。氧化铝适用于碱性和中性物质的分离。此外硅藻土、聚酰胺、纤维素等也可以用作薄层色谱吸附剂(见表 12.2)。

表 12.2　常用的薄层色谱吸附剂

吸附剂商品名	黏合剂	荧光剂	应用	备注
硅胶 G(TyPe60)	石膏	无	薄层色谱	
硅胶 H	无	无	薄层色谱	
硅胶 G254	石膏	Zn_2SiO_4 : Mn	254nm 紫外灯下呈现荧光	T60 表示
硅胶 60HR	无	无	特纯色谱	孔径为 6nm
氧化铝 G	石膏黏结剂	无	薄层色谱	
碱性氧化铝 H	无	无	薄层色谱	

色谱用硅胶表面有很多硅醇基，它决定了硅胶吸附作用的强弱。硅醇基能通过氢键吸附水分，因此硅胶的吸附力随着水分的增加而降低，当吸水量超过 17%时吸附力极弱，不能起到吸附剂的作用，只能作为载体。所以吸附剂硅胶需要在 100～110℃下活化，使其表面因氢键吸附的水被除去。硅胶表面含水量与吸附活性相关，根据含水量的不同，硅胶活性分为几个等级。但是当活化温度达到 500℃时，硅胶表面的硅醇基脱水变成硅氧烷而失去了吸附活性，因此硅胶不能在高温下活化（见表 12.3）。

表 12.3　硅胶含水量与活性的关系

活性	Ⅰ	Ⅱ	Ⅲ	Ⅳ	Ⅴ
硅胶含水量	0	5	15	25	38

薄层的制备

将吸附剂均匀地铺涂在平面板上的过程称为铺板，涂铺均匀、表面光洁、厚度一致的薄层板才能有好的分离效果。薄层的制备可以用涂布器涂敷，也可以用手工涂板。将玻璃板长的方向两边放同样厚度的垫片，垫片厚度相当于薄层厚度。将调好的吸附剂浆料倒在玻璃板内，用玻璃棒沿玻璃表面刮推，使吸附剂平整铺于玻璃板上，风干，于 105～110℃活化 45min，取出，置于干燥器中备用。

点样

将样品溶于合适的溶剂中，制成 1%～0.1%的溶液。最好选用与展开剂极性相似的溶剂，常用乙醇、甲醇、丙酮、氯仿作为溶剂，使点样后溶剂能够迅速挥发。应尽量避免用水作为溶剂。用内径 0.5mm 管口平整的毛细管或微量注射器在距薄层底边 1cm 处点样，点样时让管尖靠近薄板，液滴被硅胶吸收而落下。注意点样要轻，不能把薄层刺破。多次点样时，应待前一次溶剂挥发后再点第二滴，以防引起斑点严重扩散。同一板上点多个样时，样点之间间隔为1～2cm。在空气中点样最好不超过 10min，防止硅胶在空气中吸湿而降低活性。

展开

展开是使流动相从薄层板点样端向另一端流动的过程。有上行展开法、下行法、单向多次展开、双向展开等。展开前将选好的展开剂倒入层析缸中，用滤纸贴在缸内壁下端浸入展开剂中，盖紧层析缸，使缸内展开剂蒸气饱和。点样的薄板迅速放入缸中，在不接触展开剂的情况下饱和 10min，再将板浸入展开剂中展开。展开到约为薄板的 3/4 高度时，可以取出风干，或烤干。薄层色谱展开装置见图 12.10。

展开剂的选择是分离成败的关键，选择展开剂首先要参考文献，在无文献可供参考时可先选用单一溶剂，再选择组合溶剂。用单一溶剂时，先用低极性溶剂（如环已烷）试验，若被试验物在原点不动，则需增加溶剂极性，直至混合物试样展开；若被试验物展开太快，则应降低溶剂极性。单一溶剂无法分开混合物时，应用混合溶剂，常用混合溶剂的极性顺序为：苯-乙酸乙酯(50：50)＜氯仿-乙醚(60：40)＜环已烷-乙酸乙酯(20：80)＜乙酸丁酯＜氯仿-甲醇(95：5)＜氯仿-丙酮(70：30)＜苯-乙酸乙酯(30：70)＜乙酸丁酯-甲醇(99：1)＜苯-乙醚(10：90)＜乙醚＜乙醚-甲醇(99：1)＜乙醚-二甲基甲酰胺(99：1)＜乙酸乙酯＜乙酸乙酯-甲醇(99：1)＜苯-丙酮(50：50)＜氯仿-甲醇(90：10)＜二氧六环＜丙酮＜甲醇＜二氧六环-水(90：10)。

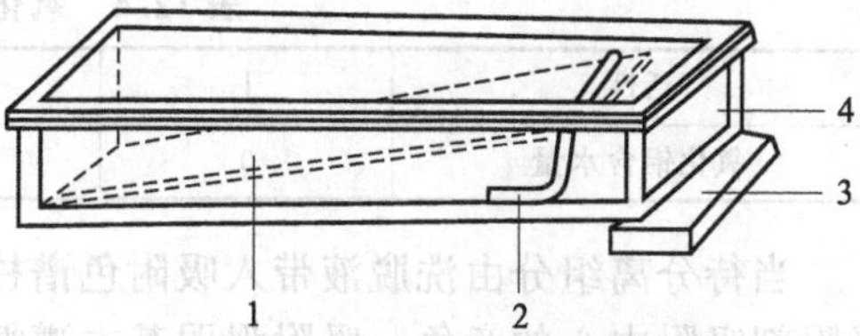

图 12.10　薄层色谱展开装置

1—薄层板；2—薄层支架；3—垫板；4—展开槽

显色

通常首先考虑用紫外灯观察有无荧光点，用铅笔画出斑点位置；若无荧光点，将显色剂喷洒于薄板上使其显色。有时把展开剂挥发干后的薄板放入碘蒸气饱和的色谱缸中，很多物质都与碘生成棕色斑点。

定性方法，比移值 R_f 定性

样品显色要计算比移值 R_f：

$$R_f=\frac{原点至层析斑点中心的距离}{原点至溶剂前沿的距离} \tag{12.5}$$

影响 R_f 的因素很多，pH 值、展开时间、展开距离、温度(低温比高温展开慢效果好)、薄层厚度(板厚 0.25mm，活化后 0.15mm 的薄层分离效果最好)、层析缸蒸气饱和情况(未饱和时薄层中部比两边移动慢)、吸附剂中黏合剂含量、样品浓度都影响 R_f 值，因此用薄层色谱分离鉴定时应尽量保持操作条件一致。薄层色谱定性是通过比移值进行定性分析的，在相同条件下进行薄层色谱展开，两个组分的比移值不相同，可以肯定这两个组分不是同一种物质；两个组分的比移值相同，则这两个组分可能是同一种物质。条件允许时用待测组分纯物质与待测组分在同一薄板上点样，展开、显色，若 R_f 完全相同，则表示待测组分就是那个纯组分。有时用几种展开剂分别展开，若每次 R_f 都相同，证明两者是同一物质。也可以用刮刀将斑点所在处硅胶刮下，用洗脱剂洗脱，再用其他方法定性。

12.5.2 柱色谱

柱色谱是将待分离混合物加入装有固定相的柱子中，再用适当的溶剂（洗脱剂）冲洗，由于固定相和流动相对各组分的亲和力不同，各组分在两相中的分配不同，在柱子中随流动相移动的速度不同，与固定相亲和力弱的组分被先洗脱下来，通过分段收集洗脱液使各组分得以分离。影响柱色谱分离效果的主要是固定相极性、洗脱剂极性和待分离组分极性。按照分离原理不同，柱色谱又分为吸附柱色谱、分配柱色谱、离子交换柱色谱、凝胶柱色谱等。

12.5.2.1 吸附柱色谱

吸附柱色谱中吸附剂的选择将直接影响分离效果，对吸附剂的要求如下：①较大的表面积和足够的吸附能力；②对不同组分有不同吸附量；③不与样品中的各组分以及流动相起反应；④不溶于溶剂和洗脱剂；⑤颗粒均匀，有一定的机械强度和细度。吸附柱色谱固定相常用硅胶、氧化铝、分子筛、活性炭等。柱色谱所用硅胶与薄层色谱所用硅胶不同，薄层色谱所用硅胶不能用于柱色谱，柱色谱需用专用硅胶。氧化铝的活化是在 350℃马弗炉中加热 6～8h，在干燥器中冷却至室温后使用。活化后的氧化铝，活性增大，加入一定量水，活性会改变。氧化铝活性也分为 5 级，见表 12.4。

表 12.4 氧化铝含水量与活性的关系

活性	Ⅰ	Ⅱ	Ⅲ	Ⅳ	Ⅴ
氧化铝含水量	0	3	6	10	15

当待分离组分由洗脱液带入吸附色谱柱中时，就会发生溶质分子之间、溶质与溶剂之间对吸附剂吸附中心的竞争，吸附强弱基本遵循“相似相吸附”的规律。硅胶、氧化铝均为极性吸附剂，溶质中极性强的被优先吸附；溶剂的极性越强，吸附剂对溶质的吸附能力越弱；溶剂极性越弱，吸附剂对溶质表现出越强的吸附能力。溶质被吸附后能被极性强的溶剂洗脱下来。

12.5.2.2 分配柱色谱

分配柱色谱则以硅胶、硅藻土、纤维素等作为载体，用水、甲醇、甲酰胺等为固定相可分离亲水成分；若分离亲脂成分则用液体石蜡、硅油、石油醚等为固定相。分配柱色谱与液液萃取类似，组分在固定相中的浓度与组分在流动相中浓度之比为分配系数，即 $K=c_s/c_m$。组分的分配系数大，在柱中运行速度就慢；分配系数小，在柱中运行速度就快；两种分配系数不同的组分在柱中运行一段距离后就会分离开。

分配柱色谱根据固定相、流动相的安排方式可以分为正相色谱和反相色谱。正相色谱用强极性物质作为固定相，非极性溶剂作为流动相；反相色谱以非极性或弱极性物质作为固定相，强极性物质作为流动相。正相色谱法分离效果不好的可以用反相色谱法进行有效分离。

12.5.2.3 离子交换色谱

离子交换色谱用离子交换树脂作为固定相，一般用水作为流动相。离子交换树脂不溶于水、酸、碱和有机溶剂，本身在水中可以解离成离子。解离的离子可以与溶液中的其他离子产生可逆性交换，而毫不影响本身的结构。

根据所交换离子性质，离子交换树脂分为阳离子交换树脂、阴离子交换树脂，每种树脂根据它的解离性能又分为强、中、弱型。强酸型阳离子交换树脂的离子性基团磺酸基($—SO_3H$)、弱酸型离子交换树脂母核上连有羧基($—COOH$)，交换反应是同 H^+ 进行交换。阴离子交换树脂中含有胺类碱性基团。强碱性离子交换树脂的母体与强酸性离子交换树脂相同，母核上连有许多季铵基$—N(CH_3)_3^+OH^-$，交换反应是 OH^- 与被分离的阴离子之间进行的。

柱色谱的操作主要有装柱、加样、洗脱、组分的鉴定等。

色谱柱用下端有活塞的玻璃管，柱的直径和长度之比一般为1∶10～1∶50。固定相用量一般是样品量的30～50倍。在固定相使用之前需要进行预处理：吸附剂要活化；分配柱色谱要在载体上负载固定液；离子交换树脂需要用酸或碱处理。

装柱：将固定相放入小烧杯中，加入洗脱剂并搅拌，柱中加入洗脱剂并把活塞半开，连续加入固定相和洗脱液，固定相缓慢沉降，直到装完为止，再用洗脱液连续洗1～2次，关闭活塞。

加样和洗脱：样品先用溶剂溶解成浓度适宜的溶液，加入柱中。旋动活塞，使样品下降至刚刚与固定相表面相齐，用滴管缓慢加入洗脱液进行洗脱，样品中各组分将彼此分离，最后出现在不同的区带中。如果组分有色，分别收集各有色洗脱液；若组分无色，以10ml或20ml分段收集洗脱液后再进行分析。滴一滴每段洗脱液于薄层板上，用紫外灯检测，斑点位置相同作为相同组分合并洗脱液。蒸干各洗脱液，得纯组分。

除了以上介绍的薄层色谱、柱色谱外，还有纸色谱、凝胶色谱等，其原理和操作与上述色谱类似，有兴趣的读者可以参阅相关书籍。

参考文献

1 刘约权．现代仪器分析．北京：高等教育出版社，2001.12

2 杜斌，张振中．现代色谱技术．郑州：河南医科大学出版社，2001
3 孔垂华，徐效华．有机物的分离与结构鉴定．北京：化学工业出版社，2003.7
4 王玉枝，陈贻文，杨桂法．有机分析．长沙：湖南大学出版社，2004.9
5 汪茂田，谢培山，王忠东．天然有机化合物提取分离与结构鉴定．北京：化学工业出版社，2004.9
6 丁敬敏，赵连俊主编．有机分析．北京：化学工业出版社，2004.7
7 孟贺，薛永强，王志忠．蒽、菲、咔唑的分离提纯方法．山西化工，2003，23（4）：4～7
8 余仲建、李松兰、张殿坤．现代有机分析．天津：天津科学技术出版社，1994.7
9 贾晓辉，薛永强．工业菲的提纯．染料与染色，2004，41（3）：170～171

习题

12-1 简述有机化合物重结晶的步骤和各步的目的。

12-2 蒸馏时加入沸石的作用是什么？如果蒸馏前忘了加入沸石，能否将沸石加入接近沸腾的液体中？重新进行蒸馏时，用过的沸石能否继续使用？

12-3 影响液-液萃取效率的因素有哪些？如何选择萃取剂？

12-4 如何通过物质三相平衡图控制升华的条件？

12-5 在一定的操作条件下为什么可利用 R_f 值鉴定化合物？

12-6 柱色谱的柱中若留有空气或填装不匀，对分离效果有何影响？如何避免？

第 13 章　有机合成产物的鉴定

有机合成反应完成，产物也已经通过物理、化学方法加以分离提纯，那么所得到的产物是目的产物还是其他物质，这就需要对产物的性质和结构进行测定。这有两种情况：

① 产物是新的有机物，需要确认它的结构，并测定物理化学性质，以便别人能够重复实验；

② 产物是世上已经存在的有机物，需要通过性质和结构数据的对比加以证明。

目前的大多数合成工作需要进行的工作是后一种情况。

常用的鉴定有机物结构的手段主要是利用光谱、波谱、质谱等仪器分析方法。

光是一种电磁波，电磁波具有波粒二象性，电磁波的能量与电磁波的波长有关。$E=h\nu=hc/\lambda$，λ 为电磁波的波长，波长越长，电磁波的能量越低。不同波长的电磁波对应于不同的跃迁类型和波谱类型，见表 13.1。

表 13.1　电磁波谱对应的跃迁类型及其波谱类型

电磁波	波长/nm	跃迁类型	波谱类型	电磁波	波长/nm	跃迁类型	波谱类型
γ 射线	10^{-3}	核跃迁	穆斯堡尔谱	红外	$10^{3}\sim10^{5}$	分子振动	红外光谱
X 射线	10^{-1}	内层电子	X 射线	微波	$10^{6}\sim10^{8}$	分子振动	微波波谱、顺磁共振
紫外-可见光	200～800	外层电子	紫外-可见光谱	射频	$>10^{8}$	核自旋	核磁共振

有机物分子存在多种运动形式，如分子的平动、转动、振动、电子运动等，这些运动的能量是量子化的。只有当某一波长的光的能量恰好等于分子某种运动两能级的能量差时，光能才被分子吸收，分子的运动能级发生跃迁，分子由低能级激发到高能级状态。如紫外和可见光引起分子中价电子能级跃迁，红外光引起分子振动能级跃迁。物质吸收电磁波产生能级跃迁时，所吸收能量的大小和强度与分子结构有关，所以用适当的光源照射物质，测定物质对各种波长的吸收程度，得到反映分子结构的吸收光谱，这就是波谱法测定分子结构的依据。

13.1　紫外光谱

现在所说的紫外光谱实际上都是紫外-可见光谱，它的波长范围通常是 200～800nm。分子价电子跃迁吸收的电磁波处于紫外可见光区，但由于在价电子能级跃迁的同时，往往伴随着分子振动、转动能级的跃迁，因而紫外光谱不是一条条的吸收线，而是吸收带。吸收带的位置与分子结构有关，吸收带的强度服从朗伯-比尔定律，$A=\varepsilon bc$，A 为吸光度，ε 为摩尔吸光系数，它与入射波长及样品性质有关，b 为液池厚度，c 为样品浓度。紫外光谱测定物质结构主要是考察吸收带的位置和强度。

13.1.1　电子跃迁类型

有机物分子是通过 C、H、O 等原子的外层电子配对形成的，这些电子成键的方式有两种。一种是两个成键的原子各出一个电子配对，电子云以“头碰头”的方式重叠成键，电子云重叠区在两个原子核的连线上，所形成的化学键叫 σ 键，两个成键电子叫 σ 电子，如 HCl、CH_4 等以 s-s、s-p_x、p_x-p_x 电子云重叠成键的都形成了 σ 键；形成了一个 σ 键后，若两个原子还有相互平行的成单电子，两个原子各再提供一个电子，电子云以“肩并肩”的方式重叠成键，电子云重叠区在两个原子核连线的两侧，这样所形成的化学键叫做π键，形成π键的两个电子叫π电子，如C_2H_4的两个C原子之间是通过一个σ键和一个π键连接起来的，C_2H_2的两个C原子之间是通过一个σ键两个π键结合的。而原子中原有的已经配对的电子，不与其他电子配对，这类电子称为非键电子——n电子，如HCHO分子中，C原子轨道sp^2杂化，其中每个杂化轨道上有一个单电子，分别与H、H、O形成σ键，未参与杂化的p_z轨道上也有一个单电子，与氧再形成一个π键，而氧原子剩余的成对价电子未参与成键，是n电子。这样有机物分子中有σ、π、n三种电子，分别在各自的σ、π、n轨道上运动。根据分子轨道理论，两个原子成键时，原子轨道重新组合，能量发生变化，形成一个低能量的成键分子轨道和一个高能量的反键分子轨道。这样就出现了σ、π成键分子轨道，σ^*、π^*反键分子轨道以及非键分子轨道n轨道。这几种分子轨道的能量高低顺序为$\sigma^* > \pi^* > n > \pi > \sigma$(有些分子的$\sigma > \pi$)。根据分子轨道的对称性，σ、π电子的跃迁只能在各自类型的轨道中进行，即只能发生$\sigma \rightarrow \sigma^*$、$\pi \rightarrow \pi^*$跃迁，不可能发生$\sigma \rightarrow \pi^*$、$\pi \rightarrow \sigma^*$跃迁，但非键电子n可以向$\sigma^*$、$\pi^*$轨道跃迁(见图13.1)。发生这四种跃迁：$\sigma \rightarrow \sigma^*$、$\pi \rightarrow \pi^*$、$n \rightarrow \sigma^*$、$n \rightarrow \pi^*$所需要的能量不同。

$\sigma \rightarrow \sigma^*$跃迁　需要的能量最大，对应的电磁波处在真空紫外区。能发生$\sigma \rightarrow \sigma^*$跃迁的为C—C、C—H键，是有机物分子中普遍存在的化学键，而且空气中的氧气、氮气等在真空紫外区也有吸收，因此测试必须在真空条件下进行，应用较少。像烷烃这样仅有$\sigma \rightarrow \sigma^*$跃迁的化合物在200～1000nm范围没有吸收，故可以作为紫外测定的溶剂。

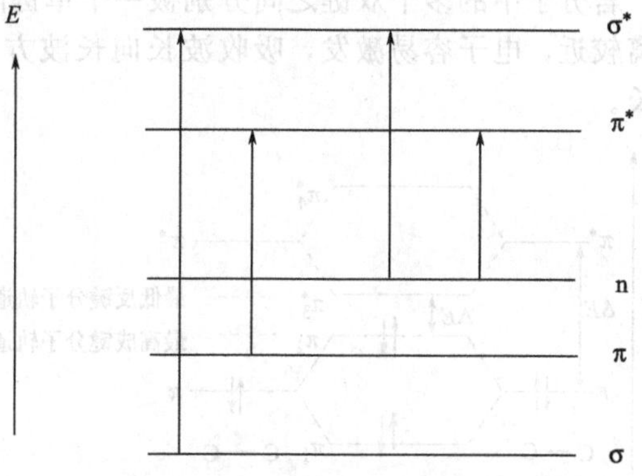

图13.1　分子轨道电子跃迁能级图

$\pi \rightarrow \pi^*$跃迁　所需能量比$\sigma \rightarrow \sigma^*$跃迁所需能量低，但简单的$\pi \rightarrow \pi^*$跃迁吸收的电磁波的波长仍较短，如乙烯的$\pi \rightarrow \pi^*$跃迁对应165nm的紫外光。当双键发生共轭时，如共轭多烯及芳烃，$\pi \rightarrow \pi^*$键能级间距减小，对应吸收波长变长，大于200nm，摩尔吸光系数大于10^4。$\pi \rightarrow \pi^*$跃迁产生的吸收带称为K带（源于德文Konjugierte，共轭作用)。

$n \rightarrow \sigma^*$跃迁　分子中同时含有n电子和π电子时可以产生$n \rightarrow \sigma^*$跃迁，氧、氮、硫及卤素都含有n电子，可以产生$n \rightarrow \sigma^*$跃迁。这类跃迁比$\sigma \rightarrow \sigma^*$跃迁所需能量低，吸收靠近紫外区边缘(约200nm)，称为末端吸收。

$n \rightarrow \pi^*$跃迁　$n \rightarrow \pi^*$跃迁是四种跃迁中所需能量最低的，吸收带常在200～400nm，但吸收强度比较弱(摩尔吸光系数在10～100)。$n \rightarrow \pi^*$跃迁引起的吸收称为R带(德文Radical，基团)。

13.1.2　各类有机物的紫外-可见特征吸收

13.1.2.1　常用术语

① 生色基团。有机分子中含有$\pi \rightarrow \pi^*$跃迁、$n \rightarrow \pi^*$跃迁的基团，能在紫外可见光区产生吸收，如C═C、C═O、N═N等。

② 助色基团。化合物自身不产生紫外可见吸收，但与生色团键合时能使生色团紫外吸收波长和强度增加的基团，助色团一般是含有杂原子的饱和基团，如$—NH_2$、—OR、—SH、—Cl等。

③ 红移。由于共轭、助色团的引入以及溶剂的作用，使吸收峰波长增加的效应。

④ 紫移。由于取代基、溶剂的作用使吸收峰波长减小的效应。

⑤ 增/减色效应。使吸收强度增加/减弱的效应。

13.1.2.2 非共轭体系的简单分子

(1) 饱和有机化合物　饱和有机化合物原子之间只以单键 σ 键键合，这类分子包括烷烃、脂肪醇、醚、胺及它们的卤代物。饱和有机化合物只有 σ 电子和 n 电子，吸收能量后可以发生 $\sigma \to \sigma^*$ 跃迁和 $n \to \sigma^*$ 跃迁，其中 $\sigma \to \sigma^*$ 跃迁所需能量高，对应光波在真空紫外区；$n \to \sigma^*$ 跃迁的紫外吸收多数也在 200nm 以下，而且摩尔吸光系数较小，用于判断结构不可靠。因此饱和有机化合物难以用紫外光谱判断其结构。

(2) 非共轭烯烃　简单的烯烃中有孤立的双键含有 π 电子，能产生 $\pi \to \pi^*$ 跃迁，但是跃迁产生的吸收带在 200nm 以下。多烯烃分子中有多个双键，如果两个双键之间至少隔了一个亚甲基，则双键产生的吸收基本上与孤立双键产生的吸收位置相同，强度加倍。

(3) 饱和醛酮　醛酮的官能团是羰基，羰基有一对 σ 电子、一对 π 电子，还有两个未成键的 n 电子，$n \to \sigma^*$ 跃迁、$\pi \to \pi^*$ 跃迁对应的吸收带在远紫外区，$n \to \pi^*$ 跃迁对应的吸收带在紫外区，一般波长在 270nm 以上，但吸收强度很弱。

13.1.2.3 含共轭体系分子

若分子中的多个双键之间分别被一个单键隔开，则可形成共轭大 π 键。大 π 键能级之间的距离较近，电子容易激发，吸收波长向长波方向移动(见图 13.2)，共轭双键越多，吸收波长越长。

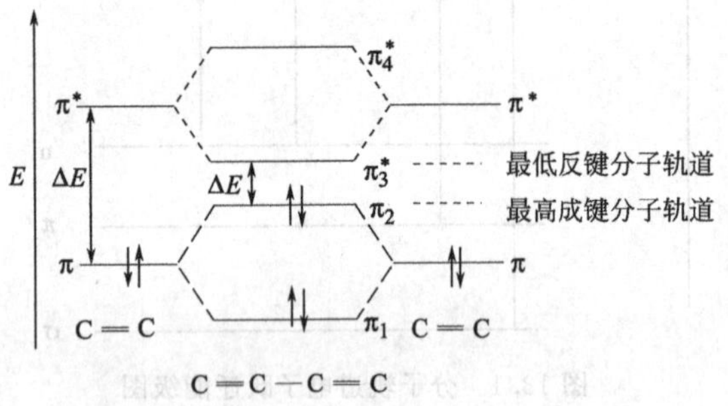

图 13.2　丁二烯的分子轨道

乙烯：λ_{max}=165nm，ε=15000

1,3-丁二烯：λ_{max}=217nm，ε=21000

1,3,5-己三烯：λ_{max}=258nm，ε=35000

13.1.2.4 α-β 不饱和醛酮

α-β 不饱和醛酮存在 $\pi \to \pi^*$ 跃迁 K 带和 $n \to \pi^*$ 跃迁 R 带，由于 C=C 和 C=O 双键共轭，使 $n \to \pi^*$ 跃迁红移，波长在 320～340nm，且吸收增强；另一个吸收带是由 $\pi \to \pi^*$ 跃迁引起的，波长在 220～240nm，且吸收很强，$\varepsilon > 10^4$。

13.1.2.5 芳香族化合物

芳香族化合物至少含有一个苯环，苯环是由六个碳围成的共轭体系，有紫外吸收，所以所有芳香族化合物都有紫外吸收。苯是最简单的芳香族化合物，苯的紫外光谱有三个吸收带（见图 13.3)，苯环中的 π 电子 $\pi \to \pi^*$ 跃迁产生的吸收带称为 E 带（由英文乙烯 Ethylenic 得名），E 带是芳香化合物的特征吸收，又分为 E_1、E_2 两个吸收带，E_1 带是苯环烯键 π 电子 $\pi \to \pi^*$ 跃迁产生的吸收带，λ 为 184nm，ε_{max}=47000；E_2 带是苯环共轭烯键 π 电子 $\pi \to \pi^*$ 跃迁产生的吸收带，λ 为 204nm，ε_{max}=7400；B 带（源于英文 Benzenoid）为一宽峰，出现在 230～270nm 之间，此 B 带峰的重心在 255nm，ε 约为 220 左右。当苯为气态或苯溶于非极性溶剂中得到的紫外光谱 B 带由 7 个峰组成，若使用极性溶剂，苯 B 带精细结构会消失。芳香族有机物的紫外光谱主要通过 E_2 带和 B 带来识别。

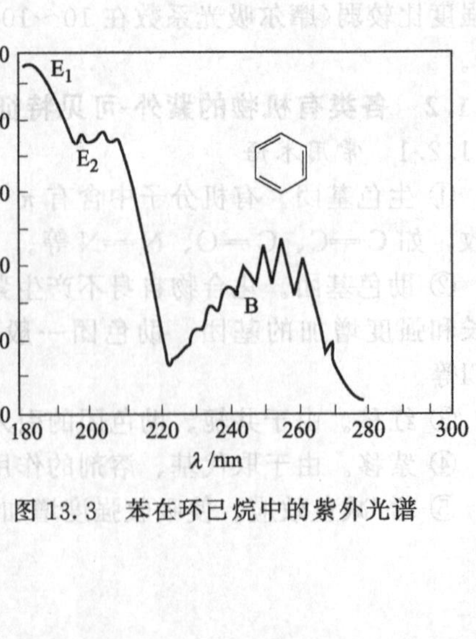

图 13.3　苯在环己烷中的紫外光谱

苯环上的取代基会影响电子分布，苯的 B 带会简化并且吸收带会红移，吸收强度增加。苯上 H 被供电子助色团取代，由于助色团上 π 电子与苯环上的π电子发生π-π共轭，使吸收带红移。主要助色团引起红移大小的顺序如下：$—O^-$>$—NH_2$>$—OCH_3$>—OH>—Br>—Cl>$—CH_3$。当苯环与吸电子的发色团相连时，发色团上的π电子与苯环上的π电子形成更大的π-π共轭体系，使苯的E_2带、B带发生较大红移，吸收强度也明显增加。其影响顺序如下：$—NO_2$>—CHO>$—COCH_3$>—COOH>—CN,$—COO^-$>$—SO_2NH_2$。常见取代苯的特征吸收见表13.2。

表13.2 常见取代苯的特征吸收

取代基	E_2带		B带		溶剂
	λ/nm	ε_{max}	λ/nm	ε_{max}	
$—CH_3$	206.5	7000	261	225	2%甲醇
—Cl	209.5	7400	263.5	190	2%甲醇
—Br	210	7900	261	192	2%甲醇
—I	207	7000	257	700	2%甲醇
—OH	210.5	6200	270	1450	2%甲醇
$—NH_2$	230	8600	280	1430	2%甲醇
$—OCH_3$	217	6400	269	1480	2%甲醇
—COOH	230	11600	273	970	2%甲醇
$—NO_2$	252	10000	280	1000	己烷
—CHO	244	15000	280	1500	乙醇
—CN	224	13000	271	1000	2%甲醇
$—CH=CH_2$	244	12000	282	450	乙醇

苯酚和苯胺存在酸碱平衡，不同酸度条件下两类化合物的紫外吸收波长和强度会发生变化。据此可以判断酚类物质和胺类物质。

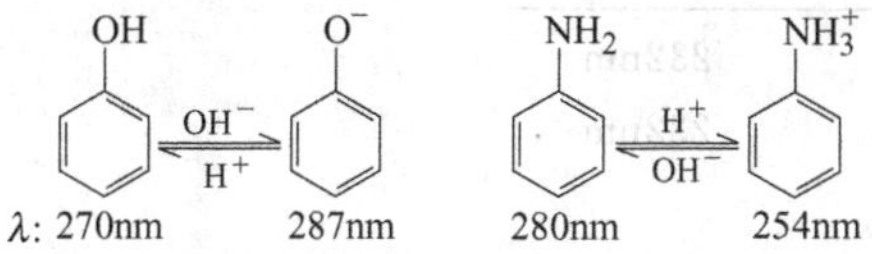

对于双取代苯的情况，取代基对苯光谱的影响可以根据以下规律推测其结构。

① 对位二取代苯　若两个取代基属于同类基团(同为吸电子基团或同为推电子基团)，E_2带发生红移，其程度由红移效应最大的基团决定。如C_6H_5COOH,$\lambda_{max}=230nm$,$C_6H_5NO_2$,$\lambda_{max}=268.5nm$,—COOH和$—NO_2$都是吸电子基团，后者的红移效应更大，所以$HOOCC_6H_4NO_2$的$\lambda_{max}=264nm$与硝基苯更接近。若两个取代基属于不同类基团，红移效应大于两个取代基红移效应之和。C_6H_6,$\lambda_{max}=204nm$,$C_6H_5NO_2$,$\lambda_{max}=268.5nm$,$C_6H_5NH_2$,$\lambda_{max}=230nm$,$H_2NC_6H_4NO_2$,$\lambda_{max}=381.5nm$。

② 邻位和间位二取代苯　当两个取代基位于邻位和间位时，谱带的红移基本上等于两个取代基红移值之和。—OH红移效应为7.0nm，—COOH红移效应为26.5nm，邻羟基苯甲酸的$\lambda_{max}=237nm$，间羟基苯甲酸的$\lambda_{max}=230.5nm$。

无论如何，苯环上的氢被取代后，紫外吸收都发生红移，并且吸收强度增大。

多环芳烃，共轭体系更大，紫外吸收波长增加，苯、萘、蒽的B带分别是256nm、312nm、375nm。联苯化合物各苯环之间仍能形成大共轭体系，紫外吸收波长和强度都会增加。但是当联苯上有大的取代基，存在空间位阻效应使苯环不能处于同一平面时，大共轭体系被破坏，其紫外吸收与苯相近。

13.1.3 Woodward-Fieser（伍德瓦尔德-费塞尔）规则

有机物种类众多，其中存在紫外吸收的除了芳环外，主要有含有C═C双键的共轭体系及C═O基团组成的共轭体系。美国化学家Woodward在总结大量实验数据的基础上提出了计算共轭烯烃波长的规律，后经Fieser修正成为Woodward-Fieser规则。该规则以1,3-丁二烯为基本母体，确定其吸收波长为217nm，然后根据取代基情况，在此基础上进行修正，用于计算共轭烯烃类化合物的K带λ_{max}（见表13.3）。

表13.3　共轭烯烃紫外吸收带的Woodward-Fieser规则

波长基本值	217nm	波长基本值	217nm
取代基	波长增加值/nm	—Cl、—Br	5
共轭体系每增加一个双键	30	—OR	6
共轭体系每增加一个环外双键	5	—SR	30
同环二烯	36	$—NR^1R^2$	60
共轭体系上的取代 烷基等非助色团	5	—OCOR或—OCOH	0

使用该规则时应注意：

① 环外双键指与该环直接相连并且要求共轭。

② 在交叉共轭体系中，只能选取一个共轭键，分叉上的双键不算延长双键，并且选择吸收带较长的共轭体系。

③ 共轭体系中所有取代基及所有环外双键均应考虑在内。

④ 该规则不适用于芳香系统。

例1：计算 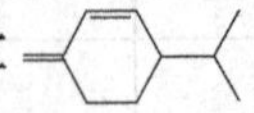 的λ_{max}

解：

母体基本值	217nm
环外双键	5nm
烷基取代	5×2＝10nm
计算值	232nm
实测值	232nm

例2：计算松香酸的λ_{max}

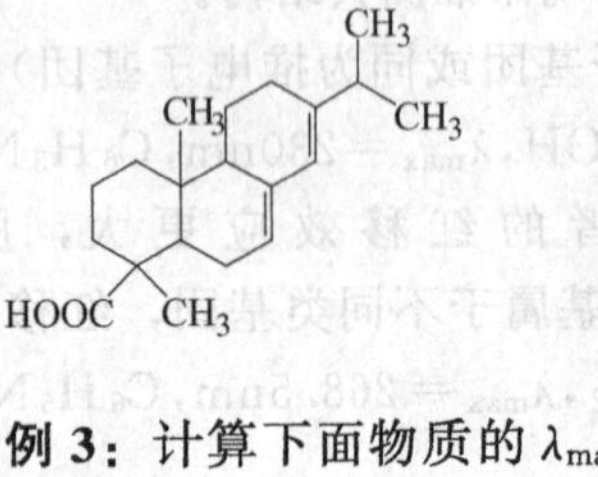

异环双烯基本值	217nm
烷基取代	5×4＝20nm
环外双键	5nm
计算值	242nm
实测值	241nm

例3：计算下面物质的λ_{max}

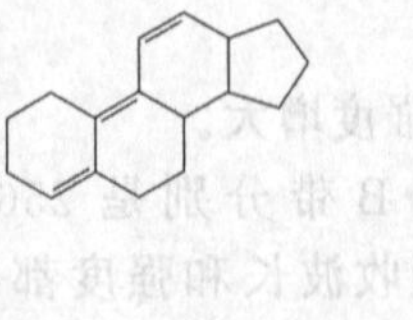

异环双烯基本值	217nm
增加一个共轭双键	30nm
烷基取代	5×5＝25nm
环外双键	5×3＝15nm
计算值	287nm
实测值	280nm

α-β不饱和醛酮吸收峰波长，同样可以用Woodward-Fieser规则确定(见表13.4)。

表 13.4 α-β 不饱和醛酮吸收峰计算规则（以乙醇为溶剂）

$^{\delta}C=^{\gamma}C-^{\beta}C=^{\alpha}C-C=O$		波长/nm	$^{\delta}C=^{\gamma}C-^{\beta}C=^{\alpha}C-C=O$		波长/nm
基本值	α-β 不饱和酮	215	增加值	羟基 α	+35
	α-β 不饱和六元环酮	215		β	+30
	α-β 不饱和五元环酮	202		δ	+50
	α-β 不饱和醛	207		烷氧基 α	+35
增加值	增加一个共轭双键	+30		β	+30
	烷基或环基 α	+10		γ	+17
	β	+12		Cl α	+15
	γ 以上	+18		β	+12
	同环共轭双烯	+39		Br α	+25
	环外环（或环外双键）	+5		β	+30
				二烷基氨基 $-NR_2$	+95

例：计算下面物质的 λ_{max}

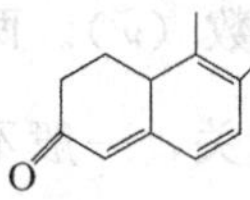

母体基本值	215nm
延伸双键	30×2＝60nm
环外双键	5nm
同环双烯	39nm
β 烷基取代	12×2＝24nm
δ 烷基取代	18×3＝54nm
计算值	387nm
实测值	388nm

应用实例如下。

实例 1：苯甲酰丙酮有两种异构体，

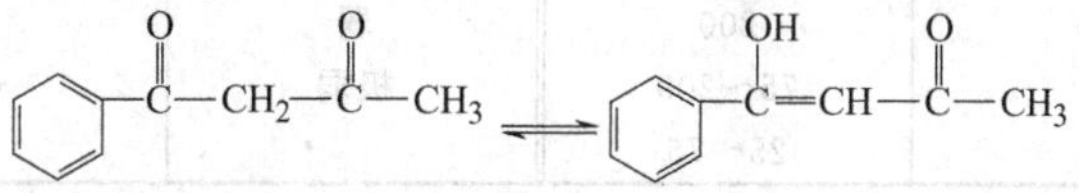

在不同溶剂中出现的吸收带位置不同，水中 $\lambda_{max}=247nm$，而在乙醚中 $\lambda_{max}=310nm$，可以确定在水中主要以酮式存在，在乙醚中主要以烯醇式存在。

实例 2：可以利用未知物紫外光谱特点，寻找一个与未知化合物图谱相近的物质作为模型化合物，从模型化合物的结构推测未知物的结构。如二硫化碳与乙醛反应产物分子式为 $C_5H_{10}N_2S_2$，有下列两种可能的结构：

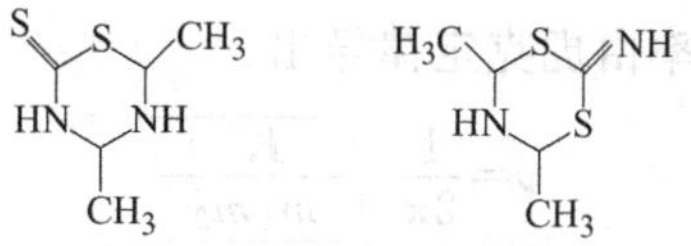

A　　　　B

测得产物的紫外吸收 $\lambda_{max}=288nm$，$\varepsilon=12800$；$\lambda_{max}=243$，$\varepsilon=8000$，选取两个模型化合物：

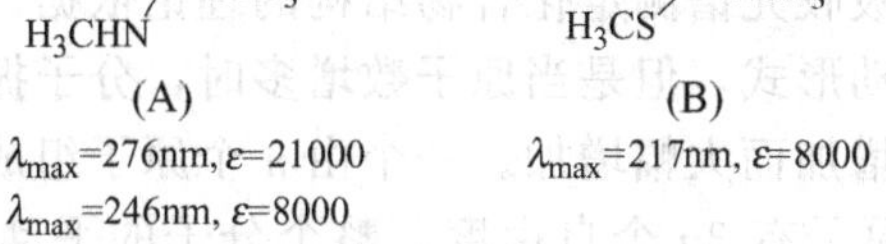

(A)　　　　(B)

(A) $\lambda_{max}=276nm, \varepsilon=21000$；$\lambda_{max}=246nm, \varepsilon=8000$

(B) $\lambda_{max}=217nm, \varepsilon=8000$

根据这两个模型化合物确定产物结构是 **A**。

紫外光谱主要用来判断含有共轭体系的分子结构，决定了它只能作为有机结构鉴定的辅助方法。紫外光谱相同，只能说明两者含有相同的共轭体系，分子结构不一定完全相同。但是紫外光谱还是能够给出分子结构的一些重要信息。

13.2 红外光谱

红外光谱（infrared spectrum，IR）是确定有机物官能团最重要的手段，它已经代替定性化学试验成为确定未知物类型最有效的方法。红外光谱与其他方法相比，有下列几点优势：

① 样品存在的状态不影响测定，在气态、液态、固态下都可以测定其红外光谱。

② 几乎所有的化合物都有红外吸收。

③ 红外光谱仪价格相对较低，便于普及。

④ 测量用样量少（可达微克级）。

红外光谱是物质受到红外光照射后分子振动能级发生跃迁产生的吸收光谱。红外光波长范围是 0.8～1000μm，为了研究的方便，人们又把红外光分为三个区：远红外区（波长 25～1000μm）、中红外区（波长 2～25μm）、近红外区（波长 0.78～2μm）。红外光谱主要研究的是中红外区的吸收光谱。

红外光谱以透过率（$T\%$）为纵坐标，横坐标有两种刻度：波长（λ）和波数（$\tilde{\nu}$）。两者之间满足关系：$\tilde{\nu}(\mathrm{cm}^{-1})=\dfrac{10^4}{\lambda(\mu\mathrm{m})}$。物质红外光谱的波数只与所测物质的结构有关，一般不会变化，但吸收强度受测试条件的影响，往往不很准确，因而红外吸收光谱的吸收强度仅用极强（vs）、强（s）、中（m）、弱（w）、极弱（vw）来表示（见表 13.5）。

表 13.5 红外光谱吸收强度对应关系

强度	符号	摩尔吸光系数 ε	强度	符号	摩尔吸光系数 ε
极强	vs	200	弱	w	5～25
强	s	75～200	极弱	vw	0～5
中	m	25～75			

13.2.1 红外吸收基本原理

分子振动跃迁吸收能量，产生吸收光谱。由于振动跃迁能量大于转动能级跃迁，因此振动能级跃迁同时伴随着转动能级的跃迁，所以红外光谱实际上是振动-转动光谱。

可以把分子用一个简化模型描述，假设一个双原子分子两个原子是两个刚性小球，其质量分别是 m_1 和 m_2，两原子之间的化学键可以看成是质量忽略不计的弹簧，则分子的伸缩振动可以近似看成简谐振动。振动频率由虎克定律导出：

$$\nu=\frac{1}{2\pi}\sqrt{\frac{K'}{\dfrac{m_1m_2}{m_1+m_2}}} \tag{13.1}$$

式中，K'是化学键力常数；m_1、m_2 分别是两个原子的质量。由公式可以看出，双原子分子振动的频率取决于化学键的强弱以及原子的质量，球越小，弹簧越紧，振动频率越高，即取决于分子结构，这就是红外吸收光谱测定化合物结构的理论依据。

双原子分子只有一种振动形式，但是当原子数增多时，分子振动形式有所增加，分子基本振动数目也随着原子数目的增加而大幅增加。一个由 n 个原子组成的分子，每个原子的运动可以用三个自由度描述，n 个原子有 $3n$ 个自由度。整个分子的平动需要 3 个自由度，非线性分子转动自由度为 3，所以非线性分子振动自由度为 $3n-6$；线性分子只有 2 个转动自由度，则线性分子振动自由度为 $3n-5$。

振动的方式有两类：一类是沿键轴方向伸展或收缩，振动时键长变化，键角不变，叫做伸缩振动；伸缩振动又有对称伸缩（1）和不对称伸缩（2）两种。另一类振动时键长不变，键角改变，叫做弯曲振动。弯曲振动又分为面内弯曲（3）和面外弯曲。例如 CO_2 的振动（见图 13.4）。

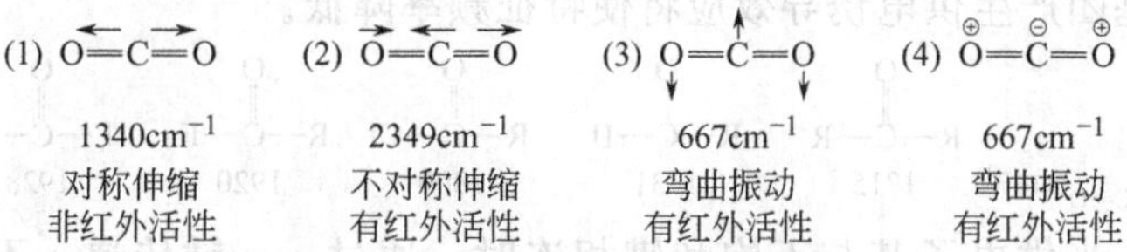

图 13.4　二氧化碳的几种振动方式

并不是所有的振动能级跃迁都能产生红外吸收，根据红外光谱的跃迁选律，只有偶极矩发生变化的振动才有红外吸收，如图 13.4 中（1）所示的对称伸缩没有引起偶极变化，所以是非红外活性的振动，谱图中没有波数为 $1340cm^{-1}$ 的峰。另外（3）、（4）两个振动对应相同的波数，因此谱图上只显示一个峰。同时有些峰强度太弱，以至于检测不到或位置超出仪器检测范围，都使红外吸收峰数目少于振动数目。也有使吸收峰增多的因素，如倍频峰、合频峰、差频峰、费米共振、振动偶合等。因此多原子分子红外吸收峰数目较多，不是所有峰的归属都能准确确定。

在有机化合物中，组成分子的各种官能团都有自己特定的红外吸收区域，通常把能代表官能团并有较高吸收强度的吸收峰的位置，称为该基团的特征频率，对应的吸收峰称为特征吸收峰。掌握了特征吸收峰，就可以根据红外谱图确认官能团的存在以及判断化合物类型和结构。

13.2.2　红外光谱分区

为了便于对谱图进行分析，人们习惯上将谱图分成四个区。

（1）$4000\sim2500cm^{-1}$ 区域　此区是各种 X—H 伸缩振动区，X 代表 C、O、N、S 等原子。在此区域有吸收，说明分子中存在 O—H、N—H、C—H、S—H 键中的一种或几种。其中 O—H 键的伸缩振动峰位于 $3700\sim3100cm^{-1}$，这是判断醇、有机酸、酚的重要依据；N—H 键伸缩振动峰对应的是 $3500\sim3300cm^{-1}$，可以判断胺类化合物；C—H 对应 $3300\sim2700cm^{-1}$ 处的吸收峰，而且以 $3000cm^{-1}$ 为界，不饱和 C—H 的吸收在 $3000cm^{-1}$ 以上，饱和 C—H 的吸收在 $3000cm^{-1}$ 以下。

（2）$2500\sim2000cm^{-1}$ 区域　此区域对应叁键和累积双键的伸缩振动。其中包括—C═C、—C═N、—C═C═C 及—C═C═O 的伸缩振动。

（3）$2000\sim1500cm^{-1}$ 区域　此区为双键伸缩振动区，主要包括 C═O、C═C、C═N、N═O 等键的伸缩振动。其中 $1660\sim1600cm^{-1}$ 区域对应 C═C 的伸缩振动，$1500\sim1480cm^{-1}$ 和 $1600\sim1590cm^{-1}$ 对应芳烃的 C═C 伸缩振动，这是鉴定有没有芳核存在的重要标志。前者较强，后者较弱。

（4）$1500\sim700cm^{-1}$ 区域　此区域对应除氢外的 X—Y 的单键伸缩振动峰、X—H 的弯曲振动峰，因此该区域光谱比较复杂。这一区域主要用于鉴定 C—H、O—H、C—O 和 C—N 等键的伸缩振动及 C—C 的骨架振动。其中在 $1300\sim670cm^{-1}$ 区域，各种单键的伸缩振动之间以及 C—H 的弯曲振动之间相互偶合，使这个区域的吸收带非常复杂，对结构的微小变化表现得非常敏感，如同人的指纹一样，所以这一区域又称为指纹区。这个区域对区别结构类似的化合物有帮助。

13.2.3　影响官能团振动频率的因素

影响官能团振动频率的因素可以分为内部因素和外部因素两类，内部因素是由分子本身结构造成的，外部因素是指溶剂、测定条件等因素的影响。

（1）诱导效应（I效应） 基团连接电负性不同的原子或取代基时，通过静电诱导引起分子中电子云密度改变，从而引起键的力常数变化，改变基团振动频率。如下面几个脂肪酮与强吸电子基团相连时，吸电子基团与氧争夺电子，使羰基键力常数增加，振动波数向高波数方向移动。反之推电子基团产生供电诱导效应将使特征频率降低。

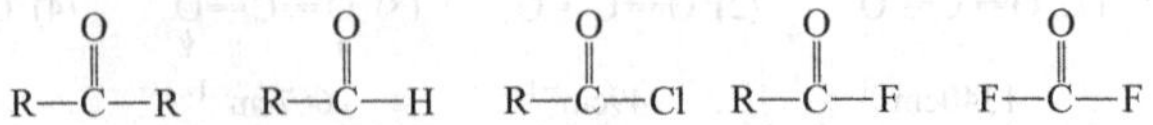

$\nu_{C=O}(cm^{-1})$ 1715 1731 1800 1920 1928

（2）共轭效应 当供电子基与不饱和键相连时，通过 π-π 键传递，不饱和键的力常数降低，伸缩振动频率下降。

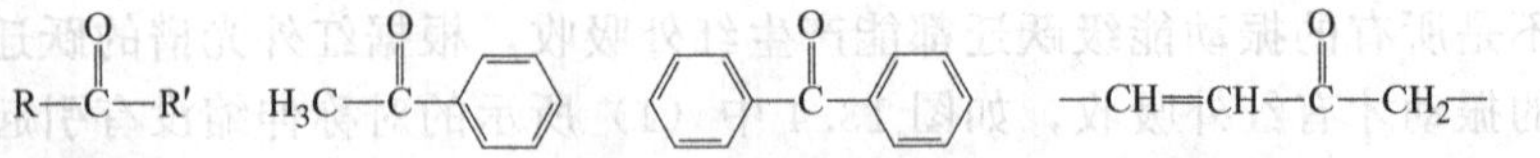

$\nu_{C=O}(cm^{-1})$ 1725～1710 1695～1680 1667～1661 1685～1665

诱导效应和共轭效应往往同时存在，讨论其影响时要看哪一种效应占较大优势。

（3）空间效应 共轭体系的共平面性由于场效应、基团的空间位阻、跨环效应而被偏离或被破坏时，共轭体系的振动频率将向高波数方向移动。如下面 α,β-不饱和氢键：氢键的形成使参与形成氢键的化学键力常数降低，吸收频率向低波数方向移动。分子内氢键可使羟基、羰基谱带大幅度向低波数方向移动，而且此移动与物质浓度无关。分子间氢键将使羟基、羰基振动向低波数方向移动，移动幅度与物质浓度有关。

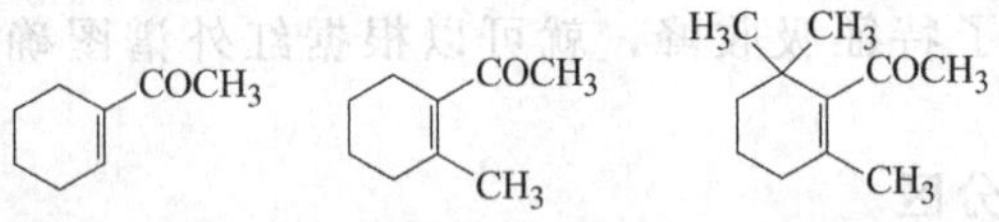

$\nu_{C=O}(cm^{-1})$ 1663 1686 1693

（4）物态的影响 同一化合物处于不同状态下的红外光谱不同。气态时，分子间作用力小，低压条件下可以得到孤立分子吸收峰；液态时，分子间出现缔合或分子内氢键，其红外谱图的位置和强度都会发生变化；固态时，发生分子振动与晶格振动的偶合，其吸收峰比气、液态数目增多，且峰尖锐。任何形态的有机物都可以进行红外光谱测定，气态样品是将蒸气导入样品池中测定；液态样品将样品涂在两结晶盐片中形成液膜后测定；溶液也是导入样品池中测定（测定红外用的容器必须无红外吸收，普通玻璃和石英都不能满足要求，红外测定的样品池是用氯化钠或溴化钾制成的）；固态样品需要将样品和溴化钾混合均匀磨细后高压压成片状。

（5）溶剂的影响 同一种化合物在不同的溶剂中，由于受到氢键或偶极-偶极相互作用，化合物的特征频率会降低，谱带变宽，一般溶剂极性越强，特征频率越低。因此红外测定尽量采用非极性溶剂，常用的溶剂是 CS_2、CCl_4、$CHCl_3$。选用溶剂时必须注意溶剂不能有干扰样品的红外吸收。

13.2.4 特征官能团红外吸收

13.2.4.1 烷烃类的主要特征吸收

烷烃只有C—C键和C—H键，其红外光谱只有两种键的伸缩振动（用 ν 表示）和弯曲振动（用 δ 表示）。其中C—H键伸缩振动频率接近于 3000～2800cm^{-1}，峰强度较强。—CH_3 和—CH_2 的弯曲振动频率都低于 1500cm^{-1}，其中甲基的面内弯曲振动位于 1465cm^{-1} 左右，而甲基的面外弯曲振动位于 1375cm^{-1}。当两个或三个甲基连在同一个碳原子上时，1375cm^{-1} 处的吸收峰会发生分裂，异丙基双峰强度相等，叔丁基双峰强度不等。C—C骨架振动一般在 1250～800cm^{-1}，但强度都不大，其中较为有用的是异丙基的C—C骨架振动出现在 1165cm^{-1}，1145cm^{-1}处有一肩峰；叔丁基在 1250cm^{-1}和 1210cm^{-1}处有两个峰。

13.2.4.2　烯烃的主要特征吸收

烯烃的特征吸收是 C═C 和 C═C—H 振动产生的红外吸收，它与饱和烷烃的吸收峰有明显不同。C═C 伸缩振动的吸收峰在 1670～1620cm^{-1}，随着取代基的不同，峰的强度和位置都有所不同。单烯的 C═C 伸缩振动处于较高波数区，强度较弱。但有共轭时，其强度增加，波数降低。共轭双烯有两个 C═C 伸缩振动峰，一个位于 1600cm^{-1}，另一个位于 1650cm^{-1}，这是两个共轭双键相互偶合的结果。三个以上 C═C 键情况比较复杂应用较少。

═C—H 的伸缩振动出现在 2975cm^{-1}和 3080cm^{-1}，这是判断不饱和化合物的重要依据。═C—H 的弯曲振动在 1000～650cm^{-1}出现强吸收，可以根据峰的具体情况判断烯的取代类型（见表 13.6）

表 13.6　不同取代类型烯烃═C—H 弯曲振动的特征频率

取代类型	振动形式	波数/cm^{-1}	强度	取代类型	振动形式	波数/cm^{-1}	强度
R—CH═CH_2	δC—H 面外	990±10	s	RHC═CHR′(顺式)	δC—H 面外	730～675	m
	νC═C	910±10	s		νC═C	1600±10	m
		1645±10	m	RHC═CHR′(反式)	δC—H 面外	970～960	s
R_2C═CH_2	δC—H 面外	898～880	s		νC═C	1650±10	w
	νC═C	1655±10	m				

13.2.4.3　炔烃的主要特征吸收

炔烃的 C—H 伸缩振动非常特征化，吸收峰在 3310～3300cm^{-1}，中等强度。—NH、—OH也可以在此区域产生吸收，但由于这两者易于形成氢键而出现宽谱带，因而易于与炔烃的振动峰区分。炔烃的 C—H 弯曲振动峰出现在 680～610cm^{-1}，是中等强度的尖峰。C≡C 的伸缩振动峰强度较弱，单取代炔烃峰位于 2140～2100cm^{-1}；双取代炔烃 C≡C 的伸缩振动峰位于 2260～2190cm^{-1}。

13.2.4.4　芳烃

芳烃 C—H 键的伸缩振动在 3100～3000cm^{-1}附近有三个较弱的峰，C—H 键的弯曲振动在 900～690cm^{-1}区域，可以根据此区域的出峰情况判断苯环上的取代情况（表 13.7）。

表 13.7　苯环不同取代情况的特征吸收频率

取代情况	振动形式	吸收峰波数/cm^{-1}	强度
邻接 6 个 H	δC—H 面外	675	s
邻接 5 个 H(单取代)	δC—H 面外	770～730、710～690	s
邻接 4 个 H(1,2-取代)	δC—H 面外	770～730	s
邻接 3 个 H(1,3-取代)	δC—H 面外	810～750、725～680	s,m
邻接 2 个 H(对位取代)	δC—H 面外	860～800	s
孤立 H(1,3,5-取代或 5-取代)	δC—H 面外	865～810、730～675	s
全取代	δC—H 面外	870	s

苯环骨架振动 C═C 在 1650～1450cm^{-1}出现 2～4 个中到强的吸收峰，单环芳烃在 1610～1590cm^{-1}和 1500～1480cm^{-1}出现两个峰，前者较强，后者较弱，据此可以判断苯环的存在。

13.2.4.5　醛、酮、羧酸、酯类化合物

醛、酮、羧酸和酯类化合物有共同的官能团——羰基，羰基在 1850～1650cm^{-1}范围内有

很强的吸收峰。酮的 C═O 伸缩振动峰是酮的特征峰，脂肪酮的 C═O 伸缩振动峰出现在 $1715cm^{-1}$ 附近，α,β-不饱和酮比饱和酮低 $40\sim20cm^{-1}$。醛的羰基伸缩振动在 $1725cm^{-1}$ 左右，单从 C═O 伸缩振动峰很难区别醛、酮，但醛基中的 C—H 伸缩振动峰在 $2720cm^{-1}$ 附近，且很尖锐，是醛类化合物的唯一特征峰，也是区别醛、酮的依据。

羧酸的羟基伸缩振动、面外弯曲振动、羧基的伸缩振动是羧酸的特征频率。O—H 的伸缩振动出现在 $3550cm^{-1}$，O—H 弯曲振动位于 $955\sim915cm^{-1}$，C═O 伸缩振动出现在 $1720\sim1650cm^{-1}$。

酯的特征峰是酯羰基 C═O 的伸缩振动 $1735cm^{-1}$ 和 C—O—C 的伸缩振动，C—O—C 有两个伸缩振动峰：反对称的伸缩振动 $1300\sim1150cm^{-1}$，对称的伸缩振动 $1140\sim1030cm^{-1}$，前者强，后者弱。两种特征峰结合起来共同确定酯的结构。

13.2.4.6 醇、酚、醚、胺类

醇、酚都有羟基，自由羟基的伸缩振动在 $3640\sim3610cm^{-1}$，但由于羟基易形成氢键，因此经常观察到的是 $3550\sim3200cm^{-1}$ 的缔合谱带，谱带较宽。醇羟基的面内弯曲振动峰很弱，位于 $1410\sim1250cm^{-1}$，C—O 的伸缩振动是较强的峰，位于 $1100\sim1000cm^{-1}$ 附近，伯、仲、叔醇的 C—O 伸缩振动峰位置有所不同(见表 13.8)，常据此加以区分。

表 13.8　不同种类醇的 C—O 伸缩振动吸收频率

化合物	振动形式	吸收峰波数/cm^{-1}	强度	化合物	振动形式	吸收峰波数/cm^{-1}	强度
仲醇	νC═O	1065～1015	s	叔醇	νC═O	1150～1100	s
仲醇	νC═O	1100～1010	s				

酚羟基的伸缩振动峰位于 $3705\sim3125cm^{-1}$，强度大，其弯曲振动则是中等强度的峰，位于 $1300\sim1165cm^{-1}$；C—O 的伸缩振动位于 $1260cm^{-1}$ 附近，属于强峰。

醚的特征基团是 C—O—C，它的伸缩振动峰在 $1150\sim1060cm^{-1}$，属于强峰，与此范围内的 C—C 骨架振动相比，就是强度上有所区别。

胺及铵盐的特征吸收是由 N—H 伸缩振动及弯曲振动、C—N 的伸缩振动引起的。伯、仲、叔胺的吸收峰位置有所不同，见表 13.9。

表 13.9　胺的特征基团频率

基团	振动形式	波数/cm^{-1}	强度	基团	振动形式	波数/cm^{-1}	强度
$R-NH_2$	νN—H	3500～3300,3450～3250	m	$-N(R')R''$	νC—N(脂肪)	1220～1020	s
	δN—H	1650～1590	s,m				
	νC—N	1220～1020	m,w				
R—NH—R	νN—H	3500～3335	m		νC—N(芳香)	1360～1310	m,w
	δN—H	1650～1500	w				
	νC—N	1220～1020	m,w				

13.2.5 红外谱图解析

红外谱图的解析方法基本上有如下三种：

① 直接法，就是将样品的红外光谱与已知化合物的谱图进行比较。根据样品情况初步估计样品可能范围，找到相关谱图进行对照，要求两者的测试条件相同，以得到准确结果。

② 否定法，根据红外吸收与结构的关系，谱图中不出现某吸收峰时，就可以否定该峰对应的基团的存在。

③ 肯定法，借助红外谱图中的特征吸收峰，以确定某特征基团的存在。

以上三种方法往往结合起来联合使用。

谱图解析步骤如下。

首先根据化合物的相对分子质量、熔点、沸点以及合成条件等信息估计该化合物的类型。根据元素分析结果求出经验式，结合相对分子质量求出化学式，由化学式求出分子的不饱和度，根据不饱和度确定分子的大致类型，再根据红外光谱排除一部分结构，提出最可能的结构。然后与标准谱图对比，或者结合其他分析手段得出结论。

求化合物不饱和度的公式为 $\Delta=1+n_4+(n_3-n_1)/2$，其中，n_4、n_3、n_1 分别为四价、三价、一价原子的数目。

解析红外谱图时要注意以下几点：

① 从高频开始解析，然后用指纹区吸收带进一步验证。

② 不要期望解析谱图中的每一个吸收带，一般红外谱图中仅有 20%吸收峰能确定归属。

③ 更多地信赖否定证据，因为任何一个吸收带都可能有几种起源。

④ 怀疑试样有杂质时（谱图中有许多中等强度的吸收带或具有肩峰的强带），应用适当方法纯化，以得到恒定不变的谱图。

⑤ 扣除样品介质（溶剂）或溴化钾压片吸潮产生的干扰吸收带。

例 1：某物质分子式为 C_8H_7N，熔点为29℃，红外谱图如下（图 13.5），试分析其结构。

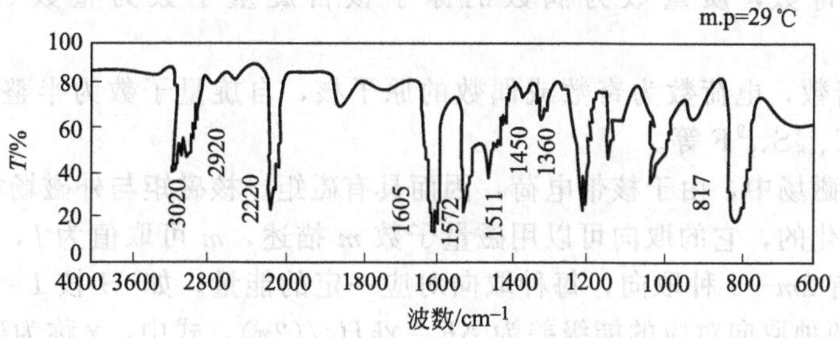

图 13.5 C_8H_7N 的红外光谱图

根据分子式，不饱和度 $\Delta=1+8+(1-7)/2=6$，分子中应该带有一个苯环，$3020cm^{-1}$ 是由苯环 C—H 键振动引起的，$1605cm^{-1}$ 和 $1511cm^{-1}$ 是由苯环 C—C 键振动造成的，$817cm^{-1}$ 峰说明是对位取代，$2220cm^{-1}$ 说明分子中含有叁键或累积双键，其强度很大，与—C≡N 很相近，$2920cm^{-1}$、$1450cm^{-1}$、$1380cm^{-1}$ 说明分子中存在 $-CH_2$。因此结构为：

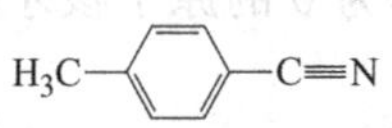

例 2：某化合物分子式为 C_8H_8O，红外谱图如下（图 13.6），试分析其结构。

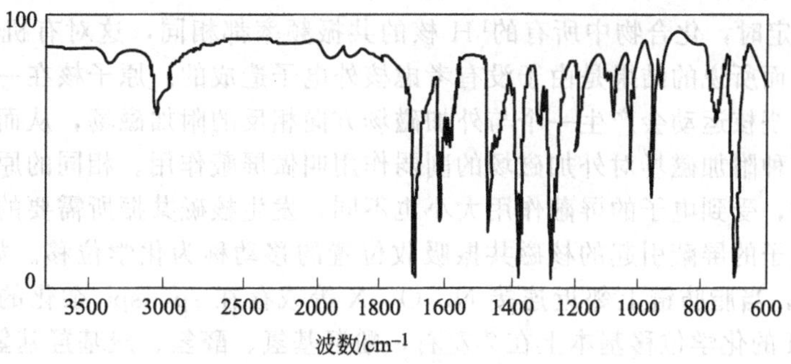

图 13.6 C_8H_8O 红外光谱图

不饱和度 $=1+8+(0-8)/2=5$，3500～$3300cm^{-1}$ 无强吸收，表示没有羟基；$1690cm^{-1}$ 表示有酮、醛或酰胺，但分子中无 N 原子，排除了酰胺；$2720cm^{-1}$ 无吸收带，排除了醛，因此可能是酮，不饱和度为 5，以及 3000cm^{-1}以上的吸收，说明有芳环，700cm^{-1}、750cm^{-1}表示为单取代芳环，2920cm^{-1}、2960cm^{-1}、1360cm^{-1}说明有甲基存在，因此该化合物为苯乙酮。

13.3 核磁共振波谱法

利用具有磁性的原子核在外磁场作用下核自旋能级的跃迁吸收的电磁波谱来研究化合物结构与组成的分析方法称为核磁共振波谱法（nuclear magnetic resonance spectroscopy，NMR Spectroscopy）。

13.3.1 核磁共振基本原理

原子核的自旋

原子核有质量并带有电荷，又具有自旋现象，它的自旋量子数用 I 表示，在原子核的质量数、质子数、自旋量子数之间存在下列规律：

① 质量数和电荷数都为偶数的原子核，自旋量子数 $I=0$，如$^{12}_{6}C$、$^{16}_{8}O$等。

② 电荷数为奇数，质量数为偶数的原子核自旋量子数为整数（$I=1, 2, 3, \cdots$），如$^{2}_{1}H$、$^{14}_{7}N$等。

③ 质量数为奇数，电荷数为奇数或偶数的原子核，自旋量子数为半整数（$I=1/2$，$3/2$，$5/2\cdots$），如$^{1}_{1}H$、$^{13}_{6}C$、$^{33}_{16}S$、$^{19}_{9}F$等。

自旋的核放入磁场中，由于核带电荷，因而具有磁矩。核磁矩与外磁场相互作用，其在磁场中的取向是量子化的，它的取向可以用磁量子数 m 描述，m 可取值为 I，$I-1$，$I-2$，…，$-I$，即核磁矩共有 $2m+1$ 种取向，每种取向对应一定的能量。如^{1}H 核 $I=1/2$，m 可以取值为 1/2 和 $-1/2$，两种取向对应的能级差为 $\Delta E=\gamma h H_0/(2\pi)$，式中，$\gamma$ 称为磁旋比，它与原子核的动量矩和磁矩有关。当以一定频率的电磁波照射外磁场中的^{1}H 核时，电磁波频率 ν 恰好等于 $\gamma H_0/(2\pi)$时，低能态的^{1}H 核将跃迁至高能态，这种现象就是核磁共振。由此可见发生核磁共振所需的电磁波的频率与外磁场强度有关。如果保持磁场强度恒定，线性地改变电磁波的频率，来产生核磁共振的扫描方式称为扫频；反之保持电磁波频率恒定，改变磁场强度产生核磁共振的方式叫做扫场。自旋量子数为 0 时，原子核无自旋现象，不产生磁矩，在磁场中也不会产生核磁共振；只有自旋量子数不为 0 的原子核才能在磁场中产生核磁共振。目前应用最多的是^{1}H 和^{13}C 的核磁共振谱。

13.3.2 化学位移

由公式 $\nu=\gamma H_0/(2\pi)$可知，^{1}H 核磁共振的频率与核自身性质以及外磁场强度有关，当外磁场强度 H_0 一定时，化合物中所有的^{1}H 核的共振频率都相同，这对有机物结构测定没有任何意义。实际前面所说的结果是由于没有考虑核外电子造成的。原子核在一般情况下总是被电子包围着，电子绕核运动会产生一个与外加磁场方向相反的附加磁场，从而削弱外加磁场对原子核的作用，这种附加磁场对外加磁场的削弱作用叫做屏蔽作用。相同的原子核，在分子中所处化学环境不同，受到电子的屏蔽作用大小也不同，发生核磁共振所需要的电磁波的频率也不同。这种由于电子的屏蔽引起的核磁共振吸收位置的移动称为化学位移。如脂肪链—CH—质子 $\delta=0.1\sim1.8$，当脂肪链上邻近连接 N、O、X 等或存在 sp、sp^2 杂化的碳原子上的氢 $\delta=1.5\sim5$，苯环 H 的化学位移基本上在 7 左右，酚羟基氢、醛氢、羧基羟基氢的化学位移都在 8 以上。

$$H_{实}=H_0(1-\sigma) \tag{13.2}$$

式中，H_0 为静磁场强度；σ 为屏蔽常数；$H_{实}$ 为原子核实际感受到的磁场强度。化学位移是核磁共振分析分子结构的基础。通过核磁共振谱上氢谱峰的个数，表明有多少种类的氢；

峰面积积分则代表这种氢原子的数量。根据氢原子的种类和数目就可以判断有机物分子的结构。

因为共振频率随着外磁场的改变而改变，因此同一物质在不同仪器、不同测试条件下所得到的化学位移值不完全相同，为了克服这一不足，化学位移通常以相对值δ表示。

$$\delta=\frac{H_{参比}-H_{试样}}{H_{参比}}\times 10^6$$

参比应该符合下列要求：

① 化学惰性；

② 易与其他有机化合物混溶；

③ 分子中的H化学环境相同，在谱图上是一个尖峰。

通常以四甲基硅烷$(CH_3)_4Si$(TMS) 作为标准（原点），测出其他各峰与原点的相对距离作为化学位移值。化学位移值一般在0～10范围内。测定^1H时，氢核周围电子云密度越大，核受到的电子的屏蔽作用越强，屏蔽常数越大，共振频率越低(或共振磁场强度越高)，化学位移越小。

13.3.3 影响化学位移的因素

任何影响电子云分布的因素都对化学位移有影响：

① 诱导效应，电负性较大的元素，吸引电子，使氢核周围电子云密度降低，减小了对氢核的屏蔽，其共振吸收向低场移动，δ值增大，反之电负性小的元素将使δ值减小。

② 取代基的吸电子共轭效应使δ值增大，推电子共轭效应使δ值变小。如苯环上连接吸电子基C═O，由于π-π共轭，使苯环电子云密度降低，δ值向低场位移。

③ 磁各向异性效应，分子中的氢核与某一官能团的空间关系会影响其化学位移值。如$CH_2═CH_2(\delta=5.88)$，$CH≡CH(\delta=2.88)$。这是由于乙炔分子中π电子为圆筒状，炔氢正好位于沿键轴方向的电子云密度较大的区域，对氢核的屏蔽较强，故化学位移较小。与之相比，乙烯分子中π电子在乙烯分子平面上下两处，而氢核在乙烯分子平面上，故氢核周围电子密度较乙炔周围电子密度小，对氢核的屏蔽小，化学位移较大。

④ 溶剂效应，由于溶剂不同，使同一样品核磁共振测定的化学位移不同的效应叫溶剂效应。

⑤ 氢键的影响，氢键的形成能够大大改变羟基或其他基团上氢核的化学位移，分子间氢键与样品浓度和溶剂种类有关，所以羟基的化学位移变动范围很大。

13.3.4 自旋耦合

低分辨核磁共振仪测试出的谱图显示各类化学环境相同的氢核产生一个单独的核磁共振吸收峰，而用高分辨核磁共振仪测试时，相同化学环境的氢核产生的是一组组的多重峰（图13.7是乙醇的高分辨核磁共振图）。产生多重峰是由于分子内部氢核的磁相互作用，结果使共振跃迁能级发生分裂，产生多重共振跃迁。这种相邻核自旋之间的相互干扰作用称为自旋-自旋耦合。由于自旋耦合引起的谱线增多的现象叫做自旋分裂。

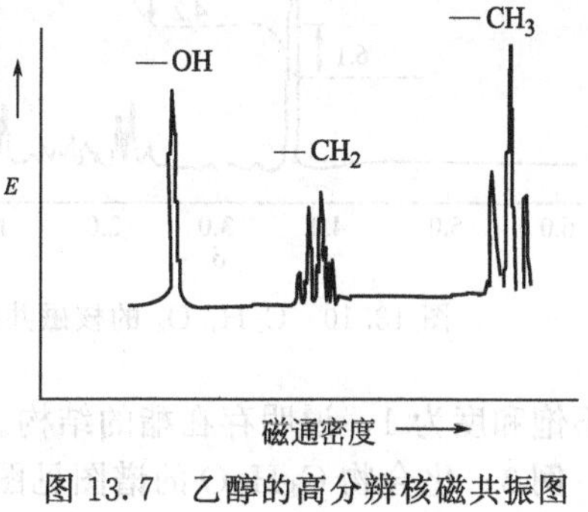

图13.7 乙醇的高分辨核磁共振图

如乙醇分子CH_3—中的三个H有四种自旋组合方式，四种方式出现的概率是1∶3∶3∶1（见图13.8，因为↑↑↓还可能为↑↓↑或↓↑↑，因此其出现概率是↑↑↑或↓↓↓的3倍），它们对亚甲基上的两个H起作用，不同自旋方式使亚甲基上的H具有不同的能量，因而一个峰裂分成四个峰，并且峰面积之比为1∶3∶

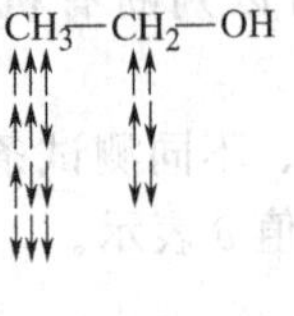

图 13.8 乙醇分子中 H 的自旋耦合情况

3∶1；同样亚甲基上的两个 H 有三种自旋组合方式，其出现的概率是 1∶2∶1，使甲基的 H 核磁峰裂分成面积比为 1∶2∶1 的三个峰。羟基上的 H 与其他 H 相隔较远，互相不发生偶合作用，所以没有裂分，仍是一个峰。从这个例子可以看出，当某基团上 H 与 n 个 H 相邻时，由于 H 核之间的相互作用其核磁峰会裂分成 $n+1$ 个，当该基团两边都有相邻 H 时，其核磁峰则裂分成$(n+1)\times(n'+1)$，n、n'是基团氢相邻 H 的数目。

13.3.5 核磁共振氢谱

有机物的 NMR 分析就是由谱图中吸收峰的位置（化学位移 δ）、峰的面积、峰形来确定各类质子的归属及各类质子的数目。一般首先根据分子式计算分子的不饱和度，判断双键及环的数目，不饱和度≥4 时，看谱图中 $\delta=7$ 附近是否有峰，以确定苯环及其取代基位置。由吸收峰的化学位移判断各峰的归属；根据峰面积积分，求算不等价 H 原子的相对比值；由吸收峰的分裂情况，判断相邻 C 上的质子环境。为了证实推断，还可以用标准谱图对照或结合其他方法验证。

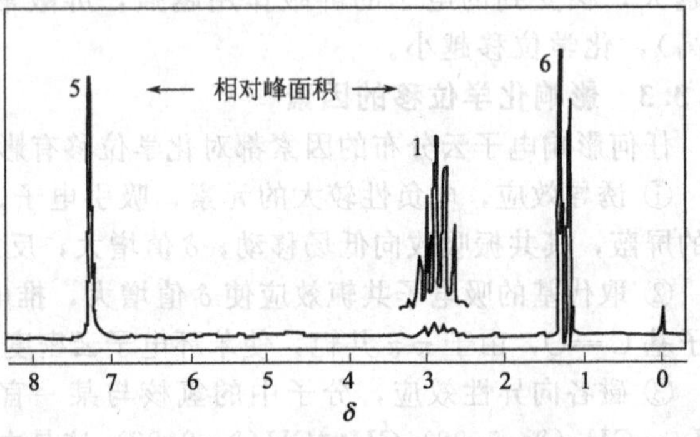

图 13.9 C_9H_{12} 的 ^1H NMR 谱

例 1：某一有机物分子式为 C_9H_{12}，其 ^1H NMR 谱见图 13.9，试分析它的结构。

解：根据分子式计算其不饱和度为 4，图中约在 7.2 左右的单峰，说明存在芳香结构，峰面积与 5 个质子对应，说明是一取代苯，苯环的不饱和度恰好为 4；δ 为 1.2 左右的 6 个 H 的峰裂分为 2 个，说明有 6 个等价质子与 1 个 H 相邻，$\delta=3$ 左右的 1 个 H 的峰裂分为多个，也证明这一个 H 与 6 个 H 相邻，其结构只能是 $C_6H_5—CH(CH_3)_2$。

例 2：化合物的分子式为 $C_5H_{10}O_2$，其核磁共振谱如图 13.10 所示，试求其结构。

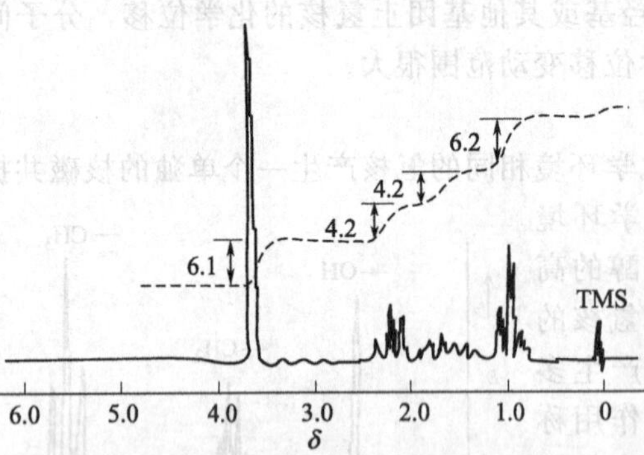

图 13.10 $C_5H_{10}O_2$ 的核磁共振谱

解：由分子式算出分子的不饱和度为 1，根据峰面积值算出峰面积之比为 3∶2∶2∶3；$\delta=3.7$ 左右的单峰，对应的 3 个 H 说明有一个孤立的甲基；$\delta=2.2$ 左右和 $\delta=1.0$ 左右的峰均分裂为三个峰，说明两个基团 H 都与一个亚甲基（含 2 个 H）相连，两个基团含 H 个数为 2 和 3，说明是亚甲基和甲基；$\delta=1.6$ 左右的 2 个 H 的峰裂分为多个，也说明此亚甲基两边分别连接了甲基和亚甲基，分子的一个不饱和度对应在 O 原子上，2 个 O 原子，同时不饱和度为 1，说明存在酯的结构。因此分子结构应为 $CH_3OC(O)CH_2CH_2CH_3$。

例 3：化合物 C_4H_8O 的谱图见图 13.11，试判断其结构。

解：$\delta=9.8$ 的峰应该对应酚羟基氢、醛氢或羧基羟基氢，由于分子式显示不可能是酚或羧基，故只能是醛基 H；$\delta=1.2$ 左右的 6 个 H 裂分成 2 个峰，$\delta=2.6$ 左右的多重峰代表 1 个 H，都说明存在—$CH(CH_3)_2$。因此分子结构应该是$(CH_3)_2CH—CHO$。

13.3.6 核磁共振碳谱

$^{13}C(I=1/2)$在自然界中的丰度只有1.1%，而^{13}C的磁旋比是^{1}H的1/4，磁共振的观测灵敏度是与磁旋比的三次方成正比的，因此^{13}C观测灵敏度只有^{1}H的1/64，所以^{13}C NMR的灵敏度相当于^{1}H NMR的1/64×1.1%=1/5800，信号很弱。另外^{1}H的偶合干扰使^{13}C NMR谱变得很复杂，难以测得有价值的谱图。直到20世纪70年代后期，质子去偶和傅里叶变换技术的发展和应用，才使^{13}C NMR得以实际应用。

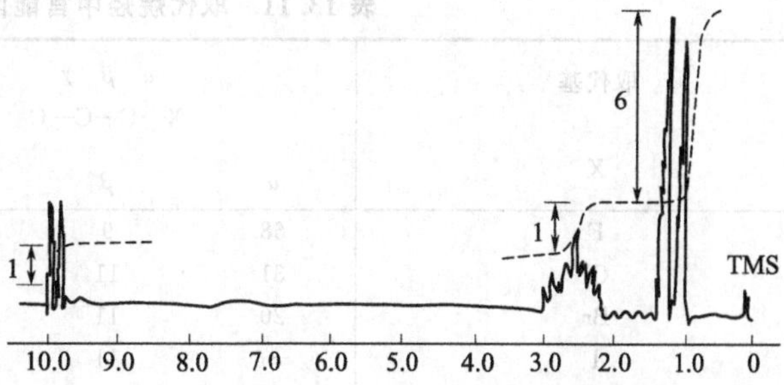

图 13.11 C_4H_8O的核磁共振谱

碳谱有如下的优势：①每种有机物都必定含有碳元素；②化学位移分布宽，能够区别结构上有微小差别的碳原子。

^{13}C的化学位移：影响^{1}H的化学位移的各种因素基本上也影响^{13}C的化学位移，但由于^{13}C的外层电子是p电子云，呈非球形对称，所以^{13}C的化学位移受顺磁屏蔽的影响，同时与分子结构、环境条件也有关。表现在如下几方面：

① 碳原子杂化状态不同，化学位移不同。饱和碳为0～60、烯烃为90～160、芳环碳和累积双烯为200、炔碳为60～90。

② 碳核周围电子云密度高的（碳负离子）在高场，碳负离子出现在低场。

③ 诱导效应，与电负性取代基相连的碳核化学位移向低场移动。

13.3.6.1 常见化合物的核磁共振碳谱的化学位移

（1）烷烃化合物　人们根据实验结果总结出烷烃化合物^{13}C化学位移的经验公式：

$$\delta_i=-2.6+9.1n_\alpha+9.4n_\beta-2.5n_\gamma \tag{13.3}$$

式中，δ_i为i碳的化学位移；n_α为与i碳直接相连的碳的数目；n_β为与i碳相隔一键的碳原子数目；n_γ为与i碳相隔两键的碳原子数目。

如正戊烷$CH_3—CH_2—CH_2—CH_2—CH_3$上各个C原子的化学位移为：

$\delta_1=-2.6+9.1\times1+9.4\times1-2.5\times1=13.4$（实验值为13.7）

$\delta_2=-2.6+9.1\times2+9.4\times1-2.5\times1=22.5$（实验值为22.6）

$\delta_3=-2.6+9.1\times2+9.4\times2-2.5\times0=34.4$（实验值为34.5）

但是带有支链的烷烃用下式计算：

$$\delta_{C_i}=-2.5+\sum_j n_{ij}A_j+\sum_j S \tag{13.4}$$

式中，−2.5为CH_4的δ值；n_{ij}为相对于C_i的j位取代基的数目，$j=\alpha、\beta、\gamma、\delta$；$A_j$为相对于$C_j j$位取代基的位移参数；S为修正值。具体情况见表13.10。

表 13.10 烷烃 δ_C 的位移参数 A_j 和修正值 S

C_i	A_j	C_i	S	C_i	A_j	C_i	S
α	9.1	1(3)	−1.1	ε	0.1	3(2)	−3.7
β	9.4	1(4)	−3.4			3(3)	−9.5
γ	−2.5	2(3)	−2.5			4(1)	−1.5
δ	0.3	2(4)	−7.2			4(2)	−8.4

注：表中1（3）、1（4）、2（3）、2（4）分别代表CH_3与CH、CH_3与季碳、CH_2与CH、CH_2与季碳相连。表中未列出项，表明S值近似为0，可以忽略不计。

取代烷烃：取代基对邻近碳化学位移的影响见表13.11。

表 13.11　取代烷烃中官能团的位移参数

取代基 X	X—C—C—C α	β	γ	—C—C—C(X)—C—C α	β	γ
F	68	9	−4	63	6	−4
Cl	31	11	−4	32	10	−4
Br	20	11	−3	25	10	−3
I	−6	11	−1	4	12	−1
OH	48	10	−5	41	8	−5
OR	58	8	−4	51	5	−4
OAC	51	6	−3	45	5	−3
NH_2	29	11	−5	24	10	−5
NR_2	42	6	−3			−3
CN	4	3	−3	1	3	−3
NO_2	63	4		57	4	
$CH=CH_2$	20	6	−0.5			−0.5
C_6H_5	2.3	9	−2	17	7	−2
C═CH	4.5	5.5	−3.5			−3.5
COR	30	1	−2	24	1	−2
COOH	21	3	−2	16	2	−2
COOR	20	3	−2	17	2	−2
$CONH_2$	22		−0.5	2.5		−0.5

例：计算 3,3-二甲基丁二醇中各碳原子的化学位移。

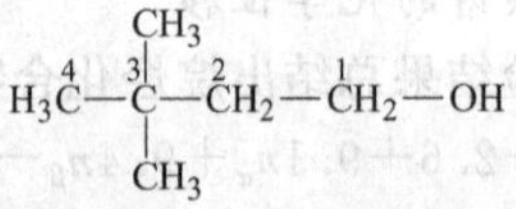

解：

$$\delta_{C_1}=-2.5+9.1+9.4-2.5\times3+48=56.5\text{(实测值为 57.0)}$$
$$\delta_{C_2}=-2.5+9.1\times2+9.4\times3-7.2+10=46.7\text{(实测值为 46.8)}$$
$$\delta_{C_3}=-2.5+9.1\times4+9.4\times1-1.5\times3-8.4-5=25.4\text{(实测值为 26.0)}$$
$$\delta_{C_4}=-2.5+9.1+9.4\times3-2.5\times1-3.4=28.9\text{(实测值为 29.0)}$$

(2) 苯环上碳　苯环上碳原子的化学位移可以用下列经验公式估计：

$$\delta=128.5+\sum_i A_i(\mathrm{R}) \tag{13.5}$$

A_i(R) 是取代基 R 与 i 碳原子的相对位置（包括直接相连，邻、间、对位）。不同 R 的 A_i 值见表 13.12。

表 13.12　不同 R 基团对苯环碳化学位移影响的 A_i 值

R	A_i 直接相连	邻位	间位	对位	R	A_i 直接相连	邻位	间位	对位
CH_3	9	0	0	−3	Cl	6	0	1	−2
OH	27	−13	1	−7	Br	−5	3	2	−2
NO_2	20	−5	1	6	I	−34	9	1	−1
OCH_3	31	−15	1	−8	$COCH_3$	9	0	0	4
CHO	9	1	1	5	CN	−15	4	1	4
CO_2CH_3	2	1	0	5	NH_2	18	−13	1	−10
F	35.1	−14.1	1.6	−4.4					

按照此公式估计苯胺的化学位移：

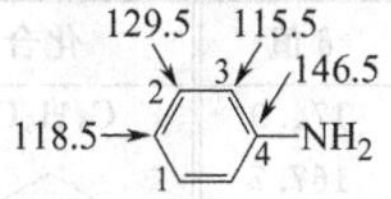

$$\delta_{C_1}=128.5+(-10)=118.5$$
$$\delta_{C_2}=128.5+1=129.5$$
$$\delta_{C_3}=128.5+(-13)=115.5$$
$$\delta_{C_4}=128.5+18=146.5$$

(3) 双键碳　双键碳也可以利用类似的经验公式来估计化学位移。

$$\delta=123.3+\sum_i n_{ij}A_i+\sum S \qquad (13.6)$$

$$\underset{\gamma}{H_3C}-\underset{\beta}{CH_2}-\underset{\alpha}{CH_2}-CH=\underset{i}{CH}-\underset{\alpha'}{CH_2}-\underset{\beta'}{CH_2}-\underset{\gamma'}{CH_3}$$

具体情况见表 13.13 和表 13.14。

表 13.13　取代基对烯碳化学位移的影响参数 A_i

R	α	β	γ	α'	β'	γ'	R	α	β	γ	α'	β'	γ'
C	10.6	7.2	−1.5	−7.9	−1.8	1.5	COOR	6	—	—	7	—	—
OH	—	6	—	—	−1	—	CN	−10	—	—	15	—	—
OR	29	2	—	−39	−1	—	Cl	3	−1	—	−6	—	—
OAC	18	—	—	−27	—	—	Br	−8	0	—	−1	2	—
$COCH_3$	15	—	—	6	—	—	I	−38	—	—	7	2	—
CHO	13	—	—	13	—	—	C_6H_5	12	—	—	−11	—	—
COOH	4	—	—	9	—	—							

表 13.14　取代基对烯碳化学位移的影响参数的校正值

校正项 S		校正项 S		校正项 S	
α,α'　(反式)	0	α,α	−4.8	β,β	2.3
α,α'　(顺式)	−1.1	α',α'	2.5	单取代烯	0

例：

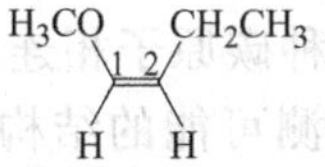

$$\delta_{C_1}=123.3+A(\alpha)+A(\alpha')+S(\alpha,\alpha')$$
$$=123.3+29-7.9-1.1=143.3\text{(实测值为 142.8)}$$
$$\delta_{C_2}=123.3+A(\alpha)+A(\alpha')+S(\alpha,\alpha')$$
$$=123.3+10.6-39-1.1=93.8\text{(实测值为 93.2)}$$

(4) 羰基碳　羰基化合物容易极化，使碳上电子云密度变小，所以 δ 值比烯碳更趋于低场，一般在 160～220 之间。除醛外，其他羰基碳的质子偏共振去偶谱表现为单峰，且峰的强度比较小。另外羰基碳的 δ_C 值对结构变化比较敏感，取代基会使羰基碳的化学位移发生明显变化。如烷基取代羰基碳相连的氢，羰基碳的 δ 值会向低场位移约为 5；不饱和键或苯环与羰基碳共轭时，羰基碳的 δ_C 值会向高场移动。醛基碳 δ_C 值在 190～205，酮的 δ_C 值为 195～220，羧酸及其衍生物 δ_C 值在 155～185，酰氯 δ_C 为 160～175，酰胺 δ_C 值为 160～175。表 13.15 给出了常见的羰基碳的化学位移值。

13.3.6.2 ^{13}C 核磁共振谱的测定方法

由于 ^{13}C 的天然丰度很低，两个 ^{13}C 发生偶合的概率极小，但是 ^{13}C 与 ^{1}H 之间存在偶合，

表 13.15　某些羰基碳的 δ 值

化合物	δ 值	化合物	δ 值	化合物	δ 值	化合物	δ 值
CH_3CHO	199.6	C_6H_5COOH	174.9	C_6H_5COCl	168.5	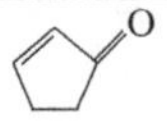	208.1
C_6H_5CHO	191.0	$(CH_3CO)_2O$	167.7	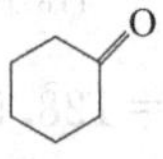	208.8		
CH_3COCH_3	205.1	CH_3CONH_2	172.7				
$C_6H_5COCH_3$	196.0	CH_3COOCH_3	170.7			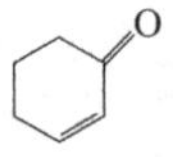	197.1
CH_3COOH	177.3	$C_6H_5COOCH_3$	167.0	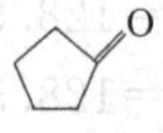	218.1		
CH_3COONa	181.5	CH_3COCl	168.6				

会使碳信号发生裂分，降低灵敏度，而且不同的^{13}C的多重峰相互重叠，使得^{13}C谱图的识别很困难，为了克服这一缺点，采用质子去偶的办法。

① 质子宽带去偶（wide band decoupling）。在测定^{13}C谱的同时，用另一个射频照射样品，会使^{1}H-^{13}C之间完全去偶，每一种不同的碳只显示一个单峰。由于多峰合并，信号被加强，灵敏度提高。

② 偏共振去偶（off-resonance decoupling）。宽带去偶去掉了^{1}H-^{13}C之间的偶合，也失去了每条谱带归属的信息，为此采用射频频率偏离质子共振频率（几百赫兹），结果邻近碳原子上的质子偶合及其他远程偶合全部消失，得到容易辨认的一级波谱，若^{13}C裂分为 n 个峰，则说明^{13}C与 $n-1$ 个 H 相连。

13.3.6.3　^{13}C 核磁共振谱的解析

^{13}C NMR 的解析一般经过以下几个步骤：

① 根据分子式确定不饱和度。

② 从^{13}C NMR 的质子宽带去偶谱，确定分子中 C 原子的类型，并确定分子的对称性。即碳原子与 C 谱线数目相同，则分子中不存在环境相同的含碳基团；若 C 谱线数目小于碳原子数目，说明分子中存在某种对称因素；若 C 谱线数目大于碳原子数目，则说明样品中可能存在杂质或有异构体存在。

③ 通过化学位移识别 sp^3、sp^2、sp 杂化碳和季碳；0～40 为饱和烃碳，40～90 为与 N、O 相连的饱和碳，100～150 为芳环碳和烯碳，大于 150 为羰基碳和叠烯碳。若苯环碳或烯碳低场位移较大，则说明该碳与电负性大的氧原子或氮原子相连；由 C═O 的 δ 值判断是醛、酮的羰基碳原子还是酸、酯、酰胺类羰基碳原子。

④ 通过分析偏共振去偶谱，了解各种碳原子相连的 H 原子的数目。

⑤ 从分子式和可能的结构单元，推测可能的结构式，利用化学位移规律和经验公式估算各碳原子的化学位移，并与实测值比较。

⑥ 综合考虑^{1}H NMR、IR、MS、UV 等结果得到正确的结构式。

例：某化合物分子式为 $C_{10}H_{13}NO_2$，宽带去偶谱和偏共振去偶谱见图 13.12，分析该物质的结构。

解：该物质不饱和度 $\Delta=1+n_4+(n_3-n_1)/2=1+10+(1-13)/2=5$，说明该物质的结构中可能有苯环和双键；7、8 号峰对应的是溶剂峰，除此之外宽带去偶谱显示有 8 条线，小于碳原子数，说明分子有一定对称性。偏共振去偶谱中与宽带去偶谱中 1、2、3 号峰对应的峰为单峰，说明这三个碳原子不与 H 原子相连，其中 1 号峰 δ 值较大，以及分子中有氧原子，估计是羰基碳对应的谱线。4、5 号峰都为二重峰，应该为 CH，其中 4、5 号峰强度较大，可能各对应 2 个 H 原子，结合 δ 值数据，应该为苯环碳的信号；苯环上 4 个氢，分为两种，说明苯环为对位双取代苯。6 号峰为三重峰，为—CH_2—结构，其 δ 值符合与 O 或 N 原子相连的 C 的谱线特点。9、10 号峰为四重峰，应为—CH_3 结构，且 δ 值较小，应为与碳相连的饱和烃碳。

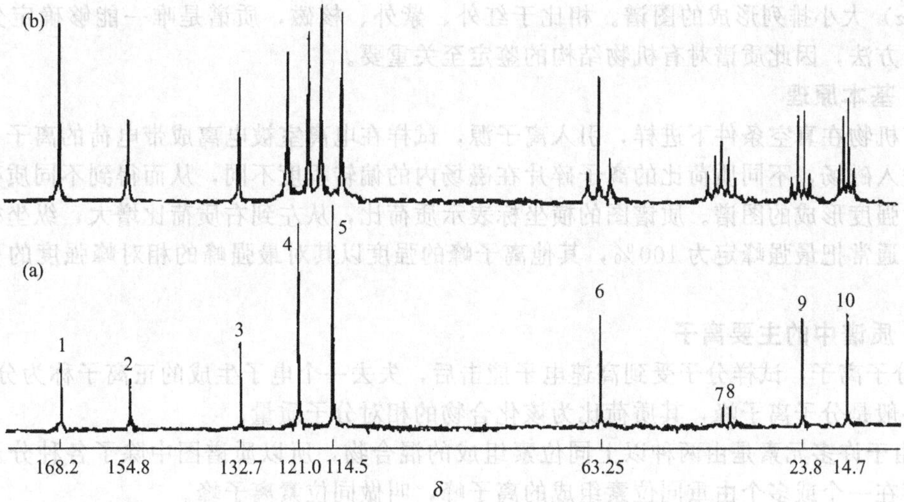

图 13.12 $C_{10}H_{13}NO_2$ 的质子宽带去偶谱（a）和偏共振去偶谱（b）

综合以上分析，分子中应含有以下基团：

峰 1　>C=O　$\delta_{C_1}=168.2$

峰 2、峰 3　—CH_2—　$\delta_{C_2}=154.8$　$\delta_{C_3}=132.7$

峰 4、峰 5　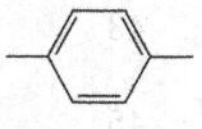　$\delta_{C_4}=121.0$　$\delta_{C_5}=114.5$

峰 6　—CH_2—O—　$\delta_{C_6}=63.25$

峰 9、峰 10　—CH_3　$\delta_{C_9}=23.8$　$\delta_{C_{10}}=14.7$

有机物分子中的 N 原子的存在形式可能为—NHR、—NO_2、—CN；根据化学位移以及 O 原子的存在形式分析，该未知物中的 N 只能以第一种形式存在，结合羰基碳的 δ_C 值，应该为

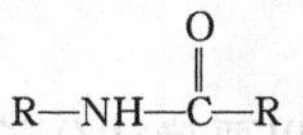

结构。

组合起来，分子的结构可能是：

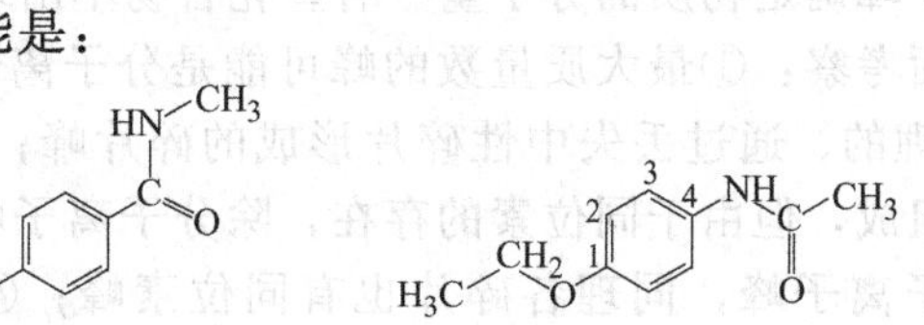

a　　　　b

从两个—CH_3 的 δ_C 值看，没有与 N 直接相连的 C 原子，说明未知物的结构应该为 **b** 式。同时根据经验公式进行验证：

$\delta_{C_1}=128.5+31-10=149.5$（对应 2 号峰，实验值为 154.8）

$\delta_{C_2}=128.5-15+1=114.5$（对应 5 号峰，实验值为 114.5）

$\delta_{C_3}=128.5-13+1=116.5$（对应 4 号峰，实验值为 121.0）

$\delta_{C_4}=128.5+18-8=138.5$（对应 3 号峰，实验值为 132.7）

计算值与实验值也基本相符，说明未知物的结构也应该是 **b** 式。

13.4 质谱

质谱（mass spectrum，MS）就是把带电荷的分子或经过一定方式裂解形成的碎片按照质荷比(m/z) 大小排列形成的图谱。相比于红外、紫外、核磁，质谱是唯一能够确定分子式和分子量的方法，因此质谱对有机物结构的鉴定至关重要。

13.4.1 基本原理

将有机物在真空条件下进样，引入离子源，试样在电离室被电离成带电荷的离子，经电场加速后进入磁场，不同质荷比的离子碎片在磁场内的偏转程度不同，从而得到不同质荷比和它们的相对强度形成的图谱。质谱图的横坐标表示质荷比，从左到右质荷比增大，纵坐标为离子流强度，通常把最强峰定为100%，其他离子峰的强度以其对最强峰的相对峰强度的百分数形式表示。

13.4.2 质谱中的主要离子

① 分子离子，试样分子受到高速电子撞击后，失去一个电子生成的正离子称为分子离子。最大峰一般是分子离子峰，其质荷比为该化合物的相对分子质量。

② 由于许多元素是由两种以上同位素组成的混合物，所以质谱图中除了各种分子离子峰外，还存在一个或多个由重同位素组成的离子峰，叫做同位素离子峰。

③ 碎片离子峰，分子离子受到高能电子轰击会发生某些化学键的断裂而裂解成更小的碎片离子，称为碎片离子峰。部分常见的碎片离子的质量如表 13.16 所示。

表 13.16 部分常见碎片离子质量

m/z	基团	m/z	基团	m/z	基团
15	CH_3—	26	—CN	43	CH_3CO—
16	NH_2—	28	CO	45	$—OCH_2CH_3$
17	—OH	29	$—CH_2CH_3$	77	C_6H_5—
18	H_2O	31	$—OCH_3$	91	$—CH_2C_6H_5$

13.4.3 质谱解析方法

质谱的解读基本步骤如下。

(1) 利用分子离子峰确定物质的分子量　有些化合物不出现分子离子峰，所以要确认分子离子峰应从以下几方面考察：①最大质量数的峰可能是分子离子峰（同位素峰除外）；②它在高 m/z 区域应该有合理的、通过丢失中性碎片形成的碎片峰；③化合物分子通常由各元素中丰度最大的轻同位素组成，但由于同位素的存在，除分子离子峰外还会出现质量大 1～2 的离子峰，就是同位素分子离子峰，同理各碎片也有同位素峰；④相对质量为 M 的分子不应有 $(M-3)$～$(M-13)$、$(M-20)$～$(M-25)$ 的峰，因为有机分子不含这些质量数的基团。当发现上述差值存在时，说明最大质量数的峰不是分子离子峰。

(2) 根据氮规则以及同位素离子峰的强度推测分子式　氮规则：物质的分子量为奇数，则分子中有奇数个 N 原子；分子量为偶数，则分子中含有偶数个 N 原子。

同位素丰度法：通过测定分子离子同位素$(M+1)$、$(M+2)$ 峰相对强度查贝农（Beynon）表（见参考文献[11]）或根据公式计算 C、H、O、N 的原子数。

在构成有机物的常见元素中，Cl、Br、S 的重同位素丰度较高，$^{35}Cl : ^{37}Cl = 1 : 0.324$，$^{79}Br : ^{81}Br = 1 : 0.98$，$^{32}S : ^{34}S = 1 : 0.04215$，所以$^{37}Cl$、$^{81}Br$、$^{34}S$ 对 $M+2$ 的贡献较大，根据分子 M 和 $M+2$ 这两个峰的强度，可以判断分子中是否含有 Cl、Br、S 原子。如果判断不含这三种元素，则可以用 Beynon 表确定分子的可能组成。如果含有这三种原子，应该从 $M+2$、$M+1$ 的丰度值中减去这三种元素的贡献后再用 Beynon 表。部分元素天然同位素精确质量和丰度见表 13.17。

表 13.17 部分元素天然同位素精确质量和丰度

符号	相对原子质量	天然丰度/%	符号	相对原子质量	天然丰度/%
^{1}H	1.007825	99.985	^{28}Si	27.976925	92.21
^{2}H	2.014102	0.015	^{29}Si	28.976496	4.70
^{10}B	10.012938	19.78	^{30}Si	29.973772	3.09
^{11}B	11.009305	80.22	^{31}P	30.973764	100.00
^{12}C	12.000000	98.89	^{32}S	31.972072	95.018
^{13}C	13.003355	1.108	^{33}S	32.971459	0.756
^{14}N	14.003074	99.635	^{34}S	33.967868	4.215
^{15}N	15.000109	0.365	^{35}Cl	34.968853	75.4
^{16}O	15.994915	99.759	^{37}Cl	36.965903	24.6
^{17}O	16.999131	0.037	^{79}Br	78.918336	50.57
^{18}O	17.999159	0.204	^{81}Br	80.916290	49.43
^{19}F	18.998403	100.00	^{127}I	126.904477	100.00

附：同位素峰丰度计算公式

设分子式为 $C_nH_mN_lO_k$，则 $M+1$ 峰的丰度为：$1.108n+0.015m+0.365l+0.037k$；$M+2$ 峰的丰度为：$0.204k+(1.108n)^2/200$

Beynon 等利用同位素丰度值计算 $M+1$、$M+2$ 与分子离子峰 M 的比值与含 C、H、O、N 的化合物分子式之间的关系制成的表。通过查表，并结合氮规则、价键规则等确定可能的分子式。

例 1：某化合物质谱中 M、$M+1$、$M+2$ 峰强度分别为 $M(150)$：100%；$M+1$ (151)：9.9%；$M+2$ (152)：0.9%。试确定其分子式。

解：查 Beynon 表分子量为 150，且满足 M：$(M+1)=9\%\sim11\%$，结果见表 13.18。

表 13.18 $M=150$ 的部分 Beynon 表

编号	分子式	$M+1$	$M+2$	编号	分子式	$M+1$	$M+2$
1	$C_7H_{10}N$	9.25	0.38	5	$C_9H_{10}O_2$	9.96	0.84
2	$C_8H_8NO_2$	9.23	0.78	6	$C_9H_{12}NO$	10.34	0.68
3	$C_8H_{10}N_2O$	9.61	0.61	7	$C_9H_{14}N_2$	10.71	0.52
4	$C_8H_{12}N_3$	9.98	0.45				

首先根据氮规则可以排除含奇数个 N 原子的 1、2、4、6 号，在剩下的几个物质中考察 $M+2$ 的比例，与实验值最符合的只有 $C_9H_{10}O_2$。

例 2：某化合物质谱中 M、$M+1$、$M+2$ 峰强度分别为

M	104	100%
$M+1$	105	6.45%
$M+2$	106	4.77%

试确定其分子式。

解：从 $M+2$，RA=4.77%，大于 RA(^{34}S)=4.425%，说明分子中含有一个硫原子，从上述数据中减去硫原子的相关数据：104−32=72。

$$M+1：\quad 6.45\%-0.756\%=5.694\%$$

查 Beynon 表分子量为 72，且满足 M：$(M+1)=5\%\sim6\%$，结果见表 13.19。

表 13.19 $M=72$ 的部分 Beynon 表

编号	分子式	$M+1$	$M+2$	编号	分子式	$M+1$	$M+2$
1	C_4H_8N	9.25	0.38	3	$C_8H_{10}N_2O$	9.61	0.61
2	$C_8H_8NO_2$	9.23	0.78				

公式法：

设由C、H、N、O元素组成的化合物，C、H、N、O的原子数分别为x、y、z、w，则它们的原子数之间满足下列公式：

$$\frac{RA(M+1)}{RA(M)}\times 100=1.1x+0.37z \qquad \frac{RA(M+2)}{RA(M)}\times 100=\frac{(1.1x)^2}{200}+0.2w$$

可以由公式求出C、H、N、O的原子数，从而求出分子式。

在上面例1中：$1.1x+0.37z=9.9 \qquad \frac{(1.1x)^2}{200}+0.2w=0.9$

由于分子量为150，z只能等于0、2、4等，设$z=0$，则$x=9$，$w=2$；$z=2$，则$x=8.33$，$w=2.4$，不是整数，不合理；$z=4$，则$x=7.65$，$w=2.72$不是整数，不合理。因此，合理的分子式为$C_9H_{10}O_2$。

(3) 利用可能的裂解过程由碎片离子峰的质量推测原来的分子结构　有机化合物有几种裂解方式，这些裂解方式导致产生多种裂解碎片。

① 简单裂解。简单裂解指共价键裂解，裂解的一般形式是$A-B^+ \longrightarrow A\cdot+B^+$。

② 重排裂解。重排裂解键断裂时有氢原子转移，产生重排离子。重排裂解表示为$^{+\cdot}A-B-H \longrightarrow {}^{+\cdot}A-H+B$。

③ α-裂解。正电荷基团与α-碳原子之间的共价键断裂与α-碳原子之间的共价键断裂。

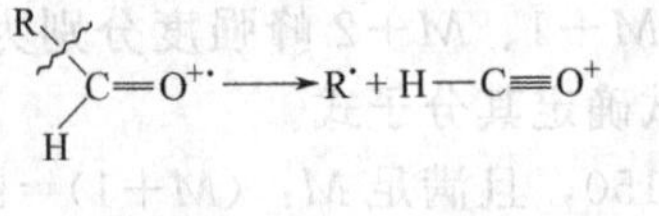

④ β-断裂。正电荷基团的$C_\alpha-C_\beta$键的断裂，如：$CH_3-CH_2-X^{+\cdot} \longrightarrow CH_2-X^+ + CH_3\cdot$

⑤ γ-裂解。正电荷基团的$C_\beta-C_\gamma$键的断裂，如：

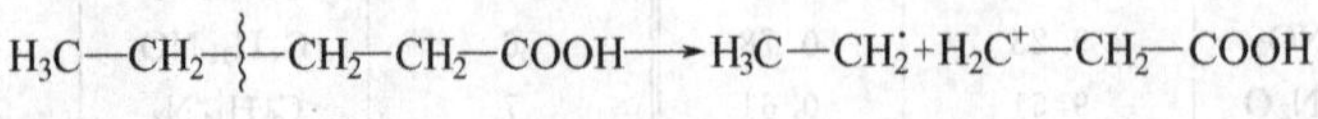

⑥ 消去反应一般表示为：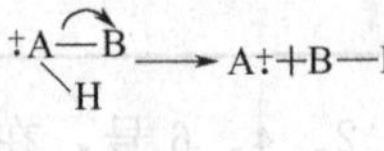

如丁醇消去反应失去了水：

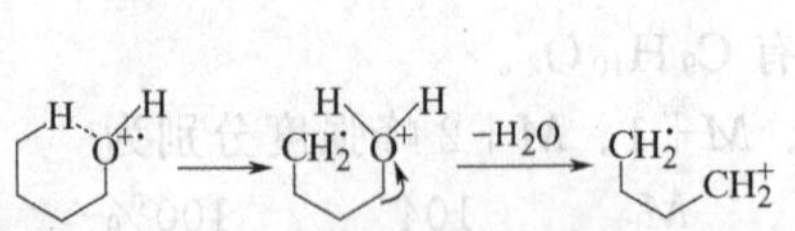

⑦ 丙烯基裂解。分子离子中含有C═C双键，常发生$C_\alpha-C_\beta$键的断裂，产生丙烯基正离子，这种裂解称为丙烯基裂解。

$$H_3C-CH_2-CH=CH_2^{+\cdot} \longrightarrow CH_3^{\cdot}+H_2C^{+}-CH=CH_2$$

⑧ 苄基裂解。苯环上的侧链常发生$C_\alpha-C_\beta$键的断裂，称为苄基裂解。

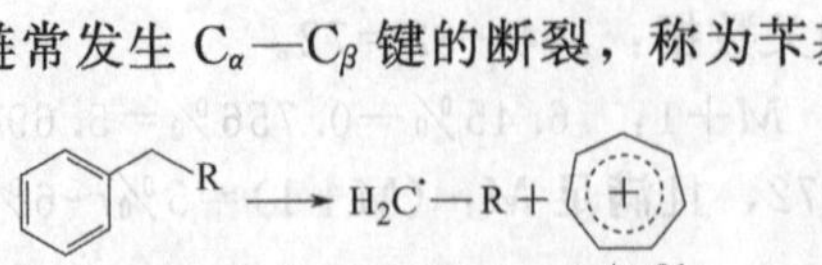

例：图13.13为某直链烷烃的MS图，分析这是什么分子？

解：从分子离子峰可知该物质分子量为128，根据饱和烃C_nH_{2n+2}计算，$n=9$，裂解碎片如下：C_2H_5, 29; C_3H_7, 43; C_4H_9, 57; C_5H_{11}, 71; C_6H_{13}, 85; C_7H_{15}, 99。故该分子为C_9H_{20}。

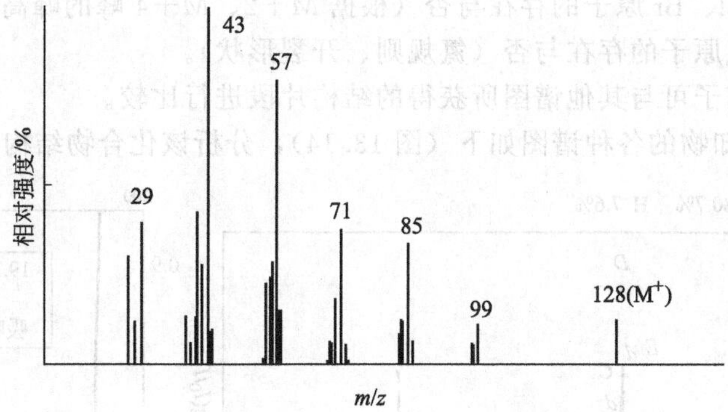

图 13.13　某直链烷烃质谱图

13.5　谱图综合解析

有机化合物的结构分析没有一定之规，每一种化合物都有自己独特的具体的分析步骤，在分析之前应充分了解试样来源。对于文献上的已知物而对于分析者是未知物的试样，可按照有机化合物的系统鉴定方法得到各种数据与文献值对比；对于新合成的有机化合物应首先利用各种谱图进行综合解析。

进行谱图解析时，应首先掌握各种谱图的特点及其在谱图解析时所能提供的结构信息，利用这些方法的优势进行分析，并对获得的全部信息进行综合归纳、整理，从而推断出正确的化合物结构。

各种谱图所能提供的结构信息归纳如下：

^{13}C NMR

① 判定碳原子个数及其杂化方式（sp^2，sp^3）。

② 根据偏共振去偶谱判定碳原子的类型（伯、仲、叔、季）。

③ 根据化学位移值判定羰基的存在与否及其种类。

④ 根据化学位移值判定芳香基或烯烃取代基的数目，并推测取代基的种类。

^{1}H NMR

① 根据积分曲线的数值推算结构中质子个数。

② 根据化学位移值判定结构中是否存在羧酸、醛、芳香族、烯烃和炔烃质子。

③ 根据化学位移值判定结构中与杂原子、不饱和键相连的甲基、亚甲基和次甲基的存在与否。

④ 根据自旋-自旋偶合裂分判定基团连接情况。

⑤ 根据峰形判定结构中活泼质子的存在与否。

IR

① 判定结构中含氧官能团的存在与否（特别是结构中不含氮原子时，非常容易确定 OH、C═O、C—O—C 这几类官能团的存在与否）。

② 判定结构中含氮官能团的存在与否（非常容易确定 NH、C≡N、NO_2 等官能团的存在与否）。

③ 判定结构中芳香环的存在与否。

④ 判定结构中烯烃、炔烃的存在与否和双键的类型。

MS

根据分子离子峰判定分子量（但需要注意有时观测不到分子离子峰）。

① 判定结构中 Cl、Br 原子的存在与否（根据 $M+2$、$M+4$ 峰的峰高比）。

② 判定结构中氮原子的存在与否（氮规则、开裂形状）。

③ 简单的碎片离子可与其他谱图所获得的结构片段进行比较。

例 1： 已知某未知物的各种谱图如下（图 13.14），分析该化合物结构。

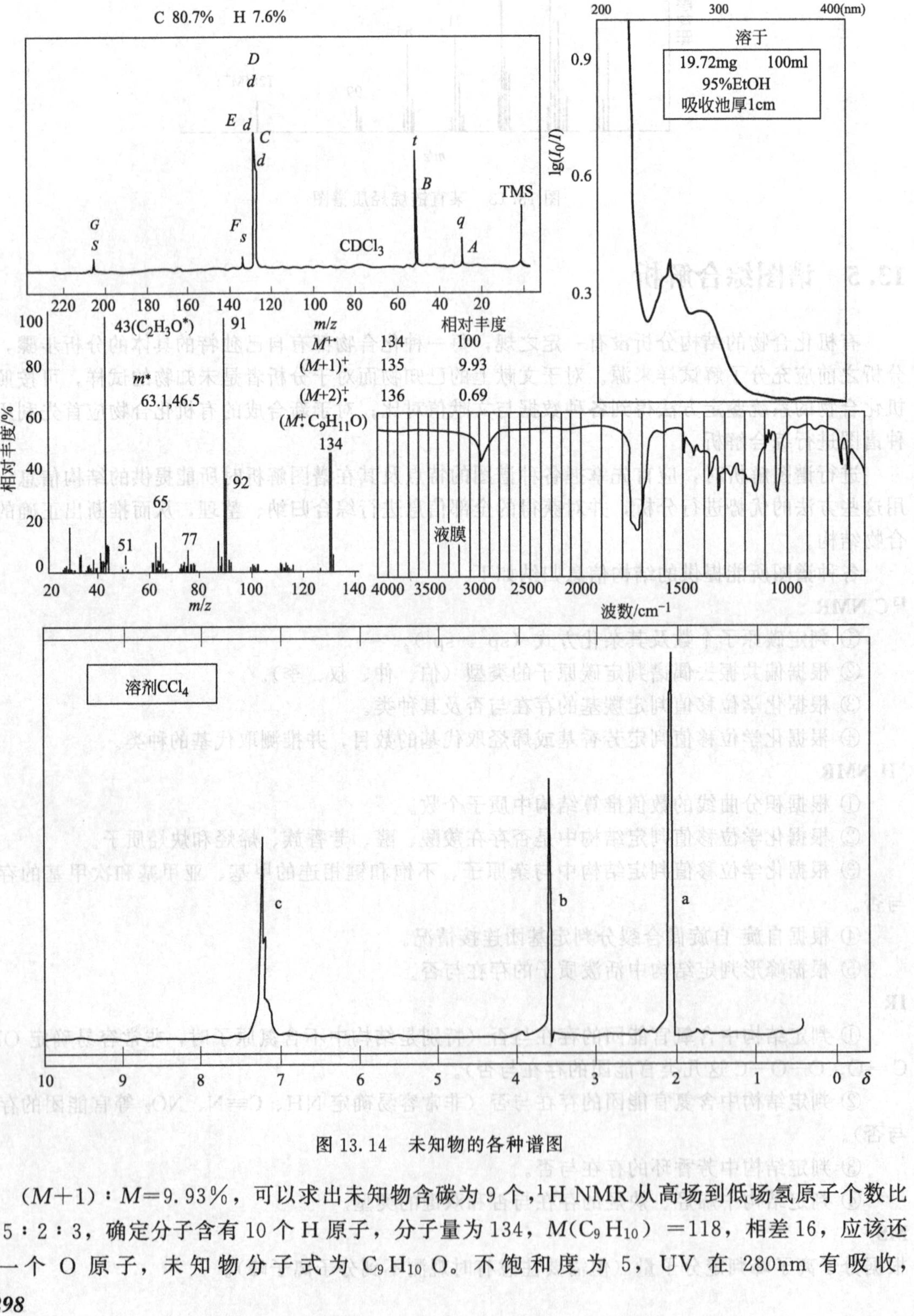

图 13.14　未知物的各种谱图

$(M+1):M=9.93\%$，可以求出未知物含碳为 9 个，^1H NMR 从高场到低场氢原子个数比为 5∶2∶3，确定分子含有 10 个 H 原子，分子量为 134，$M(C_9H_{10})=118$，相差 16，应该还有一个 O 原子，未知物分子式为 $C_9H_{10}O$。不饱和度为 5，UV 在 280nm 有吸收，

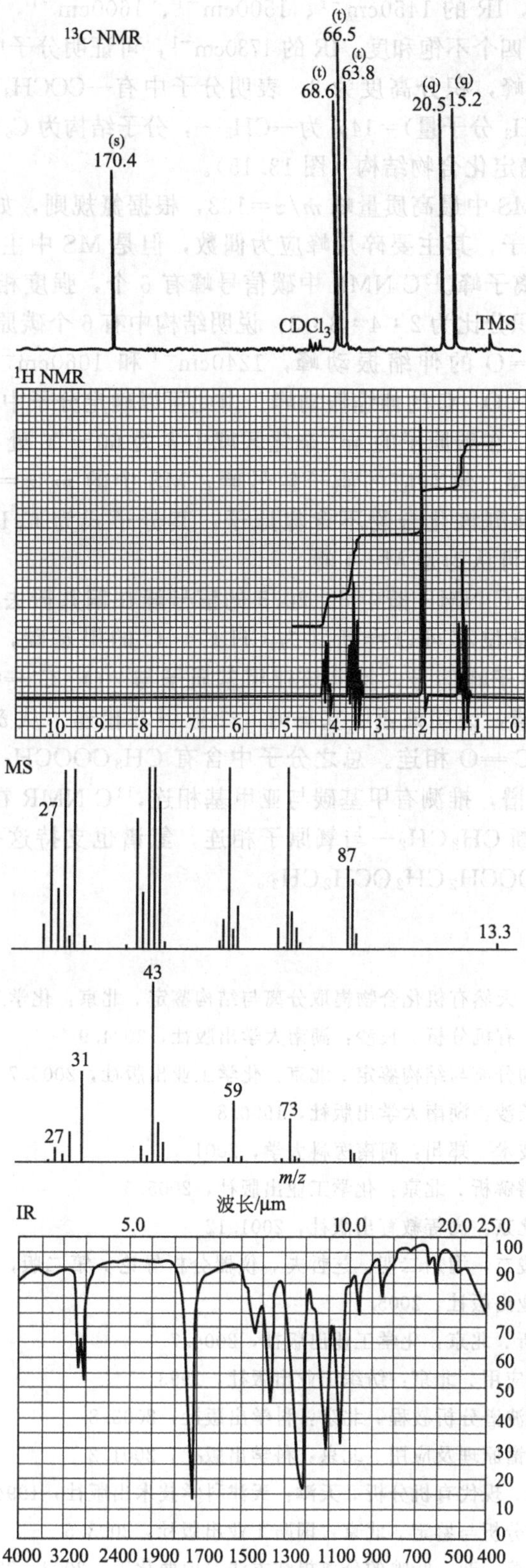

图 13.15　未知物的各种谱图

^1H NMR$\delta=7.4$ 为多重峰，IR 的 1450cm^{-1}、1500cm^{-1}、1600cm^{-1}，MS 的 91、78、65、51 峰都说明分子中有苯环，占四个不饱和度。IR 的 1730cm^{-1}，可证明分子中有羰基，MS 峰 $m/z=$ 43、^1H NMR$\delta=2.1$ 处的单峰，积分高度为 3，表明分子中有—$COCH_3$，134（总分子量）—77（苯环分子量）—43（—$COCH_3$ 分子量）=14，为—CH_2—，分子结构为 $C_6H_5CH_2COCH_3$。

例 2：根据下列信息确定化合物结构（图 13.15）。

（1）分子式的确定　MS 中最高质量峰 $m/z=133$，根据氮规则，如果该峰是分子离子峰，则分子中含有奇数个 N 原子，其主要碎片峰应为偶数，但是 MS 中主要碎片峰 m/z 为奇数，所以不能认为 133 是分子离子峰。^{13}C NMR 中碳信号峰有 6 个，强度相近，^1H NMR 从低场到高场，各质子信号峰面积积分比为 2∶4∶3∶3，说明结构中有 6 个碳原子和 12 个 H 原子。IR 谱图中 1740cm^{-1} 为—C ═O 的伸缩振动峰，1240cm^{-1} 和 1060cm^{-1} 峰说明酯基的存在，1150～1060cm^{-1} 是醚键 C—O—C 的伸缩振动峰。由此可以确定分子中有 3 个 O 原子存在。^{13}C NMR 中 $\delta=170.4$ 的存在，在碳原子的 sp^3 杂化区域中 δ 为 60～70 处有 3 个连接氧的碳信号峰，^1H NMR 谱图显示与酯、醚对应的质子信号峰；MS 中的 $m/z=43$ 的碎片应为乙酰基（CH_3CO—）碎片。所以推测该化合物不含氮原子，其分子式为 $C_6H_{12}O_3$，分子量为 132，MS 中 $m/z=133$ 的信号峰可认为是 $M+1$ 峰。

（2）结构式的确定　^{13}C NMR 谱中 $\delta=20.5$ 的信号峰在偏共振去偶谱中测得结果为四重峰，应为甲基碳，结合化学位移可以推断其为 CH_3C═O 的甲基碳，这与 IR 结果一致，从 ^1H NMRδ 为 4.0 的两个质子峰信号，推测该亚甲基质子与—O—C ═O 的氧原子相连，另外该亚甲基信号分裂为三重峰，说明该亚甲基与另一个亚甲基相连。从 δ 为 2.0（3 个质子）的单峰可以确定该甲基与—C ═O 相连。总之分子中含有 $CH_3COOCH_2CH_2$—的结构单元。结合 ^1H NMR 与偏共振去偶谱，推测有甲基碳与亚甲基相连，^{13}C NMR 在 60～70 之间给出 3 个亚甲基信号，因此可以推断 CH_3CH_2—与氧原子相连，氢谱也支持这一结论。因此可以推断该化合物结构式为 $CH_3COOCH_2CH_2OCH_2CH_3$。

参考文献

1　汪茂田，谢培山，王忠东．天然有机化合物提取分离与结构鉴定．北京：化学工业出版社，2004.9

2　王玉枝，陈贻文，扬桂法．有机分析．长沙：湖南大学出版社，2004.9

3　孔垂华，徐效华．有机物的分离与结构鉴定．北京：化学工业出版社，2003.7

4　陈怡文．有机仪器分析．长沙：湖南大学出版社，1996.8

5　杜斌，张振中．现代色谱技术．郑州：河南医科大学，2001

6　朱淮武．有机分子结构波谱解析．北京：化学工业出版社，2005.5

7　刘约权．现代仪器分析．北京：高等教育出版社，2001.12

8　泉美治，小川雅彌，加藤俊二，塩川二朗，芝哲夫．仪器分析导论．第二版，第一册．刘振海、李春鸿，张建国译．北京：化学工业出版社，2005.1

9　丁敬敏，赵连俊．有机分析．北京：化学工业出版社，2004.7

10　杨定国．波谱分析基础及应用．北京：纺织工业出版社，1993

11　邓芹英，刘岚，邓慧敏．波谱分析教程．北京：科学出版社，2003.8

12　陈耀祖，涂亚平．有机质谱原理及应用．北京：科学出版社，2001.2

13　余仲建，李松兰，张殿坤．现代有机分析．天津：天津科学技术出版社，1994.7

14　冯金城．有机化合物结构分析与鉴定．北京：国防工业出版社，2003.5

15　孟贺，薛永强，王志忠．蒽、菲、咔唑的分离提纯方法．山西化工，2003，23（4）：4～7

16　贾晓辉，薛永强．工业菲的提纯．染料与染色，2004，41（3）：170～171

17　陈启文，薛永强．从洗油中提取 2-甲基萘的方法．山西化工，2005，25（1）：20～22

习题

13-1　测得下列化合物的 λ_{max} 为 226nm、274nm、232nm，算出它们的理论值，并指出各值属于哪个化合物？

(1) 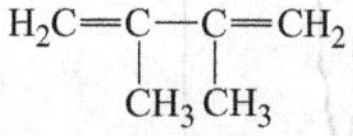　(2) 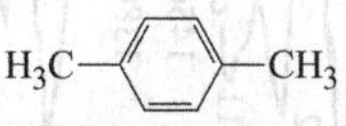　(3) 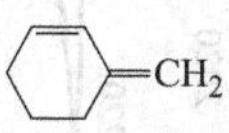

13-2　某化合物在 4000～1300cm^{-1} 区间的红外吸收光谱如图 13.16 所示，问此化合物的结构是 A 还是 B?

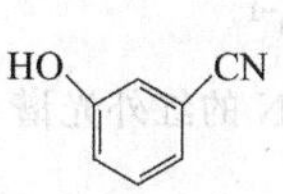
A

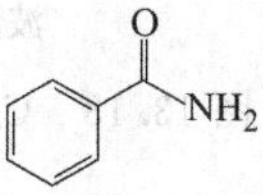
B

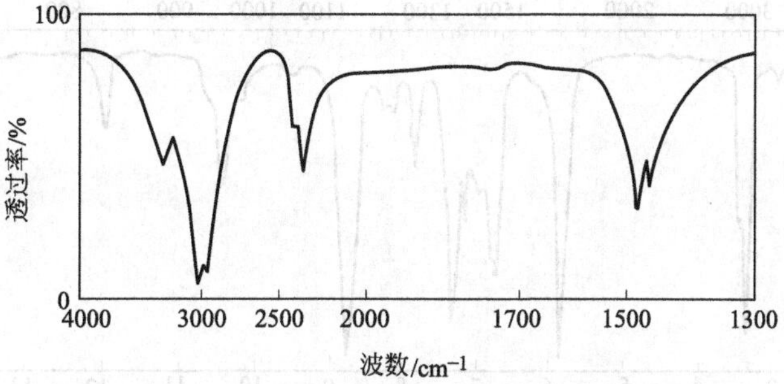

图 13.16　A 或 B 的红外光谱

13-3　IR 光谱（图 13.17）表示的化合物 $C_8H_9O_2N$ 是下面哪一种？

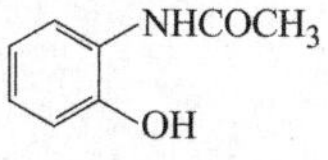
A

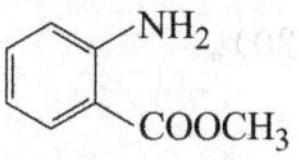
B

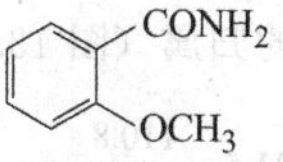
C

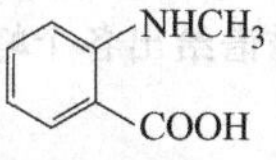
D

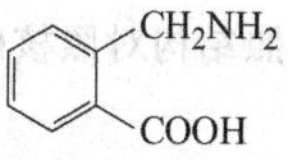
E

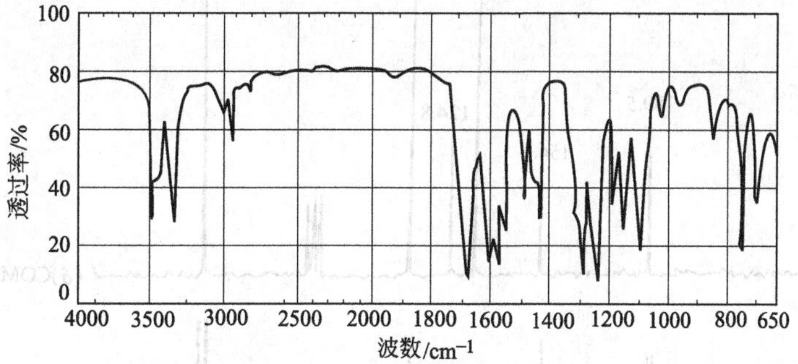

图 13.17　$C_8H_9O_2N$ 的红外光谱

13-4　某未知物分子式为 C_8H_7N，低温下为固体，熔点为 29℃，其 IR 光谱图见图 13.18，试分析其结构。

13-5　某化合物分子式为 $C_6H_{12}O$，IR 光谱见图 13.19，试推断其结构，并说明 1400～1360cm^{-1} 区域的特征。

13-6　有一未知化合物的 MS 谱，其分子离子峰区有三个峰，m/z＝148(100%)，m/z＝149(8.83%)，m/z＝150(0.94%)，求该化合物应为下列哪个分子式？

$C_6H_{12}O_4$　　$C_8H_4O_3$　　$C_9H_{12}N_2$　　$C_{11}H_{16}$

13-7　化合物 $C_3H_5Cl_3$ 的^{1}H NMR 谱有两个峰，一个是两重峰，另一个是五重峰，请问该物质结构如何？

13-8　在测定 $C_4H_8Br_2$ 时有两个同分异构体，其^{1}H NMR 谱数据如下，问各自结构如何？

A：d 1.7(d,6H)，d 4.4(q,2H)

B：d 1.2(d,3H)，d 2.3(q,2H)，d 3.5(t,3H)，d 4.2(m,1H)

注：s 为单峰，d 为双峰，t 为三重峰，q 为四重峰，m 为多重峰。

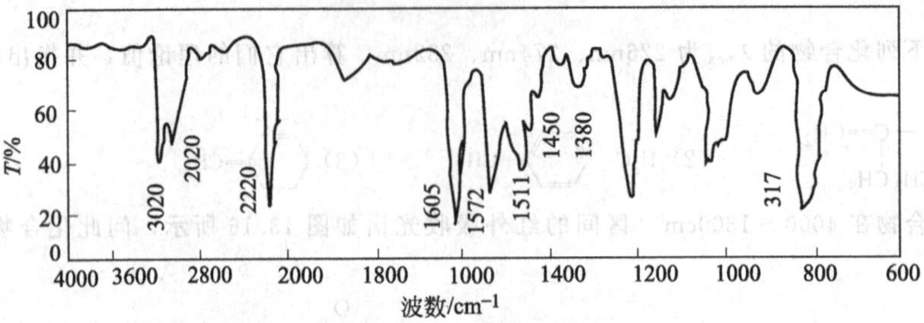

图 13.18 C_8H_7N 的红外光谱

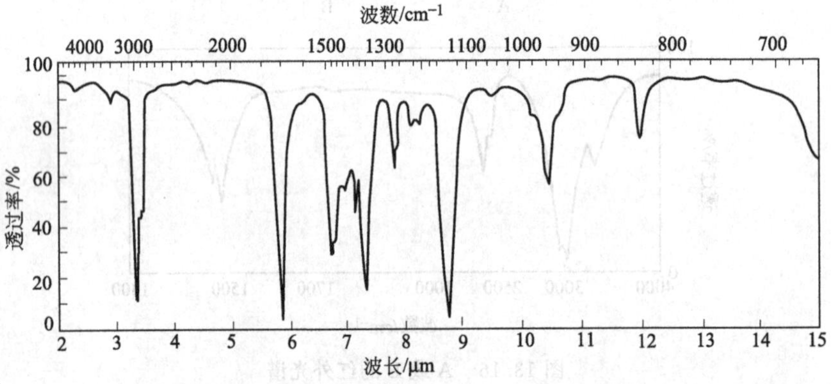

图 13.19 某化合物($C_6H_{12}O$) 的红外光谱

13-9 请按照结构对照核磁谱给出各个峰的归属（图 13.20）。

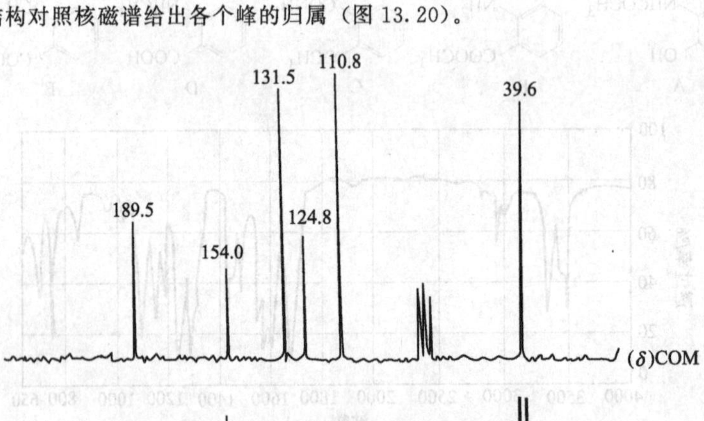

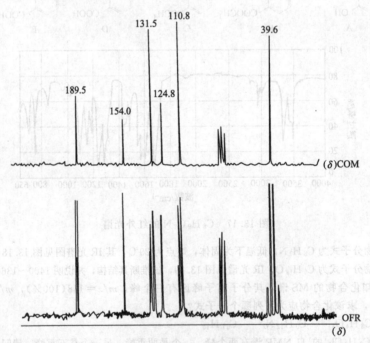

图 13.20 $C_9H_{11}NO$ 的核磁共振碳谱

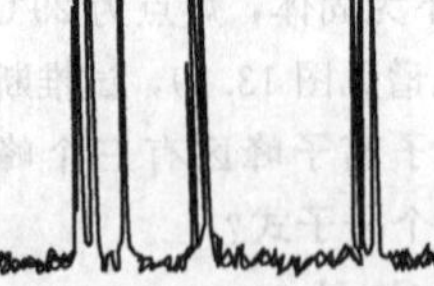